# Mathematik für technische Berufe

# ALGEBRA

von

Dr. Peter Bardy, Akademischer Oberrat
Dieter Markert, Oberstudienrat
Werner Zewing, Studiendirektor †

Mit Beispielen und über 4500 Aufgaben

13., überarbeitete Auflage

Verlag Handwerk und Technik

Autoren und Verlag danken T. Donner, C. Gehrmann, S. Gläser, C. Hagedorn (alle Klasse 10 in Kreuztal) für die Überprüfung des Lehrtextes auf Verständlichkeit und das Durchrechnen fast aller Aufgaben.

ISBN 3.582.01311.1

---


Verlag Handwerk und Technik GmbH, Lademannbogen 135, 2000 Hamburg 63 – 1988

Gesamtherstellung: Konrad Triltsch GmbH, Graphischer Betrieb, 8700 Würzburg

# Inhaltsverzeichnis

# Zeichen und Abkürzungen

## Zeichen / Abkürzungen für spezielle Mengen

| | |
|---|---|
| $\mathbb{N}$ | Menge der natürlichen Zahlen |
| $\mathbb{N}_0$ | Menge der natürlichen Zahlen einschließlich Null |
| $\mathbb{Z}$ | Menge der ganzen Zahlen |
| $\mathbb{Q}$ | Menge der rationalen Zahlen |
| $\mathbb{Q}^{>3}$ | Menge der rationalen Zahlen, die größer als 3 sind |
| $\mathbb{Q}^{+}$ | Menge der positiven rationalen Zahlen |
| $\mathbb{Q}^{-}$ | Menge der negativen rationalen Zahlen |
| $\mathbb{R}$ | Menge der reellen Zahlen |
| $\mathbb{C}$ | Menge der komplexen Zahlen |
| $\emptyset$, $\{\,\}$ | leere Menge |
| $G$ | Grundmenge |
| $L$ | Lösungsmenge |
| $D$ | Definitionsmenge |
| $W$ | Wertemenge |

## Schreibweisen bei Mengen

| | |
|---|---|
| $A = \{2; 3; 5; 7\}$ | aufzählende Schreibweise einer Menge |
| $B = \{x \in \mathbb{N} \mid x < 101\}$ $= \{x \mid x < 101\}_{\mathbb{N}}$ | beschreibende Darstellungen einer Menge |
| $3 \in A$ | 3 ist Element von $A$. |
| $101 \notin B$ | 101 ist nicht Element von $B$ |

## Relationen zwischen Mengen

| | |
|---|---|
| $M = N$ | $M$ gleich $N$ ($M$ und $N$ haben dieselben Elemente) |
| $M \subseteqq N$ | $M$ ist Teilmenge von $N$ |
| $M \supseteqq N$ | $M$ ist Obermenge von $N$ |
| $M \nsubseteqq N$ | $M$ ist nicht Teilmenge von $N$ |

## Verknüpfungen von Mengen

| | |
|---|---|
| $M \cup N$ | Vereinigungsmenge von $M$ und $N$ |
| $M \cap N$ | Schnittmenge von $M$ und $N$ |
| $M \setminus N$ | Restmenge $M$ ohne $N$ |
| $\bar{N}$ | Komplement von $N$ bezüglich $M$, falls $N \subseteqq M$ $(\bar{N} = M \setminus N)$ |
| $M \times N$ | Produktmenge von $M$ und $N$ |

## Logische Zeichen

| | |
|---|---|
| $\wedge$ | und (Konjunktor) |
| $\vee$ | oder (Adjunktor/Disjunktor) |
| $\rightarrow$ | wenn ... so ... (Subjunktor) |
| $\leftrightarrow$ | ... genau dann, wenn ... (Bijunktor) |
| $\neg$ | nicht (Negator) |
| $\Rightarrow$ | aus ... folgt ... (Folgerungspfeil) |
| $\Leftrightarrow$ | ... äquivalent zu ... (Äquivalenzzeichen, Äquivalentor) |
| $\underset{(D)}{\Leftrightarrow}$ | ... äquivalent (bezüglich $D$) zu ... |
| $\nLeftrightarrow$ | ... nicht äquivalent zu ... |

## Relationen zwischen Zahlen bzw. Größen

| | |
|---|---|
| $a = b$ | $a$ gleich $b$ |
| $a \neq b$ | $a$ ungleich $b$ |
| $a < b$ | $a$ kleiner als $b$ |
| $a > b$ | $a$ größer als $b$ |
| $a \leqq b$ | $a$ kleiner oder gleich $b$ |
| $a \geqq b$ | $a$ größer oder gleich $b$ |
| $a \approx b$ | $a$ ungefähr gleich $b$ |
| $a \triangleq b$ | $a$ entspricht $b$ |

# Weitere Zeichen und Abkürzungen

| | |
|---|---|
| $\lvert x \rvert$ | Betrag von $x$ |
| $\begin{vmatrix} a & b \\ c & d \end{vmatrix}$ | zweireihige Determinante |
| $\begin{vmatrix} a_1 & b_1 & c_1 \\ a_2 & b_2 & c_2 \\ a_3 & b_3 & c_3 \end{vmatrix}$ | dreireihige Determinante |
| : oder ⊟ | dividiert durch |
| $e = 2{,}7182818\ldots$ | Eulersche Zahl e (Basis der natürlichen Logarithmen) |
| $f\colon x \mapsto f(x),\ x \in D$ | Funktion |
| $y = f(x)$ | Funktionsgleichung |
| $f(x)$ | Funktionsterm |
| $x \mapsto f(x)$ | Funktionsvorschrift |
| $f(2)$ | Funktionswert an der Stelle 2 |
| $67^\circ\ 30'$ | ... Grad ... Minuten (Altgrad) |
| HN | Hauptnenner |
| i | imaginäre Einheit |
| $[a; b]$ | abgeschlossenes Intervall von $a$ bis $b$ ($a$ und $b$ eingeschlossen) |
| $]a; b[$ | offenes Intervall von $a$ bis $b$ ($a$ und $b$ ausgeschlossen) |
| $\log_b(a)$ | Logarithmus von $a$ zur Basis $b$ |
| lg | dekadischer Logarithmus (Basis 10) |
| ln | natürlicher Logarithmus (Basis e) |
| $\cdot$ oder ⊠ | mal |
| $-$ | minus |
| $(2 \mid 3)$ | geordnetes Zahlenpaar; Punkt mit der Abszisse 2 und der Ordinate 3 |
| $y \sim x$ | $y$ proportional $x$ |
| $\pi = 3{,}1415926\ldots$ | Pi (Kreiszahl) |
| $+$ | plus |
| $a^b$ | Potenz mit der Basis $a$ und dem Exponenten $b$ |
| $\overline{AB}$ | Strecke |
| TR | Taschenrechner |
| $(4 \mid 2 \mid 3)$ | geordnetes Zahlentripel |
| $f^u$ | Umkehrfunktion zu $f$ |
| $R^u$ | Umkehrrelation zu $R$ |
| $\infty$ | unendlich |
| $-\infty$ | minus unendlich |
| $a : b$ | Verhältnis $a$ zu $b$ |
| $\sqrt{a}$ | Quadratwurzel aus $a$ |
| $\sqrt[n]{a}$ | $n$-te Wurzel aus $a$ |
| $\bar{z}$ | die zu $z$ konjugiert komplexe Zahl |

# 1 Zahlenmengen

## 1.1 Schreib- und Sprechweisen bei Mengen, Mengenverknüpfungen

### Schreib- und Sprechweisen bei Mengen

**Abbildung 1.1**

Ein Schafhirte eines Naturvolkes kann nicht zählen. Wie hilft er sich bei der Kontrolle, ob kein Schaf verlorengegangen ist, wenn er die Tiere abends auf die Koppel zurücktreibt?

Der Hirte auf unserem Bild führt die Kontrolle so durch: morgens, wenn er die Schafe von der Koppel treibt, nimmt er pro Schaf, das den Koppelausgang passiert, einen Kieselstein auf und verwahrt die Kieselsteine in einer Tasche. Abends schüttet er die Kieselsteine aus und legt wieder Kieselstein für Kieselstein (für jedes Schaf **genau einen** Kieselstein) in die Tasche zurück. Er freut sich immer, wenn am Abend kein Stein übrigbleibt. Gelegentlich ist seine Freude besonders groß, dann nämlich, wenn er abends zusätzliche Kieselsteine vom Boden aufheben kann. Was könnte dann passiert sein (wir setzen voraus, daß der Hirte keinen Kieselstein verloren hat)?

Was hat diese „Geschichte" mit Mathematik zu tun?

Obwohl der Hirte nicht zählen kann, macht er mathematisch etwas sehr Bedeutsames. Er führt Zuordnungen durch: Jedesmal ordnet er jedem Schaf genau einen Kieselstein zu. Es kommt dabei nicht darauf an, welcher Kieselstein welchem Schaf zugeordnet wird. Der Einfachheit halber nehmen wir an, daß der Hirte nur wenige Schafe hat:

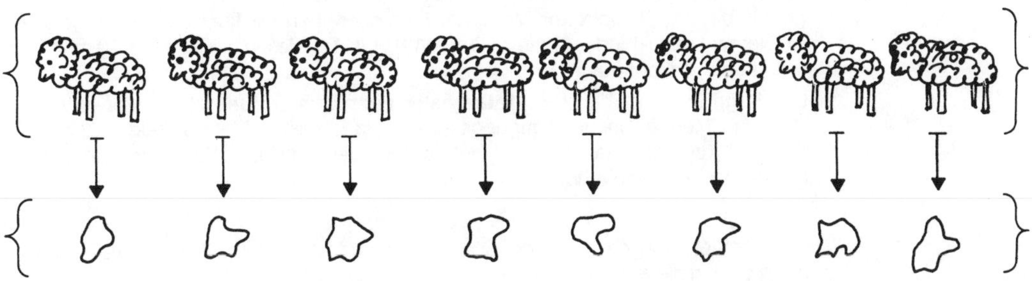

**Abb. 1.2**

In der Sprache der sog. „Mengenlehre" kann man das, was der Hirte tut, auch so beschreiben: Jedem Element der Menge der Schafe (des Hirten) wird genau ein Element der Menge der Kieselsteine (in der Tasche des Hirten) zugeordnet! Das Entscheidende für die Kontrolle durch den Hirten ist, daß beide Mengen gleich viele Elemente haben. Man sagt auch: beide Mengen sind **„gleichmächtig".** Wie viele Elemente jede der beiden Mengen hat, ist für die Kontrolle nicht wichtig. Der Hirte hat für das Gemeinsame der beiden Mengen gar keinen Namen. Wir haben dafür das Zahlwort „acht" oder das Zahlzeichen „8" zur Verfügung. Der Hirte konnte sein Problem auch ohne „Mengenlehre" lösen. Zum Erlernen der Inhalte dieses Buches brauchen Sie auch nicht viel an „Mengenlehre". Einige wenige Begriffe und Schreibweisen aus der Mengenlehre reichen bereits aus, um die anderen mathematischen Inhalte verstehen zu können.

Wir stellen in diesem Abschnitt die wichtigsten Begriffe und Schreibweisen zusammen:

**Merksatz**

Unter einer **„Zahlenmenge"** versteht man eine Zusammenfassung von Zahlen (welche die „Elemente" der Menge genannt werden) zu einem Ganzen.

Statt Zahlen kann man auch andere Dinge, sogar verschiedenartige, zu einer Menge zusammenfassen. Oben haben wir 8 Schafe (genauer: die Bilder von 8 Schafen) und 8 Kieselsteine (genauer: die Bilder von 8 Kieselsteinen) jeweils zu einer Menge zusammengefaßt. Das Zusammenfassen haben wir dabei durch geschweifte Klammern gekennzeichnet.

Im folgenden werden wir uns meist nur mit Zahlenmengen beschäftigen.

**Beispiel**

$\{1; 2; 3\}$, gelesen: „die Menge mit den Elementen 1; 2; 3".

Zwischen die Elemente einer Zahlenmenge setzen wir ganz bewußt jeweils ein Semikolon (einen Strichpunkt). Ein Komma könnte hierbei zu Mißverständnissen führen, da auch beim Hinschreiben einer einzigen Zahl ein Komma vorkommen kann.

**Weitere Beispiele:** $A = \{2; 4; 6; 8; 10\}$; $B = \{2; 3; 5; 7; 11; 13; 17; 19\}$.

Als Zeichen für Mengen verwenden wir in der Regel große lateinische Buchstaben. Mit $A$ haben wir also hier die Menge aller geraden Zahlen von 2 bis 10, mit $B$ die Menge aller Primzahlen bis einschließlich 19 bezeichnet.

**Definition**

Eine Primzahl ist eine natürliche Zahl, die **genau zwei** Teiler hat, nämlich 1 und sich selbst.

**Hinweise** zum Begriff „Menge":

1. Eine Menge ist **festgelegt,** wenn von jedem Ding feststeht, ob es zu dieser Menge gehört oder nicht. Z.B. gehört die Zahl 2 zur oben angegebenen Menge $A$; dagegen gehört die Zahl 1 nicht zur Menge $A$. Dies schreiben wir kurz so: $2 \in A$ (gelesen: „2 ist Element von $A$" oder kürzer: „2 aus $A$"); $1 \notin A$ (gelesen: „1 ist nicht Element von $A$" oder kurz: „1 nicht aus $A$").
2. Der Begriff „Menge" in der **Mathematik** hat nichts zu tun mit der Verwendung des Begriffs „Menge" in der Umgangssprache, z.B.: eine „Menge Geld", eine „Menge Schnee", er hat eine „Menge" gelernt. Hierbei wird das Wort „Menge" jeweils im Sinne von „viel" verwendet.

Wir betrachten nun die Mengen $C = \{1; 3; 5\}$ und $D = \{1; 2; 3; 4; 5\}$. In welcher Beziehung stehen sie zueinander?

Es fällt auf, daß jedes Element von $C$ auch zu $D$ gehört.

Wir sagen auch „$C$ ist eine Teilmenge von $D$" und schreiben kurz: $C \subseteq D$ (gesprochen: „$C$ Teilmenge von $D$").

**Definition**

Eine Menge $M$ heißt **„Teilmenge der Menge $N$"** genau dann, wenn jedes Element von $M$ auch Element von $N$ ist. Schreibweise: $M \subseteq N$.

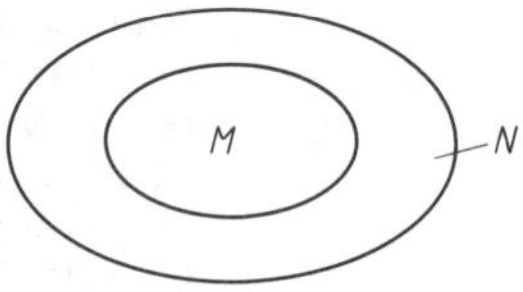


**Abb. 1.3**

**Weitere Beispiele:** $\{1; 2\} \subseteqq \{1; 2; 3\}$; $\{2\} \subseteqq \{1; 2; 3\}$; $\{1; 2; 3\} \subseteqq \{1; 2; 3\}$.

Im letzten Beispiel sind beide angegebenen Mengen gleich ($\{1; 2; 3\} = \{1; 2; 3\}$), das bedeutet: sie enthalten dieselben Elemente. Zwei Mengen $M$ und $N$ sind demnach gleich genau dann, wenn sowohl $M \subseteqq N$ *als auch* $N \subseteqq M$ gilt. Bei der Schreibweise $M \subseteqq N$ lassen wir also auch den Fall zu, daß $M = N$ sein kann. Jede Menge ist Teilmenge von sich selbst ($N \subseteqq N$ für jede Menge $N$).

**Gegenbeispiel:** $\{1; 2; 3; 4\}$ ist **nicht** Teilmenge der Menge $\{1; 2; 3\}$, kurz: $\{1; 2; 3; 4\} \nsubseteqq \{1; 2; 3\}$.

Ist $C \subseteqq D$, so sagen wir auch, **„$D$ ist eine Obermenge von $C$"**, geschrieben: $D \supseteqq C$, gesprochen: „$D$ Obermenge von $C$".

## Mengenverknüpfungen

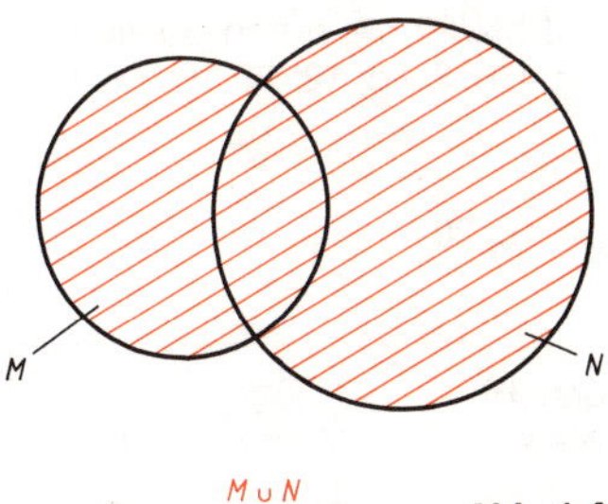


**Abb. 1.4**

Wir betrachten jetzt – wie bereits in Abb. 1.3 – Mengen von Punkten. $M$ sei die Menge aller Punkte in der linken (kleinen) Kreisscheibe, $N$ die Menge aller Punkte in der rechten (großen) Kreisscheibe:

Die Menge aller Punkte, die zu $M$ **oder** zu $N$ **oder** zu beiden gehören (vgl. Abb. 1.4), nennt man die „Vereinigungsmenge von $M$ **und** $N$".

**Definition**

Unter der **„Vereinigungsmenge** $M \cup N$ zweier Mengen $M$ und $N$" ($M \cup N$ gelesen: „$M$ vereinigt mit $N$") versteht man die Menge der Elemente, die zu $M$ **oder** zu $N$ (oder zu beiden) gehören.

**Beispiele**

$\{1; 2; 3\} \cup \{4; 5\} = \{1; 2; 3; 4; 5\}$
$\{1; 2; 3\} \cup \{3; 4\} = \{1; 2; 3; 4\}$
$\{6; 7\} \cup \{6; 7; 9\} = \{6; 7; 9\}$
$\{6; 9\} \cup \{6; 9\} = \{6; 9\}$

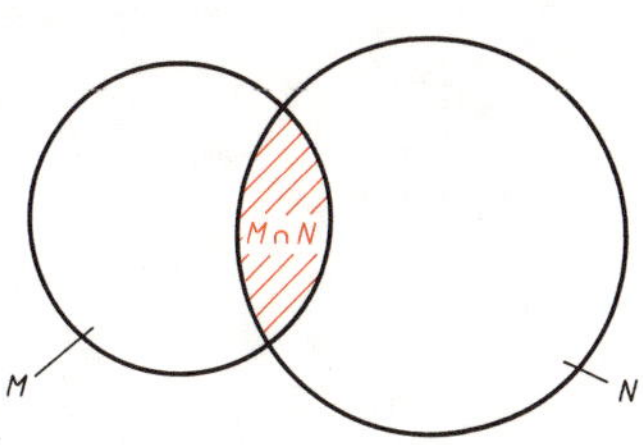


**Abb. 1.5**

Betrachten wir nun die Menge aller Punkte, die zur Menge $M$ **und** (gleichzeitig) zur Menge $N$ gehören (vgl. Abb. 1.5). Diese Menge nennt man die „Schnittmenge von $M$ und $N$" oder auch den „Durchschnitt von $M$ und $N$".

**Definition**

Unter der **„Schnittmenge** $M \cap N$ zweier Mengen $M$ und $N$" ($M \cap N$ gelesen: „$M$ geschnitten mit $N$") versteht man die Menge der Elemente, die **sowohl** zu $M$ **als auch** zu $N$ gehören.

**Beispiele** $\{2; 4; 6; 8; 10\} \cap \{2; 3; 5; 7\} = \{2\}$
$\{1; 3; 5; 7; 9\} \cap \{2; 3; 5; 7\} = \{3; 5; 7\}$
$\{6; 9\} \cap \{6; 9\} = \{6; 9\}$

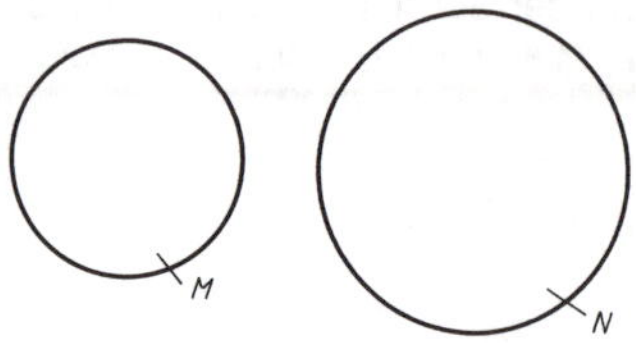

**Abb. 1.6**

In Abb. 1.6 haben beide Kreisscheiben keinen Punkt gemeinsam; die Schnittmenge $M \cap N$ enthält kein Element. Man sagt auch, $M \cap N$ sei „leer“, und schreibt: $M \cap N = \{\}$. $\{\}$ heißt auch **„die leere Menge“.** Für die leere Menge benutzt man auch noch ein anderes Zeichen: $\emptyset$.

**Merksatz**

Die leere Menge ist Teilmenge einer jeden Menge.

Wie wird in der Mengenlehre die Situation beschrieben, daß von einer Menge Elemente weggenommen werden?

Wollen wir z.B. aus der Menge der geraden Zahlen von 2 bis 20 die durch 6 teilbaren Zahlen ausschließen, so können wir dies so schreiben: $\{2; 4; 6; 8; 10; 12; 14; 16; 18; 20\} \setminus \{6; 12; 18\}$ ($\setminus$ gelesen: „ohne“).

Wir erhalten die sog. „Restmenge“:
$\{2; 4; 6; 8; 10; 12; 14; 16; 18; 20\} \setminus \{6; 12; 18\} = \{2; 4; 8; 10; 14; 16; 20\}$.

**Definition**

Unter der **Restmenge** $M \setminus N$ (gelesen: „$M$ ohne $N$“) versteht man die Menge **der** Elemente aus $M$, die nicht zu $N$ gehören.

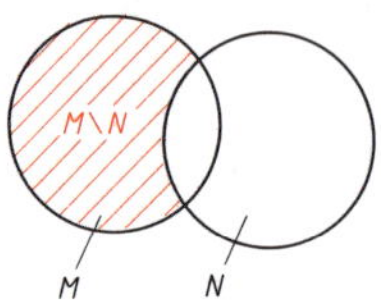

**Abb. 1.7**

**Hinweis:** Bei der Restmengenbildung $M \setminus N$ braucht $N$ keine Teilmenge von $M$ zu sein.

**Weitere Beispiele:** $\{1; 3; 5\} \setminus \{1; 7\} = \{3; 5\}$
$\{10; 100; 1000\} \setminus \{0; 1\} = \{10; 100; 1000\}$
$\{1; 3; 5\} \setminus \{1; 2; 3; 4; 5\} = \{\}$

# Aufgaben zu 1.1

1. Hätte sich der Schafhirte statt durch Kieselsteine auch anders helfen können?

2. Welche der folgenden Mengen sind gleichmächtig?
$A = \{1;\ 2;\ 3\}$; $B = \{a;\ b;\ c;\ d\}$; $C = \{3{,}5;\ 4\}$; $D = \{x;\ y;\ z\}$; $E = \{\mathrm{o};\ \mathrm{r};\ \mathrm{g};\ \mathrm{e};\ \mathrm{l}\}$; $F = \{2;\ 3;\ 5;\ 7\}$; $G = \{\mathrm{r};\ \mathrm{e};\ \mathrm{h}\}$; $H = \{4;\ 5{,}6\}$

3. Bei welchen Sätzen wird das Wort „Menge" **nicht** im Sinne der Mengenlehre benutzt?
   a) Gestern hat es eine Menge geregnet.
   b) Die Menge der Sandkörner des Sandhaufens vor unserem Haus ändert sich von Tag zu Tag.
   c) Am Strand liegt eine Menge Sand.
   d) Gestern haben wir eine Menge Pudding verspeist.
   e) Die Menge der Trainer der Fußball-Bundesliga ändert sich in jeder Saison.

4. Schreiben Sie jeweils die Aufgabenstellung ab, und setzen Sie zwischen die Zahlen und die Mengen das richtige Zeichen ein ($\in$ oder $\notin$)!
   a) $3 \quad \{1;\ 2;\ 4\}$ b) $2 \quad \{1;\ 2;\ 3\}$ c) $-7 \quad \{-3;\ -2;\ -1\}$
   d) $\frac{2}{3} \quad \{2;\ 3;\ 4\}$ e) $\frac{2}{3} \quad \{0{,}\bar{6};\ 2;\ 3\}$ f) $-6 \quad \{-2;\ -4;\ -6\}$.

5. Beschreiben Sie die folgenden Mengen mit Worten!
   **Beispiele:** {g; u; t} die Menge der Buchstaben des Wortes „gut";
   {2; 4; 6; 8; 10} die Menge aller geraden Zahlen von 2 bis 10.
   a) {a; b; e; n; d} b) {r; t; o} c) {1; 3; 5; 7; 9; 11; 13}
   d) {2; 3; 5; 7; 11; 13; 17; 19; 23; 29} e) {3; 4; 6; 8; 12; 14; 18; 20; 24; 30} f) {4; 8; 12; 16; 20; 24; 28; 32}
   g) {7; 14; 21; 28; 35} h) {2; 4; 8; 16; 32; 64; 128; 256} i) {1; 4; 9; 16; 25; 36}

6. Geben Sie die folgenden Mengen durch Aufzählen der Elemente an!
   **Beispiel:** Die Menge aller Teiler von 8: {1; 2; 4; 8}
   a) die Menge aller Teiler von 12
   b) die Menge aller Teiler von 50
   c) die Menge aller Teiler von 64
   d) die Menge aller Teiler von 101
   e) die Menge aller geraden Zahlen zwischen 1001 und 1021
   f) die Menge aller ungeraden Zahlen zwischen 500 und 530
   g) die Menge aller Vielfachen von 9, die kleiner als 80 sind
   h) die Menge aller Vielfachen von 13, die kleiner als 100 sind
   i) die Menge aller Primzahlen, die kleiner als 50 sind

7. Begründen Sie, warum die leere Menge Teilmenge einer jeden Menge ist!

8. Ersetzen Sie $\square$ durch eines der Zeichen $\subseteq$, $\supseteq$, $\in$, $\notin$, so daß jeweils eine wahre (richtige) Aussage entsteht! Überprüfen Sie, ob es gegebenenfalls mehr als eine Möglichkeit gibt!
   **Beispiel:** $\{2\} \square \{2;\ 3;\ 4\}$ **Lösung:** $\{2\} \subseteq \{2;\ 3;\ 4\}$
   a) $\{1;\ 2\} \square \{1;\ 2;\ 3\}$ b) $\{2\} \square \{2;\ 3\}$
   c) $2 \square \{2;\ 3;\ 4\}$ d) $\{5;\ 6;\ 7\} \square \{5;\ 6\}$
   e) $\{100\} \square \{100\}$ f) $100 \square \{100;\ 1000\}$
   g) $7 \square \{3;\ 4;\ 5;\ 6\}$ h) $\{7;\ 10\} \square \{7;\ 10;\ 11\}$
   i) $13 \square \{1;\ 3\}$ j) $\{1\} \square \{1;\ 5\}$
   k) $\{3;\ 5;\ 6;\ 10\} \square \{3;\ 5;\ 6\}$ l) $\{11;\ 12;\ 10\} \square \{10;\ 11;\ 12\}$
   m) $\emptyset \square \{10;\ 11;\ 13\}$ n) $\{100;\ 1000\} \square \{\ \}$
   o) $b \square \{c;\ b\}$ p) $y \square \{y\}$
   q) $\{z\} \square \{z\}$ r) $0 \square \{0\}$
   s) $\emptyset \square \{0\}$ t) $\{0\} \square \{0\}$

9. Gegeben ist die Menge $\{x;\ y\}$. Welche der folgenden Beziehungen sind richtig, welche falsch?
   a) $y \in \{x;\ y\}$ b) $\{y\} \subseteq \{x;\ y\}$ c) $\{x\} \supseteq \{x;\ y\}$
   d) $\emptyset \subseteq \{x;\ y\}$ e) $\emptyset \in \{x;\ y\}$ f) $x \subseteq \{x;\ y\}$

10. Geben Sie mindestens drei Teilmengen der jeweiligen Menge an!
    a) {1; 2} b) {7; 8; 9} c) {0; 10} d) {10; 11; 12; 13; 14}

11. Geben Sie **alle** Teilmengen der jeweiligen Menge an!
    **Beispiel:** Die Teilmengen von {1; 2} sind: $\emptyset$; {1}; {2}; {1; 2} (4 Teilmengen)
    a) {1; 2; 3} b) {1; 2; 3; 4} c) $\{a;\ b;\ c;\ d\}$

12. Wie viele Teilmengen hat eine Menge mit 2, 3, 4 Elementen? Äußern Sie eine Vermutung bezüglich einer Menge mit $n$ Elementen ($n \in \mathbb{N}$), und überprüfen Sie Ihre Vermutung für die Fälle $n = 1$ und $n = 5$ an selbstgewählten Beispielen!

13. Gegeben ist die Menge $A = \{8; 9; 10; 11; 12; 13\}$. Geben Sie zwei Teilmengen $B$ und $C$ von $A$ so an, daß $C \subseteqq B$ gilt!

14. Bestimmen Sie:

a) $\{2; 3; 4\} \cup \{5; 6\}$ b) $\{10; 11; 12\} \cup \{12; 13\}$ c) $\{7; 8\} \cup \{7; 8; 9\}$
d) $\{0; 4\} \cup \{0; 4\}$ e) $\{0; 4\} \cap \{0; 4\}$ f) $\{7; 8\} \cap \{7; 8; 9\}$
g) $\{10; 11; 12\} \cap \{12; 13\}$ h) $\{2; 3; 4\} \cap \{5; 6\}$ i) $\{2; 4; 6\} \setminus \{2; 9\}$
j) $\{5; 10; 15; 20\} \setminus \{1; 15\}$ k) $\{4; 7; 10; 13\} \setminus \{3; 6\}$ l) $\{4; 8\} \setminus \{1; 4; 8; 10\}$
m) $\{3; 4; 5\} \cup \{\,\}$ n) $\{3; 4; 5\} \cap \{\,\}$

15. Gegeben sind die folgenden Mengen:
$A = \{4; 7; 10; 13; 16; 19\}$, $B = \{5; 7; 9; 11; 13; 15; 17; 19\}$, $C = \{11; 12; 13; 14; 15\}$.
Bestimmen Sie:

a) $A \cup B$ b) $B \cup A$ c) $A \cap B$
d) $B \cap A$ e) $A \setminus B$ f) $B \setminus A$
g) $A \cup C$ h) $A \cap C$ i) $B \cup C$
j) $B \cap C$ k) $(A \cup B) \cup C$ l) $A \cup (B \cup C)$
m) $(A \cap B) \cap C$ n) $A \cap (B \cap C)$ o) $A \cup (B \cap C)$
p) $(A \cup B) \cap (A \cup C)$ q) $A \cap (B \cup C)$ r) $(A \cap B) \cup (A \cap C)$
s) $(A \cup B) \cap C$

16. Gegeben sind die folgenden Mengen:
$A = \{1; 3; 5; 7\}$, $B = \{1; 2; 3; 5\}$, $C = \{1; 2; 7\}$.
Bestimmen Sie:

a) $A \cap B$ b) $(A \cup B) \cup C$ c) $A \cap (B \cup C)$
d) $A \setminus B$ e) $A \setminus C$ f) $B \setminus A$
g) $B \setminus C$ h) $C \setminus A$ i) $C \setminus B$
j) $A \setminus (B \setminus C)$ k) $A \setminus (B \cup C)$ l) $A \setminus (B \cap C)$
m) $A \cap (B \setminus C)$ n) $(A \cup B) \setminus (A \cup C)$ o) $(A \cup C) \setminus B$
p) $(C \setminus A) \cup B$ q) $(C \setminus B) \setminus A$ r) $(A \cup C) \cap B$

17. Geben Sie die Mengenverknüpfung an, die durch das schraffierte Gebiet dargestellt wird!

**Beispiel:**

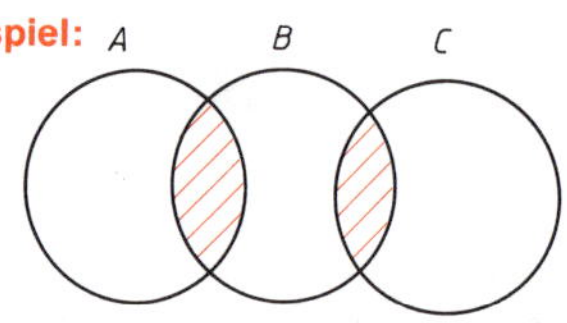


Abb. 1.8

**Lösung:** $(A \cap B) \cup (B \cap C)$

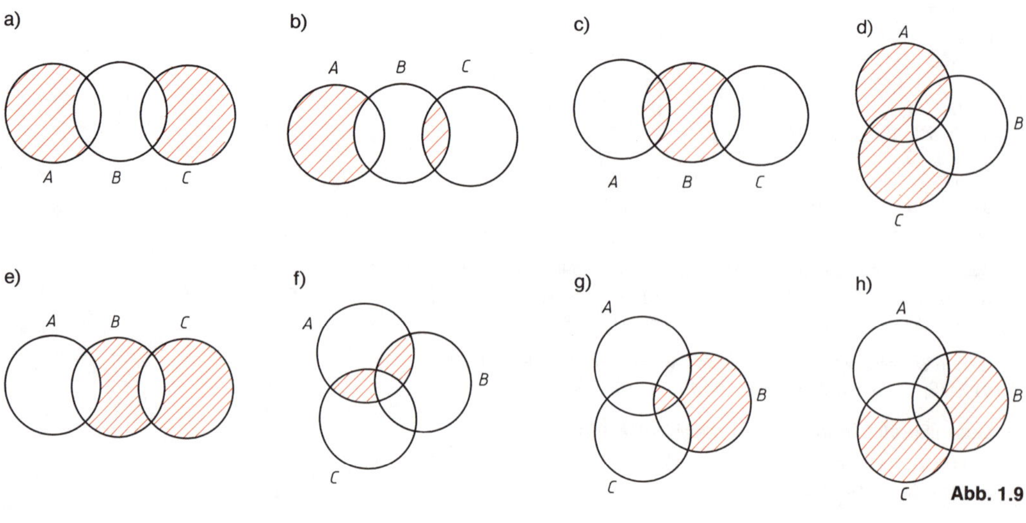


Abb. 1.9

18. Schraffieren Sie jeweils für die beiden Situationen I und II die angegebenen Mengen!

a) $(A \cup B) \cap C$
b) $(A \cap B) \cup C$
c) $A \setminus (B \cup C)$
d) $A \setminus (A \cap C)$
e) $A \cup (B \setminus C)$
f) $A \cap (B \setminus C)$
g) $(B \cap C) \setminus (A \cup C)$
h) $(B \cap C) \setminus (A \cap C)$

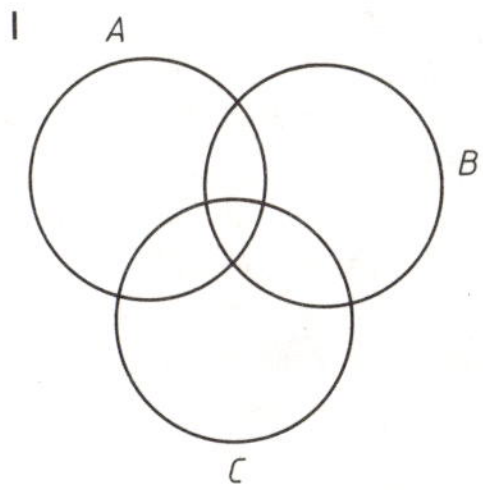


Abb. 1.10

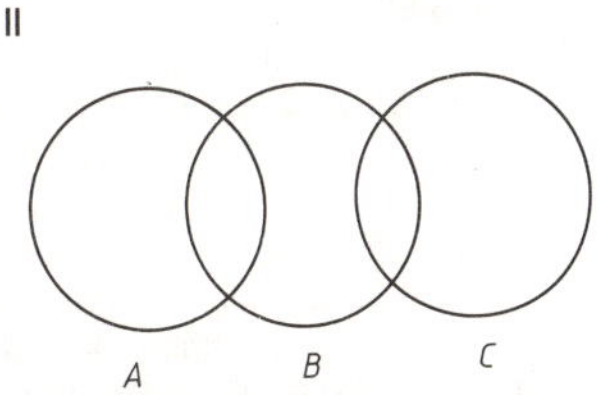


Abb. 1.11

19. **Definition** Ist $N \subseteq M$, so heißt $M \setminus N$ das **„Komplement von $N$ bezüglich $M$"**.

Statt „Komplement" benutzt man auch die Begriffe **„Komplementärmenge"** oder **„Ergänzungsmenge"**.
Für $M \setminus N$ schreiben wir im Falle $N \subseteq M$ auch kurz $\bar{N}$, gelesen: „$N$ quer".

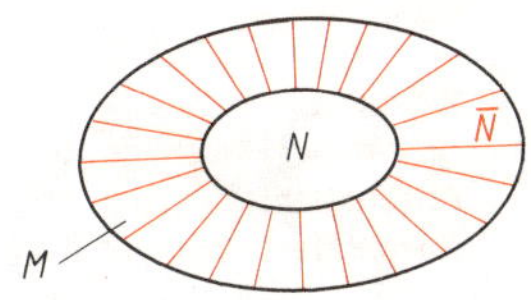


Abb. 1.12

Gegeben sind $M$ und $N$. Bestimmen Sie $\bar{N} = M \setminus N$!
a) $M = \{1; 3; 5; 7; 9; 11\}$, $N = \{9; 11\}$
b) $M = \{2; 3; 5; 7; 11; 13; 17; 19\}$, $N = \{2\}$
c) $M = \{3; 6; 9; 16; 25; 36; 49; 64; 81\}$, $N = \{9; 16; 64\}$
d) $M = \{3; 6; 9; 12; 15; 18; 21; 24; 27\}$, $N = \{3; 9; 27\}$
e) $M = \{1; 2; 4; 8; 16\}$, $N = \{1; 2; 4; 8; 16\}$

20. Wir geben die Menge $G$ als sog. „Grundmenge" vor. Außerdem sei $A \subseteq G$. Bestimmen Sie:

a) $\bar{G} = G \setminus G$ b) $\bar{\emptyset} = G \setminus \emptyset$ c) $\bar{\bar{A}}$
d) $A \cap A$ e) $A \cup A$ f) $A \cap G$
g) $A \cup G$ h) $A \cup \emptyset$ i) $A \cap \emptyset$
j) $A \cup \bar{A}$ k) $A \cap \bar{A}$ l) $A \setminus \bar{A}$

21. Überlegen Sie anhand einer Skizze, daß sowohl $A \cap B = B$ als auch $A \cup B = A$ gleichbedeutend mit $B \subseteq A$ sind!

22. $A$, $B$ seien Teilmengen einer Grundmenge $G$. Vereinfachen Sie:

a) $A \cup (A \cap B)$ b) $A \cap (A \cup B)$
c) $(A \cap B) \cup (A \cap \bar{B})$ d) $(A \cap B) \cap (A \cap \bar{B})$
e) $(A \cup B) \cap (A \cup \bar{B})$ f) $(\overline{\bar{A} \cup \bar{B}})$

23. Belegen Sie durch ein Beispiel, daß das Vertauschungsgesetz $A \setminus B = B \setminus A$ für die Restmengenbildung **nicht** gilt!

24. Welcher Satz ist richtig, welcher falsch?
a) Wenn die Schnittmenge zweier Geraden (in einer Ebene) leer ist, so sind sie parallel.
b) Wenn zwei Geraden parallel sind, so ist ihre Schnittmenge leer.

25. Es gelte: $A \cup B = \emptyset$. Was folgt daraus für $A$ und $B$?

26. Es gelte: $A \cap B = \emptyset$. Folgt daraus $A = \emptyset$ oder $B = \emptyset$?

## Zählaufgaben mit Mengen

**Beispiel:**
Ein Zeitschriftenverlag stellt durch eine Umfrage in 500 Haushalten u.a. fest, welche der drei bekanntesten Rundfunkzeitungen $A$, $B$ und $C$ am meisten gelesen wird: In 22 Haushalten werden alle drei Zeitungen gelesen, in 45 Haushalten die Zeitungen $A$ und $B$, in 29 Haushalten $A$ und $C$ und in 38 Haushalten $B$ und $C$. In 75 Haushalten wird nur die Zeitung $A$ und in 112 Haushalten nur $B$ gelesen. 216 der befragten Haushalte lesen keine dieser drei Rundfunkzeitungen.

a) Wie viele Haushalte lesen die verlagseigene Rundfunkzeitung $C$?
b) Welche Zeitung wird am meisten gelesen?
c) Wie viele Haushalte lesen die Zeitungen $A$ oder $B$, aber nicht $C$?
d) Wie viele Haushalte lesen außer $C$ mindestens noch eine weitere Rundfunkzeitung?

**Lösung:**
1. Schritt:
Wir zeichnen ein Mengendiagramm und tragen die (brauchbaren) Zahlen ein, die wir **ohne Rechnung** unmittelbar dem Text entnehmen können:

| | |
|---|---|
| Gesamtzahl der Haushalte: | 500 |
| alle drei Zeitungen: | 22 |
| nur $A$: | 75 |
| nur $B$: | 112 |
| keine Zeitung: | 216 |

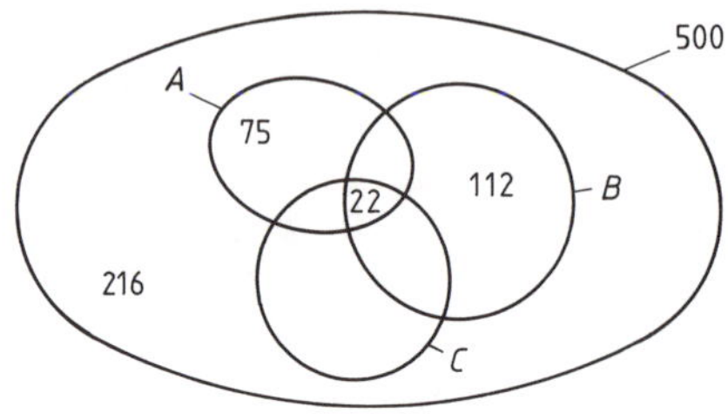


**Abb. 1.13**

2. Schritt:
Anzahl der Haushalte, die $A$ und $B$, aber nicht $C$ lesen: $45 - 22 = 23$
Anzahl der Haushalte, die $A$ und $C$, aber nicht $B$ lesen: $29 - 22 = 7$
Anzahl der Haushalte, die $B$ und $C$, aber nicht $A$ lesen: $38 - 22 = 16$

a) **nur $C$:** $500 - (216 + 75 + 23 + 112 + 7 + 22 + 16) = 500 - 471 = 29$
**$C$ gesamt:** $29 + 7 + 22 + 16 = 74$
Ergebnis: $C$ wird in **74 Haushalten** gelesen.

b) $A$: $75 + 23 + 22 + 7 = 127$ andere Lösung:
$B$: $112 + 16 + 22 + 23 = 173$ $112 > 75$; $16 > 7$
Ergebnis: $B$ wird am meisten gelesen.

c) $75 + 23 + 112 = 210$
Ergebnis: **210 Haushalte** lesen $A$ oder $B$, aber nicht $C$.

d) $7 + 22 + 16 = 45$
Ergebnis: **45 Haushalte** lesen außer $C$ mindestens noch eine weitere Rundfunkzeitung.

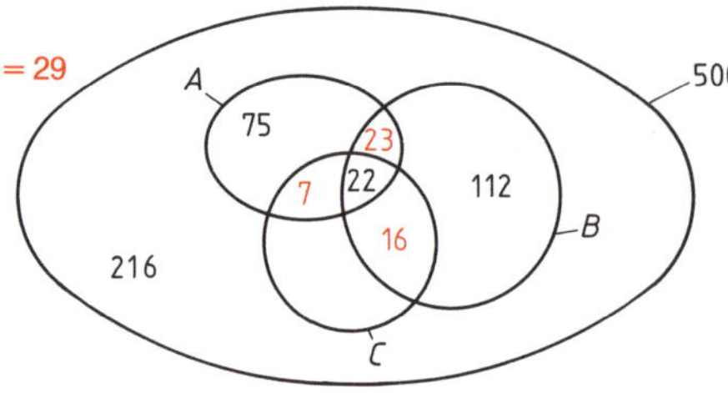


**Abb. 1.14**

27. Von 350 befragten Schülern besitzen 126 einen Fotoapparat und 64 eine Filmkamera; 22 Schüler besitzen beide Geräte. Wie viele Schüler haben weder einen Fotoapparat noch eine Filmkamera?

28. Ein Sportverein hat 198 Mitglieder. Davon spielen 82 Fußball und 56 Basketball, 61 betreiben Leichtathletik. 63 spielen nur Fußball, 37 nur Basketball, und 35 betreiben außer Leichtathletik keine andere Sportart. 2 Mitglieder beteiligen sich an allen 3 Sportarten.
   a) Wie viele Mitglieder treiben sowohl Basketball als auch Fußball (aber nicht Leichtathletik),
   b) wie viele sowohl Basketball als auch Leichtathletik (aber nicht Fußball),
   c) wie viele sowohl Fußball als auch Leichtathletik (aber nicht Basketball),
   d) wie viele Mitglieder sind inaktiv?

29. 150 Kinder eines Kindergartens wurden nach ihren Fahrzeugen befragt. Dabei ergab sich folgendes: 105 Kinder besitzen je ein Ket-Car, 131 Kinder ein Dreirad und 51 Kinder einen Roller. 101 Kinder haben ein Ket-Car und ein Dreirad, 39 ein Dreirad und einen Roller, 15 ein Ket-Car und einen Roller. 15 Kinder besitzen alle drei Fahrzeuge.
   a) Wie viele Kinder besitzen kein Fahrzeug?
   b) Wie viele Kinder besitzen nur ein Fahrzeug?
   c) Wie viele Kinder besitzen mindestens zwei Fahrzeuge?

30. Der Personalliste eines Betriebes ist folgendes zu entnehmen: Der Betrieb hat 142 Beschäftigte. 86 davon sind Männer. 80 fahren täglich mit dem Auto. 64 gehören einer der betriebsinternen Sportgemeinschaften an. 48 Männer fahren mit dem Auto. 15 Männer sind in einer Sportgemeinschaft. Von den Autofahrern sind 41 in einer Sportgemeinschaft. 12 Männer fahren mit dem Auto und sind in einer Sportgemeinschaft.
   a) Wie viele Betriebsangehörige sind Frauen?
   b) Wie viele Betriebsangehörige sind nicht in einer Sportgemeinschaft und fahren auch nicht mit dem Auto?
   c) Wie viele männliche Betriebsangehörige, die mit dem Auto fahren, sind nicht in einer Sportgemeinschaft?
   d) Wie viele Frauen fahren nicht mit dem Auto?

## 1.2 Die Mengen $\mathbb{N}$, $\mathbb{Z}$ und $\mathbb{Q}$

Die Beispiele für Zahlenmengen, die wir bisher betrachtet haben, sind sog. **„endliche Mengen"**, d.h. Mengen mit endlich vielen Elementen. Wir konnten diese Mengen angeben, indem wir jeweils alle ihre Elemente hingeschrieben haben („aufzählende Schreibweise"). Es gibt aber auch unendliche Mengen, z.B. die Menge aller geraden Zahlen, die Menge aller Vielfachen von 3, die Menge aller Primzahlen. Bei unendlichen Mengen helfen wir uns z.B. dadurch, daß wir die Menge mit Worten oder durch mathematische Symbole genau beschreiben („beschreibende Form"). Wie Mengen mit Hilfe mathematischer Symbole kurz in beschreibender Form angegeben werden können, werden wir im Abschnitt 1.3 behandeln.

**Beispiele**

| beschreibende Form | aufzählende Schreibweise |
|---|---|
| die Menge der geraden Zahlen von 2 bis 10 (jeweils einschließlich) | $\{2; 4; 6; 8; 10\}$ |
| die Menge der Primzahlen bis einschließlich 11 | $\{2; 3; 5; 7; 11\}$ |
| die Menge der durch 3 teilbaren Zahlen bis einschließlich 15 | $\{3; 6; 9; 12; 15\}$ |
| die Menge der natürlichen Zahlen bis einschließlich 100 | $\{1; 2; 3; \ldots; 99; 100\}$ |
| die Menge der natürlichen Zahlen | $\{1; 2; 3; \ldots\}$ |
| die Menge der geraden Zahlen | $\{2; 4; 6; 8; 10; \ldots\}$ |

Beim Hinschreiben der Elemente der drei letzten Mengen haben wir uns durch Punkte ... geholfen. Bei der Menge der natürlichen Zahlen bis 100 hätte man noch alle Elemente aufschreiben können. Durch die Punkte haben wir uns jedoch viel Schreibarbeit sparen können; und es dürfte klar sein, welche Menge gemeint ist. Wenn keine Mißverständnisse zu befürchten sind, verwenden wir in Zukunft Punkte ... .

Ein Mißverständnis ist auch bei der Menge $\{1; 2; 3; \ldots\}$, der Menge der natürlichen Zahlen, nicht zu befürchten. Da diese Menge in der Mathematik sehr häufig vorkommt, hat man sogar für sie ein eigenes Zeichen vereinbart: $\mathbb{N}$. (Bei dem lateinischen Großbuchstaben N wird ein zusätzlicher Strich angebracht.)

**Bezeichnung**

$\mathbb{N}$ bezeichnet die Menge der natürlichen Zahlen.

**Beispiele**

$1 \in \mathbb{N}, \quad 5 \in \mathbb{N}, \quad 100 \in \mathbb{N}, \quad 1000000 \in \mathbb{N}.$

Es kommt häufig vor, daß zur Menge $\mathbb{N}$ die Zahl 0 noch hinzugefügt wird. Wir schreiben kurz:

$\mathbb{N}_0 = \mathbb{N} \cup \{0\}$.

In unserem Alltagsleben kommen wir nicht mit Zahlen aus $\mathbb{N}_0$ aus.

**Beispiele**

a) Eine Meldung aus dem Wetterbericht: „In der Nacht werden die Temperaturen bis auf $-15°$ absinken."
b) In einem Atlas steht auf einer Karte der Nilländer unter „Totes M." die Angabe $-393$.

Dies sind Beispiele für **negative** Zahlen. Zu beachten ist, daß bei diesen Zahlen das Minuszeichen als **Vor**zeichen benutzt wird. Das Minuszeichen gebrauchen wir also in zweierlei Bedeutung: zum einen für die Subtraktion, z.B. bei $6-4$; zum anderen als Vorzeichen zum Kennzeichnen negativer Zahlen.

**Beispiel**

$5 - (-3)$

→ Vorzeichen (das zweite Minuszeichen)

→ Subtraktionszeichen (Zeichen für die „Verknüpfung" –) (das erste Minuszeichen)

Wir betrachten noch ein **Beispiel** aus der Mathematik:
Welche Zahl muß man bei der Gleichung

$7 + \square = 3$

in den Kasten $\square$ einsetzen, damit die Gleichung „richtig" ist? Obwohl alle vorkommenden Zahlen (7 und 3) aus $\mathbb{N}_0$ sind, gibt es offensichtlich keine Zahl aus $\mathbb{N}_0$, die beim Einsetzen in den Kasten aus der Gleichung eine wahre Aussage macht. Um eine wahre Aussage zu erhalten, müssen wir in $\square$ die Zahl $-4$ einsetzen. $-4$ ist die sog. **„Gegenzahl** zu 4" (bezüglich der Addition): $4 + (-4) = 0$.

Fügen wir zu $\mathbb{N}_0$ die Gegenzahlen aller natürlichen Zahlen hinzu, erhalten wir die **Menge der ganzen Zahlen**

$\mathbb{Z} = \{\ldots; -3; -2; -1; 0; 1; 2; 3; \ldots\}$.

Wir haben $\mathbb{N}$ über $\mathbb{N}_0$ erweitert zu $\mathbb{Z}$. Es gilt: $\mathbb{N} \subseteqq \mathbb{N}_0 \subseteqq \mathbb{Z}$.
Die hier benutzte Kettenschreibweise (zweimal das Zeichen $\subseteqq$) ersetzt die aufwendigere Schreibweise $\mathbb{N} \subseteqq \mathbb{N}_0$ und $\mathbb{N}_0 \subseteqq \mathbb{Z}$. Diese Kettenschreibweise ist jedoch nur gestattet, weil aus $\mathbb{N} \subseteqq \mathbb{N}_0$ und $\mathbb{N}_0 \subseteqq \mathbb{Z}$ auch $\mathbb{N} \subseteqq \mathbb{Z}$ folgt.

**Bezeichnung**

$\mathbb{Z}$ bezeichnet die Menge der ganzen Zahlen.

Die Menge der ganzen Zahlen reicht aber auch noch nicht aus, um Situationen in Beruf und Alltag zahlenmäßig zu erfassen.

**Beispiele**

a) 1 m nahtloses Rohr $57 \times 2{,}75$ hat eine Masse von 3,68 kg.
b) Die Breite eines Ziegels beträgt 11,5 cm.
c) Eine Flasche Mineralwasser hat einen Inhalt von 0,7 l.
d) Sie kaufen $\frac{1}{8}$ kg Wurst.
e) Sie tanzen im Dreiviertel-Takt.

Die hier vorkommenden Zahlen 2,75; 3,68; 11,5; 0,7; $\frac{1}{8}$ und $\frac{3}{4}$ sind keine ganzen Zahlen. $\frac{1}{8}$ und $\frac{3}{4}$ heißen **Brüche;** statt $\frac{1}{8}$ kann auch 0,125 und statt $\frac{3}{4}$ auch 0,75 geschrieben werden. Andererseits lassen sich 2,75; 3,68; 11,5 und 0,7 auch als Brüche schreiben, z. B. $0{,}7 = \frac{7}{10}$ oder $2{,}75 = \frac{275}{100}$.

Noch ein **Beispiel** aus der Mathematik:
Welche Zahl muß man bei der Gleichung

$2 \cdot \square = 1$

in den Kasten $\square$ einsetzen, damit eine wahre Aussage entsteht?
Gibt es eine ganze Zahl, die verdoppelt 1 ergibt? Offensichtlich nicht!
Der Bruch $\frac{1}{2}$ löst die obige Gleichung, denn es gilt: $2 \cdot \frac{1}{2} = 1$.
Jede Zahl, die sich als Bruch in der Form $\frac{a}{b}$ mit $a \in \mathbb{Z}$ und $b \in \mathbb{Z} \setminus \{0\}$ darstellen läßt, heißt **„rationale Zahl".**

**Weitere Beispiele:**

$\frac{8}{11}$; $\frac{19}{91}$; $6 = \frac{6}{1}$; $-3 = \frac{-3}{1}$; $0 = \frac{0}{1} = \frac{0}{2}$; $\frac{1}{3} = 0{,}\overline{3}$; $\frac{5}{3} = 1{,}\overline{6}$.

Man sagt auch: $0{,}\overline{3}$ (gelesen: „0,3 Periode") ist die Darstellung von $\frac{1}{3}$ als **„Dezimalbruch";** entsprechend ist $1{,}\overline{6}$ die Dezimalbruchdarstellung von $\frac{5}{3}$.

Die Darstellung als Bruch ist nicht eindeutig, $\frac{8}{11}$ läßt sich z. B. auch als $\frac{16}{22}$ darstellen.

**Definition**

Eine **„rationale Zahl“** ist eine Zahl, die sich in der Form $\frac{a}{b}$ mit $a \in \mathbb{Z}$ und $b \in \mathbb{N}$ darstellen läßt.

**Bezeichnung**

$\mathbb{Q}$ bezeichnet die Menge der rationalen Zahlen.

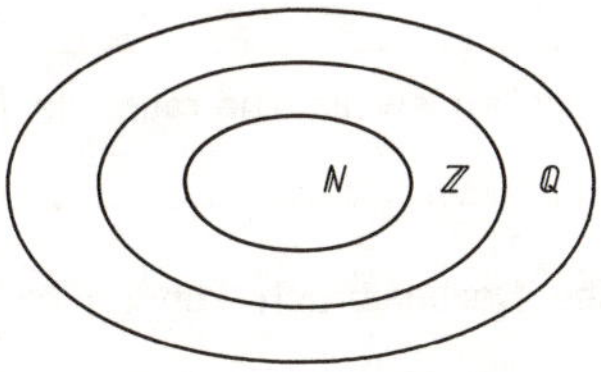


**Abb. 1.15**

Jede ganze Zahl ist auch eine rationale Zahl; denn wenn $c \in \mathbb{Z}$, so läßt sich $c$ in der Form $\frac{c}{1}$ mit $c \in \mathbb{Z}$ und $1 \in \mathbb{N}$ darstellen. Es gilt: $\mathbb{Z} \subseteq \mathbb{Q}$, also $\mathbb{N} \subseteq \mathbb{Z} \subseteq \mathbb{Q}$.

**Satz**

Jede rationale Zahl läßt sich als abbrechender oder als periodischer Dezimalbruch darstellen.

Das bedeutet: Jeder Bruch kann als abbrechender oder als periodischer Dezimalbruch geschrieben werden.

Wir wollen den Satz hier nicht allgemein beweisen, den Inhalt allerdings an zwei **Beispielen** erläutern:

a) $\frac{1}{4} = 1:4$ $\quad 1:4 = 0{,}25;$ $\quad$ also $\frac{1}{4} = 0{,}25$

```
1 : 4 = 0,25
10
 8
 20
 20
  0
```

Die rationale Zahl $\frac{1}{4}$ läßt sich als abbrechender Dezimalbruch (0,25) darstellen. Die Division „geht auf“; die Ziffern hinter 5 sind alle 0.

b) $\frac{1}{7} = 1:7$ $\quad 1:7 = 0{,}\overline{142857}$

```
1 : 7 = 0,142857
10
 7
 30
 28
  20
  14
   60
   56
    40
    35
     50
     49
      1
```

Bei der Division durch 7 können als mögliche Reste auftreten: 0, 1, 2, 3, 4, 5, 6. 0 tritt nicht als Rest auf; sonst ließe sich $\frac{1}{7}$ ja als abbrechender Dezimalbruch darstellen. Alle anderen Reste kommen jedoch vor.

$\frac{1}{7}$ läßt sich als periodischer Dezimalbruch darstellen:

$\frac{1}{7} = 0{,}142857142857\ldots$ (Die Periodenlänge kann höchstens 6 Ziffern betragen, da höchstens 6 verschiedene Reste auftreten.)

Aus dem obigen Satz ergibt sich im übrigen, daß eine Zahl, die sich weder als abbrechender noch als periodischer Dezimalbruch darstellen läßt, nicht rational sein kann.

Denn wäre sie rational, so müßte sie sich nach dem Satz ja entsprechend darstellen lassen. Wir konstruieren eine solche sog. „irrationale" Zahl:

1,01001000100001...

Das Bildungsgesetz dieser Zahl dürfte klar sein: nach einer neuen Ziffer 1 erhöht sich die Anzahl der Nullen jeweils um 1. Mit solchen Zahlen wollen wir uns vorerst nicht beschäftigen. Später werden wir jedoch außer $\mathbb{N}$, $\mathbb{Z}$ und $\mathbb{Q}$ noch andere Zahlenmengen kennenlernen.

Auch die Umkehrung des obigen Satzes gilt:

**Satz**

> Jeder abbrechende und jeder periodische Dezimalbruch stellen jeweils eine rationale Zahl dar.

Das bedeutet: Jeder abbrechende und jeder periodische Dezimalbruch können als Bruch geschrieben werden.

Auch bei diesem Satz wollen wir uns damit begnügen, seinen Inhalt an **Beispielen** zu verdeutlichen:

a) 0,678 ist ein abbrechender Dezimalbruch.

Es gilt:

$0{,}678 = \frac{678}{1000}$; 0,678 läßt sich also in der Form $\frac{a}{b}$ mit $a = 678$ ($\in \mathbb{Z}$) und $b = 1000$ ($\in \mathbb{Z} \setminus \{0\}$) darstellen und ist demnach eine rationale Zahl.

b) $0{,}\overline{25}$ ist ein periodischer Dezimalbruch. Wir versuchen, diesen Dezimalbruch als Bruch in der Form $\frac{a}{b}$ darzustellen. Um die Periode beseitigen zu können, multiplizieren wir $0{,}\overline{25}$ zunächst mit 100 und subtrahieren vom Ergebnis $0{,}\overline{25}$:

$$\begin{array}{r} 25{,}\overline{25} \ (= 0{,}\overline{25} \cdot 100) \\ -\ 0{,}\overline{25} \\ \hline 25 \end{array}$$

Wir haben erhalten:

$100 \cdot 0{,}\overline{25} - 0{,}\overline{25} = 25$, also

$99 \cdot 0{,}\overline{25} = 25$, demnach

$0{,}\overline{25} = \frac{25}{99}$, womit $0{,}\overline{25}$ eine rationale Zahl ist.

c) $9{,}8\overline{135}$ ist ein periodischer Dezimalbruch.

Wir beseitigen die Periode, indem wir folgende Differenz bilden (Ziel: die Differenz soll eine natürliche Zahl werden):

$$\underbrace{9{,}8\overline{135} \cdot 10\,000 - 9{,}8\overline{135} \cdot 10}_{= 9{,}8\overline{135} \cdot (10\,000 - 10) \;=\; 9{,}8\overline{135} \cdot 9990} = \underbrace{98\,135{,}\overline{135} - 98{,}\overline{135}}_{= 98\,037}$$

Wir erhalten: $9{,}8\overline{135} \cdot 9990 = 98\,037$,

also $9{,}8\overline{135} = \frac{98\,037}{9990}$.

$9{,}8\overline{135}$ ist demnach eine rationale Zahl.

(Die Darstellung als Bruch hätte man auch so erhalten können:

$$9{,}8\overline{135} = 98{,}\overline{135} \cdot 0{,}1 = \underbrace{98\frac{135}{999}}_{\text{„gemischter" Bruch}} \cdot 0{,}1 = \frac{98\,037}{999} \cdot \frac{1}{10} = \frac{98\,037}{9990}.)$$

# Aufgaben zu 1.2

1. Schreiben Sie jeweils die Aufgabenstellung ab, und setzen Sie zwischen die Zahlen und die Mengen das richtige Zeichen ein ($\in$ oder $\notin$)!

   a) $3 \quad \mathbb{N}_0$ b) $-7 \quad \mathbb{N}_0$ c) $-5 \quad \mathbb{Z}$
   d) $-1 \quad \mathbb{N}$ e) $0 \quad \mathbb{N}$ f) $4{,}5 \quad \mathbb{Z}$
   g) $\frac{2}{3} \quad \mathbb{Z}$ h) $\frac{1}{8} \quad \mathbb{Q}$ i) $\frac{-100}{3} \quad \mathbb{Q}$
   j) $\frac{7}{-9} \quad \mathbb{Q}$ k) $-\frac{6}{10} \quad \mathbb{Q}$ l) $\frac{-1000}{-7} \quad \mathbb{Q}$
   m) $10{,}3 \quad \mathbb{Z}$ n) $-1000{,}1 \quad \mathbb{Z}$ o) $0{,}\overline{6} \quad \mathbb{Q}$
   p) $13{,}\overline{7} \quad \mathbb{Q}$ q) $3{,}\overline{12} \quad \mathbb{Q}$ r) $2{,}1221222122221\ldots \quad \mathbb{Q}$

2. Beschreiben Sie die folgenden Mengen mit Worten!

   **Beispiel:** $\{2; 4; 6; 8; 10; \ldots\}$ **die Menge der geraden Zahlen**

   a) $\{1; 3; 5; 7; 9; \ldots\}$ b) $\{2; 3; 5; 7; 11; 13; \ldots\}$
   c) $\{3; 4; 6; 8; 12; 14; \ldots\}$ d) $\{-1; -2; -3; -4; \ldots\}$
   e) $\{3; 6; 9; 12; 15; 18; \ldots\}$ f) $\{-2; -4; -6; -8; -10; \ldots\}$
   g) $\{7; 14; 21; 28; \ldots\}$ h) $\{0; 1; -1; 2; -2; 3; -3; \ldots\}$
   i) $\left\{\frac{1}{1}; \frac{1}{2}; \frac{1}{3}; \frac{1}{4}; \frac{1}{5}; \ldots\right\}$ j) $\left\{\frac{3}{1}; \frac{3}{2}; \frac{3}{3}; \frac{3}{4}; \frac{3}{5}; \ldots\right\}$
   k) $\left\{\frac{1}{5}; \frac{2}{5}; \frac{3}{5}; \frac{4}{5}; \frac{5}{5}; \frac{6}{5}; \ldots\right\}$ l) $\left\{-\frac{1}{7}; -\frac{2}{7}; -\frac{3}{7}; -\frac{4}{7}; -\frac{5}{7}; \ldots\right\}$

3. Welche der folgenden Mengen haben endlich viele, welche unendlich viele Elemente?

   a) die Menge aller Menschen, die je gelebt haben
   b) die Menge aller Steine auf der Erde
   c) die Menge aller Sandkörner in der Sahara
   d) die Menge der Atome eines Menschen
   e) die Menge aller Punkte einer Geraden
   f) die Menge aller Punkte, die von einem Punkt den Abstand 3 cm haben
   g) die Menge aller Punkte einer Strecke
   h) die Menge aller Schnittpunkte von 10 (voneinander verschiedenen) Geraden
   i) die Menge aller Geraden im Raum
   j) die Menge aller Geraden in einer Ebene
   k) die Menge aller Geraden in einer Ebene, die durch ein und denselben Punkt gehen
   l) die Menge der Vielfachen von 1000
   m) die Menge der Vielfachen von 1000, die durch 3 teilbar sind
   n) die Menge der Vielfachen von 1000, die durch 101 teilbar sind
   o) die Menge der Vielfachen von 1000, die durch 101 und durch 3 teilbar sind
   p) die Menge aller Teiler von 1 000 000
   q) die Menge der abbrechenden Dezimalbrüche zwischen 0 und 1
   r) die Menge der Dezimalbrüche zwischen 0 und 1 mit höchstens zwei Stellen hinter dem Komma
   s) die Menge der Primzahlen

4. $\mathbb{Z}^+$ sei die Menge der positiven ganzen Zahlen;
   $\mathbb{Z}^-$ sei die Menge der negativen ganzen Zahlen.
   $\mathbb{Q}^+$ und $\mathbb{Q}^-$ seien entsprechend definiert.

   Setzen Sie statt $\square$ eines der Zeichen $=$, $\subseteq$ oder $\supseteq$ zwischen die jeweiligen Mengen, so daß eine wahre Aussage entsteht! Überprüfen Sie jeweils, ob es mehrere Möglichkeiten gibt!

   a) $\mathbb{N}_0 \square \mathbb{N}$ b) $\mathbb{Z}^- \square \mathbb{Q}^-$ c) $\mathbb{Q}^+ \square \mathbb{Z}^+$
   d) $\mathbb{Z}^+ \square \mathbb{N}$ e) $\mathbb{Z} \square \mathbb{N}_0$ f) $\mathbb{Q}^+ \square \mathbb{N}$
   g) $\mathbb{Q}^+ \square \mathbb{Q}$ h) $\mathbb{N} \square \mathbb{Q}$ i) $\mathbb{Q} \square \mathbb{Z}$

5. Geben Sie drei Zahlen an, die nicht rational sind!

6. Geben Sie jeweils drei unendliche Teilmengen der angegebenen Menge an!

   a) $\{3; 6; 9; 12; \ldots\}$ b) $\{7; 14; 21; 28; \ldots\}$
   c) $\{10; 100; 1000; 10\,000; \ldots\}$ d) $\{2; 4; 8; 16; 32; \ldots\}$
   e) $\{2; 3; 5; 7; 11; \ldots\}$ f) $\{1; 2; 4; 6; 10; 12; \ldots\}$

7. Geben Sie drei voneinander verschiedene Mengen $A$, $B$, $C$ mit jeweils unendlich vielen Elementen so an, daß $A \subseteqq B \subseteqq C \subseteqq \mathbb{Q}$ gilt und außerdem $C \neq \mathbb{Q}$ ist!

8. Geben Sie jeweils die Komplementärmenge von $M$ bezüglich $\mathbb{Q}$ an (vgl. Aufgabe 19. in 1.1.)!

   a) $M = \mathbb{Q}^+$ b) $M = \mathbb{Q}^-$ c) $M = \{0\}$ d) $M = \mathbb{Q}^+ \cup \{0\} = \mathbb{Q}_0^+$

9. Rechnen Sie im Kopf:

   $5-9$; $-3-4$; $-12+9$; $17-35$; $-44-18$;
   $-90-(-52)$; $30-(-59)$; $-110-(-155)$; $-1001-(-1025)$; $77-130$.

10. Setzen Sie statt $\square$ jeweils eine Zahl so ein, daß eine wahre Aussage entsteht!

    a) $6+\square=4$ b) $12+\square=3$
    c) $\square+1000=-200$ d) $\square+529=310$
    e) $\square-17=-37$ f) $-5-\square=0$
    g) $3\cdot\square=5$ h) $11\cdot\square=9$
    i) $\square\cdot 12=17$ j) $\square\cdot 5=51$
    k) $\square\cdot 3=-\frac{3}{4}$ l) $(-13)\cdot\square=\frac{2}{3}$

11. Begründen Sie, warum folgende Zahlen rational sind!

    a) $\frac{-18}{-19}$ b) $\frac{9}{-17}$ c) $\frac{-12}{-18}$ d) $\frac{-1{,}5}{-30{,}5}$ e) $\frac{12{,}98}{13{,}7}$ f) $\frac{33{,}444}{-17{,}656}$ g) $\frac{0{,}75}{1{,}346}$

12. Stellen Sie jeden der folgenden Brüche als Dezimalbruch dar:

    $\frac{1}{8}$; $\frac{1}{3}$; $\frac{1}{6}$; $\frac{1}{9}$; $\frac{4}{3}$; $\frac{1}{5}$; $\frac{8}{5}$; $\frac{1}{11}$; $\frac{3}{13}$; $\frac{7}{2}$; $\frac{11}{4}$; $\frac{11}{12}$; $\frac{16}{17}$

13. Stellen Sie jeden der folgenden Dezimalbrüche in der Form $\frac{a}{b}$ mit $a \in \mathbb{Z}$ und $b \in \mathbb{Z}\setminus\{0\}$ dar:

    $0{,}12$; $1{,}378$; $12{,}13$; $100{,}007$; $3{,}\overline{3}$; $0{,}\overline{14}$; $0{,}00\overline{10}$; $-10{,}\overline{173}$; $0{,}\overline{03}$; $10{,}\overline{6}$; $-101{,}\overline{01}$; $2{,}7\overline{1828}$; $0{,}\overline{9}$; $-1{,}\overline{9}$; $0{,}0\overline{9}$.

14. Bestätigen Sie anhand folgender Beispiele, daß die Summe, die Differenz, das Produkt und der Quotient zweier rationaler Zahlen rational sind (beim Quotienten unter der Voraussetzung, daß der Divisor $\neq 0$ ist).

    **Beispiel:** $\frac{2}{3}+\frac{1}{4}=\frac{8}{12}+\frac{3}{12}=\frac{11}{12}$

    Da $\frac{11}{12} \in \mathbb{Q}$ $(11 \in \mathbb{Z},\ 12 \in \mathbb{N})$, ist die Summe $\frac{2}{3}+\frac{1}{4}$ rational.

    a) $\frac{1}{7}+\frac{3}{5}$ b) $\frac{6}{5}-\frac{7}{12}$ c) $\frac{2}{9}-\frac{5}{7}$ d) $\frac{8}{11}\cdot\frac{7}{9}$
    e) $\frac{-13}{5}\cdot\frac{5}{9}$ f) $\frac{9}{5}:\frac{6}{13}$ g) $\frac{2}{-3}:\frac{17}{-7}$

15. Will man die Ziffernfolge der Periode in der Dezimalbruchentwicklung für $\frac{1}{19}$ erhalten, so kann man (schneller als handschriftliches Rechnen!) mit einem 8stelligen Taschenrechner folgendermaßen vorgehen:

    $1 = 0 \cdot 19 + 1$
    $1\,000\,000 = 052\,631 \cdot 19 + 11$
    $11\,000\,000 = 578\,947 \cdot 19 + 7$
    $7\,000\,000 = 368\,421 \cdot 19 + 1$

    erforderliche Rechnungen:
    $1\,000\,000 : 19 = 52\,631, \ldots$ (Achtung: vor 5 die Ziffer 0 einschieben);
    $1\,000\,000 - 52\,631 \cdot 19 = 11$

    Ergebnis: $1:19 = 0{,}\overline{052\,631\,578\,947\,368\,421}$

    Ermitteln Sie in ähnlicher Weise die Ziffernfolge der Periode in der Dezimalbruchentwicklung für

    a) $\frac{1}{17}$, b) $\frac{1}{23}$, c) $\frac{1}{29}$, d) $\frac{1}{31}$.

## 1.3 Variable, Terme

Wir haben bisher bereits Zeichen wie □ oder $a$, $b$ benutzt. In diese Zeichen konnten wir Elemente (genauer: Namen von Elementen) einer vorgegebenen Menge, z.B. aus $\mathbb{N}$, $\mathbb{Z}$ oder $\mathbb{Q}$ einsetzen. Die Zeichen □, $a$, $b$ usw. nennt man auch „Leerstellen", „Platzhalter" oder **„Variable".** Wir verwenden im folgenden den Begriff „Variable". Variable bezeichnen wir in der Regel mit kleinen lateinischen Buchstaben, z.B. mit $x$, $y$, $z$; wenn es üblich ist, verwenden wir jedoch auch Großbuchstaben, z.B. $U$ für Spannungen, $I$ für Stromstärken usw. Erwähnen wir im einzelnen nicht, welche Menge vorgegeben sein soll, so ist zunächst immer $\mathbb{Q}$ als sog. **„Grundmenge"** zu nehmen. D.h. wir können für jede auftretende Variable irgendein Element aus $\mathbb{Q}$ einsetzen. Kommt z.B. der „Rechenausdruck" $2 \cdot x + 7$ vor, so können wir für $x$ irgendeine rationale Zahl einsetzen. Für die folgenden rationalen Zahlen erhalten wir:

| $x$ | $2 \cdot x + 7$ |
|---|---|
| 1 | $2 \cdot 1 + 7 = 9$ |
| −3 | $2 \cdot (-3) + 7 = 1$ |
| 0 | $2 \cdot 0 + 7 = 7$ |
| $\frac{1}{2}$ | $2 \cdot \frac{1}{2} + 7 = 8$ |
| 1,7 | $2 \cdot 1{,}7 + 7 = 3{,}4 + 7 = 10{,}4$ |
| 1000 | $2 \cdot 1000 + 7 = 2007$ |

$2 \cdot x + 7$ nennt man auch einen **„Term".** Den Aufbau dieses Terms können wir uns, ausgehend von der Variablen $x$, mit Hilfe eines Pfeilbildes veranschaulichen:

Die Variable $x$ wird also zunächst mit 2 multipliziert (Punktrechnung vor Strichrechnung!), und zu dem Produkt wird 7 addiert. Allgemein versteht man unter „Termen" Zahlzeichen, Zahlenvariable und sinnvolle Aneinanderreihungen von Zahlen, Variablen und Rechensymbolen.

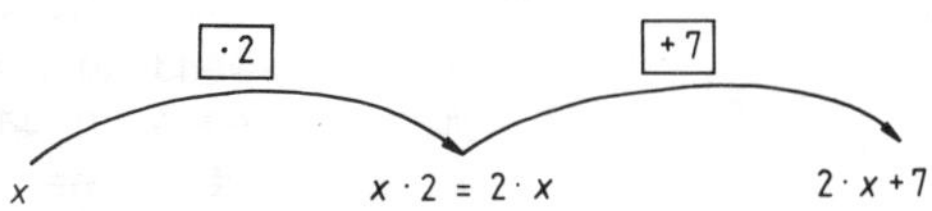


**Abb. 1.16**

Im folgenden ist zusammengestellt, was wir alles unter dem Begriff „Term" erfassen wollen:

**1.** Alle Zahlzeichen (Namen für Zahlen aus $\mathbb{Q}$ oder aus anderen Zahlenmengen, die wir noch kennenlernen werden) sind Terme.

**Beispiele** $7;\ 0;\ -9;\ 1000;\ 3{,}7;\ -3{,}14;\ \frac{2}{3}$

**2.** Alle Variable sind Terme.

**Beispiele** $x, y, a, b, U, I.$

**3.** Sind $T_1$ und $T_2$ Terme, so sind auch $T_1 + T_2$, $T_1 - T_2$, $T_1 \cdot T_2$ und $T_1 : T_2$ Terme.

**Beispiele** $x + 3;\ x - y;\ 7 \cdot y;\ 5 : x;\ \frac{4 \cdot x}{1{,}7 \cdot y};\ \frac{11 + x}{y - 3}.$

**4.** Werden in die Variablen eines Terms Terme eingesetzt, so entsteht wiederum ein Term.

**Beispiel** Setzen wir in den Term $x + 7 \cdot y$ für $x$ den Term $3 \cdot z - 5$ und für $y$ den Term $\frac{2}{a}$ ein, so erhalten wir den Term $3 \cdot z - 5 + 7 \cdot \frac{2}{a}$ oder $3 \cdot z - 5 + \frac{14}{a}$.

**Gegenbeispiele (keine Terme):**
$a + \cdot 3$ (die Zeichen + und · dürfen in dieser Reihenfolge nicht aufeinanderfolgen);
$3 + - 7$ (aus dieser Zeichenfolge wird erst ein Term, wenn wir zusätzlich um $-7$ Klammern setzen: $3 + (-7) = -4$; $3 + (-7)$ ist also nur ein anderer Name für den Term oder die Zahl $-4$).

Nach der obigen Erklärung ist $\frac{a}{0}$ ein Term. Wir wissen jedoch, daß die Division durch 0 nicht gestattet ist. Warum nicht?

Nehmen wir an, $\frac{a}{0}$ wäre gleich $b$. Dann müßte $a = 0 \cdot b$, also $a = 0$ sein. Für $a \neq 0$ ist also $\frac{a}{0}$ nicht definiert.

Wir müssen noch den Fall $\frac{0}{0}$ untersuchen. Die Setzungen $\frac{0}{0} = 1$ und auch $\frac{0}{0} = 2$ widersprechen nicht der Tatsache, daß die Division die Umkehroperation zur Multiplikation ist. Da wir jedoch nun $\frac{0}{0}$ gleich einer jeden (rationalen) Zahl setzen können, ist das Ergebnis der Division 0 : 0 nicht mehr eindeutig bestimmt. Die Eindeutigkeit des Verknüpfungsergebnisses wird jedoch für jede Grundrechenart gefordert.

Mit Variablen lassen sich Mengen in beschreibender Form kürzer schreiben. (Das Zeichen $<$ setzen wir als bekannt voraus.)

**Beispiele**

a) Die Menge der natürlichen Zahlen bis einschließlich 100 können wir kurz so schreiben:
$\{x \in \mathbb{N} \mid x < 101\}$ (gelesen: „Menge aller $x$ aus $\mathbb{N}$, für die gilt: $x$ kleiner als 101")
oder
$\{x \mid x < 101\}_{\mathbb{N}}$ (hierbei schreibt man das Zeichen für die Grundmenge als Index rechts unten neben die letzte Klammer).

Bei der Verwendung des Zeichens $\leqq$ (gelesen: „kleiner oder gleich", kurz: „kleiner gleich") können wir diese Menge auch so schreiben:
$\{x \in \mathbb{N} \mid x \leqq 100\}$ oder $\{x \mid x \leqq 100\}_{\mathbb{N}}$
$x \leqq 100$ bedeutet dabei: $x$ ist entweder (echt) kleiner als 100 oder gleich 100.
Noch kürzer kann man die Menge so schreiben: $\mathbb{N}^{\leqq 100}$

b) Die Menge der ganzen Zahlen zwischen $-50$ und 1000:
$\{x \mid -50 \leqq x \leqq 1000\}_{\mathbb{Z}}$

c) Die Menge der positiven rationalen Zahlen bis 2,4:
$\{x \mid 0 < x \leqq 2{,}4\}_{\mathbb{Q}} = \{x \mid x \leqq 2{,}4\}_{\mathbb{Q}^+}$

Nun können wir auch (in 1.1. angegebene) Definitionen für Begriffe aus der Mengenlehre kürzer fassen:
$M \cup N = \{x \mid x \in M \text{ oder } x \in N\}$
$M \cap N = \{x \mid x \in M \text{ und } x \in N\}$
$M \setminus N = \{x \mid x \in M \text{ und } x \notin N\}$

Um die hier angegebenen Mengenverknüpfungen ausschließlich mit Symbolen (ohne Worte) schreiben zu können, fehlen noch Zeichen für die Worte **„oder"** und **„und"**. Dazu verwenden wir die logischen Symbole $\vee$ für **„oder"** und $\wedge$ für **„und"**. Wir können also jetzt schreiben:

**Merksatz**

$M \cup N = \{x \mid x \in M \vee x \in N\}$

Beide Zeichen $\cup$ und $\vee$ sind nach oben geöffnet.

$M \cap N = \{x \mid x \in M \wedge x \in N\}$

Beide Zeichen $\cap$ und $\wedge$ sind nach unten geöffnet.

$M \setminus N = \{x \mid x \in M \wedge x \notin N\}$

Im nächsten Abschnitt werden wir uns noch weiter mit den Zeichen $\wedge$ und $\vee$ beschäftigen.

# Aufgaben zu 1.3

1. Übertragen Sie die folgende Tabelle in Ihr Heft, und füllen Sie sie aus!

| $x$ | $2{,}5-3\cdot x$ | $6\cdot x-2{,}3$ | $-4-5\cdot x$ |
|---|---|---|---|
| 0 | –?– | –?– | –?– |
| 1 | –?– | –?– | –?– |
| 2 | –?– | –?– | –?– |
| 3 | –?– | –?– | –?– |
| –1 | –?– | –?– | –?– |
| –2 | –?– | –?– | –?– |
| –3 | –?– | –?– | –?– |
| 0,5 | –?– | –?– | –?– |
| 1,5 | –?– | –?– | –?– |

2. Berechnen Sie für $a=-1,\quad b=1,\quad c=2,\quad d=3$:
   a) $a+b+c-d$
   b) $a+c-5\cdot b$
   c) $4\cdot a+3\cdot b-c$
   d) $a\cdot b+c\cdot d-a\cdot d$
   e) $\frac{2}{3}\cdot(a+b)-\frac{4}{5}\cdot(c-d)$
   f) $3\cdot a+7\cdot(b-c)-8\cdot(d-a)$
   g) $a\cdot b\cdot c-c\cdot d$

3. Veranschaulichen Sie jeweils den Aufbau des Terms durch ein Pfeilbild!
   a) $3\cdot x-5$
   b) $\frac{x}{2}+1{,}5$
   c) $\frac{4\cdot x-5}{3{,}5}$
   d) $(1{,}7\cdot x+3)\cdot 5$

4. Entscheiden Sie, ob es sich im folgenden um Terme oder nicht um Terme handelt:
   a) $17$
   b) $0$
   c) $-1000{,}1$
   d) $a$
   e) $x$
   f) $7\cdot x$
   g) $3\cdot 7\cdot x$
   h) $3+\cdot 4$
   i) $(-3)+4\cdot -44+:2$
   j) $\frac{16}{0}$
   k) $\frac{0}{a}$
   l) $\frac{0}{0}$
   m) $\frac{28}{x-4}$
   n) $\frac{100\cdot:5}{x-y}$
   o) $\frac{\frac{3}{16}-\frac{5}{9}}{23-x}$
   p) $:9+x$
   q) $\cdot 5-x\cdot y$
   r) $-z-:52$

5. Ersetzen Sie $a$ durch $3\cdot x+y$ und $b$ durch $y-2\cdot z$, und berechnen Sie:
   a) $a+b$
   b) $a-b$
   c) $2\cdot a+3\cdot b$
   d) $-5\cdot a+\frac{1}{2}\cdot b$
   e) $x-a$
   f) $y-b$
   g) $22\cdot x+3\cdot a+4\cdot b+2\cdot y+z$

6. Setzen Sie in die folgenden Terme für $x$ den Term $5\cdot a-4$ und für $y$ den Term $-3\cdot b+8$ ein, und vereinfachen Sie die neu entstehenden Terme!
   a) $x+3\cdot y$
   b) $5\cdot x-7\cdot y$
   c) $\frac{x}{y-8}$
   d) $\frac{3\cdot x+0{,}5}{4\cdot y-9}$
   e) $\frac{x+3\cdot y}{5\cdot x-7\cdot y}$
   f) $\frac{1000\cdot x-2000}{-50\cdot x+100\cdot y}$

7. Beschreiben Sie die folgenden Mengen (mit mathematischen Symbolen) so kurz wie möglich:

   **Beispiel:** die Menge aller natürlichen Zahlen, die größer als 70 sind:
   $\{x \mid x>70\}_{\mathbb{N}}$ oder $\mathbb{N}^{>70}$

   a) die Menge aller natürlichen Zahlen kleiner als 100
   b) die Menge aller ganzen Zahlen größer als –7
   c) die Menge aller positiven ganzen Zahlen kleiner oder gleich 150
   d) die Menge aller natürlichen Zahlen zwischen 70,5 und 170,5
   e) die Menge aller ganzen Zahlen zwischen –10 und 8
   f) die Menge aller rationalen Zahlen zwischen 1 und 3, die keine natürlichen Zahlen sind
   g) die Menge aller nicht-negativen rationalen Zahlen
   h) die Menge aller nicht-positiven rationalen Zahlen
   i) die Menge aller Primzahlen, die gerade sind
   j) die Menge aller Primzahlen, die nicht gerade sind

8. Geben Sie folgende Mengen in aufzählender Form an:

a) $\{x \in \mathbb{N} \mid x > 20 \wedge x \leqq 31\}$
b) $\{x \in \mathbb{Z} \mid -3 < x \leqq 4\}$
c) $\{x \in \mathbb{N} \mid x < 100 \wedge x \text{ ist Quadratzahl}\}$
d) $\{x \in \mathbb{N} \mid x < 50 \wedge x \text{ ist Vielfaches von } 6\}$
e) $\{x \mid x > 5 \wedge x \text{ ist Teiler von } 81\}$
f) $\{x \mid x < 70 \wedge x \text{ ist Vielfaches von } 7 \wedge x \text{ ist Vielfaches von } 2\}$
g) $\{x \mid x < 0 \wedge x > 0\}_{\mathbb{Q}}$
h) $\{x \mid x \leqq 0 \wedge x > -2\}_{\mathbb{Z}}$
i) $\{x \mid -5 < x \leqq 0\}_{\mathbb{Z}}$
j) $\{x \mid x < 7 \wedge x \geqq 6\}_{\mathbb{Z}}$

9. Bestimmen Sie:

a) $\{x \mid x > 7\}_{\mathbb{N}} \cup \{x \mid x \geqq 4\}_{\mathbb{N}}$
b) $\{x \mid x < 100\}_{\mathbb{N}} \cup \{x \mid x \leqq 70\}_{\mathbb{N}}$
c) $\{x \mid x < 0\}_{\mathbb{Z}} \cup \{x \mid x > 0\}_{\mathbb{Z}}$
d) $\{x \mid x < 1\}_{\mathbb{Q}} \cup \{x \mid x \geqq -1\}_{\mathbb{Q}}$
e) $\{x \mid x < -2\}_{\mathbb{Q}} \cup \{x \mid x \leqq -1\}_{\mathbb{Q}}$
f) $\{x \mid x > 0\}_{\mathbb{Q}} \cup \{x \mid x \geqq -7{,}5\}_{\mathbb{Q}}$
g) $\{x \mid x < 0\}_{\mathbb{Q}} \cap \{x \mid x \leqq 2\}_{\mathbb{Q}}$
h) $\{x \mid x < -2\}_{\mathbb{Q}} \cap \{x \mid x \geqq -3\}_{\mathbb{Q}}$
i) $\{x \mid x < 1\}_{\mathbb{Q}} \cap \{x \mid x \geqq -2\}_{\mathbb{Q}}$
j) $\{x \mid x < 0\}_{\mathbb{Z}} \cap \{x \mid x \geqq 0\}_{\mathbb{Z}}$
k) $\{x \mid x < 100\}_{\mathbb{N}} \cap \{x \mid x \geqq 70\}_{\mathbb{N}}$
l) $\{x \mid x > 8\}_{\mathbb{N}} \cap \{x \mid x \geqq 5\}_{\mathbb{N}}$

10. Bestimmen Sie $\bar{M}$ (das Komplement von $M$) bezüglich $\mathbb{Q}$ (vgl. Aufgabe 19 im Abschnitt 1.1.)!

a) $M = \{x \mid x > 0\}_{\mathbb{Q}}$
b) $M = \{x \mid x \leqq -1\}_{\mathbb{Q}}$
c) $M = \{x \mid x > 7 \wedge x < 10\}_{\mathbb{Q}}$
d) $M = \{x \mid x < -1 \wedge x > 2\}_{\mathbb{Q}}$
e) $M = \{x \mid x > 6 \vee x < -6\}_{\mathbb{Q}}$
f) $M = \{x \mid x \leqq 7 \vee x \geqq 9\}_{\mathbb{Q}}$
g) $M = \{x \mid x \neq 5 \wedge x \geqq 5\}_{\mathbb{Q}}$
h) $M = \{x \mid x < 0 \vee x \geqq 2\}_{\mathbb{Q}}$

11. Addiert man zu einer Zahl das Vierfache dieser Zahl, so erhält man das Fünffache der Zahl. Beschreiben Sie das möglichst kurz!

12. Bei einem Fußballspiel kosten Karten für Erwachsene 10 DM, für Kinder 5 DM. Wieviel DM betragen die Einnahmen, wenn $x$ Erwachsene und $y$ Kinder zuschauen?

## 1.4 Aussagen, Aussagenverknüpfungen

Das Wort „Aussage" haben wir bisher im umgangssprachlichen Sinne benutzt. Wir wollen nun den Begriff „Aussage" genauer fassen:

**Merksatz**

Unter einer **„Aussage"** versteht man einen Satz, für den die Frage sinnvoll ist, ob er wahr (richtig) oder falsch ist.

**Beispiele** **für wahre Aussagen:**

**1.** Rom ist die Hauptstadt Italiens.
**2.** 4 ist ein Teiler von 12.
**3.** $7 + 4 = 18 - 7$
**4.** $3 < 5$

**Beispiele** **für falsche Aussagen:**

**1.** Der Rhein fließt in die Ostsee.
**2.** 12 ist eine Primzahl.
**3.** $2\,\text{t} = 200\,\text{kg}$
**4.** $0 \cdot 3 = 3$
**5.** $7 > 7$

Es gibt natürlich auch Sätze, die im obigen Sinne keine Aussagen sind, z. B.:
– 5 ist wichtiger als 7.
– Welcher Verein wurde 1980/81 Deutscher Fußballmeister bei den Profis?
– Schließen Sie bitte das Fenster!

(Z. B. alle Frage- und Ausrufesätze sind keine Aussagen.)

Aussagen können verneint werden. Die Durchführung der „Verneinung" heißt auch **„Negation"**.

**Beispiel**

$A$ sei ein Zeichen für die Aussage „Der Rhein fließt in die Ostsee".

Dann ist $\neg A$ (gelesen: „nicht $A$") ein Zeichen für die Aussage „Der Rhein fließt nicht in die Ostsee".

In diesem Beispiel ist $\neg A$ eine wahre Aussage, da $A$ falsch ist.

Allgemein erhalten wir die folgende

**Definition**

> $\neg A$ ist genau dann wahr, wenn $A$ falsch ist.

Diese Definition läßt sich mittels einer sog. **„Wahrheitswertetafel"** auch so fassen (*w* steht dabei für „wahr", *f* für „falsch"):

| $A$ | $\neg A$ |
|---|---|
| *w* | *f* |
| *f* | *w* |

Die Zeichen $\wedge$ (für „und") und $\vee$ (für „oder"), mit denen sich Aussagen verknüpfen lassen, kennen wir bereits.

**Definition**

> $A \wedge B$ ist genau dann wahr, wenn sowohl $A$ als auch $B$ wahr sind.

**Wahrheitswertetafel:**

| $A$ | $B$ | $A \wedge B$ |
|---|---|---|
| *w* | *w* | *w* |
| *w* | *f* | *f* |
| *f* | *w* | *f* |
| *f* | *f* | *f* |

Die Verknüpfung zweier Aussagen durch $\wedge$ heißt **„Konjunktion"**.

**Beispiel**

4 ist ein Teiler von 12. $\wedge$ Der Rhein fließt in die Ostsee. (*f*)

**Definition**

> $A \vee B$ ist genau dann falsch, wenn sowohl $A$ als auch $B$ falsch sind.

**Wahrheitswertetafel:**

| $A$ | $B$ | $A \vee B$ |
|---|---|---|
| *w* | *w* | *w* |
| *w* | *f* | *w* |
| *f* | *w* | *w* |
| *f* | *f* | *f* |

Die Verknüpfung zweier Aussagen durch $\vee$ heißt **„Adjunktion"** (oder auch „Disjunktion").

Beachten Sie: $A \vee B$ ist auch dann noch wahr, wenn genau eine der beiden Aussagen $A$, $B$ falsch ist.

**Beispiel** $3 < 5 \vee 0 \cdot 3 = 3$ ($w$)

Wir wollen noch eine weitere Aussagenverknüpfung kennenlernen: $A \rightarrow B$ (gelesen: **„wenn *A*, so *B*“**).

**Beispiel** Ein Vater verspricht seiner Tochter: „Wenn Du die nächste Mathematikarbeit ‚sehr gut‘ schreibst, (so) erhältst Du von mir mindestens 5 DM.“
Der Vater lügt nur in folgendem Falle: Die Tochter schreibt die Mathematikarbeit ‚sehr gut‘, und er gibt ihr nicht mindestens 5 DM.

**Definition**

> $A \rightarrow B$ ist genau dann falsch, wenn $A$ wahr und $B$ falsch ist.

**Wahrheitswertetafel:**

| $A$ | $B$ | $A \rightarrow B$ |
|---|---|---|
| $w$ | $w$ | $w$ |
| $w$ | $f$ | $f$ |
| $f$ | $w$ | $w$ |
| $f$ | $f$ | $w$ |

Die Verknüpfung zweier Aussagen durch $\rightarrow$ heißt **„Subjunktion“**.

Beachten Sie: Zwei Aussagen können durch $\rightarrow$ auch dann verknüpft werden, wenn sie inhaltlich nichts miteinander zu tun haben.

**Beispiel** $0 \cdot 3 = 3 \rightarrow$ Der Rhein fließt in die Ostsee. ($w$)

Um Klammern zu sparen, **vereinbaren** wir noch:
$\neg$ bindet enger als alle anderen Zeichen. $\wedge$ und $\vee$ binden enger als $\rightarrow$.

# Aufgaben zu 1.4

1. Welche der folgenden Sätze sind Aussagen?
   a) Der Mond ist groß.
   b) Die Erde dreht sich um sich selbst.
   c) Der nächste Winter kommt bestimmt.
   d) Wie wird morgen das Wetter?
   e) Alle Vögel bauen sich ein Nest.
   f) Wie viele Tierarten gibt es?
   g) 13 ist eine Unglückszahl.
   h) Wie viele Bruchzahlen gibt es, die kleiner als $\frac{1}{1000}$ sind?
   i) Bilde die Summe von $\frac{1}{2}$ und $-\frac{1}{2}$!
   j) Das Produkt von 3 und $\frac{1}{3}$ ist 0.

2. Bilden Sie jeweils selbst fünf Sätze, die
   a) Aussagen, b) keine Aussagen sind!

3. Welche der folgenden Aussagen sind wahr, welche sind falsch?
   a) In Deutschland steht die Sonne im Juni am höchsten.
   b) Der 1. Weihnachtsfeiertag fällt im Jahre 2000 auf einen Sonntag.
   c) Alle roten Pilze sind giftig.
   d) Es gibt Fische, die auch fliegen können.
   e) Alle Vierbeiner haben Hufe.
   f) Nur ungerade Zahlen können Primzahlen sein.
   g) Das Quadrat einer Zahl ist immer größer als die Zahl selbst.
   h) Es gibt keine größte natürliche Zahl.
   i) Es gibt keine Bruchzahl zwischen $\frac{1}{11}$ und $\frac{1}{10}$.

   Begründen Sie Ihre Ergebnisse für f) bis i)!

4. Ersetzen Sie jeweils die Leerstelle, so daß eine wahre Aussage entsteht!
   a) □ ist ein Nebenfluß der Donau.
   b) □ war schon zweimal Fußball-Weltmeister.
   c) □ ist keine ganze Zahl.
   d) □ ist kleiner als $-10$.
   e) □ liegt zwischen 0,01 und 0,1.
   f) □ ist weder eine gerade Zahl noch eine Primzahl.
   g) □ ist durch 3 und durch 4 teilbar.
   h) 25 ist kleiner als das Quadrat von □.

5. Welche der folgenden Sätze sind wahr, welche falsch?
   a) Paris liegt am Rhein, oder Beckenbauer ist ein Fußballspieler.
   b) Die Erde ist ungefähr eine Kugel, und München liegt an der Isar.
   c) Der höchste Berg der Erde ist über 9 km hoch, oder der Kölner Dom steht in Aachen.
   d) Die Bundesrepublik Deutschland hat über 50 000 000 Einwohner, und Helsinki ist die Hauptstadt Finnlands.
   e) Die Sonne dreht sich um die Erde, oder die Erde dreht sich um die Sonne.
   f) Udo Jürgens ist ein Filmschauspieler, und Freiburg liegt in der Schweiz.
   g) $2 \cdot 7 = 14 \wedge 3 \cdot 7 = 20$
   h) $2 \cdot 7 = 14 \vee 3 \cdot 7 = 20$
   i) $6 \cdot 5 = 31 \vee 2 \cdot 10 = 200$
   j) $4 + 5 = 8 \vee 0 \cdot 9 = 0$
   k) 997 ist eine Primzahl, und 318 096 ist eine Quadratzahl.
   l) 99 991 ist die größte Primzahl, oder 35 820 000 000 001 ist durch 7 teilbar.

6. *A* sei ein Zeichen für die Aussage „Alfred ist fleißig". *B* sei ein Zeichen für die Aussage „Bruno ist fleißig". Schreiben Sie die folgenden Aussagen in Symbolform!

   **Beispiel:** Alfred ist faul, und Bruno ist fleißig.
   Symbolform: $\neg A \vee B$

   (Beachten Sie die Vereinbarung am Ende des Lehrtextes von 1.4.!)

   a) Alfred und Bruno sind beide faul.
   b) Es stimmt nicht, daß Alfred faul ist oder Bruno faul ist.
   c) Weder Alfred noch Bruno sind fleißig.
   d) Es ist nicht wahr, daß Alfred und Bruno beide faul sind.

7. Stellen Sie jeweils eine Wahrheitswertetafel auf!

   **Beispiel:** $\neg A \vee B$

   **Wahrheitswertetafel:**

| $A$ | $B$ | $\neg A$ | $\neg A \vee B$ |
|---|---|---|---|
| w | w | f | w |
| w | f | f | f |
| f | w | w | w |
| f | f | w | w |

a) $A \wedge \neg B$ b) $\neg A \vee \neg B$ c) $(A \vee \neg A) \wedge B$
d) $(A \wedge \neg A) \vee B$ e) $(\neg A \wedge B) \vee A$ f) $\neg A \wedge (A \vee B)$
g) $(A \wedge B) \vee (A \vee B)$ h) $\neg[A \vee (B \wedge C)]$ i) $A \wedge \neg(B \vee C)$

8. Bestimmen Sie jeweils den Wahrheitswert!
a) $8 \cdot 7 = 64 \rightarrow 7 \cdot 8 = 64$ b) $(6+5) \cdot 3 = 30 \rightarrow 3 \cdot 11 = 33$ c) $7-4=3 \rightarrow 7+4=3$
d) $7-4=4 \rightarrow 3=4$ e) $5>6 \rightarrow 10>12$ f) $5>6 \rightarrow -5>-6$
g) $0<-1 \rightarrow 0<1$ h) $-1<0 \rightarrow -1>1$

9. Stellen Sie eine Wahrheitswertetafel für $(A \rightarrow B) \wedge (B \rightarrow A)$ auf, und vergleichen Sie Ihre Ergebnisse mit den Wahrheitswerten bei $A \leftrightarrow B$ (siehe unten)! Statt $(A \rightarrow B) \wedge (B \rightarrow A)$ schreibt man kurz:
$A \leftrightarrow B$ (gesprochen: „*A* genau dann, wenn *B*" oder „*A* dann und nur dann, wenn *B*")

**Definition** $A \leftrightarrow B$ ist genau dann wahr, wenn *A* und *B* beide wahr oder beide falsch sind.

**Wahrheitswertetafel:**

| $A$ | $B$ | $A \leftrightarrow B$ |
|---|---|---|
| w | w | w |
| w | f | f |
| f | w | f |
| f | f | w |

Die Verknüpfung zweier Aussagen durch $\leftrightarrow$ heißt **„Bijunktion"** oder **„Bisubjunktion"**.

**Hinweis:** $\wedge$ und $\vee$ binden enger als $\leftrightarrow$.

10. Bestimmen Sie jeweils den Wahrheitswert!
a) $8+5=13 \leftrightarrow 13-5=8$ b) $3 \cdot 3 = 9 \leftrightarrow 4 \cdot 4 = 15$ c) $3:4 = 0{,}75 \leftrightarrow \frac{1}{3} = 0{,}\overline{3}$
d) $\frac{0}{1} = 1 \leftrightarrow \frac{0}{2} = 2$ e) $\frac{3}{7} = 0{,}\overline{3} \leftrightarrow 5 \cdot 0 = 0$

11. *A* sei ein Zeichen für die Aussage „Es regnet". *B* sei ein Zeichen für die Aussage „Der Wind weht".
Schreiben Sie die folgenden Aussagen in Symbolform:
a) Wenn es regnet, dann weht der Wind.
b) Wenn der Wind weht, dann regnet es.
c) Der Wind weht genau dann, wenn es regnet.
d) Wenn der Wind weht, dann regnet es nicht.
e) Es ist nicht wahr, daß der Wind genau dann weht, wenn es nicht regnet.

12. Die beiden folgenden Aussagen werden als wahr angenommen: Hans stößt die Kugel mindestens 12 m weit. Klaus ist der Verlierer.
Welche der folgenden Aussagen sind unter dieser Annahme wahr?
a) Hans stößt die Kugel mindestens 12 m weit, oder Klaus ist der Sieger.
b) Hans stößt die Kugel mindestens 12 m weit, oder Klaus ist der Verlierer.
c) Wenn Hans die Kugel mindestens 12 m weit stößt, so ist Klaus der Verlierer.
d) Dann und nur dann, wenn Hans die Kugel mindestens 12 m weit stößt, ist Klaus der Sieger.
e) Wenn Hans die Kugel mindestens 12 m weit stößt, so ist Klaus der Sieger.

13. Stellen Sie Wahrheitswertetafeln auf, und vergleichen Sie jeweils den Wahrheitswerteverlauf.
a) $A \vee (B \wedge C)$ und $(A \vee B) \wedge (A \vee C)$
b) $A \wedge (B \vee C)$ und $(A \wedge B) \vee (A \wedge C)$
c) $\neg(A \vee B)$ und $\neg A \wedge \neg B$
d) $\neg(A \wedge B)$ und $\neg A \vee \neg B$
e) $\neg A \rightarrow B$ und $\neg A \vee B$
f) $\neg(A \rightarrow B)$ und $\neg A \wedge \neg B$
Was stellen Sie jeweils fest?

14. Stellen Sie Wahrheitswertetafeln auf.
a) $(A \rightarrow B) \leftrightarrow (\neg B \rightarrow \neg A)$
b) $(A \rightarrow B) \leftrightarrow (\neg B \wedge A \rightarrow \neg A)$
c) $(A \rightarrow B) \leftrightarrow (\neg B \wedge A \rightarrow B)$
d) $(A \rightarrow B) \leftrightarrow (\neg B \wedge A \rightarrow C \wedge \neg C)$
e) $(A \rightarrow B) \wedge \neg B \rightarrow \neg A$
f) $(A \rightarrow B) \wedge (B \rightarrow C) \rightarrow (A \rightarrow C)$
g) $(A \rightarrow B) \wedge (A \rightarrow C) \rightarrow (A \rightarrow B \wedge C)$
Was stellen Sie jeweils fest?

## 1.5 Die Zahlengerade

Sie wissen sicherlich schon, daß man sich die ganzen Zahlen – auf einer Geraden angeordnet – in der folgenden Weise veranschaulichen kann:

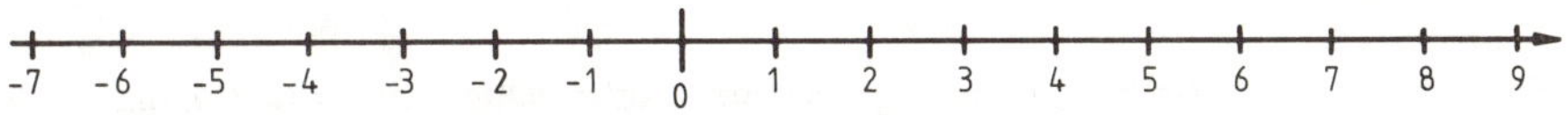


**Abb. 1.17**

Wie in Abb. 1.17 ist jeder ganzen Zahl auf einer Zahlengeraden genau ein Punkt zugeordnet, sobald der sog. „Nullpunkt" (der Punkt, der die Zahl 0 darstellt) und der Abstand zwischen zwei (benachbarte ganze Zahlen darstellenden) Punkten festgelegt sind. Statt vom Abstand zwischen den Punkten spricht man auch vom Abstand zwischen den Zahlen (bei dieser Sprechweise identifiziert man dann Punkte und Zahlen). In Abb. 1.17 ist der Abstand zwischen zwei benachbarten Zahlen 7 mm; dieser Abstand könnte natürlich auch anders gewählt werden.

Auf einer Zahlengeraden liegen die Zahlen von links nach rechts der Größe nach geordnet. Liegt eine Zahl links von einer anderen, so ist sie kleiner als diese. Z. B. ist $-4$ kleiner als $-1$, kurz $-4 < -1$. Statt dessen können wir auch schreiben: $-1 > -4$.

**Weitere Beispiele:** $-6 < 0$; $-2 < 1$; $5 > -5$; $-3 < -2$.

Wo liegen auf der Zahlengeraden diejenigen rationalen Zahlen, die keine ganzen Zahlen sind? In Abb. 1.18 sind einige solche Zahlen eingezeichnet, der Abstand zwischen zwei benachbarten ganzen Zahlen ist dort 2,8 cm.

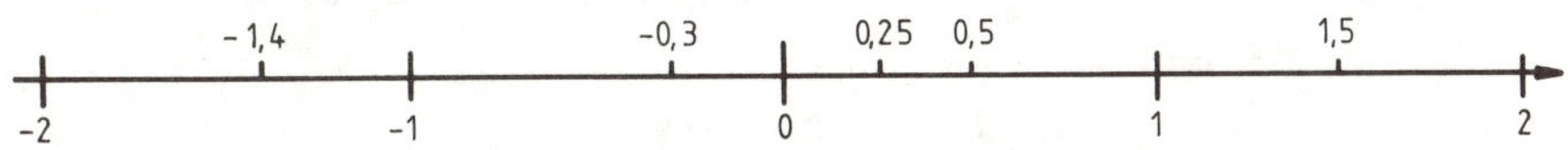


**Abb. 1.18**

Jeder rationalen Zahl ist ein Punkt auf der Zahlengeraden zugeordnet. Das Einzeichnen der zu speziellen Zahlen gehörigen Punkte war bei den Beispielen in Abb. 1.18 noch ziemlich einfach. Dies ist jedoch nicht immer so. Zum einen kann man zu manchen Zahlen gar keine zugehörigen Punkte auf der (gezeichneten) Zahlengeraden eintragen. Z. B. ist es in Abb. 1.18 nicht möglich, die zu 3,5 und $-70$ gehörigen Punkte anzugeben. Dies liegt darin begründet, daß wir nicht in der Lage sind, eine vollständige Zahlengerade zu zeichnen. Wir können immer nur einen Teil (eine Strecke) aufzeichnen. Zum anderen setzt die Zeichengenauigkeit Grenzen. Wir können z. B. in Abb. 1.18 die zu den Zahlen 0,25 und 0,2501 gehörigen Punkte zeichnerisch nicht unterscheiden. Diese beiden Punkte liegen zu „dicht" beieinander.

Wie „dicht" liegen die rationalen Zahlen auf der Zahlengeraden? Wir wollen diese Frage zunächst an einem Beispiel diskutieren: In der Mitte zwischen 0 und 1 liegt die rationale Zahl 0,5; in der Mitte zwischen 0 und 0,5 liegt die rationale Zahl 0,25. Setzen wir dieses Vorgehen entsprechend weiter fort, so kommen wir zu den rationalen Zahlen 0,125; 0,0625; 0,03125 usw. Der Prozeß des Halbierens läßt sich immer weiter fortsetzen. Jedesmal kommt man zu einer neuen rationalen Zahl. Zwischen 0 und der so zuletzt gefundenen rationalen Zahl liegt immer noch eine weitere rationale Zahl.

**Definition**

> Eine geordnete Zahlenmenge $M$ heißt **„dicht"** genau dann, wenn zwischen je zwei Elementen aus $M$ immer noch ein weiteres Element aus $M$ liegt.

**Satz**

> Die Menge $\mathbb{Q}$ ist dicht.

**Beweis:** $a$ und $b$ seien beliebige voneinander verschiedene Elemente aus $\mathbb{Q}$, also zwei rationale Zahlen. Wir können annehmen, daß $a < b$ gilt. (Sollte dies nicht der Fall sein, so brauchen wir $a$ und $b$ nur zu vertauschen.) Es ist zu zeigen, daß zwischen $a$ und $b$ noch ein weiteres Element aus $\mathbb{Q}$ liegt.

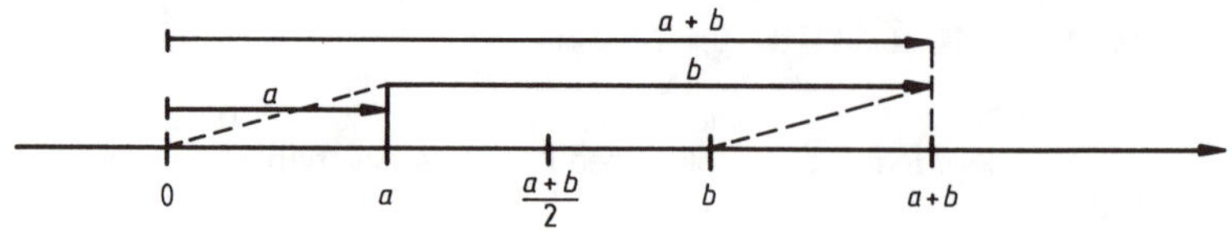


Abb. 1.19

Wir bilden das sog. **„arithmetische Mittel"** aus $a$ und $b$, das ist die Hälfte der Summe von $a$ und $b$, also $\frac{a+b}{2}$.

Wir müssen nun zwei Dinge beweisen:

**1.** $\frac{a+b}{2}$ liegt zwischen $a$ und $b$, also $a < \frac{a+b}{2} < b$.

**2.** $\frac{a+b}{2}$ ist eine rationale Zahl.

Zu **1:** Wegen $a < b$ gilt:
$$a = \frac{a}{2} + \frac{a}{2} < \underbrace{\frac{a}{2} + \frac{b}{2}}_{= \frac{a+b}{2}} < \frac{b}{2} + \frac{b}{2} = b,$$

also $a < \frac{a+b}{2} < b$.

Zu **2:** Da $a$ und $b$ rationale Zahlen sind, lassen sie sich in der folgenden Weise darstellen:
$$a = \frac{a_1}{a_2}; \quad b = \frac{b_1}{b_2} \quad \text{mit} \quad a_1, b_1 \in \mathbb{Z} \quad \text{und} \quad a_2, b_2 \in \mathbb{Z}\setminus\{0\}.$$

Wir bilden $a + b$; es gilt:
$$a + b = \frac{a_1}{a_2} + \frac{b_1}{b_2} = \frac{a_1 \cdot b_2 + b_1 \cdot a_2}{a_2 \cdot b_2},$$

also
$$\frac{a+b}{2} = \frac{a_1 \cdot b_2 + b_1 \cdot a_2}{a_2 \cdot b_2} : 2 = \frac{a_1 \cdot b_2 + b_1 \cdot a_2}{a_2 \cdot b_2} \cdot \frac{1}{2} = \underline{\frac{a_1 \cdot b_2 + b_1 \cdot a_2}{2 \cdot a_2 \cdot b_2}}$$

Der Nenner $2 \cdot a_2 \cdot b_2$ des neuen Bruchs ist aus $\mathbb{Z}\setminus\{0\}$, da 2, $a_2$ und $b_2$ aus $\mathbb{Z}\setminus\{0\}$ sind und das Produkt ganzer Zahlen ($\neq 0$) wieder eine ganze Zahl ($\neq 0$) ist.

Der Zähler $a_1 \cdot b_2 + b_1 \cdot a_2$ des neuen Bruchs ist aus $\mathbb{Z}$, da $a_1 \cdot b_2$ und $b_1 \cdot a_2$ als Produkte ganzer Zahlen wieder ganze Zahlen sind und die Summe zweier Zahlen aus $\mathbb{Z}$ wieder aus $\mathbb{Z}$ ist. $\frac{a+b}{2}$ läßt sich also als Bruch darstellen, bei dem der Zähler aus $\mathbb{Z}$ und der Nenner aus $\mathbb{Z}\setminus\{0\}$ ist. $\frac{a+b}{2}$ ist also aus $\mathbb{Q}$.

Damit ist der Beweis des Satzes vollständig durchgeführt.

In Abb. 1.19 haben wir für den Fall $0 < a < b$ auch $a + b$ auf der Zahlengeraden eingezeichnet. Wie können wir die Addition und Subtraktion rationaler Zahlen an der Zahlengeraden veranschaulichen?

**Beispiele**

a) $3 + 2 = 5$

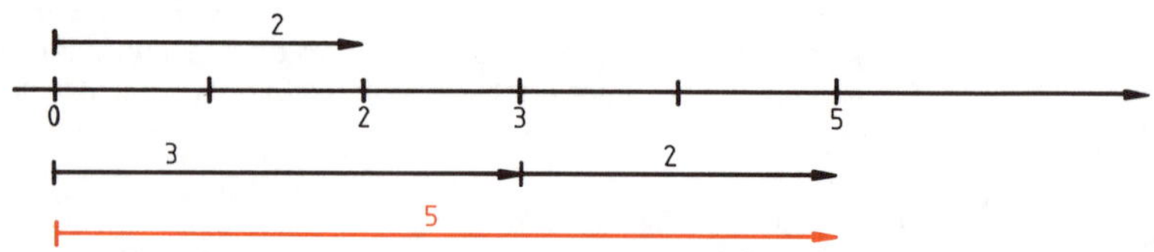


Abb. 1.20

Wir stellen die Zahlen 3 und 2 durch Pfeile dar. Bei der Summe beider Zahlen müssen wir den Anfang des Pfeils der Zahl 2 an die Spitze des Pfeils der Zahl 3 setzen. Der Pfeil von 0 an die Spitze des zweiten Pfeils stellt die Summe 5 dar.

b) $3 + (-2) = 1$

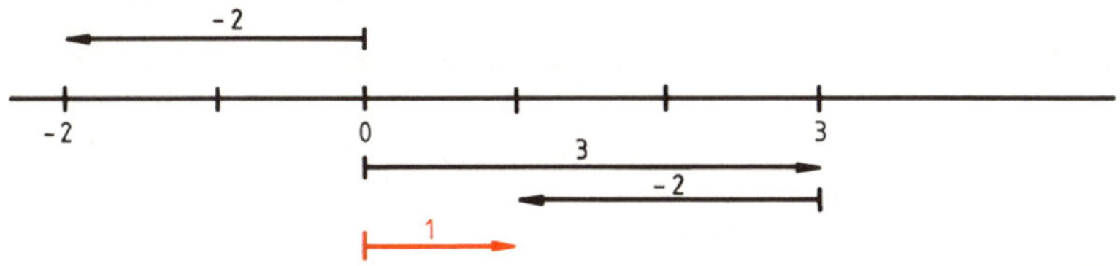


Abb. 1.21

c) Statt zwei Zahlen zu subtrahieren, kann man auch die Gegenzahl der zweiten Zahl zur ersten Zahl addieren.

$3 - 4 = 3 + (-4) = -1$

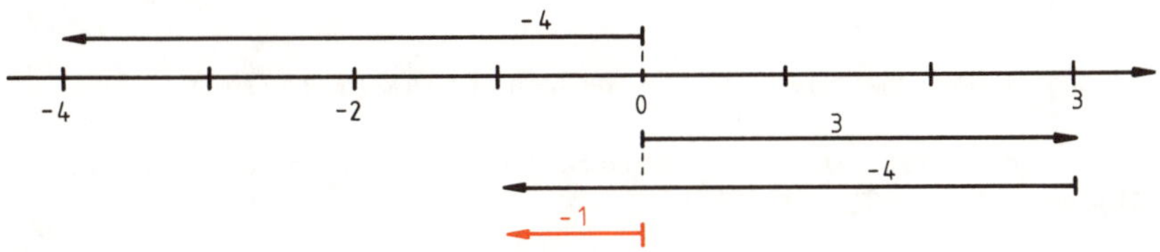


Abb. 1.22

d) $(-2) - (-5) = (-2) + 5 = 3$ (5 ist die Gegenzahl zu $-5$.)

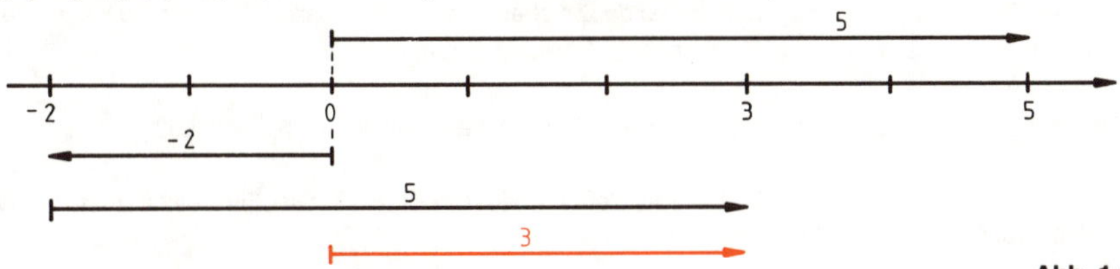


Abb. 1.23

**Weitere Beispiele** ohne Veranschaulichung:

$-9{,}5 + 7 = -2{,}5$; $-6{,}25 + (-3{,}5) = -6{,}25 - 3{,}5 = -9{,}75$;

$7{,}3 - 9{,}7 = -2{,}4$; $-12{,}8 - (-17) = -12{,}8 + 17 = 4{,}2$

Weiterhin gilt:

**1.** $a > 0 \Leftrightarrow -a < 0$ (gelesen: **„... äquivalent zu ...“**)
Diese Schreibweise ist eine Abkürzung für
$(a > 0 \Rightarrow -a < 0) \wedge (-a < 0 \Rightarrow a > 0)$.
($\ldots \Rightarrow \ldots$ gelesen: „**aus** ... **folgt** ...“)

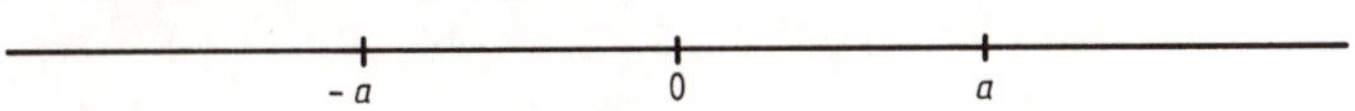


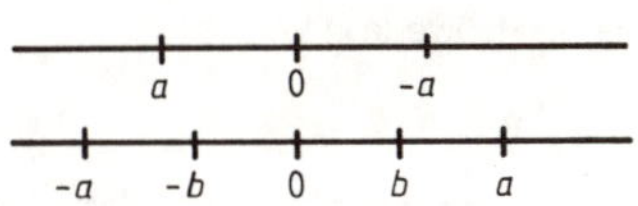


**2.** $a < 0 \Leftrightarrow -a > 0$
**3.** $a > b \Leftrightarrow -a < -b$

Abb. 1.24

**Hinweise** zum Gebrauch der Zeichen „$\Rightarrow$“ und „$\Leftrightarrow$“:

Das Zeichen „$\Rightarrow$“ im Beispiel $a > 0 \Rightarrow -a < 0$ bedeutet folgendes: Bei Ersetzung der Variablen $a$ durch irgendein Element der jeweiligen Grundmenge (hier $\mathbb{Q}$) wird aus

$a > 0 \rightarrow -a < 0$

**immer** eine wahre Aussage.

Entsprechend bedeutet das Zeichen „$\Leftrightarrow$“ im Beispiel $a > 0 \Leftrightarrow -a < 0$ folgendes: Bei Ersetzung der Variablen $a$ durch irgendein Element aus $\mathbb{Q}$ wird aus

$a > 0 \leftrightarrow -a < 0$

**immer** eine wahre Aussage.

# Aufgaben zu 1.5

1. Setzen Sie statt □ eines der Zeichen < oder >, so daß jeweils eine wahre Aussage entsteht!

   $2 \square 7$; $-2 \square -7$; $0 \square 10$; $0 \square -1$; $-5 \square 4$; $-100 \square -1000$; $13 \square -7$; $-6 \square 0$; $-7 \square -8$;
   $1{,}7 \square 1{,}3$; $-2{,}8 \square -2{,}5$; $0{,}13 \square 0{,}12$; $1{,}235 \square 1{,}231$; $\frac{4}{5} \square \frac{3}{5}$; $-\frac{9}{7} \square -\frac{4}{7}$; $-\frac{2}{5} \square \frac{1}{7}$

2. Überprüfen Sie, ob folgende Aussagen wahr sind!

   **Beispiel:** $-1 > 3$ (*f*)

   $-1 < 5$; $-1 < -5$; $2 > 1{,}5$; $-2 > -1$; $14 > -8$; $-100 > -10\,000$; $17{,}18 < 17{,}2$; $-12{,}99 < -13$;
   $21{,}77 > 21{,}88$; $-100{,}12 > -100{,}11$; $0 < -0{,}007$.

3. Ersetzen Sie □ durch eine rationale Zahl, so daß jeweils eine wahre Aussage entsteht!

   $3 < \square$; $-5 > \square$; $\square < -1$; $\square > 7{,}5$; $\square < -10{,}4$; $-100{,}1 > \square$; $13 > \square$; $0 > \square$; $\square < 0{,}017$;
   $-0{,}0014 > \square$; $3{,}14 < \square$; $-0{,}785 < \square$.

4. Zeichnen Sie eine Zahlengerade, und markieren Sie auf ihr die folgenden Zahlen:

   1,5; 5,3; 6,4; – 0,7; – 2,8; – 1,75.

   (Wählen Sie den Nullpunkt und den Abstand zwischen zwei aufeinanderfolgenden ganzen Zahlen so, daß Sie alle angegebenen Zahlen markieren können!)

5. 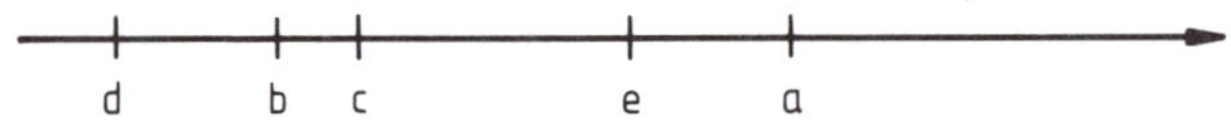


   **Abb. 1.25**

   Setzen Sie statt des Komma jeweils eines der Zeichen < oder >, so daß eine wahre Aussage entsteht!

   a) *a*, *d* b) *d*, *e* c) *b*, *c* d) *c*, *d* e) *e*, *a* f) *a*, *b*

6. Wie viele Zahlen a) aus $\mathbb{N}$, b) aus $\mathbb{Z}$, c) aus $\mathbb{Q}$ liegen jeweils zwischen – 3,5 und 3,5?

7. Lesen Sie an den folgenden Skalen von Meßgefäßen jeweils ab, wieviel Flüssigkeit in $cm^3$ in dem Gefäß vorhanden ist (Markierungen durch Pfeile)!

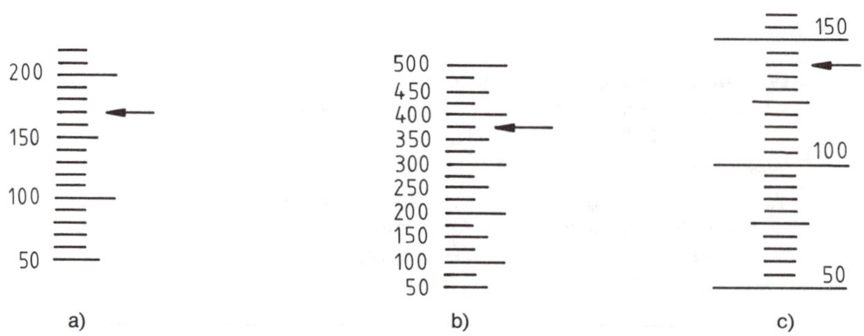


**Abb. 1.26**

8. Lesen Sie die Meßwerte in Volt ab!

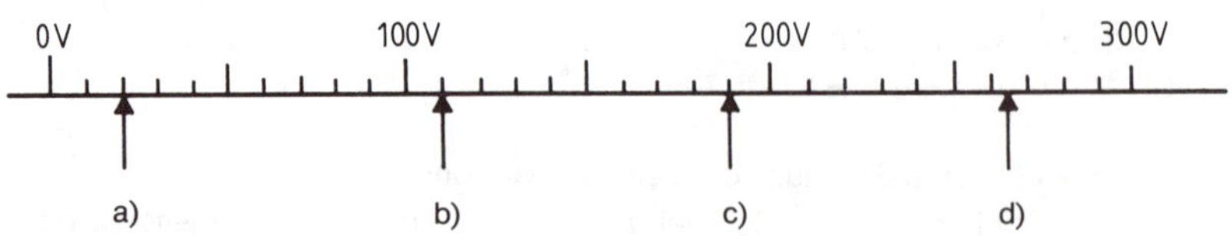


**Abb. 1.27**

9. Lesen Sie die Meßwerte in Ampere ab!

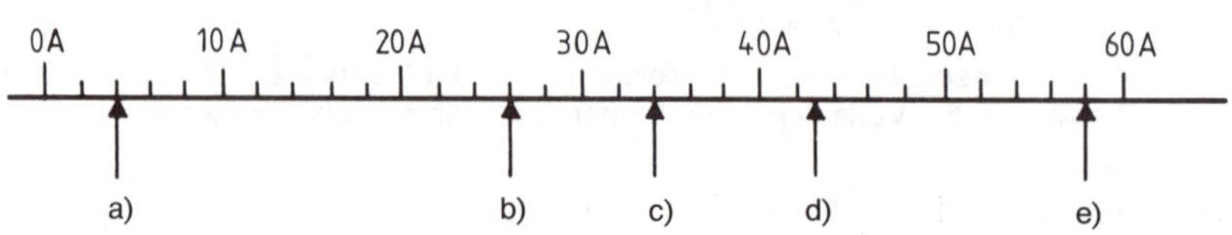


**Abb. 1.28**

10. Lesen Sie an der jeweiligen Skala die durch den Pfeil gekennzeichnete Zahl ab!

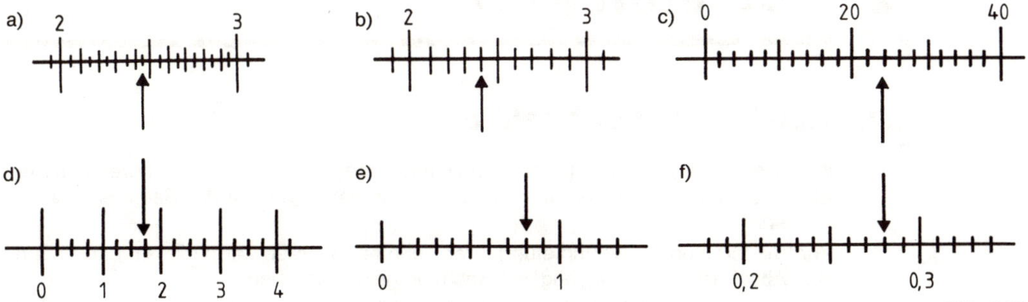


**Abb. 1.29**

11. Verdeutlichen Sie folgende Gleichungen mit Hilfe von Pfeilen an der Zahlengeraden!
    a) $4+3=7$  b) $8-4=4$  c) $3+(-7)=-4$
    d) $(-5)+(-3)=-8$  e) $(-5)-(-3)=-2$  f) $2-(-4)=6$  g) $(-2{,}5)-(-4{,}6)=2{,}1$

12. Führen Sie die folgenden Rechnungen mit Hilfe von Pfeilen an der Zahlengeraden durch!
    a) $3+4$  b) $2+(-3)$  c) $2-5$  d) $(-3)-(-7)$  e) $(-2)+5$
    f) $(-3)+(-6)$  g) $(-6)-2$  h) $4-(-1{,}5)$  i) $(-2)+(-1{,}8)$  j) $3-(-7{,}5)$

13. Berechnen Sie ohne Hilfe der Zahlengerade:
    a) $12{,}9-13{,}7$  b) $120{,}12-340{,}79$  c) $(-23{,}5)-17{,}9$
    d) $(-12{,}75)-(-18{,}25)$  e) $(-12{,}17)-28{,}77$  f) $103{,}4+27{,}5$

14. Nennen Sie jeweils drei rationale Zahlen, die zwischen
    a) 0,01 und 0,1,  b) 0,23 und 0,24,  c) $-2{,}5$ und $-2{,}4$ liegen!

15. a) Nennen Sie drei Teilmengen von $\mathbb{Q}$, die alle nicht dicht sind!
    b) Nennen Sie drei Teilmengen von $\mathbb{Q}$, die alle dicht sind!

16. Wiederholen Sie den Beweis zu dem Satz „Die Menge $\mathbb{Q}$ ist dicht“!
    Überprüfen Sie dabei die Beweisargumentation an folgendem Beispiel: $a=2$ und $b=4$.

17. Begründen Sie jeweils mit Hilfe eines Beispiels, warum der Folgerungspfeil „$\Rightarrow$“ nicht berechtigt ist (Grundmenge jeweils $\mathbb{Q}$)!
    **Beispiel:** $x>3 \Rightarrow x \geqq 4$
    Begründung: $x>3 \rightarrow x \geqq 4$ ist falsch für z.B. $x=3{,}5$.
    a) $x=1 \Rightarrow x=2$  b) $x<2 \Rightarrow x \leqq 1$  c) $x \geqq -3 \Rightarrow x>-3$
    d) $x \leqq 0 \Rightarrow x=0$  e) $x \cdot x=9 \Rightarrow x=3$  f) $0 \cdot x=0 \Rightarrow x=0$
    g) $0 \cdot 3=0 \Rightarrow x=3$  h) $x \cdot x \geqq 0 \Rightarrow 0=1$

18. In welchen Fällen ist der Folgerungspfeil „$\Rightarrow$“ berechtigt, in welchen nicht?
    a) $x=3 \Rightarrow x \geqq 2$  b) $x \leqq -7 \Rightarrow x=-7$  c) $x>-4 \Rightarrow x \geqq -5$
    d) $x=2 \Rightarrow x \leqq 2$  e) $x=-3 \Rightarrow x \cdot x=9$  f) $x=0 \Rightarrow 7 \cdot x=x$
    g) $x<0 \Rightarrow x \cdot x \geqq 0$  h) $x>0 \Rightarrow x-x=0$  i) $3=7 \Rightarrow x \cdot x<0$
    j) $x \cdot x>0 \Rightarrow x>0$  k) $6=6 \Rightarrow x \cdot x \geqq 0$  l) $1 \neq 2 \Rightarrow 2 \cdot x>0$

19. Begründen Sie jeweils mit Hilfe eines Beispiels, warum der Äquivalenzpfeil (der **„Äquivalentor“**) „$\Leftrightarrow$“ nicht berechtigt ist!
    a) $x=3 \Leftrightarrow x=-3$  b) $x>7 \Leftrightarrow x \leqq -7$  c) $x \cdot x>0 \quad x>0$
    d) $x-x=0 \Leftrightarrow x \geqq 0$  e) $6 \cdot x=0 \Leftrightarrow 6=0$  f) $6 \cdot x \geqq 0 \Leftrightarrow x>0$

20. In welchen Fällen ist der Äquivalentor „$\Leftrightarrow$“ berechtigt, in welchen nicht?
    a) $x \cdot x=4 \Leftrightarrow x=2 \wedge x=-2$  b) $x \cdot x=16 \Leftrightarrow x=4 \vee x=-4$  c) $6 \cdot x=0 \Leftrightarrow x=0$
    d) $x \cdot x \geqq 0 \Leftrightarrow x \geqq 0$  e) $0 \cdot x=0 \Leftrightarrow x \in \mathbb{Q}$  f) $0 \cdot 7=7 \Leftrightarrow 0=1$
    g) $x>8 \Leftrightarrow x+2>10$  h) $x<0 \Leftrightarrow x-2<0$  i) $x-7=5 \Leftrightarrow x=2$
    j) $x>5 \Leftrightarrow -x<-5$  k) $3 \neq 4 \Leftrightarrow x \in \mathbb{Q}$  l) $x=8 \Leftrightarrow x \neq 7$

# 2 Rechnen in $\mathbb{Q}$

## 2.1 Addition und Subtraktion

Wir nehmen an, daß Sie (auch ohne Taschenrechner) die vier Grundrechenarten mit Elementen aus $\mathbb{Q}$ ausführen können und außerdem Regeln für das Rechnen in $\mathbb{Q}$ bereits kennen.

Zur Wiederholung bzw. Vertiefung Ihrer Kenntnisse stellen wir in diesem und dem nächsten Abschnitt kurz die wichtigsten Rechenregeln zusammen.

Wir beginnen mit der Verknüpfung $+$, der Addition.

Im Abschnitt 1.5. haben wir bereits gesehen, daß die Summe zweier rationaler Zahlen wieder rational ist. Die Addition zweier Zahlen aus $\mathbb{Q}$ führt nicht aus der Menge $\mathbb{Q}$ heraus. Man sagt auch, „$\mathbb{Q}$ ist bezüglich $+$ **abgeschlossen**", und nennt $+$ eine **„innere Verknüpfung in $\mathbb{Q}$"**.

Daß nicht jede Verknüpfung in den Ihnen bereits bekannten Zahlenmengen abgeschlossen ist, zeigt das Beispiel der Subtraktion bezüglich der Menge $\mathbb{N}$. Die Subtraktion ist keine innere Verknüpfung in $\mathbb{N}$, denn es gilt z.B. $4 - 7 = -3 \notin \mathbb{N}$ (obwohl 4 und 7 natürliche Zahlen sind).

Für die **Addition** in $\mathbb{Q}$ gelten die folgenden Gesetze (Regeln):

1. $a + b = b + a$ für alle $a, b \in \mathbb{Q}$
   (Vertauschungsgesetz oder **Kommutativgesetz der Addition**)
2. $(a + b) + c = a + (b + c)$ für alle $a, b, c \in \mathbb{Q}$
   (Verbindungsgesetz oder **Assoziativgesetz der Addition**)

Da die Klammern nach Gesetz 2. beliebig gesetzt werden dürfen, sind wir berechtigt, die Klammern auch wegzulassen:

$a + b + c = (a + b) + c = a + (b + c)$ für alle $a, b, c \in \mathbb{Q}$

Es gilt sogar das **„allgemeine Assoziativgesetz"** für die Addition in $\mathbb{Q}$. Dieses Gesetz besagt, daß bei der Addition Klammern beliebig gesetzt oder weggelassen werden dürfen, auch wenn mehr als drei Summanden vorhanden sind.

**Merksatz**

Bei der Addition dürfen Klammern weggelassen werden.

Entsprechend gilt auch das **„allgemeine Kommutativgesetz".** Es besagt, daß man Summanden beliebig vertauschen darf, auch bei mehr als zwei Summanden.

**Beispiel**

$a + b + c = a + c + b$ für alle $a, b, c \in \mathbb{Q}$

**Beweis:** $a + b + c \underset{\text{(Ass.-ges.)}}{=} a + (b + c) \underset{\text{(Komm.-ges.)}}{=} a + (c + b) \underset{\text{(Ass.-ges.)}}{=} a + c + b$

**Merksatz**

Bei der Addition darf die Reihenfolge der Summanden vertauscht werden.

Mit den genannten Regeln kann man sich Rechenvorteile verschaffen, wie das folgende **Beispiel** zeigt:

$(1{,}68 + 0{,}44) + (3{,}32 + 2{,}56) = 1{,}68 + 0{,}44 + 3{,}32 + 2{,}56$
$= 1{,}68 + 3{,}32 + 0{,}44 + 2{,}56 = (1{,}68 + 3{,}32) + (0{,}44 + 2{,}56) = 5 + 3 = 8$

Die **Subtraktion** können wir in der folgenden Weise auf die Addition zurückführen:

$a - b = a + (-b)$

Dabei ist $-b$ ($\in \mathbb{Q}$) die **Gegenzahl** (das **„inverse"** Element) zu $b$ ($\in \mathbb{Q}$) bezüglich der Addition. Z.B. ist $-3$ die Gegenzahl zu 3, und $-(-7) = 7$ ist die Gegenzahl zu $-7$.

Die Subtraktion ist die „Umkehroperation" zur Addition:

$(a+b)-b=a$ für alle $a, b \in \mathbb{Q}$.

Beachten Sie: $-b$ ($b \in \mathbb{Q}$) braucht nicht negativ zu sein.

Außerdem gilt: $-(-b)=b$; $-(a+b)=-a-b$

Wir weisen noch gesondert darauf hin, daß das Kommutativ- und das Assoziativgesetz für die Subtraktion nicht gelten. Dies belegen wir durch die folgenden Beispiele:

a) $10-7=\underline{3}$, aber $7-10=\underline{-3}$

b) $(12-4)-6=8-6=\underline{2}$, aber $12-(4-6)=12-(-2)$
$=12+2=\underline{14}$

# Aufgaben zu 2.1

1. Berechnen Sie:

a) 52,17 DM + 17,38 DM + 33,45 DM
b) 35,18 m + 11,47 m + 8 m
c) 52 cm + 3 m + 120 mm + 25 dm
d) 12,4 m + 0,64 m + 3,64 m + 1,6 m
e) 12,9 km − 750 m
f) 16 $m^2$ + 85 $dm^2$ + 644 $cm^2$ − 8,7 $m^2$
g) 48 hl − 35,7 hl + 17,8 hl − 24 hl + 17,9 hl
h) 1,25 hl + 125 $dm^3$ + 25 $m^3$ + 30,257 $m^3$
i) 1,03 t + 215 kg + 0,7 t + 25 000 g

2. In einer Stadt wurden im Laufe eines Jahres 4315 Personen geboren; es starben 3076 Personen. Zugezogen waren 627 Personen, und 856 wanderten ab. Am Ende des Jahres zählte die Stadt 215 426 Personen. Wie viele Einwohner hatte sie zu Beginn des Jahres?

3. In einem Behälter befinden sich 4,95 t Heizöl. Es wurden verbraucht: Oktober 1057 kg; November 1,535 t; Dezember 2,037 t. Im Januar kam eine Nachlieferung von 4500 kg, es wurden aber 1,893 t verbraucht. Es wurden weiter verbraucht: Februar 1315 kg; März 1,42 t; am 1. April nachgeliefert 3,1 t; April 1059 kg. Bis zum 15. Mai verbrauchte man noch 0,428 t. Wie groß ist der Bestand?

Berechnen Sie möglichst im Kopf, indem Sie Rechenvorteile ausnutzen!

**Beispiel:** $87+18+13+82=(87+13)+(18+82)$
$=100 \quad +100 \quad =200$

4. 18 + 33 + 22
5. 84 + 97 + 26
6. 39 + 52 + 11 + 68
7. 433 + 28 + 67
8. 48 + 94 + 12
9. 83 + 26 + 317
10. 314 + 25 + 146
11. 75 + 23 + 15 + 37
12. 63 + 45 + 17 + 25
13. 35 + 26 + 19 + 45 + 21
14. 76 + 71 + 34 + 19
15. 55 + 217 + 65 + 49 + 31
16. 214 + 102 + 316 + 428
17. 31 + 128 + 107 + 239 + 72
18. 215 + 109 + 113 + 111 + 107
19. 793 + 829 − 93
20. 4861 + 954 − 2861
21. 83 + 36 − 24 + 17
22. 781 − 26 + 34 + 76 − 15
23. 8543 − 768 + 225
24. 623 − 197 + 376
25. 716 − 548 − 216 + 148
26. 75,34 − 21,09 + 4,36 − 8,91
27. − 6,9 + 12,7 − 3,1 + 7,3
28. − 0,74 − 22,8 − 7,2 − 1,26
29. − 1000 + 568 + 632 − 200

Berechnen Sie:

30. − (− 17)
31. − (− 3,14)
32. − (− 1000)
33. − (− 0)
34. − (12 + 18)
35. − (13 − 12)
36. − (100,1 + 13,88)
37. − (12,98 − 14,07)
38. − (− 0,77 − 18,7)
39. − (− 0,012 + 0,34)
40. 43 + (− 57)
41. 17 + (− 83)
42. − 30 + (− 170)
43. − 44,8 + (− 66,2)
44. 111,9 − (− 12,7)
45. 22,8 − (− 17,2)
46. − 97,7 − (− 12,3)
47. − 1,789 − (− 2,221)
48. − 0,77 − (− 17,8)
49. − 0,0021 − (− 0,43)

50. Zeigen Sie, daß die Differenz zweier rationaler Zahlen rational ist! Orientieren Sie sich dabei an dem entsprechenden Nachweis für $\frac{a+b}{2}$ im Abschnitt 1.5.!

51. Übertragen Sie die folgende Tabelle in Ihr Heft, und füllen Sie sie aus!

| Menge | Rechenart | innere Verknüpfung ja oder nein? | Menge | Rechenart | innere Verknüpfung ja oder nein? |
|---|---|---|---|---|---|
| $\mathbb{N}$ | + | ________ ? ________ | $\mathbb{Q}^+$ | + | ________ ? ________ |
| $\mathbb{N}$ | − | ________ ? ________ | $\mathbb{Q}^+$ | − | ________ ? ________ |
| $\mathbb{N}_0$ | + | ________ ? ________ | $\mathbb{Q}^-$ | + | ________ ? ________ |
| $\mathbb{N}_0$ | − | ________ ? ________ | $\mathbb{Q}^-$ | − | ________ ? ________ |
| $\mathbb{Z}$ | + | ________ ? ________ | $\mathbb{Q}$ | + | ________ ? ________ |
| $\mathbb{Z}$ | − | ________ ? ________ | $\mathbb{Q}$ | − | ________ ? ________ |

## 2.2 Multiplikation und Division

Die **Multiplikation** ist wie die Addition und die Subtraktion eine innere Verknüpfung in $\mathbb{Q}$. Für die Multiplikation gelten die folgenden Gesetze:

**1.** $a \cdot b = b \cdot a$ für alle $a, b \in \mathbb{Q}$ (**Kommutativgesetz der Multiplikation**)
**2.** $(a \cdot b) \cdot c = a \cdot (b \cdot c)$ für alle $a, b, c \in \mathbb{Q}$ (**Assoziativgesetz der Multiplikation**)

Veranschaulichung des Assoziativgesetzes der Multiplikation für $a, b, c \in \mathbb{Q}^+$:

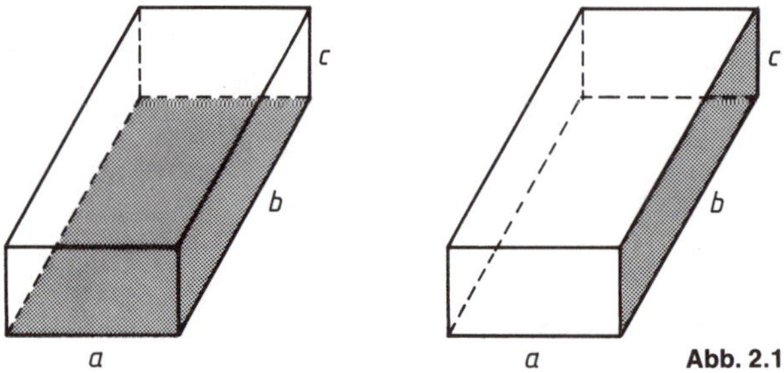


Abb. 2.1

Das Volumen eines Quaders läßt sich wie folgt berechnen:
$V =$ Grundfläche · Höhe.
Dabei kann jede Fläche als Grundfläche gewählt werden.

$V = (a \cdot b) \cdot c \quad = \quad a \cdot (b \cdot c)$

Links: $(a \cdot b)$ → Grundfläche, $c$ → Höhe; rechts: $a$ → Höhe, $(b \cdot c)$ → Grundfläche

Für die Multiplikation gelten ebenfalls das allgemeine Assoziativ- und das allgemeine Kommutativgesetz:

**Merksatz**

> Bei der Multiplikation dürfen Klammern weggelassen werden. Bei der Multiplikation darf die Reihenfolge der Faktoren vertauscht werden.

Für die Multiplikation gelten die folgenden Rechenregeln:

**1.** Das Produkt zweier positiver Zahlen ist positiv.
**2.** Das Produkt einer negativen und einer positiven Zahl ist negativ.
**3.** Das Produkt zweier negativer Zahlen ist positiv.
**4.** $1 \cdot a = a$; $(-1) \cdot a = -a$
**5.** $a \cdot (-b) = -(a \cdot b)$; $(-a) \cdot b = -(a \cdot b)$; $(-a) \cdot (-b) = a \cdot b$

Für $a \cdot a$ schreibt man auch $a^2$ (gesprochen: „a Quadrat" oder „a hoch 2"): $a \cdot a = a^2$.

Die **Division** läßt sich in der folgenden Weise auf die Multiplikation zurückführen ($b \neq 0$):

$a : b = a \cdot \frac{1}{b}$

$\frac{1}{b}$ ist die Gegenzahl (das inverse Element) zu $b$ bezüglich der Multiplikation. Statt „Gegenzahl zu $b$ bezüglich der Multiplikation" sagt man auch, $\frac{1}{b}$ ist der **„Kehrwert von $b$"**.
Z.B. ist $\frac{1}{3}$ der Kehrwert von 3.

Für das Bilden von Kehrwerten gelten die folgenden Regeln:

**1.** $a > 0 \Rightarrow \frac{1}{a} > 0$

Abb. 2.2

(in Worten: der Kehrwert einer positiven Zahl ist positiv)

**Beispiel:** $3 > 0 \Rightarrow \frac{1}{3} > 0$

**2.** $a < 0 \Rightarrow \frac{1}{a} < 0$

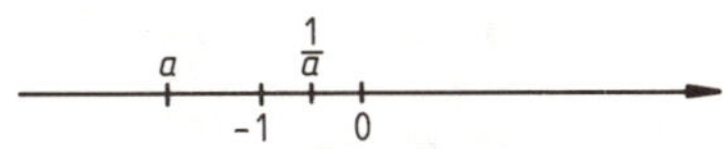

**Abb. 2.3**

**Beispiel:** $-2 < 0 \Rightarrow \frac{1}{-2} = -\frac{1}{2} < 0$

**3.** $a > b > 0 \Rightarrow \frac{1}{a} < \frac{1}{b}$

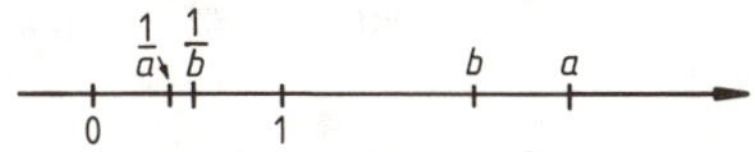

**Abb. 2.4**

**Beispiel:** $3 > 2 > 0 \Rightarrow \frac{1}{3} < \frac{1}{2}$

**4.** $a < b < 0 \Rightarrow \frac{1}{a} > \frac{1}{b}$

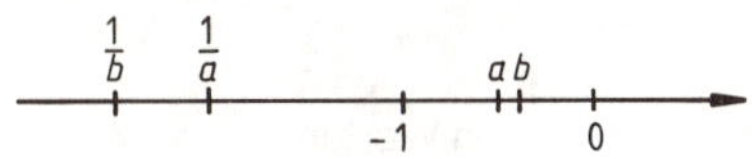

**Abb. 2.5**

**Beispiel:** $-5 < -4 < 0 \Rightarrow -\frac{1}{5} > -\frac{1}{4}$

**5.** $a > 0 > b \Rightarrow \frac{1}{a} > \frac{1}{b}$

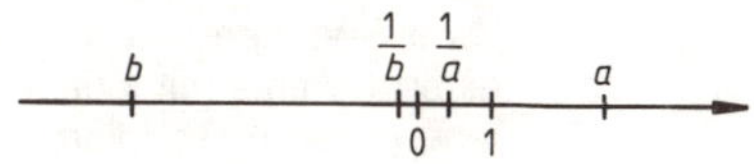

**Abb. 2.6**

**Beispiel:** $2 > 0 > -3 \Rightarrow \frac{1}{2} > -\frac{1}{3}$

Die Division ist die Umkehroperation zur Multiplikation:

$(a \cdot b) : b = a$ für alle $a \in \mathbb{Q}$ und alle $b \in \mathbb{Q} \setminus \{0\}$.

Beachten Sie, daß für die Division weder das Kommutativgesetz noch das Assoziativgesetz gelten.

**Beispiele**

$12 : 6 = \underline{2}$; aber $6 : 12 = \underline{0{,}5}$

$(12 : 4) : 2 = 3 : 2 = \underline{1{,}5}$; aber $12 : (4 : 2) = 12 : 2 = \underline{6}$.

Außer den erwähnten Regeln für die Addition und die Multiplikation gelten noch die beiden sog. „Verteilungs-" oder **„Distributivgesetze"**:

$a \cdot (b + c) = a \cdot b + a \cdot c$ und $(a + b) \cdot c = a \cdot c + b \cdot c$ für alle $a, b, c \in \mathbb{Q}$.

**Veranschaulichung** des ersten Distributivgesetzes für $a, b, c \in \mathbb{Q}^+$:

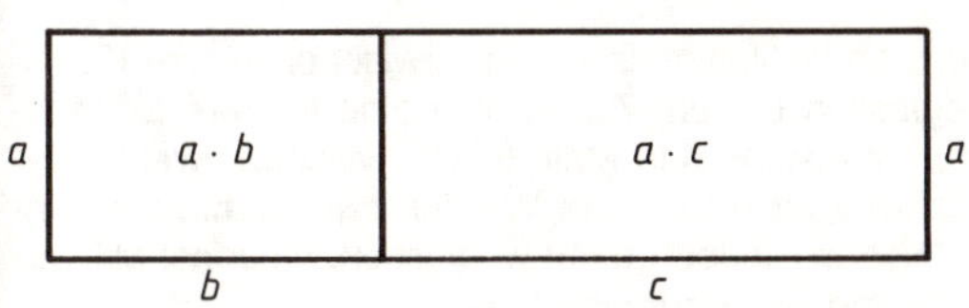

**Abb. 2.7**

Der Flächeninhalt des Rechtecks mit den Seitenlängen $a$ und $(b + c)$ beträgt $a \cdot (b + c)$. Dieser Flächeninhalt ergibt sich auch, wenn man die Flächeninhalte der beiden Rechtecke mit den Seitenlängen $a$ und $b$ bzw. $a$ und $c$ addiert: $a \cdot b + a \cdot c$.

Bei der Anwendung der beiden Distributivgesetze von links nach rechts spricht man auch von **„Ausmultiplizieren"**, bei der Anwendung von rechts nach links von **„Ausklammern"**.

**Beispiele**

$2 \cdot (b + c) = 2 \cdot b + 2 \cdot c$ (Ausmultiplizieren)

$5 \cdot x + 5 \cdot y = 5 \cdot (x + y)$ (Ausklammern)

Aus den Distributivgesetzen (und anderen bereits genannten Rechenregeln) ergeben sich weitere **Regeln für das „Rechnen mit Klammern"**:

**1.** $a \cdot (b - c) = a \cdot b - a \cdot c$

Herleitung: $a \cdot (b - c) = a \cdot [b + (-c)] = a \cdot b + a \cdot (-c)$

$= a \cdot b + [-(a \cdot c)] = a \cdot b - a \cdot c$

2. $(a-b) \cdot c = a \cdot c - b \cdot c$

3. $(a+b) : c = \frac{a}{c} + \frac{b}{c}$

4. $(a-b) : c = \frac{a}{c} - \frac{b}{c}$

Beachten Sie, daß im allgemeinen $a : (b+c) \neq \frac{a}{b} + \frac{a}{c}$ ist!

**Beispiel**

$6 : (2+3) = 6 : 5 = \underline{1{,}2}$;
$6 : 2 + 6 : 3 = 3 + 2 = \underline{5}$

5. $(a+b) \cdot (c+d) = a \cdot c + a \cdot d + b \cdot c + b \cdot d$
in Worten:

**Merksatz**

Zwei Summen werden miteinander multipliziert, indem man jeden Summanden der einen Summe mit jedem Summanden der anderen Summe multipliziert und die erhaltenen Produkte addiert.

Herleitung: $(a+b) \cdot (c+d) = a \cdot (c+d) + b \cdot (c+d)$
$= a \cdot c + a \cdot d + b \cdot c + b \cdot d$

6. $(a+b) \cdot (c-d) = a \cdot c - a \cdot d + b \cdot c - b \cdot d$
$(a-b) \cdot (c+d) = a \cdot c + a \cdot d - b \cdot c - b \cdot d$
$(a-b) \cdot (c-d) = a \cdot c - a \cdot d - b \cdot c + b \cdot d$

**Weitere Beispiele** für die Anwendung der Distributivgesetze:

1. $7 \cdot a + 10 \cdot a + 18 \cdot a + 9 \cdot a = (7 \cdot a + 10 \cdot a) + (18 \cdot a + 9 \cdot a)$
$= (7+10) \cdot a + (18+9) \cdot a = 17 \cdot a + 27 \cdot a = (17+27) \cdot a = 44 \cdot a$.

In dem Summand $7 \cdot a$ des obigen Terms heißt 7 der **„Koeffizient"** von $7 \cdot a$; entsprechend 10 der Koeffizient von $10 \cdot a$.

Da alle Summanden die Gestalt $n \cdot a$ haben ($n = 7$ oder $n = 10$ usw.), können wir das „Ergebnis" $44 \cdot a$ leicht erhalten, indem wir alle Koeffizienten addieren:

$7 \cdot a + 10 \cdot a + 18 \cdot a + 9 \cdot a = (7 + 10 + 18 + 9) \cdot a = 44 \cdot a$.

Wir vereinbaren nun noch, daß wir das Multiplikationszeichen · zwischen einem Koeffizienten und einer Variablen auch weglassen dürfen, $7a$ ist also eine kürzere Schreibweise für $7 \cdot a$. Entsprechend lassen wir meistens den Malpunkt · zwischen zwei **Variablen** weg; $ab$ ist also eine kürzere Schreibweise für $a \cdot b$. Werden zwei **Zahlen** miteinander multipliziert, so dürfen wir das Zeichen · jedoch nicht weglassen, da sonst Mißverständnisse entstehen, z.B.: $3 \cdot 4$ (3 mal 4) und 34 (vierunddreißig).

2. $3a + 2b + 4a + 5b = 7a + 7b = 7(a+b)$
↑
Hier lassen wir auch das Zeichen · weg.

3. $7ab + 3bc - 3ab - 5bc = 4ab - 2bc = 2b(2a - c)$

4. $(a-b)(7a-2x) + (3x-a)(a-b) = (a-b)[(7a-2x) + (3x-a)]$
$= (a-b)(7a - 2x + 3x - a) = (a-b)(6a+x)$

5. $6x - 5ax + 6y - 5ay = x(6-5a) + y(6-5a) = (x+y)(6-5a)$

Bei diesem Beispiel sagt man auch, die Summe $(6x - 5ax + 6y - 5ay)$ ist **„faktorisiert"** worden; die ursprüngliche **Summe** ist durch die Termumformungen als **Produkt** dargestellt worden.

# Aufgaben zu 2.2

1. Berechnen Sie im Kopf:

a) $(-1)\cdot 7$  b) $3\cdot(-11)$  c) $(-5)\cdot 70$  d) $(-7)\cdot(-12)$  e) $25\cdot(-4)$
f) $0{,}25\cdot(-8)$  g) $(-0{,}125)\cdot 12$  h) $(-2{,}4)\cdot(-15)$  i) $(-2)\cdot 150$  j) $27:(-3)$
k) $(-66):11$  l) $(-144):(-12)$  m) $(-2{,}5):(0{,}5)$

2. Ein Fußballfeld ist 110 m lang und 60 m breit. Berechnen Sie seinen Flächeninhalt in a ($1\text{ a} = 100\text{ m}^2$)!

3. Ein Quader hat ein Volumen von $25\text{ dm}^3$. Er ist 4,5 dm lang und 3,5 dm breit. Wie hoch ist er?

Berechnen Sie, indem Sie Rechenvorteile ausnutzen!

**Beispiel:** $4\cdot 13\cdot 125 = 4\cdot 125\cdot 13 = 500\cdot 13 = 6500$

4. $(12\cdot 2{,}5)\cdot 4$
5. $(0{,}125\cdot 25)\cdot 16$
6. $(7{,}5\cdot 3{,}5)\cdot 2$
7. $(27\cdot 4)\cdot 25$
8. $(13{,}7\cdot 8)\cdot 125$
9. $(16{,}9\cdot 2{,}5)\cdot 4$
10. $(12\cdot 13\cdot 5):6{,}5$
11. $(26:4{,}5)\cdot 9$
12. $(50:0{,}125):2$

13. Zeigen Sie, daß das Produkt zweier rationaler Zahlen rational ist! Orientieren Sie sich dabei an dem entsprechenden Nachweis für $\frac{a+b}{2}$ im Abschnitt 1.5.!

14. Zeigen Sie, daß der Quotient zweier rationaler Zahlen rational ist (unter der Voraussetzung, daß der Divisor $\neq 0$ ist)!

15. Übertragen Sie die folgende Tabelle in Ihr Heft, und füllen Sie sie aus!

| Menge | Rechenart | innere Verknüpfung ja oder nein? |
|---|---|---|
| $\mathbb{N}$ | $\cdot$ | ______ ? ______ |
| $\mathbb{N}$ | $:$ | ______ ? ______ |
| $\mathbb{N}_0$ | $\cdot$ | ______ ? ______ |
| $\mathbb{N}_0$ | $:$ | ______ ? ______ |
| $\mathbb{Z}$ | $\cdot$ | ______ ? ______ |
| $\mathbb{Z}$ | $:$ | ______ ? ______ |
| $\mathbb{Q}^+$ | $\cdot$ | ______ ? ______ |
| $\mathbb{Q}^+$ | $:$ | ______ ? ______ |
| $\mathbb{Q}^-$ | $\cdot$ | ______ ? ______ |
| $\mathbb{Q}^-$ | $:$ | ______ ? ______ |
| $\mathbb{Q}$ | $\cdot$ | ______ ? ______ |
| $\mathbb{Q}$ | $:$ | ______ ? ______ |
| $\mathbb{Q}\setminus\{0\}$ | $\cdot$ | ______ ? ______ |
| $\mathbb{Q}\setminus\{0\}$ | $:$ | ______ ? ______ |

16. Setzen Sie statt $\square$ eines der Zeichen $<$ oder $>$, so daß jeweils eine wahre Aussage entsteht!

a) $(-3)\cdot 2 \;\square\; (-4)\cdot 2$  b) $5\cdot 17 \;\square\; 6\cdot 17$
c) $(-12)\cdot 1700 \;\square\; 12\cdot 1700$  d) $26\cdot 1234 \;\square\; 2\cdot 1234$
e) $2{,}5\cdot 4320 \;\square\; (-2)\cdot 4320$  f) $(-5)\cdot 1982 \;\square\; (-4)\cdot 1982$
g) $125\cdot(-0{,}5) \;\square\; 121\cdot(-0{,}5)$  h) $18{,}7\cdot(-5{,}9) \;\square\; 18{,}6\cdot(-5{,}9)$
i) $(-100{,}2)\cdot 2{,}41 \;\square\; (-100{,}2)\cdot 2{,}419$  j) $4{,}6\cdot(-5{,}87) \;\square\; 4{,}6\cdot(-5{,}86)$
k) $\frac{1}{7} \;\square\; 0$  l) $\frac{1}{-3} \;\square\; 0$  m) $\frac{1}{3} \;\square\; \frac{1}{4}$  n) $-\frac{1}{9} \;\square\; -\frac{1}{10}$
o) $-\frac{2}{3} \;\square\; \frac{3}{2}$  p) $-\frac{1}{5} \;\square\; -\frac{1}{6}$  q) $\frac{2}{7} \;\square\; \frac{2}{9}$  r) $-\frac{3}{7} \;\square\; -\frac{5}{7}$
s) $\frac{1}{17} \;\square\; \frac{1}{18}$  t) $-\frac{1}{19} \;\square\; -\frac{1}{20}$

17. Berechnen Sie jeweils den Kehrwert:

a) $2$  b) $-4$  c) $-\frac{1}{3}$  d) $\frac{5}{4}$  e) $\frac{7}{9}$  f) $-\frac{10}{11}$  g) $0{,}25$  h) $0{,}7$  i) $-3{,}5$

18. a) $(-3)\cdot a$  b) $5\cdot(-b)$  c) $(-4)\cdot(-x)$  d) $(-y)\cdot(-2)$

19. a) $6m\cdot 8n$  b) $2ab\cdot 0{,}5c$  c) $20a\cdot 3b\cdot\frac{1}{5}c$  d) $(-2x)\cdot(-3y)$  e) $(-4a)\cdot 5x$

Vereinfachen Sie die folgenden Terme soweit wie möglich!

**Beispiel:** $3a + 4b - 12a + 3b + 18a = 3a + 18a - 12a + 4b + 3b = 9a + 7b$

20. $7a + 2b + 3a - 10b$
21. $2a + 8b - 13a + 9b + 19a$
22. $6x - 3y + 5x - 9y - 8x + 4y$
23. $5a + 3a - 2b + a + 2b$
24. $6x + 13y + 3x - 7y$
25. $3a + 5a - 6b + 12b$
26. $15a + 7b - 7a - 5b - 10a$
27. $3{,}4x + 2{,}08y + 16{,}9z - 0{,}34x - 1{,}82y - 12{,}5z$
28. $9{,}36a + 8\frac{2}{3}b + 1{,}14a - 2\frac{1}{3}b$ (Hinweis: $8\frac{2}{3}$ steht abkürzend für $8 + \frac{2}{3}$.)
29. $5\frac{1}{4}a - 3\frac{1}{2}b + 7c - 3\frac{1}{2}a + 6b - 8\frac{1}{2}c$
30. $7\frac{2}{3}a - 5b - 9\frac{1}{6}a + 7b + 3a - 5\frac{1}{2}b$
31. $3\frac{1}{3}x + 2\frac{1}{2}y - 3z - 1\frac{1}{2}x + 2\frac{1}{4}z - 3y$
32. $7\frac{1}{6}a + \frac{1}{3}b - \frac{1}{2}c + 3\frac{1}{3}a - \frac{5}{6}b + \frac{1}{3}c - 8\frac{1}{2}a + 7\frac{1}{2}b + 2\frac{1}{6}c$

**Beispiel:** $8a + 2b + 3b - [4c - (x - 7a)] = 8a + 5b - [4c - x + 7a]$
$= 8a + 5b - 4c + x - 7a = a + 5b - 4c + x$

33. $m - [(b + c) - (m + d)]$
34. $[(8x - 3y) - 5y + 6] - [(5x - 7y) - (3x - 6)] - (6x - y)$
35. $13ab - [7c + (8ab - 3c + 4) - 6] - (2ab + 6 - 3c)$
36. $-4a - 2b - (3a - b)$
37. $7ax + 3bc - (3ax - bc)$
38. $5uv - (-12uv) + (-13uv) - (-uv)$
39. $57x - (28y + 39x + 47z) - (9x - 18y - 58z)$
40. $16ab - (5bc + 21ab) - (13cd - 18ab) - (26cd - 21bc)$
41. $31{,}7m - (15{,}6n + 8{,}9m - 11{,}4p) - (2{,}8m + 5{,}5n - 10{,}8p)$
42. $5a - [7b - (6a + 3c) - (4a + 17b - 8c)]$
43. $17a - \{15a - [7b - (8a + 15b - 3c) - 7c] + 6a\} + 25b$
44. $7\frac{3}{4}x - [25\frac{1}{2}y + (2\frac{3}{4}x - 15z) - (5\frac{1}{2}x + 8z) + 23z]$
45. $26{,}07a - \{13{,}4b - [3{,}93a - 6{,}6b - (5{,}4c + 7{,}5d + 4{,}6c)] - 12{,}5d\}$
46. $15a + 5b - [7a - (5b - a) + (6b - 8a) - (9a + b)]$
47. $29x - \{15z - [11x + 23y - (17x + 5y - 38z) - (13z + 18y - 23x) - 46x]\}$
48. $8{,}3a - (3{,}7a - 2{,}37b) + (0{,}7a - 1{,}7b) - (3{,}2a + 1{,}8b)$
49. $8m - 1 + 5p - [(3p + 4q - 1) + 7m - (2p - q)]$
50. $2{,}7x + 0{,}07n - [(9{,}15p - 0{,}62n) + (0{,}69n - 1{,}45p + 1{,}8x)]$
51. $9a - 4c - \{[(3a - 4c) + 5a] - 3b\}$
52. $8\frac{1}{2}n - [8\frac{1}{3}p - (p - 5{,}5n)] - [5\frac{1}{6}p + (2n - 0{,}5p)]$
53. $2\frac{1}{4}x - (3\frac{1}{4}y + t) - [(0{,}75x - 0{,}5y) + (\frac{1}{2}x + \frac{1}{4}y - t)]$
54. $0{,}4a - 0{,}6b + 0{,}5c - \{0{,}7b - [0{,}2c - (0{,}6a - 1{,}1b) - 0{,}6b] - 0{,}7c\}$
55. $\frac{2}{5}x - \{\frac{4}{5}y - [2\frac{1}{2}z - (-0{,}75x - 1{,}25y) - (1{,}75z + \frac{1}{2}x)] + 0{,}3x\}$
56. $7\frac{2}{3}b - \{-4\frac{1}{6}b + [5{,}5 + (6\frac{1}{3}a + 5\frac{3}{5}) + 1{,}75b] + (-2{,}25a + 2\frac{1}{2}b)\}$
57. $7{,}01p - (2{,}5r - 1{,}74) - [(4\frac{1}{2}r - 0{,}79p) - 3{,}26] - 1\frac{1}{5}p$
58. $8{,}08x - [0{,}55y - (p - 7\frac{3}{4}x) + 7\frac{1}{5}y] - (0{,}33x - \frac{3}{4}y)$
59. $6{,}45a - \{(0{,}8b - 3{,}7) - [(3\frac{1}{4}a - 7{,}3b) + 4{,}2] - 6\frac{1}{2}b\}$
60. $7u + 8v + \{(13u - 14v) - [(9v + 10w) - (5w - 4u)]\}$
61. $[(8a + 5b) - (4b - 7c)] + \{5a + (3a - 12c) - [4a - (5c - b)]\}$
62. $2{,}31u + \{1{,}21v - [1{,}5u + (0{,}7v + 0{,}8u)]\}$
63. $(4a - 11b) + \{7{,}5a + 10{,}5b - [(0{,}2b + 4{,}3c) + (3c - 3{,}1a)]\}$
64. $(2\frac{1}{5}y - 1\frac{1}{2}z) - \{[0{,}4y - (2{,}3x + 3y)] - [(5x - 3\frac{1}{4}y) - 7{,}2z]\}$
65. $6{,}81y - [-5z - (2{,}25x - 3{,}55y) + (5{,}7z - 7{,}25y - 8{,}6x)] - [8{,}15x - 5{,}63y + (7{,}25z - 2{,}51x)]$

66. $1-[\frac{1}{8}x-(2\frac{1}{6}y-3\frac{1}{2})]+[-0{,}025x-(\frac{4}{3}y+0{,}5)]-\frac{1}{2}y-(\frac{3}{4}x+1)$

67. $7\frac{1}{3}b-\{[5\frac{1}{2}+(6\frac{1}{3}a+5\frac{3}{5})+1\frac{3}{4}b]-4\frac{1}{6}b+(2\frac{1}{2}b-2\frac{1}{4}a)\}$

68. $0{,}4u-(0{,}6v-0{,}5w)-\{0{,}7v-[0{,}2w-(0{,}6u-1{,}1v)-0{,}6v]-0{,}7w\}$

**Beispiel:** $5a\cdot 6b+3b\cdot a=30ab+3ab=33ab$

69. $124a-3\cdot 6a+2a\cdot 4-18a\cdot 5$

70. $3x\cdot 4y-7xy+2{,}5y\cdot 6x$

71. $(-\frac{5}{6}p)\cdot(\frac{3}{7}q)\cdot(\frac{6}{25}r)\cdot(\frac{5}{3}s)$

72. $a\cdot(-2b)+(-3a)\cdot(-4b)$

73. $5p\cdot(-7q)-6p\cdot 3q+(4q)\cdot(-9p)$

74. $(-0{,}042x^2yz^3):(1{,}4xyz^2)$

75. $(-5{,}6abd):(-3{,}75bd)$

76. $(28a^2bx):(-7a^2x)$

77. $(-6a^2b^2y^2):(3aby)$

78. $(4ab^2):[(-2)\cdot(-2ab)]$

79. Multiplizieren Sie aus:

a) $4(a+b)$ b) $2{,}5(a-b)$ c) $a(m+n)$ d) $a(c-b-d)$
e) $5{,}4(x+y)$ f) $7{,}2(a+b-c)$ g) $1{,}3(x-y+z)$ h) $7(2m+5n)$
i) $4a(3b-5c)$ j) $4{,}5a(5b-6c)$ k) $2n(a+3b+ac)$ l) $(x-y)\cdot 3{,}14$
m) $(x+y)\cdot a$ n) $(x-y-z)\cdot(-b)$ o) $(\frac{5}{8}x+\frac{7}{8}y)\cdot 16$ p) $(a-b+c)\cdot(-10)$
q) $(a+b-c)\cdot(-\frac{3}{4})$ r) $(5m-2n)\cdot(-5)$ s) $(5b-3c)\cdot 2x$ t) $(4c-8b)\cdot 2{,}5a$

80. $x+5(y-x)$

81. $3y-4(2x-y)$

82. $2{,}4x-1{,}5(x+1{,}2y-3z)$

83. $5a(6a-7b)-8b(9a-10b)$

84. $5c+3(c+d)-5(4c-2d)+12c$

85. $7x(3x+4y-6)-4y(7x-3y+14)$

86. $4a^2-2a(3a+b)-3b^2+3b(a-b)$

87. $x[3a-7(5b+3c)]-a(3x-6b)$

88. $16a[(29a-b)+2(8b-14a)+7c]-4a(28c+64b)$

**Beispiel:** $(3a+4b)(2c+5d)=3a\cdot 2c+3a\cdot 5d+4b\cdot 2c+4b\cdot 5d$
$=6ac+15ad+8bc+20bd$

89. $(m-n)(x+y)$

90. $(a-5m)(a+3n)$

91. $(a+b)(c-d)$

92. $(5x+1)(7y-2)$

93. $(11a-3b)(5b-7a)$

94. $(16a+17b)(3a-5b)$

95. $(-8x+5y)(2x-3y)$

96. $(1{,}2x-2{,}3y)(5x+3y)$

97. $(1{,}5a-2{,}3b)(3{,}4c+1{,}5d)$

98. $(0{,}2a+5{,}01b)(0{,}5a-0{,}1b)$

99. $(3{,}5r-0{,}75s)(6r-14s)$

100. $(3{,}2a-5b)(5a-2{,}8b)$

101. $(2{,}6a+0{,}3y)(5x+0{,}7y)$

102. $(3{,}5x+0{,}2)(8{,}4x-0{,}3)$

103. $(7{,}25+4x)(2{,}8-3{,}6x)$

104. $(0{,}3y-2)(4{,}8y-1{,}5)$

105. $(7a-0{,}3)(2{,}8a-0{,}05)$

106. $(\frac{2}{3}x-\frac{3}{4}y)(\frac{2}{3}x+\frac{3}{4}y)$

107. $(\frac{1}{3}s+\frac{4}{5}t)(\frac{3}{5}s+\frac{2}{3}t)$

108. $(a+b+c)\cdot(d+e)$

109. $(a+b+c)\cdot(d-e)$

110. $(a+b+c)\cdot(-d-e)$

111. $(a+b-c)\cdot(d+e)$

112. $(a-b-c)\cdot(d+e)$

113. $(a-b-c)\cdot(d-e)$

114. $(a-b-c)\cdot(-d-e)$

115. $(-a-b-c)\cdot(d+e)$

116. $(-a-b-c)\cdot(-d+e)$

117. $(-a-b-c)\cdot(-d-e)$

118. $(3a+2b+5x-y)(4a-3b+4)$

119. $(3a+2b+5x-y)(3a+2b-5x+y)$

120. $(6ac-3ad+2bc+bd)(6ac+3ad-2bc-bd)$

121. $(2{,}8x-3{,}6y-4{,}4z)(3{,}3x+8{,}1y-9{,}2z)$

122. $(0{,}4x-1{,}2y+5{,}2z)(5x+4y-3z)$

123. $(2\frac{1}{2}m-3\frac{1}{3}n+5{,}25p)(12m+24n-36p)$

124. $(2\frac{1}{2}a+\frac{3}{4}b-\frac{2}{5}c)(7\frac{1}{2}a-8b+15c)$

125. $(6\frac{3}{7}a-4\frac{1}{5}b-5\frac{2}{5}c)(-4\frac{4}{9}a+3\frac{3}{5}b-5\frac{2}{5}c)$

126. $(2{,}5x+3)(5-2x)+(1{,}5-x)(4+2x)$

127. $(3a+2b)(a-b)+(4a-5b)(2a+3b)$

128. $8(7u-5v)x-5(4u+3v)-(7x-4)(v-3u)$

129. Klammern Sie aus:

**Beispiel:** $3a+3b=3(a+b)$

a) $7{,}5a-7{,}5b$
b) $ab+ac$
c) $ab+ac+ad-ae$
d) $3{,}14x+3{,}14y-3{,}14z$
e) $\frac{3}{4}x+0{,}75z-\frac{3}{4}u$
f) $14p+21q$
g) $12xy-16xz$
h) $10ab-2{,}5ac$
i) $3na+6nb+9nc$
j) $x\cdot 7-y\cdot 7$
k) $xy+zy$
l) $-ax-ay+az$
m) $10x+15y-20z$
n) $-12a+24b-24c$
o) $x\cdot\frac{3}{4}+y\cdot\frac{3}{4}-z\cdot\frac{3}{4}$
p) $12cb+120ab+36db$

Faktorisieren Sie (Faktorisieren bedeutet: eine Summe oder eine Differenz als Produkt schreiben)!

**Beispiel:** $a(x+y)-3(x+y)=(a-3)(x+y)$

130. $2(x-3)+y(x-3)$

131. $t(2x-3y)+5(2x-3y)$

132. $n(x-y)-(x-y)$

133. $2x(3p-q)-(3p-q)$

134. $(4a-5b)(3m-2p)+(a+4b)(3m-2p)$

135. $(7a-3x)(5c-2d)-(6a-2x)(5c-2d)$

136. $7(a-2b)(2x-3y)+5(3x-4y)(a-2b)$

137. $(2x+3y)(6a-5b)-(3a+7b)(2x+3y)-(2x+3y)-(2x+3y)(2a-13b)$

138. $(3a+2b)(m+n)+(2a-3b)(m+n)-(m+n)$

139. $(a+b)(c+d)+(a+b)(c-d)-(a+b)$

140. $(5x-3z)(2x+y)-(11z-4x)(y+2x)-(14z-9x)(-2x-y)-y-2x$

141. $(3a+4b)(x-y)-(4a-5b)(x-y)-(y-x)(2a-8b)$

142. $(a+x)(a-x)+(3a-2x)(x+a)-(a+x)(2a-3x)$

143. $(a+c)(6x-7y)-(5x-6y)(a+c)+(x-y)(a+c)$

144. $(8x-3y)(5x-2y)+(6x-5y)(5x-2y)-5x+2y$

145. $8(7n-5p)x-5(7n-5p)-(7x-5)(7n-p)+(p-7n)x$

Faktorisieren Sie!

**Beispiel:** $ax+ay+bx+by=a(x+y)+b(x+y)=(a+b)(x+y)$

146. $ac-ad+bc-bd$

147. $ac+ad+c+d$

148. $ac-cx+a-x$

149. $2ac-bc+6ad-3bd$

150. $12xz-4x+3yz-y$

151. $2ad+c-2a-cd$

152. $24ac-18ad-20bc+15bd$

153. $3(x+y)-x-y$

154. $16ac-24bc-40ad+60bd$

155. $40ax-15ay-16bx+6by$

156. $195ax-169bx-225ay+195by$

157. $8\frac{8}{9}xz+5\frac{5}{7}yz+7\frac{1}{9}x+4\frac{4}{7}y$

158. $1\frac{1}{9}ab-10ac+db-9dc$

159. $ax-bx+cx+ay-by+cy$

160. $2ax-5ay+a-2bx+5by-b$

161. Veranschaulichen Sie mit Hilfe von Rechtecken folgende Regeln für $a, b, c, d \in \mathbb{Q}^+$!

a) $(a+b)\cdot c=ac+bc$ b) $a\cdot(b-c)=ab-ac$ c) $(a+b)(c+d)=ac+ad+bc+bd$

## 2.3 Rechnen mit Brüchen

Gelegentlich haben wir bisher schon (insbesondere bei den Übungsaufgaben) mit Brüchen gerechnet. Da das Rechnen mit Brüchen erfahrungsgemäß Schwierigkeiten bereitet, stellen wir hier die dafür wichtigsten Regeln zusammen. Gleichzeitig behandeln wir dabei das Rechnen mit Brüchen, in denen Variable vorkommen, das Rechnen mit sog. **„Bruchtermen“.**
(Bei diesem Abschnitt handelt es sich im wesentlichen um eine Wiederholung.)

### 1. Multiplikation von Brüchen

**Merksatz**

Brüche werden miteinander **multipliziert,** indem man Zähler mit Zähler und Nenner mit Nenner multipliziert:
$$\frac{a}{b} \cdot \frac{c}{d} = \frac{a \cdot c}{b \cdot d}.$$

**Beispiele**

a) $\frac{1}{4} \cdot \frac{3}{5} = \frac{1 \cdot 3}{4 \cdot 5} = \frac{3}{20}$

b) $\frac{3}{4} \cdot \frac{2}{9} = \frac{3 \cdot 2}{4 \cdot 9} = \frac{1 \cdot 1}{2 \cdot 3} = \frac{1}{6}$

**Merksatz**

Wenn möglich, kürzen!

Das **Kürzen** können wir allgemein so beschreiben:

$$\frac{a \cdot c}{b \cdot c} = \frac{a}{b} \quad \text{für alle} \quad a \in \mathbb{Q} \quad \text{und alle} \quad b, c \in \mathbb{Q} \setminus \{0\}.$$

Liest man die obige Gleichung in der anderen Richtung, also $\frac{a}{b} = \frac{a \cdot c}{b \cdot c}$, so spricht man vom **Erweitern** (hier mit *c*). „Erweitern mit *c*“ bedeutet also: Zähler **und** Nenner werden mit *c* multipliziert.

c) $\frac{1}{a} \cdot \frac{1}{b} = \frac{1}{a \cdot b}$ für alle $a, b \in \mathbb{Q} \setminus \{0\}$

Im folgenden wollen wir auf die Angabe der jeweiligen Einschränkungen (bei c) z.B. $a \neq 0$ und $b \neq 0$) verzichten. Wir wissen, daß man durch 0 nicht dividieren darf, erwähnen dies für jedes Beispiel in diesem Abschnitt aber nicht mehr gesondert. Später (im Abschnitt 5.1.) werden wir uns mit diesem Problem im Zusammenhang mit Bruchtermen noch ausführlich beschäftigen.

### 2. Division von Brüchen

**Merksatz**

Zwei Brüche werden **dividiert,** indem man den ersten Bruch mit dem Kehrwert des zweiten Bruches multipliziert:
$$\frac{a}{b} : \frac{c}{d} = \frac{a}{b} \cdot \frac{d}{c} = \frac{a \cdot d}{b \cdot c}.$$

**Beispiele**

a) $\frac{3}{4} : \frac{3}{2} = \frac{3}{4} \cdot \frac{2}{3} = \frac{3 \cdot 2}{4 \cdot 3} = \frac{2}{4} = \frac{1}{2}$

b) $\frac{7}{8} : 5 = \frac{7}{8} \cdot \frac{1}{5} = \frac{7 \cdot 1}{8 \cdot 5} = \frac{7}{40}$

c) $1 : \frac{1}{6} = 1 \cdot \frac{6}{1} \left( = \frac{1}{1} \cdot \frac{6}{1} = \frac{1 \cdot 6}{1 \cdot 1} = \frac{6}{1} \right) = 6$

d) $\dfrac{1}{\frac{1}{a}} = 1 \cdot \frac{a}{1} = a$

Statt $\frac{a}{b} : \frac{c}{d}$ schreibt man auch $\dfrac{\frac{a}{b}}{\frac{c}{d}}$ und spricht von einem **„Doppelbruch"**.

### 3. Addition und Subtraktion von Brüchen

Brüche mit demselben Nenner nennt man **„gleichnamige Brüche"**.

**Beispiel**

$\frac{1}{3}, \frac{5}{3}, \frac{7}{3}$ sind gleichnamige Brüche, da sie alle denselben Nenner (3) haben.

**Merksatz**

**Gleichnamige Brüche** werden **addiert** bzw. **subtrahiert,** indem die Zähler addiert bzw. subtrahiert werden und der Nenner beibehalten wird:

$$\frac{a}{c} + \frac{b}{c} = \frac{a+b}{c}, \qquad \frac{a}{c} - \frac{b}{c} = \frac{a-b}{c}$$

**Beispiele**

a) $\frac{3}{8} + \frac{2}{8} = \frac{3+2}{8} = \frac{5}{8}$

b) $\frac{6}{7} - \frac{3}{7} = \frac{6-3}{7} = \frac{3}{7}$

**Merksatz**

Sollen Brüche, die nicht gleichnamig sind, addiert oder subtrahiert werden, so müssen sie zunächst **gleichnamig gemacht werden.**

Der kleinste mögliche Nenner, der das kleinste gemeinsame Vielfache aller auftretenden Nenner ist, wird **„Hauptnenner"** (HN) genannt.

**Beispiele**

a) $\frac{1}{2} + \frac{1}{3} = \frac{1}{2} \cdot \frac{3}{3} + \frac{1}{3} \cdot \frac{2}{2} = \frac{3}{6} + \frac{2}{6} = \frac{5}{6}$ (HN = 6)

b) $\frac{11}{12} - \frac{15}{16} = \frac{44}{48} - \frac{45}{48} = -\frac{1}{48}$ (HN = 48)

c) $\frac{a}{b} + \frac{c}{d} = \frac{a}{b} \cdot \frac{d}{d} + \frac{c}{d} \cdot \frac{b}{b} = \frac{a \cdot d}{b \cdot d} + \frac{c \cdot b}{d \cdot b} = \frac{a\,d + b\,c}{b\,d}$ (HN = $b\,d$)

**Weitere Beispiele** für das Rechnen mit Brüchen:

**1.** $\dfrac{75\,a\,b\,c}{135\,b\,c\,d} = \dfrac{15 \cdot 5\,a\,b\,c}{15 \cdot 9\,b\,c\,d} = \dfrac{5\,a}{9\,d}$ (**Kürzen** mit $15\,b\,c$)

**2.** $\dfrac{3\,a}{5\,c} = \dfrac{3\,a \cdot 2\,b}{5\,c \cdot 2\,b} = \dfrac{6\,a\,b}{10\,b\,c}$ (**Erweitern** mit $2\,b$)

**3.** $\dfrac{c}{3\,a\,x} + \dfrac{d}{4\,b\,x} - \dfrac{e}{30\,x}$

Zunächst bestimmen wir den **Hauptnenner**:

$$\begin{aligned} 3\,a\,x &= \phantom{2 \cdot 2 \cdot {}} 3 \cdot a \cdot x \\ 4\,b\,x &= 2 \cdot 2 \cdot b \cdot x \\ 30\,x &= 2 \cdot 3 \cdot 5 \cdot x \end{aligned}$$

| Nenner | Erweiterungsterm |
|---|---|
| $3\,a\,x$ | $20\,b$ |
| $4\,b\,x$ | $15\,a$ |
| $30\,x$ | $2\,a\,b$ |

$$\begin{aligned} \text{HN} &= 2 \cdot 2 \cdot 3 \cdot 5 \cdot a \cdot b \cdot x \\ \text{HN} &= 60\,a\,b\,x \end{aligned}$$

Wir rechnen:

$$\frac{c}{3\,a\,x} + \frac{d}{4\,b\,x} - \frac{e}{30\,x} = \frac{c \cdot 20\,b}{3\,a\,x \cdot 20\,b} + \frac{d \cdot 15\,a}{4\,b\,x \cdot 15\,a} - \frac{e \cdot 2\,a\,b}{30\,x \cdot 2\,a\,b}$$

$$= \frac{20\,b\,c + 15\,a\,d - 2\,a\,b\,e}{60\,a\,b\,x}$$

**4.** $\dfrac{4\,x}{a + 3\,b} + \dfrac{5\,x}{7\,a - 21\,b} + \dfrac{2\,a\,x}{(a + 3\,b)\,(a - 3\,b)}$

Bestimmung des Hauptnenners:

| Nenner | Zerlegung in Faktoren | Erweiterungsterm |
|---|---|---|
| $a + 3\,b$ | $(a + 3\,b)$ | $7\,(a - 3\,b)$ |
| $7\,a - 21\,b$ | $7 \cdot (a - 3\,b)$ | $(a + 3\,b)$ |
| $(a + 3\,b)\,(a - 3\,b)$ | $(a + 3\,b) \cdot (a - 3\,b)$ | $7$ |

$$\text{HN} = 7 \cdot (a + 3\,b) \cdot (a - 3\,b)$$

$$\frac{4\,x}{a + 3\,b} + \frac{5\,x}{7\,a - 21\,b} + \frac{2\,a\,x}{(a + 3\,b)\,(a - 3\,b)}$$

$$= \frac{4\,x \cdot 7\,(a - 3\,b) + 5\,x \cdot (a + 3\,b) + 2\,a\,x \cdot 7}{7\,(a + 3\,b)\,(a - 3\,b)}$$

$$= \frac{28\,a\,x - 84\,b\,x + 5\,a\,x + 15\,b\,x + 14\,a\,x}{7\,(a + 3\,b)\,(a - 3\,b)}$$

$$= \frac{47\,a\,x - 69\,b\,x}{7\,(a + 3\,b)\,(a - 3\,b)} = \frac{x\,(47\,a - 69\,b)}{7\,(a + 3\,b)\,(a - 3\,b)}$$

**5.** $\dfrac{a\,n + b\,n - c\,n}{n} = \dfrac{a\,n}{n} + \dfrac{b\,n}{n} - \dfrac{c\,n}{n} = a + b - c$

oder $\dfrac{a\,n + b\,n - c\,n}{n} = \dfrac{(a + b - c)\,n}{n} = a + b - c$

**6.** $\dfrac{6\,a\,x - 5\,b\,x + 3\,x}{3\,x} = \dfrac{(6\,a - 5\,b + 3)\,x}{3\,x} = \dfrac{6\,a - 5\,b + 3}{3} = 2\,a - \dfrac{5}{3}\,b + 1$

**7.** $\dfrac{3\,c - a\,c + b\,c}{2\,b - 2\,a + 6} = \dfrac{(3 - a + b)\,c}{2\,(b - a + 3)} = \dfrac{(3 - a + b)\,c}{2\,(3 - a + b)} = \dfrac{c}{2}$

# Aufgaben zu 2.3

1. Kürzen Sie:
$\frac{3}{6}$; $\frac{12}{4}$; $\frac{64}{16}$; $\frac{81}{27}$; $\frac{-12}{104}$; $\frac{13}{-65}$; $\frac{-17}{340}$; $\frac{1000}{75}$

2. Erweitern Sie mit 2; 3; 4; . . .; 7; 8; 9; 10 (bei jeder neuen Aufgabe erhöht sich der Erweiterungsterm um 1)!
$\frac{1}{3}$; $\frac{2}{5}$; $-\frac{12}{11}$; $\frac{21}{17}$; $\frac{-4}{7}$; $\frac{19}{-9}$; $\frac{3}{8}$; $\frac{-5}{11}$; $\frac{3}{4}$

Berechnen Sie (wenn möglich, kürzen!):

3. $\frac{1}{3}\cdot\frac{4}{5}$ 4. $\frac{1}{6}\cdot\frac{3}{5}$ 5. $\frac{1}{9}\cdot\frac{3}{7}$ 6. $\frac{2}{3}\cdot\frac{9}{8}$

7. $\frac{3}{6}\cdot\frac{4}{8}$ 8. $\frac{1}{2}\cdot\frac{1}{2}$ 9. $\frac{1}{3}\cdot\frac{1}{3}$ 10. $\frac{1}{5}\cdot\frac{1}{5}$

11. $4\cdot\frac{5}{6}$ 12. $\frac{-12}{7}\cdot\frac{14}{6}$ 13. $\frac{24}{5}\cdot\frac{-5}{6}$ 14. $\frac{17}{9}\cdot\frac{3}{4}$

15. $\frac{12}{7}\cdot\frac{14}{6}$ 16. $\frac{3}{10}\cdot\frac{-7}{10}$ 17. $\frac{5}{11}\cdot 2\frac{1}{5}$

(Beachten Sie: $2\frac{1}{5}$ ist ein sog. **„gemischter Bruch"** und steht abkürzend für $2+\frac{1}{5}$; also: $2\frac{1}{5}=2+\frac{1}{5}=\frac{11}{5}$.)

18. $\frac{1}{3}\cdot 5$ 19. $\frac{-2}{7}\cdot 14$ 20. $\frac{27}{5}\cdot\frac{15}{9}$ 21. $\frac{12}{14}\cdot\frac{28}{7}$

22. $\frac{5}{8}\cdot\frac{6}{7}$ 23. $\frac{17}{25}\cdot\frac{15}{34}$ 24. $\frac{-18}{9}\cdot\frac{17}{-36}$

25. $\frac{2}{5}:\frac{4}{7}$ 26. $\frac{3}{2}:\frac{3}{4}$ 27. $\frac{4}{7}:\frac{2}{5}$ 28. $5:\frac{7}{8}$

29. $\frac{9}{8}:5$ 30. $\frac{7}{5}:\frac{3}{5}$ 31. $\frac{2}{3}:\frac{4}{3}$ 32. $\frac{5}{8}:\frac{3}{8}$

33. $\frac{8}{9}:\frac{8}{3}$ 34. $\frac{2}{5}:\left(-\frac{4}{20}\right)$ 35. $\frac{12}{19}:\frac{7}{38}$ 36. $\left(-\frac{2}{9}\right):\left(-\frac{19}{27}\right)$

37. Berechnen Sie:

a) $\frac{3}{2}+\frac{5}{2}$ b) $\frac{1}{2}+\frac{3}{2}$ c) $\frac{7}{3}+\frac{1}{3}$ d) $\frac{3}{4}+\frac{5}{4}$ e) $\frac{7}{6}-\frac{5}{6}$

f) $\frac{4}{5}-\frac{7}{5}$ g) $\frac{8}{7}-\frac{5}{7}$ h) $\frac{3}{8}-\frac{1}{8}+\frac{5}{8}$ i) $1\frac{1}{2}+\frac{5}{2}$ j) $2\frac{1}{2}-\frac{3}{2}$

38. Bestimmen Sie das kleinste gemeinsame Vielfache (kgV) bzw. den größten gemeinsamen Teiler (ggT)!

**Beispiel:** kgV (4; 6) = 12
$4 = 2\cdot 2$
$6 = 2\cdot\quad 3$
$\text{kgV} = 2\cdot 2\cdot 3 = 12$

ggT (20; 36) = 4
$20 = 2\cdot 2\cdot\quad 5$
$36 = 2\cdot 2\cdot 3\cdot 3$
$\text{ggT} = 2\cdot 2 = 4$

a) kgV (12; 16) b) kgV (9; 27) c) kgV (21; 35) d) kgV (4; 24)
e) kgV (24; 36) f) kgV (6; 81) g) kgV (2; 3; 12) h) kgV (4; 6; 9)
i) kgV (3; 7; 14) j) ggT (25; 40) k) ggT (13; 25) l) ggT (16; 48)

39. Addieren bzw. subtrahieren Sie:

a) $\frac{1}{2}+\frac{5}{6}$ b) $\frac{3}{4}+\frac{1}{5}$ c) $\frac{2}{3}+\frac{1}{4}$ d) $\frac{1}{5}+\frac{1}{6}$ e) $\frac{1}{2}+\frac{1}{4}$

f) $\frac{1}{3}+\frac{1}{6}$ g) $\frac{2}{3}+\frac{5}{6}$ h) $\frac{4}{5}-\frac{1}{2}$ i) $\frac{3}{4}-\frac{1}{3}$ j) $\frac{2}{9}-\frac{5}{6}$

k) $1\frac{3}{4}+\frac{1}{2}+\frac{1}{4}$ l) $2\frac{1}{2}-\frac{3}{4}$ m) $8\frac{1}{2}-4\frac{3}{4}$ n) $3\frac{1}{4}-1\frac{1}{2}$ o) $\frac{8}{7}+\frac{15}{14}$

p) $\frac{9}{5}-\frac{27}{15}$ q) $\frac{9}{6}-\frac{19}{36}$ r) $-\frac{7}{12}-\frac{13}{24}$

40. Schreiben Sie die folgenden Brüche als Dezimalbrüche!

**Beispiele:** $\frac{7}{4} = 7:4 = 1{,}75$; $\quad 1\frac{1}{2} = \frac{3}{2} = 3:2 = 1{,}5$ oder $1\frac{1}{2} = 1 + \frac{1}{2} = 1 + 1:2 = 1 + 0{,}5 = 1{,}5$

$\frac{1}{2}$; $\frac{5}{2}$; $\frac{7}{2}$; $6\frac{1}{2}$; $7\frac{1}{2}$; $\frac{1}{4}$; $\frac{3}{4}$; $\frac{9}{4}$; $\frac{3{,}14}{4}$; $5\frac{1}{4}$; $7\frac{3}{4}$;

$\frac{1}{8}$; $\frac{3}{8}$; $\frac{7}{8}$; $\frac{12}{8}$; $\frac{7}{10}$; $3\frac{4}{10}$; $\frac{69}{10}$; $\frac{17}{100}$; $\frac{28}{1000}$; $\frac{4}{5}$; $\frac{7}{5}$; $\frac{19}{5}$; $2\frac{1}{5}$

41. Kürzen Sie:

a) $\frac{36x}{12}$ b) $\frac{-27ab}{3a}$ c) $\frac{26ab}{13b}$ d) $\frac{18abcd}{45bc}$ e) $\frac{3(a+b)(a-b)}{6(a+b)}$

f) $\frac{a(b+c)}{2ay}$ g) $\frac{a(a-1)}{b(a-1)}$ h) $\frac{m(p+q+r)}{3ms}$ i) $\frac{7a-7b}{8a-8b}$ j) $\frac{ax+ay}{3x+3y}$

k) $\frac{6a-6}{7a-7}$ l) $\frac{2x-4}{10(6x-12)}$ m) $\frac{6am-9an-4bm+6bn}{3a-2b}$ n) $\frac{mx-m-x+1}{m-1}$

42. Erweitern Sie den Bruch $\frac{2a}{3b}$ so, daß er folgende Nenner annimmt!

a) $9b$ b) $6ab$ c) $12bc$ d) $15bcd$

43. Erweitern Sie den Bruch $\frac{5p}{7q}$ so, daß er folgende Nenner annimmt!

a) $21q$ b) $28pq$ c) $14aq$ d) $70qp$ e) $140q \cdot q$

44. Machen Sie die angegebenen Brüche gleichnamig!

a) $\frac{11}{12}, \frac{7}{8}, \frac{17}{30}$ b) $\frac{11}{54}, \frac{7}{36}, \frac{17}{24}$ c) $\frac{9}{32}, \frac{3}{16}, \frac{7}{24}, \frac{2}{5}$

d) $\frac{a}{3b}, \frac{2b}{5a}$ e) $\frac{5a}{12m}, \frac{8a}{15n}$ f) $\frac{8x}{8ab}, \frac{7x}{15ac}, \frac{11x}{36bc}$

g) $\frac{25n}{39ay}, \frac{27an}{52yz}, \frac{5bn}{26az}$ h) $\frac{a+b}{x-y}, \frac{a-b}{x+y}$ i) $\frac{a+b}{8xy}, \frac{a-b}{12xz}$

j) $\frac{m+n}{m-n}, \frac{m}{n}$ k) $\frac{a+3b}{5a-c}, \frac{2a-b}{5a+c}$ l) $\frac{a+b}{a-b}, \frac{3a-2b}{2a-b}$

m) $\frac{x+y}{2x+3y}, \frac{x-y}{15y-10x}$ n) $\frac{4x-y}{(2a-4b)(y-3x)}, \frac{x-3y}{(6x-2y)(2b-a)}$

o) $a, \frac{a}{a+1}, \frac{1}{a-1}$ p) $m, \frac{2a+b}{m-n}, \frac{a+b}{m+n}$ q) $\frac{4}{(x-y)(a+b)}, \frac{3x}{(a+b)(x+y)}$

Vereinfachen Sie:

45. $\frac{5b}{4} + \frac{3b}{4}$ 46. $\frac{8a}{15} + \frac{2a}{15}$ 47. $\frac{3x}{2b} - \frac{x}{2b}$

48. $\frac{a}{a+b} + \frac{b}{a+b}$ 49. $\frac{4x}{2x+3y} + \frac{6y}{2x+3y}$ 50. $\frac{3x}{x+y} + \frac{5y}{x+y} + \frac{2x}{x+y}$

51. $\frac{6a}{a-b} - \frac{15b}{a-b} + \frac{9a}{a-b}$ 52. $\frac{5m}{11n} + \frac{3x-y}{11n}$ 53. $\frac{39}{4x} + \frac{2a-36}{4x}$

54. $\frac{2x+3y}{8a} + \frac{2x-3y}{8a}$ 55. $\frac{5a-3b}{2x-7y} - \frac{3a+9b}{2x-7y}$ 56. $\frac{3m-9p}{5m+3p} - \frac{11m+8p}{5m+3p}$

57. $\frac{3x}{2u-3v} + \frac{2x-3y}{2u-3v}$ 58. $\frac{a-2b}{a+b} + \frac{a+3b}{a+b}$ 59. $\frac{3a+b}{a-b} - \frac{2a+b}{a-b}$

60. $\frac{2a+3b}{a+b} - \frac{a+2b}{a+b}$ 61. $\frac{6x+5y}{x-y} - \frac{3x+8y}{x-y}$

62. $\frac{m[ab+n(b-c)]}{a-b} - \frac{n[ab-m(b+c)]}{a-b}$ 63. $\frac{10a[3b-2(3a-2b)]}{a(m-n)} - \frac{5a[2b+3(2a-3b)]}{a(m-n)}$

64. $\frac{8a-9b}{5a-3b} - \frac{3a-4b}{5a-3b} + \frac{4a+b}{5a-3b} + \frac{6a-5b}{5a-3b}$ 65. $\frac{4x-y}{x-2y} - \frac{3x-5y}{x-2y} - \frac{3x+4y}{x-2y} - \frac{9x-4y}{x-2y}$

66. $\frac{7x-2y}{x+y} - \frac{3x-4y}{x+y} + \frac{x+8y}{x+y} - \frac{4x+9y}{x+y}$ 67. $\frac{2{,}7ax-3{,}8by}{5{,}2a-9{,}3b} - \frac{0{,}8ax+3{,}7by}{5{,}2a-9{,}3b} - \frac{11ax+13{,}6by}{5{,}2a-9{,}3b}$

68. $\frac{2m}{15ab}-\frac{3n}{5a}$

69. $\frac{a}{xy}+\frac{b}{x}-\frac{c}{y}$

70. $\frac{2v}{9ab}-\frac{3u}{2ac}+\frac{5w}{6abc}$

71. $\frac{5y}{3ab}+2$

72. $\frac{3x}{2y}+1$

73. $2+\frac{5y}{3ab}$

74. $1+\frac{2x-3y}{2x}$

75. $1-\frac{2x-3y}{2x}$

76. $\frac{3a-2b}{ab}+2$

77. $\frac{2x-3y}{3y}+2$

78. $\frac{2x}{x-a}-2$

79. $2-\frac{6a}{3a+2b}$

80. $1-\frac{a}{a-x}$

81. $\frac{5y-4x}{10xy}-\frac{3x+2y}{5xy}$

82. $\frac{2}{a+b}-\frac{3}{a-b}$

83. $\frac{5x+7}{30ab}+\frac{2-9x}{15bc}+\frac{6x-15}{12ac}$

84. $\frac{8(a-5)}{15}+\frac{2(a+4)}{3}-\frac{3(5a-1)}{4}$

85. $\frac{7(3a-5)}{4}+\frac{4(a-3)}{5}-\frac{3(4-5a)}{2}$

86. $\frac{5a-2b-1}{3x}-\frac{x-2y}{6xy}-\frac{y-2}{15y}+\frac{1}{15}+\frac{1}{30y}$

87. $\frac{5}{3x}+\frac{3}{4y}-\frac{10}{5z}-\frac{3y-4z}{12yz}+\frac{2x-5z}{10xz}-\frac{3x-5y}{15xy}$

88. $\frac{6a+c}{6bc}-\frac{5a-4b}{4ac}-\frac{3b-5c}{5ab}+\frac{3}{5a}-\frac{1}{6b}+\frac{5}{4c}$

89. $2x\cdot\frac{3}{8xy}$

90. $\frac{a}{7x}\cdot 5ax$

91. $4a\cdot\frac{5x}{6ab}$

92. $\frac{a}{12y}\cdot 8ay$

93. $\frac{u}{18vw}\cdot 12w$

94. $\frac{b+1}{a+1}\cdot(1+a)$

95. $\frac{6ab-4cd}{12ab+8cd}\cdot(6ab+4cd)$

96. $\frac{1-a}{1-n}\cdot\frac{a+1}{1-a}\cdot 7(1-n)$

97. $\frac{2x-y}{10x}\cdot\frac{6y}{x-2y}\cdot\frac{5x}{3y}$

98. $\frac{a+5}{5b}\cdot\frac{10c}{a-5}\cdot\frac{b}{2c}$

99. $\frac{5(y-a)}{6ax}\cdot\frac{4(a+y)}{y-a}\cdot 3bx$

100. $\frac{3a}{b}\cdot(-bc)\cdot\frac{x}{c}$

101. $\frac{5ax}{6by}\cdot\frac{3x}{5y}\cdot\frac{7}{a}\cdot\frac{by}{7x}\cdot 15$

102. $7\frac{1}{2}ay\cdot 1\frac{3}{5}ax\cdot\frac{7b}{20ay}$

103. $\left(\frac{1}{2}a-\frac{2}{3}b+\frac{3}{4}c\right)\cdot\frac{2}{3}x$

104. $\left(2\frac{1}{4}x-1\frac{1}{2}y+2\frac{2}{3}z\right)\cdot 1\frac{1}{2}a$

105. $\left(\frac{a+b}{2}+\frac{2a-b}{2a}\right)\cdot\frac{a}{a+b}$

106. $(a-b)\left(\frac{2}{a}+\frac{1}{b}\right)$

107. $\left(\frac{3x}{4y}+\frac{2y}{5x}+\frac{1}{2}\right)\left(\frac{5}{y}-\frac{2}{x}\right)$

108. $\left(\frac{a}{b}+\frac{5b}{2a}-\frac{3}{2}\right)\left(\frac{2a}{3}+\frac{2b}{5}\right)$

109. $\left(\frac{a}{x}+\frac{b}{y}-\frac{c}{z}\right)\left(\frac{x}{a}+\frac{y}{b}+\frac{z}{c}\right)$

110. $\left(\frac{a}{2}-\frac{2b}{3}+5c\right)\left(\frac{2a}{3}-3b-\frac{c}{2}\right)$

111. $\left(\frac{a}{b}+\frac{c}{d}\right)\left(\frac{b}{a}+\frac{d}{c}\right)$

112. $\frac{1}{2}(a+b-c)-\frac{1}{3}(a-b+c)+\frac{1}{6}(b-a-c)$

113. $1\frac{3}{4}(x+4y)-3\frac{1}{2}(2x-3y)+5\frac{1}{6}(3x-4y)$

114. $\frac{3a}{5}:4$

115. $\frac{35}{x}:7$

116. $\frac{12a}{7x}:(4ax)$

117. $\frac{18mx}{5y}:(4ax)$

118. $\frac{27pq}{10c}:(18qx)$

119. $\frac{6np}{5x}:(12py)$

120. $(2a):\frac{1}{2}$

121. $(18p):\left(\frac{9p}{5x}\right)$

122. $(15n):\left(\frac{5nx}{7b}\right)$

123. $(20ax):\left(\frac{15xy}{7b}\right)$

124. $(6ab):\left(\frac{9ax}{5m}\right)$

125. $(9x):\left(\frac{12ax}{5b}\right)$

126. $(12abx):\left(\frac{8ab}{3n}\right)$

127. $\left(\frac{12a}{25x}\right):\left(\frac{24a}{5x}\right)$

128. $\left(7\frac{1}{2}ab\right):\left(\frac{5ax}{6y}\right)$

129. $\dfrac{3}{2+\frac{1}{5}}$

130. $\dfrac{\frac{3}{4}-\frac{5}{12}}{1+\frac{3}{4}\cdot\frac{5}{12}}$

131. $\dfrac{2\cdot\frac{12}{5}}{1-\frac{144}{25}}$

132. $\dfrac{39 : 6\frac{1}{2}}{\left(5\frac{1}{6} - 4\frac{3}{4}\right) : 1\frac{1}{4}}$

133. $\dfrac{1\frac{3}{4} \cdot \left(9\frac{3}{8} + 2\frac{1}{4}\right) \cdot \frac{5}{14}}{5\frac{1}{16} \cdot 1\frac{2}{3}}$

134. $\dfrac{254\frac{2}{25} - 135\frac{4}{5} - 110\frac{3}{4}}{\frac{2}{7} \cdot \left(7\frac{1}{2} - 6\frac{1}{3}\right)}$

135. $\dfrac{\left(46\frac{2}{3} - 32\frac{1}{2}\right) \cdot \left(6\frac{1}{2} - 2\frac{3}{4}\right)}{2\frac{2}{3} - 1\frac{1}{4}}$

136. $\dfrac{\left(7\frac{1}{2} - 5\frac{5}{8}\right) : \left(5\frac{1}{4} + 1\frac{5}{6}\right)}{\left(2\frac{1}{2} + 3\frac{3}{4}\right) : \left(4\frac{1}{2} - 2\frac{4}{5}\right)}$

137. $\dfrac{2a}{a+b} : \dfrac{4m}{2a+2b}$

Vereinfachen Sie durch Ausklammern:

138. $\dfrac{Q}{2} \cdot \dfrac{a\,b}{l} + F \cdot \dfrac{a\,b}{l}$

139. $\dfrac{3}{16} \cdot F \cdot a - \dfrac{5}{96} \cdot F \cdot b$

140. $\dfrac{Q \cdot H}{4500} + \dfrac{Q \cdot h}{180 \cdot 25}$

141. $\dfrac{F \cdot (l - a)}{l} - F$

142. $\dfrac{Q}{2} \cdot a - \dfrac{Q \cdot a}{l} \cdot \dfrac{a}{2}$

143. $\dfrac{5\,x\,y}{7\,b} - \dfrac{15\,y}{14\,a\,b}$

Vereinfachen Sie:

**Beispiel:** $(9a + 6ab - 3ac) : (3a) = 3 + 2b - c$

144. $(16ab + 4ac + 6ad) : (2a)$

145. $(6ax - 9bx - 15cx) : (3x)$

146. $(38xyz + 12xy - 26xz) : (2x)$

147. $(8ab - 4ac + 12a) : (4a)$

148. $(5a - 0{,}5b + 0{,}05c) : 0{,}1$

149. $(7{,}5ab + 1{,}75by) : (25b)$

150. $(0{,}8a + 3b - 0{,}1c) : 0{,}4$

151. $(15ab - 20ac + 25ad) : (-5a)$

152. $(27ab - 36bx - 54by) : (-9b)$

153. $(10ax - 2{,}5bx) : (5x) - (1{,}2ay + 1{,}8y) : (-6y)$

154. Ordnen Sie der Größe nach!

a) $\frac{4}{7}, \frac{3}{7}, \frac{6}{7}, \frac{1}{7}$

b) $\frac{8}{25}, \frac{3}{25}, \frac{7}{25}, \frac{16}{25}$

c) $\frac{17}{20}, \frac{17}{23}, \frac{17}{18}, \frac{17}{15}$

d) $\frac{9}{10}, \frac{9}{15}, \frac{9}{8}, \frac{9}{14}$

e) $\frac{2}{3}, \frac{3}{4}, \frac{4}{5}, \frac{5}{6}$

f) $\frac{3}{7}, \frac{3}{8}, \frac{4}{9}, \frac{4}{7}$

155. Bestimmen Sie die Bruchzahl genau in der Mitte zwischen:

a) $\frac{6}{11}$ und $\frac{10}{11}$

b) $\frac{6}{13}$ und $\frac{7}{13}$

c) $\frac{11}{7}$ und $\frac{12}{7}$

d) $\frac{2}{3}$ und $\frac{4}{5}$

e) $\frac{1}{3}$ und $\frac{1}{2}$

f) $\frac{1}{4}$ und $\frac{1}{2}$

156. Bestimmen Sie zwischen $x$ und $y$ $n$ Zahlen ($n = 1;\ 2;\ 3;\ 4$) so, daß der Abstand von je zwei aufeinanderfolgenden Zahlen jeweils gleich ist!

**Beispiel:** $x = \frac{5}{11}$; $y = \frac{9}{11}$

| $n$ | $\frac{5}{11} < \frac{9}{11}$ |
|---|---|
| 1 | $\frac{5}{11} < \frac{7}{11} < \frac{9}{11}$ |
| 2 | $\frac{5}{11} = \frac{15}{33} < \frac{19}{33} < \frac{23}{33} < \frac{27}{33} = \frac{9}{11}$ |
| 3 | $\frac{5}{11} < \frac{6}{11} < \frac{7}{11} < \frac{8}{11} < \frac{9}{11}$ |
| 4 | $\frac{5}{11} = \frac{25}{55} < \frac{29}{55} < \frac{33}{55} < \frac{37}{55} < \frac{41}{55} < \frac{45}{55} = \frac{9}{11}$ |

a) $x = \frac{7}{13}$, $y = \frac{8}{13}$

b) $x = \frac{8}{7}$, $y = \frac{9}{7}$

c) $x = \frac{3}{5}$, $y = \frac{4}{5}$

d) $x = 1$, $y = \frac{10}{9}$

## 2.4 Potenzen mit natürlichen Hochzahlen, Potenzgesetze

Besteht ein Produkt aus gleichen Faktoren, so schreibt man vereinfachend:
$a \cdot a = a^2$ (gesprochen: „$a$ hoch 2" oder „$a$ Quadrat")
$a \cdot a \cdot a = a^3$ (gesprochen: „$a$ hoch 3")
$a^2$ nennt man auch die „zweite Potenz von $a$",
$a^3$ die „dritte Potenz von $a$". Für alle natürlichen Zahlen $n$ können wir die **„$n$-te Potenz von $a$"** ($a \in \mathbb{Q}$) wie folgt **definieren:**

**Definition**

$$a^1 = a; \quad a^n = \underbrace{a \cdot a \cdot \ldots \cdot a}_{n \text{ Faktoren}} \quad \text{für} \quad n \in \mathbb{N} \setminus \{1\} \quad (a \in \mathbb{Q})$$

In dem Term $a^n$ heißt $a$ die **„Grundzahl (oder Basis) der Potenz"**, $n$ die **„Hochzahl (oder der Exponent) der Potenz"**.

**Beispiel**

$2^3$ (2 ist die Basis, 3 der Exponent)
Es gilt:

**Beispiele**

$2^3 = 2 \cdot 2 \cdot 2 = 8;$
$2^4 = 2 \cdot 2 \cdot 2 \cdot 2 = (2 \cdot 2 \cdot 2) \cdot 2 = 2^3 \cdot 2 = 8 \cdot 2 = 16;$
$2^5 = 2 \cdot 2 \cdot 2 \cdot 2 \cdot 2 = (2 \cdot 2 \cdot 2 \cdot 2) \cdot 2 = 2^4 \cdot 2 = 16 \cdot 2 = 32;$
$3^4 = 3 \cdot 3 \cdot 3 \cdot 3 = 9 \cdot 9 = 81;$
$(-4)^3 = (-4) \cdot (-4) \cdot (-4) = 16 \cdot (-4) = -64;$
$(-5)^2 = (-5) \cdot (-5) = 25;$
$(-a)^5 = (-a) \cdot (-a) \cdot (-a) \cdot (-a) \cdot (-a) = (-a)^4 \cdot (-a) = a^4 \cdot (-a) = -a^5 \quad (a \in \mathbb{Q});$
$0^5 = 0 \cdot 0 \cdot 0 \cdot 0 \cdot 0 = 0;$
$1^n = 1 \quad$ für alle $\quad n \in \mathbb{N};$

$$(-1)^n = \begin{cases} 1 & \text{für } n \in \mathbb{N} \text{ gerade} \\ -1 & \text{für } n \in \mathbb{N} \text{ ungerade;} \end{cases}$$

$2^7 = 2 \cdot 2 \cdot 2 \cdot 2 \cdot 2 \cdot 2 \cdot 2 = (2 \cdot 2 \cdot 2 \cdot 2 \cdot 2) \cdot (2 \cdot 2) = 2^5 \cdot 2^2 = 32 \cdot 4 = 128$

Das letzte Beispiel läßt vermuten, daß $2^m \cdot 2^n = 2^{m+n}$ für alle $m, n \in \mathbb{N}$ gilt. Es gilt (allgemeiner) das folgende

**1. Potenzgesetz:** $a^m \cdot a^n = a^{m+n}$ für alle $a \in \mathbb{Q}$ und alle $m, n \in \mathbb{N}$

**Beweis:**

$$a^m \cdot a^n = \underbrace{\underbrace{a \cdot a \cdot \ldots \cdot a}_{m \text{ Faktoren}} \cdot \underbrace{a \cdot a \cdot \ldots \cdot a}_{n \text{ Faktoren}}}_{(m+n) \text{ Faktoren}} = a^{m+n}$$

**Beispiele**

$7^5 \cdot 7^3 = 7^8; \quad (-5)^8 \cdot (-5)^7 = (-5)^{15}; \quad a^3 \cdot a^{11} = a^{14}$

Weiterhin gelten die folgenden Potenzgesetze:

**2. Potenzgesetz:** $(a \cdot b)^n = a^n \cdot b^n$ für alle $a, b \in \mathbb{Q}$ und alle $n \in \mathbb{N}$

**Beweis:**

$$(a \cdot b)^n = \underbrace{(a \cdot b) \cdot (a \cdot b) \cdot \ldots \cdot (a \cdot b)}_{n \text{ Faktoren } (a \cdot b)}$$
$$= \underbrace{a \cdot a \cdot \ldots \cdot a}_{n \text{ Faktoren}} \cdot \underbrace{b \cdot b \cdot \ldots \cdot b}_{n \text{ Faktoren}} = a^n \cdot b^n$$

**Beispiele**

$6^4 = (2 \cdot 3)^4 = 2^4 \cdot 3^4 = 16 \cdot 81 = 1296;$
$(-4a)^6 = (-4)^6 \cdot a^6 = 4096\, a^6$

**3. Potenzgesetz:** $(a^m)^n = a^{m \cdot n}$ für alle $a \in \mathbb{Q}$ und alle $m, n \in \mathbb{N}$

**Beweis:**
$$\begin{aligned}(a^m)^n &= (\underbrace{a \cdot a \cdot \ldots \cdot a}_{m \text{ Faktoren}})^n \\ &= \underbrace{(\underbrace{a \cdot a \cdot \ldots \cdot a}_{m \text{ Faktoren}}) \cdot (\underbrace{a \cdot a \cdot \ldots \cdot a}_{m \text{ Faktoren}}) \cdot \ldots \cdot (\underbrace{a \cdot a \cdot \ldots \cdot a}_{m \text{ Faktoren}})}_{n\text{-mal } m \text{ Faktoren}} \\ &= \underbrace{a \cdot a \cdot \ldots \cdot a}_{(n \cdot m) \text{ Faktoren}} = \underbrace{a \cdot a \cdot \ldots \cdot a}_{(m \cdot n) \text{ Faktoren}} \\ &= a^{m \cdot n}\end{aligned}$$

**Beispiele**

$(1{,}4^2)^3 = 1{,}4^{2 \cdot 3} = 1{,}4^6 = 7{,}529536;$

$(2^5)^2 = 2^{10} = 1024 \approx 1000;$

$(a^3)^4 = a^{3 \cdot 4} = a^{12};$

$(a^m)^n = a^{m \cdot n} = a^{n \cdot m} = (a^n)^m$, also $(a^m)^n = (a^n)^m$ für alle $a \in \mathbb{Q};\ m, n \in \mathbb{N}$

**4. Potenzgesetz:** für alle $a \in \mathbb{Q} \setminus \{0\}$ und alle $m, n \in \mathbb{N}$ gilt:

$$a^m : a^n = \begin{cases} a^{m-n} & \text{für } m > n \\ 1 & \text{für } m = n \\ \dfrac{1}{a^{n-m}} & \text{für } m < n \end{cases}$$

**Beispiele**

$3^9 : 3^5 = 3^{9-5} = 3^4 = 81;$

$4^7 : 4^8 = \frac{1}{4^{8-7}} = \frac{1}{4^1} = \frac{1}{4};$

$a^7 : a^3 = a^{7-3} = a^4;$

$a^4 : a^6 = \frac{1}{a^{6-4}} = \frac{1}{a^2};$

$a^5 : a^5 = 1$

Das letzte Beispiel (wie folgt gerechnet: $a^5 : a^5 = a^{5-5} = a^0 = 1$) zeigt, daß es sinnvoll ist, die bisherige Definition für $a^n$ auf $n = 0$ zu erweitern.

**Definition**

| $a^0 = 1$ für alle $a \in \mathbb{Q} \setminus \{0\}$ |
|---|

**Beispiele**

$2^0 = 1;\quad (-1{,}8)^0 = 1$

(Bemerkung: In der obigen Definition haben wir den Fall $0^0$ nicht betrachtet. Da $0^n = 0$ für alle $n \in \mathbb{N}$, würde es sich anbieten, $0^0$ als 0 zu definieren. In der Mathematik ist es jedoch aus verschiedenen Gründen sinnvoll, $a^0$ auch im Falle $a = 0$ als 1 zu definieren.)

Mit der letzten Definition können wir die beiden ersten Teile des 4. Potenzgesetzes in der folgenden Weise zusammenfassen:

$a^m : a^n = a^{m-n}$ für alle $a \in \mathbb{Q} \setminus \{0\}$ und alle $m, n \in \mathbb{N}$ mit $m \geqq n$.

**5. Potenzgesetz:** $\left(\frac{a}{b}\right)^n = \frac{a^n}{b^n}$ für alle $a, b \in \mathbb{Q} \setminus \{0\}$, $n \in \mathbb{N}_0$

**Beispiele**

$\left(\frac{2}{3}\right)^4 = \frac{2^4}{3^4} = \frac{16}{81};$

$\left(\frac{-3}{4}\right)^3 = \frac{(-3)^3}{4^3} = \frac{-27}{64} = -\frac{27}{64};$

$\left(\frac{a}{b}\right)^5 = \frac{a^5}{b^5}$

# Aufgaben zu 2.4

1. Berechnen Sie:
a) $3^2$ b) $3^3$ c) $3^4$ d) $3^{10}$ e) $(-2)^{11}$ f) $(-4)^5$ g) $(-7)^3$ h) $(1{,}2)^4$ i) $(-0{,}2)^5$ j) $(-0{,}01)^6$ k) $10^2$
l) $10^3$ m) $10^7$ n) $10^8$ o) $10^{10}$ p) $(-a)^5$ q) $(-b)^9$ r) $(-c)^{30}$

2. Berechnen Sie mit Hilfe des 1. Potenzgesetzes:
a) $3^4 \cdot 3^5$ b) $2^7 \cdot 2^4$ c) $4^2 \cdot 4^1$ d) $(-1{,}5)^2 \cdot (-1{,}5)^3$ e) $(-0{,}25)^4 \cdot (-0{,}25)^1$ f) $a^5 \cdot a^2$ g) $(-b)^7 \cdot (-b)^3$

3. Beweisen Sie, daß $(4 \cdot 7)^n = 4^n \cdot 7^n$ für $n = 2$, $n = 3$ und $n = 4$ gilt (**ohne** Anwendung des 2. Potenzgesetzes)!

4. Berechnen Sie mit Hilfe des 2. Potenzgesetzes:
a) $(2 \cdot 3)^3$ b) $(3 \cdot 4)^2$ c) $(4 \cdot 5)^4$ d) $(5 \cdot 6)^3$ e) $(1{,}5 \cdot 2{,}5)^2$ f) $[(-1) \cdot 1{,}1]^3$ g) $(3a)^4$ h) $(-4b)^2$
i) $[a \cdot (-b)]^3$

5. Berechnen Sie mit Hilfe des 3. Potenzgesetzes:
a) $(2^3)^4$ b) $(3^2)^3$ c) $(4^3)^2$ d) $(5^2)^3$ e) $(6^2)^2$ f) $[(-1{,}5)^2]^3$ g) $(10^4)^2$ h) $(10^3)^3$ i) $(10^9)^2$ j) $(10^7)^3$
k) $(10^{15})^2$ l) $(0{,}2^2)^2$ m) $(a^4)^3$ n) $(a^3)^4$ o) $[(-b)^4]^5$ p) $[(-b)^5]^4$

6. Berechnen Sie mit Hilfe des 4. Potenzgesetzes:
a) $6^7 : 6^6$ b) $2^{20} : 2^{14}$ c) $3^{17} : 3^{12}$ d) $4^{16} : 4^{16}$ e) $(-2)^{15} : (-2)^{13}$ f) $5^{12} : 5^{14}$ g) $6^{13} : 6^{15}$ h) $7^{21} : 7^{24}$
i) $(-3)^{22} : (-3)^{25}$ j) $(-3)^7 : (-3)^7$ k) $a^8 : a^3$ l) $a^3 : a^8$ m) $a^{11} : a^2$ n) $a^2 : a^{20}$ o) $b^7 : b^7$

7. Berechnen Sie mit Hilfe des 5. Potenzgesetzes:
a) $\left(\frac{2}{3}\right)^4$ b) $\left(\frac{3}{4}\right)^2$ c) $\left(\frac{5}{6}\right)^3$ d) $\left(\frac{-2}{5}\right)^5$ e) $\left(\frac{3}{-7}\right)^2$ f) $\left(\frac{2}{9}\right)^3$ g) $\left(\frac{4}{5}\right)^4$

h) $\left(\frac{a}{b}\right)^3$ i) $\left(\frac{-a}{b}\right)^4$ j) $\left(\frac{a}{-b}\right)^5$

8. Vereinfachen Sie die folgenden Terme mit Hilfe der Potenzschreibweise!

**Beispiel:** $8a \cdot 2ab = 16a^2b$

a) $2{,}5a \cdot 3{,}2ab \cdot 8bc \cdot 4ad$
b) $3ab \cdot 20ab \cdot 4bx \cdot 25abx$
c) $3ab \cdot 12bc \cdot 0{,}5ac \cdot 0{,}2$
d) $2a \cdot 3ab \cdot 4b$
e) $3x(-2xy) \cdot ay$
f) $(-12x) \cdot (0{,}3ax) \cdot 5a \cdot (-1)$
g) $(-3a) \cdot (2a) \cdot (-0{,}5ab)$
h) $(6a) \cdot (-1{,}5ab) \cdot (-2b)$
i) $(3ax) \cdot (-4bx) \cdot (-0{,}25a)$
j) $(-7{,}1a) \cdot (3ab) \cdot (-4b)$
k) $(2{,}5xy) \cdot (-0{,}4xz) \cdot (1{,}8yz)$
l) $(-12{,}5b) \cdot (0{,}4ab) \cdot (-6a)$
m) $6{,}4a \cdot (-2{,}5ab) \cdot (-1{,}5ac) \cdot (-3bc)$
n) $(0{,}7x^2) \cdot (-2{,}5xy) \cdot (1{,}4yz)$
o) $\frac{1}{4}x(-2\frac{1}{2}y) \cdot (-3z) \cdot (2\frac{3}{8}yz)$
p) $(2{,}5a) \cdot (-1{,}8b) \cdot (3{,}3ab) \cdot (-1{,}25c)$
q) $(-2ab) \cdot (4cd) \cdot (-3ad) \cdot (1{,}5bc) \cdot (-0{,}5de)$
r) $(7{,}5c) \cdot (-4a) \cdot (-2{,}5ac) \cdot (-0{,}5b)$
s) $(-3\frac{1}{2}m) \cdot (2\frac{1}{2}n) \cdot (4\frac{1}{3}m) \cdot (-5\frac{1}{6}n)$
t) $(-62{,}5ac) \cdot (-12{,}8ad) \cdot (26{,}9cd) \cdot (4{,}82ad)$
u) $(8a) \cdot (-2{,}5b) \cdot (\frac{3}{4}ad) \cdot (-1\frac{1}{5}bd)$
v) $(-3\frac{1}{2}m^2) \cdot (-2\frac{1}{4}n^2m) \cdot (4\frac{1}{3}rs) \cdot (-5\frac{1}{6}rs^2)$
w) $(1\frac{1}{8}v) \cdot (-5u) \cdot (0{,}8uv) \cdot (-1) \cdot (1\frac{2}{3}v^2)$
x) $(-0{,}3y^5) \cdot (1\frac{1}{2}x^7y) \cdot (-x^8) \cdot (-2\frac{2}{3}x^2y)$
y) $(-0{,}8x) \cdot (-5x^2y) + (2x^4y) \cdot (-2{,}5x) - (5x^6) \cdot (-1{,}8y^2) \cdot (-x^4)$
z) $(+0{,}7a) \cdot (-5a^8b) - (-\frac{5}{8}a^2) \cdot (1\frac{3}{5}b) + (0{,}4a^5) \cdot (-1{,}5a^8b) + (-9a^2) \cdot (0{,}3b^{12})$

9. Vereinfachen Sie:
a) $2x \cdot \frac{3}{8xy}$ b) $\frac{a}{7x} \cdot 5ax$ c) $4a \cdot \frac{5x}{6ab}$ d) $\frac{a}{12y} \cdot 8ay$ e) $\frac{2x}{7ab} \cdot 14a^2b$

f) $\frac{u}{18vw} \cdot 12w$ g) $\frac{pq}{35rs} \cdot 55s^2$ h) $\frac{5x^2}{21y^3} \cdot 14xy^2$ i) $\frac{5a^2b^3}{12m^2n} \cdot (-3mn^2)$ j) $\frac{b+1}{a+1} \cdot (1+a)$

Multiplizieren Sie aus:

10. $(3a-4b)(a+2b)$
11. $(11a-3b)(5b-7a)$
12. $(16a+17b)(3a-5b)$
13. $(-8x+5y)(2x-3y)$
14. $(1{,}2x-2{,}3y)(5x+3y)$
15. $(0{,}2a+5{,}01b)(0{,}5a-0{,}1b)$
16. $(3{,}5r-0{,}75s)(6r-14s)$
17. $(3{,}2a-5b)(5a-2{,}8b)$
18. $(2{,}6a+0{,}3y)(5x+0{,}7y)$
19. $(3{,}5x+0{,}2)(8{,}4x-0{,}3)$
20. $(7{,}25+4x)(2{,}8-3{,}6x)$
21. $(0{,}3y-2)(4{,}8y-1{,}5)$
22. $(7a-0{,}3)(2{,}8a-0{,}05)$
23. $(\frac{2}{3}x-\frac{3}{4}y)(\frac{2}{3}x+\frac{3}{4}y)$
24. $(\frac{1}{3}s+\frac{4}{5}t)(\frac{3}{5}s+\frac{2}{3}t)$

25. $(x^2+xy+y^2)(x-y)$ 26. $(a^2-2ab+b^2)(a-b)$ 27. $(a-2b+3c)(4a-5b)$

28. $(a^2+2ab+b^2)(a+b)$ 29. $(2x-4y+5z)(x-3y)$ 30. $(3a+2b+5x-y)(4a-3b+4)$

31. $(3a+2b+5x-y)(3a+2b-5x+y)$ 32. $(6ac-3ad+2bc+bd)(6ac+3ad-2bc-bd)$

33. $(2{,}8x-3{,}6y-4{,}4z)(3{,}3x+8{,}1y-9{,}2z)$ 34. $(0{,}4x-1{,}2y+5{,}2z)(5x+4y-3z)$

35. $(2\frac{1}{2}m-3\frac{1}{3}n+5{,}25p)(12m+24n-36p)$ 36. $(2\frac{1}{2}a+\frac{3}{4}b-\frac{2}{5}c)(7\frac{1}{2}a-8b+15c)$

37. $(6\frac{3}{7}a-4\frac{1}{5}b-5\frac{2}{5}c)(-4\frac{4}{9}a+3\frac{3}{5}b-5\frac{2}{5}c)$

38. $(a+b+c)(a+b+c)$ 39. $(a-b+c)(a-b+c)$ 40. $(a-b-c)(a-b-c)$

41. $(a+b-c)(a-b+c)$ 42. $(x+y-1)(x-y+1)$ 43. $(a+b+c)(a+b-c)$

44. $(2r+s+3)(2r+s-3)$ 45. $(3a+5)(7a-2)(2a-1)$ 46. $(2x-3)(3x+7)(6x-5)$

47. $(x-a)(x-b)(x-c)$ 48. $(y+1)(y-2)(y+3)$

49. $3a(5a^2-2ab+b^2)-(2a^2+5ab)(4a-2b)-3ab^2$ 50. $(3u-2v)[(8a+3b)(3a-4b)-(a-b)(a+b)]$

51. $(5x+3y)[(7a-2b)(5a+3b)-(3a-b)(2a+3b)]$ 52. $(3a-2b+c)[6a(3a-4b+5c)-2b(5a-b+c)]$

Dividieren Sie:

**Beispiel:** $(45a^2bc^2):(5abc)=\dfrac{45a^2bc^2}{5abc}=9ac$

53. $(-19a^2b):(38ab)$ 54. $(76u^2vw):(19uw)$ 55. $(39aby^2):(13ab)$

56. $(408r^3s^2v):(24r^2s)$ 57. $(9a^2x):(-3ax)$ 58. $(-12bc):(-4b)$

59. $(-45ab):(15b)$ 60. $(18xy^2z):(-6yz)$ 61. $(-28uvw):(-4uw)$

62. $(-112a^2nbc^2):(8abc)$ 63. $(-12abc):(-20bc)$ 64. $(105a^2xy):(-80axy)$

65. $(-30yz):(\frac{1}{3}z)$ 66. $(2{,}4abx):(-0{,}06ax)$

67. $\dfrac{9a^2b^2c^2}{3abc}$ 68. $\dfrac{5a^2b^2}{-15abc}$ 69. $\dfrac{48ab^2c}{16a^2bc}$

70. $\dfrac{3ab^2c^2}{-a^2bc}$ 71. $\dfrac{9a^2b}{15abc^2}$ 72. $\dfrac{-\frac{1}{2}ab^2c^2}{\frac{3}{4}a^2bc}$

73. $\dfrac{51pq^2r}{85p^2qr^2}$ 74. $\dfrac{18abyz}{45y^2z^2}$ 75. $\dfrac{25a^4b^3c^2}{125a^3b^2c}$

76. $(-0{,}042x^2yz^3):(1{,}4xyz^2)$ 77. $(-5{,}6abd):(-3{,}75bd)$

78. $(2\frac{5}{8}a^2bx):(-1\frac{1}{7}a^2x)$ 79. $(-6\frac{2}{3}ab^2y^2):(\frac{20}{21}aby)$

80. $(4\frac{1}{5}ab^2):[(-1\frac{1}{2})(-\frac{7}{15}ab)]$ 81. $(-\frac{1}{3}a^2nx^2):(2\frac{1}{4}anx)$

82. $(-3\frac{1}{2}u^3vw^2):(-1\frac{1}{6}u^2w)$ 83. $[(2\frac{3}{4}aby)(-2\frac{2}{11}bz)]:(-3\frac{1}{3}az)$

84. $[(-1{,}2abc)(-1\frac{1}{2}xy)]:(-2\frac{1}{4}cb)$ 85. $(8\frac{3}{4}a^2bd^3):[(-2\frac{3}{8}ad)(-2\frac{1}{3}bd)]$

86. $\dfrac{3(a+b)(a-b)}{4(a+b)^2}$ 87. $\dfrac{a^2+ab}{a^2-ab}$

88. $\dfrac{5a^2+a}{5a^2-a}$ 89. $\dfrac{3a^2b-3ab^2}{3a^2c-3ac^2}$

**Beispiel:** $(-x^2+20xy-6x^2y):(4x)$

$$=\frac{-x^2}{4x}+\frac{20xy}{4x}-\frac{6x^2y}{4x}=-\frac{x}{4}+5y-\frac{3}{2}xy$$

90. $(27a^2b-63ab^2):(-9ab)$ 91. $(16ab+4ac+6ad):(2a)$

92. $(24ab-21b^2+3bd-6b):(3b)$ 93. $(x^2+20xy-6x^2y):(4x)$

94. $(6ax-9bx-15cx):(3x)$ 95. $(38xyz+12xy-26xz):(2x)$

96. $(8ab-4ac+12a):(4a)$ 97. $(5a-0{,}5b+0{,}05c):0{,}1$

98. $(49an-21n^2-91np):(7n)$ 99. $(7{,}5ab+1{,}75by):(25b)$

100. $(28a^2bcd+21abcd-42b^2cd):(7bcd)$ 101. $(\frac{5}{6}a^2-2\frac{1}{3}ab+8ac):(\frac{2}{3}a)$

102. $(0{,}8a+3b-0{,}1c):0{,}4$ 103. $(6ax^2-8bx+2c^2x):\left(\dfrac{x}{2}\right)$

104. $(1{,}44\,a^2-9{,}6\,a\,y):(1{,}2\,a)$

105. $(\frac{3}{4}\,b\,y-\frac{2}{3}\,a\,y^2-\frac{5}{6}\,c^2\,y^2):(2\,\frac{3}{5}\,y)$

106. $(15\,a\,b-20\,a\,c+25\,a\,d):(-5\,a)$

107. $(25\,m\,n-40\,n^2):(-5\,n)$

108. $(60\,x^2\,y^3-72\,x^3\,y^2):(-12\,x\,y)$

109. $(27\,a\,b-36\,b\,x-54\,b\,y):(-9\,b)$

110. $(x^2-20\,x\,y-6\,x^2\,y):(-4\,x)$

111. $(35\,x^3-14\,x^2\,y-49\,x\,y^2):(7\,x)$

112. $(13\,x^2+26\,x\,y-39\,x\,z):(-13\,x)$

113. $(-\frac{2}{3}\,x^2-1\,\frac{1}{2}\,x\,y):(-\frac{2}{3}\,x)$

114. $(-\frac{2}{3}\,x^2\,y-\frac{3}{2}\,x\,y+\frac{2}{3}\,x\,y^2):(-\frac{2}{3}\,x\,y)$

115. $(1\,\frac{1}{4}\,a\,b-1\,\frac{2}{3}\,a\,y-3\,\frac{1}{3}\,a\,c\,y):(-2\,\frac{1}{2}\,a)$

116. $(-\frac{3}{7}\,a^2\,b\,d\,x+4\,a\,b^2\,x-\frac{9}{14}\,a^2\,b\,x^2+6\,\frac{4}{7}\,a\,b^2x\,y):(-1\,\frac{5}{7}\,a\,b\,x)$

117. $(10\,a\,x-2{,}5\,b\,x):(5\,x)-(1{,}2\,a\,y+1{,}8\,b\,y):(-6\,y)$

118. $(-72\,x^3\,y^2+60\,x^2\,y^3):(-12\,x^2\,y^2)+(3{,}2\,a^2\,x-0{,}8\,a^2\,y):(0{,}16\,a^2)$

119. $(2\,\frac{1}{5}\,a^2\,b^2-4\,a^2\,b\,c):(-1\,\frac{3}{5}\,a)-(7{,}8\,a^2\,b^3+39\,a^2\,b^2\,c):(-3{,}9\,a\,b)$

Vereinfachen Sie:

120. $\frac{5\,a+b}{a^2-b^2}-\frac{a+3\,b}{a^2-b^2}+\frac{3\,b-2\,a}{a^2-b^2}$

121. $\frac{(a+b)^2}{a^2+b^2}+\frac{(a-b)^2}{a^2+b^2}$

122. $\frac{(a+b)^2}{2\,a\,b}-\frac{(a-b)^2}{2\,a\,b}$

123. $\frac{5\,a^2-3\,a-13}{10\,a}+\frac{17\,a+24}{10\,a}-\frac{a^2+20\,a+11}{10\,a}$

124. $\frac{x^2+4\,x-6}{3\,x-5}-\frac{2\,x^2-2\,x+5}{3\,x-5}+\frac{x^2+1}{3\,x-5}$

125. $\frac{a^2\,b+a\,b^2}{5\,a-3}+\frac{4\,a-a\,b\,(a+b)}{5\,a-3}-\frac{3-a}{5\,a-3}$

126. $\frac{10\,a^2-8}{12\,a-4\,b}+\frac{10\,(a\,b+1)}{12\,a-4\,b}+\frac{14\,a^2+2\,a\,b-2}{12\,a-4\,b}-\frac{8\,a\,(a+2\,b)}{12\,a-4\,b}$

127. $\frac{(4\,x-7\,y)\,(2\,x-y)}{4\,x+13\,y}-\frac{(3\,x-5\,y)\,(3\,x-4\,y)}{4\,x+13\,y}+\frac{5\,x^2}{4\,x+13\,y}$

128. $\frac{(4\,a-5\,c)\,(7\,a+4\,c)}{a-6\,c}-\frac{(2\,a-c)\,(6\,a-5\,c)}{a-6\,c}+\frac{(7\,a-3\,c)\,(a-9\,c)}{a-6\,c}-\frac{2\,a\,(9\,a-20\,c)}{a-6\,c}$

129. $\frac{5\,a\,(a-9\,b)}{4\,a^2-9\,b^2}-\frac{(2\,a+5\,b)^2}{4\,a^2-9\,b^2}-\frac{16\,a\,b}{4\,a^2-9\,b^2}+\frac{(5\,a+b)\,(a+16\,b)}{4\,a^2-9\,b^2}$

130. $\frac{(3\,a+b)^2}{a^2-9\,b^2}-\frac{4\,a^2+7\,b^2}{a^2-9\,b^2}-\frac{(a-4\,b)\,(5\,a-7\,b)}{a^2-9\,b^2}-\frac{5\,b\,(4\,a+b)}{a^2-9\,b^2}$

131. $\frac{a\,(a+b)}{3\,a^2+2\,a\,b-5\,b^2}-\frac{b\,(3\,a+b)}{3\,a^2+2\,a\,b-5\,b^2}+\frac{(5\,a+3\,b)^2}{3\,a^2+2\,a\,b-5\,b^2}-\frac{(3\,a-b)\,(5\,a+b)}{3\,a^2+2\,a\,b-5\,b^2}$

132. $\frac{(4\,a+b)\,(4\,a-b)}{10\,a^2-a\,b-2\,b^2}-\frac{3\,b\,(2\,a-3\,b)}{10\,a^2-a\,b-2\,b^2}+\frac{(2\,a-b)\,(3\,a+12\,b)}{10\,a^2-a\,b-2\,b^2}-\frac{a\,(2\,a+17\,b)}{10\,a^2-a\,b-2\,b^2}$

133. $\frac{(3\,a-b)^2}{2\,b^2-7\,a\,b-4\,a^2}-\frac{(2\,a+3\,b)^2}{2\,b^2-7\,a\,b-4\,a^2}+\frac{(5\,a+2\,b)^2}{2\,b^2-7\,a\,b-4\,a^2}-\frac{(2\,a-b)^2}{2\,b^2-7\,a\,b-4\,a^2}-\frac{10\,a^2+2\,a\,b-3\,b^2}{2\,b^2-7\,a\,b-4\,a^2}$

134. $\frac{a^2+b^2}{a^3+b^3}-\frac{a\,(a+6\,b)}{a^3+b^3}-\frac{(3\,a-b)^2}{a^3+b^3}+\frac{(5\,a-b)\,(3\,a-2\,b)}{a^3+b^3}-\frac{5\,a^2-9\,b^2}{a^3+b^3}+\frac{2\,b\,(6\,a-5\,b)}{a^3+b^3}$

135. $\frac{1}{6\,a}+\frac{a-2\,b}{3\,a\,b}-\frac{3}{4\,b}-\frac{3\,a-4\,x^2}{8\,a\,x^2}+\frac{9}{8\,x^2}+\frac{5\,x^2-b}{12\,b\,x^2}$

136. $\frac{5\,a-2\,x}{10\,a\,x}-\frac{3\,b-4\,x}{12\,b\,x}+\frac{5\,a-6\,b}{20\,a^2\,b}-\frac{a^2-x}{4\,a^2\,x}-\frac{a-b}{5\,a\,b}+\frac{2}{3\,b}$

137. $\frac{a\,(3\,b-2\,c)}{6\,b\,c}+\frac{b\,(5\,c-4\,a)}{10\,a\,c}-\frac{5\,a-4\,b}{10\,c}+\frac{8\,a^2+3\,b^2}{6\,a\,b}$

138. $\frac{1}{6\,a^2}-\frac{6\,m+9}{18\,m^2}+\frac{6}{9\,m}-\frac{1}{6\,n}+\frac{9\,m-6\,n}{18\,m\,n}$

139. $\frac{7}{a-1}+\frac{5}{(a-1)^2}+\frac{1}{a}+\frac{1}{(a-1)^3}$

140. $\frac{1}{x-1}-\frac{1}{x+1}+\frac{1}{(x-1)^2}+\frac{2}{(x+1)^2}-\frac{4}{x^2-1}-\frac{4}{(x^2-1)^2}$

141. $x^3\cdot x^n$

142. $r^n\cdot r^{5n}$

143. $y^{m+n}\cdot y^{m+n}$

144. $a^{x+4}\cdot a^5$

145. $x^6\cdot x^{2n-1}$

Klammern Sie aus:

146. $r^2\cdot\pi\cdot h-\frac{\pi\cdot r^2\cdot H}{3}$

147. $\frac{\pi\cdot r^2\cdot h}{2}+\frac{\pi\cdot r^2\cdot H}{2}$

148. $\frac{F\cdot c^3}{3\cdot E\cdot J}+\frac{F\cdot l\cdot c^2}{2\cdot E\cdot J}$

## 2.5 Die binomischen Formeln

Es kommt sehr häufig vor, daß die Terme $(a+b)^2$, $(a-b)^2$ und $(a+b)\cdot(a-b)$ umgeformt werden müssen. $a+b$ und $a-b$ heißen auch „**Bi**nome" (in $a+b$ und $a-b$ kommen jeweils **zwei** Variable vor).

### Erste binomische Formel:

Wir rechnen:

$$(a+b)^2=(a+b)\cdot(a+b)=a\cdot a+a\cdot b+b\cdot a+b\cdot b=a^2+ab+ab+b^2$$
$$=\underline{a^2+2ab+b^2}$$

Wir haben erhalten: $(a+b)^2=a^2+2ab+b^2$. Da wir die obige Rechnung nicht immer durchführen wollen, merken wir uns das Ergebnis:

$(a+b)^2=a^2+2ab+b^2$ für alle $a, b \in \mathbb{Q}$

Veranschaulichung für $a, b \in \mathbb{Q}^+$:

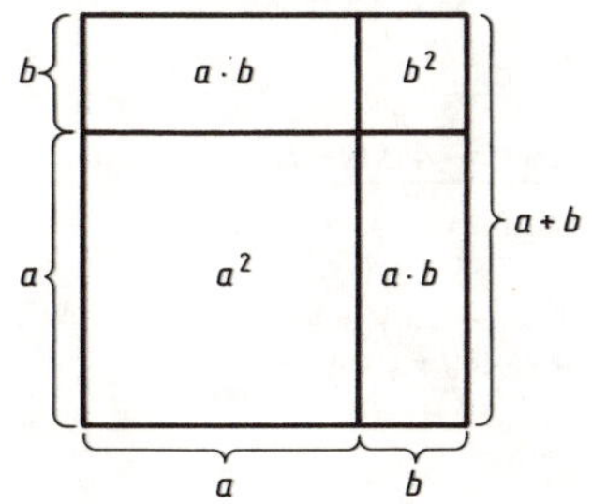


$(a+b)^2=a^2+2ab+b^2$

**Abb. 2.8**

### Zweite binomische Formel:

$$(a-b)^2=(a-b)\cdot(a-b)=a\cdot a-a\cdot b-b\cdot a+b\cdot b$$
$$=a^2-a\cdot b-a\cdot b+b^2=a^2-2ab+b^2;$$

oder $(a-b)^2=[a+(-b)]^2=a^2+2\cdot a\cdot(-b)+(-b)^2=\underline{a^2-2ab+b^2}$

↓

(1. bin. Formel)

$(a-b)^2=a^2-2ab+b^2$ für alle $a, b \in \mathbb{Q}$

Veranschaulichung für $a, b \in \mathbb{Q}^+$ mit $a > b$:

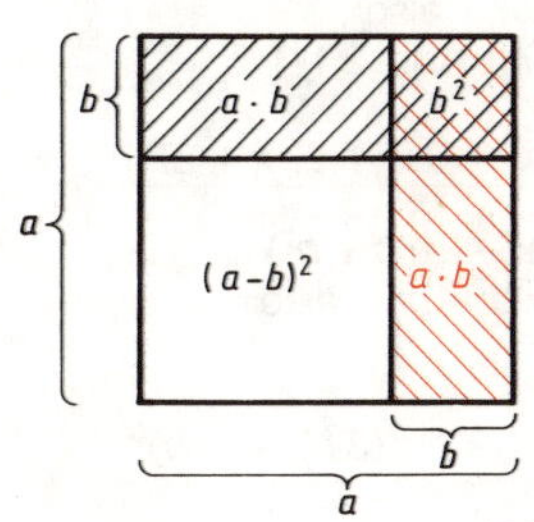


$(a-b)^2=a^2-2\cdot a\cdot b+b^2$

**Abb. 2.9**

## Dritte binomische Formel:

$(a+b)\cdot(a-b) = a\cdot a - a\cdot b + b\cdot a - b\cdot b = a^2 - a\cdot b + a\cdot b - b^2 = \underline{a^2 - b^2}$

$(a+b)\cdot(a-b) = a^2 - b^2$ für alle $a, b \in \mathbb{Q}$

Veranschaulichung für $a, b \in \mathbb{Q}^+$ mit $a > b$:

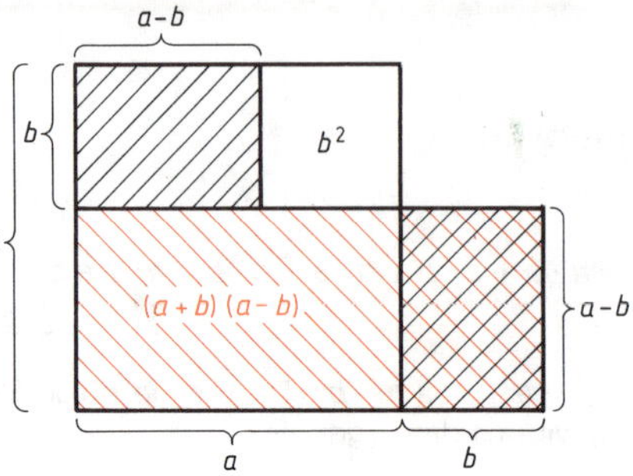


$(a+b)\cdot(a-b) = a^2 - b^2$

Abb. 2.10

**Beispiele**

1. $102^2 = (100+2)^2 = 100^2 + 2\cdot 100\cdot 2 + 2^2 = 10\,000 + 400 + 4 = 10\,404$
2. $197^2 = (200-3)^2 = 200^2 - 2\cdot 200\cdot 3 + 3^2 = 40\,000 - 1200 + 9 = 38\,809$
3. $62\cdot 58 = (60+2)\cdot(60-2) = 60^2 - 2^2 = 3600 - 4 = 3596$
4. $(x+3)^2 = x^2 + 2\cdot x\cdot 3 + 3^2 = \underline{x^2 + 6x + 9}$
5. $(2a-b)^2 = (2a)^2 - 2\cdot 2a\cdot b + b^2 = \underline{4a^2 - 4ab + b^2}$
6. $(4a+3)\cdot(4a-3) = (4a)^2 - 3^2 = \underline{16a^2 - 9}$
7. $(x+y)^2 - (x-y)^2 = x^2 + 2xy + y^2 - (x^2 - 2xy + y^2)$
   $= x^2 + 2xy + y^2 - x^2 + 2xy - y^2 = \underline{4xy}$
8. $a^2 + 4ay + 4y^2 = \underline{(a+2y)^2}$
9. $9x^2 - 6ax + a^2 = \underline{(3x-a)^2}$
10. $2{,}89y^2 + 3{,}4y + 1 = \underline{(1{,}7y+1)^2}$
11. $y^2 - z^2 = \underline{(y+z)\cdot(y-z)}$
12. $16a^2b^2 - 1 = \underline{(4ab+1)\cdot(4ab-1)}$
13. $5{,}76c^2 - 400d^2 = \underline{(2{,}4c + 20d)\cdot(2{,}4c - 20d)}$
14. $9a^2 - b^2 - 9c^2 + 6bc = 9a^2 - b^2 + 6bc - 9c^2$
    $= 9a^2 - (b^2 - 6bc + 9c^2)$
    $= 9a^2 - (b - 3c)^2$
    $= \underline{[3a + (b-3c)]\cdot[3a - (b-3c)]}$
15. $(a+b)^3 = (a+b)\cdot(a+b)^2$
    $= (a+b)\cdot(a^2 + 2ab + b^2)$
    $= a^3 + 2a^2b + ab^2 + ba^2 + 2ab^2 + b^3$
    $= a^3 + 2a^2b + a^2b + 3ab^2 + b^3$, also
    $(a+b)^3 = \underline{a^3 + 3a^2b + 3ab^2 + b^3}$ (vgl. Abb. 2.11)

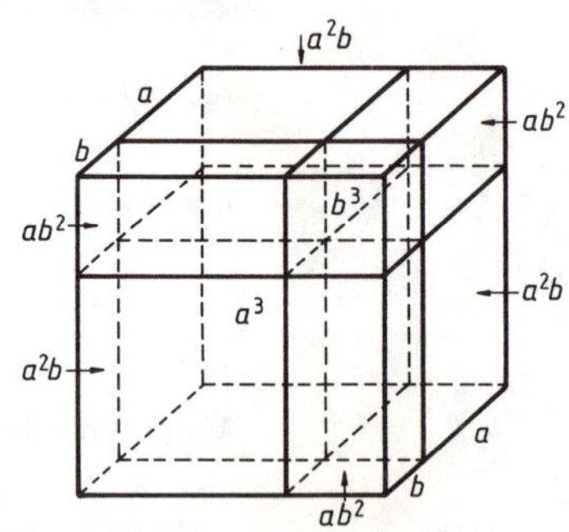


Abb. 2.11

16. $(x+3)^3 = x^3 + 3x^2\cdot 3 + 3x\cdot 3^2 + 3^3 = \underline{x^3 + 9x^2 + 27x + 27}$
17. $(a-b)^3 = (a-b)\cdot(a-b)^2 = (a-b)\cdot(a^2 - 2ab + b^2)$
    $= a^3 - 2a^2b + ab^2 - ba^2 + 2ab^2 - b^3$, also
    $(a-b)^3 = \underline{a^3 - 3a^2b + 3ab^2 - b^3}$
18. $(2a-3b)^3 = (2a)^3 - 3\cdot(2a)^2\cdot 3b + 3\cdot(2a)\cdot(3b)^2 - (3b)^3$
    $= 2^3\cdot a^3 - 9b\cdot 2^2\cdot a^2 + 6a\cdot 3^2\cdot b^2 - 3^3\cdot b^3$
    $= \underline{8a^3 - 36a^2b + 54ab^2 - 27b^3}$

# Aufgaben zu 2.5

Berechnen Sie mit Hilfe der binomischen Formeln im Kopf oder halbschriftlich!

**Beispiel:** $32^2 = (30 + 2)^2$
$= 30^2 + 2 \cdot 30 \cdot 2 + 2^2$
$= 900 + 120 + 4$
$= 1024$

1. $56^2$ 2. $79^2$ 3. $105^2$ 4. $53^2$ 5. $76^2$
6. $81^2$ 7. $42^2$ 8. $95^2$ 9. $64^2$ 10. $3{,}8^2$
11. $2{,}7^2$ 12. $9{,}7^2$ 13. $49 \cdot 51$ 14. $68 \cdot 72$ 15. $27 \cdot 33$
16. $76 \cdot 84$ 17. $79 \cdot 81$ 18. $67 \cdot 73$ 19. $8{,}5 \cdot 9{,}5$ 20. $9{,}7 \cdot 10{,}3$
21. $4{,}1 \cdot 3{,}9$ 22. $5{,}2 \cdot 6{,}8$

Berechnen Sie mit Hilfe der binomischen Formeln!

**Beispiel:** $(a + 3)^2 = a^2 + 2 \cdot a \cdot 3 + 9 = a^2 + 6a + 9$

23. $(7x + 5)^2$ 24. $(3a - 4)^2$ 25. $(u - 4v)^2$
26. $(x + 1)^2$ 27. $(x - 1)^2$ 28. $(3a + 2b)^2$
29. $(13x - 11y)^2$ 30. $(1{,}7y + 2{,}2x)^2$ 31. $(0{,}9a - 1{,}4b)^2$
32. $(2{,}3a + 1{,}2b)^2$ 33. $(1{,}6x + 0{,}25)^2$ 34. $(1{,}2a - 0{,}4b)^2$
35. $(\frac{3}{8}a - 1)^2$ 36. $(\frac{2}{3}x - 3)^2$ 37. $(0{,}25m + 4n)^2$
38. $(\frac{8}{9}u - \frac{3}{4}v)^2$ 39. $(\frac{1}{3}r - \frac{3}{4}s)^2$ 40. $\left(x + \frac{1}{x}\right)^2$
41. $\left(n + \frac{2}{n}\right)^2$ 42. $(x + 1)(x - 1)$ 43. $(y - a)(y + a)$
44. $(2y + 3)(2y - 3)$ 45. $(a - 1)(a + 1)$ 46. $(3a - 5)(3a + 5)$
47. $(4x - 3y)(3x + 4y)$ 48. $(19x + 13y)(19x - 13y)$ 49. $(1{,}8x - 2{,}7y)(1{,}8x + 2{,}7y)$
50. $(1{,}2a + 0{,}3b)(1{,}2a - 0{,}3b)$ 51. $(\frac{4}{5}x - \frac{1}{2}y)(\frac{4}{5}x + \frac{1}{2}y)$ 52. $(a + b + c)(a + b + c)$
53. $(a - b + c)(a - b + c)$ 54. $(a - b - c)(a - b - c)$ 55. $(3a + 4b + 6c)^2$
56. $(3a - b + x)^2$ 57. $(3x - 5y - 2)^2$ 58. $(2a - 3b + 1{,}5c)^2$
59. $(2{,}1a - 0{,}5b + 6c)^2$ 60. $(a + b - c)(a - b + c)$ 61. $(x + y - 1)(x - y + 1)$
62. $(a + b + c)(a + b - c)$ 63. $(2r + s + 3)(2r + s - 3)$

Berechnen Sie:

64. $(y - 2)^3$ 65. $(2a - b)^3$ 66. $(x + 2y)^3$
67. $(3x - 4y)^3$ 68. $\left(n + \frac{1}{n}\right)^3$ 69. $(\frac{1}{3}a + 3b)^3$
70. $(0{,}6x - 2y)^3$ 71. $(0{,}1x - 2y)^3$ 72. $(1{,}2a + 5b)^3$

Stellen Sie die folgenden Terme mit Hilfe der binomischen Formeln als Produkte (Potenzen) dar!

**Beispiel:** $a^2 + 6ax + 9x^2 = a^2 + 2 \cdot 3ax + 3^2x^2 = (a + 3x)^2$

73. $c^2 - 2cd + d^2$ 74. $a^2 - 4ab + 4b^2$ 75. $25x^2 + 10xy + y^2$
76. $9a^2 + 12ac + 4c^2$ 77. $4g^2 - 12g + 9$ 78. $81c^2 - 90cd + 25d^2$
79. $25a^2 + 20ay + 4y^2$ 80. $25x^2 - 70x + 49$ 81. $9b^2 - 30bd + 25d^2$
82. $16a^2 + 48ab + 36b^2$ 83. $225x^2 - 15xy + 0{,}25y^2$ 84. $0{,}49 + 1{,}54a + 1{,}21a^2$
85. $10{,}24b^2 - 4{,}48b + 0{,}49$ 86. $x^2 - y^2$ 87. $16a^2 - 9b^2$
88. $1 - a^2$ 89. $36a^2b^2 - 49c^2$ 90. $144a^2y^2z^2 - 81u^2$
91. $2{,}25a^2 - 6{,}25c^2$ 92. $y^2 - 4{,}41$ 93. $2a^2b^2 - 18$
94. $5\frac{4}{9}u^2 - 0{,}25v^2$ 95. $7ax^2 - 0{,}28ab^2$ 96. $a^2 - 0{,}04y^2$
97. $0{,}49bc^2 - 81bd^2$ 98. $a^2 - 2ab + b^2 - c^2$ 99. $9a^2 + 4 - 16b^2 + 12a$

Vereinfachen Sie:

100. $(2{,}5x + 3)(5 - 2x) + 2(1{,}5 - x)(x + 2) + 7(x - 4)^2$
101. $(15u - 8v)(8v + 15u) + (7u - 3v)^2 - (2u + 7v)^2$
102. $(3{,}5x + 2)(5 - 3x) + 6(x - 3)^2 + 4{,}5(x - 4)^2 + 10x - 3$
103. $(8a - 3b)^2 + (8a + 3b)^2 + (a + 2b)^2 - (a - 2b)^2$
104. $(2x - 3)(2x + 3) - (x - 4)^2 + 3(3x + 2)^2$
105. $(10u - 6v)(14v + 10u) + (6u - 2v)^2 - (3u + 5v)^2 + 143u^2 - 96uv + v^2$

Dividieren Sie!

**Beispiel:**
$$\begin{array}{l} (x^2 + x - 20) : (x - 4) = x + 5 \\ \underline{-(x^2 - 4x)} \\ \quad 5x - 20 \\ \quad \underline{-(5x - 20)} \\ \qquad 0 \end{array}$$

**Hinweis:** Den ersten Summanden des Ergebnisses ($x$) erhält man, indem man $x^2$ durch $x$ dividiert (Achtung: Terme so ordnen, daß die Summanden mit den höchsten Exponenten am Anfang stehen!).

106. $(x^2-8x+7):(x-7)$

107. $(3a^2+ab-2b^2):(3a-2b)$

108. $(a^2-b^2):(a+b)$

109. $(a^3-b^3):(a-b)$

110. $(a^2-25):(a-5)$

111. $(a^2+ab-2b^2):(a-b)$

112. $(8a^3+27b^3):(2a+3b)$

113. $(a^2+2ab+b^2):(a+b)$

114. $(4a^2+12ab+9b^2):(2a+3b)$

115. $(a^3-a^2b+2b^3):(a+b)$

116. $(25x^2-60xy+36y^2):(5x-6y)$

117. $(48a^2-29ab-85b^2):(3a-5b)$

118. $(21r^2-53{,}5rs+10{,}5s^2):(6r-14s)$

119. $(6x^2-7{,}9xy-6{,}9y^2):(1{,}2x-2{,}3y)$

120. $(10p^2-5{,}25pq-45q^2):(2{,}5p-6q)$

121. $(16a^2-33{,}96ab+14b^2):(5a-2{,}8b)$

122. $(29{,}4x^2+0{,}63x-0{,}06):(8{,}4x-0{,}3)$

123. $(19{,}6a^2-1{,}19ab+0{,}015b^2):(7a-0{,}3b)$

124. $(2{,}21n^2-1{,}8np-1{,}61p^2):(0{,}7p+1{,}3n)$

125. $(0{,}1a^2+2{,}485ab-0{,}501b^2):(0{,}2a+5{,}01b)$

126. $(20{,}3y^2-14{,}9xy-14{,}4x^2):(2{,}8y-3{,}6x)$

127. $(1{,}44y^2-10{,}05y+3):(4{,}8y-1{,}5)$

128. $(\frac{49}{9}a^2-25b^2):(2\frac{1}{3}a+5b)$

129. $(x^2-1\frac{1}{4}x-1\frac{1}{2}):(x+\frac{3}{4})$

130. $(18a^2-15ab+2b^2):(2a-\frac{1}{3}b)$

131. $(12m^2-20mn+3n^2):(3m-\frac{1}{2}n)$

132. $(3{,}9x^2-4{,}1xy-11\frac{2}{3}y^2):(1\frac{1}{2}x-3{,}5y)$

133. $(6x^3+x^2-29x+21):(2x-3)$

134. $(6am-9an-4bm+6bn):(3a-2b)$

135. $(10a^3-52a-12-23a^2):(6+5a)$

136. $(6x^2-15y+9x-10xy):(3x-5y)$

137. $(6a^2+13ac+5c^2+12ab+20bc):(3a+5c)$

138. $(2x^3-2x^2-6\frac{1}{2}x+7\frac{1}{2}):(2x-3)$

139. $(a^2+2bc-b^2-c^2):(a+b-c)$

140. $(81a^2-27ab+36a):(9a-3b+4)$

Vereinfachen Sie!

**Beispiel:** $\frac{(x+1)^2}{x^2-1}=\frac{(x+1)^2}{(x+1)(x-1)}=\frac{x+1}{x-1}$

141. $\frac{(a-b)^2}{a^2-b^2}$

142. $\frac{x^2-y^2}{x+y}$

143. $\frac{6a^2-6ab}{3(a-b)^2}$

144. $\frac{m^2+2mn+n^2}{m^2-n^2}$

145. $\frac{a^4-b^4}{a^2+b^2}$

146. $\frac{81u^4-9v^2}{18u^2-6v}$

147. $\frac{2x-4}{10(6x-12)^2}$

148. $\frac{12x-15}{100-64x^2}$

149. $\frac{16m^2-9n^2}{(4m-3n)^2}$

150. $\frac{15a^2-12a}{9a^2+21a}$

151. $\frac{a^2-25}{a+5}$

152. $\frac{3a^2+ab-2b^2}{3a-2b}$

153. $\frac{x^2-8x+7}{x-7}$

154. $\frac{x^2-2x-15}{x-5}$

155. $\frac{x^2+x-20}{x-4}$

156. $\frac{9x^2+12xy+4y^2}{9x^2-4y^2}$

157. $\frac{ax+by+bx+ay}{a^2-b^2}$

158. $\frac{16a^2-40ab+25b^2}{16a^2-25b^2}$

159. $\frac{2x^2-18y^2}{2x^2+12xy+18y^2}$

160. $\frac{9x^2+6xy-8y^2}{3x-2y}$

161. $\frac{9a^2+30ab^2+25b^4}{3a+5b^2}$

162. $\frac{9x^2-30xy+25y^2}{15xy-25y^2}$

163. $\frac{x^2-4x+4}{x^2-5x+6}$

164. $\frac{x^2-x-20}{x^2+x-30}$

165. $\frac{r^2+rs-20s^2}{r^2+2rs-15s^2}$

166. $\frac{12b^2-ab-a^2}{a^2-ab-20b^2}$

167. $\frac{3a^2+ab-10b^2}{3a^2-2ab-5b^2}$

168. $\frac{13x^2-3xy-10y^2}{80y^2+94xy-13x^2}$

169. $\frac{15x^2+17xy-4y^2}{7y^2-27xy-40x^2}$

170. $\frac{40s^2-63r^2-37rs}{27r^2-33rs+10s^2}$

171. $\frac{2x+y}{8x-4y}+\frac{2x-y}{6x+3y}-\frac{3xy}{4x^2-y^2}$

172. a) Überprüfen Sie an drei Zahlenbeispielen, ob gilt:
$(a+b)^2 \geqq 4ab \quad (a, b \in \mathbb{Q})$!
b) Wann gilt das Gleichheitszeichen?
c) Beweisen Sie mit Hilfe der 2. binomischen Formel, daß für alle $a, b \in \mathbb{Q}$ gilt:
$(a+b)^2 \geqq 4ab$

173. a) Berechnen und ordnen Sie in den Ergebnissen nach fallenden Potenzen von $a$:
$(a+b)^0, \quad (a+b)^1, \quad (a+b)^2, \quad (a+b)^3, \quad (a+b)^4, \quad (a+b)^5, \quad (a+b)^6.$
Die **„Koeffizienten"**, die jeweils bei der Ordnung nach fallenden Potenzen von $a$ entstehen, lassen sich in Form eines Dreiecks folgendermaßen untereinander schreiben:

$(a+b)^0$: 1 $\quad (a+b)^0 = 1$
$(a+b)^1$: 1 1 $\quad (a+b)^1 = 1\cdot a + 1\cdot b$
$(a+b)^2$: 1 2 1 $\quad (a+b)^2 = 1\cdot a^2 + 2\cdot ab + 1\cdot b^2$
$(a+b)^3$: 1 3 3 1 $\quad \vdots$
$(a+b)^4$: 1 4 6 4 1 $\quad \vdots$
$\vdots \quad \cdots\cdots\cdots \quad \vdots$

Diese so aus Zahlen gebildete Figur heißt **„Pascalsches Dreieck"**.
b) Untersuchen Sie, wie eine Zeile des Pascalschen Dreiecks aus der darüberstehenden hervorgeht!
c) Setzen Sie das Pascalsche Dreieck um zwei Zeilen fort und vergleichen Sie mit Ihren Ergebnissen in a)!
d) Ermitteln Sie mit Hilfe des Pascalschen Dreiecks die Formel für $(a+b)^7$!

# 3 Rechnen mit dem Taschenrechner

## 3.1 Zehnerpotenzen und Potenzen mit negativen Hochzahlen

Rechnen Sie mit Ihrem Taschenrechner (Abkürzung: TR):

a) 6 000 000 · 300 000 Anzeige: 1.8 12

b) 0,0000785 : 2 000 000 Anzeige: 3.925 - 11

Falls Sie einen sog. „wissenschaftlichen TR" benutzen, erscheinen bei Ihrem TR die gleichen Ergebnisse, wie sie hier im Buch angegeben sind.

Wie sind die Ergebnisse zu lesen?

Es ist klar, daß der Punkt . in der Anzeige jeweils als Komma gelesen werden muß.

Wir rechnen im Kopf:

a) $6\,000\,000 \cdot 300\,000 = 1\,800\,000\,000\,000$
   ($6 \cdot 3 = 18$ und dann noch $6 + 5 = 11$ Nullen);

b) $0{,}0000785 : 2\,000\,000 = 0{,}000\,000\,000\,039\,25$
   (hinter dem Komma $4 + 6 = 10$ Nullen und dann die Ziffernfolge 3925).

In der üblichen Darstellung könnten diese beiden Zahlen in der Anzeige eines TR also gar nicht erscheinen, da die Anzahl der Stellen jeweils zu groß ist. Mit einem einfachen TR lassen sich diese Rechnungen auch gar nicht ausführen. Bei einem wissenschaftlichen TR hilft man sich mit einer anderen Darstellung.

Offensichtlich müssen die Ergebnisse so gelesen werden:

bei a) $1{,}8 \cdot 10^{12}$ ($10^{12}$ hat hinter der Ziffer 1 insgesamt 12 Nullen.
$10^{12} = \underbrace{10 \cdot 10 \cdot \ldots \cdot 10 \cdot 10}_{\text{12mal 10 als Faktor}}$);

bei b) $3{,}925 \cdot 10^{-11}$ $\left(10^{-11} \text{ andere Schreibweise für } \frac{1}{10^{11}}\right)$.

**Definition**

$$10^{-n} = \frac{1}{10^n} \quad \text{für alle} \quad n \in \mathbb{N}$$

**Beispiele**

$10^{-1} = \frac{1}{10^1} = 0{,}1$ (1 an der ersten Stelle hinter dem Komma);

$10^{-2} = \frac{1}{10^2} = 0{,}01$ (1 an der 2. Stelle hinter dem Komma);

$10^{-7} = \frac{1}{10^7} = \frac{1}{10\,000\,000} = 0{,}000\,000\,1$ (1 an der 7. Stelle hinter dem Komma);

$1{,}2 \cdot 10^{-4} = 0{,}00012$ (Komma um 4 Stellen nach links);
$3{,}45 \cdot 10^{-3} = 0{,}00345$ (Komma um 3 Stellen nach links);
Masse eines Elektrons: etwa $9 \cdot 10^{-28}$ g;
Radius eines Atomkerns: etwa $10^{-12}$ mm;
Durchmesser eines roten Blutkörperchens: etwa $7{,}5 \cdot 10^{-3}$ mm;
mittlerer Abstand Erde – Mond: etwa $3{,}84 \cdot 10^5$ km;
mittlerer Abstand Sonne – Erde: etwa $1{,}5 \cdot 10^8$ km;
Masse der Erde: etwa $6 \cdot 10^{21}$ t;
Anzahl der Atome eines Menschen: etwa $10^{28}$;
Masse der Sonne: etwa $2 \cdot 10^{27}$ t;
Anzahl der Protonen im Weltall: etwa $10^{80}$.

Die in den Beispielen vorkommenden Zahlen können alle in der Anzeige eines wissenschaftlichen TR erscheinen, da sich dort alle ganzen Zahlen zwischen – 99 und 99 als Exponenten von 10 angeben lassen.

Die Potenzen von 10 mit ganzzahligen Exponenten ermöglichen uns ein besseres Verständnis für die übliche Zahldarstellung im 10er-System.

**Beispiel**

120 304,567089 ist eine kürzere Schreibweise für

$1 \cdot 10^5 + 2 \cdot 10^4 + 0 \cdot 10^3 + 3 \cdot 10^2 + 0 \cdot 10^1 + 4 \cdot 10^0$
$+ 5 \cdot 10^{-1} + 6 \cdot 10^{-2} + 7 \cdot 10^{-3} + 0 \cdot 10^{-4} + 8 \cdot 10^{-5} + 9 \cdot 10^{-6}$.

Wie bei der Basis 10 können wir die Definition der Potenz $a^m$ auf negative ganze Zahlen $m$ in der folgenden Weise erweitern (der Fall $a = 0$ muß allerdings ausgeschlossen werden):

**Definition**

$$a^{-m} = \frac{1}{a^m} \quad \text{für alle} \quad a \in \mathbb{Q} \setminus \{0\} \quad \text{und alle} \quad m \in \mathbb{N}$$

Die im Abschnitt 2.4. aufgeführten Potenzgesetze gelten entsprechend auch für **negative** ganzzahlige Exponenten. Damit können wir das **4. Potenzgesetz** jetzt zusammenfassend so schreiben:

$$\frac{a^m}{a^n} = a^{m-n} \quad \text{für alle} \quad a \in \mathbb{Q} \setminus \{0\} \quad \text{und alle} \quad m, n \in \mathbb{Z}$$

# Aufgaben zu 3.1

1. Im folgenden sind Anzeigen eines TR abgebildet:

   a) -7.6 03   b) 2.3 04   c) 3.12 02
   d) 1.26-02   e) -3.876-05   f) 8-07

   Lesen Sie die jeweilige Zahl ab, und schreiben Sie sie als Dezimalbruch!

2. Rechnen Sie mit Ihrem TR:

   a) 7 300 000 · 250 000   b) 1 234 567 · 765 432   c) 0,000 007 8 : 3 500 000
   d) 0,000 008 9 : 1 111 111   e) (– 10 123 456) : 0,000 987   f) 8 900 001 : (– 0,000 123)

3. Schreiben Sie mit Hilfe von Zehnerpotenzen (Ziel: eine Ziffer vor dem Komma $\neq 0$)!

   **Beispiele:** $567\,000 = 5{,}67 \cdot 10^5$; $0{,}0034 = 3{,}4 \cdot 10^{-3}$

   a) 1 000 000   b) 234 000 000   c) 98 000 000 000 000
   d) 24 000   e) 0,432   f) 0,0123
   g) 0,00423   h) 0,000 778   i) 0,000 000 000 012
   j) 56 708 000 200   k) 23,07108

4. Geben Sie die folgenden Zahlen in Ihren TR ein (notieren sie zunächst die Tastenfolge)!

   **Beispiel:** 0,000 000 003 4; Tastenfolge: 3.4 [EE] 9 [+/-]

   a) 0,000 000 023   b) 143 000 000   c) 73 400 000 000
   d) 0,000 000 000 563   e) 7 100 000 000   f) 0,000 000 013

5. Schreiben Sie jeweils ohne Zehnerpotenzen!

   **Beispiele:** $3{,}4 \cdot 10^3 = 3400$; $9{,}67 \cdot 10^{-2} = 0{,}0967$

   a) $1{,}2 \cdot 10^8$   b) $3{,}15 \cdot 10^{10}$   c) $2{,}738 \cdot 10^7$   d) $10^{-6}$
   e) $10^{-8}$   f) $3{,}4 \cdot 10^{-5}$   g) $9{,}9 \cdot 10^{-7}$   h) $9{,}876 \cdot 10^{-4}$
   i) $4{,}56 \cdot 10^{-9}$   j) $1{,}23 \cdot 10^{-8}$   k) $6{,}7 \cdot 10^9$   l) $5{,}32 \cdot 10^{-7}$
   m) $9{,}01 \cdot 10^{12}$   n) $2 \cdot 10^{-13}$   o) $5 \cdot 10^8$   p) $4{,}446 \cdot 10^3$

6. Für welche Summen sind die folgenden Zahlen kürzere Schreibweisen?

**Beispiel:** $341{,}08 = 3 \cdot 10^2 + 4 \cdot 10^1 + 1 \cdot 10^0 + 0 \cdot 10^{-1} + 8 \cdot 10^{-2}$

a) 534,03 b) 5748,34 c) 60 040,301 d) 300 027,00109

7. Schreiben Sie jeden Term mit Hilfe eines positiven Exponenten!

**Beispiele:** $3^{-5} = \frac{1}{3^5}$; $\frac{1}{2^{-4}} = \frac{1}{\frac{1}{2^4}} = 2^4$

a) $4^{-7}$ b) $5^{-3}$ c) $8^{-2}$ d) $\frac{1}{2^{-3}}$ e) $\frac{1}{4^{-6}}$ f) $\frac{1}{5^{-2}}$

g) $\frac{1}{8^{-3}}$ h) $a^{-3}$ i) $b^{-5}$ j) $\frac{1}{c^{-2}}$ k) $\frac{1}{d^{-7}}$

8. Schreiben Sie jeden Term mit Hilfe eines negativen Exponenten!

**Beispiel:** $\frac{1}{3^6} = 3^{-6}$

a) $\frac{1}{10^7}$ b) $\frac{1}{2^8}$ c) $\frac{1}{8^3}$ d) $\frac{1}{5^2}$ e) $\frac{1}{3^4}$

f) $\frac{1}{4^9}$ g) $\frac{1}{a^9}$ h) $\frac{1}{b^{10}}$ i) $\frac{1}{c}$

9. Rechnen Sie so genau, wie es mit Ihrem TR möglich ist! Benutzen Sie die Taste [$y^x$]!

**Beispiel:** $3^{-4} = 0{,}0123457$; Tastenfolge: 3 [$y^x$] 4 [+/−] [=]

a) $4^{-3}$ b) $2^{-5}$ c) $6^{-3}$ d) $1{,}2^{-4}$ e) $2{,}3^{-3}$ f) $0{,}14^{-2}$ g) $0{,}07^{-4}$ h) $0{,}78^{-3}$ i) $12{,}9^{-5}$

10. Schreiben Sie als eine einzige Potenz!

**Beispiel:** $4^{-3} \cdot 4^8 = 4^{-3+8} = 4^5$

a) $3^{-4} \cdot 3^7$ b) $5^{-3} \cdot 5^5$ c) $6^5 \cdot 6^{-2}$ d) $2^8 \cdot 2^{-4}$ e) $3^{-5} \cdot 3^{-7}$

f) $5^{-10} \cdot 5^{-10}$ g) $1{,}4^{-5} \cdot 1{,}4^3$ h) $0{,}79^{-8} \cdot 0{,}79^6$ i) $20{,}9^{-12} \cdot 20{,}9^{-4}$ j) $11{,}2^{-3} \cdot 11{,}2^7$

k) $a^4 \cdot a^{-5}$ l) $b^{-10} \cdot b^7$ m) $\frac{c^2}{c^7}$ n) $\frac{5^{10}}{5^7}$ o) $\frac{0{,}47^7}{0{,}47^3}$

p) $\frac{1{,}6^8}{1{,}6^6}$ q) $\frac{2^4}{2^{-2}}$ r) $\frac{2^6}{2^{-3}}$ s) $\frac{5^{-2}}{5^3}$ t) $\frac{7{,}3^2}{7{,}3^2}$

u) $\frac{0{,}65^4}{0{,}65^9}$ v) $\frac{2^2 \cdot 2^{-4} \cdot 2^5}{2^{-1} \cdot 2^3}$ w) $\frac{3^5 \cdot 3^{-3} \cdot 3}{3^2 \cdot 3^{-2}}$ x) $\frac{1{,}4^3 \cdot 1{,}4^6 \cdot 1{,}4^{-5}}{1{,}4 \cdot 1{,}4^6 \cdot 1{,}4^{-5}}$ y) $\frac{0{,}5^4 \cdot 0{,}5^5 \cdot 0{,}5^{-6}}{0{,}5^{-2} \cdot 0{,}5 \cdot 0{,}5^3}$

z) $\frac{7^{-4} \cdot 7 \cdot 7^6}{7^4 \cdot 7^{-1} \cdot 7^3}$

11. Entscheiden Sie, welche der folgenden Potenzen positiv, welche negativ sind!

**Beispiele:** $(-3)^{-4} = \frac{1}{(-3)^4} = \frac{1}{(-1)^4 \cdot 3^4} = \frac{1}{3^4} = 3^{-4} > 0$;

$(-2)^{-3} = \frac{1}{(-2)^3} = \frac{1}{(-1)^3 \cdot 2^3} = -\frac{1}{2^3} = -2^{-3} < 0$

a) $(-4)^{-7}$ b) $(-3)^{-10}$ c) $(-2)^{-5}$ d) $(-1{,}5)^{-2}$ e) $(-0{,}3)^{-3}$

12. Berechnen Sie mit Hilfe der [$y^x$]-Taste! Beachten Sie dabei, daß bei einigen TR-Modellen nur positive Basen eingegeben werden können!

**Beispiel:** $(-2)^{-5} = -2^{-5} = -0{,}03125$

a) $(-4)^{-3}$ b) $(-3)^{-6}$ c) $(-1{,}6)^{-5}$ d) $(-2{,}3)^{-3}$

e) $(-3{,}17)^{-3}$ f) $(-1{,}65)^{-4}$ g) $(-0{,}923)^{-2}$ h) $(-0{,}045)^{-1}$

13. Vereinfachen Sie mit Hilfe des 3. Potenzgesetzes!

a) $(2^{-3})^5$ b) $(3^4)^{-3}$ c) $(5^{-1})^{-6}$ d) $[(-3)^3]^{-6}$

e) $(0{,}8^{-2})^{-5}$ f) $(a^{-2})^{-7}$ g) $[(-b)^7]^{-5}$

14. Berechnen Sie näherungsweise durch **„Überschlagen"!**

**Beispiel:** $90{,}8 \cdot 6278 \approx 9 \cdot 10^1 \cdot 6 \cdot 10^3 \approx 5 \cdot 10^5$

a) $70{,}9 \cdot 98{,}6$ b) $78{,}6 \cdot 174$ c) $392 \cdot 108{,}5 \cdot 9$ d) $58{,}9 \cdot 668 \cdot 89$

e) $0{,}0264 \cdot 0{,}295$ f) $0{,}486 \cdot 0{,}067$ g) $658{,}9 \cdot 0{,}0245$ h) $3348 \cdot 0{,}0049$

i) $\frac{142{,}7}{26{,}5}$ j) $\frac{536{,}4}{50{,}7}$ k) $\frac{6076}{29{,}1}$ l) $\frac{8510}{186{,}2}$

m) $\frac{40{,}4 \cdot 92{,}9}{90{,}7}$ n) $\frac{22{,}3 \cdot 59{,}4}{44{,}5}$ o) $\frac{0{,}023 \cdot 981}{0{,}317 \cdot 82{,}4}$ p) $\frac{791 \cdot 0{,}019}{402 \cdot 0{,}407}$

q) $3{,}14 \cdot 10^8 \cdot 4{,}9 \cdot 10^{-9}$ r) $\frac{5{,}88 \cdot 10^3 \cdot 7{,}1 \cdot 10^8}{4{,}13 \cdot 10^9 \cdot 6{,}25 \cdot 10^5}$ s) $(2{,}15 \cdot 10^{-3})^2$ t) $(6{,}856 \cdot 10^4)^3$

15. Vereinfachen Sie die folgenden Terme!

**Beispiel:** $2a^{-1} \cdot 3a^{-1}b \cdot 8b^{-1}c^{-2} \cdot 4a^{-5}c^3 = 192a^{-7}c$

a) $4a^{-1} \cdot 2a^{-3}b^{-2}$
b) $3a^{-5}b \cdot 20a^{-6}b^2 \cdot 2b^{-5}x^2 \cdot 10abx^7$
c) $0{,}2 \cdot a^{-4}c^{-3} \cdot 12b^{-2}c^2 \cdot 2b^{-4}c^3$
d) $2a^{-7} \cdot 3a^5b^8 \cdot 4b^{-2}$
e) $3{,}5x^3 \cdot (-2x^{-9}y^{-10}) \cdot x^5y^7$
f) $(-12x^7) \cdot (-0{,}4a^3x^{-4}) \cdot 5a^{-8} \cdot (-2)$
g) $2a^{-4} \cdot (-3b^{-3}) + 5a^{-4} \cdot 2b^{-3}$
h) $a^{-3} \cdot (-3b^{-2}) - (-3a^{-3}) \cdot (-4b^{-2})$

16. Multiplizieren Sie aus:

a) $(3a^{-3} - 5b^{-2}) \cdot (a^2 + 4b^7) - (2a^{-3} + 5b^{-2}) \cdot (a^2 - b^7)$
b) $(11a^{-5} - 3b^{-3}) \cdot (4b^{-2} - 7a^{-3})$
c) $(16a^3 + 17b^{-7}) \cdot (3a^{-4} - 5b^{-2})$
d) $(-8x^{-5} + 5y^{-8}) \cdot (8x^{-5} - 5y^{-8})$
e) $(1{,}2x^3 - 2{,}3y^{-1}) \cdot (5x^{-4} + 3y^{-3})$

17. Vereinfachen Sie:

**Beispiel:** $\frac{35a^{-5}b^3c^4}{7a^{-6}b^5c^7} = 5ab^{-2}c^{-3}$

a) $(-27a^{-4}b^7) : (54a^2b^{-7})$
b) $(-x^{-7} + 20x^5y - 6x^{-8}y^2) : (2x^{-3})$
c) $\frac{22a^{-7}b^{10}c^5}{11a^{-3}b^{-12}c^{-5}}$
d) $\frac{17x^{17}y^{10}z^{-20}}{51x^{-18}y^{-10}z^{20}}$

## 3.2 Taschenrechner-Zahlen

Wir gehen von einem wissenschaftlichen TR mit 8stelliger Anzeige aus (es gibt auch TR-Modelle mit mehr oder weniger Stellen). In einen solchen TR läßt sich z.B. die Zahl $1{,}2340678 \cdot 10^{-3}$ eingeben. Man sagt auch: $1{,}2340678 \cdot 10^{-3}$ ist die **„wissenschaftliche Schreibweise“ („scientific notation“)** für 0,0012340678. Bei wissenschaftlicher Schreibweise steht das Komma (unmittelbar) hinter der ersten Ziffer der sog. **„Mantisse“** (hier 1,2340678); dabei muß diese erste Ziffer der Mantisse $\neq 0$ sein. Insgesamt stehen für die Mantisse 8 Ziffern zur Verfügung, für den Exponenten 2 Ziffern.

Demnach wollen wir unter einer **„TR-Zahl“** eine Zahl verstehen, die sich in der Form

$\pm z_1, z_2 z_3 \ldots z_8 \cdot 10^k$

schreiben läßt. Dabei steht $z_1$ für eine der Ziffern 1 bis 9. Für $z_2, z_3, \ldots, z_8$ lassen sich die Ziffern 0 bis 9 einsetzen. $k$ ist eine ganze Zahl, für die $-99 \leqq k \leqq 99$ gilt. Zusätzlich zählen wir die Zahl 0 zur Menge der TR-Zahlen.

**Beispiele** für TR-Zahlen:
$1{,}7 \cdot 10^{-40}$ ($z_1 = 1$, $z_2 = 7$, $z_3 = 0$ bis $z_8 = 0$, $k = -40$);
$2{,}3456789 \cdot 10^0$ (Anzeige: 2.3456789 00);
$-3{,}9999999 \cdot 10^{99}$.

**Keine** TR-Zahlen sind z.B.:

1,23456789 (jedenfalls nicht bei einem TR mit 8stelliger Anzeige; bei einem TR mit 10-stelliger Anzeige müßte diese Zahl natürlich auch zu den TR-Zahlen gerechnet werden); $10^{100}$; $10^{-101}$;

$1{,}\overline{6} = \frac{5}{3}$ ($1{,}\overline{6}$ kann in keinem TR genau gespeichert werden; bei einem sog. „abschneidenden“ TR ergibt sich bei der Division 5 [÷] 3 als Ergebnis der Näherungswert 1,6666666, bei einem sog. „rundenden“ TR ergibt sich dabei der Näherungswert 1,6666667);

die Zahl $\pi$ ($\pi = 3{,}141592653\ldots$ läßt sich ebenfalls nicht genau speichern, $\pi$ ist nicht einmal eine rationale Zahl).

Die **größte TR-Zahl** (bei 8stelliger Anzeige) ist $9{,}9999999 \cdot 10^{99}$, die kleinste positive $1 \cdot 10^{-99}$. (Hinweis: Man kann zwar noch kleinere Zahlen, z. B. $0{,}01 \cdot 10^{-99}$ eintippen, aber der TR rechnet nicht mit ihnen.)

**Wie viele TR-Zahlen** gibt es überhaupt?

Für die erste Ziffer $z_1$ der Mantisse $z_1, z_2 z_3 z_4 \ldots z_8$ gibt es 9 verschiedene Möglichkeiten (1, 2, 3, ..., 9). Für die restlichen 7 Ziffern $z_2$ bis $z_8$ kommt jeweils noch die 0 hinzu, also pro Ziffer 10 verschiedene Möglichkeiten. Von der Mantisse her gesehen erhalten wir also $9 \cdot 10^7$ verschiedene Zahlen. Durchlaufen wir nun in $10^k$ alle 199 Hochzahlen von $-99$ bis 99, so treten bei jedem Übergang zu einer neuen Hochzahl vorher erfaßte TR-Zahlen nicht noch einmal auf: z. B. tritt keine der $9 \cdot 10^7$ verschiedenen TR-Zahlen von $1 \cdot 10^{-99}$ bis $9{,}9999999 \cdot 10^{-99}$ unter den $9 \cdot 10^7$ TR-Zahlen von $1 \cdot 10^{-98}$ bis $9{,}9999999 \cdot 10^{-98}$ wieder auf.

Allein unter Berücksichtigung der Mantisse und der möglichen Hochzahlen erhalten wir also $199 \cdot 9 \cdot 10^7$ TR-Zahlen. Da auch negative Zahlen zugelassen sind, verdoppelt sich die Anzahl noch. Hinzu kommt außerdem die TR-Zahl 0. Wir erhalten also insgesamt

$$\underline{\mathbf{2 \cdot 199 \cdot 9 \cdot 10^7 + 1 = 35\,820\,000\,001}}$$

TR-Zahlen.

Diese Anzahl ist zwar sehr groß, im Gegensatz zu den Mengen $\mathbb{N}$, $\mathbb{Z}$ und $\mathbb{Q}$ ist aber die Menge der TR-Zahlen (wir bezeichnen sie mit $T$) endlich.

Es gilt:

$\mathbb{N} \not\subseteq T$ (z. B. ist $123456789 \notin T$);
$T \not\subseteq \mathbb{Z}$ (z. B. ist $1{,}1 \cdot 10^0 = 1{,}1 \notin \mathbb{Z}$);
$T \subseteq \mathbb{Q}$ (jede TR-Zahl ist rational).

**Wie** sind die TR-Zahlen **auf der Zahlengeraden verteilt?**

Da die Menge $T$ endlich ist, kann sie auch nicht dicht sein; so liegt z. B. zwischen 0 und $1 \cdot 10^{-99}$ keine weitere TR-Zahl. Ebenfalls liegt zwischen $1 \cdot 10^{-99}$ und $1{,}0000001 \cdot 10^{-99}$ keine weitere TR-Zahl. Der Abstand zwischen diesen beiden TR-Zahlen beträgt

$$1{,}0000001 \cdot 10^{-99} - 1 \cdot 10^{-99} = (1{,}0000001 - 1) \cdot 10^{-99}$$
$$= 0{,}0000001 \cdot 10^{-99} = 10^{-7} \cdot 10^{-99} = 10^{-106}.$$

Zwischen beiden Zahlen liegen aber unendlich viele rationale Zahlen.

Von $10^{-99}$ bis $10^{-98}$ beträgt der Abstand zwischen je zwei aufeinanderfolgenden TR-Zahlen jeweils $10^{-106}$. Zwischen $10^{-98}$ und $10^{-97}$ beträgt der Abstand zwischen je zwei aufeinanderfolgenden TR-Zahlen aber nicht $10^{-106}$, sondern $10^{-105}$, z. B. zwischen $1 \cdot 10^{-98}$ und $1{,}0000001 \cdot 10^{-98}$ ist der Abstand gleich $1{,}0000001 \cdot 10^{-98} - 1 \cdot 10^{-98} = 10^{-7} \cdot 10^{-98} = 10^{-105}$.

Allgemein gilt: Zwischen $10^k$ und $10^{k+1}$ ist der Abstand zweier aufeinanderfolgender TR-Zahlen gleich $10^{k-7}$.

**Weitere Beispiele:**

a) $k = 1$: zwischen 10 und 100 beträgt der Abstand jeweils $10^{-6}$;
b) $k = 90$: zwischen $10^{90}$ und $10^{91}$ beträgt der Abstand jeweils $10^{83}$.

Die TR-Zahlen liegen also **nicht in gleichem Abstand** auf der Zahlengeraden. Von $10^{-99}$ nach rechts hin und von $-10^{-99}$ nach links hin werden die Abstände immer größer. Die TR-Zahlen treten immer seltener auf; schließlich „sterben sie ganz aus". Zwischen je zwei aufeinanderfolgenden Zehnerpotenzen sind die Abstände allerdings jeweils gleich.

Die endlich vielen TR-Zahlen überdecken also nur einen „verschwindend kleinen" Teil der Zahlengeraden. In dieser Hinsicht sind die Möglichkeiten eines TR sehr begrenzt; andererseits reichen seine Fähigkeiten für die meisten praktischen Zwecke völlig aus. Bei vielen Problemen aus Beruf und Alltag liefert der TR sogar „unsinnig genaue" Ergebnisse, so daß der TR-Benutzer gezwungen ist, die Ergebnisse sinnvoll zu runden. Mit dem Runden von Zahlen werden wir uns im nächsten Abschnitt beschäftigen.

Wir weisen ausdrücklich darauf hin, daß sich die Rechenoperationen ⊞, ⊟, ⊠ und ⊡ auf einem TR von den üblichen Verknüpfungen $+$, $-$, $\cdot$ und $:$ unterscheiden (siehe z. B. 12345678 ⊞ 0.4 ⊟ 12345678).

Dies hat zur Folge, daß auch eine Reihe von Gesetzen, die beim Rechnen in $\mathbb{Q}$ gelten, beim Rechnen mit dem TR nicht gelten. Dazu zwei **Beispiele:**

a) Das **Assoziativgesetz** gilt **nicht** für $\boxplus$!

**Beispiel**

$(1{,}2345678 \cdot 10^7 \boxplus 5 \cdot 10^{-1}) \boxplus 5 \cdot 10^{-1} \boxed{=} 1{,}234567\underline{8} \cdot 10^7$
(unter der Voraussetzung, daß das TR-Modell auf 8 Stellen abschneidet und keine sog. „Schutzstellen" hat);
$1{,}2345678 \cdot 10^7 \boxplus (5 \cdot 10^{-1} \boxplus 5 \cdot 10^{-1}) \boxed{=} 1{,}234567\underline{9} \cdot 10^7$

b) Die **Distributivgesetze** gelten **nicht** für $\boxplus$, $\boxtimes$!

**Beispiel**

$(1{,}2345678 \cdot 10^7 \boxplus 9 \cdot 10^{-1}) \boxtimes 5 \boxed{=} 6{,}172839\underline{0} \cdot 10^7$;
$(1{,}2345678 \cdot 10^7 \boxtimes 5) \boxplus (9 \cdot 10^{-1} \boxtimes 5) \boxed{=} 6{,}172839\underline{4} \cdot 10^7$

**Hinweis:** Die Ergebnisse in den Beispielen hängen vom jeweils benutzten TR-Modell ab.

# Aufgaben zu 3.2

1. Schreiben Sie jede der folgenden Zahlen in wissenschaftlicher Schreibweise!
**Beispiel:** $340{,}8 = 3{,}408 \cdot 10^2$
a) 10,57 b) 19,08 c) 225,7 d) 2410,9 e) 0,321 f) 0,907 g) 0,0371 h) 0,0872 i) 82,0807
j) 79,908 k) 0,00000149 l) 1000 m) 1 Million n) 1 Milliarde o) 1 Billion p) 1 Billiarde,
q) 1 Trillion r) 1 Trilliarde

2. Welche der folgenden Zahlen sind TR-Zahlen, welche nicht (wissenschaftlicher TR mit 8stelliger Mantisse)? Schreiben Sie im Zweifelsfalle die Zahlen in wissenschaftlicher Schreibweise!
a) 0,078 b) 0,000000789 c) $1{,}79 \cdot 10^{-17}$ d) 123 459 670 e) $\frac{3}{2}$
f) $27 \cdot 10^{90}$ g) $133 \cdot 10^{-101}$ h) $-7 \cdot 10^{-77}$ i) $123 \cdot 10^{99}$ j) $\frac{1}{3}$
k) $\frac{5}{9}$ l) $\frac{12}{11}$ m) 0 n) $1{,}2345678910 \cdot 10^{10}$ o) $-0{,}01234567 \cdot 10^{-98}$

3. Geben Sie zwischen 1 und 10, zwischen 10 und 100, zwischen $10^{16}$ und $10^{17}$, zwischen $10^{-6}$ und $10^{-5}$ jeweils drei Zahlen an, die keine TR-Zahlen sind!

4. Begründen Sie, warum die folgenden TR-Zahlen rational sind:
a) $1{,}7 \cdot 10^{-3}$ b) $2{,}7 \cdot 10^5$ c) $4{,}708 \cdot 10^{-10}$ d) $8{,}999 \cdot 10^2$

5. Schreiben Sie die folgenden TR-Zahlen in wissenschaftlicher Schreibweise und geben Sie jeweils die nächstgrößere TR-Zahl an (8stellige Mantisse)!
a) 0,12121234 b) 159350 c) 278 d) 0,281 e) 0,00278 f) $-101{,}0101$

6. Geben Sie jeweils die nächstgrößere und die nächstkleinere TR-Zahl an (wissenschaftlicher TR mit 8stelliger Mantisse)!
a) 1,9876543 b) 19 c) 190 d) 1900 e) $6{,}789 \cdot 10^{11}$ f) 0,00026 g) $-12{,}87$

7. Berechnen Sie, wie viele TR-Zahlen ein wissenschaftlicher TR mit 10stelliger Mantisse (und 2stelliger Exponentenanzeige) hat!

8. Wie groß ist der Abstand zweier aufeinanderfolgender TR-Zahlen zwischen 100 und 1000, zwischen $10^{20}$ und $10^{21}$, zwischen $10^{-30}$ und $10^{-29}$ (8stelliger wissenschaftlicher TR)?

9. Wie viele TR-Zahlen gibt es zwischen 2 894 000 und 2 896 500 (jeweils einschließlich), und welchen Abstand haben diese TR-Zahlen?

10. Ein Staphylokokkus (eine Bakterie) bewegt sich mit einer Geschwindigkeit von $1\,\mu m = 10^{-6}$ m pro Sekunde die Zahlengerade entlang. Wie lange braucht er, um von der TR-Zahl (aufgefaßt als Metermarke)
a) $7{,}28 \cdot 10^{-7}$ b) 0,0035 c) 1001 d) $2{,}75 \cdot 10^{80}$
zur nächstgrößeren zu gelangen?

11. Berechnen Sie mit Ihrem TR: $1{,}2345678 \boxplus 10^{-8}$.
Erläutern Sie Ihr Ergebnis! Welches ist die kleinste Zahl, die Sie auf Ihrem TR addieren müssen, damit sich die Summe vom ersten Summanden unterscheidet?

12. Suchen Sie TR-Zahlen $a, b, c, d$ so, daß $a \boxtimes b \neq a \cdot b$ und $c \boxed{\div} d \neq c : d$ ist!

13. Belegen Sie durch ein Beispiel, daß das Assoziativgesetz für $\boxtimes$ nicht gilt!

14. Ab welcher Zahl sind auf Ihrem TR nur natürliche Zahlen darstellbar?

## 3.3 Runden, Fehlerrechnung

Bei vielen Berechnungen im Zusammenhang mit Alltags- und Berufssituationen sind die vom TR gelieferten Ergebnisse „unsinnig" genau. Wir wollen dies anhand von drei **Beispielen** aufzeigen.

**Beispiel**

**1.** Um den Rechnungsbetrag zu ermitteln, müssen zu einem Nettowarenwert von 158,76 DM 14% **Mehrwertsteuer** addiert werden.
Wir rechnen mit dem TR ($14\% = \frac{14}{100} = 0{,}14$):
158.76 ⊠ .14 ⊟ 22.2264

Bei diesem Beispiel ist es selbstverständlich, daß nicht alle vom TR angezeigten Ziffern hinter dem Komma verwendet werden können. Es muß auf **zwei** Stellen hinter dem Komma gerundet werden, da bei Geldwerten die Angaben auf Pfennige genau gemacht werden. In unserem Fall beträgt die Mehrwertsteuer 22,23 DM. Es wird **auf**gerundet, da an dritter Stelle hinter dem Komma die Ziffer 6 steht. Stehen an dritter Stelle hinter dem Komma die Ziffern 0, 1, 2, 3 oder 4, so wird hierbei **ab**gerundet, bei allen anderen Ziffern **auf**gerundet. Man spricht auch von der sog. **„5/4-Rundung"** (gesprochen: „5 Strich 4-Rundung").

**Merksatz**

Ab 5 aufrunden, unter 5 abrunden.

**Weitere Beispiele** zur 5/4-Rundung:

a) 117,5 wird zur natürlichen Zahl 118; 117,49 zu 117 gerundet.

b) $\pi = 3{,}141592653\ldots$ wird auf zwei Stellen hinter dem Komma zu 3,14 gerundet; $\frac{\pi}{4} = 0{,}785398163\ldots$ auf drei Stellen hinter dem Komma zu 0,785.

c) Wir führen auf einem TR die Division 5 ⊡ 3 aus. Ergebnis: 1,6666667. Bei diesem Ergebnis rundet der TR nach der 5/4-Rundung. (Nicht alle TR-Modelle runden in dieser Weise; wie bereits erwähnt, gibt es auch TR, die nach 8 oder 10 Stellen einfach „abschneiden", unabhängig davon, welche Ziffer an 9. bzw. 11. Stelle beim genauen Wert steht.)

**Beispiel**

**2.** Ein Zimmer hat eine Länge von 4,68 m und eine Breite von 3,96 m.
Wie groß ist der **Flächeninhalt** $A$ des Zimmers?
4.68 ⊠ 3.96 ⊟ 18.5328

Ist es sinnvoll, alle 6 Ziffern des Ergebnisses anzugeben?

Gehen wir davon aus, daß das Messen der Längenmaße auf „Zentimeter genau" erfolgte, so gilt für die Länge $l$ bzw. für die Breite $b$ des Zimmers:

$4{,}675\text{ m} \leqq l \leqq 4{,}685\text{ m}$; $3{,}955\text{ m} \leqq b \leqq 3{,}965\text{ m}$.

Für $A$ gilt demnach:

$4{,}675\text{ m} \cdot 3{,}955\text{ m} = 18{,}489625\text{ m}^2 \leqq A \leqq 18{,}576025\text{ m}^2 = 4{,}685\text{ m} \cdot 3{,}965\text{ m}$.

Als sinnvoll ist die Angabe $A \approx 18{,}5\text{ m}^2$ anzusehen ($\approx$ gelesen: „ungefähr gleich" oder kurz **„ungefähr"**). Dabei wird das TR-Ergebnis 18,5328 auf **drei** sog. **„zuverlässige"** Ziffern gerundet. Als „zuverlässig" bezeichnen wir alle Ziffern eines Näherungswertes, wenn der Fehler dieses Näherungswertes höchstens eine Einheit des Stellenwertes der letzten mitgeteilten Ziffer beträgt.

In unserem Beispiel wissen wir, daß der genaue Flächeninhalt zwischen $18{,}489625\text{ m}^2$ und $18{,}576025\text{ m}^2$ liegt. Die Differenz zwischen dem Näherungswert 18,5 und dem genauen Wert (den wir in unserem Beispiel nicht kennen) liegt also zwischen $18{,}5 - 18{,}576025 = -0{,}076025$ und $18{,}5 - 18{,}489625 = 0{,}010375$. Dem „Betrage" nach ist der Fehler also höchstens $0{,}076025 \approx 0{,}08$.

Was versteht man unter dem **„Betrag** einer (rationalen) Zahl"? Anschaulich (auf der Zahlengeraden) gibt der Betrag den Abstand dieser Zahl vom Nullpunkt an; also der Betrag von $-7$ (geschrieben $|-7|$, gesprochen „Betrag von $-7$") ist 7, der Betrag von 5 ist 5.

**Definition**

$$|x| = \begin{cases} x & \text{für } x \geqq 0 \\ -x & \text{für } x < 0 \end{cases}$$

**Weitere Beispiele:** $|-4| = -(-4) = 4$; $|3{,}14| = 3{,}14$; $|0| = 0$; $|-0{,}076025| = 0{,}076025$.

Die Differenz zwischen dem Näherungswert $\tilde{x}$ (gelesen: „$x$ Schlange") und dem genauen Wert $x$ heißt auch **„absoluter Fehler"**.

**Beispiel:**

$x = 4{,}2516$; $\tilde{x} = 4{,}25$; $\tilde{x} - x = 4{,}25 - 4{,}2516 = -0{,}0016$; in diesem Beispiel ist der absolute Fehler also $-0{,}0016$. Wichtig ist der Betrag des absoluten Fehlers, hier also 0,0016. 0,0016 ist im Vergleich zu 4,2516 „klein" (0,0016 sind nur etwa 0,04% von 4,2516). Im Vergleich zu 0,01 ist 0,0016 jedoch „relativ groß" (16%). Der absolute Fehler ist bei Fehlerbetrachtungen nicht so wichtig wie der sog. **„relative Fehler"** $\frac{\tilde{x} - x}{x}$.

Um den relativen Fehler zu erhalten, muß man also den absoluten Fehler durch den genauen Wert dividieren. Häufig wird der relative Fehler auch als $\frac{\tilde{x} - x}{\tilde{x}}$ definiert. Oft wird er in Prozenten angegeben (**„prozentualer relativer Fehler"**).

**Definition**

Falls $\tilde{x}$ Näherungswert für $x$ ist, so heißt

$\tilde{x} - x$ **„absoluter Fehler"**,

$\frac{\tilde{x} - x}{x}$ oder $\frac{\tilde{x} - x}{\tilde{x}}$ **„relativer Fehler"**,

$\frac{(\tilde{x} - x) \cdot 100}{x}\,\%$ oder $\frac{(\tilde{x} - x) \cdot 100}{\tilde{x}}\,\%$ **„prozentualer relativer Fehler"**.

Bei Fehlerbetrachtungen interessieren in der Regel nur die Beträge der Fehler.

**Beispiel:**

In der Technik wird statt der Formel $A = \pi \cdot r^2$ für den Flächeninhalt des Kreises mit dem Radius $r$ die Näherungsformel $A \approx d^2 \cdot 0{,}785$ ($d = 2r$ Durchmesser des Kreises; 0,785 Näherungswert für $\frac{\pi}{4}$) benutzt.

In unserem Beispiel ist also $x = \frac{\pi}{4}$, $\tilde{x} = 0{,}785$.

Betrag des absoluten Fehlers: $|\tilde{x} - x| = |0{,}785 - 0{,}785398\ldots| = 0{,}000398\ldots \approx 4 \cdot 10^{-4}$;

Betrag des relativen Fehlers: $\left|\frac{\tilde{x} - x}{\tilde{x}}\right| \approx \frac{4}{0{,}785} \cdot 10^{-4} \approx 5 \cdot 10^{-4}$;

Betrag des prozentualen relativen Fehlers: $\approx 5 \cdot 10^{-2}\% = 0{,}05\%$.

**Beispiel**

**3.** An eine Spannungsquelle mit einer Spannung von 220 Volt wird ein Gerät mit einem Widerstand von 140 Ohm angeschlossen. Welche **Stromstärke** stellt sich ein?

$I = \frac{U}{R} = \frac{220\,\text{V}}{140\,\Omega}$ [=] 1.5714286 A

(Anzeige eines 8stelligen rundenden TR)

Wie muß in diesem Beispiel sinnvoll gerundet werden? Legen wir Meßfehler bis 1% zugrunde, so erhalten wir:

$217{,}8\,\text{V} \leqq U \leqq 222{,}2\,\text{V}$; $138{,}6\,\Omega \leqq R \leqq 141{,}4\,\Omega$.

Setzen wir in $I = \frac{U}{R}$ für $U$ den kleinsten und für $R$ den größten Wert ein, so ergibt sich die kleinstmögliche Stromstärke:

$I_1 = \frac{217{,}8\ \text{V}}{141{,}4\ \Omega}$ [=] 1.5403112 A.

Entsprechend $I_2 = \frac{222{,}2\ \text{V}}{138{,}6\ \Omega}$ [=] 1.6031746 A

als die größtmögliche Stromstärke.

Es ist also durchaus sinnvoll, die errechnete Stromstärke auf 1,57 A zu runden (1,57 ist das arithmetische Mittel von 1,54 und 1,60).

Grundsätzlich wollen wir allerdings für das Runden von Zahlen folgende **„Grundregel"** vereinbaren: Näherungszahlen werden so geschrieben, daß der Betrag des absoluten Fehlers höchstens eine Einheit der letzten (bei wissenschaftlicher Zahldarstellung mitgeteilten) Stelle beträgt.

Hätte man im obigen Beispiel (1,5714286 gerundet zu 1,57) nach der Grundregel gerundet, so hätte man nur zwei sog. **„wesentliche"** Ziffern (1,6) mitteilen dürfen.

**„Wesentliche"** Ziffern sind alle Ziffern einer nach der Grundregel geschriebenen Näherungszahl (mit Ausnahme der Nullen links und solcher Nullen rechts, die vernachlässigte oder unbekannte Ziffern ersetzen).

**Beispiele:**

a) 0,03068 auf drei wesentliche Ziffern gerundet: 0,0307 (die beiden ersten Nullen sind nicht wesentlich).

b) 23 456 auf zwei wesentliche Ziffern gerundet: 23 000 (die drei letzten Nullen sind nicht wesentlich, sie ersetzen die vernachlässigten Ziffern 4, 5 und 6).

c) 30,47 auf zwei wesentliche Ziffern gerundet: 30.

**Hinweis:** Bei den meisten technischen Anwendungen genügt die Angabe von drei wesentlichen Ziffern.

**Beispiel**

**4.** Bei der **Landtagswahl** am 11. Mai 1980 in **Nordrhein-Westfalen** verfehlte die F.D.P. mit 4,98% die 5-Prozent-Hürde knapp. Im Hinblick auf die Situation ist es nicht möglich, 4,98 auf 5 zu runden.

**Beispiel**

**5.** In eine **Seilbahngondel** passen höchstens 35 Personen. 72 Personen stehen an der Bergstation. Wie oft muß die Gondel noch fahren?

72 : 35 = 2,057 ... (oder 2 Rest 2)

Die Gondel muß noch **drei**mal fahren!

Die aufgeführten Beispiele machen folgendes deutlich: Wann gerundet werden sollte und wie gerundet werden muß, hängt von der jeweiligen Situation ab. Auf keinen Fall sollten TR-Ergebnisse unbedacht übernommen werden.

# Aufgaben zu 3.3

1. Runden Sie die folgenden Zahlen nach der 5/4-Rundung auf eine, zwei und drei wesentliche Ziffern!

**Beispiel:** vorgegebene Zahl: 14,946
Rundungen: 10; 15; 14,9

| | | | |
|---|---|---|---|
| a) 25,774 | b) 16,125 | c) 7,6344 | d) 762,82 |
| e) 5460,89 | f) 6,94991 | g) 0,3278 | h) 0,0458 |
| i) 0,01347 | j) 0,000784 | k) 174580 | l) 1 840 000 |

2. Runden Sie die folgenden Zahlen nach der 5/4-Rundung auf Hundertstel!

**Beispiel:** vorgegebene Zahl: 0,07345
gerundet: 0,07

a) 25,774 b) 0,3278 c) 0,0458 d) 0,01347
e) 0,000784 f) 0,0989 g) 0,0946 h) 204,777

3. Geben Sie die Größenordnung der jeweiligen Zahl an!
(Wir sagen, $x$ habe die **„Größenordnung $10^k$"**, wenn gilt: $10^k \leqq x < 10^{k+1}$.)

**Beispiel:** $x = 158$, Größenordnung: $10^2$

a) 677 b) 3580 c) 144 000 d) 8 570 000
e) 0,034 f) 0,79 g) 0,000 88 h) 0,000 03

4. Geben Sie ein Beispiel für eine Rechnung an, mit der Sie feststellen können, ob Ihr TR abschneidet oder nach der 5/4-Rundung rundet!

5. Berechnen Sie mit Ihrem TR und runden Sie auf 5 Stellen hinter dem Komma!
a) $2:3$ b) $5:3$ c) $1:3$ d) $7:9$ e) $9:7$
f) $\pi:4$ g) $\pi:2$ h) $1{,}3456^2$ i) $\frac{1}{46}$ j) $\frac{14}{13}$
k) $2^{-6}$ l) $3^{-3}$ m) $0{,}67^{-3}$ n) $3{,}2^{-4}$ o) $(0{,}99)^{-5}$

6. In einem Fußballstadion sind 21 546 Zuschauer. Runden Sie a) auf 10 000 und b) auf 1000 genau!

7. Für 1 m³ Mauerwerk werden 32 Hohlblocksteine benötigt. Wie viele Hohlblocksteine sind für 72,38 m³ Mauerwerk nötig (ohne Berücksichtigung des Verhaus)?

8. Ein Zimmer hat eine Länge von 3,97 m und eine Breite von 3,12 m. Geben Sie den Flächeninhalt so an, daß alle Ziffern zuverlässig sind!

9. An eine Spannungsquelle mit einer Spannung von 220 Volt wird ein Gerät mit einem Widerstand von 180 Ω angeschlossen. Welche Stromstärke stellt sich ein?

10. Die folgenden Näherungswerte sind mit einem maximalen Fehler von 0,7 angegeben. Geben Sie alle zuverlässigen Ziffern von $a \cdot b$ und von $a : b$ an!
$\tilde{a} = 112{,}8$ (man schreibt auch $a = 112{,}8 \pm 0{,}7$)
$\tilde{b} = 93{,}7$ ($b = 93{,}7 \pm 0{,}7$)

11. Geben Sie die Beträge der folgenden Zahlen an:
a) $-1{,}8$ b) $-12{,}77$ c) $-155{,}9$ d) 0
e) 12,8 f) 0,79 g) $-0{,}0018$

12. Schreiben Sie die folgenden Terme ohne Betragstriche!

**Beispiel:** $|x-2| = \begin{cases} x-2 & \text{für } x \in \mathbb{Q}^{\geqq 2} \\ -(x-2) = -x+2 & \text{für } x \in \mathbb{Q}^{<2} \end{cases}$

a) $|x-5|$ b) $|x+3|$ c) $|x-1{,}5|$ d) $|x+3{,}9|$
e) $|2x-3|$ f) $|3x+4|$ g) $|-x+7|$ h) $|-5x+10|$

13. Berechnen Sie jeweils den absoluten, den relativen und den prozentualen relativen Fehler:
a) $x = 5{,}36$; $\tilde{x} = 5{,}39$ b) $x = 4{,}79$; $\tilde{x} = 5{,}34$
c) $x = 0{,}0778$; $\tilde{x} = 0{,}0776$ d) $x = 0{,}0778$; $\tilde{x} = 0{,}08$
e) $x = 1009$; $\tilde{x} = 1010$ f) $x = 1009{,}76$; $\tilde{x} = 1010$

14. Für eine 100-m-Bahn wurde $(100{,}08 \pm 0{,}02)$ m, für eine Marathon-Strecke (Sollwert 42,195 km) wurde $(42{,}220 \pm 0{,}015)$ km gemessen. Welche der beiden Strecken entspricht besser den Anforderungen? Geben Sie jeweils eine Schranke für den relativen Fehler an!

15. Geben Sie jeweils eine Schranke (kleinstmöglich bei zwei wesentlichen Ziffern) des absoluten und des relativen Fehlers für folgende Näherungen von $\pi$ an:
a) $\frac{22}{7}$ b) $3\frac{13}{81}$ c) $\frac{355}{113}$

16. In einer Zuckerpackung befinden sich laut Aufdruck 500 g Zucker; die Abfüllmaschine arbeitet mit einem relativen Fehler von höchstens 0,7%. Wieviel Zucker ist mindestens, wieviel ist höchstens in der Packung?

17. Ermitteln Sie jeweils die zu

a) $\frac{5}{17}$ b) $\frac{13}{1\,111\,111}$ c) 1 234 567 890

nächstgelegene TR-Zahl und geben Sie jeweils Schranken für den absoluten und den relativen Fehler an (kleinstmöglich bei einer wesentlichen Ziffer)!

18. Beschreiben Sie alle rationalen Zahlen, die auf Ihrem TR durch die TR-Zahl $7{,}5432101 \cdot 10^4$ vertreten werden!

19. Geben Sie Näherungswerte für

a) $x+y$ b) $x-y$ c) $x^2$ d) $\frac{1}{2}x \cdot y$ e) $\frac{x}{y}$

in der Form „Näherungswert ± Fehlerschranke“ an, wenn $x = 0{,}278 \pm 0{,}002$ und $y = 1{,}986 \pm 0{,}003$ ist!

20. $x \approx 1{,}826$. Wie viele Ziffern sind wesentlich bei einem Fehler von

a) ± 0,03% b) ± 0,3% c) ± 3% d) ± 30%?

21. Einem Statistischen Handbuch entnehmen wir die folgenden Angaben:
Das Bruttosozialprodukt zu Marktpreisen (der Gesamtwert aller erzeugten Produkte) betrug für die Bundesrepublik Deutschland:
1976: 1123 Mrd. DM
1977: 1197 Mrd. DM
Sind diese Angaben richtig, so wäre die „wahre“ Wachstumsrate $\frac{1197-1123}{1123} \approx 0{,}066 = 6{,}6\%$.

a) Angaben in Statistischen Handbüchern sind nicht immer zuverlässig. Fehler von ± 10% sind nicht außergewöhnlich. Berechnen Sie die möglichen Wachstumsraten des Bruttosozialprodukts von 1976 bis 1977 für Fehler von ± 1%, ± 3%, ± 5%, ± 10% und tragen Sie Ihre Ergebnisse in eine Tabelle der folgenden Form ein!

| BSP ± Fehler | 1197 ± Fehler | 1077,3 | 1137,2 ... |
|---|---|---|---|
| 1123 ± Fehler | Fehler in % | − 10 | − 5 ... |
| 1010,7 | − 10 | 6,6% | 12,5% ... |
| ⋮ | ⋮ | ⋮ | ⋮ |

b) Welche Fehlerkombinationen aus a) führen zu Wachstumsraten zwischen − 9% und − 3%?

c) Welche Fehlerkombinationen aus a) führen zu Wachstumsraten zwischen + 1% und + 3%?

d) Mit wie vielen wesentlichen Ziffern dürfte das Bruttosozialprodukt höchstens angegeben werden, wenn man von einem Fehler von ± 7% ausgeht?

e) Würden sich die in a) errechneten Wachstumsraten ändern, wenn andere Angaben für das Bruttosozialprodukt vorlägen, die „wahre“ Wachstumsrate (6,6%) aber gleich bliebe?

22. a) Ist jede wesentliche Ziffer eines Näherungswertes zuverlässig?
b) Ist jede zuverlässige Ziffer eines Näherungswertes wesentlich?

23. Eine Pyramide mit rechteckiger Grundfläche ist 3,6 m lang, 1,8 m breit und 5,2 m hoch. Berechnen Sie den Flächeninhalt $O$ der Oberfläche und das Volumen der Pyramide mit sinnvoller Genauigkeit
$(V = \frac{1}{3} G \cdot h)$

24. Eine Näherungsformel für das Volumen eines Kegelstumpfes lautet:

$$V \approx \pi \cdot \left(\frac{r_1 + r_2}{2}\right)^2 \cdot h$$

($r_1$, $r_2$ Radien der parallelen Kreisflächen; $h$ Höhe des Kegelstumpfes).
Für die genaue Berechnung des Volumens eines Kegelstumpfes gilt:
$V = \frac{1}{3} \pi \cdot h \cdot (r_1^2 + r_1 \cdot r_2 + r_2^2)$.
Berechnen Sie jeweils das Volumen mit Hilfe der Näherungsformel und der genauen Formel und ermitteln Sie den (prozentualen) relativen Fehler!

a) $r_1 = 8{,}0$ cm; $r_2 = 6{,}2$ cm; $h = 11{,}6$ cm
b) $r_1 = 5{,}7$ cm; $r_2 = 3{,}1$ cm; $h = 7{,}3$ cm

25. Eine Maschine produziert $x$ Werkstücke, davon sind $p$ % fehlerhaft; eine andere Maschine produziert $y$ Werkstücke, davon sind $q$ % fehlerhaft. Wie groß ist der Prozentsatz der fehlerhaften Werkstücke beider Maschinen zusammen?

## 3.4 Darstellung von Zahlen in verschiedenen Zahlsystemen

Bisher haben wir beim Hinschreiben von Zahlen stillschweigend vorausgesetzt, daß wir diese Zahlen im Dezimal- oder Zehnersystem darstellen. Die Zahl 10 ist die sog. **„Basis"** des Dezimalsystems; in ihm gibt es 10 Ziffern, die Ziffern von 0 bis 9.
354,608 im Zehnersystem bedeutet: $3 \cdot 10^2 + 5 \cdot 10^1 + 4 \cdot 10^0 + 6 \cdot 10^{-1} + 0 \cdot 10^{-2} + 8 \cdot 10^{-3}$.

Ein anderes (im Hinblick auf die Verwendung in Computern wichtiges) Zahlsystem ist das **Dual- oder Binärsystem.** Den beiden Ziffern 0 und 1 entsprechen folgende Zustände:

$0 \triangleq$ Strom fließt nicht
$1 \triangleq$ Strom fließt

In einer Tabelle stellen wir die Zahlen von 1 bis 10 im Dualsystem dar:

| Dezimalsystem | Dualsystem | Erläuterung der Ziffernfolge im Dualsystem |
|---|---|---|
| 1 | 1 | $1 \cdot 2^0$ |
| 2 | 10 | $1 \cdot 2^1 + 0 \cdot 2^0$ |
| 3 | 11 | $1 \cdot 2^1 + 1 \cdot 2^0$ |
| 4 | 100 | $1 \cdot 2^2 + 0 \cdot 2^1 + 0 \cdot 2^0$ |
| 5 | 101 | $1 \cdot 2^2 + 0 \cdot 2^1 + 1 \cdot 2^0$ |
| 6 | 110 | $1 \cdot 2^2 + 1 \cdot 2^1 + 0 \cdot 2^0$ |
| 7 | 111 | $1 \cdot 2^2 + 1 \cdot 2^1 + 1 \cdot 2^0$ |
| 8 | 1000 | $1 \cdot 2^3 + 0 \cdot 2^2 + 0 \cdot 2^1 + 0 \cdot 2^0$ |
| 9 | 1001 | $1 \cdot 2^3 + 0 \cdot 2^2 + 0 \cdot 2^1 + 1 \cdot 2^0$ |
| 10 | 1010 | $1 \cdot 2^3 + 0 \cdot 2^2 + 1 \cdot 2^1 + 0 \cdot 2^0$ |

An jeweils einem Beispiel demonstrieren wir das Umrechnen vom Dual- ins Dezimalsystem und umgekehrt. Dabei geben wir die Basis des zugrunde gelegten Systems als Index an.

**1.** $(101001{,}101)_2 = (1 \cdot 2^5 + 0 \cdot 2^4 + 1 \cdot 2^3 + 0 \cdot 2^2 + 0 \cdot 2^1 + 1 \cdot 2^0 + 1 \cdot 2^{-1} + 0 \cdot 2^{-2} + 1 \cdot 2^{-3})_{10}$
$= (2^5 + 2^3 + 1 + \frac{1}{2} + \frac{1}{8})_{10}$
$= (32 + 8 + 1 + 0{,}5 + 0{,}125)_{10} = (41{,}625)_{10}$

**2.** $(58)_{10} = (?)_2$.
Wir notieren uns die Potenzen von 2 mit Hochzahlen aus $\mathbb{N}_0$:
$2^0 = 1,\ 2^1 = 2,\ 2^2 = 4,\ 2^3 = 8,\ 2^4 = 16,\ 2^5 = 32,\ 2^6 = 64, \ldots$
Für unsere Fragestellung können wir bei $2^6 = 64$ aufhören $(64 > 58)$.
$58 = 1 \cdot 32 + \quad 1 \cdot 16 + \quad 1 \cdot 8 + \quad 0 \cdot 4 + \quad 1 \cdot 2 + \quad 0 \cdot 1$
(Rest 26) (Rest 10) (Rest 2) (Rest 2) (Rest 0)
$= 1 \cdot 2^5 + 1 \cdot 2^4 + 1 \cdot 2^3 + 0 \cdot 2^2 + 1 \cdot 2^1 + 0 \cdot 2^0$, also $(58)_{10} = (111010)_2$.

Die Grundrechenarten können im Dualsystem (und auch in anderen Zahlsystemen) entsprechend wie im Dezimalsystem durchgeführt werden. Dazu zwei Beispiele für das Rechnen im Dualsystem:

**3.**
```
   100101
 +  10011
 (  111 )  (Übertrag)
   111000
```

**4.**
```
 1011 · 101
  10110
     1011
  110111
```

Im Beispiel **3** werden die Zahlen $(37)_{10}$ und $(19)_{10}$ addiert, im Beispiel **4** wird $(11)_{10}$ mit $(5)_{10}$ multipliziert.

Neben dem Dualsystem werden in Großcomputern noch das **Oktalsystem** (Basis 8, Zeichen 0 bis 7) und das **Hexadezimalsystem** (Basis 16, Zeichen 0 bis 9 und die Großbuchstaben **A**, **B**, **C**, **D**, **E**, **F**) verwendet. Beachten Sie, daß 8 und 16 Potenzen von 2 sind!

In Taschenrechnern benutzt man das sog. **„BCD-System“**. **„BCD“** ist die Abkürzung für „**B**inary **C**oded **D**ecimal“. Im **BCD**-System wird jede einzelne Ziffer der im Dezimalsystem dargestellten Zahl durch eine „vier-Bit-Dualzahl“ („Bit“ Kurzform von „binary digit“) dargestellt; z. B. ist $(936)_{10} = (1001\ 0011\ 0110)_{BCD}$.

Für alle erwähnten Zahlsysteme geben wir zur Erläuterung die Darstellungen der natürlichen Zahlen von 1 bis 20 in der folgenden Tabelle an (lesen Sie diese sowohl zeilen- als auch spaltenweise):

| Dezimal-system | Dual-system | Oktal-system | Hexadezimal-system | BCD-System |
|---|---|---|---|---|
| 1 | 1 | 1 | 1 | 0001 |
| 2 | 10 | 2 | 2 | 0010 |
| 3 | 11 | 3 | 3 | 0011 |
| 4 | 100 | 4 | 4 | 0100 |
| 5 | 101 | 5 | 5 | 0101 |
| 6 | 110 | 6 | 6 | 0110 |
| 7 | 111 | 7 | 7 | 0111 |
| 8 | 1000 | 10 | 8 | 1000 |
| 9 | 1001 | 11 | 9 | 1001 |
| 10 | 1010 | 12 | A | 0001 0000 |
| 11 | 1011 | 13 | B | 0001 0001 |
| 12 | 1100 | 14 | C | 0001 0010 |
| 13 | 1101 | 15 | D | 0001 0011 |
| 14 | 1110 | 16 | E | 0001 0100 |
| 15 | 1111 | 17 | F | 0001 0101 |
| 16 | 10000 | 20 | 10 | 0001 0110 |
| 17 | 10001 | 21 | 11 | 0001 0111 |
| 18 | 10010 | 22 | 12 | 0001 1000 |
| 19 | 10011 | 23 | 13 | 0001 1001 |
| 20 | 10100 | 24 | 14 | 0010 0000 |

An zwei weiteren **Beispielen** zeigen wir, wie man eine Zahl aus dem Oktal- bzw. aus dem Hexadezimalsystem in das Dezimalsystem umschreiben kann:

**5.** $(7603)_8 = (7 \cdot 8^3 + 6 \cdot 8^2 + 3 \cdot 8^0)_{10}$
$= (7 \cdot 512 + 6 \cdot 64 + 3)_{10} = (3971)_{10}$

**6.** $(76A3)_{16} = (7 \cdot 16^3 + 6 \cdot 16^2 + 10 \cdot 16^1 + 3 \cdot 16^0)_{10}$
$= (7 \cdot 4096 + 6 \cdot 256 + 10 \cdot 16 + 3)_{10} = (30371)_{10}$

In den folgenden Kapiteln werden wir Zahlen ausschließlich im Dezimalsystem schreiben.

# Aufgaben zu 3.4

1. Schreiben Sie die folgenden Dualzahlen im Dezimalsystem!

   **Beispiel:** $(1011{,}01)_2 = (1 \cdot 2^3 + 1 \cdot 2^1 + 1 \cdot 2^0 + 1 \cdot 2^{-2})_{10}$
   $= (8 + 2 + 1 + \frac{1}{4})_{10} = (11 + 0{,}25)_{10}$
   $= (11{,}25)_{10}$

   a) 0,0101  b) 1,011  c) 10,101  d) 1001  e) 10010101
   f) 11111000  g) 1001001001  h) 110,111  i) 10000000001  j) 11110101,111

2. Schreiben Sie die folgenden Dezimalzahlen im Dualsystem!

   **Beispiel:** 79

   **1. Möglichkeit:** $2^0 = 1,\ 2^1 = 2,\ 2^2 = 4,\ 2^3 = 8,\ 2^4 = 16,\ 2^5 = 32,\ 2^6 = 64,\ 2^7 = 128$
   $79 = 1 \cdot 64 + \quad 0 \cdot 32 + \quad 0 \cdot 16 + \quad 1 \cdot 8 + \quad 1 \cdot 4 + \quad 1 \cdot 2 + \quad 1 \cdot 1$
   (Rest 15) (Rest 15) (Rest 15) (Rest 7) (Rest 3) (Rest 1)
   $= 1 \cdot 2^6 + 0 \cdot 2^5 + 0 \cdot 2^4 + 1 \cdot 2^3 + 1 \cdot 2^2 + 1 \cdot 2^1 + 1 \cdot 2^0$
   also $(79)_{10} = \underline{(1001111)_2}$

   **2. Möglichkeit:**
   79 : 2 = 39 Rest 1
   39 : 2 = 19 Rest 1
   19 : 2 = 9 Rest 1
   9 : 2 = 4 Rest 1
   4 : 2 = 2 Rest 0
   2 : 2 = 1 Rest 0
   1 : 2 = 0 Rest 1 ↑ Ergebnis: <u>1001111</u>

   Begründung: $79 = 2 \cdot 39 + 1$
   $= 2 \cdot (2 \cdot 19 + 1) + 1$
   $= 2 \cdot [2 \cdot (2 \cdot 9 + 1) + 1] + 1$
   $= 2 \cdot \{2 \cdot [2 \cdot (4 \cdot 2 + 1) + 1] + 1\} + 1$
   $= 2 \cdot \{2 \cdot [2 \cdot (2 \cdot 2 \cdot 2 + 1) + 1] + 1\} + 1$
   $= 2 \cdot \{2 \cdot [2 \cdot (2^3 + 1) + 1] + 1\} + 1$
   $= 2 \cdot \{2 \cdot [2^4 + 2 + 1] + 1\} + 1$
   $= 2 \cdot \{2^5 + 2^2 + 2 + 1\} + 1$
   $= 2^6 + 2^3 + 2^2 + 2 + 1$
   $= \underline{1} \cdot 2^6 + \underline{0} \cdot 2^5 + \underline{0} \cdot 2^4 + \underline{1} \cdot 2^3 + \underline{1} \cdot 2^2 + \underline{1} \cdot 2^1 + \underline{1} \cdot 2^0$

   a) 256  b) 512  c) 1024  d) 1025  e) 515  f) 270
   g) 100  h) 50  i) 40  j) 30  k) 576  l) 1042
   m) 7783210  n) 36,125  o) 44,5  p) 12,25  q) 13,0625  r) 1,53125
   s) 0,765625  t) 0,875  u) 2,046875

3. Berechnen Sie (im Dualsystem):

   a) 100011 + 1101  b) 10101010 + 10111  c) 1111111 + 100001  d) 11000111 + 1111000001
   e) 100011 · 1101  f) 11101 · 11101  g) 10010 · 1100  h) 101000 · 10010

   Kontrollieren Sie jeweils, indem Sie zusätzlich die Rechnungen im Dezimalsystem durchführen!

4. Stellen Sie die natürlichen Zahlen von 30 bis 40 in den folgenden Systemen dar: Dual-, Oktal-, Hexadezimal- und BCD-System! Fertigen Sie eine Tabelle an!

5. Schreiben Sie die folgenden Zahlen im Oktalsystem:

   a) 55  b) 80  c) 100  d) 8000  e) 95  f) 63

6. Schreiben Sie die folgenden Zahlen im Hexadezimalsystem!

   **Beispiel:** $(26)_{10} = 1A$

   a) 45  b) 60  c) 80  d) 100  e) 110  f) 120

7. Schreiben Sie die folgenden Zahlen im BCD-System!

   **Beispiel:** $(27)_{10} = (0010\ 0111)_{BCD}$

   a) 34  b) 45  c) 80  d) 7  e) 91  f) 108
   g) 789  h) 3456  i) 902  j) 300  k) 23 581

8. Schreiben Sie die folgenden Zahlen im Dezimalsystem:

   a) $(430)_8$  b) $(7012{,}1)_8$  c) $(666{,}66)_8$  d) $(ABC)_{16}$
   e) $(ABCDEF)_{16}$  f) $(1A1B1C)_{16}$  g) $(ABBA)_{16}$  h) $(CDO)_{16}$
   i) $(BOA)_{16}$  j) $(0100\ 0101)_{BCD}$  k) $(1001\ 0011)_{BCD}$

9. Woran erkennt man, ob eine im Dualsystem dargestellte natürliche Zahl

   a) durch 2,  b) durch 4,  c) durch 8,  d) durch 16,  e) durch 32 teilbar ist?

# 4 Lineare Gleichungen

## 4.1 Aussageformen, Gleichungen

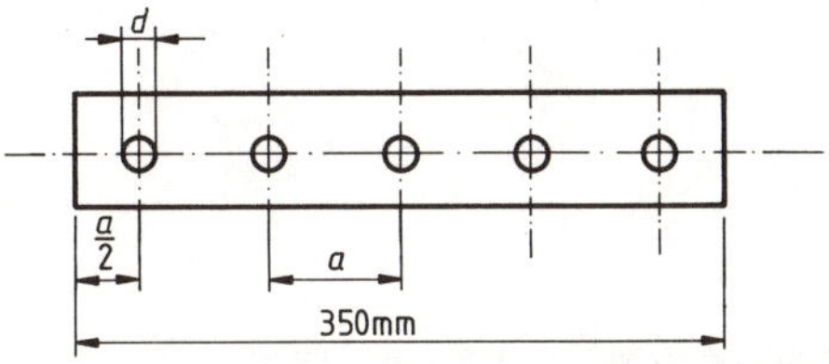


Abb. 4.1

In einen 350 mm langen Flachstahl sollen 5 Löcher mit dem Durchmesser $d = 14$ mm in der skizzierten Anordnung (vgl. Abb. 4.1) gebohrt werden. Wie groß müssen der Mittenabstand $a$ und der Randabstand $\frac{a}{2}$ gewählt werden?

Aus der Skizze lesen wir folgende **Gleichung** ab:

$$\frac{a}{2} + 4a + \frac{a}{2} = 350 \text{ mm},$$

also $$5a = 350 \text{ mm}.$$

Für $a = 70$ mm wird diese Gleichung „richtig":

$$5 \cdot 70 \text{ mm} = 350 \text{ mm}.$$

Ergebnis: Als Mittenabstand sind 70 mm, als Randabstand 35 mm zu wählen.

Die Gleichung $5a = 350$ mm wird durch Einsetzen von 70 mm für $a$ zu einer wahren Aussage. Setzen wir für $a$ andere Größen ein, z.B. 20 mm, erhalten wir auch eine Aussage, allerdings eine falsche:

$$5 \cdot 20 \text{ mm} = 350 \text{ mm (f)}.$$

Mit jeder beliebigen Länge, die wir für $a$ einsetzen, erhalten wir eine Aussage. Wir nennen $5a = 350$ mm eine **„Aussageform"**.

**Merksatz**

**Aussageformen** sind Sätze mit (mindestens) einer **Variablen,** die durch (geeignete) Einsetzungen für die Variable zu Aussagen werden.

**Beispiele für Aussageformen:**

**1.** $x$ ist ein Vielfaches von 5 (eine Variable)
**2.** $y$ ist das Doppelte von $x^2$ (zwei Variable)
**3.** $5x = 350$ (eine Variable)
**4.** $2x + 5y - 4z < 0$ (drei Variable)
**5.** $2x^2 + 3 = 4 - x$ (eine Variable)

Wir wollen uns jetzt mit speziellen Aussageformen bzw. Aussagen, mit Gleichungen, beschäftigen.

**Merksatz**

Eine **Gleichung** besteht aus zwei Termen $T_1$ und $T_2$, zwischen denen ein Gleichheitszeichen steht: $T_1 = T_2$.

Gleichungen ohne Variable sind Aussagen, Gleichungen mit Variablen sind Aussageformen.

**Beispiele**

**Gleichungen mit einer Variablen:**

| | |
|---|---|
| **1.** $4x + 3 = -6$ | **„lineare"** Gleichung (Gleichung 1. Grades) |
| **2.** $x^2 - 3x + 2 = 0$ | **„quadratische"** Gleichung (Gleichung 2. Grades) |
| **3.** $x^3 + 3x = 0$ | **„kubische"** Gleichung (Gleichung 3. Grades) |
| **4.** $3\sqrt{4x+5} - 10 = 5$ | **„Wurzel"**-Gleichung |
| **5.** $4^{3x-1} = 16$ | **„Exponential"**-Gleichung |
| **6.** $4 \sin(x) \cos(x) = 1$ | **„trigonometrische"** Gleichung |

Wir befassen uns vorläufig nur mit linearen Gleichungen.

# Aufgaben zu 4.1

1. Welche der folgenden Sätze sind Aussagen, welche Aussageformen? Geben Sie für die Aussagen an, ob sie wahr oder falsch sind!

   a) $\frac{1}{2} \in \mathbb{Z}$ b) $\mathbb{N} \cap \mathbb{Z} = \mathbb{N}$

   c) $x + 3y = 7$ d) 11 ist die vierte Primzahl.

   e) $x^2 \geqq 0$ f) Bitte öffnen Sie die □ !

   g) Wer fürchtet sich vor □ ?

   h) □ ist kleiner als □.

   i) ○ fährt heute nach □.

   j) Für alle natürlichen Zahlen $x$ gilt: $x \geqq 0$.

   k) Es gibt eine rationale Zahl $x$, für die gilt: $x = \frac{-1}{3}$.

2. Geben Sie für jede Aussageform eine Grundmenge mit drei Elementen an, die zu wahren Aussagen führen.

   a) $x$ war Bundeskanzler.

   b) $x$ liegt am Rhein.

   c) Ein $x$ darf den Ball nicht mit dem Fuß spielen.

   d) Alle Kinder gehen mindestens $x$ Jahre zur Schule.

   e) Alle Quadrate von zweistelligen Zahlen sind größer als $x$.

   f) $x$ ist durch 6 teilbar.

   g) $x < 4$

   h) $x + 3 > 2x + 1$

   i) $|x - 5| < 0{,}5$

   j) $|x - 1| > 3$

3. Geben Sie für jede Aussageform eine Grundmenge mit drei Elementen an, die zu falschen Aussagen führen.

   a) $x$ ist amtierender Eishockey-Weltmeister.

   b) $x$ fließt in die Donau.

   c) Ein $x$ kann schneller als 100 km/h fahren.

   d) Alle Kinder gehen mindestens $x$ Jahre zur Schule.

   e) $x$ ist eine Primzahl, die größer ist als 100.

   f) 16 ist durch $x$ teilbar.

   g) $x < 4$

   h) $x + 3 > 2x + 1$

   i) $|x - 5| > 0{,}5$

   j) $x^2 > 10$

4. Prüfen Sie, für welche Elemente aus $G$ die jeweilige Aussageform zu einer wahren bzw. zu einer falschen Aussage führt!

   a) $x - 5 = -2$; $G = \{1; 2; 3; 4\}$

   b) $3 - x > 3$; $G = \{-2; -1; 0; 1; 2\}$

   c) $x^2 > 5$; $G = \{-3; -1; 1; 3\}$

   d) $x < \frac{1}{x}$; $G = \left\{2; \frac{1}{2}; -2; -\frac{1}{2}\right\}$

   e) $x > -x$; $G = \{-2; -1; 0; 1; 2\}$

   f) $2x < x$; $G = \{2; 1; 0; -1; -2\}$

   g) $x > x^2$; $G = \left\{2; \frac{1}{2}; -2; -\frac{1}{2}\right\}$

5. Geben Sie jeweils eine Aussageform an, die genau bei den angegebenen Einsetzungen in eine wahre Aussage übergeht!

   **Beispiel:** 1; 2; 3

   **Aussageform:** $x \in \mathbb{N} \wedge 0 < x < 4$

   a) 5; 10; 15 b) 11; 13; 17; 19 c) 4; 8; 16; 32

   d) 0,01; 0,1; 1; 10 e) 3,5; 4,5 f) $-3$; 3

## 4.2 Lösen von linearen Gleichungen

Viele lineare Gleichungen sind nicht so einfach zu lösen wie unser Beispiel in 4.1. Daher braucht man ein Verfahren, wie man die Lösung(en) einer Gleichung finden kann. Unter einer **Lösung** versteht man dabei jede Zahl, die, in die Variable der Gleichung eingesetzt, eine wahre Aussage ergibt. Alle Lösungen faßt man zusammen zur **Lösungsmenge** $L$ der Gleichung. Eine Gleichung lösen heißt ihre Lösungsmenge bestimmen.

Wir müssen aber noch festlegen, welche Zahlen wir überhaupt in die Variable der Gleichung einsetzen dürfen. Die Menge, aus der die Zahlen zum Ersetzen der Variablen gewählt werden dürfen, haben wir bereits in 1.3 **Grundmenge** ($G$) genannt. Dort haben wir auch vereinbart, daß wir (zunächst) $\mathbb{Q}$ als Grundmenge nehmen, wenn nichts anderes angegeben ist.

Es gilt immer: $L \subseteq G$.

Um mögliche Lösungen einer Gleichung zu erhalten, formen wir die Gleichung so um, daß die Variable auf einer Seite des Gleichheitszeichens für sich allein steht und auf der anderen Seite die Lösung direkt abgelesen werden kann. Bei den Umformungen müssen wir beachten, daß wir auf der linken und rechten Seite der Gleichung immer die gleichen Operationen ausführen und damit zu einer äquivalenten (gleichwertigen) Gleichung gelangen, die die gleichen Lösungen besitzt.

Zwischen zwei äquivalente Gleichungen setzen wir den Äquivalentor (Doppelpfeil) „$\Leftrightarrow$" (vgl. 1.5.).

**Beispiel**

$x + 3 = 7 \Leftrightarrow x = 7 - 3$ („... **äquivalent zu** ...")

Beide Gleichungen haben 4 als Lösung, sie sind daher äquivalent.

**Merksatz**

> Gleichungen sind **äquivalent,** wenn sie die gleiche Lösungsmenge über der gleichen Grundmenge besitzen.

**Beispiele und Gegenbeispiele:**

1. $x - 5 = 2 \quad \Leftrightarrow x = 7$ (Addition von 5)
   $L = \{7\} \quad L = \{7\}$
2. $2x = 8 \quad \Leftrightarrow x = 4$ (Division durch 2)
   $L = \{4\} \quad L = \{4\}$
3. $-\frac{x}{3} - 4 = 0 \Leftrightarrow x + 12 = 0$ (Multiplikation mit $-3$)
   $L = \{-12\} \quad L = \{-12\}$
4. $4x = 6 \quad \not\Leftrightarrow 0 = 0$ (Multiplikation mit 0)
   $L = \left\{\frac{3}{2}\right\} \quad L = \mathbb{Q}$
5. $x = 2 \quad \not\Leftrightarrow x^2 = 4$ (Quadrieren)
   $L = \{2\} \quad L = \{-2; 2\}$

Umformungen einer Gleichung, bei denen weder Lösungen hinzukommen noch Lösungen wegfallen, nennen wir **„Äquivalenzumformungen".**

**Merksatz**

> Äquivalenzumformungen überführen eine Gleichung in eine äquivalente Gleichung.

Äquivalenzumformungen sind:

1. Vertauschen der beiden Seiten:
   $T_1(x) = T_2(x) \Leftrightarrow T_2(x) = T_1(x)$
2. Addieren bzw. Subtrahieren einer Zahl oder eines Terms $T(x)$:
   $T_1(x) = T_2(x) \Leftrightarrow T_1(x) + T(x) = T_2(x) + T(x)$
   $\Leftrightarrow T_1(x) - T(x) = T_2(x) - T(x)$

**3.** Multiplizieren mit bzw. Dividieren durch eine Zahl $\neq 0$ oder einen Term $T(x) \neq 0$:

$$T_1(x) = T_2(x) \Leftrightarrow T_1(x) \cdot T(x) = T_2(x) \cdot T(x)$$

$$\Leftrightarrow \frac{T_1(x)}{T(x)} = \frac{T_2(x)}{T(x)}$$

Beachten Sie immer, daß die Rechenoperationen auf **beiden** Seiten der Gleichung ausgeführt werden müssen!

**Beispiele**

**1.** Gesucht ist die Lösungsmenge der Gleichung $\frac{x+5}{3} - 1 = 2$ über der Grundmenge $\mathbb{Q}$.

Wir können uns das Vorgehen beim Lösen der Gleichung verdeutlichen, wenn wir uns klarmachen, wie der Term auf der Seite mit der Variablen $x$ aus $x$ entstanden ist. Um $x$ allein zu erhalten, gehen wir dann den Entstehungsprozeß rückwärts (vgl. 1.3.):

$$\begin{array}{ccccccc} & +5 & & :3 & & -1 & \\ x & \longrightarrow & x+5 & \longrightarrow & \frac{x+5}{3} & \longrightarrow & \frac{x+5}{3}-1 \\ = & & = & & = & & = \\ 4 & \longleftarrow & 9 & \longleftarrow & 3 & \longleftarrow & 2 \\ & -5 & & \cdot 3 & & +1 & \end{array}$$

**Lösung:** $\frac{x+5}{3} - 1 = 2$

Wir addieren 1: $\Leftrightarrow \frac{x+5}{3} - 1 + 1 = 2 + 1$

Wir fassen zusammen: $\Leftrightarrow \frac{x+5}{3} = 3$

Wir multiplizieren mit 3: $\Leftrightarrow \frac{x+5}{3} \cdot 3 = 3 \cdot 3$

Wir fassen zusammen (kürzen): $\Leftrightarrow x + 5 = 9$

Wir subtrahieren 5: $\Leftrightarrow x + 5 - 5 = 9 - 5$

Wir fassen zusammen: $\Leftrightarrow x = 4$

4 ist also die Lösung der Gleichung. Wir prüfen die Richtigkeit nach, indem wir 4 in die Ausgangsgleichung einsetzen (Probe):

$$\frac{4+5}{3} - 1 = 2$$

$$\frac{9}{3} - 1 = 2$$

$$3 - 1 = 2$$

$$2 = 2 \quad \text{(wahr)}$$

Wir schreiben die Lösungsmenge auf: $\underline{L = \{4\}}$

Im folgenden notieren wir die Rechenschritte hinter der vorausgehenden Gleichung.

**2.**

$$\begin{array}{rll} & 2(x-3) + 4 = 7 - x & |\ \text{(Ausmultiplizieren)} \\ \Leftrightarrow & 2x - 6 + 4 = 7 - x & |\ \text{(Zusammenfassen)} \\ \Leftrightarrow & 2x - 2 = 7 - x & |\ +x \text{ (Ziel: Variable nur auf einer Seite der Gleichung)} \\ \Leftrightarrow & 2x - 2 + x = 7 - x + x & |\ \text{(Zusammenfassen)} \\ \Leftrightarrow & 3x - 2 = 7 & |\ +2 \\ \Leftrightarrow & 3x - 2 + 2 = 7 + 2 & |\ \text{(Zusammenfassen)} \\ \Leftrightarrow & 3x = 9 & |\ :3 \\ \Leftrightarrow & \frac{3x}{3} = \frac{9}{3} & |\ \text{(Vereinfachen, Kürzen)} \\ \Leftrightarrow & x = 3 & \end{array}$$

Probe: $2(3-3) + 4 = 7 - 3$

$$2 \cdot 0 + 4 = 4$$

$$4 = 4 \quad \text{(wahr)}$$

$$\underline{L = \{3\}}$$

Entsprechend kann man bei allen linearen Gleichungen vorgehen, wobei natürlich der eine oder andere Schritt eventuell ausgelassen werden kann.

## Vorgehen beim Lösen linearer Gleichungen:

1. Schritt: Klammern beseitigen (z.B. Ausmultiplizieren) und zusammenfassen.
2. Schritt: Alle $x$-Glieder auf einer (gewöhnlich der rechten) Seite „wegbringen“.
3. Schritt: Alle Glieder ohne $x$ auf der anderen (gewöhnlich der linken) Seite „wegbringen“.
4. Schritt: Durch den Faktor, der bei $x$ steht, dividieren.
5. Schritt: Probe durchführen.
6. Schritt: Lösungsmenge aufschreiben.

Wie viele Gleichungen für jeden Schritt hingeschrieben werden, hängt weitgehend von der eigenen Rechenfertigkeit ab. Mit einiger Übung können manche Schritte auch gleichzeitig ausgeführt werden.

**Weitere Aufgabenbeispiele:**

**3.**
$$
\begin{array}{rrcll}
 & 12x-11-(2x-7) & = & 6-(5-9x) & |\ \text{(Klammern beseitigen)} \\
\Leftrightarrow & 12x-11-2x+7 & = & 6-5+9x & |\ \text{(Zusammenfassen)} \\
\Leftrightarrow & 10x-4 & = & 1+9x & |\ -9x \\
\Leftrightarrow & 10x-4-9x & = & 1+9x-9x & |\ \text{(Zusammenfassen)} \\
\Leftrightarrow & x-4 & = & 1 & |\ +4 \\
\Leftrightarrow & x-4+4 & = & 1+4 & |\ \text{(Zusammenfassen)} \\
\Leftrightarrow & x & = & 5 & \\
 & L & = & \{5\} &
\end{array}
$$

(Auf die Probe haben wir hier verzichtet.)

**4.**
$$
\begin{array}{rrcll}
 & 2x-1 & = & 2(x+1)-3 & |\ \text{(Ausmultiplizieren)} \\
\Leftrightarrow & 2x-1 & = & 2x+2-3 & |\ \text{(Zusammenfassen)} \\
\Leftrightarrow & 2x-1 & = & 2x-1 & |\ -2x \\
\Leftrightarrow & 2x-1-2x & = & 2x-1-2x & |\ \text{(Zusammenfassen)} \\
\Leftrightarrow & -1 & = & -1 \quad \text{(wahr)} &
\end{array}
$$

Wir haben es hier mit einer Gleichung zu tun, bei der wir für alle Zahlen der Grundmenge (in $x$ eingesetzt) jeweils eine wahre Aussage erhalten.

Ist $\mathbb{Q}$ die Grundmenge, so gilt:

$\underline{L = \mathbb{Q}}$.

Solche Gleichungen, bei denen die Lösungsmenge gleich der Grundmenge ist, nennt man auch **„allgemeingültig“** (über der Grundmenge). Wir haben damit ein Beispiel für eine Gleichung kennengelernt, deren Lösungsmenge unendlich viele Elemente enthält.

**5.**
$$
\begin{array}{rrcll}
 & 4x+2-x & = & 3x-1 & |\ \text{(Zusammenfassen)} \\
\Leftrightarrow & 3x+2 & = & 3x-1 & |\ -3x \\
\Leftrightarrow & 3x+2-3x & = & 3x-1-3x & |\ \text{(Zusammenfassen)} \\
\Leftrightarrow & 2 & = & -1 \quad \text{(falsch)} &
\end{array}
$$

Hier haben wir es mit einer Gleichung zu tun, die für überhaupt keine Zahl (in $x$ eingesetzt) zu einer wahren Aussage führt. Daher enthält die Lösungsmenge kein Element:

$\underline{L = \{\,\}}$

Solche Gleichungen nennt man auch **„unerfüllbar“** (in der Grundmenge).

**6.** Grundmenge $G = \mathbb{Z}$
$$
\begin{array}{rrcll}
 & -3-x & = & 2x+1 & |\ -2x \\
\Leftrightarrow & -3-x-2x & = & 2x+1-2x & |\ \text{(Zusammenfassen)} \\
\Leftrightarrow & -3-3x & = & 1 & |\ +3 \\
\Leftrightarrow & -3-3x+3 & = & 1+3 & |\ \text{(Zusammenfassen)} \\
\Leftrightarrow & -3x & = & 4 & |\ :(-3) \\
\Leftrightarrow & \dfrac{-3x}{-3} & = & \dfrac{4}{-3} & |\ \text{(Kürzen)} \\
\Leftrightarrow & x & = & -\dfrac{4}{3} &
\end{array}
$$

Da $-\frac{4}{3} \notin \mathbb{Z}$, folgt:

$\underline{L = \{\,\}}$

## Aufgaben zu 4.2

1. Zwischen welche Aussageformen darf jeweils der Äquivalentor geschrieben werden ($G = \mathbb{Q}$)?

a) $x$ ist größer als 4;
$x > 4$;
$|x| > 4$;
$x \in \{5; 6; 7; \ldots\}$.

b) $x - 3 > 0$;
$x > 3$;
$x < -3$;
$-x < -3$.

c) $x < 0$;
$x > 0$;
$-x > 0$;
$0 < -x$.

d) $x + 3 = 8$;
$3 + x = 8$;
$3 - 8 = -x$;
$x = 3 - 8$.

e) $5 - x = 6$;
$6 - 5 = x$;
$0 - 1 = x$;
$x - 1 = -2$.

f) $4 - 2x = 0$;
$x < 3$;
$x^2 = 4$;
$x - x = 0$.

2. In welchen Fällen ist der Äquivalentor nicht berechtigt ($G = \mathbb{Q}$)?

a) $x - 7 = 7 \Leftrightarrow 3 - x = -11$
b) $4x = -8 \Leftrightarrow 0 = 2 + x$
c) $\frac{x}{3} = -2 \Leftrightarrow -2x = 3$
d) $3x = 1 - x \Leftrightarrow 4x - 1 = 3$
e) $2x - x = x \Leftrightarrow 3 = 3$
f) $2 = 1 - x \Leftrightarrow x = 2 - 1$
g) $2x = \frac{2}{3} \Leftrightarrow x = 3$
h) $2x - 2 = 2(x - 1) \Leftrightarrow x = 1$
i) $3x - 3x = 0 \Leftrightarrow x = 0$
j) $-3x = 0 \Leftrightarrow 9x^2 = 0$

3. Finden Sie den Fehler:

a)
$$\begin{aligned} & x = -4 \\ \Leftrightarrow\ & 5 - x = 5 - 4 \\ \Leftrightarrow\ & 5 - x = 1 \\ \Leftrightarrow\ & 5 - 1 = x \\ \Leftrightarrow\ & x = 4 \end{aligned}$$

b)
$$\begin{aligned} & 3 - x = x - 1 \\ \Leftrightarrow\ & x - 3 = 1 - x \\ \Leftrightarrow\ & x - x = 1 + 3 \\ \Leftrightarrow\ & 0 = 4 \end{aligned}$$

4. Geben Sie die Lösungsmengen der folgenden Gleichungen jeweils über $\mathbb{N}$, $\mathbb{Z}$ und $\mathbb{Q}$ an:

a) $x + 9 = 4$
b) $3 - x = -5$
c) $2 - 2x = 6$
d) $2x - 1 = 4$
e) $3 - x = \frac{1}{2}$
f) $-4{,}5 + 3x = -10{,}5$

Bestimmen Sie jeweils die Lösungsmenge ($G = \mathbb{Q}$)!

5. $x + 3 = 7$
6. $5 + x = 15$
7. $44 = x + 12$
8. $5{,}2 = 2{,}9 + x$
9. $x - 5 = 12$
10. $9 - x = 4$
11. $10 = 11 - x$
12. $x - 11\frac{3}{4} = -4\frac{1}{2}$
13. $x - 3\frac{1}{2} = 5\frac{1}{4}$
14. $x - 3\frac{1}{3} = -1\frac{1}{4}$
15. $2{,}63 - x = 0{,}318$
16. $-5{,}3 - x = -1{,}2$
17. $\frac{x}{2} = 3$
18. $\frac{1}{4}x = 4$
19. $\frac{x}{3\frac{1}{3}} = 27$
20. $\frac{5}{6}x = 18$
21. $\frac{x}{2\frac{2}{3}} = 3\frac{3}{4}$
22. $13\frac{3}{4} - \frac{x}{2} = 0$
23. $\frac{123\frac{1}{3}x}{100} = 14\,208$
24. $\frac{x}{10} + 8 = 16$
25. $\frac{3}{4}x + 15 = 51$
26. $\frac{7}{12}x - 14 = 42$
27. $8\frac{3}{4}x + 16 = 156$
28. $\frac{x}{0{,}5} + 6{,}4 = 4\frac{1}{4}$

**Beispiel:**
$$\begin{aligned} & 3x - 7 = 7 + x \\ \Leftrightarrow\ & 2x = 14 \\ \Leftrightarrow\ & x = 7 \\ & \underline{\underline{L = \{7\}}} \end{aligned}$$

29. $5x - 16 = 19 - 2x$
30. $7x - 6 = 8x - 9 - 4x + 5$
31. $2x - 9 + 8x + 10 = 15 + 5x - 7$
32. $5x + 24 - 3x = 3x + 10$
33. $60 - 5x = 120 - 8x - 12$
34. $3{,}6x + 18 = 5{,}4x - 27$
35. $19x - 17 - 3x + 72 = 12 + 9x - 25 + 4x + 83$
36. $204 - 3x + 47 + 28x = 25x - 19 + 13x - 26$
37. $4{,}3x - 1{,}19 - 1{,}7x + 0{,}24 = 1{,}61 - 1{,}6x + 0{,}33 + 2{,}5x$
38. $5{,}7x + 2 - 1{,}4x = 7{,}1x - 2{,}8x + 2{,}1 - 0{,}5x$
39. $0{,}8x + 3 - 0{,}6x = 1{,}2x - 0{,}6 - 1{,}6x$
40. $0{,}1x = 1{,}5 - 0{,}3x - 0{,}6 - 1{,}2x + 0{,}7 - 0{,}8x$

41. $\frac{1}{4}x = 9 - \frac{x}{5}$

42. $\frac{3x}{2} - 8 = \frac{2x}{3}$

43. $\frac{5x}{3} - \frac{4}{5}x = 34 - \frac{5x}{6}$

44. $\frac{2x}{3} - \frac{3x}{4} - 1 = \frac{5x}{12}$

45. $\frac{3x}{2} - 14\frac{1}{4} = \frac{2}{3}x - \frac{3}{4}x$

46. $\frac{x}{2} + 12\frac{1}{2} - \frac{3x}{4} + \frac{5}{8}x = \frac{x}{4} + 7\frac{1}{2}$

47. $2\frac{2}{3}x + \frac{x}{3} - 2\frac{1}{2} + x = 4\frac{1}{5}x - 4\frac{1}{2}$

48. $3x + (7 - 2x) = 11$

49. $10x - (6 + 4x) = 18 + 5x$

50. $7 - (x - 9) = 15 - 2x$

51. $3x - (35 + 4x) = 26 - 2x$

52. $12x - 11 - (9x - 5) - (2x - 7) = 6$

53. $7{,}02 - (2{,}8x - 18) = 1{,}52x - (9{,}82 + 3{,}32x)$

54. $7{,}5x + 3 + 4{,}5 - 3x - (1{,}7x - 1{,}6) = 12{,}9 + 1{,}8x$

55. $(6{,}5x + 6) - (8{,}5x - 1) = 3 - (3x - 8)$

56. $(4{,}5x + 6) + (2{,}6x - 5{,}7) = 3{,}4x + 4{,}3 - (0{,}4 - 2{,}7x)$

57. $7 - [(9 + 2x) + (6x - 3)] = 2x - 9$

58. $4x - [(3x + 4) + 2] = 3x$

59. $3x - [(3 - 10x) - (6x - 15) + (x + 9)] = 0$

60. $5(x + 7) = 60$

61. $5x - 15 = 8x - 12 - 4(x - 3)$

62. $4\left(x + \frac{2}{5}\right) = 3\frac{3}{10}$

63. $8x - 36 - 9(x - 8) = 2x$

64. $1{,}4(x - 1{,}6) = 0{,}56$

65. $5[x - 2(x - 5)] = 2(13 - 4x)$

66. $0{,}2(x + 2{,}4) = 0{,}72$

67. $4{,}8x - 3(x - 2) = 2{,}5x - 4{,}5$

68. $7(4x - 3) + 3(7 - 8x) = 1$

69. $8(3x - 2) - 7x = 13x + 5(12 - 3x)$

70. $6x - 7(11 - x) + 11 = 4x - 3(20 - x)$

71. $7(3x - 6) + 5(x - 3) = 11 - 4(17 - x)$

72. $7(1{,}8x - 3) - 3{,}9 = 11{,}1x - 3(2x - 5)$

73. $19 - [5(x + 44) - 6(x + 20) - 2x] = 0$

74. $365 - [5(27 + x) - 9(x - 48)] = 2x$

75. $14x = 18(5x - 24) - [8(42 - x) - 9(512 - 20x)]$

76. $150 = 30x - [10(x + 1) - 6(3x + 1) + 15(x - 2) + 6(2 + x)]$

77. $4(5x + 24) - 3(2x - 15) = 5(3x + 10) + 8(x - 15) + 3(4x - 5) + 37$

78. $15(2x + 3) - 10(4x - 5) + 3(2x - 9) = 5(3x + 5) - 3(2x - 5) - 50$

79. $2(x - 0{,}1) + 4(3x - 0{,}001) + 3(2x - 0{,}01) = 24{,}446$

80. $\frac{18 - 2x}{9} - \frac{2}{3} = \frac{2}{9}x$

81. $\frac{55 - 3x}{8} = \frac{5x}{8} + 1{,}875$

82. $\frac{12 + 3x}{5} - 3 = \frac{7 - x}{3} - 2$

83. $\frac{8x + 3}{4} - 1\frac{1}{2} = \frac{5x + 6}{3} - 4\frac{1}{3}$

84. $\frac{11x + 7}{20} - \frac{9x - 7}{5} = -2$

85. $5 + \frac{1}{2}(11x - 37) = 3x + \frac{2}{5}(x + 3)$

86. $\frac{3}{4}(5x - 12) - \frac{2}{9}(30 - x) = 32$

87. $3\left(\frac{5}{6}x - 3\frac{1}{5}\right) + 3\frac{1}{3}x = 2\left(5\frac{1}{2} + 2\frac{2}{3}x\right) - 11{,}6$

88. $\frac{2x}{3} - \frac{3x - 18}{6} = 17 - \left(\frac{3}{4}x - 8\right)$

89. $3x - \frac{2x - 7}{3} - \frac{x - 2}{5} = \frac{2x + 5}{3} + \frac{3x - 6}{5} + x$

90. $\frac{3(x - 6)}{4} + 15 + \frac{2(x - 3)}{3} = 25 + \frac{x - 1}{2} - \frac{x + 13}{5}$

91. $\frac{3x + 5}{7} - \left(\frac{x + 2}{3} - 1\right) = \frac{x + 5}{3} - \frac{x - 4}{2}$

92. $\frac{13x + 5}{2} - \frac{16x + 5}{3} = \frac{11x + 4}{3} - \frac{5x - 1}{2} - x$

93. $3x - \frac{2x + 5}{7} = 16 - \frac{7x + 19}{2} - \frac{2x + 1}{3}$

**Beispiel:**

$$(20 + x)(20 - x) = (x + 2)(46 - x)$$
$$\Leftrightarrow \quad 400 - x^2 = 46x - x^2 + 92 - 2x$$
$$\Leftrightarrow \quad 400 - 92 = 44x - x^2 + x^2$$
$$\Leftrightarrow \quad 44x = 308$$
$$\Leftrightarrow \quad x = \frac{308}{44}$$
$$\Leftrightarrow \quad \underline{x = 7}$$

Probe: $(20 + 7)(20 - 7) = (7 + 2)(46 - 7)$
$$27 \cdot 13 = 9 \cdot 39$$
$$\underline{351 = 351} \quad \text{(wahr)}$$
$$\underline{L = \{7\}}$$

94. $(x + 1)(4x - 3) = 2(x + 1)(2x + 3)$

95. $(5x + 1)(2x - 1) - (2x + 1)(3x - 5) = 4(x + 3)(x - 1) - 4$

96. $(x + 3{,}5)(x + 4{,}5) = (x + 5{,}5)(x + 6{,}5) - 28$

97. $2(x + 1)(x + 2) + x(4x - 5) = 3(x - 1)(2x + 1) + 27$

98. $4(7{,}5x + 12)x - 8x(3{,}75x + 12) = 328 - (94x + 144)$

99. $(7x - 5)(7 - 3x) - (6 - 5x)(3x - 7) = (3x - 7)(7 - 2x)$

100. $(x - 3)(2x - 5) - 4(x - 2) = 2(x - 1)^2 - 12$

101. $(x - 6)^2 + (x - 4)^2 + (2x - 9)^2 = (x - 6)(6x - 7)$

102. $(2x + 1)^2 + (3x + 1)^2 + (8x - 3)^2 = (7x - 2)(11x - 1)$

103. $(8 - 3x)^2 + (5 - 4x)^2 - 6 = (9 - 5x)^2 + 20x - 4$

## 4.3 Gleichungen mit Formvariablen

Die Gleichungen $2+x=5$; $4+x=-3$; $-2+x=6$; $-5+x=-7$ haben alle die Form $a+x=b$.

In diesem Zusammenhang bezeichnet man die Variablen $a$ und $b$ auch als **„Formvariable"**, die Variable $x$ als **„Lösungsvariable"** der Gleichung. Für die Formvariablen nimmt man gewöhnlich die Anfangsbuchstaben des Alphabets.

**Lösung:** $a+x=b \quad (a, b \in \mathbb{Q})$

$\Leftrightarrow \quad x=b-a$

Probe: $a+(b-a)=b$

$b=b$ (wahr)

$L=\{b-a\}$

Gleichungen mit Formvariablen werden genauso umgeformt wie Gleichungen mit Zahlen. Bei der Angabe der Lösungsmenge ist besonders auf die Grundmenge zu achten. In unserem Beispiel ist die Angabe der obigen Lösungsmenge $L$ im Falle $G=\mathbb{Q}^+$ nur für $b>a$ sinnvoll; für $b \leqq a$ ist $b-a \leqq 0$ $(\notin \mathbb{Q}^+)$ und damit $L=\{\ \}$.

Ein weiteres Problem tritt dann auf, wenn eine Formvariable im Nenner vorkommt.

**Beispiel**

$ax=b \quad (a, b \in \mathbb{Q})$, Grundmenge $\mathbb{Q}$

$\Leftrightarrow \quad x=\frac{b}{a} \quad (a \neq 0)$

$L=\left\{\frac{b}{a}\right\}$ im Falle $a \neq 0$.

Fall $a=0$: $0 \cdot x=b$

Daraus folgt: $L=\{\ \}$ im Falle $a=0$ und $b \neq 0$,

$L=\mathbb{Q}$ im Falle $a=0$ und $b=0$.

In Abhängigkeit von den Formvariablen $a$ und $b$ erhalten wir bei diesem Beispiel also drei verschiedene Lösungsmengen.

Wir schreiben die einfachsten Gleichungsformen zusammen mit ihren Lösungsmengen in eine Tabelle, ohne die speziellen Fälle zu erwähnen $(a, b, c, d \in \mathbb{Q})$.

| Gleichungsform | Lösungsmenge | Einschränkung |
|---|---|---|
| $a+x=b$ | $L=\{b-a\}$ | |
| $a \cdot x=b$ | $L=\left\{\frac{b}{a}\right\}$ | $a \neq 0$ |
| $ax+b=c$ | $L=\left\{\frac{c-b}{a}\right\}$ | $a \neq 0$ |
| $ax+b=cx$ | $L=\left\{\frac{-b}{a-c}\right\}$ | $a \neq c$ |
| $ax+b=cx+d$ | $L=\left\{\frac{d-b}{a-c}\right\}$ | $a \neq c$ |

# Aufgaben zu 4.3

Bestimmen Sie jeweils die Lösungsmenge der Gleichung $(G=\mathbb{Q})$ für beliebige $a, b, c \in \mathbb{Q}$!

**Beispiel:** $x-a=0$

$\Leftrightarrow \quad x=a$

Probe: $a-a=0$

$0=0$ (wahr)

$L=\{a\}$

1. $a-x=b$
2. $a+x=2b$
3. $3a-x=4a-2x$
4. $a+b=a+x$
5. $10-x=a+10$
6. $a-b+x=3a-3b$
7. $x-a+b=c$
8. $x-a=2a+b$
9. $\frac{x}{b}=a \quad (b \neq 0)$
10. $\frac{ax}{b}=a^2 \quad (a \neq 0,\ b \neq 0)$
11. $\frac{x}{a}-b=c \quad (a \neq 0)$

12. Finden Sie den Fehler:

a)
$$\begin{aligned} &x = a\\ \underset{(b \neq 0)}{\Leftrightarrow}\ &b\,x = a\,b\\ \Leftrightarrow\ &x = a\,b - b\\ \Leftrightarrow\ &x = b\,(a-1)\end{aligned}$$

b)
$$\begin{aligned} &x - a = 0\\ \underset{(b \neq 0)}{\Leftrightarrow}\ &x\,b - a\,b = b\\ \Leftrightarrow\ &x\,b = a\,b + b\\ \underset{(b \neq 0)}{\Leftrightarrow}\ &x = a + 1\\ \Leftrightarrow\ &x - a = 1\end{aligned}$$

c)
$$\begin{aligned} &a\,x = b\\ \underset{(a \neq 0)}{\Leftrightarrow}\ &x = \frac{b}{a}\\ \underset{(b \neq 0)}{\Leftrightarrow}\ &\frac{x}{b} = a\\ \Leftrightarrow\ &x = a\,b\end{aligned}$$

d)
$$\begin{aligned} &x = a - b\\ \Leftrightarrow\ &x\,(x-a) = (a-b)\,(x-a)\\ \Leftrightarrow\ &x^2 - a\,x = a\,x - b\,x - a^2 + a\,b\\ \Leftrightarrow\ &x^2 - a\,x + b\,x = a\,x - a^2 + a\,b\\ \Leftrightarrow\ &x\,(x-a+b) = a\,(x-a+b)\\ \Leftrightarrow\ &x = a\end{aligned}$$

Bestimmen Sie jeweils die Lösungsmenge ($G = \mathbb{Q}$, $x$ Lösungsvariable)!
Geben Sie die Einschränkungen an, ohne die Sonderfälle zu untersuchen!
Machen Sie jeweils eine Probe, wobei Sie für die Formvariablen Zahlen einsetzen!

**Beispiel:**
$$\begin{aligned} &a\,(x-1) - b = x - a\\ \Leftrightarrow\ &a\,x - a - b = x - a\\ \Leftrightarrow\ &a\,x - x = -a + a + b\\ \Leftrightarrow\ &x\,(a-1) = b\\ \Leftrightarrow\ &x = \frac{b}{a-1} \quad (a \neq 1)\end{aligned}$$

Probe für $a = 5$, $b = 3 : x = \frac{3}{4}$

$$5\left(\frac{3}{4} - 1\right) - 3 = \frac{3}{4} - 5$$
$$5 \cdot \left(-\frac{1}{4}\right) - 3 = -4\frac{1}{4}$$
$$-\frac{5}{4} - 3 = -4\frac{1}{4}$$
$$-4\frac{1}{4} = -4\frac{1}{4} \quad \text{(wahr)}$$
$$L = \left\{\frac{b}{a-1}\right\} \quad \text{für} \quad a \neq 1$$

13. $(a-b)\,x - 2\,a = (a+b)\,x$
14. $3\,a + 2\,x - 4\,b = 5\,x - b$
15. $m\,x - 5\,n = m\,p - 5\,n$
16. $2\,a\,x - b = 2\,a + b$
17. $5\,m\,x + 2\,a = 7\,m\,x - 2\,b$
18. $7\,(x-a) = 3\,(a-b)$
19. $m\,x - n\,(a-b) = n\,a$
20. $m\,x - n\,(x-a) = b - a\,n$
21. $m\,x - a - n\,(x-b) = n\,x + c$
22. $12\,a\,x - 3\,b\,(x-a) = 5\,a\,(2\,x+b)$
23. $a\,b - (x-c)\,d = c\,(d+x)$
24. $m\,(a+b-x) = n\,(a+b-x)$
25. $(a+b)\,x - (a-b)\,x - b\,x = a + c$
26. $(a+b)\,(b-x) = (a-b)\,(b+x)$
27. $(a-b)\,(x-1) = 2\,(a-b)\,x + 2\,(b-a)$
28. $m\,(a+x) - b\,(n-x) = m\,(b+x) + a\,x - b\,n$
29. $(a-b)\,(x-c) + (a+b)\,(x+c) = 2\,(b\,x + a\,c)$
30. $2\,(a^2+b^2) - [a\,(3\,a-x) - b\,(x-b)] = 0$
31. $(a-b)\,(c-x) + (a-c)\,(b-x) + (b+c)\,(a+x) = a^2 + b^2 + c^2$
32. $(a-b)\,(x+a-b) + (a-c)\,(x+a-c) = 2\,a^2 + b^2 + c^2 + 2\,a\,x$
33. $\frac{x}{m+n} + n = 2\,m - n$
34. $\frac{a\,x}{a-c} - 1 = a + c$
35. $\frac{x}{a} - b = \frac{x}{b} - a$
36. $\frac{4\,x}{a} + \frac{6\,x}{c} = \frac{2\,x}{b} + 2$
37. $\frac{x}{a} + \frac{x}{b} + c = m\,x$
38. $\frac{a\,x}{m} - \frac{b\,x}{n} = \frac{a+b}{2} - \frac{c\,x}{3\,m}$
39. $\frac{x}{n} + a - \frac{x}{m} + b = m\,x + c$
40. $\frac{x}{m} + \frac{3}{n}\,x - a = b - \frac{5\,x}{m\,n}$
41. $2\,(x-1) - c = \frac{2\,(x-b)}{b}$
42. $\frac{a-x}{c} + b = \frac{b\,c+x}{c}$
43. $\frac{a-b\,x}{c} + x = \frac{c\,x-b}{c}$
44. $\frac{a-x}{b} = \frac{x+b}{a}$
45. $\frac{a\,x-b^2}{b^2} - (a^2+b^2) = \frac{b\,x-a^2}{a^2} + a\,b$
46. $(a-x)\,(1-x) = x^2 - 1$
47. $(a-x)\,(x-b) = a^2 - x^2$
48. $(a-x)\,(x-2) - (b-x)\,(x+2) = 4\,(x-b)$
49. $(b-x)\,(x+a) - b\,(a-b) = (a+x)\,(a-x)$
50. $(x+r)\,(s-2\,x) = (r-x)\,(2\,x-s)$
51. $(2\,u+x)\,(2\,u-x) = 2\,u^2 - x\,(2\,u+x)$
52. $(a-x)\,b + (a-c-x)\,(x-b) = x\,(a-x)$
53. $(a+x-b)\,(a-x-b) = (a-x)\,(b+x) - a\,b$

## 4.4 Lösen von Textaufgaben

Zahlreiche Probleme aus der Technik und unserer Umwelt können mit Hilfe von linearen Gleichungen gelöst werden. Dazu muß die in Worten gegebene Aufgabe in die mathematische Sprache „übersetzt" und für die gesuchte Größe eine Variable (ein Bedarfsname) eingesetzt werden. Die Grundmenge der zu lösenden Gleichung ist anhand des gegebenen Sachverhalts festgelegt.

### Vorgehen beim Lösen von Textaufgaben:

1. Schritt: Setzen Sie für die gesuchte (noch unbekannte) Größe eine Variable, z. B. $x$.
2. Schritt: Stellen Sie die Grundmenge für die Variable fest.
3. Schritt: Schreiben Sie alle in der Aufgabe vorkommenden Größen auf.
4. Schritt: Stellen Sie eine Gleichung auf.
5. Schritt: Lösen Sie die Gleichung.
6. Schritt: Überprüfen Sie die Richtigkeit der gefundenen Lösung anhand des Aufgabentextes.
7. Schritt: Schreiben Sie das Ergebnis auf.

(Ist die gefundene Lösung ein Näherungswert, runden Sie dabei in sinnvoller Weise!)

**Beispiele**

**1. Zahlenrätsel:** Wie heißt die Zahl, deren Sechsfaches gleich dem Siebenfachen der um 2 verminderten Zahl ist?

**Lösung:**

1. Schritt: Gesuchte Zahl: $x$.
2. Schritt: Mit einer beliebigen Zahl ist meistens $x \in \mathbb{Q}$ gemeint, also $G = \mathbb{Q}$. (Bei solchen Zahlenrätseln kommen aber auch $\mathbb{Z}$ und $\mathbb{N}$ als Grundmengen vor.)
3. Schritt: Sechsfaches der Zahl: $6x$;
um 2 verminderte Zahl: $x - 2$;
Siebenfaches der um 2 verminderten Zahl: $7(x-2)$.
4. Schritt (Gleichung): $6x = 7(x-2)$
5. Schritt (Lösung):

$$6x = 7(x-2)$$
$$\Leftrightarrow 6x = 7x - 14$$
$$\Leftrightarrow -x = -14$$
$$\Leftrightarrow x = 14$$

6. Schritt (Probe):

$$6 \cdot 14 = 7 \cdot 12$$
$$84 = 84 \quad \text{(wahr)}$$

7. Schritt (Ergebnis): Die gesuchte Zahl ist <u>14.</u>

Beachten Sie, daß Sie die Probe auf den Aufgabentext beziehen und nicht auf die Ausgangsgleichung, da Sie sonst lediglich die Richtigkeit der durchgeführten Äquivalenzumformungen überprüfen, aber nicht die Richtigkeit der Gleichung selbst.

Bei den nächsten **Beispielen** verzichten wir auf die Angabe der Schritte.

**2. Bewegungsaufgabe:** Von zwei Orten, die 380 km voneinander entfernt sind, fahren gleichzeitig ein Personenzug und ein Güterzug ab. Nach welcher Zeit begegnen sie sich, wenn der erste 60 km und der zweite 35 km in der Stunde zurücklegt?

**Lösung:**

Zeitspanne bis zum Treffpunkt: $x$ h
$G = \mathbb{Q}^+$
Geschwindigkeit des Personenzuges: $v_P = 60$ km/h
Geschwindigkeit des Güterzuges: $v_G = 35$ km/h
zurückgelegter Weg des Personenzuges bis zum Treffpunkt: $60 \text{ km/h} \cdot x \text{ h} = 60 \cdot x \text{ km}$
zurückgelegter Weg des Güterzuges bis zum Treffpunkt: $35 \text{ km/h} \cdot x \text{ h} = 35 \cdot x \text{ km}$
Gleichung: $60 \cdot x \text{ km} + 35 \cdot x \text{ km} = 380 \text{ km}$.

In der folgenden Gleichung lassen wir die Einheit „km“ weg.

**Lösung:** $60\,x + 35\,x = 380$

$\Leftrightarrow \quad 95\,x = 380$

$\Leftrightarrow \quad x = \dfrac{380}{95}$

$\Leftrightarrow \quad x = 4$

Probe: $60\,\text{km/h} \cdot 4\,\text{h} + 35\,\text{km/h} \cdot 4\,\text{h} = 380\,\text{km}$

$240\,\text{km} + 140\,\text{km} = 380\,\text{km}$

$380\,\text{km} = 380\,\text{km}$ (wahr)

Ergebnis: Die Züge begegnen sich nach 4 h.

Bei Bewegungsaufgaben ist eine graphische Darstellung des Sachverhalts oft sehr hilfreich zum Auffinden der Gleichung.

Z. B.:

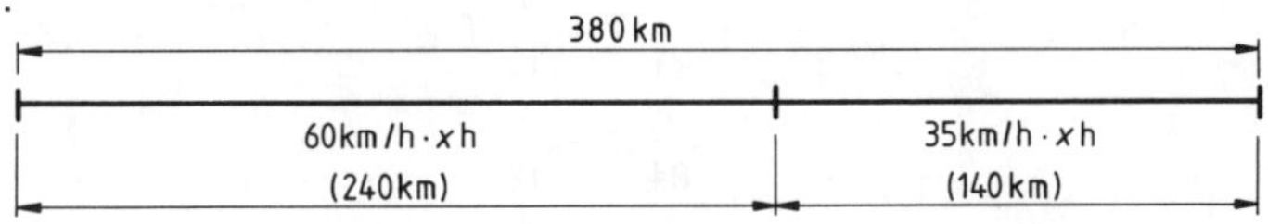


**Abb. 4.2**

3. **Mischungsaufgabe:** Wieviel kg Zink (Zn) müssen mit 160 kg Kupfer (Cu) zusammengeschmolzen werden, um eine Sorte Messing zu erhalten, die 64% Kupfer und 36% Zink enthält?

**Lösung:**

Gesuchte Zn-Masse: $x$ kg

$G = \mathbb{Q}^+$

Cu-Masse: 160 kg

Messing-Masse: 160 kg + $x$ kg = $(160 + x)$ kg

Cu-Anteil des Messings: 64% von $(160 + x)$ kg

Gleichung: 160 kg = 64% von $(160 + x)$ kg

**Lösung:** $160 = \dfrac{64 \cdot (160 + x)}{100}$

$\Leftrightarrow \quad 16000 = 10240 + 64\,x$

$\Leftrightarrow \quad 5760 = 64\,x$

$\Leftrightarrow \quad x = \dfrac{5760}{64}$

$\Leftrightarrow \quad x = 90$

Probe: 160 kg = 64% von 250 kg bzw. 90 kg = 36% von 250 kg

$160\,\text{kg} = \dfrac{64 \cdot 250}{100}\,\text{kg} \qquad 90\,\text{kg} = \dfrac{36 \cdot 250}{100}\,\text{kg}$

$160\,\text{kg} = 160\,\text{kg}$ (wahr) $\qquad 90\,\text{kg} = 90\,\text{kg}$ (wahr)

Ergebnis: Man benötigt 90 kg Zink.

**Hinweis:** Für viele Textaufgaben gibt es verschiedene Wege bzw. Gleichungen, um zur Lösung zu gelangen. Eine etwas einfachere Möglichkeit wäre hier z. B. die Verhältnisgleichung (vgl. 5.3.) $x$ kg : 160 kg = 36% : 64% gewesen.

4. Ein Öltank kann durch zwei Pumpen gefüllt werden. Dazu benötigt die eine Pumpe allein 28 Minuten, die andere 21 Minuten. Wie lange benötigen beide Pumpen zusammen?

**Lösung:**

Benötigte Zeit für eine Tankfüllung mit beiden Pumpen: $x$ min

$G = \mathbb{Q}^+$

Ölmenge der 1. Pumpe in 1 min: $\dfrac{1}{28}$ der Tankfüllung $= \dfrac{1}{28}\,T$

Ölmenge der 2. Pumpe in 1 min: $\dfrac{1}{21}$ der Tankfüllung $= \dfrac{1}{21}\,T$

Ölmenge beider Pumpen in 1 min: $\dfrac{1}{28}\,T + \dfrac{1}{21}\,T$

Gleichung: $\left(\frac{1}{28}T + \frac{1}{21}T\right) \cdot x = 1\,T$

**Lösung:**

$$\left(\frac{1}{28} + \frac{1}{21}\right)x = 1$$

$$\Leftrightarrow \quad \frac{3+4}{84}x = 1$$

$$\Leftrightarrow \quad \frac{7}{84}x = 1$$

$$\Leftrightarrow \quad \frac{1}{12}x = 1$$

$$\Leftrightarrow \quad x = 12$$

Probe:

$$\frac{1}{28}T + \frac{1}{21}T = \frac{1}{12}T$$

$$\frac{7}{84}T = \frac{1}{12}T$$

$$\frac{1}{12}T = \frac{1}{12}T \quad \text{(wahr)}$$

Ergebnis: Beide Pumpen zusammen benötigen 12 Minuten.

## Aufgaben zu 4.4

**Beispiel:** Vermehrt man das Fünffache einer Zahl um 18, so erhält man 78. Wie heißt die Zahl?

Gesuchte Zahl: $x$

$G = \mathbb{Q}$

Das Fünffache der Zahl: $5x$

Das Fünffache, vermehrt um 18: $5x + 18$

Gleichung: $5x + 18 = 78$

$$\Leftrightarrow \quad 5x = 78 - 18$$

$$\Leftrightarrow \quad 5x = 60$$

$$\Leftrightarrow \quad x = \frac{60}{5}$$

$$\Leftrightarrow \quad x = 12$$

Probe: $5 \cdot 12 + 18 = 78$

$60 + 18 = 78$

$78 = 78$ (wahr)

Ergebnis: Die gesuchte Zahl ist 12.

1. Welche Zahl muß man zu 738 addieren, um 978 zu erhalten?
2. Welche Zahl ergibt, von 847 subtrahiert, die Differenz 748?
3. Welcher Term muß von $(a + 1)$ subtrahiert werden, um 2 zu erhalten?
4. Welche Zahl ergibt, um $\frac{1}{12}$ vermehrt, die Zahl $\frac{3}{4}$?
5. Welche Zahl ergibt, von 5,96 subtrahiert, ebensoviel, wie zu 3,74 addiert?
6. Welche Zahl muß man von 875 subtrahieren, um ebensoviel zu erhalten, wie wenn man 787 zu der Zahl addiert?
7. Subtrahiert man von 9 das Dreifache einer gedachten Zahl und vermehrt man die Differenz um das Vierfache der gedachten Zahl, so erhält man 15. Wie heißt die gedachte Zahl?
8. Die Differenz aus dem 9fachen einer gewissen Zahl und der Zahl 5, vermehrt um die Differenz aus 25 und dem 8fachen der gewissen Zahl, ergibt 120. Bestimmen Sie die Zahl!

9. Wenn man von 25,4 die Summe aus 18,6 und einer gedachten Zahl subtrahiert, so erhält man 6. Die gedachte Zahl ist anzugeben.

10. Subtrahiert man 4 vom 3fachen einer gedachten Zahl und addiert zu der erhaltenen Differenz das Doppelte der gedachten Zahl, so erhält man ebensoviel, als wenn man zum 4fachen der gedachten Zahl 17 addiert. Die gedachte Zahl ist anzugeben.

11. Vermindert man das 11fache einer gesuchten Zahl um die Differenz aus 25 und dem 3fachen der gesuchten Zahl, so erhält man ebensoviel, wie wenn man 20 um das 13fache der gesuchten Zahl vermehrt. Wie heißt die gesuchte Zahl?

12. Von dem 7fachen welcher Zahl muß man 6 subtrahieren, um 50 zu erhalten?

13. Das 3fache einer Zahl ist um 17 größer als 1. Wie heißt die Zahl?

14. Addiert man zum 6fachen einer Zahl 35, so erhält man das 11fache der Zahl. Diese Zahl ist zu bestimmen.

15. Addiert man zu einer Zahl ihr Doppeltes und ihr Dreifaches, so erhält man 60. Wie heißt sie?

16. Addiert man zu einer Zahl 8 und vermindert die Summe um das 3fache der Zahl, so erhält man ebensoviel, als wenn man von 35 das 5fache der Zahl subtrahiert. Um welche Zahl handelt es sich?

17. Vermindert man das 4fache einer Zahl um 18, so erhält man ebensoviel, wie wenn man die Zahl selbst um 18 vermehrt. Welche Zahl ist es?

18. Welche Zahl muß man um 6 vergrößern und dann mit 8 multiplizieren, um 150 zu erhalten?

19. Das um 30 vermehrte 5fache einer Zahl ist um ebensoviel größer als 155, wie dem um 28 vermehrten 2fachen dieser Zahl an 155 fehlt. Welche Zahl ist es?

20. Addiert man zu einer Zahl 12 und multipliziert die Summe mit 5, subtrahiert von dem Produkt 72 und dividiert die Differenz durch 4, so erhält man die Zahl selber. Für welche Zahl gilt das?

21. Bei der Division welcher Zahl durch 12 erhält man als Quotient 5 Rest 3?

22. Zerlegen Sie 126,1 so in drei Summanden, daß jeder folgende Summand das Dreifache des vorhergehenden ist!

23. Zerlegen Sie 116 so in vier Summanden, daß jeder folgende Summand um 1 größer ist als das Doppelte vom vorhergehenden.

24. Die Quersumme einer zweiziffrigen Zahl ist 6. Addiert man zu der Zahl 18, so erscheinen ihre Ziffern in umgekehrter Reihenfolge. Wie heißt die Zahl?
**Anleitung:**
Die Einerstelle der zweiziffrigen Zahl sei $x$.
Die Zehnerstelle ist dann $(6 - x)$.
Die Zahl ist $10\,(6 - x) + x$.
Die Zahl mit umgekehrter Ziffernfolge ist $10\,x + (6 - x)$.

25. Die Quersumme einer zweiziffrigen Zahl ist 9. Vertauscht man die Ziffern, so erhält man das 0,375fache der Zahl. Um welche Zahl handelt es sich?

26. Die letzte Ziffer einer zweiziffrigen Zahl ist 8. Vertauscht man die Ziffern, so erhält man das 4,5fache der ursprünglichen Zahl.

27. Vertauscht man in einer zweiziffrigen Zahl, deren Quersumme 11 ist, die Ziffern, so entsteht eine um 45 größere Zahl. Wie heißt die ursprüngliche Zahl?

28. Die Quersumme einer zweiziffrigen Zahl ist 9. Addiert man zu dieser Zahl 27, so erhält man eine Zahl mit denselben, aber in umgekehrter Reihenfolge stehenden Ziffern.

29. Nimmt man das 3fache einer zweiziffrigen Zahl, deren Quersumme 13 ist, und addiert dazu noch 5, so erhält man das um 30 verminderte 5fache einer anderen Zahl, die mit den gleichen, nur in umgekehrter Reihenfolge stehenden Ziffern geschrieben wird.

30. Vermindert man das 13fache einer Zahl um das Doppelte der um 13 vermehrten Zahl, so erhält man das 7fache der um 2 verminderten Zahl.

31. Das 6fache einer um 2 vermehrten Zahl zu ihrem 8fachen addiert ergibt ebensoviel, wie wenn man zum 10fachen der um 3 vermehrten Zahl 14 addiert.

32. Vermehrt man jeden Faktor der ungleichen Produkte $25 \cdot 19$ und $31 \cdot 15$ um dieselbe Zahl, so sind die neuen Produkte einander gleich.

33. Die beiden ungleichen Produkte $46 \cdot 58$ und $47 \cdot 66$ können dadurch gleich gemacht werden, daß man die Faktoren des ersten Produkts um eine gewisse Zahl vermehrt, die des zweiten dagegen um die gleiche Zahl vermindert.

34. Ich addiere 3 zu einer gewissen Zahl, multipliziere die Summe mit 2 und subtrahiere von dem Produkt 8. Dabei erhalte ich ebensoviel, wie wenn ich von der Zahl 4 subtrahiere, den Rest verdreifache und vom Produkt 1 subtrahiere.

35. Subtrahiert man von einer Zahl 7, multipliziert man die Differenz mit 3 und addiert zum Produkt 2, so erhält man ebensoviel, wie wenn man die Zahl mit 8 multipliziert, von dem Produkt 3 subtrahiert und die Differenz durch 7 dividiert.

36. Von seinem Geld gibt jemand zunächst $\frac{1}{5}$, dann $\frac{1}{6}$ und schließlich noch $\frac{1}{8}$ aus. Er behält dann die Hälfte seines Geldes und 2 DM. Wieviel Geld hatte er?

37. Ein Kapital war nach einem Jahr bei einem Zinssatz von 4,5% zusammen mit den Zinsen auf 7691,20 DM angewachsen. Wieviel DM betrug das Kapital am Jahresanfang?

38. Für ausgeliehenes Geld erhält jemand jährlich 2100 DM Zinsen. Ein Drittel des Geldes ist zu 5% ausgeliehen, der Rest zu $6\frac{1}{4}$%. Wie hoch ist die ausgeliehene Summe?

39. Zwei Kapitalbeträge (zusammen 3600 DM) werden zu $4\frac{1}{2}$% bzw. zu $4\frac{1}{3}$% verzinst und bringen in einem Jahr zusammen 159,12 DM Zinsen. Berechnen Sie die beiden Kapitalbeträge!

40. Von einem Kapital, das mit 4% verzinst wird, werden am Jahresende 500 DM abgehoben. Der Rest wird nunmehr noch mit 3,75% verzinst. Dadurch wird der Zinsertrag um 25 DM geringer. Wie hoch ist das Kapital?

**Beispiel:** Der Flächeninhalt eines Rechtecks ist 244,2 m², die Länge beträgt 18,5 m. Wie breit ist das Rechteck?

Breite des Rechtecks: $b$

$G = \mathbb{Q}^+$

Flächeninhalt: $A = 244{,}2\ \text{m}^2$

Länge des Rechtecks: $a = 18{,}5\ \text{m}$

Gleichung: $A = a \cdot b$

$$244{,}2\ \text{m}^2 = 18{,}5\ \text{m} \cdot b$$
$$\Leftrightarrow \quad 18{,}5\ \text{m} \cdot b = 244{,}2\ \text{m}^2$$
$$\Leftrightarrow \quad b = \frac{244{,}2\ \text{m}^2}{18{,}5\ \text{m}}$$
$$\Leftrightarrow \quad b = 13{,}2\ \text{m}$$

Probe:
$$244{,}2\ \text{m}^2 = 18{,}5\ \text{m} \cdot 13{,}2\ \text{m}$$
$$244{,}2\ \text{m}^2 = 244{,}2\ \text{m}^2 \quad \text{(wahr)}$$

Ergebnis: Die Breite beträgt 13,2 m.

41. Der Umfang eines Rechtecks ist 56 cm, die eine Seite ist um 4 cm länger als die andere. Wie lang sind die Seiten? Wie groß ist der Flächeninhalt?

42. In einem rechtwinkligen Dreieck, dessen Umfang 40 cm beträgt, ist die Differenz der Kathetenlängen 7 cm, während die Hypotenuse 2 cm länger als die längere Kathete ist. Bestimmen Sie die Längen der Seiten!

43. Der Umfang eines rechtwinkligen Dreiecks ist 24 cm. Wie lang sind die Seiten, wenn die Differenz der Kathetenlängen 2 cm beträgt und die Hypotenuse um 4 cm kürzer als die Summe der Kathetenlängen ist?

44. Ein rechteckiger Garten hat einen Umfang von 200 m und ist dreimal so lang wie breit. Wie sind seine Maße?

45. Ein rechteckiger Garten von 3000 m² Fläche hat eine Länge von 75 m. Er soll in der Länge um 15 m verkürzt werden. Wie breit muß er werden, wenn der Flächeninhalt gleich bleiben soll?

46. Ein Baugelände von quadratischer Form soll in der einen Richtung um 50 m, in der anderen um 20 m verlängert werden. Dadurch vergrößert sich die Bodenfläche um 50 000 m². Wie sind seine Maße?

47. In einem Rechteck ist die lange Seite 3,5mal so lang wie die kurze. Verkürzt man jede Seite um 2 m, so wird der Flächeninhalt um 320 m² kleiner.

48. Zwei Leitern, die eine mit 26 Sprossen bei einem Sprossenabstand von 400 mm, die andere mit 30 Sprossen, haben gleiche Längen. Berechnen Sie den Sprossenabstand der zweiten Leiter!

49. Eine Treppe mit 18 Stufen bei einer Stufenhöhe von 18 cm soll durch eine neue Treppe mit 22 Stufen ersetzt werden. Bestimmen Sie die Stufenhöhe!

50. Für das Einzäunen eines rechteckigen Grundstücks braucht man 330 m Maschendraht. Der Unterschied zwischen der Länge und der Breite des Grundstücks beträgt 15 m. Bestimmen Sie Länge und Breite!

51. Ein Balken mit quadratischem Querschnitt soll durch einen Balken mit rechteckigem (nicht-quadratischem) Querschnitt ersetzt werden. Die Querschnittsflächen müssen gleich bleiben. Die Maße des neuen Balkens sind um 2 cm kürzer bzw. 3 cm länger als die des alten Balkens. Bestimmen Sie die Balkenmaße!

52. Durch ein Rohr mit dem lichten Querschnitt $A = 0{,}785\ \text{m}^2$ fließt Wasser mit einer Geschwindigkeit von 0,9 m/s. Wieviel m³ Wasser fließen in einer Stunde durch das Rohr?

53. Wie tief ist der Schacht eines Bergwerks, wenn der Förderkorb bei 12 m/s Geschwindigkeit zur Fahrt 1 min 24 s braucht?

54. Zwei Freunde gehen einander entgegen. Der eine legt je Stunde 5,5 km, der andere 4,5 km zurück. Wann treffen sie sich, wenn sie um 8 Uhr aufbrechen und ihre Anfangsentfernung 30 km beträgt?

55. Von $A$ aus geht ein Bote um 7 Uhr in Richtung $B$ ab und legt in 3 Stunden 11 km zurück. Von $B$ aus geht um 8 Uhr ein Bote nach $A$ ab, der in 2 Stunden 11 km zurücklegt. Wann und wieviel km von $B$ entfernt treffen sie sich, wenn die Strecke von $A$ nach $B$ 22 km beträgt?

56. $A$ und $B$ reisen von einem Ort ab, $B$ 2 h 30 min früher als $A$. Wie lange braucht $A$, um $B$ einzuholen, wenn $A$ per Fahrrad 12 km/h und $B$ zu Fuß 4 km/h zurücklegt?

57. Ein Rheindampfer, der um 8 Uhr von Koblenz abfährt und um 13 Uhr in Köln eintrifft, wird um 11.45 Uhr von einem 25 km/h fahrenden Schnelldampfer überholt, der Koblenz 45 Minuten später verlassen hat. Wie lang ist die Strecke Köln–Koblenz, und wann trifft der Schnelldampfer in Köln ein?

58. Von zwei Orten, die 120 km voneinander entfernt sind, fahren gleichzeitig Züge ab. Die Geschwindigkeit des ersten Zuges beträgt 54 km/h, die des zweiten 36 km/h.
a) Wann und wo kreuzen sich die Züge, wenn sie einander entgegenfahren?
b) Wann und nach welcher Strecke würde der langsamere Zug überholt, wenn sie in gleicher Richtung führen?

59. Ein Eisenbahnzug soll 2 min 40 s nach seiner Abfahrt eine Geschwindigkeit von 72 km/h erreichen. Wie groß ist die notwendige Beschleunigung?
($v = c + a \cdot t$, $v$ = Endgeschwindigkeit in m/s, $c$ = Anfangsgeschwindigkeit in m/s, $a$ = Beschleunigung in m/s$^2$, $t$ = Zeit in s)

60. Ein Zug, der eine Strecke mit 108 km/h befährt, soll nach 1 min 30 s in einem Bahnhof zum Stehen kommen. Wie groß ist die „Verzögerung“ $a$? ($v = c - a \cdot t$)

61. Ein Zug, der mit einer Geschwindigkeit von 65 km/h fährt, soll bei einer Beschleunigung von 0,25 m/s$^2$ auf eine Geschwindigkeit von 105 km/h gebracht werden. In welcher Zeit erreicht er diese?

62. Es sollen 500 kg Messing mit 65% Cu-Gehalt (Ms 65) hergestellt werden. Es stehen zur Verfügung Ms 60 und Ms 72. Wieviel kg der beiden Messingsorten werden benötigt?

63. Es soll Gußbronze mit 86% Cu (G-SnBZ 14) hergestellt werden. Es stehen 1500 kg Gußbronze mit 78% Cu (G-SnBz 22) und Kupfer zur Verfügung. Wieviel kg Kupfer benötigt man?

64. Zu 63 kg Messing mit 42% Cu soll Messing mit 70% Cu zugeschmolzen werden, um Messing mit 52% Cu zu erhalten. Wieviel Messing mit 70% Cu ist notwendig?

65. Bronze mit 65% Cu-Gehalt soll reines Kupfer zugesetzt werden, um 275 kg Bronze mit 79% Cu zu erhalten. Wieviel Kupfer ist erforderlich?

66. Ein Dampfkessel kann durch die erste Speisepumpe in einer halben Stunde, durch die zweite, die Reservepumpe, in einer dreiviertel Stunde gefüllt werden. Welche Zeit brauchen beide Pumpen, wenn sie gleichzeitig speisen?

67. Ein Behälter wird durch drei Pumpen gespeist. Die erste füllt ihn in $\frac{2}{3}$ h, die zweite in $\frac{3}{4}$ h und die dritte in $\frac{4}{5}$ h. In welcher Zeit ist er gefüllt, wenn alle drei gleichzeitig speisen?

68. Die Hochbehälter eines Wasserwerks werden durch zwei Pumpen gespeist, während eine dritte Pumpe zur Reserve vorhanden ist. Die erste würde ihn allein in 6 h füllen, die zweite allein in 8 h, die Reservepumpe allein in 7 h. Berechnen Sie die Füllzeit,
a) wenn die beiden Speisepumpen arbeiten,
b) wenn alle drei Pumpen speisen!

69. Eine Talsperre wird durch drei Flüsse gespeist. Bei guter Wasserführung kann der erste Fluß allein sie in 120 Tagen füllen, der zweite in 150 Tagen und der dritte in 200 Tagen. Wann ist die Sperre gefüllt, wenn alle Flüsse gleichzeitig ihr Wasser zuführen?

70. In die Klärbecken einer Stadt laufen drei Leitungen. Die erste füllt ein Becken in 12 h, die zweite in 15 h und die dritte in 20 h. Das Becken war schon zu einem Drittel gefüllt, als man alle drei Leitungen öffnete. Nach welcher Zeit mußte man die Leitungen umschalten?

71. Ein Hochbehälter wird durch eine Speiseleitung in 4 h gefüllt und durch die Entnahmeleitung in 6 h geleert. Wann ist der Behälter gefüllt, wenn beide Leitungen gleichzeitig geöffnet sind und der Behälter einen Vorrat von einem Drittel seines Fassungsvermögens hat?

Versuchen Sie, jeweils selbst ein Zahlenrätsel zu formulieren, das zu der angegebenen Gleichung führt!

72. $2x - 5 = 13$ 73. $36 - x = 5x$ 74. $3x + 4 = 4x + 3$

75. $7(x-1) = 6x$ 76. $5(x+3) = 6x + 3$ 77. $x - 4 = 2(x+3)$

78. $x + \frac{1}{2} = 2x$ 79. $(x+1)(x-1) = x^2 - \frac{1}{2}x$

80. $\frac{x}{2} + \frac{x}{3} = 20$ 81. $x + 1 - \frac{1}{2}(x+1) = \frac{1}{2}$

82. Eine Tasse mit Kaffee und ein Glas mit Milch enthalten gleich viel Flüssigkeit. Sie nehmen einen Löffel Milch aus dem Milchglas und schütten die Milch in die Tasse mit Kaffee. Sie rühren in der Kaffeetasse um und geben einen Löffel „Gemisch“ zurück. Ist nun mehr Milch in der Tasse mit Kaffee als Kaffee in dem Glas mit Milch oder umgekehrt?

# 5 Bruchgleichungen und Formeln

## 5.1 Bruchterme

Tritt im Nenner eines Bruchs eine Variable auf, so sprechen wir von einem **„Bruchterm"**.

**Beispiele für Bruchterme:**

$$\frac{1}{a}, \quad \frac{2p}{p+6}, \quad \frac{2a^2+5a+6}{2a-5}, \quad \frac{6z+2}{z^2-4z}, \quad \frac{3s^2}{(s^2-4)(s+5)}, \quad \frac{-12x}{x^2+5}.$$

Viele Bruchterme sind nicht für alle Elemente der Grundmenge definiert. Z.B. ist $\frac{1}{a}$ für $a=0$ nicht definiert (für alle anderen Ersetzungen von a aus $\mathbb{Q}$ wird $\frac{1}{a}$ eine rationale Zahl). Daher muß die Zahl 0 ausgeschlossen werden. Die übrigen Zahlen der Grundmenge werden zur Definitionsmenge des Bruchterms zusammengefaßt.

**Merksatz**

Die **Definitionsmenge** $D(T)$ eines Bruchterms $T$ besteht aus allen Elementen der Grundmenge $G(T)$, für die der Bruchterm definiert ist.

Es gilt immer: $D(T) \subseteq G(T)$.

$D(T)$ wird bestimmt, indem man diejenigen Elemente aus $G(T)$ herausnimmt, für die der Nenner des Bruchterms 0 wird.

**Beispiele** **zur Bestimmung der Definitionsmenge:**

**1.** $T=\frac{2p}{p+6}; \quad p+6=0 \Leftrightarrow p=-6$

a) $G(T)=\mathbb{Q}$: $D(T)=\mathbb{Q}\setminus\{-6\}$

b) $G(T)=\mathbb{N}$: $D(T)=\mathbb{N}$

**2.** $T=\frac{2a^2+5a+6}{2a-5}; \quad G(T)=\mathbb{Q}$

$2a-5=0 \Leftrightarrow a=\frac{5}{2}$

$D(T)=\mathbb{Q}\setminus\left\{\frac{5}{2}\right\}$.

**3.** $T=\frac{6z+2}{z^2-4z}; \quad G(T)=\mathbb{Z}$

$$\begin{aligned} z^2-4z=0 &\Leftrightarrow z\cdot(z-4)=0 \\ &\Leftrightarrow z=0 \vee z-4=0 \\ &\Leftrightarrow z=0 \vee z=4 \end{aligned}$$

$D(T)=\mathbb{Z}\setminus\{0;4\}$.

Beachten Sie: Treten im Nenner mehrere Faktoren mit Variablen auf, so kann jeder Faktor 0 werden.

**4.** $T=\frac{3s^3}{(s^2-4)(s+5)}; \quad G(T)=\mathbb{N}$

$$\begin{aligned} (s^2-4)(s+5)=0 &\Leftrightarrow s^2-4=0 \vee s+5=0 \\ &\Leftrightarrow (s+2)(s-2)=0 \vee s+5=0 \\ &\Leftrightarrow s+2=0 \vee s-2=0 \vee s+5=0 \\ &\Leftrightarrow s=-2 \vee s=2 \vee s=-5 \end{aligned}$$

$D(T)=\mathbb{N}\setminus\{2\}$.

**5.** $T = \frac{-12x}{x^2+5}$; $\quad G(T) = \mathbb{Q}$

$x^2 + 5 = 0 \Leftrightarrow x^2 = -5$

Es gibt keine rationale Zahl, deren Quadrat gleich $-5$ ist!

$D(T) = \mathbb{Q}$

Beim **Rechnen mit Bruchtermen** ist stets darauf zu achten, daß man sich auf die Elemente der Definitionsmenge beschränkt; ansonsten kann mit Bruchtermen wie mit Bruchzahlen gerechnet werden. Die Einschränkung der Grundmenge wirkt sich besonders beim **Kürzen** (und **Erweitern**) aus.

**Beispiele** **($G = \mathbb{Q}$):**

**1.** $T = \frac{2(n-1)}{n-1}$; $\quad D(T) = \mathbb{Q} \setminus \{1\}$

Der Bruchterm kann nur für $n \neq 1$ gekürzt werden:

$\frac{2(n-1)}{n-1} = 2$ in $\mathbb{Q} \setminus \{1\}$.

**2.** $-\frac{5b}{3(b+2)} \cdot (b+2) = -\frac{5b}{3}$ in $\mathbb{Q} \setminus \{-2\}$.

**3.** $\frac{4c^3(c+1)}{2c(c^2-1)} = \frac{2c^3(c+1)}{c(c-1)(c+1)} = \frac{2c^2}{c-1}$ in $\mathbb{Q} \setminus \{-1; 0; 1\}$.

Bruchtermen mit Summen sieht man oft nicht an, ob man kürzen kann. Man kann dies feststellen, indem man prüft, ob die Division des Zählers durch einen Faktor des Nenners ohne Rest durchführbar ist (vgl. dazu den Aufgabenteil zu 2.5.).

**4.** $T = \frac{x^2 - 5x + 4}{x - 1}$; $\quad D(T) = \mathbb{Q} \setminus \{1\}$

Wir schreiben den Bruchterm als Quotient und dividieren:

$$
\begin{array}{l}
(x^2 - 5x + 4) : (x - 1) = x - 4 \\
\underline{-(x^2 - x)} \\
\quad -4x + 4 \\
\quad \underline{-(-4x + 4)} \\
\qquad\qquad 0
\end{array}
$$

Also: $\frac{x^2 - 5x + 4}{x - 1} = x - 4$ in $\mathbb{Q} \setminus \{1\}$.

**5.** $T = \frac{x^3 + 3x^2 - x - 3}{(x^2 - 1) \cdot (x + 4)}$; $\quad D(T) = \mathbb{Q} \setminus \{-4; -1; 1\}$

$$
\begin{array}{l}
(x^3 + 3x^2 - x - 3) : (x^2 - 1) = x + 3 \\
\underline{-(x^3 \qquad\quad - x)} \\
\qquad 3x^2 + 0 - 3 \\
\quad \underline{-(3x^2 \qquad - 3)} \\
\qquad\qquad\quad 0
\end{array}
$$

Also: $\frac{x^3 + 3x^2 - x - 3}{(x^2 - 1) \cdot (x + 4)} = \frac{x + 3}{x + 4}$ in $\mathbb{Q} \setminus \{-4; -1; 1\}$

**Bemerkung:** Die Division durch $(x + 4)$ kann nicht ohne Rest aufgehen, wie man sieht, wenn man den Zähler in Faktoren zerlegt:

$x^3 + 3x^2 - x - 3 = (x + 3)(x^2 - 1) = (x + 3)(x + 1)(x - 1)$.

Der Zähler kann daher nur durch die Terme $x + 3$, $x + 1$, $x - 1$ oder Produkte dieser drei Terme ohne Rest dividiert werden.

## Aufgaben zu 5.1

Bestimmen Sie jeweils die Definitionsmenge des Bruchterms in $\mathbb{N}$, $\mathbb{Z}$, $\mathbb{Q}^+$ und $\mathbb{Q}$!

**Beispiel:** $T = \frac{3x}{x+3}$

$x + 3 = 0$

$\Leftrightarrow x = -3$

$G(T) = \mathbb{N}$: $D(T) = \mathbb{N}$

$G(T) = \mathbb{Z}$: $D(T) = \mathbb{Z} \setminus \{-3\}$

$G(T) = \mathbb{Q}^+$: $D(T) = \mathbb{Q}^+$

$G(T) = \mathbb{Q}$: $D(T) = \mathbb{Q} \setminus \{-3\}$

1. $T = \frac{4}{x-2}$
2. $T = \frac{x+3}{x+4}$
3. $T = \frac{6}{5-x}$
4. $T = \frac{2x}{2x+1}$
5. $T = \frac{8}{4-2x}$
6. $T = \frac{x^2}{3-5x}$
7. $T = \frac{2}{4x+4}$
8. $T = \frac{1}{3(x-2)}$
9. $T = \frac{-1}{-2(5-2x)}$
10. $T = \frac{2+x}{3(4+2x)}$

**Beispiel:** $T = \frac{3}{x-4} + \frac{4}{x+3}$

$x - 4 = 0 \vee x + 3 = 0$

$\Leftrightarrow x = 4 \vee x = -3$

$G(T) = \mathbb{N}$: $D(T) = \mathbb{N} \setminus \{4\}$

$G(T) = \mathbb{Z}$: $D(T) = \mathbb{Z} \setminus \{-3; 4\}$

$G(T) = \mathbb{Q}^+$: $D(T) = \mathbb{Q}^+ \setminus \{4\}$

$G(T) = \mathbb{Q}$: $D(T) = \mathbb{Q} \setminus \{-3; 4\}$

11. $T = \frac{1}{x-1} - \frac{1}{x+1}$
12. $T = \frac{2x}{x+4} + \frac{2}{x}$
13. $T = \frac{3}{2x-1} + \frac{3}{2x-4}$
14. $T = \frac{x-1}{2(x+1)} - \frac{x+1}{2x+1}$
15. $T = \frac{2}{2x-3} - \frac{3}{3x+2}$
16. $T = \frac{2x+1}{3x+5} - \frac{1}{5x+3}$
17. $T = \frac{12}{2(x+6)} + \frac{5}{2x+6}$
18. $T = \frac{3}{x} - \frac{4}{4x+6}$
19. $T = \frac{-7x}{4(3x-12)} + \frac{5x}{2(5x-10)}$
20. $T = \frac{2x+3}{3(4x-3)} + \frac{x-3}{2(4x+3)}$

Bestimmen Sie jeweils die Definitionsmenge des Bruchterms in $\mathbb{Q}$!

**Beispiel:** $T = \frac{1}{1-x^2}$

$1 - x^2 = 0$

$\Leftrightarrow (1+x)(1-x) = 0$

$\Leftrightarrow 1 + x = 0 \vee 1 - x = 0$

$\Leftrightarrow x = -1 \vee x = 1$

$D(T) = \mathbb{Q} \setminus \{-1; 1\}$

21. $T = \frac{1}{a(a-3)}$
22. $T = \frac{2}{b(b+7)}$
23. $T = \frac{1}{u^2 \cdot (u-2)}$
24. $T = \frac{3z}{(z+3)(z-5)^2}$
25. $T = \frac{-2}{(a-6)(a+2)}$
26. $T = \frac{1}{(2a+4)(a+4)}$
27. $T = \frac{9}{(3y-3)(2y+6)}$
28. $T = \frac{4}{(c-1)(2c-2)}$
29. $T = \frac{3}{p^2-9p}$
30. $T = \frac{2r}{3r^2+5}$
31. $T = \frac{13}{4s^2-9}$

Untersuchen Sie, wie und in welcher Zahlenmenge Sie die Bruchterme kürzen können ($G = \mathbb{Q}$)!

**Beispiel:** $T = \frac{2x+4}{3x+6}$ $\quad T = \frac{2(x+2)}{3(x+2)}$

$3x + 6 = 0$ $\quad T = \frac{2}{3}$ in $\mathbb{Q} \setminus \{-2\}$

$\Leftrightarrow \quad 3x = -6$

$\Leftrightarrow \quad x = -2$

32. $T = \frac{3a}{2a+5a}$
33. $T = \frac{4b+1}{2b(4b+1)}$
34. $T = \frac{3y-5}{2(9y-15)}$
35. $T = \frac{r^2-4}{(r-2)^2}$
36. $T = \frac{p^2+6p+9}{3(p+3)}$
37. $T = \frac{(a+1)(a-1)}{a^2-1}$
38. $T = \frac{s^2(s+2)}{s(s^2-4)}$
39. $T = \frac{(z-1)^3(z+5)}{(4z-4)^2 \cdot z}$
40. $T = \frac{16-a^2}{4a(4+a)}$
41. $T = \frac{3u^2+24u+48}{2u^2-32}$
42. $T = \frac{50-2x^2}{(15-3x)^3}$

Prüfen Sie durch Division nach, ob die Bruchterme gekürzt werden können, und geben Sie die Definitionsmenge an ($G = \mathbb{Q}$)!

**Beispiel:** $T = \frac{2x^2-12x+16}{x-4}$

$$
\begin{array}{l}
(2x^2-12x+16) : (x-4) = 2x-4 \\
\underline{-(2x^2-8x)} \\
\quad -4x+16 \\
\quad \underline{-(-4x+16)} \\
\qquad 0
\end{array}
$$

$T = 2x-4$ in $\mathbb{Q} \setminus \{4\}$

43. $T = \frac{x^2+x-20}{x-4}$
44. $T = \frac{a^2+5a-24}{2a-6}$
45. $T = \frac{s^2+8s+12}{-4s-8}$
46. $T = \frac{3u^2-3u-6}{5u-10}$
47. $T = \frac{p^2-5p+6}{2p^2-6p}$
48. $T = \frac{-3x^2+21x+24}{x^2-64}$
49. $T = \frac{4a^3-40a^2+84a}{14-2a}$
50. $T = \frac{2b^3+14b^2+12b}{b^2-36}$
51. $T = \frac{t^3-8t^2+t+42}{(t+2)(t+5)}$
52. $T = \frac{3y^4-24y^3+21y^2}{(2y-14)(y+3)}$
53. $T = \frac{6x^4+x^3-29x^2+21x}{(2x-3)(3x-2)}$

Bestimmen Sie jeweils den **Hauptnenner** und vereinfachen Sie die Terme soweit wie möglich!

54. $\frac{2a^{n-3}+5}{3a^{n-2}} - \frac{3a^{n+2}-4}{2a^{n+3}} - \frac{5a^2+6a^{-3}}{3a^n}$

55. $\frac{x^{m+2}}{x^{2m}} + \frac{1}{x^{m-2}} - \frac{x^{m+4}}{x^{2m+2}} - \frac{x^2}{x^m}$

56. $\frac{x^{n+1}+1}{x^{n-1}} - \frac{2x^3-x^{n+4}}{2x^{n+2}} - \frac{1}{2x^2}$

57. $\frac{x^n+4}{x^{n-1}} - \frac{2x^3+x^6}{x^{n+2}} - \frac{x^{n-3}-1}{x^{n-4}}$

58. $\frac{6-4x^{n-4}}{3x^{n-3}} - \frac{2x^5-2x^{n+1}-1}{x^{n+2}} - \frac{2x^{n-5}}{3x^{n-4}}$

59. $\frac{x^4(x^{2m}+1)}{1-x^{2m}} - \frac{x^4}{x^m+1} + \frac{x^{m+4}}{1-x^m}$

60. $\frac{\frac{1}{3}a + \frac{3}{2}a^2 + a^3}{a^{n+1}} - \frac{\frac{3}{2}(1+a)^2}{3a^n} - \frac{1+a}{2a^{n-1}}$

61. $\frac{2x(x-y)}{y} : \left(1 - \frac{x^2}{y^2}\right) - \frac{x^2+y^2}{x+y}$

## 5.2 Lösen von Bruchgleichungen

Gleichungen, in denen Bruchterme auftreten, bezeichnen wir als **„Bruchgleichungen"**.

**Beispiel** $\frac{2}{x-4} = -\frac{5}{x+3}$; $G = \mathbb{Q}$

**Bruchterme:** $T_1 = \frac{2}{x-4}$; $T_2 = -\frac{5}{x+3}$.

**Bestimmung der Definitionsmenge *D*:**

Die Gleichung ist nur für **diejenigen** Elemente der Grundmenge definiert, für die alle vorkommenden Bruchterme definiert sind:

$x-4=0 \Leftrightarrow x=4$ $\qquad$ $x+3=0 \Leftrightarrow x=-3$

$D(T_1) = \mathbb{Q} \setminus \{4\}$ $\qquad$ $D(T_2) = \mathbb{Q} \setminus \{-3\}$

Also: $D = \mathbb{Q} \setminus \{-3;4\}$

Es gilt: $D = D(T_1) \cap D(T_2)$

**Bestimmung der Lösungsmenge *L*:**

Es gilt immer: $L \subseteq D \subseteq G$.

Wir multiplizieren zuerst mit dem Hauptnenner (HN) $(x-4)(x+3)$:

$$\frac{2}{x-4} = -\frac{5}{x+3} \quad | \cdot (x-4)(x+3)$$

$$\underset{(D)}{\Leftrightarrow} \frac{2(x-4)(x+3)}{x-4} = -\frac{5(x-4)(x+3)}{x+3}$$ („$\underset{(D)}{\Leftrightarrow}$" gelesen: „äquivalent bezüglich D")

$$\underset{(D)}{\Leftrightarrow} 2(x+3) = -5(x-4)$$

(Wir haben eine lineare Gleichung erhalten, die wir nach dem üblichen Verfahren lösen.)

$$\underset{(D)}{\Leftrightarrow} 2x+6 = -5x+20$$

$$\underset{(D)}{\Leftrightarrow} 2x+5x = 20-6$$

$$\underset{(D)}{\Leftrightarrow} 7x = 14$$

$$\underset{(D)}{\Leftrightarrow} x = 2$$

Probe: $\frac{2}{2-4} = -\frac{5}{2+3}$

$\frac{2}{-2} = -\frac{5}{5}$

$-1 = -1$ (wahr)

Da $2 \in D$, gilt:

$\underline{L = \{2\}}$

**Beispiel** $\frac{6}{x-3} - \frac{2}{x+3} = \frac{12}{x^2-9}$; $G = \mathbb{Q}$

Bestimmung der Definitionsmenge:

$x-3 = 0 \Leftrightarrow x = 3$ | $x+3 = 0 \Leftrightarrow x = -3$ | $x^2 - 9 = (x+3)(x-3)$

$D(T_1) = \mathbb{Q} \setminus \{3\}$ | $D(T_2) = \mathbb{Q} \setminus \{-3\}$ | $D(T_3) = \mathbb{Q} \setminus \{-3; 3\}$

$D = \mathbb{Q} \setminus \{-3; 3\}$

Bestimmung der Lösungsmenge:

HN: $(x+3)(x-3)$

$$\frac{6}{x-3} - \frac{2}{x+3} = \frac{12}{x^2-9} \quad | \cdot (x+3)\ (x-3)$$

$$\underset{(D)}{\Leftrightarrow} \frac{6(x+3)(x-3)}{x-3} - \frac{2(x+3)(x-3)}{x+3} = \frac{12(x+3)(x-3)}{x^2-9}$$

$$\underset{(D)}{\Leftrightarrow} 6(x+3) - 2(x-3) = 12$$

$$\underset{(D)}{\Leftrightarrow} 6x + 18 - 2x + 6 = 12$$

$$\underset{(D)}{\Leftrightarrow} 4x + 24 = 12$$

$$\underset{(D)}{\Leftrightarrow} 4x = -12$$

$$\underset{(D)}{\Leftrightarrow} x = -3$$

Wegen $-3 \notin D$ ist $-3$ keine Lösung der Bruchgleichung:
$\underline{L = \{\,\}}$.

Es kann also vorkommen, daß eine Lösung der linearen Gleichung erst durch Multiplikation mit dem Hauptnenner auftritt. Sie braucht aber kein Element der Definitionsmenge zu sein und damit auch nicht zur Lösungsmenge der Bruchgleichung zu gehören.

Bei einer **Bruchgleichung mit Formvariablen** kann die vollständige Lösung schon bei einfachen Beispielen recht aufwendig werden, wie wir bei der folgenden Bruchgleichung sehen können.

**Beispiel**

$$\frac{a}{x-b} = c; \quad G = \mathbb{Q};\ a, b, c \in \mathbb{Q}$$

($x$ Lösungsvariable; $a$, $b$, $c$ Formvariable)

Bestimmung der Definitionsmenge:

$x - b = 0 \Leftrightarrow x = b$

$D = \mathbb{Q} \setminus \{b\}$

Bestimmung der Lösungsmenge:

HN: $x - b$

$$\frac{a}{x-b} = c \quad | \cdot (x-b)$$

$$\underset{(D)}{\Leftrightarrow} \frac{a(x-b)}{x-b} = c(x-b)$$

$$\underset{(D)}{\Leftrightarrow} a = cx - cb$$

$$\Leftrightarrow cx = cb + a$$

$$\underset{(c \neq 0)}{\Leftrightarrow} x = \frac{cb + a}{c}$$

$$\underset{(c \neq 0)}{\Leftrightarrow} x = b + \frac{a}{c}$$

Probe: $$\frac{a}{b + \frac{a}{c} - b} = c \quad (c \neq 0, a \neq 0)$$

$$\frac{a}{\frac{a}{c}} = c$$

$$c = c \quad \text{(wahr für } c \neq 0 \text{ und } a \neq 0)$$

Wir prüfen, welche „Lösungen" Element von $D$ sind:

$c \neq 0, a \neq 0$: $x = b + \frac{a}{c}$ $(\in D)$;

$c \neq 0, a = 0$: $x = b, b \notin D$; keine Lösung!

Der Fall $c = 0$ muß noch gesondert untersucht werden:

$$\frac{a}{x-b} = 0 \,|\cdot (x-b)$$

$$\underset{(D)}{\Leftrightarrow} \quad a = 0 \qquad \text{(wahr für } a = 0; \quad \text{falsch für } a \neq 0)$$

Damit ergibt sich:

**1.** $c \neq 0,\ a \neq 0$: $\quad L = \left\{b + \frac{a}{c}\right\}$

**2.** $c \neq 0,\ a = 0$: $\quad L = \{\,\}$

**3.** $c = 0,\ a = 0$: $\quad L = \mathbb{Q} \setminus \{b\} = D$

**4.** $c = 0,\ a \neq 0$: $\quad L = \{\,\}$

## Vorgehen beim Lösen von Bruchgleichungen:

1. Schritt: Die Definitionsmenge bestimmen.
2. Schritt: Mit dem Hauptnenner multiplizieren und alle Nenner „wegkürzen".
3. Schritt: Die entstandene (lineare) Gleichung lösen.
4. Schritt: Prüfen, ob die Lösungen der linearen Gleichung zur Definitionsmenge gehören.
5. Schritt: Die Lösungsmenge der Bruchgleichung aufschreiben.

Wir schreiben die einfachsten Bruchgleichungen mit Formvariablen zusammen mit den Lösungstermen in eine Tabelle, ohne auf die Spezialfälle einzugehen.

| Gleichungsform | Definitionsmenge | Lösungsmenge | Einschränkungen |
|---|---|---|---|
| $\frac{a}{x} = b$ | $\mathbb{Q} \setminus \{0\}$ | $L = \left\{\frac{a}{b}\right\}$ | $a \neq 0,\ b \neq 0$ |
| $\frac{a}{x} + b = c$ | $\mathbb{Q} \setminus \{0\}$ | $L = \left\{\frac{a}{c-b}\right\}$ | $a \neq 0,\ b \neq c$ |
| $\frac{a}{x} + b = \frac{c}{x}$ | $\mathbb{Q} \setminus \{0\}$ | $L = \left\{\frac{c-a}{b}\right\}$ | $a \neq c,\ b \neq 0$ |
| $\frac{a}{x+b} = c$ | $\mathbb{Q} \setminus \{-b\}$ | $L = \left\{\frac{a}{c} - b\right\}$ | $a \neq 0,\ c \neq 0$ |
| $\frac{a}{x+b} = \frac{c}{x}$ | $\mathbb{Q} \setminus \{0; -b\}$ | $L = \left\{\frac{bc}{a-c}\right\}$ | $a \neq 0,\ a \neq c$<br>$b \neq 0,\ c \neq 0$ |

## Aufgaben zu 5.2

Bestimmen Sie den Hauptnenner der Bruchterme!

**Beispiel:** $T_1 = \frac{1}{2x-4}$; $T_2 = \frac{1}{x-2}$; $T_3 = \frac{1}{2x}$

$2x-4 = 2 \cdot (x-2)$;

$x-2 = x-2$;

$2x = 2 \cdot x$;

HN: $2 \cdot (x-2) \cdot x$

1. $T_1 = \frac{2}{x^2-9}$; $T_2 = \frac{3}{(x-3)^2}$; $T_3 = \frac{4}{2x^2-6x}$;

2. $T_1 = \frac{1}{2x-5}$; $T_2 = \frac{1}{3(2x+5)}$; $T_3 = \frac{1}{4x-5}$;

3. $T_1 = \frac{6}{x^2+4x}$; $T_2 = \frac{7}{x+4x}$; $T_3 = \frac{5}{4x}$;

4. $T_1 = \frac{-1}{2x^2-18}$; $T_2 = \frac{2}{3x^2-18x}$; $T_3 = \frac{-3}{6x+18}$;

5. $T_1 = \frac{x}{a-x}$; $T_2 = \frac{2x}{x-a}$; $T_3 = \frac{3x}{x+a}$;

6. $T_1 = \frac{1}{2ax}$; $T_2 = \frac{2}{x-2a}$; $T_3 = \frac{3}{x-2a^2}$;

7. $T_1 = \frac{9}{ax-b}$; $T_2 = \frac{8}{ax-b^2}$; $T_3 = \frac{7}{a(x-b)}$;

8. $T_1 = \frac{2a}{a^2-x^2}$; $T_2 = \frac{3a}{x^2-a^2}$; $T_3 = \frac{4a}{(x-a)^2}$;

9. $T_1 = \frac{-3a}{2a(x-2b)}$; $T_2 = \frac{4b}{4b-2x}$; $T_3 = \frac{-4a}{ax^2-4ab^2}$;

10. $T_1 = \frac{5}{x-a^2}$; $T_2 = \frac{5}{2x(x-a)}$; $T_3 = \frac{5}{(a-x)(a^2-x)}$.

Bestimmen Sie jeweils die Definitions- und Lösungsmenge der Bruchgleichung ($G = \mathbb{Q}$)!

**Beispiel:** $\frac{4}{2x+3} = 6$

Definitionsmenge:

$2x+3 = 0$

$\Leftrightarrow 2x = -3$

$\Leftrightarrow x = -\frac{3}{2}$

$D = \mathbb{Q} \setminus \left\{-\frac{3}{2}\right\}$

HN: $2x+3$

Lösungsmenge:

$\frac{4}{2x+3} = 6 \quad | \cdot (2x+3)$

$\Leftrightarrow \frac{4(2x+3)}{2x+3} = 6(2x+3)$

$\Leftrightarrow 4 = 12x+18$

$\Leftrightarrow -12x = 18-4$

$\Leftrightarrow -12x = 14$

$\Leftrightarrow x = -\frac{14}{12}$

$\Leftrightarrow x = -\frac{7}{6}$

$-\frac{7}{6} \in D \Rightarrow \underline{L = \left\{-\frac{7}{6}\right\}}$

Probe: $\frac{4}{2 \cdot \left(-\frac{7}{6}\right)+3} = 6$

$\frac{4}{-\frac{7}{3}+3} = 6$

$\frac{4}{\frac{2}{3}} = 6$

$\frac{12}{2} = 6$

$6 = 6$ (wahr)

11. $\frac{36}{x} - 8 = \frac{6}{x} + 2$

12. $\frac{5}{2x} - \frac{3}{4x} + \frac{2}{3x} = 6$

13. $\frac{9}{x} + \frac{1}{2} = \frac{10}{x} + \frac{4}{9}$

14. $\frac{6}{x} - \frac{7}{3x} = 5 - \frac{15}{2x}$

15. $\frac{4}{15} - \frac{2}{x} - \frac{1}{45x} = \frac{1}{12} - \frac{4}{9x} - \frac{3}{27x}$

16. $1 - \frac{2}{3x} + 4 - \frac{5}{6x} = 7 - \frac{8}{9x} + 10 - \frac{11}{12x}$

17. $\frac{23 - x}{3x} - \frac{7}{12} - \frac{1}{4x} = \frac{7}{x} + \frac{1}{3}$

18. $5\frac{1}{4} - \frac{5x - 16}{2x} = \frac{8}{x} + \frac{7x - 12}{5x} + 1{,}5$

19. $\frac{40}{3x + 1} = 4$

20. $\frac{2x + 7}{4x - 31} = 3$

21. $\frac{0{,}5x - 20}{0{,}2x - 5} = 1$

22. $\frac{1\frac{1}{2}x + \frac{3}{4}}{2\frac{1}{2}x - \frac{1}{3}} = 1\frac{7}{11}$

23. $\frac{33}{x + 1} + 5 = \frac{88}{x + 1}$

24. $\frac{35}{9x - 2} - 1 = 7 - \frac{21}{9x - 2}$

25. $\frac{45}{2x - 9} = 2 - \frac{27}{9 - 2x}$

26. $\frac{6x + 5}{2} + \frac{4x - 13}{11x + 1} = 3x$

27. $\frac{8x - 3}{8} - \frac{6x - 3}{10 - 2x} = x$

28. $\frac{44x + 3}{11} - 4x = \frac{x - 5}{43 - 5x}$

**Beispiel:** $\frac{2x}{7} + \frac{3x + 1}{84x - 7} = \frac{14x + 2}{49}$

Definitionsmenge:

$$84x - 7 = 0$$
$$\Leftrightarrow 7(12x - 1) = 0$$
$$\Leftrightarrow 12x - 1 = 0$$
$$\Leftrightarrow 12x = 1$$
$$\Leftrightarrow x = \frac{1}{12}$$
$$D = \mathbb{Q} \setminus \left\{\frac{1}{12}\right\}.$$

HN: $49 \cdot (12x - 1)$

Lösungsmenge: $\frac{2x}{7} + \frac{3x + 1}{84x - 7} = \frac{14x + 2}{49} \quad | \cdot 49(12x - 1)$

$$\Leftrightarrow \frac{2x \cdot 49(12x - 1)}{7} + \frac{(3x + 1) \cdot 49 \cdot (12x - 1)}{7(12x - 1)} = \frac{(14x + 2) \cdot 49(12x - 1)}{49}$$
$$\Leftrightarrow 14x(12x - 1) + 7(3x + 1) = (14x + 2)(12x - 1)$$
$$\Leftrightarrow 168x^2 - 14x + 21x + 7 = 168x^2 + 24x - 14x - 2$$
$$\Leftrightarrow 7x + 7 = 10x - 2$$
$$\Leftrightarrow 7x - 10x = -2 - 7$$
$$\Leftrightarrow -3x = -9$$
$$\Leftrightarrow x = \frac{-9}{-3}$$
$$\Leftrightarrow x = 3$$
$$3 \in D \Rightarrow \underline{L = \{3\}}$$

29. $\frac{3x}{8} + \frac{7x - 2}{14x - 22} = \frac{9x - 1}{24}$

30. $\frac{5 - 3x}{6x - 9} - \frac{x - 3}{6} = -\frac{5x + 1}{30}$

31. $\frac{2x + 3}{6x - 1} + \frac{3}{4}x = \frac{2x + 8}{8} + \frac{6x - 3}{12}$

32. $\frac{x + 5}{x - 7} = 2 - \frac{x - 6}{x + 2}$

33. $\frac{7x - 15{,}5}{2x - 3} - 3 = \frac{2x + 5}{4x}$

34. $\frac{3x + 1}{8x - 9} + \frac{6x + 7}{3 - 16x} = \frac{5}{16x - 3}$

35. $\frac{12x + 4}{9x - 4} + \frac{8x - 9}{5 - 6x} = \frac{7}{6x - 5}$

36. $\frac{5x - 7}{4x + 4} + \frac{x + 3}{3x + 3} = 1$

37. $1 + \frac{x - 11}{2x - 10} = \frac{2x + 1}{3x - 15}$

38. $\frac{9}{x - 5} - \frac{28}{35 - 7x} = \frac{5}{x - 9}$

39. $\frac{5(2x^2 + 3)}{2x - 1} - \frac{7x + 2}{2x - 7} = 5x - 1$

40. $4(x - 1) = \frac{4(x + 2)(x - 7)}{(x - 6)}$

41. $\frac{x + 1}{x - 1}(3x - 11) = 3(x - 3)$

42. $\frac{6x(x - 2)}{2x - 4} = 3x - 6$

43. $\frac{6x - 5}{6} + \frac{6}{4x - 8} - \frac{8x}{6 - 3x} = \frac{x^2 + 4}{x - 2}$

44. $\frac{2x + 8}{3} - \frac{5x - 1}{13 - x} = \frac{19x - 7}{9} + \frac{2x + 8}{6}$

45. $\frac{3x + 4}{x - 5} - \frac{x - 9}{x - 7} = \frac{2x^2 - 13x + 27}{x^2 - 12x + 35}$

46. $\frac{4x - 5}{3x + 3} + \frac{3x + 4}{5 - 5x} = \frac{11x^2 - 69x + 58}{15x^2 - 15}$

47. $\frac{7x - 13}{2x - 1} - \frac{13x - 28}{3 - 2x} = 10 - \frac{28x + 43}{4x^2 - 8x + 3}$

48. $\frac{5x - 17}{4x - 3} + \frac{7(x - 4)}{4x - 5} - \frac{12(10x + 73)}{32x - 16x^2 - 15} = 3$

49. $\frac{2x+5}{2x-4}+\frac{6x+5}{3x+6}=\frac{3x^2-2x+5}{x^2-4}$

50. $\frac{3x-5}{x+2}+\frac{7x-10}{x+1}=10-\frac{x+99}{x^2+3x+2}$

51. $\frac{x}{x-2}-\frac{x-2}{x-3}=\frac{2}{5x-x^2-6}$

52. $\frac{5x-6}{x-3}+\frac{7x-8}{x-4}=\frac{4(3x+1)}{x-4}$

53. $\frac{3x-5}{x-3}+\frac{2x-5}{x-4}=\frac{35(x-2)}{7x-28}$

54. $\frac{2(x-1)}{x-7}+\frac{x+8}{x-4}=\frac{3(5x+16)}{5x-20}$

55. $\frac{5x-13}{6x-8}-\frac{4x+5}{9x-12}-\frac{3x-17}{3x-4}=\frac{3}{4}$

56. $\frac{12x-1}{27x+3}+\frac{3x+7}{18x+2}=4-\frac{6x+10}{36x+4}$

57. $\frac{3x-5}{3(x-1)}-\frac{2x-7}{2(x+1)}=\frac{3-19x}{6-6x^2}$

58. $\frac{3x+7}{4x-20}+\frac{4x-3}{25-5x}-\frac{11-7x}{2x-10}=10\frac{1}{2}$

59. $3-\frac{3x-5}{5x-5}+\frac{5x-1}{7x-7}+\frac{x-4}{x-1}=2$

60. $\frac{5x+8}{x-3}-\frac{2x-5}{4x-12}-2=\frac{15x+8}{7x-21}$

61. $\frac{24x+6}{2x-4}-\frac{6x-3}{6x-12}-15=\frac{9x+6}{20-10x}$

62. $\frac{7x-1}{5x-3}-\frac{3x-16}{6-10x}-\frac{0{,}5x+17}{2{,}5x-1{,}5}=1$

63. $\frac{2}{x-1}+\frac{3}{x-2}=\frac{20}{4x-7}$

64. $\frac{13}{x-8}-\frac{15}{3x-26}=\frac{8}{x-13}$

65. $\frac{2}{2x-5}+\frac{4}{2x-15}=\frac{9}{3x-5}$

66. $\frac{x+7}{x+1}+\frac{x+9}{x+2}=\frac{4(x+8)}{2x+3}$

67. $\frac{3}{x-7}+\frac{1}{x-9}=\frac{4}{x-8}$

68. $\frac{2}{x-6}+\frac{3}{x-18}=\frac{5}{x-15}$

69. $\frac{3}{x-17}+\frac{5}{x-15}=\frac{8}{x-16}$

70. $\frac{2}{x-1}+\frac{1}{x-5}=\frac{3}{x-28}$

71. $\frac{4x+1}{2x-1}+\frac{3x-1}{2x+1}=\frac{2(7x^2+2)}{4x^2-1}$

72. $\frac{3x+2}{x-2}+\frac{5x-2}{x+2}=\frac{5x-18-8x^2}{4-x^2}$

73. $\frac{1}{x-8}-\frac{1}{x-5}+\frac{1}{x-4}=\frac{1}{x-7}$

74. $\frac{1}{x+5}-\frac{1}{8-x}=\frac{1}{x+4}-\frac{1}{7-x}$

75. $\frac{1}{x-7}-\frac{1}{x-11}=\frac{1}{x+7}-\frac{1}{x+3}$

76. $\frac{7}{x-9}+\frac{2}{x-4}+\frac{7}{7-x}=\frac{2}{x-11}$

77. $\frac{3}{x+3}-\frac{3}{x+8}=\frac{5}{x-8}-\frac{5}{x-5}$

78. $\frac{9}{x-4}-\frac{10}{x-5}+\frac{6}{x-9}-\frac{5}{x-8}=0$

79. $\frac{4}{x-5}+\frac{1}{x-3}-\frac{4}{x-4}-\frac{1}{x-7}=0$

80. $\frac{1}{x+1}+\frac{2}{3-x}=\frac{1}{x+3}-\frac{2}{x-2}$

81. $\frac{1}{x-13}-\frac{1}{x-19}+\frac{2}{x-18}=\frac{2}{x-15}$

82. $\frac{1}{x-7}+\frac{9}{x-3}-\frac{4}{x-1}=\frac{6}{x-5}$

83. $\frac{1}{x}+\frac{x}{x-1}=\frac{(1-x)(1+x)}{x-x^2}$

84. $\frac{\frac{4x+8}{3}}{\frac{9x-5}{2}}=2$

85. $\frac{\frac{2(4x-1)}{3}}{\frac{3(5x+1)}{4}}=\frac{2}{3}$

86. $\frac{\frac{2(x-4)}{5}}{\frac{3(3x+5)}{8}}=\frac{1}{6}$

87. $\frac{\frac{15(7x-5)}{2}}{\frac{3(4x-12{,}5)}{2}}=4$

88. $\frac{\frac{7x+1}{8}}{\frac{2(4x-1)}{7}}=0{,}8$

89. $5-\frac{1}{\frac{1}{5}+\frac{1}{x}}=0{,}2$

90. $\frac{\frac{x}{2}+\frac{3}{4}}{\frac{x}{3}+3}=\frac{\frac{x}{2}-\frac{3}{4}}{\frac{x}{3}-2}$

**Beispiel:** $\frac{a}{x}+b=\frac{c}{x}-d$

Definitionsmenge: $D=\mathbb{Q}\setminus\{0\}$

HN: $x$

Lösungsmenge:

$\frac{a}{x}+b=\frac{c}{x}-d \quad |\cdot x$

$\Leftrightarrow \quad a+bx=c-dx$

$\Leftrightarrow \quad bx+dx=c-a$

$\Leftrightarrow \quad x(b+d)=c-a$

$\Leftrightarrow \quad x=\frac{c-a}{b+d} \quad (c\neq a,\ b\neq -d)$

Probe: $\frac{a(b+d)}{c-a}+b=\frac{c(b+d)}{c-a}-d \quad |\cdot(c-a)$

$a(b+d)+b(c-a)=c(b+d)-d(c-a)$

$ab+ad+bc-ab=bc+cd-cd+ad$

$ad+bc=bc+ad$ (wahr)

$L=\left\{\frac{c-a}{b+d}\right\}$ für $a\neq c,\ b\neq -d$

91. $a-\frac{m+n}{x}=b-\frac{m-n}{x}$

92. $\frac{a}{x}-1=\frac{b}{x}+9$

93. $\frac{2(a+b)}{ax}=\frac{4b}{a^2}-\frac{2(a-b)}{ax}$

94. $\frac{1+x}{1-x}=\frac{a}{b}$

95. $\frac{x+a}{x-a}=m$

96. $\frac{a+x}{b+2x}=1$

97. $\frac{a(b+x)}{a-x}=b$

98. $\frac{a}{b+x}-m=n$

99. $\frac{a}{b+x}-m=\frac{c}{b+x}-n$

100. $\frac{c}{a}-\frac{cx}{ax-1}=\frac{a}{c}-\frac{ax}{cx-1}$

101. $\frac{b-x}{a+x}+\frac{c-x}{a-x}=\frac{a(c-2x)}{a^2-x^2}$

102. $\frac{ax}{mx-p}+\frac{cx}{nx-q}=\frac{a}{m}+\frac{c}{n}$

103. $\frac{9x(x-a)}{3x-3a}=3x-3a$

104. $2a+x=\frac{2a^2}{2a-x}+\frac{x(2a+x)}{x-2a}$

105. $a^2-\frac{x}{a^2-b^2}+b^2=\frac{x}{a^2+b^2}-a^2+b^2$

106. $\frac{a}{x-m}+\frac{b}{x-n}=\frac{a+b}{x-p}$

107. $\frac{ac}{m(a-b)b}-\frac{(m+n)^2x}{mb}-\frac{nx}{b}=\frac{c}{m(a-b)}-\frac{3nx}{b}$

108. $\frac{ax+b}{ax-b}-\frac{bx}{ax+b}=\frac{ax}{ax-b}-\frac{b(ax^2-2b)}{a^2x^2-b^2}$

109. $\frac{a}{x+m}+\frac{b}{x+n}=\frac{c}{x^2+mn+(m+n)x}$

110. $\frac{(a+1)x}{b}+\frac{(b+1)x}{a}+\frac{2ab}{a+b}=a+b+1$

111. $\frac{n+p}{n}+\frac{n^2}{m}(m-x)=\frac{m^2}{n}(x-m)-\frac{n+p}{mn}(m-2x)$

112. $\frac{(a+b)(x-b)}{ab}+(a+b)x=\frac{a^3-b^3}{a-b}+\frac{a}{b}$

113. $\frac{x+b}{x-a}-\frac{x-a}{x-b}=\frac{a^2-b^2}{x^2-ax-bx+ab}$

114. $\frac{a+x-b}{a-x}=\frac{b+x}{a-x-b}-\frac{ab}{a^2+x^2-2ax-ab+bx}$

115. $\frac{m-n}{x-a}-\frac{a-b}{x-m}=\frac{m-n}{x-b}-\frac{a-b}{x-n}$

116. $\frac{ax-b}{mx-p}+\frac{cx-d}{nx-q}+\frac{(bn+dm)x-(bq+dp)}{(mx-p)(nx-q)}=\frac{a}{m}+\frac{c}{n}$

**Beispiel:** Welche Zahl muß man vom Zähler des Bruchs $\frac{15}{17}$ subtrahieren und zum Nenner addieren, damit $\frac{3}{5}$ herauskommt? Gesuchte Zahl: $x$

Zähler: $15-x$

Nenner: $17+x$

$D=\mathbb{Q}\setminus\{-17\}$

Gleichung: $\frac{15-x}{17+x}=\frac{3}{5} \quad |\cdot 5(17+x)$

$\underset{(D)}{\Leftrightarrow} 5(15-x)=3(17+x)$

$\Leftrightarrow 75-5x=51+3x$

$\Leftrightarrow -8x=-24$

$\Leftrightarrow x=3$

Probe: $\frac{15-3}{17+3}=\frac{3}{5}$

$\frac{12}{20}=\frac{3}{5}$

$\frac{3}{5}=\frac{3}{5}$ (wahr)

Ergebnis: Die gesuchte Zahl ist 3.

117. Welche Zahl ist vom Zähler und vom Nenner des Bruchs $\frac{37}{53}$ zu subtrahieren, damit er den Wert 0,5 erhält?

118. Der Nenner eines Bruches ist um 6 größer als der Zähler. Addiert man zum Zähler und zum Nenner jeweils 1, so erhält er den Wert 0,75.

119. Der Zähler eines Bruches ist um 3 kleiner als der Nenner. Addiert man zum Zähler 10 und zum Nenner 1, so erhält man den Kehrwert des Bruches.

120. Subtrahiert man von 7 eine bestimmte Zahl und dividiert die Zahl 5 durch die Differenz, so erhält man ebensoviel, wie wenn man die Zahl von 6 subtrahiert und die Zahl 4 durch diese Differenz dividiert.

121. Multipliziert man eine Zahl mit 7, subtrahiert dann 5 und dividiert diese Differenz durch 8, so ist der Quotient um 1 kleiner als die Zahl selbst.

122. Addiert man zu einer Zahl 12 und multipliziert die Summe mit 5, subtrahiert von dem Produkt 72 und dividiert die Differenz durch 4, so erhält man die Zahl selber.

## 5.3 Verhältnisgleichungen

**Beispiel**

Die Einfahrt zu einer Tiefgarage soll ein Gefälle von 1 : 5 (20% Gefälle) erhalten. Mit welcher Länge muß für die Einfahrt gerechnet werden, wenn der Höhenunterschied 2,20 m beträgt?

Das Verhältnis 1 : 5 (gelesen: „1 zu 5") bedeutet: Auf 5 m Länge fällt die Einfahrt um 1 m.
Gesuchte Länge: $x$ m.
Das Verhältnis von Höhe zu Länge bleibt gleich:
1 : 5 = 2,2 m : $x$ m (Strahlensatz).

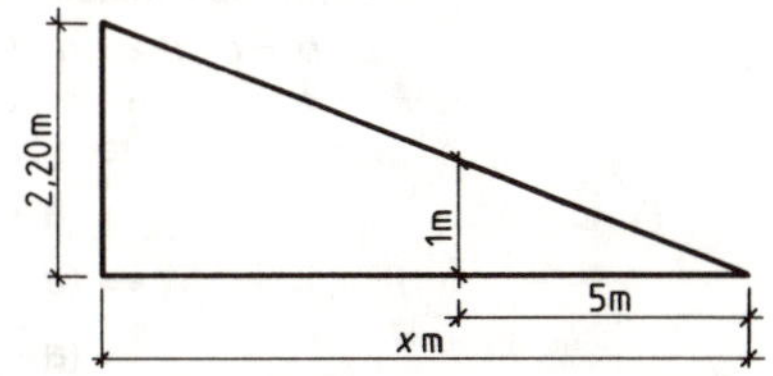


**Abb. 5.1**

Wir können ein Verhältnis als Bruch schreiben: $1:5=\frac{1}{5}$. Damit erhalten wir eine Bruchgleichung (ohne Einheiten):

$$\frac{1}{5}=\frac{2{,}2}{x} \quad |\cdot 5x \quad (D=\mathbb{Q}^+)$$

$$\Leftrightarrow \frac{5x}{5}=\frac{2{,}2\cdot 5x}{x}$$

$$\underset{(D)}{\Leftrightarrow} x=11$$

Probe: $\frac{1}{5}=\frac{2{,}2}{11}$

$0{,}2=0{,}2$ (wahr)

Ergebnis: Die Länge beträgt <u>11 m.</u>

**Merksatz**

> Das Verhältnis zweier Zahlen ist gleich dem Quotienten der beiden Zahlen
> $(a, b \in \mathbb{Q}\setminus\{0\})$: $a:b=\frac{a}{b}$

Sprechweise: „$a$ zu $b$".
Verhältnisse mit „zu Null" oder „Null zu", wie sie z.B. im Sport vorkommen, ergeben in diesem Zusammenhang keinen Sinn und werden hier nicht betrachtet.

Verhältnisse können wie Brüche erweitert oder gekürzt werden ($c \neq 0$):

$a:b=(a\cdot c):(b\cdot c)$

$a:b=\frac{a}{c}:\frac{b}{c}$

Eine Gleichung der Form

$$a:b=c:d$$

nennt man **„Verhältnisgleichung"** (Proportion).
Sprechweise: „$a$ verhält sich zu $b$ wie $c$ zu $d$",
oder kurz: „$a$ zu $b$ wie $c$ zu $d$".

Außenglieder: $a$ und $d$
$a:b=c:d$
Innenglieder: $b$ und $c$

Durch Multiplikation auf beiden Seiten der Gleichung $\frac{a}{b}=\frac{c}{d}$ mit dem Hauptnenner $b\cdot d$ erhalten wir die zu der Verhältnisgleichung gehörende **„Produktgleichung"**.

| $a:b=c:d$ | $\Leftrightarrow$ | $a\cdot d=b\cdot c$ |
|---|---|---|
| Verhältnisgleichung | | Produktgleichung |

Das Produkt der Außenglieder ist gleich dem Produkt der Innenglieder.

Einfache Umstellungen für Verhältnisgleichungen ($a, b, c, d \in \mathbb{Q} \setminus \{0\}$):

$$\begin{aligned}
a : b = c : d \Leftrightarrow\ & d : b = c : a && \text{(Vertauschen der Außenglieder)}\\
\Leftrightarrow\ & a : c = b : d && \text{(Vertauschen der Innenglieder)}\\
\Leftrightarrow\ & b : a = d : c && \text{(Vertauschen der Außenglieder mit den Innengliedern)}\\
\Leftrightarrow\ & (a+b) : a = (c+d) : c && \multirow{2}{*}{}\\
\Leftrightarrow\ & (a+b) : b = (c+d) : d && \text{(„korrespondierende“ Addition)}\\
\Leftrightarrow\ & (a-b) : a = (c-d) : c && \\
\Leftrightarrow\ & (a-b) : b = (c-d) : d && \text{(„korrespondierende“ Subtraktion)}\\
\Leftrightarrow\ & (a+b) : (a-b) = (c+d) : (c-d)
\end{aligned}$$

Wir erbringen nur für eine Umstellung den Nachweis, da die anderen auf ähnliche Weise begründet werden können.

Behauptung: $a : b = c : d \Leftrightarrow (a+b) : b = (c+d) : d$

**Beweis:**

$$\begin{aligned}
& (a+b) : b = (c+d) : d\\
\Leftrightarrow\quad & \frac{a+b}{b} = \frac{c+d}{d}\\
\Leftrightarrow\quad & \frac{a}{b} + \frac{b}{b} = \frac{c}{d} + \frac{d}{d}\\
\Leftrightarrow\quad & \frac{a}{b} + 1 = \frac{c}{d} + 1\\
\Leftrightarrow\quad & \frac{a}{b} = \frac{c}{d}\\
\Leftrightarrow\quad & a : b = c : d
\end{aligned}$$

Sind mehrere Verhältnisse angegeben, so kann man sie in einer **Verhältniskette** (Kettenproportion) aufschreiben.

$a : b : c = d : e : f$

ist gleichbedeutend mit:

$a : b = d : e$

$\wedge\ b : c = e : f$

$\wedge\ a : c = d : f$

**Beispiel** $4 : 6 : 10 = 6 : 9 : 15$ ist gleichbedeutend mit:

$4 : 6 = 6 : 9$

$\wedge\ 6 : 10 = 9 : 15$

$\wedge\ 4 : 10 = 6 : 15.$

# Aufgaben zu 5.3

Bilden Sie aus den gegebenen Größen Verhältnisse und schreiben Sie diese als rationale Zahlen bzw. Terme!

**Beispiel:** 18 kg und 3 kg
18 kg : 3 kg = 6

1. $\frac{3}{4}$ m und 25 cm
2. 1 h 30 min und 15 min
3. 14 $m^2$ und 70 $dm^2$
4. 5 cm und 15 m
5. $18\frac{1}{3}$ km und $2\frac{1}{5}$ km
6. $2\frac{1}{7}$ und $\frac{5}{14}$
7. 5,2 und 3,9
8. $3{,}28\,x\,y$ und $4{,}1\,x$
9. $11{,}6\,u\,v^2$ und $0{,}29\,u\,v$
10. $(x^2 - 2\,x\,y + y^2)$ und $(x - y)$
11. $4\,a^2 - 9\,b^2$ und $2\,a + 3\,b$
12. $(a^2 + 6\,a\,b + 5\,b^2)$ und $(a + 5\,b)$
13. $(a^3 - b^3)$ und $(a - b)$

Bestimmen Sie das fehlende Glied ($x$ bzw. $y$) in folgenden Verhältnissen!

**Beispiel:** $x : 12 = 5$
$\Leftrightarrow x = 12 \cdot 5$
$\Leftrightarrow x = 60$

14. $36 : x = 3$
15. $y : 5\frac{1}{2} = 2\frac{1}{4}$
16. $8 : x = 5\frac{1}{3}$
17. $x : 48 = 4\frac{3}{8}$
18. $12\frac{1}{2} : y = 4\frac{1}{6}$
19. $x : 18 = 3\frac{5}{6}$
20. $6\frac{3}{4} : y = 0{,}125$
21. $y : (3\,a\,b) = 0{,}5\,a$
22. $(28\,a^2\,b^2) : x = 4\,a\,b$
23. $x : (3\,a - b) = \frac{1}{2}(a + b)$
24. $(5\,a^2 + a\,b - 6\,b^2) : y = 5\,a + 6\,b$
25. $y : (a + b) = a^2 - a\,b + b^2$
26. $(1{,}21\,r^2 - v^2) : x = 1{,}1\,r + v$

Drücken Sie die Verhältnisse möglichst einfach aus!

**Beispiel:** $15 : 3 = \frac{15}{3} : \frac{3}{3}$
$\Leftrightarrow 15 : 3 = 5 : 1$

27. $540 : 180$
28. $2\frac{1}{2} : 3\frac{1}{3}$
29. $2\frac{3}{4} : 3\frac{2}{3}$
30. $(4a^2\,\mathrm{d}) : (1{,}6a^2)$
31. 1,19 m : 1,87 m
32. 4,59 m : 408 cm
33. $8\frac{1}{3}$ h : 1 h 40 min
34. $(2\frac{4}{5}\,p^3\,q) : (2\frac{1}{3}\,p\,q^2)$
35. $(3\frac{1}{3}\,x) : \left(\frac{5\,b\,x}{2\,a}\right)$
36. $[4\,(a + b)\,y^2] : [6\,(a + b)\,y]$
37. $[6\frac{2}{3}\,(a - b)\,y] : [4\frac{1}{6}\,(a^2\,y - b^2\,y)]$
38. $[5\frac{1}{2}\,(a + b)^2] : [3\frac{1}{5}\,(a^2 - b^2)]$
39. $\frac{a + 1}{a - 1} : \frac{a^3 + 1}{a^3 - 1}$
40. $[7\frac{1}{8}\,(x - 1)\,p] : [4\frac{3}{4}\,(p\,y - p)]$
41. $\left(\frac{a}{b} - \frac{b}{a}\right) : \left(\frac{a - b}{a + b}\right)$

Bestimmen Sie das fehlende Glied ($x$) der Verhältnisgleichungen!

**Beispiel:** $4 : 12 = 1 : x$ oder $4 : 12 = 1 : x$

$\Leftrightarrow \frac{4}{12} = \frac{1}{x}$ $\quad\Leftrightarrow \frac{4}{4} : \frac{12}{4} = 1 : x$

$\Leftrightarrow \frac{1}{3} = \frac{1}{x}$ $\quad\Leftrightarrow 1 : 3 = 1 : x$

$\Leftrightarrow x = 3$ $\quad\Leftrightarrow x = 3$

42. $(0{,}8\,a) : (3{,}2\,a\,b) = 1 : x$
43. $(\frac{3}{4}\,a) : (1\frac{1}{4}\,b) = 1 : x$
44. $2 : 3 = 100 : x$
45. $(4\,a\,b) : (5\,a\,b^2) = (8\,a^2\,b^2) : x$
46. $(2{,}5\,a^2) : (4\,b) = (10\,a^2\,b) : x$
47. $(1{,}5\,n) : (1{,}8\,m) = n : x$
48. $7\frac{7}{8} : 3{,}75 = 28 : x$
49. $300 : 75 = x : 1$
50. $(4{,}5\,m) : (3{,}6\,n) = x : n$
51. $(1{,}75\,a^2\,b) : (3{,}5\,a) = x : 1$
52. $6\frac{2}{3} : 26\frac{1}{4} = x : 2\frac{1}{4}$
53. $(1{,}8\,y) : (1{,}6\,x) = y : (8\,x^2)$
54. $0{,}04 : 0{,}16 = x : 5$
55. $3\frac{1}{5} : \frac{8}{9} = x : 5$
56. $(\frac{3}{16}\,a) : (1\frac{1}{8}\,b\,y) = x : 1$

Prüfen Sie die Richtigkeit der Verhältnisgleichungen!

**Beispiel:** $5 : 12 = 6 : 15$
$\Leftrightarrow 5 \cdot 15 = 6 \cdot 12$
$\Leftrightarrow 75 = 72$ (falsch)

57. $38 : 48 = 57 : 72$
58. $5 : 3 = 2\frac{1}{2} : 1\frac{1}{2}$
59. $\frac{1}{9} : \frac{1}{12} = 8 : 6$
60. $1{,}8 : 2{,}4 = 2{,}4 : 3{,}2$
61. $0{,}26 : 1{,}04 = 0{,}4 : 1{,}6$
62. $(3\,u) : (0{,}5\,v) = (4{,}2\,u) : (0{,}7\,v)$
63. $(49{,}5\,a) : (0{,}9\,b) = (27{,}5\,a) : (0{,}5\,b)$
64. $\frac{3}{5} : \frac{4}{9} = 2\frac{1}{2} : 1\frac{1}{5}$
65. $1\frac{3}{8} : 14\frac{1}{6} = \frac{6}{17} : 3\frac{7}{11}$
66. $(3{,}4\,r) : (1{,}5\,s) = (4\,r) : (1{,}8\,s)$
67. $(4{,}5\,a) : (7\frac{1}{2}\,b) = (7\frac{1}{5}\,a) : (12\,b)$
68. $(1{,}8\,x) : (4{,}5\,y) = (2\,x) : (5\,y)$
69. $(8\,a^2\,b) : (5\,c) = (9{,}6\,a^2\,b^2) : (6\,b\,c)$

Bilden Sie aus den Produktgleichungen Verhältnisgleichungen!

**Beispiel:** $4 \cdot 6 = 3 \cdot 8 \Leftrightarrow 4:3 = 8:6$
$\Leftrightarrow 4:8 = 3:6$
$\Leftrightarrow 6:3 = 8:4$
$\Leftrightarrow 3:4 = 6:8$

70. $3 \cdot 2\frac{1}{2} = 5 \cdot 1\frac{1}{2}$
71. $5\frac{1}{4} \cdot 6\frac{2}{3} = 5\frac{5}{6} \cdot 6$
72. $5 \cdot a = 7 \cdot x$
73. $3a \cdot b = 4d \cdot e$
74. $m \cdot n = p \cdot q$
75. $a \cdot x = b \cdot y$
76. $x \cdot y = u \cdot v$

Soll zu drei bekannten Zahlen oder Größen $a$, $b$, $c$ aus der Verhältnisgleichung $a:b = c:x$ die vierte Zahl bzw. Größe bestimmt werden, so nennt man $x$ die **„4. Proportionale“.**

Bestimmen Sie jeweils die 4. Proportionale!

**Beispiel:** 6; 8; 9
$6:8 = 9:x$ Probe: $6:8 = 9:12$
$\Leftrightarrow 6x = 72$ $3:4 = 3:4$ (wahr)
$\Leftrightarrow \underline{x = 12}$

77. 14; 18; 21
78. 8; $3\frac{1}{5}$; $7\frac{1}{2}$
79. $2\frac{1}{2}$; $3\frac{3}{4}$; $2\frac{2}{3}$
80. 0,95; 1,75; 11,4
81. 1,17; 15,6; 0,45
82. $5ab$; $3bc$; $3\frac{1}{3}a$
83. $2\frac{1}{2}ac$; $1\frac{2}{3}bc$; $\frac{3}{4}ad$

Sind in einer Verhältnisgleichung die Innen- oder Außenglieder gleich, so nennt man die gesuchte Zahl oder Größe **„3. Proportionale“:**
$a:b = b:x$ oder $b:a = x:b$.

Bestimmen Sie zu den beiden gegebenen Zahlen jeweils die 3. Proportionale!

**Beispiel:** $a = 9$; $b = 6$
$9:6 = 6:x$ Probe: $9:6 = 6:4$
$\Leftrightarrow 9x = 36$ $3:2 = 3:2$ (wahr)
$\Leftrightarrow \underline{x = 4}$

84. $a = 16$; $b = 12$
85. $a = 1$; $b = \frac{2}{3}$
86. $a = 9$; $b = 15$
87. $a = 25$; $b = 30$
88. $a = 2\frac{1}{2}$; $b = \frac{3}{4}$
89. $a = 3$; $b = 5$
90. $a = 9$; $b = 12$

Sind in einer Verhältnisgleichung die Innenglieder gleich und unbekannt, so nennt man die gesuchte Zahl oder Größe die **„mittlere Proportionale“** (das **„geometrische Mittel“**): $a:x = x:b$.

Bestimmen Sie zu den gegebenen Zahlen oder Termen die mittlere Proportionale!

**Beispiel:** 18; 2
$18:x = x:2$ Probe: $18:6 = 6:2$
$\Leftrightarrow x^2 = 36$ $3:1 = 3:1$ (wahr)
$\Leftrightarrow \underline{x = 6}$ $(\vee\ x = -6)$

91. 9; 16
92. 18; 50
93. 5; 45
94. 0,04; 16
95. $4\frac{1}{2}$; $3\frac{1}{8}$
96. $\frac{ad}{b}$; $\frac{bd}{a}$
97. $(a+b)^2$; $(a-b)^2$

Bestimmen Sie jeweils die Definitions- und Lösungsmenge der Verhältnisgleichung ($G = \mathbb{Q}$)!

**Beispiel:** $(x+7):(x-7) = (2x+4):(2x-4)$
Definitionsmenge:
$x + 7 = 0 \Leftrightarrow x = -7$
$x - 7 = 0 \Leftrightarrow x = 7$
$2x + 4 = 0 \Leftrightarrow x = -2$
$2x - 4 = 0 \Leftrightarrow x = 2$ $D = \mathbb{Q} \setminus \{-7; -2; 2; 7\}$
Lösungsmenge:
$(x+7):(x-7) = (2x+4):(2x-4)$
$\Leftrightarrow (x+7)(2x-4) = (2x+4)(x-7)$
$\Leftrightarrow 2x^2 + 14x - 4x - 28 = 2x^2 + 4x - 14x - 28$
$\Leftrightarrow 10x - 28 = -10x - 28$
$\Leftrightarrow 20x = 0$
$\Leftrightarrow x = 0$
Probe: $7:(-7) = 4:(-4)$
$-1 = -1$ (wahr)
$0 \in D: \Rightarrow \underline{L = \{0\}}$.

98. $(8x-9):(3x+2)=7:8$

99. $(x-8):(x+5)=(x+4):(x-7)$

100. $(x-5):(x-7)=(x+1):(x+3)$

101. $(x+a):(b-x)=(x+c):(d-x)$

102. $(x+1):(x-1)=(3x-9):(3x-11)$

103. $[3(4x-5)]:[4(3x-7)]=[5(7x-3)]:[7(5x-4)]$

104. $[6(x-6)]:(2x-11)=(3x-14):(x-4)$

105. $(a^2-b^2):(ax-b)=(a+b):x$

106. $(15x+3):(5x+9)=(x-1):\frac{x}{3}$

107. $[2(6x-1)]:(2x-19)=(3x-10):\frac{x}{2}$

108. $[\frac{2}{3}(4x-1)]:[\frac{3}{4}(5x+1)]=2:3$

109. $\frac{9x-5}{10}:\frac{7x+20}{11}=4:5$

110. $\frac{4x-1}{7}:\frac{3x+8}{5}=15:28$

111. $\frac{5x-7}{3}:\frac{3x+5}{4}=6:5$

112. $\frac{7x+1}{8}:4=[\frac{2}{7}(4x-1)]:5$

113. $(3x-2):\frac{2(x-1)}{4x-7}=[2(3x-5)]:1$

Bestimmen Sie die Lösungsmenge mit Hilfe der korrespondierenden Addition bzw. Subtraktion ($G=\mathbb{Q}$)!

**Beispiel:** $(x-4):4=1:2$

Definitionsmenge:

$x-4=0 \Leftrightarrow x=4$

$D=\mathbb{Q}\setminus\{4\}$

Lösungsmenge:

$(x-4):4=1:2$

$\Leftrightarrow$ $(x-4+4):4=(1+2):2$ $(x\neq 0)$

$\Leftrightarrow$ $x:4=3:2$

$\Leftrightarrow$ $2x=12$

$\Leftrightarrow$ $x=6$

Probe:

$(6-4):4=1:2$

$2:4=1:2$ (wahr)

$6\in D \Rightarrow \underline{L=\{6\}}$

114. $(x-3):x=5:11$

115. $x:(6+x)=2:3$

116. $(x+5):5=9:4$

117. $\frac{2x+5}{2x-5}=3:5$

118. $x:(x+a)=5:6$

119. $(5x+7):(5x+3)=11:6$

120. $(x-4):(12-x)=5:3$

121. $(3x+4):(4x+3)=2:3$

122. $(7+x):(6-x)=4:9$

123. $(10-x):x=1:8$

Bilden Sie eine Verhältniskette!

**Beispiel:** $a:c=10:21$ Das kleinste gemeinsame Vielfache von 21 und 9 ist 63.

$\underline{\wedge\, b:c=8:9}$

$a:c=30:63$

$\wedge\, b:c=56:63$, also: $a:b:c=30:56:63$

124. $a:b=7:8$
$b:c=24:35$

125. $a:b=3:4$
$b:c=3:4$

126. $a:b=\frac{1}{2}:\frac{2}{3}$
$b:c=5:4$

127. $a:b=\frac{3}{4}:\frac{5}{6}$
$b:c=2\frac{1}{2}:4$

128. $a:b=2:3$
$b:c=4:5$
$c:d=3:4$

129. $a:b=4:5$
$b:c=2:3$
$c:d=15:16$

130. $a:b=4:3$
$a:c=6:5$
$a:d=8:7$

131. $a:b=5:6$
$b:c=8:3$
$c:d=6:7$

132. $a:b=2:3$
$b:c=5:6$
$c:d=9:8$

133. $a:b=6:7$
$a:c=8:9$
$a:d=12:13$

134. $p_1:p_2=v_2:v_1$
$p_2:p_3=v_3:v_2$

135. $r_1:r_2=n_2:n_1$
$r_2:r_3=n_3:n_2$

Bilden Sie aus der Verhältniskette einzelne Verhältnisgleichungen!

**Beispiel:** $a:b:c=24:21:22$

$$\left\{\begin{array}{l} a:b=24:21 \\ \wedge\, a:c=24:22 \\ \wedge\, b:c=21:22 \end{array}\right. \Leftrightarrow \left.\begin{array}{l} a:b=8:7 \\ \wedge\, a:c=12:11 \\ \wedge\, b:c=21:22 \end{array}\right\}$$

136. $a : b : c = 5 : 3 : 1$

137. $x : y : z = 9 : 5 : 4$

138. $a : b : c : d = 32 : 14 : 12 : 15$

139. $a : b : c : d = 30 : 35 : 24 : 27$

140. $u : v : w : x = 16 : 23 : 19 : 35$

141. $u : x : y : z = 1 : 19 : 11 : 4$

142. $u : v : x : y : z = 1{,}5 : 2 : 4{,}5 : 6 : 9$

**Beispiel:**
Die Maße zweier Nebenwinkel verhalten sich wie 3 : 5. Geben Sie die Winkelmaße an!

1. Winkel: $x°$
2. Winkel: $180° - x°$

$G = \{x \in \mathbb{Q} \mid 0 < x < 180\}$

Gleichung:

$x : (180 - x) = 3 : 5$

$\Leftrightarrow \quad 5x = 3(180 - x)$

$\Leftrightarrow \quad 5x = 540 - 3x$

$\Leftrightarrow \quad 8x = 540$

$\Leftrightarrow \quad x = 67{,}5$

Probe:

$67{,}5 : 112{,}5 = 3 : 5$

$337{,}5 = 337{,}5$ (wahr)

Ergebnis: Die Winkelmaße sind 67° 30′ und 112° 30′.

143. Eine Strecke soll im Verhältnis 4 : 5 geteilt werden. Wie groß sind die Teilstücke, wenn die ganze Strecke 36 cm lang ist?

144. Ein Dreieckswinkel beträgt 36°. Die beiden anderen Winkelmaße verhalten sich wie 7 : 2. Wie groß sind sie?

145. Bestimmen Sie die Winkelmaße eines gleichschenkligen Dreiecks, wenn sich das Maß des Außenwinkels an der Basis zum Maß des Außenwinkels an der Spitze wie 11 : 14 verhält.

146. In einem rechtwinkligen Dreieck bildet die Winkelhalbierende des rechten Winkels mit der Hypotenuse Winkel, deren Maße sich wie 2 : 3 verhalten. Bestimmen Sie die Winkelmaße des Dreiecks!

147. In einem Parallelogramm verhalten sich die Winkelmaße wie 2 : 3. Bestimmen Sie diese!

148. Zwei Strecken von 12 m bzw. 15 m Länge sollen um ein gleichlanges Stück verlängert werden, so daß sich die neuen Längen wie 6 : 7 verhalten.

149. Zwei Strecken von 21 m bzw. 27 m sollen um ein gleichlanges Stück verkürzt werden, so daß sich die neuen Längen wie 1 : 2 verhalten.

150. Die Winkelmaße eines Dreiecks verhalten sich wie 1,5 : 2 : 5,5. Wie groß sind sie?

151. In einem Viereck verhalten sich die Winkelmaße wie 1 : 2,5 : 3 : 3,5. Bestimmen Sie diese!

152. Wie verhalten sich die Flächeninhalte von drei Kreisen, deren Radien sich wie 3 : 4 : 5 verhalten? Wie groß sind die Flächeninhalte, wenn der kleinste Radius 2 cm beträgt?

153. Bestimmen Sie die Massen von drei Eisenkugeln, deren Durchmesser sich wie 4 : 5 : 6 verhalten, wenn der kleinste Durchmesser 1 cm beträgt und $\varrho = 7{,}5\ \mathrm{kg/dm^3}$ ist! $\left(V = \frac{\pi \cdot d^3}{6}\right)$

154. Eine Akkordkolonne erhält 2938 DM ausgezahlt. Man teilt sich den Verdienst im Verhältnis 4 : 3 : 2,5 auf.

155. 100 DM sind so in drei Geldbeträge $a$, $b$, $c$ zu zerlegen, daß sich $a : b = 2 : 3$ und $b : c = 12 : 5$ verhalten.

156. Von drei Zahlen verhält sich die erste zur zweiten wie 2 : 3, die zweite zur dritten wie 5 : 8. Die Summe aller drei Zahlen ist 49.

157. Die Seitenlängen eines Dreiecks, dessen Umfang 336 cm beträgt, verhalten sich wie 13 : 14 : 15. Wie lang sind die Seiten?

158. In einem rechtwinkligen Dreieck verhalten sich die Seitenlängen wie 3 : 4 : 5. Wie groß sind sie, wenn der Umfang 96 cm beträgt?

159. Die Zahl 200 ist additiv so zu zerlegen, daß sich die Summanden $u$, $v$, $w$, $z$ wie folgt verhalten: $u : v = 5 : 3$, $u : w = 2 : 1$ und $v : z = 3 : 2$.

160. Vier Erzsorten *I*, *II*, *III*, *IV* sollen im Verhältnis 1,5 : 2 : 3,5 : 5 gemischt werden. Wieviel t der einzelnen Erze sind erforderlich, wenn der Hochofen je Tag 1800 t Erz verarbeitet?

161. Zur Herstellung einer Glassorte muß man 25 Teile Quarz, 9 Teile Soda und 2 Teile Kreide zusammenschmelzen. Wieviel kg von den Stoffen ist notwendig, um 372 kg Glas herzustellen?

## 5.4 Formeln

Den Begriff „Formel" verwenden wir in zweierlei Bedeutung:

### 1. Formel als mathematischer Satz

**Beispiele**

Erstes Distributivgesetz: $a \cdot (b + c) = a \cdot b + a \cdot c$ (für alle $a, b, c \in \mathbb{Q}$)
Erste binomische Formel: $(a + b)^2 = a^2 + 2ab + b^2$ (für alle $a, b \in \mathbb{Q}$)

Diese Formeln sind allgemeingültige Aussageformen. Die vorkommenden Variablen sind voneinander unabhängig.

### 2. Formel als Gesetzmäßigkeit zwischen Größen

**Beispiele**

Hebelgesetz: $F_1 \cdot a_1 = F_2 \cdot a_2$ ($F_1, F_2$: Kräfte; $a_1, a_2$: Längen)
Ohmsches Gesetz: $U = I \cdot R$ ($U$: Spannung; $R$: Widerstand; $I$: Stromstärke)
Satz des Pythagoras: $a^2 + b^2 = c^2$ ($a, b, c$: Längen)

Diese Formeln sind Aussageformen, die nur für bestimmte physikalische bzw. geometrische Voraussetzungen allgemeingültig sind. Die vorkommenden Variablen sind voneinander abhängig.

In diesem Abschnitt werden wir unter Formeln Gesetzmäßigkeiten zwischen Größen verstehen.

Viele Formeln aus der Geometrie, den Naturwissenschaften und der Technik beruhen auf **„proportionalen"** bzw. **„antiproportionalen"** Zuordnungen.

**Beispiel**

Bei einer gleichförmigen Bewegung (Geschwindigkeit $v = \text{konst.}$) ist das Verhältnis zweier Wegstrecken $s_1, s_2$ gleich dem Verhältnis der entsprechenden Zeiten $t_1, t_2$:

$$s_1 : s_2 = t_1 : t_2$$

oder $\frac{s_1}{s_2} = \frac{t_1}{t_2}$ **(„Quotientengleichheit")**.

Wir nennen dann den Weg $s$ **„proportional"** zur Zeit $t$ ($s \sim t$, gelesen: „$s$ proportional $t$") und können schreiben:

$$\frac{s}{t} = \text{konst.} \quad \text{(proportionale Zuordnung)}$$

Die Konstante heißt **„Proportionalitätsfaktor"**, hier die Geschwindigkeit $v$:

$$\frac{s}{t} = v \quad \text{oder} \quad s = v \cdot t.$$

Betrachten wir dagegen für eine bestimmte Wegstrecke ($s = \text{konst.}$) das Verhältnis zweier Geschwindigkeiten $v_1, v_2$ und das der entsprechenden Zeiten $t_1, t_2$, so ergibt sich:

$$v_1 : v_2 = t_2 : t_1$$

oder $v_1 \cdot t_1 = v_2 \cdot t_2$ **(„Produktgleichheit")**

Wir nennen dann die Geschwindigkeit $v$ **„antiproportional"** zur Zeit $t$ $\left(v \sim \frac{1}{t}\right)$ und können schreiben:

$$v \cdot t = \text{konst.} \quad \text{(antiproportionale Zuordnung)}$$

In der Formel $s = v \cdot t$ stecken also drei Beziehungen:

$v$ konstant: $s \sim t$ (proportionale Zuordnung: $\frac{s}{t} = v$, $s = v \cdot t$)

$t$ konstant: $s \sim v$ (proportionale Zuordnung: $\frac{s}{v} = t$, $s = t \cdot v$)

$s$ konstant: $v \sim \frac{1}{t}$ (antiproportionale Zuordnung: $v \cdot t = s$, $v = s \cdot \frac{1}{t}$)

Beim **Rechnen mit Formeln** ist besonders darauf zu achten, daß die Einheiten übereinstimmen. Durch Änderung der Einheiten ändern sich in der Regel auch die Maßzahlen der Größen.

**Beispiel**

$$21{,}6\,\text{km} = 7{,}2\,\frac{\text{km}}{\text{h}} \cdot 3\,\text{h}$$

ist gleichbedeutend mit

$$21\,600\,\text{m} = 2\,\frac{\text{m}}{\text{s}} \cdot 10\,800\,\text{s}.$$

Gewöhnlich werden Formeln verwendet, wenn mit Hilfe gegebener Größen eine andere Größe berechnet werden soll. Dazu muß die Formel so umgestellt werden, daß die gesuchte Größe auf einer Seite des Gleichheitszeichens allein steht. Das ist das gleiche Verfahren, wie wir es für das Lösen von Gleichungen (Bruchgleichungen) mit Formvariablen bereits kennen.

**Beispiel**

Stellen Sie die Formel für die Berechnung des Flächeninhalts eines Trapezes nach $g_1$ um!

Wir betrachten $g_1$ als Lösungsvariable, alle anderen Variablen als Formvariable:

$$A = \frac{g_1 + g_2}{2} \cdot h$$

$$\Leftrightarrow \quad 2A = (g_1 + g_2) \cdot h$$

$$\Leftrightarrow \quad \frac{2A}{h} = g_1 + g_2$$

$$\Leftrightarrow \quad g_1 = \frac{2A}{h} - g_2$$

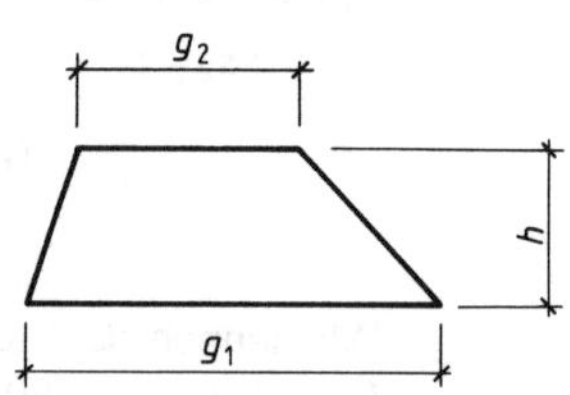

**Abb. 5.2**

In ähnlicher Weise können Formeln in der Regel nach jeder gewünschten Größe umgestellt werden.

# Aufgaben zu 5.4

Geben Sie für jede Formel alle proportionalen und alle antiproportionalen Zuordnungen an!

**Beispiel:** $m = \varrho \cdot V$ ($m$: Masse, $\varrho$: Dichte, $V$: Volumen)

$\varrho$ konstant: $m \sim V$

$V$ konstant: $m \sim \varrho$

$m$ konstant: $\varrho \sim \frac{1}{V}$

1. $F = D \cdot s$ ($F$: Kraft, $D$: Federkonstante, $s$: Ausdehnung)
2. $F = m \cdot a$ ($F$: Kraft, $m$: Masse, $a$: Beschleunigung)
3. $\frac{U}{I} = R$ ($U$: Spannung, $I$: Stromstärke, $R$: Widerstand)
4. $A = a \cdot b$ ($A$: Flächeninhalt; $a$, $b$: Seitenlängen)
5. $M = d \cdot \pi \cdot h$ ($M$: Mantelfläche eines Zylinders, $d$: Durchmesser, $h$: Höhe)
6. $\Delta l = l_0 \cdot \alpha \cdot \Delta T$ ($\Delta l$: Längenausdehnung, $l_0$: Ausgangslänge, $\alpha$: Ausdehnungszahl, $\Delta T$: Temperaturdifferenz)
7. $P = \frac{F \cdot s}{t}$ ($P$: Leistung, $F$: Kraft, $s$: Weg, $t$: Zeit)
8. $Z = \frac{K \cdot i \cdot p}{100}$ ($Z$: Zinsen, $K$: Kapital, $i$: Zeitfaktor, $p$: Zinssatzzahl)

**Proportionale Zuordnungen**

**Beispiel:** Wieviel kosten $7\frac{1}{2}$ m Treibriemen, wenn man für $2\frac{2}{3}$ m 24 DM bezahlt?

Gesuchte Größe: $x$ DM

$G = \mathbb{Q}^+$

Gleichung: $\frac{8}{3}\text{ m} : \frac{15}{2}\text{ m} = 24\text{ DM} : x\text{ DM}$

$$\Leftrightarrow \frac{8}{3}x = 24 \cdot \frac{15}{2}$$

$$\Leftrightarrow \frac{8x}{3} = 180$$

$$\Leftrightarrow x = \frac{180 \cdot 3}{8}$$

$$\Leftrightarrow x = \frac{45 \cdot 3}{2}$$

$$\Leftrightarrow x = 67{,}5$$

oder $24\text{ DM} : \frac{8}{3}\text{ m} = x\text{ DM} : \frac{15}{2}\text{ m}$

$$\Leftrightarrow \frac{8}{3}x = 24 \cdot \frac{15}{2}$$

Probe: 1 m kostet $\frac{24 \cdot 3}{8}$ DM = 9 DM,

$7\frac{1}{2}$ m kosten $\frac{15 \cdot 9}{2}$ DM = 67,50 DM.

Ergebnis: $7\frac{1}{2}$ m Treibriemen kosten 67,50 DM.

9. Für einen Träger von 5,50 m Länge bezahlt man 49,50 DM. Wieviel kostet ein gleichartiger Träger von 9,75 m Länge?
10. 7,20 m I 20 wiegen 189,36 kg. Wieviel wiegt ein Stück I 20 von 2,50 m Länge?
11. Eine Blechplatte von 10 mm Dicke wiegt 18,4 kg. Wie schwer ist eine gleichgroße Platte von 16 mm Dicke?
12. Zwei Riemenscheiben mit $D = 980$ mm und $d = 630$ mm Durchmesser werden mit Leder belegt. Wieviel kg braucht man für die kleinere Scheibe, wenn man für die große 10,5 kg braucht?
13. Ein 4 m hoher Telegrafenmast wirft einen Schatten von 6,52 m. Wie hoch ist der Kirchturm, der zur gleichen Zeit einen Schatten von 90,85 m wirft?
14. Ein Turm warf mittags einen Schatten von 33,60 m, ein 4,80 m hoher Leitungsmast hatte zur gleichen Zeit einen Schatten von 2,80 m Länge. Wie hoch ist der Turm?
15. 15 m Kabel, das je m 4,50 DM kostet, werden gegen ein anderes, das nur 3,75 DM je m kostet, ausgetauscht. Wieviel m des neuen Kabels erhält man zum gleichen Gesamtpreis?

16. Eine 20 mm lange Linie in einer Zeichnung stellt eine Strecke von 28 m dar. Welcher Strecke entspricht dann eine 35 mm lange Linie?

17. In einer Zeichnung ist durch eine Linie von 450 mm eine 7500 mm lange Linie dargestellt. Es soll eine Länge von 5,85 m in der Zeichnung dargestellt werden.

18. Ein Baum wirft auf die Ebene einen Schatten von 21,6 m Länge. Ein Stab von 1,3 m Länge wirft zur gleichen Zeit einen Schatten von 0,9 m Länge. Wie hoch ist der Baum?

19. 5300 DM bringen in einer bestimmten Zeit 212 DM Zinsen. Wieviel Zinsen erhält man bei gleichem Zinssatz und gleicher Zeit für 950 DM?

20. 2500 DM bringen bei 4% in einer gewissen Zeit 300 DM Zinsen. Wie groß ist das Kapital, das in der gleichen Zeit bei 5% 400 DM Zinsen bringt?

**Antiproportionale Zuordnungen**

**Beispiel:** Will man eine Arbeit in 18 Tagen vollenden, so sind 54 Arbeiter einzusetzen. Wie viele Arbeiter sind nötig, wenn die Arbeit in 12 Tagen vollendet sein soll?

Gesuchte Größe: $x$

$G = \mathbb{N}$

Gleichung: $18 : 12 = x : 54$ oder $18 \cdot 54 = 12 \cdot x$

$\Leftrightarrow \quad 3 : 2 = x : 54 \qquad \Leftrightarrow x = \frac{18 \cdot 54}{12}$

$\Leftrightarrow \quad 2x = 162 \qquad \Leftrightarrow x = 81$

$\Leftrightarrow \quad x = 81$

Probe: $18 \cdot 54 = 12 \cdot 81$

$972 = 972$ (wahr)

Ergebnis: Es müssen 81 Arbeiter eingesetzt werden.

21. Um eine Arbeit in 80 Tagen vollenden zu können, benötigt man 5 Arbeiter. Unter gleichen Arbeitsbedingungen sollen 16 Arbeiter eingesetzt werden. In welcher Zeit ist die Arbeit vollendet?

22. Wenn ein Wanderer täglich 25 km zurücklegt, gelangt er in 6 Tagen an sein Ziel. Er will das Ziel jedoch schon in 5 Tagen erreichen. Wieviel km muß er täglich zurücklegen?

23. Ein zweiseitiger Hebel von 5,40 m Länge ist 1,20 m von einem Ende aus unterstützt. Am kurzen Arm hängen 49,42 N. Wie ist der andere Arm zu belasten, damit sich Gleichgewicht einstellt?

24. Ein zweiseitiger Hebel ist im Gleichgewicht, wenn er mit 8,75 N bzw. 10,5 N belastet wird. Wie ist das Verhältnis der Längen der Hebelarme?

25. Die Arme eines zweiseitigen Hebels sind 84 cm bzw. 60 cm lang. Wie ist der kurze Hebelarm zu belasten, wenn der lange mit 27,5 N belastet wird?

26. Wie ist ein Sicherheitsventil zu belasten, damit es dem Dampfdruck von 108 N das Gleichgewicht hält, wenn die Arme des einseitigen Hebels 12 cm bzw. 54 cm lang sind?

27. Welche Last kann mit einer Kraft von 30 N durch ein Wellrad (s. Abb. 5.3) gehoben werden, wenn der Wellendurchmesser 15 cm und der Kurbelhalbmesser 40 cm beträgt?

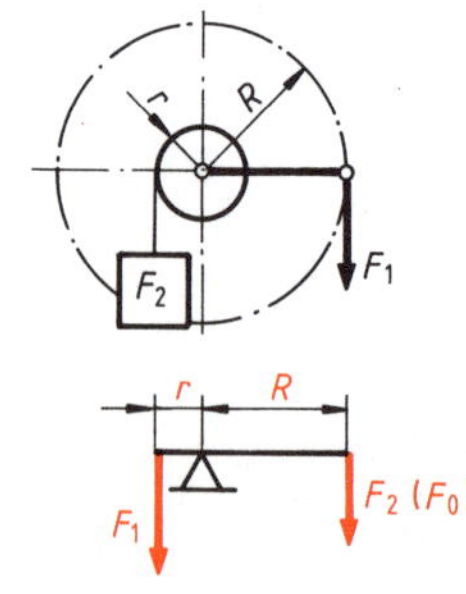


**Abb. 5.3**

28. Der längere Arm eines zweiseitigen Hebels ist mit 66 N belastet, der 0,96 m lange Arm mit 75,27 N. Bestimmen Sie die Hebellänge, wenn in dem System Gleichgewicht vorhanden sein soll.

29. Ein Zahnrad mit 72 Zähnen macht $n_1 = 48$ U/min. Wie viele Zähne hat ein anderes Zahnrad, das mit dem ersten im Eingriff steht und sich mit $n_2 = 54$ U/min dreht?

30. Die Drehzahlen von zwei Riemenscheiben $n_1$ und $n_2$ verhalten sich wie 1 : 3,5. Wie groß ist der Durchmesser $d_2$, wenn $d_1 = 210$ mm mißt?

31. Das Übersetzungsverhältnis an einem Fahrrad ist 25 : 8 innerhalb der Kettenräder. Bestimmen Sie die Drehzahl des Hinterrades, wenn sich das große Kettenrad 30mal gedreht hat!

32. Eine Kreiselpumpe soll 1400 Umdrehungen je Minute machen. Der Antriebsmotor hat eine Drehzahl von 600 U/min. Auf der Motorwelle befindet sich ein Zahnrad mit 21 Zähnen. Wie viele Zähne muß das Zahnrad an der Pumpenwelle haben?

33. Das Antriebsrad mit 120 Zähnen macht 220 U/min. Das getriebene Rad soll 330 Umdrehungen in der Minute machen. Wie viele Zähne muß das getriebene Rad haben?

34. Ein Aufzug wurde bisher mit einer Hubgeschwindigkeit $v = 0{,}3$ m/s betrieben. Die Fahrzeit betrug dabei 120 s. Er soll jetzt bei gleicher Hubhöhe auf eine Fahrzeit von 100 s gebracht werden.

**Vermischte Aufgaben**

35. Zur Herstellung von 60 kg Bronze braucht man 8,4 kg Zinn. Wieviel Zinn sind zur Herstellung von 170 kg Bronze notwendig?

36. Der Kohlevorrat einer Fabrik mit 8 Dampfkesseln reicht für 12 Tage, wenn man nur mit 5 Kesseln arbeitet. Wie lange reicht der Vorrat, wenn alle Kessel in Betrieb genommen werden?

37. Glockenmetall enthält 78 Teile Kupfer und 22 Teile Zinn. Für die Legierung stehen 390 kg Kupfer zur Verfügung. Wieviel kg Zinn sind erforderlich?

38. Neusilber besteht aus 50% Kupfer, 30% Zink und dem Rest Nickel. Wieviel kg der Legierungsmetalle sind notwendig, um 1,216 t Neusilber herzustellen, wenn beim Schmelzen 5% durch Abbrand verlorengehen?

39. Rotguß 5 (Rg 5) enthält 85 Teile Kupfer, 5 Teile Zinn, 7 Teile Zink und 3 Teile Blei. Es sind für einen Abguß 1,4 t Metall notwendig. Die Schmelzverluste betragen beim Kupfer 3%, beim Zinn 6%, beim Zink 5% und beim Blei 12%. Wieviel t der einzelnen Metalle sind erforderlich?

40. Bei der Betonherstellung wird Zement, Steinsand und Kleinsplitt im Verhältnis 1 : 3 : 4 gemischt. Für eine Betondecke sind 4,62 t Beton erforderlich. Der auftretende Schwund wird mit 5% angenommen.

41. Zum Sprengen im Steinbruch verwendet man Pulver, das aus Salpeter, Kohle und Schwefel zusammengesetzt ist. Die Massen verhalten sich wie folgt: Salpeter zu Kohle wie 16 : 5, Salpeter zu Schwefel wie 10 : 3. Wieviel der einzelnen Stoffe ist zur Herstellung von 5934 kg Sprengstoff erforderlich?

42. Für die Beleuchtung einer Kleinstadt mit 450 Brennstellen werden bei 7stündiger Brenndauer je Tag jährlich 16 800 DM aufgewendet. Wieviel kostet die Beleuchtung einer anderen Stadt, die nur über 360 Brennstellen verfügt, die täglich 6 h brennen?

43. Ein Grundstück, das 60 m lang und 37,5 m breit ist, kostet 129 600 DM. Wie teuer ist das Nachbargrundstück (gleicher $m^2$-Preis), das 48 m lang und 50 m breit ist?

44. Die Flächeninhalte zweier Parallelogramme mit gleicher Grundlinie verhalten sich wie 4 : 5. Wie groß sind ihre Höhen, wenn die eine um 2 cm größer ist als die andere?

45. Der Flächeninhalt eines Rechtecks beträgt 800 $cm^2$, sein Umfang 120 cm. Wie groß sind die Rechteckseiten, wenn sie sich wie 2 : 1 verhalten?

46. Vier flächengleiche Rechtecke haben als lange Seiten $a_1 = 15$ cm, $a_2 = 20$ cm, $a_3 = 24$ cm und $a_4 = 30$ cm. In welchem Verhältnis stehen die Längen der kurzen Seiten?

47. Bei einer hydraulischen Presse ist der Durchmesser des Pumpenkolbens 5 cm, der des Arbeitskolbens 50 cm. Der Pumpenkolben wird mit einer Kraft von $F_1 = 50$ N bewegt, die an dem Ende eines einseitigen Hebels wirkt, dessen Armlängen sich wie 1 : 6 verhalten. Bestimmen Sie die Kraft $F_2$ des Arbeitskolbens!

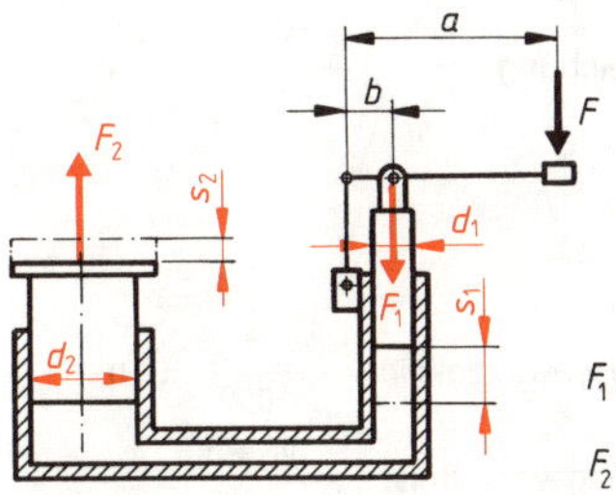


$F_1 = F \cdot \frac{a}{b}$

$F_2 = F \cdot \frac{a}{b} \cdot \frac{(d_2)^2}{(d_1)^2}$

**Abb. 5.4**

48. Legt man den Boden eines Flures mit quadratischen Platten von 0,4 m Seitenlänge aus, so braucht man in der Länge 35 Stück und in der Breite 25 Stück. Man will den Raum mit quadratischen Fliesen von 0,5 m Kantenlänge auslegen.

49. 15 $m^3$ Formsand werden von einer Sandaufbereitungsanlage in 2 h 40 min geliefert. Die Anlage ist 5 h 20 min in Betrieb.

50. Aus 2,5 t Altsand wurden 175 kg Eisenteile ausgeschieden. Es werden 23 t Altsand aufbereitet.

51. Ein Formsand wird aus Altsand, Neusand und Steinkohlenstaub im Verhältnis 4,5 : 4 : 1 hergestellt. Es werden 37 $m^3$ Formsand benötigt.

52. Zwei miteinander im Eingriff stehende Zahnräder haben einen Umfang von 70 cm bzw. 85 cm. Das große Rad dreht sich in 1 min 500mal.

53. Der Antriebsmotor einer Schleifmaschine macht $n_1 = 1400$ U/min. Auf der Motorwelle befindet sich eine Scheibe mit $d_1 = 120$ mm, die Scheibe auf der Welle des Schleifbocks ist $d_2 = 40$ mm im Durchmesser. Die Schleifscheibe darf bei einem Durchmesser von $D = 100$ mm eine Umfangsgeschwindigkeit von $v = 25$ m/s haben. Ist die erreichte Drehzahl zulässig?

Stellen Sie die Formeln nach allen Größen um!

**Beispiel:** Flächeninhalt eines Dreiecks: $A = \frac{g \cdot h}{2}$

| | |
|---|---|
| $A = \frac{g \cdot h}{2}$ | $A = \frac{g \cdot h}{2}$ |
| $\Leftrightarrow 2A = g \cdot h$ | $\Leftrightarrow 2A = g \cdot h$ |
| $\Leftrightarrow \frac{2A}{h} = g$ | $\Leftrightarrow \frac{2A}{g} = h$ |
| $\Leftrightarrow g = \frac{2A}{h}$ | $\Leftrightarrow h = \frac{2A}{g}$ |

**Aus der Geometrie**

54. Umfang eines Rechtecks: $U = 2a + 2b$
55. Volumen eines Quaders: $V = a \cdot b \cdot c$
56. Oberfläche eines Quaders: $O = 2ab + 2ac + 2bc$
57. Mantel eines Kegels: $M = \pi \cdot r \cdot s$
58. Mantel eines Kegelstumpfes: $M = \pi s (r_1 + r_2)$
59. Oberfläche eines Zylinders: $O = 2 \pi r (r + h)$ (Umstellung nur nach $h$)

**Aus der Physik**

60. Reibungskraft: $F_R = f \cdot F_N$
61. Hebelgesetz: $F_1 \cdot l_1 = F_2 \cdot l_2$
62. Gesetz von Gay-Lussac: $V = V_0 \left(1 + \frac{\Delta T}{273}\right)$
63. Tauchgewicht: $F_G^* = V \cdot a_g (\varrho_K - \varrho_A)$
64. Elastischer Stoß: $v_e = \frac{m_1 v_1 + m_2 v_2}{m_1 + m_2}$
65. Spezifische Wärmekapazität: $c = \frac{Q}{m (\vartheta_1 - \vartheta_2)}$
66. Mischungstemperatur: $\vartheta_M = \frac{m_1 \vartheta_1 + m_2 \vartheta_2}{m_1 + m_2}$
67. Elektrischer Widerstand: $R = \frac{\varrho \cdot l}{A}$
68. Parallelgeschaltete Widerstände: $\frac{1}{R_g} = \frac{1}{R_1} + \frac{1}{R_2}$
69. Klemmenspannung: $U_{Kl} = U_0 - R_i \cdot I$
70. Linsengleichung: $\frac{1}{f} = \frac{1}{g} + \frac{1}{b}$

**Aus der Technik**

71. Schnittgeschwindigkeit: $v = \frac{d}{1000} \cdot \pi \cdot n$
72. Verdichtungsverhältnis: $\varepsilon = \frac{V_H + V_c}{V_c}$
73. Kraftstoffverbrauch: $B = \frac{3600 \cdot V \cdot \varrho}{1000 \cdot t}$
74. Riementrieb: $d_1 \cdot n_1 = d_2 \cdot n_2$
75. Ventilöffnungszeit: $t = \frac{60 \cdot \alpha}{n \cdot 360°}$
76. Windlast: $W = c_f \cdot q \cdot A$
77. Viskosität: $\eta = \frac{\tau \cdot y}{v_2 - v_1}$
78. Biegemoment: $M_x = \frac{q \cdot x}{2} (l - x)$
79. Schneckengewinde: $F_1 = \frac{F_2 \cdot r \cdot z}{R \cdot Z}$
80. Fugenbreite: $b = \frac{a \cdot \alpha_T \cdot \Delta T}{0{,}25}$
81. Fenster-Sonnenschutz: $s = f \cdot g_v \cdot z$
82. Wärmedurchgangszahl: $k_m = \frac{k_F \cdot A_F + k_W \cdot A_W}{A_F + A_W}$

## 5.5 Lösen von Betragsgleichungen

Gleichungen, bei denen eine Variable innerhalb von Betragsstrichen auftritt, heißen **„Betragsgleichungen"**.

**Beispiele**

**1.** $|x| = 4 \Leftrightarrow x = 4 \vee x = -4$
$L_1 = \{4\}; \quad L_2 = \{-4\}$
$L = L_1 \cup L_2 = \underline{\{-4; 4\}}.$

Probe: $|4| = 4$ (wahr)
$|-4| = 4$ (wahr)

Aufgrund der Definition des Betrages kann die Betragsgleichung in eine Oder-Verknüpfung (Adjunktion) von zwei Gleichungen umgeformt werden. Die Lösungsmenge der Betragsgleichung ist dann die Vereinigungsmenge der Lösungsmengen der beiden Gleichungen.

**2.** $|x+3| = 5$
$\Leftrightarrow x+3 = 5 \vee x+3 = -5$
$\Leftrightarrow x = 2 \vee x = -8$
$L_1 = \{2\}; \quad L_2 = \{-8\}$
$\underline{L = \{-8; 2\}}$

Probe: $|2+3| = 5$
$5 = 5$ (wahr)
$|-8+3| = 5$
$|-5| = 5$ (wahr)

**3.** $|4-2x| = 0$
$\Leftrightarrow 4-2x = 0$
$\Leftrightarrow 2x = 4$
$\Leftrightarrow x = 2$
$\underline{L = \{2\}}$

Probe: $|4-2 \cdot 2| = 0$
$|0| = 0$ (wahr)

Eine Betragsgleichung kann also auch nur eine Lösung besitzen.

**4.** $|3x+1| = -3$
$\underline{L = \{\,\}}$ (Begründung: für alle $x \in \mathbb{Q}$ gilt: $|3x+1| \geqq 0$)

Das ist ein Beispiel einer Betragsgleichung, die keine Lösung besitzt.

**5.** $|x-a| = b$
Wir müssen drei Fälle unterscheiden:

**1. Fall:** $b > 0$: $|x-a| = b$
$\Leftrightarrow x-a = b \vee x-a = -b$
$\Leftrightarrow x = a+b \vee x = a-b$
$L_1 = \{a+b\}; \quad L_2 = \{a-b\}$
$\underline{L = \{a-b; a+b\}}$

Probe: $|a+b-a| = b$
$|b| = b$ (wahr)
$|a-b-a| = b$
$|-b| = b$ (wahr)

**2. Fall:** $b = 0$: $|x-a| = 0$
$\Leftrightarrow x-a = 0$
$\Leftrightarrow x = a$
$\underline{L = \{a\}}$

Probe: $|a-a| = 0$
$|0| = 0$ (wahr)

**3. Fall:** $b < 0$: $|x-a| = b$
$\underline{L = \{\,\}}$

# Aufgaben zu 5.5

Bestimmen Sie jeweils die Lösungsmenge über der Grundmenge $\mathbb{Q}$ ($x$ Lösungsvariable)!

1. $|x-6| = 6$
2. $|4x+5| = 9$
3. $|2-5x| = 7$
4. $\left|\frac{2}{3} - \frac{1}{2}x\right| = 1$
5. $|5x+11| = -4$
6. $\left|6 + \frac{x}{2}\right| = 2$
7. $|3+3x| = 0$
8. $|5x| + 3 = -12$
9. $\left|\frac{x}{3}\right| - 6 = -2$
10. $\frac{|2x-4|}{3} = 6$
11. $\frac{|5x+1|}{5} = 0$
12. $2|x| = 6$
13. $\frac{1}{3}|x| = 8$
14. $5 - |x| = -2$
15. $10 - 4|1-x| = -14$
16. $\frac{1}{|x|} = 2$
17. $|x| = x$
18. $|x| = a$
19. $|ax| = b$
20. $|x| + a = b$
21. $|a-x| = b$
22. $|x| = |a|$
23. $|x-4{,}2| = |x+1{,}3|$
24. $5|2x-7| = -|1{,}4x+7|$

# 6 Funktionen

## 6.1 Empirische Funktionen und ihre Darstellung

Bei einem Testfahrzeug wurde gemessen, wie hoch der Benzinverbrauch auf jeweils 100 km für verschiedene Geschwindigkeiten ist. Die Ergebnisse sind in einer Tabelle festgehalten.

**Wertetabelle:**

| Geschwindigkeit in km/h | 40 | 50 | 60 | 70 | 80 | 90 | 100 | 110 | 120 | 130 |
|---|---|---|---|---|---|---|---|---|---|---|
| Verbrauch in *l*/100 km | 5,9 | 5,4 | 5,7 | 6,3 | 7,1 | 8,0 | 8,9 | 10,1 | 11,4 | 12,8 |

Lesen Sie: Bei einer gleichbleibenden Geschwindigkeit von 40 km/h hat das Testfahrzeug 5,9 *l* auf 100 km verbraucht.

Die Abhängigkeit zwischen Geschwindigkeit und Verbrauch des Fahrzeugs kann in einer graphischen Darstellung veranschaulicht werden.

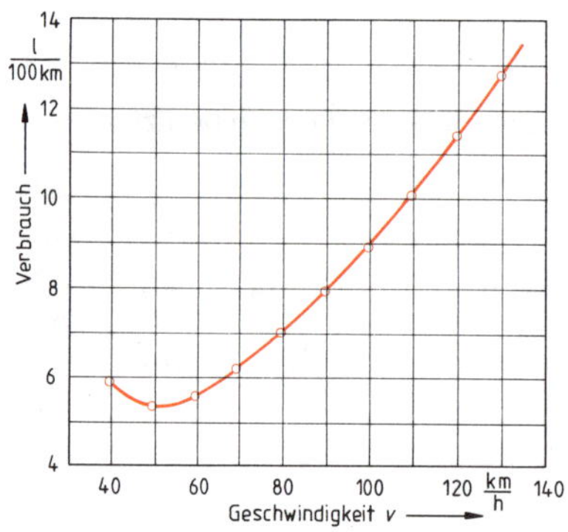


**Abb. 6.1**

**Schaubild**

In waagerechter Richtung tragen wir die Geschwindigkeiten ein, senkrecht dazu den Verbrauch. Für jede der in der Tabelle angegebenen Messungen zeichnen wir einen Punkt. Die Punkte dürfen wir nicht einfach geradlinig verbinden; denn den Messungen ist nicht zu entnehmen, wie sich der Verbrauch zwischen den gemessenen Geschwindigkeiten ändert. Wir können es bestenfalls vermuten. Tatsächlich ergibt sich bei zahlreichen Einzelmessungen ungefähr die eingezeichnete Kurve, also keine geradlinige Verbindung zwischen den Punkten.

Solche Abhängigkeiten zwischen zwei Größen nennt man in der Mathematik **„Funktionen"**. Erhält man den funktionalen Zusammenhang aufgrund von Untersuchungen oder Meßreihen, spricht man von **„empirischen"** Funktionen (Erfahrungsfunktionen). Funktionen lassen sich in nahezu allen Lebensbereichen feststellen, daher ist ihre genaue Untersuchung sehr wichtig.

Um Funktionen allgemein beschreiben oder darstellen zu können, bezeichnet man eine der beiden Größen gewöhnlich mit „$x$", die andere mit „$y$". Für die graphische Darstellung wird in der Mathematik meistens das **„kartesische Koordinatensystem"** gewählt: Auf zwei sich rechtwinklig schneidenden Geraden (Achsen) trägt man in waagerechter Richtung die $x$-Werte, in dazu senkrechter Richtung die $y$-Werte ab. Die waagerechte Achse bezeichnet man daher meist als $x$-Achse (oder: „Abszissenachse"), die dazu senkrechte Achse als $y$-Achse (oder: „Ordinatenachse"), beide zusammen als Koordinatenachsen. (Manchmal spricht man auch von der 1. Achse und der 2. Achse.) Der Achsenschnittpunkt erhält die Bezeichnung „Ursprung". Auf der $x$-Achse werden vom Ursprung aus nach rechts die positiven Werte, nach links die negativen Werte angetragen; auf der $y$-Achse werden nach oben die positiven und nach unten die negativen Werte angetragen. Die positive Richtung wird jeweils durch einen Pfeil gekennzeichnet.

In dem Koordinatensystem wird jedem Zahlenpaar $(x \mid y)$ (wichtig: zuerst $x$, dann $y$!) eindeutig ein Punkt der Zeichenebene zugeordnet.

**Beispiel**

Für $x = 2$ und $y = 3$ finden wir den entsprechenden Punkt $P(2|3)$, indem wir vom Ursprung aus zuerst 2 Einheiten in (positiver) $x$-Richtung, dann 3 Einheiten in (positiver) $y$-Richtung gehen.

Die Zahl 2 wird die $x$-Koordinate (oder: Abszisse), die Zahl 3 die $y$-Koordinate (oder: Ordinate) des Punktes $P$ genannt.

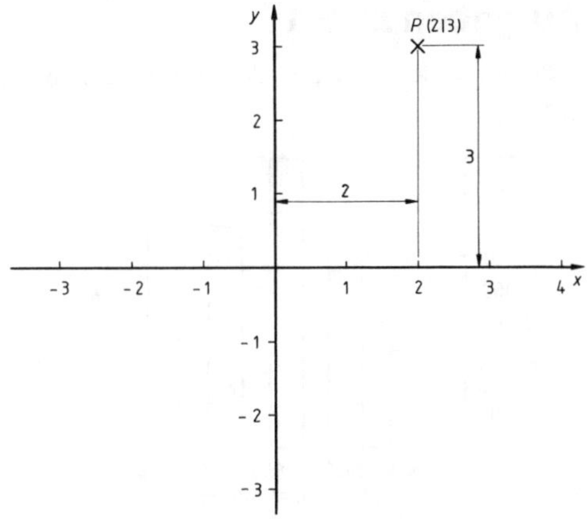


**Abb. 6.2**

**Bemerkungen:**

1. Beim kartesischen Koordinatensystem werden die Zahlen auf beiden Achsen vom Ursprung aus in gleichen Abständen abgetragen. Für besondere Zwecke verwendet man auch andere Einteilungen, z. B. auf einer Achse eine sog. „logarithmische" Einteilung wie beim halblogarithmischen Papier (vgl. Abschnitt 11.3).
2. Bei Anwendungen haben wir es mit unterschiedlichen Größen zu tun, deren Maßzahlen wir in möglichst sinnvoller Weise auf den jeweiligen Achsen abtragen. In unserem eingangs beschriebenen Beispiel etwa sind auf der 1. Achse Geschwindigkeiten, auf der 2. Achse Verbrauchswerte abgetragen. Aus Gründen der Zweckmäßigkeit ist dabei ein Ausschnitt des Koordinatensystems gewählt worden, in dem der Ursprung gar nicht enthalten ist.
3. Ein Koordinatensystem wird auch als Bezugskanten bei der Bemaßung in Zeichnungen oder der Festlegung von Hydranten verwendet. In anderen technischen Bereichen werden auch andere Koordinaten benutzt, z. B. „Polarkoordinaten" in der Luft- und Schiffahrt.

Durch ein kartesisches Koordinatensystem wird die Ebene in 4 sog. **„Quadranten"** eingeteilt, die man, von rechts oben anfangend, entgegen dem Uhrzeigersinn (im mathematisch positiven Sinne) beziffert.

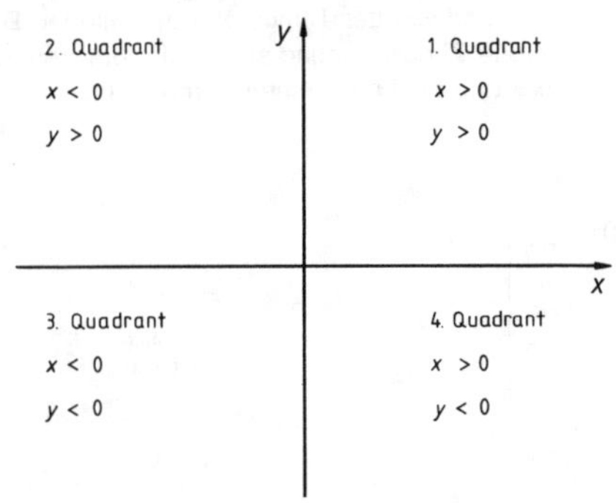


**Abb. 6.3**

# Aufgaben zu 6.1

1. Schreiben Sie zu den folgenden Schaubildern die Zuordnungen auf, und erläutern Sie die Darstellung!

a)

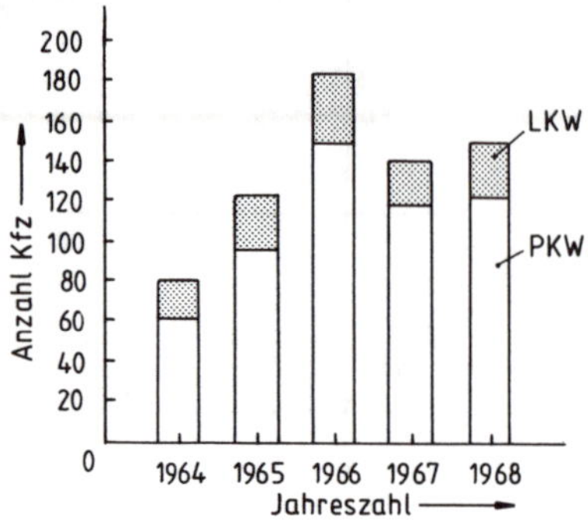


Kfz-Statistik einer Gemeinde

**Abb. 6.4**

b)

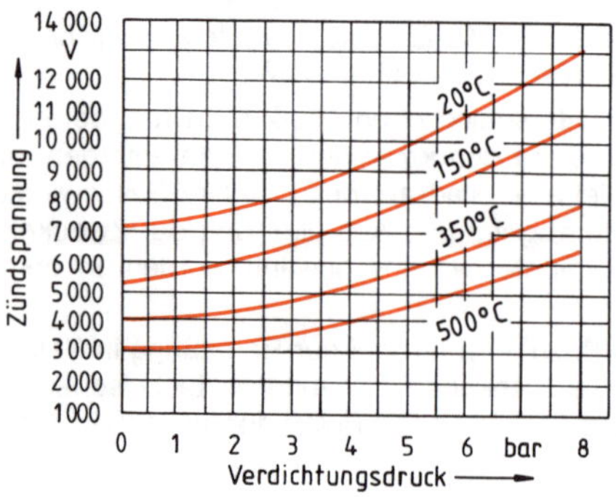


Die Zündspannung ist abhängig vom Verdichtungsdruck und von der Temperatur im Zylinder. Die erforderliche Zündspannung steigt mit dem Verdichtungsdruck und sinkt bei höherer Temperatur.

**Abb. 6.5**

c)

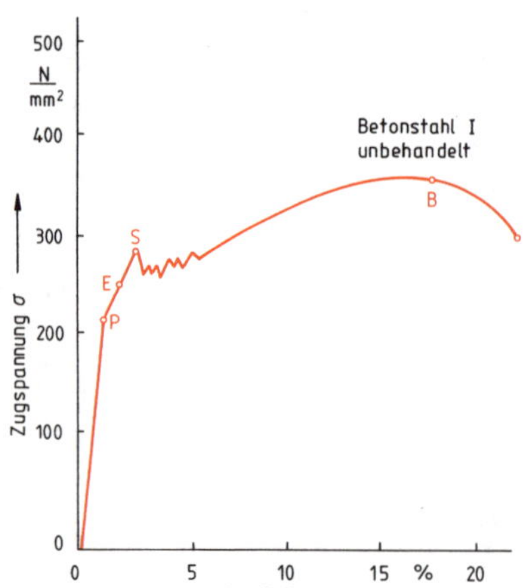


Spannungs-Dehnungs-Diagramm

**Abb. 6.6**

d)

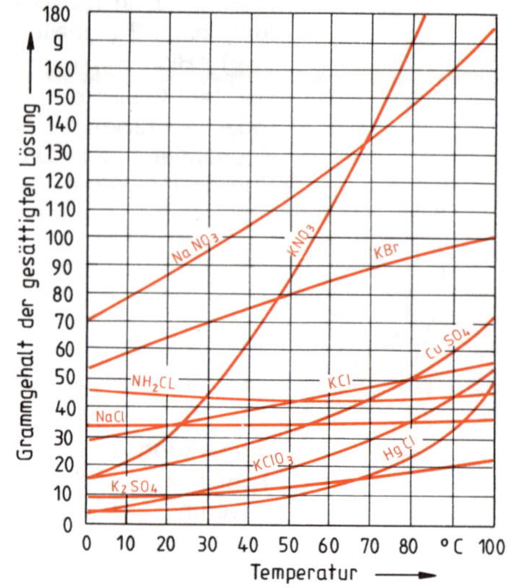


Löslichkeit von Salzen in Wasser in Abhängigkeit von der Temperatur

**Abb. 6.7**

e)

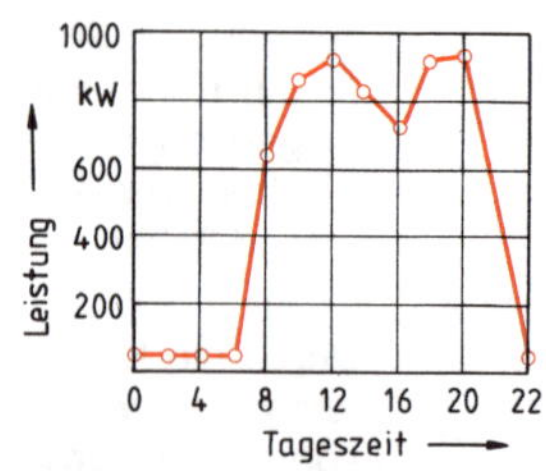


Elektrische Leistung in Abhängigkeit von der Tageszeit

**Abb. 6.8**

f)

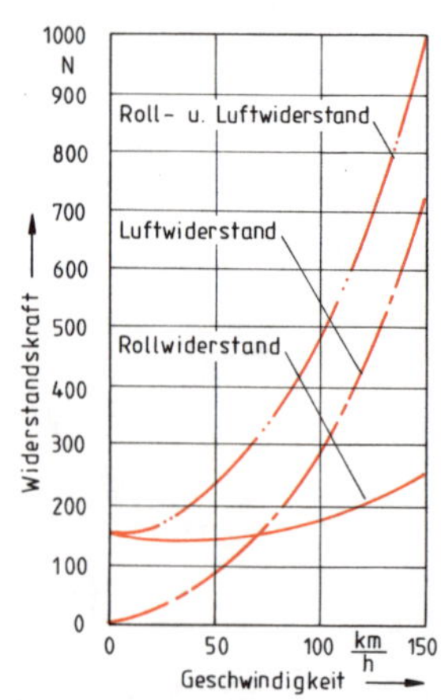


Fahrwiderstände in Abhängigkeit von der Geschwindigkeit

**Abb. 6.9**

g)

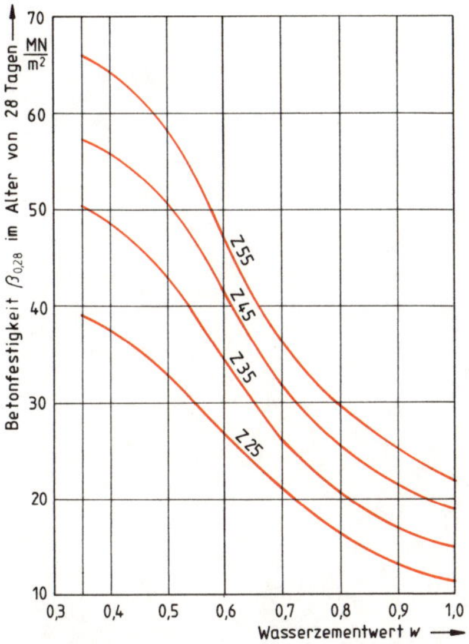


Beziehung zwischen Betondruckfestigkeit, Zementfestigkeitsklasse und Wasserzementwert

**Abb. 6.10**

h)

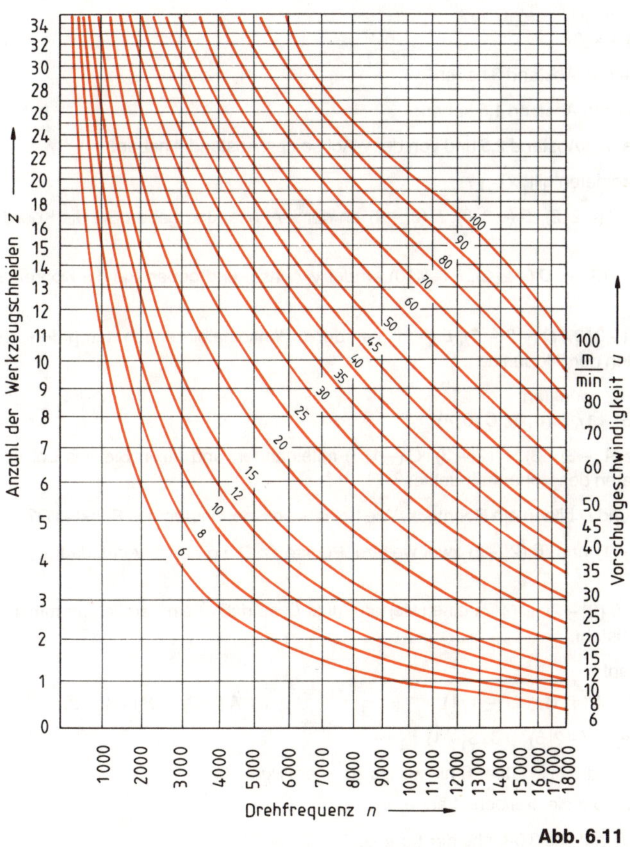


**Abb. 6.11**

2. Tragen Sie die folgenden Punkte in ein Koordinatensystem ein:
$A(2|5)$, $B(4|-2)$, $C(-2|4)$, $D(-3|0)$, $E(0|-5)$, $F(-1{,}5|-3)$.

3. Geben Sie zu den eingezeichneten Punkten die Koordinaten an!

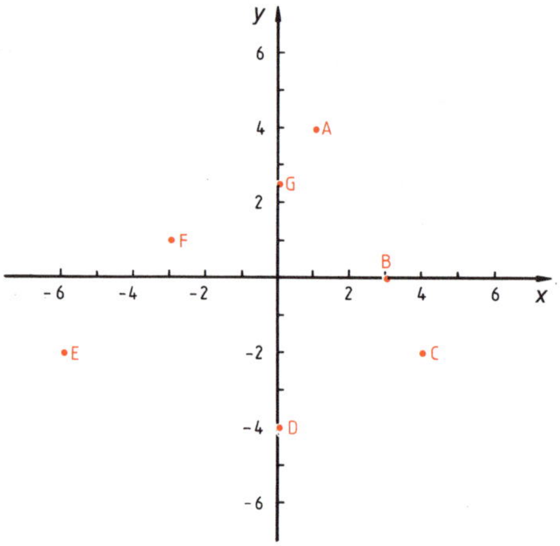


**Abb. 6.12**

4. Stellen Sie fest, in welchem der vier Quadranten der jeweilige Punkt liegt:
$A(-1|0{,}5)$, $B(4|4)$, $C(-1|-1)$, $D(0{,}5|3{,}5)$, $E(-2|8)$, $F(3{,}5|-2{,}5)$, $G(6|0{,}8)$, $H(2{,}5|-2{,}5)$.

5. Auf welcher Geraden liegen alle Punkte, für die gilt:
a) $x=2$ b) $y=3{,}5$ c) $x=-2$ d) $y=0$?

6. Nennen Sie drei Punkte, die von der $x$-Achse den Abstand 3 haben!

7. Nennen Sie drei Punkte, die von der $y$-Achse den Abstand 1,5 haben!

8. Nennen Sie alle Punkte, die von der $x$-Achse den Abstand 2,5 und von der $y$-Achse den Abstand 4 haben!

9. Wo liegen die Punkte $P(x|y)$, für deren Koordinaten gilt: $x=y$?

10. Spiegeln Sie die Punkte $A(3|4)$, $B(1|-4)$, $C(-2|2)$, $D(-3|0)$, $E(0|-4)$ an der $x$-Achse, und geben Sie die Koordinaten der Bildpunkte an!

11. Spiegeln Sie die Punkte $A(3|4)$, $B(1|-3)$, $C(3|0)$, $D(-2|2)$, $E(-4|0)$ an der $y$-Achse, und geben Sie die Koordinaten der Bildpunkte an!

12. Spiegeln Sie die Punkte $A(2|5)$, $B(4|1)$, $C(-3|0)$, $D(-2|-5)$, $E(-1|1)$ an der 1. Winkelhalbierenden durch den 1. und 3. Quadranten, und geben Sie die Koordinaten der Bildpunkte an!

13. Zeichnen Sie ein Dreieck mit den folgenden Eckpunkten:
a) $A(4|1)$, $B(0|5)$, $C(-3|-2)$ b) $A(-5|-1)$, $B(0|0)$, $C(0|4)$!

14. Verbinden Sie die Eckpunkte des Dreiecks $A(-3|-3)$, $B(2|-3)$, $C(-1|3)$ miteinander, und fällen Sie das Lot von $C$ auf die Strecke $\overline{AB}$. Wie heißen die Koordinaten des Höhenfußpunktes?

15. Die Punkte $A(-5|3)$, $B(-5|-2)$, $C(2|-2)$ und $D$ bilden ein Rechteck. Wie heißen die Koordinaten des Punktes $D$?

16. Finden Sie zu den beiden Punkten $A(-1|-1)$ und $B(2|-2)$ zwei weitere Punkte $C$, $D$, so daß a) ein Quadrat, b) ein Rechteck, c) eine Raute entsteht.

17. Finden Sie zu den drei Punkten $A(-2|-2)$, $B(3|-2)$, $C(4|4)$ einen vierten Punkt $D$, so daß a) ein Parallelogramm, b) ein gleichschenkliges Trapez, c) ein Drachen entsteht.

18. Geben Sie den Mittelpunkt der Strecke $\overline{AB}$ an!
a) $A(2|5)$, $B(2|-3)$; b) $A(4|1)$, $B(-1|1)$; c) $A(0|0)$, $B(-4|-2)$;
d) $A(3|1)$, $B(-5|-3)$; e) $A(-2|5)$, $B(3|-1)$.

19. Verlängern Sie die Strecke $\overline{AB}$ mit $A(-3|2)$ und $B(1|1)$ über $B$ hinaus bis zu einem Punkt $C$
a) auf die doppelte Länge, b) auf die dreifache Länge,
c) auf das 1,5-fache der Strecke $\overline{AB}$, d) auf das 3,5-fache der Strecke $\overline{AB}$.

## 6.2 Relationen und Funktionen

Eine funktionale Abhängigkeit kann durch einzelne (Meß-)Werte oder auch durch eine für alle $x$ geltende Vorschrift gegeben sein.

**Beispiel**

Jeder Zahl wird ihr Doppeltes zugeordnet ($x \mapsto 2x$, gesprochen: „$x$ wird zugeordnet $2x$“, kürzer: „$x$ Pfeil $2x$“); oder: $y$ ist das Doppelte von $x$ ($y = 2x$).

Zunächst tragen wir einige (einfache) Zahlen für $x$ und ihre Funktionswerte $y$ in eine Wertetabelle ein. Zu den erhaltenen Zahlenpaaren zeichnen wir dann die entsprechenden Punkte in ein Koordinatensystem.

**Wertetabelle:**

| $x$ | $y$ | Zahlenpaar $(x\|y)$ |
|---|---|---|
| 0 | 0 | $(0\|0)$ |
| 1 | 2 | $(1\|2)$ |
| 2 | 4 | $(2\|4)$ |
| 0,5 | 1 | $(0{,}5\|1)$ |
| 1,5 | 3 | $(1{,}5\|3)$ |
| −1 | −2 | $(-1\|-2)$ |
| −2 | −4 | $(-2\|-4)$ |
| −0,5 | −1 | $(-0{,}5\|-1)$ |
| −1,5 | −3 | $(-1{,}5\|-3)$ |

**Koordinatensystem:**

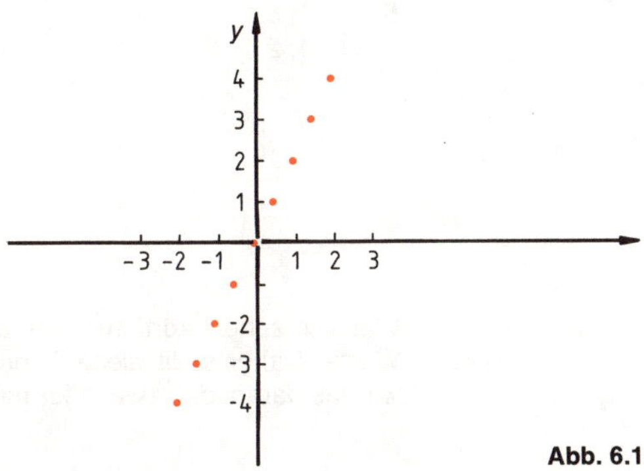


**Abb. 6.13**

Es stellt sich die Frage, welche Zahlen für $x$ eingesetzt werden dürfen. Damit eine Funktion eindeutig festgelegt ist, muß dies angegeben sein. Alle Zahlen, die sich für $x$ einsetzen lassen, faßt man zusammen zur **Definitionsmenge** $D$ der Funktion. Alle möglichen $y$-Werte (Funktionswerte) zusammen ergeben die **Wertemenge** $W$ der Funktion. Gewöhnlich werden wir $\mathbb{Q}$ als Definitionsmenge wählen, wenn nichts anderes gesagt wird.

Anderes **Beispiel:** Funktion $g$: $x \mapsto x^2$, $D = \{-2; -1; 0; 1; 2; 3\}$;
als Wertemenge $W$ erhalten wir: $W = \{0; 1; 4; 9\}$.

**Merksatz**

> Bei einer **Funktion** wird jedem Element der Definitionsmenge **genau ein** Funktionswert zugeordnet.

Unterscheiden Sie folgende Begriffe und Schreibweisen (erläutert am Beispiel „$x$ wird zugeordnet $2x$“):

**Funktionsgraph:**

**Funktion:** $f$: $x \mapsto 2x, x \in \mathbb{Q}$
**Funktionsvorschrift:** $x \mapsto 2x$
**Funktionsgleichung:** $y = 2x$
**Funktionsterm:** $2x$
**Funktionswert** an der Stelle 1,5:
$f(1{,}5) = 3$

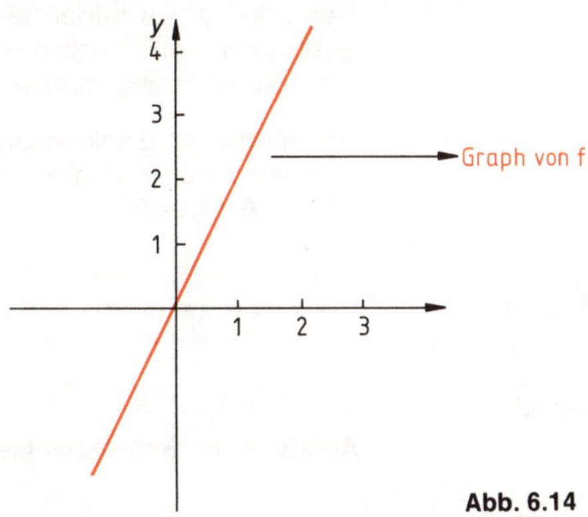


**Abb. 6.14**

Gibt es zu einem $x \in D$ mehrere Werte, so spricht man nicht mehr von einer Funktion, sondern von einer **„Relation“.**

**Beispiel**

Den ersten sechs natürlichen Zahlen werden jeweils ihre Teiler zugeordnet.
Beachten Sie: $D = \{1; 2; 3; 4; 5; 6\} = W$.

**Wertetabelle:**

| $x$ | $y$ |
|---|---|
| 1 | 1 |
| 2 | 1; 2 |
| 3 | 1; 3 |
| 4 | 1; 2; 4 |
| 5 | 1; 5 |
| 6 | 1; 2; 3; 6 |

**Koordinatensystem:**

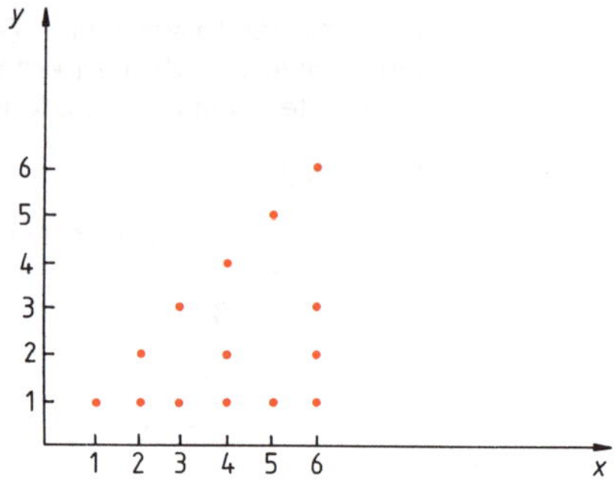


**Abb. 6.15**

Wie wir sehen können, gibt es zu allen $x$-Werten außer $x = 1$ mehrere zugeordnete Werte. Daher stellt diese Zuordnung keine Funktion dar. Im Koordinatensystem sehen wir das daran, daß zwei oder mehrere Punkte übereinanderliegen.

**Merksatz**

Bei einer Funktion dürfen bei ihrer Darstellung im Koordinatensystem niemals Punkte übereinanderliegen.

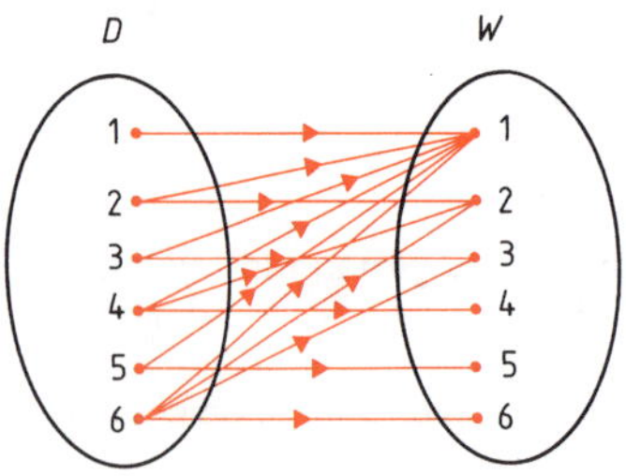


**Abb. 6.16**

Relationen mit wenigen Elementen in $D$ und $W$ lassen sich auch vorteilhaft in einem **Pfeildiagramm** darstellen. Die Pfeile geben hierbei die Zuordnung an. Einem $x$-Wert ist also mehr als ein $y$-Wert zugeordnet, wenn von dem $x$ zwei oder mehrere Pfeile ausgehen.

Bei einer Funktion dürfen im Pfeildiagramm von einem Punkt niemals mehrere Pfeile ausgehen.

**Bemerkung:** Es dürfen allerdings mehrere Pfeile bei einem Element der Wertemenge ankommen. Im Koordinatensystem bedeutet das, daß zwei Punkte auf einer Parallelen zur $x$-Achse liegen können.

Alle möglichen Zahlenpaare $(x|y)$ mit $x \in A$ und $y \in B$ ($A$ und $B$ seien Zahlenmengen) ergeben zusammen die sog. **„Produktmenge“** (das „kartesische Produkt“) $A \times B$, gelesen: „$A$ Kreuz $B$“.

**Definition**

$$A \times B = \{(x|y) \mid x \in A \wedge y \in B\}$$

**Beispiel**

$A = \{1; 2; 3\}, \quad B = \{1; 2; 3; 4\}$

**Aufzählende Schreibweise:** $A \times B = \{(1|1);\ (1|2);\ (1|3);\ (1|4);$
$(2|1);\ (2|2);\ (2|3);\ (2|4);$
$(3|1);\ (3|2);\ (3|3);\ (3|4)\}$

**Koordinatensystem:**

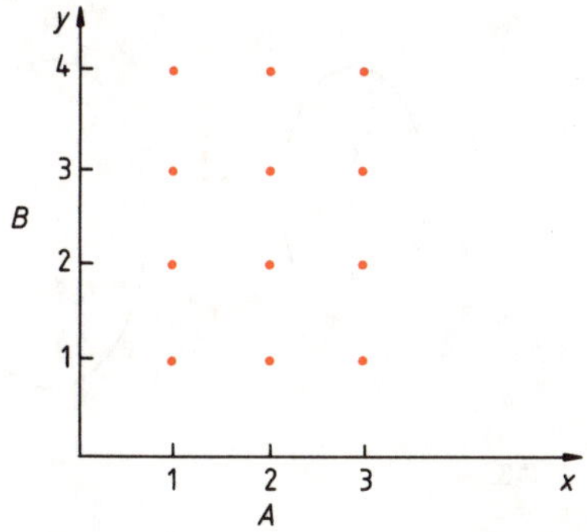


Abb. 6.17

**Pfeildiagramm:**

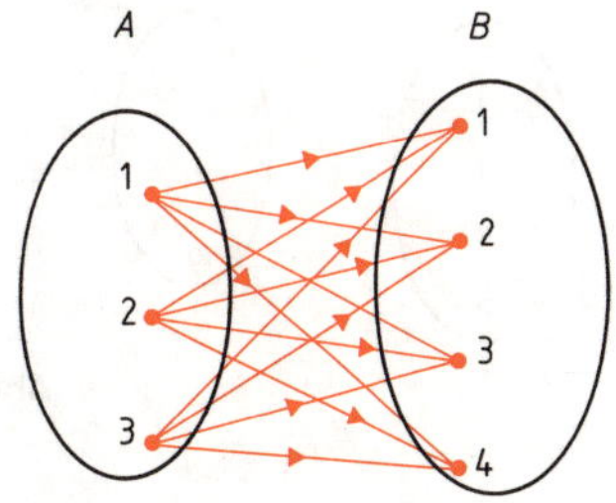


Abb. 6.18

Die Zahlenpaare einer Relation oder einer Funktion bilden daher immer eine Teilmenge von $A \times B$. Das oben genannte Beispiel einer Relation könnte dann so geschrieben werden:

$A = B = \{1; 2; 3; 4; 5; 6\}$

Relation $R = \{(x|y) \in A \times A \mid y$ ist Teiler von $x\}$;

aufzählende Schreibweise:

$R = \{(1|1); (2|1); (2|2); (3|1); (3|3); (4|1); (4|2); (4|4);$
$(5|1); (5|5); (6|1); (6|2); (6|3); (6|6)\}$

Eine Funktion ist eine spezielle Relation, bei der zu jedem $x$ nur ein $y$ gehört, d.h. bei der Aufzählung aller Zahlenpaare einer Funktion kommt jedes $x$ nur einmal vor.

Für die Darstellung der Funktionen, deren Definitionsmengen unendlich sind, eignen sich Pfeildiagramme nicht mehr; solche Funktionen stellen wir in Koordinatensystemen dar.

# Aufgaben zu 6.2

Durch die folgenden Wertetabellen werden Funktionen mit $D = \{-3; -2; -1; 0; 1; 2; 3\}$ als Definitionsmenge beschrieben. Zeichnen Sie jeweils den Graphen der Funktion in ein Koordinatensystem, und geben Sie die Wertemenge an!

1.

| x | −3 | −2 | −1 | 0 | 1 | 2 | 3 |
|---|---|---|---|---|---|---|---|
| y | −1 | 1 | 3 | 2 | 0 | −2 | −4 |

2.

| x | −3 | −2 | −1 | 0 | 1 | 2 | 3 |
|---|---|---|---|---|---|---|---|
| y | 1 | 1 | 1 | 1 | 1 | 1 | 1 |

3.

| x | −3 | −2 | −1 | 0 | 1 | 2 | 3 |
|---|---|---|---|---|---|---|---|
| y | −3 | −2 | −1 | 0 | 1 | 2 | 3 |

4.

| x | −3 | −2 | −1 | 0 | 1 | 2 | 3 |
|---|---|---|---|---|---|---|---|
| y | 2 | 2 | 0 | 0 | 0 | −2 | −2 |

5.

| x | −3 | −2 | −1 | 0 | 1 | 2 | 3 |
|---|---|---|---|---|---|---|---|
| y | 6 | 4 | 2 | 0 | −2 | −4 | −6 |

6.

| x | −3 | −2 | −1 | 0 | 1 | 2 | 3 |
|---|---|---|---|---|---|---|---|
| y | 5 | −1 | 4 | −2 | 3 | −3 | 2 |

Stellen Sie die jeweilige Relation in einem Pfeildiagramm dar, und prüfen Sie, ob eine Funktion vorliegt! Geben Sie beim Vorliegen einer Funktion die Definitions- und Wertemenge an!

7. $R = \{(1|2); (2|3); (3|4); (4|5); (5|1)\}$
8. $R = \{(1|2); (2|2); (3|2); (4|2); (5|2)\}$
9. $R = \{(1|1); (1|2); (1|3); (1|4); (1|5)\}$
10. $R = \{(1|5); (2|4); (3|3); (4|2); (5|1)\}$
11. $R = \{(a|3); (b|1); (a|1); (b|3)\}$
12. $R = \{(1|a); (2|b); (3|a); (4|b)\}$
13. $R = \{(a|b); (b|a); (c|d); (d|c)\}$
14. $R = \{(a|a); (b|b); (c|c); (d|d)\}$.

Schreiben Sie zu den Pfeildiagrammen die entsprechenden Paarmengen auf:

15.

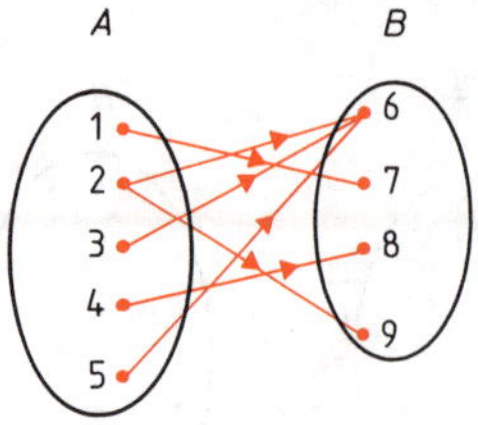


Abb. 6.19

16.

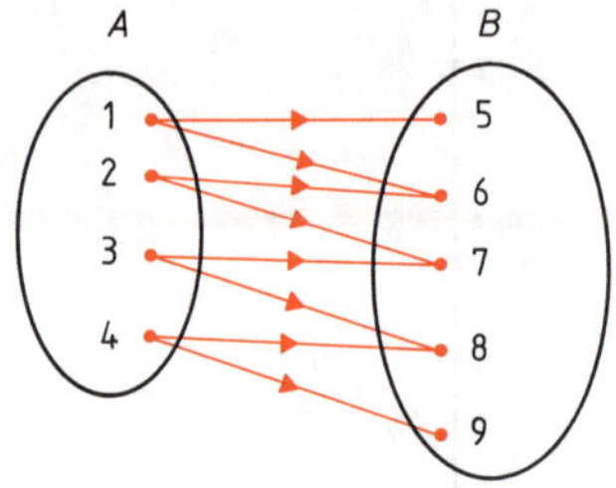


Abb. 6.20

17.

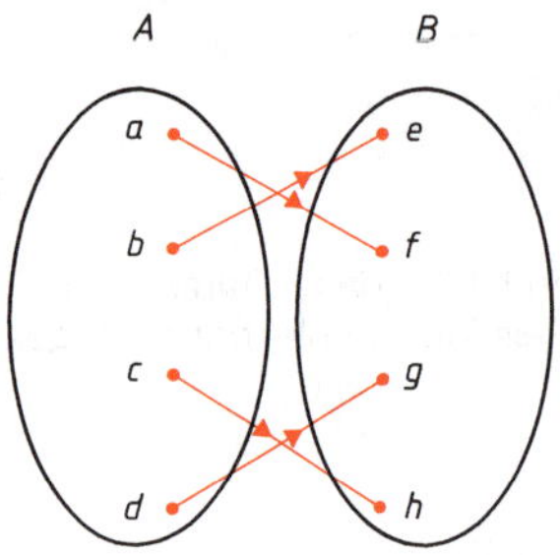


Abb. 6.21

18.

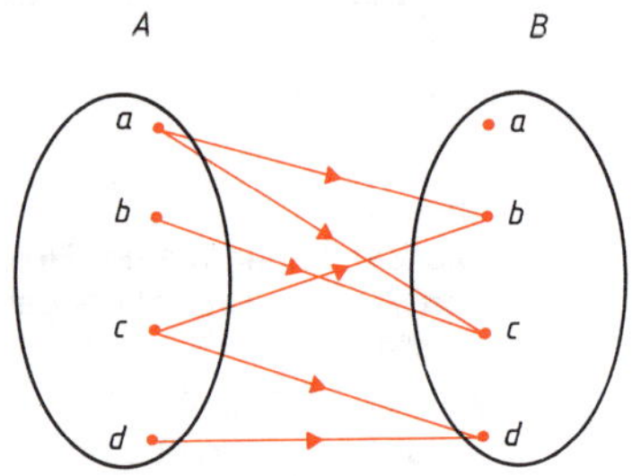


Abb. 6.22

Stellen Sie die folgenden Relationen im Pfeildiagramm und im Koordinatensystem dar, und geben Sie die aufzählende Form an:

19. $A = \{1; 2; 3; 4; 5\}$; $R = \{(x \mid y) \in A \times A \mid x < y\}$

20. $A = \{2; 4; 6; 8; 10\}$; $R = \{(x \mid y) \in A \times A \mid x$ ist Vielfaches von $y\}$

21. $A = \{3; 5; 7; 11\}$; $R = \{(x \mid y) \in A \times A \mid x$ ist Teiler von $y\}$

22. $A = \{1; 2; 3; 4; 5\}$; $R = \{(x \mid y) \in A \times A \mid x = y\}$

23. $A = \{1; 2; 3; 4; 5\}$; $R = \{(x \mid y) \in A \times A \mid x > y + 1\}$

24. $A = \{2; 4; 6; 8; 10\}$; $B = \{1; 2; 4; 7\}$; $R = \{(x \mid y) \in A \times B \mid x \geqq 2y\}$

25. $A = \{6; 12; 18; 24\}$; $B = \{3; 6; 9; 12\}$; $R = \{(x \mid y) \in A \times B \mid x > y^2\}$

26. $A = \{-4; -1; 3; 5\}$; $B = \{-5; -3; 1; 4\}$; $R = \{(x \mid y) \in A \times B \mid x < |y + 1|\}$

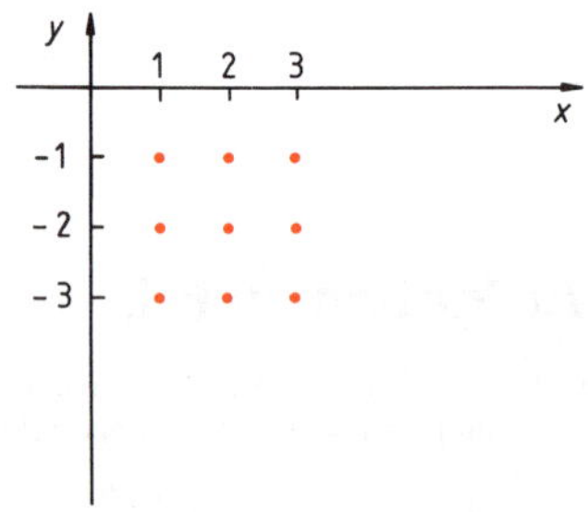


Abb. 6.23

Stellen Sie die Produktmenge $A \times B$ im Koordinatensystem dar!

**Beispiel:** $A = \{1; 2; 3\}$; $B = \{-1; -2; -3\}$ (s. Abb. 6.23)

27. $A = \{1; 2; 3\}$; $B = \{2; 3; 4\}$

28. $A = \{1; 2; 3\}$; $B = \{1; 2; 3\}$

29. $A = \{1; 3; 5\}$; $B = \{2; 3; 4; 6\}$

30. $A = \{-2; 0; 2\}$; $B = \{-1; 2\}$

**Beispiel:** $A = \{x \in \mathbb{Q} \mid -3 < x < 3\}$; $B = \{y \in \mathbb{Q} \mid -1 < y < 4\}$ (s. Abb. 6.24)

31. $A = \{x \in \mathbb{Q} \mid 0 \leqq x \leqq 4\}$; $B = \{y \in \mathbb{Q} \mid -2 < y \leqq 3\}$

32. $A = \{x \in \mathbb{Q} \mid x > -2\}$; $B = \{y \in \mathbb{Q} \mid -1 \leqq y \leqq 1\}$

33. $A = \{x \in \mathbb{Q} \mid x > 0\}$; $B = \{y \in \mathbb{Q} \mid y > 0\}$

34. $A = \{x \in \mathbb{Q} \mid x > -1\}$; $B = \{y \in \mathbb{Q} \mid y < 2\}$

35. $A = \{x \in \mathbb{Z} \mid -4 \leqq x \leqq 4\}$; $B = \{y \in \mathbb{Q} \mid y > 0\}$

36. $A = \{x \in \mathbb{Q} \mid -3 < x < 1\}$; $B = \{y \in \mathbb{Z} \mid y \leqq 2\}$

37. $A = \mathbb{Q}$; $B = \mathbb{Q}^+$

38. $A = \mathbb{Q}^+$; $B = \mathbb{Q}^-$

39. $A = B = \mathbb{Q}$

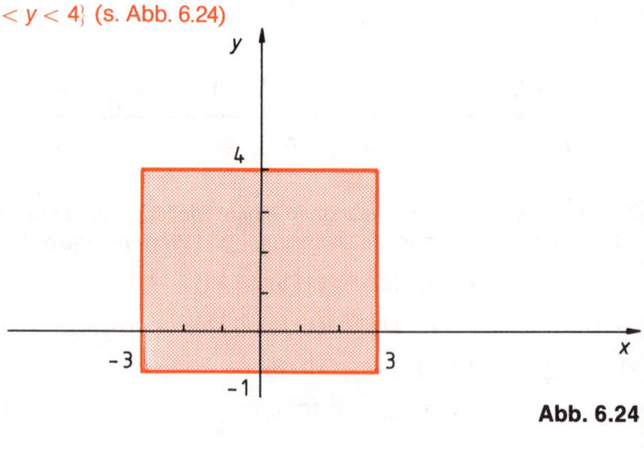


Abb. 6.24

## 6.3 Lineare Funktionen ($y = mx$)

**Beispiel** 1 m Rundstahl, ∅ 18 mm, hat eine Masse von 2 kg. Die Massen des Rundstahls sollen als Funktion der Länge dargestellt werden.

Wir stellen zuerst eine Wertetabelle auf:

| Länge in m | 1 | 2 | 3 | 4 | 5 | 6 | 7 | 8 |
|---|---|---|---|---|---|---|---|---|
| Masse in kg | 2 | 4 | 6 | 8 | 10 | 12 | 14 | 16 |

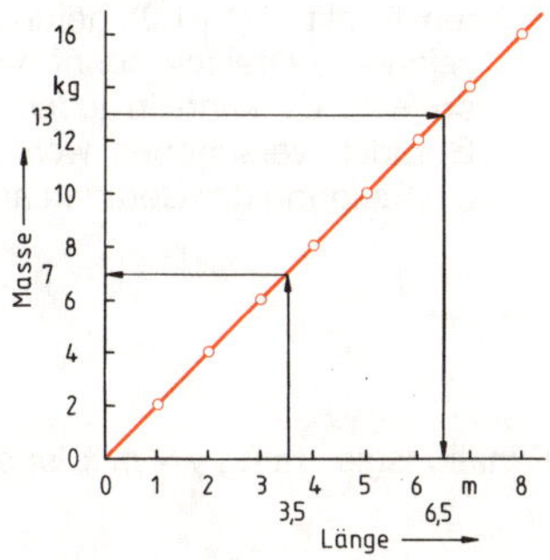


**Abb. 6.25**

Die entsprechenden Zahlenpaare werden als Punkte in ein Koordinatensystem eingetragen (auf der $x$-Achse die Längenmaße, auf der $y$-Achse die Massenmaße). Alle Punkte liegen auf einer Geraden. Das Verhältnis von Masse zu Länge ist immer gleich:

$$\frac{2\,\text{kg}}{1\,\text{m}} = \frac{4\,\text{kg}}{2\,\text{m}} = \frac{6\,\text{kg}}{3\,\text{m}} = \ldots = 2\,\frac{\text{kg}}{\text{m}},$$

d. h. die Masse ist **proportional** zur Länge. Die Maßzahl der Masse ist dabei jeweils das Doppelte der Maßzahl der zugehörigen Länge. Daher können wir die Punkte geradlinig verbinden.

An dem gezeichneten Graphen können wir jetzt z. B. direkt ablesen (vgl. Abb. 6.25): Ein Stab von 3,5 m Länge besitzt eine Masse von 7 kg. Oder: Ein Stab mit der Masse 13 kg hat eine Länge von 6,5 m.

Ist eine Größe $y$ proportional zu einer zweiten Größe $x$, so gilt:

$\frac{y}{x} = \mathbf{m}$; **m** heißt auch **„Proportionalitätsfaktor"** $\left(\text{im obigen Beispiel ist } \mathbf{m} = 2\,\frac{\text{kg}}{\text{m}}\right)$.

Wir können schreiben:

$y = mx$ Funktionsgleichung einer Geraden, die durch den Ursprung verläuft (Ursprungsgerade).

**Beispiel** Zeichnen Sie den Graphen der Geraden mit der Funktionsgleichung $y = 1{,}2\,x$!

Zuerst stellen wir wieder eine Wertetabelle auf, etwa in der folgenden Weise:

| $x$ | 0 | 1 | 2 | 3 | 4 | −1 | −2 | −3 | −4 |
|---|---|---|---|---|---|---|---|---|---|
| $y$ | 0 | 1,2 | 2,4 | 3,6 | 4,8 | −1,2 | −2,4 | −3,6 | −4,8 |

Wir stellen wiederum fest:

$$\frac{1{,}2}{1} = \frac{2{,}4}{2} = \frac{3{,}6}{3} = \ldots = 1{,}2;$$

also ist $y$ proportional zu $x$ mit dem Proportionalitätsfaktor 1,2. Alle Punkte $(x \mid y)$ des zugehörigen Graphen liegen auf einer Geraden durch den Ursprung. Daher würde es genügen, in der Wertetabelle nur zwei Punkte zu bestimmen; denn durch zwei verschiedene Punkte ist eine Gerade bereits eindeutig festgelegt. Der Einfachheit halber wählen wir die Punkte mit den $x$-Koordinaten 0 bzw. 1 (siehe Kasten in der Wertetabelle). (Zum sauberen Zeichnen einer Geraden ist es allerdings günstiger, zwei ihrer Punkte zu verbinden, die nicht so nahe beieinanderliegen.)

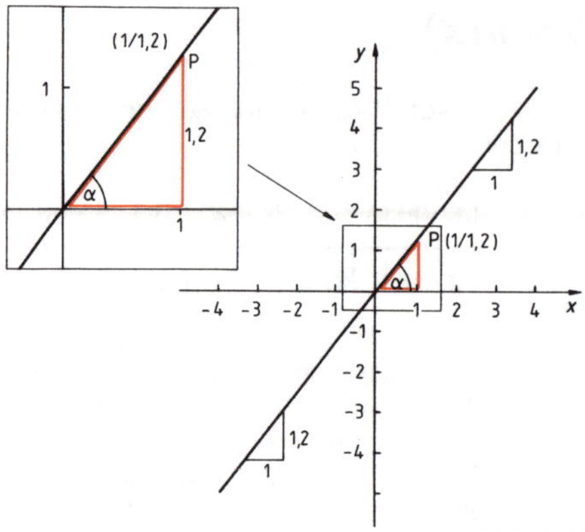


Abb. 6.26

Den Quotienten $\frac{y}{x}$ bezeichnet man als die **„Steigung"** *m* der Geraden. Die Gerade mit der Gleichung $y = 1{,}2\,x$ hat also die Steigung 1,2. $\left(\text{Hinweis: } \frac{y}{x} = \tan(\alpha)\right)$

An der Stelle $x = 1$ ist der Funktionswert gleich der Steigung: $y = 1{,}2 \cdot 1 = 1{,}2$. Somit haben wir außer dem Ursprung $(0\,|\,0)$ schnell einen zweiten Punkt $P(1\,|\,1{,}2)$ gefunden. Das rot eingezeichnete Dreieck nennt man auch Steigungsdreieck. Es kann in jeden anderen Punkt der Geraden verschoben werden – es gibt immer die Steigung der Geraden an.

**Merksatz**

> Der Graph einer Funktion mit der Funktionsgleichung $y = m\,x$ ist eine Gerade durch den Ursprung mit der Steigung *m*.

Die Gerade zu $y = m\,x$ können wir schnell zeichnen, indem wir vom Ursprung aus das Steigungsdreieck antragen: um „1" in *x*-Richtung, um „*m*" in *y*-Richtung. Die Gerade verläuft dann durch die beiden Punkte $(0\,|\,0)$ und $(1\,|\,m)$. Für die Koordinaten eines beliebigen Punktes $(x\,|\,y)$ der Geraden gilt: $\frac{y}{x} = \frac{m}{1} = m$ (proportionale Zuordnung).

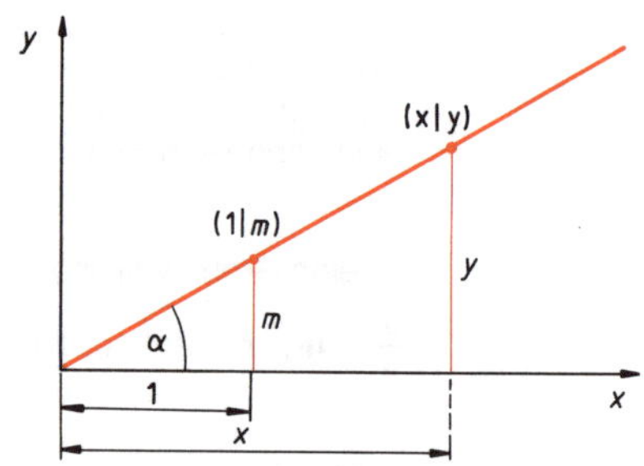


Abb. 6.27

Wir erhalten insgesamt:
Alle Geraden mit einer Gleichung der Form $y = m \cdot x$ bilden ein Geradenbüschel mit dem Ursprung als Schnittpunkt. Je größer die Steigung ist ($m > 0$ wachsend), um so steiler verläuft die Gerade nach (rechts) oben. Für $m = 0$ ($y = 0$) erhält man die *x*-Achse. Je kleiner die Steigung ist ($m < 0$ fallend), um so steiler verläuft die Gerade nach (rechts) unten.

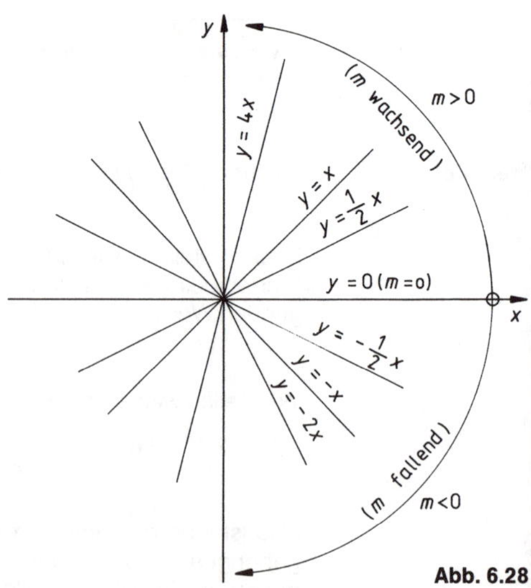


Abb. 6.28

$m > 0$: Gerade steigt (von links unten nach rechts oben)
$m < 0$: Gerade fällt (von links oben nach rechts unten)

# Aufgaben zu 6.3

Geben Sie zu der jeweiligen Wertetabelle die Funktionsgleichung der zugehörigen Gerade an:

1.

| $x$ | 0 | 1 |
|---|---|---|
| $y$ | 0 | −3 |

2.

| $x$ | 0 | 1 |
|---|---|---|
| $y$ | 0 | 4,3 |

3.

| $x$ | 0 | 1 |
|---|---|---|
| $y$ | 0 | −1 |

4.

| $x$ | 0 | 1 |
|---|---|---|
| $y$ | 0 | 0 |

5.

| $x$ | 0 | 2 |
|---|---|---|
| $y$ | 0 | 5 |

6.

| $x$ | 0 | 1,5 |
|---|---|---|
| $y$ | 0 | −3 |

Bestimmen Sie die Steigung der Ursprungsgerade durch den Punkt:

7. $P(1\,|-5)$ 8. $P(1\,|\,0{,}5)$ 9. $P(3\,|\,2)$ 10. $P(4\,|\,0)$ 11. $P(0{,}5\,|\,2)$

12. $P(4\,|-3)$ 13. $P(-1\,|\,2)$ 14. $P(-1\,|-2{,}5)$ 15. $P(-3\,|\,2)$ 16. $P(-3\,|-4)$

Durch welche Quadranten verläuft die jeweilige Gerade?

17. $y = 6{,}5\,x$ 18. $y = -\frac{3}{4}x$ 19. $y = \frac{1}{5}x$ 20. $y = -2{,}4\,x$

Zeichnen Sie jeweils die Gerade in ein Koordinatensystem:

21. $y = 1{,}5\,x$ 22. $y = -3\,x$ 23. $y = -0{,}8\,x$ 24. $y = -\frac{1}{2}x$

**Beispiel:** $y = \frac{3}{4}x$

$m = \frac{3}{4}$ bedeutet für die Koordinaten eines Punktes $P(x\,|\,y)$ der Gerade: $y : x = 3 : 4$. Wir können die Gerade daher besser zeichnen, wenn wir ein Steigungsdreieck einzeichnen, bei dem wir 4 Einheiten in $x$-Richtung und 3 Einheiten in $y$-Richtung nehmen.

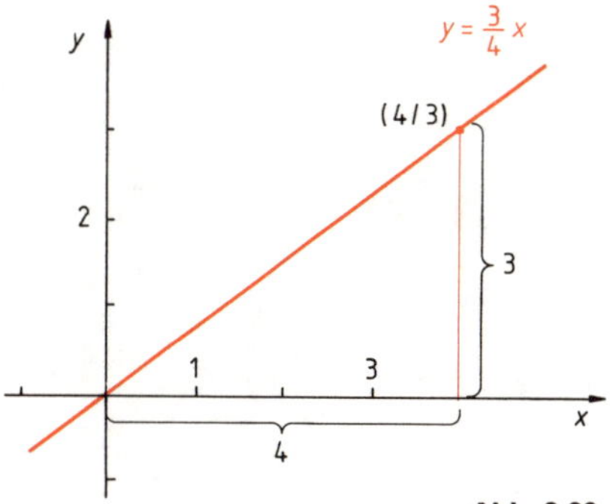

**Abb. 6.29**

25. $y = \frac{1}{5}x$ 26. $y = \frac{5}{3}x$ 27. $y = -\frac{4}{3}x$

28. $y = -\frac{3}{5}x$ 29. $y = -\frac{7}{4}x$

Zeichnen und vergleichen Sie die beiden Geraden! Was stellen Sie fest?

30. $y = 2\,x$ und $y = -\frac{1}{2}x$ 31. $y = \frac{1}{3}x$ und $y = -3\,x$

32. $y = -\frac{2}{3}x$ und $y = \frac{3}{2}x$ 33. $y = -\frac{5}{2}x$ und $y = \frac{2}{5}x$

Die Gleichung $a\,x + b\,y = 0$ nennt man die **„allgemeine Form“** der Gleichung einer Ursprungsgeraden. Schreiben Sie die Gleichung um in die **„Normalform“** $y = m\,x$!

**Beispiel:** $3\,x + 2\,y = 0$

$\Leftrightarrow \quad 2\,y = -3\,x$

$\Leftrightarrow \quad y = -\frac{3}{2}x$

34. $x + 4\,y = 0$ 35. $\frac{1}{3}x + \frac{2}{3}y = 0$ 36. $-4\,x + 6\,y = 0$

37. $-2\,x - 4\,y = 0$ 38. $3{,}2\,x - 0{,}8\,y = 0$ 39. $-x - y = 0$

40. Ein Kleiderstoff kostet 12,50 DM pro Meter. Stellen Sie die Funktionsgleichung auf (Länge $\triangleq x$, Preis $\triangleq y$), und tragen Sie den Graphen in ein Koordinatensystem ein! Lesen Sie daran die Preise für folgende Längen ab: 4 m; 2,50 m; 7 m; 5,40 m.
Verfahren Sie bei den folgenden Sachverhalten in gleicher Weise: a) Funktionsgleichung; b) Graph; c) Ableseübungen.

41. Ein Pkw verbraucht 10 *l* Kraftstoff auf 100 km.

42. In einem Stromkreis fließt bei einer Spannung von 32 V ein Strom von 1,6 A.

43. Eine Zugfeder wird durch eine Last von 3,5 kg um 70 mm gedehnt.

44. Die Durchschnittsgeschwindigkeiten verschiedener Fahrzeuge wurden gemessen: $v_1 = 42$ km/h; $v_2 = 98$ km/h; $v_3 = 86$ km/h; $v_4 = 107$ km/h. Tragen Sie alle Geschwindigkeiten in ein Weg-Zeit-Diagramm ein!

45. Stellen Sie graphisch dar, wie sich eine allgemeine Lohnerhöhung von 5% auf die folgenden Monatsgehälter auswirken würde:
$G_1 = 1200$ DM, $G_2 = 1800$ DM, $G_3 = 2400$ DM, $G_4 = 3000$ DM, $G_5 = 3600$ DM, $G_6 = 4200$ DM, $G_7 = 4800$ DM, $G_8 = 5400$ DM, $G_9 = 6000$ DM.

46. Der Abschreibungsbetrag von drei neuen Maschinen mit den Nennwerten $A = 16\,000$ DM, $B = 12\,000$ DM, $C = 8000$ DM beträgt in jedem Jahr 15% des Nennwertes. Stellen Sie in einer Graphik jeweils die Summe der Abschreibungsbeträge für die ersten fünf Jahre dar!

## 6.4 Lineare Funktionen ($y = mx + b$)

**Beispiel** **Fernmelderechnung**

Die Grundgebühr für einen Fernsprechanschluß beträgt im Monat 27,00 DM; pro Gebühreneinheit sind (ohne Nachlaß) 23 Pf zu bezahlen. Wie hoch ist die Telefonrechnung bei 176 gebührenpflichtigen Einheiten (und ohne Nachlaß)?

**Wertetabelle:**

| Gebühren-einheiten | 0 | 20 | 40 | 60 | 80 | 100 | 120 | 140 | 160 | 180 |
|---|---|---|---|---|---|---|---|---|---|---|
| Rechnungs-betrag (DM) | 27,00 | 31,60 | 36,20 | 40,80 | 45,40 | 50,00 | 54,60 | 59,20 | 63,80 | 68,40 |

**Koordinatensystem:**

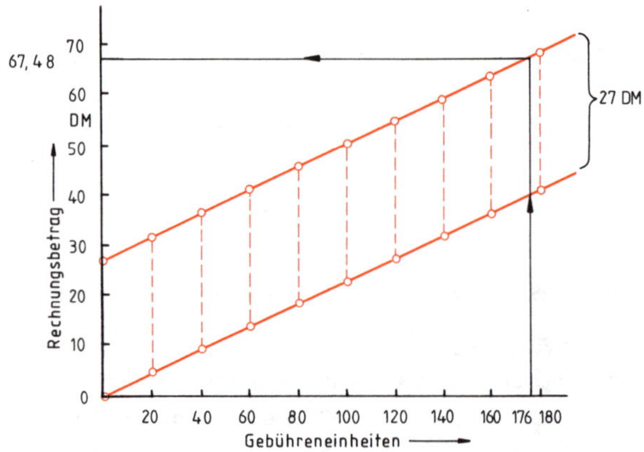


**Abb. 6.30**

Die Halbgerade durch den Ursprung hätten wir erhalten, wenn es keinen Grundbetrag gäbe. Sie hat die Steigung

$$m = \frac{2{,}30\ \text{DM}}{10\ \text{GE}} = \frac{4{,}60\ \text{DM}}{20\ \text{GE}} = \ldots = 0{,}23\frac{\text{DM}}{\text{GE}}\,.$$

Bei der verschobenen Geraden kommen zu jedem Betrag jeweils 27,00 DM hinzu. Sie hat daher die folgende Gleichung:

$$y = 0{,}23\frac{\text{DM}}{\text{GE}} \cdot x + 27{,}00\ \text{DM} \qquad (x \text{ Anzahl der Gebühreneinheiten, } y \text{ Rechnungsbetrag})$$

Ergebnis für $x = 176$ Gebühreneinheiten:

$$y = 0{,}23\frac{\text{DM}}{\text{GE}} \cdot 176\ \text{GE} + 27{,}00\ \text{DM} = 40{,}48\ \text{DM} + 27{,}00\ \text{DM} = 67{,}48\ \text{DM}$$

Ergebnis: Die Rechnung beträgt 67,48 DM.

Die Funktionsgleichung einer Gerade hat die allgemeine Form $y = mx + b$. Die Bedeutung der Steigung $m$ kennen wir bereits; wir untersuchen die Bedeutung von $b$.

**Beispiel** Zeichnen Sie die Geraden

$g_1$: $y = \frac{1}{2}x$ $g_4$: $y = \frac{1}{2}x + 2$

$g_2$: $y = \frac{1}{2}x + 1$ $g_5$: $y = \frac{1}{2}x - 2$

$g_3$: $y = \frac{1}{2}x - 1$

**Wertetabelle:**

| | $x$ | $-2$ | $-1$ | $0$ | $1$ | $2$ |
|---|---|---|---|---|---|---|
| $g_1$: | $y$ | $-1$ | $-0{,}5$ | $0$ | $0{,}5$ | $1$ |
| $g_2$: | $y$ | $0$ | $0{,}5$ | $1$ | $1{,}5$ | $2$ |
| $g_3$: | $y$ | $-2$ | $-1{,}5$ | $-1$ | $-0{,}5$ | $0$ |
| $g_4$: | $y$ | $1$ | $1{,}5$ | $2$ | $2{,}5$ | $3$ |
| $g_5$: | $y$ | $-3$ | $-2{,}5$ | $-2$ | $-1{,}5$ | $-1$ |

**Koordinatensystem:**

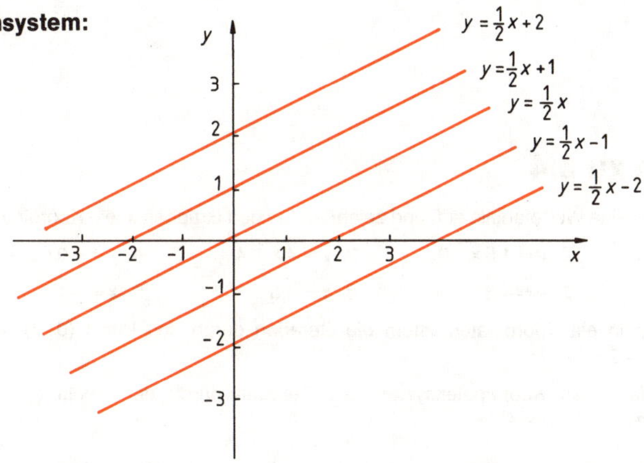


**Abb. 6.31**

Man erkennt: $b$ gibt an, wie weit die Ursprungsgerade in Richtung der $y$-Achse verschoben wird.

**Merksatz**

Der Graph einer Funktion mit der Funktionsgleichung $y = m\,x + b$ ist eine Gerade durch den Punkt $(0|b)$ mit der Steigung $m$.

Man bezeichnet $b$ auch als den $y$-Achsenabschnitt der Geraden.

$b > 0$: Verschiebung des Graphen zu $y = m\,x$ in positiver $y$-Richtung
$b < 0$: Verschiebung des Graphen zu $y = m\,x$ in negativer $y$-Richtung
$b = 0$: Ursprungsgerade ($y = m\,x$)

Eine Funktion mit der Gleichung $y = m\,x + b$ nennen wir eine **„lineare“** Funktion.

Wir können die Gerade zu $y = m\,x + b$ schnell zeichnen, indem wir vom Punkt $(0|b)$ aus das Steigungsdreieck antragen: um „1“ nach rechts, um „$m$“ nach oben, falls $m > 0$ ist; um „1“ nach rechts, um „$|m|$“ nach unten, falls $m < 0$ ist. Die Gerade verläuft dann durch die beiden Punkte $(0|b)$ und $(1|b+m)$. Für zwei beliebige Punkte $(x_1|y_1)$ und $(x_2|y_2)$ der Geraden gilt:

$$\frac{y_2 - y_1}{x_2 - x_1} = m$$

$\left(\textbf{Hinweis: } \frac{y_2 - y_1}{x_2 - x_1} = \tan(\alpha)\right)$

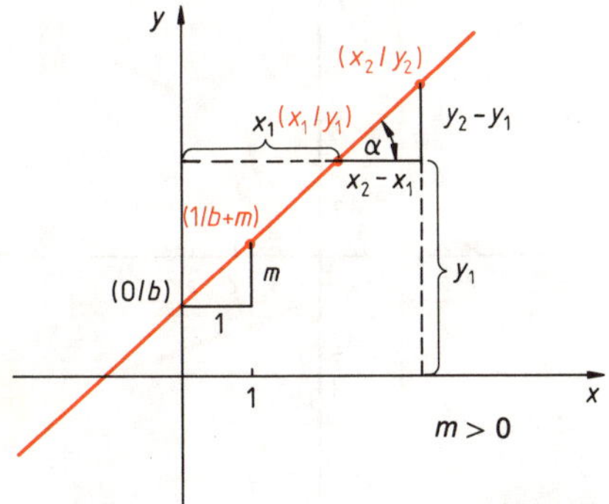


**Abb. 6.32**

Die $x$-Koordinate des Schnittpunkts des Graphen der Funktion mit der $x$-Achse nennt man **„Nullstelle"** der Funktion. Die Nullstelle der Funktion zu $y = m\,x + b$ gibt uns gleichzeitig die Lösung der Gleichung $m\,x + b = 0$ an. Alle linearen Funktionen mit $m \neq 0$ besitzen genau eine Nullstelle, die Funktionen zu $y = b$ ($b \neq 0$, Parallele zur $x$-Achse) keine Nullstelle, die Funktion zu $y = 0$ ($x$-Achse) unendlich viele Nullstellen.

Umgekehrt erhält man durch Lösen der linearen Gleichung $m\,x + b = 0$ die Nullstelle der Funktion zu $y = m\,x + b$.

Verallgemeinerung:

**Definition**

Die $x$-Koordinaten der Schnittpunkte des Graphen einer Funktion mit der $x$-Achse bezeichnet man als die **„Nullstellen"** der Funktion.

# Aufgaben zu 6.4

Stellen Sie jeweils eine Wertetabelle auf, und zeichnen Sie den Graphen in ein Koordinatensystem:

1. $y = -1{,}5\,x + 3$ 2. $y = 1{,}5\,x - 3$ 3. $y = 4\,x + 4$ 4. $y = -0{,}5\,x - 2$ 5. $y = -2\,x$

6. $y = 2$ 7. $y = -3$ 8. $x = 4{,}5$ 9. $x = -1$ 10. $y = 0$

11. Zeichnen Sie in ein Koordinatensystem die Geraden durch den Punkt $(0\,|\,3)$ mit den Steigungen $m_1 = 1$; $m_2 = -1$; $m_3 = 3$; $m_4 = -2{,}5$!
12. Zeichnen Sie in ein Koordinatensystem die Geraden durch den Punkt $(-3\,|\,-2)$ mit den Steigungen $m_1 = 0{,}5$; $m_2 = -0{,}5$; $m_3 = -2$; $m_4 = 4$!

Stellen Sie die Gleichungen der Geraden auf, für die der Anfang einer Wertetabelle gegeben ist:

13.

| x | 0 | 1 |
|---|---|---|
| y | 2,5 | 4,5 |

14.

| x | 0 | 1 |
|---|---|---|
| y | −2 | 0 |

15.

| x | 0 | 1 |
|---|---|---|
| y | −1 | −2 |

16.

| x | 0 | 1 |
|---|---|---|
| y | 1 | −2 |

17.

| x | 0 | 1 |
|---|---|---|
| y | −2 | 1 |

18.

| x | 0 | 1 |
|---|---|---|
| y | −1,5 | −1,5 |

19.

| x | 0 | 1 |
|---|---|---|
| y | 3,4 | 1,6 |

20.

| x | 0 | 1 |
|---|---|---|
| y | 2,6 | −0,8 |

21. Geben Sie die Funktionsgleichungen der gezeichneten Geraden an!

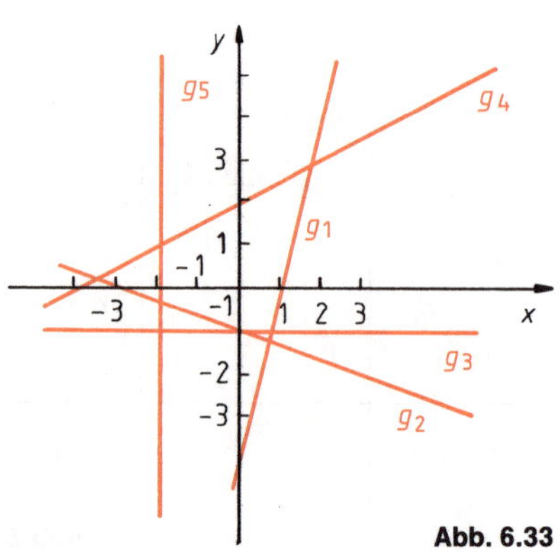


**Abb. 6.33**

Zeichnen Sie jeweils die Gerade in ein Koordinatensystem!

**Beispiel:** $y = \frac{2}{3}x - 3$

Lösung: Vom Punkt $(0\,|\,-3)$ zeichnen wir ein Steigungsdreieck mit 3 Einheiten in (positiver) $x$-Richtung und 2 Einheiten in (positiver) $y$-Richtung.

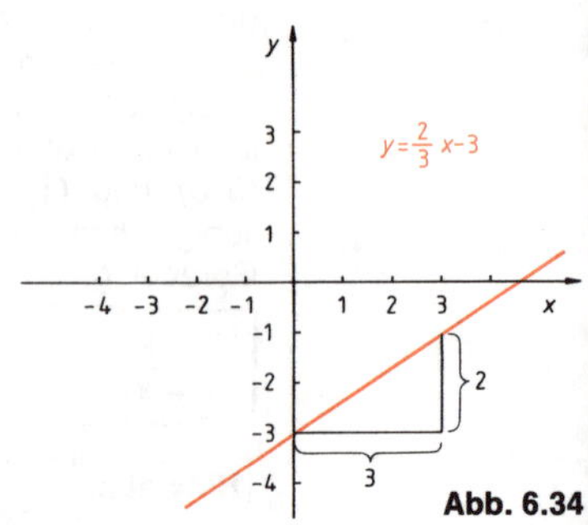


**Abb. 6.34**

22. $y = -\frac{2}{3}x + 1$ 23. $y = \frac{3}{4}x - \frac{3}{4}$ 24. $y = -\frac{3}{4}x + \frac{3}{4}$ 25. $y = \frac{2}{5}x + 1$

26. $y = -\frac{3}{7}x - 0{,}5$ 27. $y = \frac{1}{6}x - 1$ 28. $y = \frac{5}{3}x - 3$ 29. $y = -\frac{7}{2}x + 1{,}5$

Bringen Sie jeweils die angegebene Gleichung auf die Normalform einer Geradengleichung ($y = mx + b$), und zeichnen Sie die Gerade!

**Beispiel:** $2x + 3y - 6 = 0$
Auf der linken Seite soll nur noch „$y$" stehen, daher müssen wir die Gleichung dementsprechend umformen:
$2x + 3y - 6 = 0$
$\Leftrightarrow \quad 3y = -2x + 6$
$\Leftrightarrow \quad y = -\frac{2}{3}x + 2$
Das ist die Normalform einer Geradengleichung.
(Die Darstellung der Gerade im Koordinatensystem ersparen wir uns für dieses Beispiel.)

30. $-4x + 2y + 3 = 0$ 31. $x - y - 1 = 0$ 32. $-x - 2y + 5 = 0$

33. $3x - y = 2$ 34. $-4x = 2y - 6$ 35. $2x = 3y$

36. $\frac{1}{2}x + \frac{1}{4}y - 2 = 0$ 37. $\frac{1}{3}y - \frac{2}{3}x = -2$ 38. $\frac{1}{2}x - \frac{1}{2}y - \frac{1}{2} = 0$

Stellen Sie die Funktionsgleichung der Gerade auf, von der ein Punkt und die Steigung gegeben sind!

**Beispiel:** $P(-2 \mid -1),\ m = 2{,}5$
Setzen wir die Koordinaten des Punktes in die Gleichung $y = 2{,}5x + b$ ein, können wir $b$ bestimmen:
$-1 = 2{,}5 \cdot (-2) + b$
$\Leftrightarrow -1 = -5 + b$
$\Leftrightarrow \quad b = 4$
Also heißt die Funktionsgleichung: $y = 2{,}5x + 4$

39. $P(-1 \mid 3),\ m = 2$ 40. $P(2{,}5 \mid 1),\ m = -2$ 41. $P(3 \mid -2{,}5),\ m = -1$

42. $P(0 \mid -2),\ m = \frac{3}{2}$ 43. $P(-4 \mid 0),\ m = -\frac{1}{2}$ 44. $P(\frac{2}{3} \mid -\frac{1}{3}),\ m = \frac{3}{5}$

Stellen Sie die Funktionsgleichung der Gerade auf, von der zwei Punkte gegeben sind!

**Beispiel:** $P_1(-2 \mid 1),\ P_2(3 \mid 3{,}5)$
Wir berechnen zuerst die Steigung aus $m = \dfrac{y_2 - y_1}{x_2 - x_1}$:
$$m = \frac{3{,}5 - 1}{3 - (-2)} = \frac{2{,}5}{5} = \frac{1}{2}.$$
Dann setzen wir $m$ und die Koordinaten von $P_1$ (oder $P_2$) in die Funktionsgleichung der Gerade ein und bestimmen daraus $b$:
$1 = \frac{1}{2} \cdot (-2) + b$
$\Leftrightarrow 1 = -1 + b$
$\Leftrightarrow b = 2$
Also heißt die Funktionsgleichung: $y = \frac{1}{2}x + 2$

45. $P_1(-2 \mid -3),\ P_2(1 \mid -1{,}5)$ 46. $P_1(3 \mid 1),\ P_2(1 \mid -1)$ 47. $P_1(-4 \mid -2),\ P_2(0 \mid -4)$

48. $P_1(3 \mid -1),\ P_2(1 \mid 3)$ 49. $P_1(-2{,}5 \mid 3),\ P_2(1{,}5 \mid 3)$ 50. $P_1(3 \mid 0),\ P_2(0 \mid 4)$

51. a) Stellen Sie die Funktionsgleichung der Gerade auf, die durch die Punkte $(a \mid 0)$ und $(0 \mid b)$ verläuft ($a \neq 0, b \neq 0$)!
b) Formen Sie die Funktionsgleichung der Gerade so um, daß sie die Form $\dfrac{x}{a} + \dfrac{y}{b} = 1$ erhält!

$\dfrac{x}{a} + \dfrac{y}{b} = 1$ heißt die **„Achsenabschnittsform" der Geradengleichung,** wobei $a$ der Abschnitt auf der $x$-Achse, $b$ der Abschnitt auf der $y$-Achse ist.

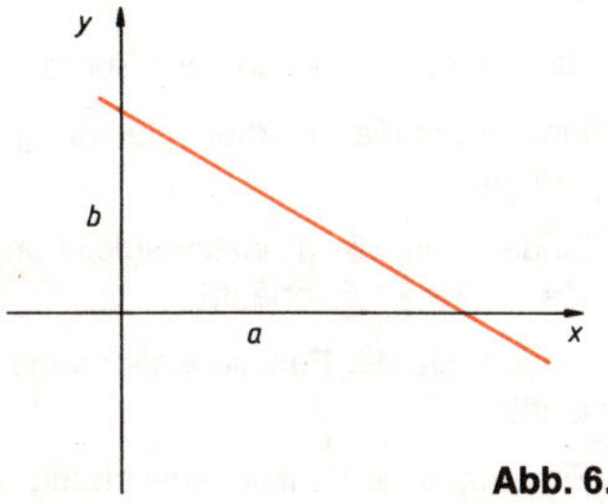

**Abb. 6.35**

52. Zeigen Sie, daß $\frac{x}{4}+\frac{y}{3}=1$ die Gerade durch die Punkte $(4 \mid 0)$ und $(0 \mid 3)$ darstellt!

53. Zeichnen Sie jeweils die Gerade, und geben Sie die Normalform der Geradengleichung an!

a) $\frac{x}{3}+\frac{y}{7}=1$ b) $\frac{2x}{5}+\frac{4y}{3}=1$ c) $\frac{x}{5}-\frac{y}{3}=1$ d) $-\frac{3x}{2}+\frac{9y}{4}=1$

e) $\frac{x}{3{,}2}-y=1$ f) $-\frac{x}{4{,}5}-\frac{y}{2{,}7}=1$ g) $\frac{x}{520}+\frac{y}{860}=1$ h) $\frac{6x}{2040}-\frac{2y}{580}=1$

54. Geben Sie von den gezeichneten Geraden die Achsenabschnittsformen und die Normalformen der Gleichungen an!

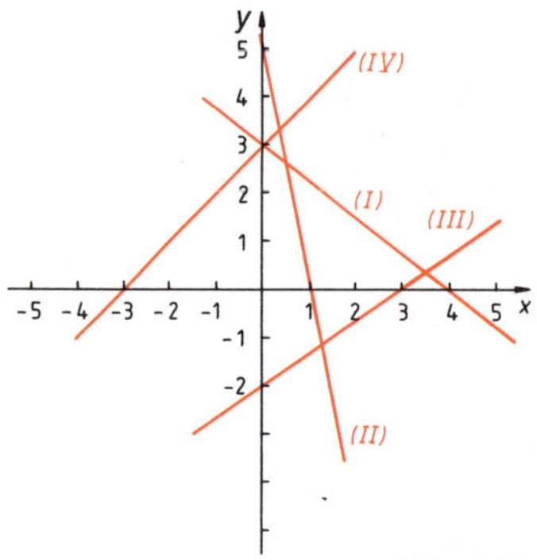


**Abb. 6.36**

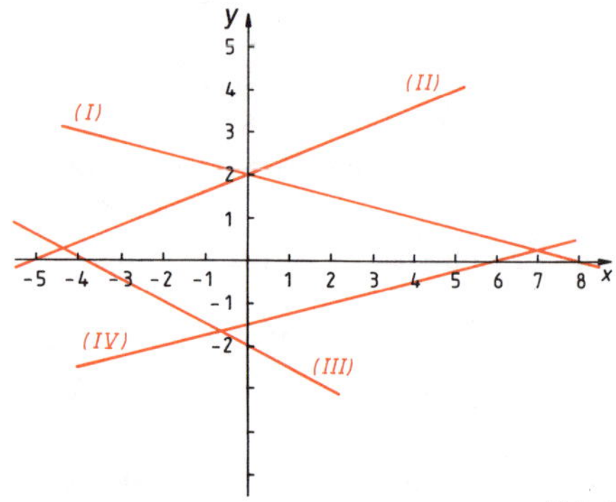


**Abb. 6.37**

**Beispiel:** Prüfen Sie nach, ob der Punkt $P(-1 \mid 1)$ auf der Geraden $g\colon y=-0{,}5x+0{,}5$ liegt!
Ein Punkt liegt genau dann auf der Geraden, wenn durch Einsetzen seiner Koordinaten in die Funktionsgleichung eine wahre Aussage entsteht:
$1=(-0{,}5)\cdot(-1)+0{,}5$
$1=0{,}5+0{,}5$
$1=1$ (wahr) $\Rightarrow P \in g$

55. Prüfen Sie durch Rechnung nach, welcher der Punkte $P_1(1 \mid 1{,}6)$, $P_2(-1 \mid -1{,}6)$, $P_3(-2{,}5 \mid -0{,}2)$, $P_4(1{,}6 \mid -1{,}84)$ auf der Geraden $g\colon y=-0{,}4x-1{,}2$ liegt!

56. Prüfen Sie nach, welcher der Punkte $P_1(2{,}5 \mid 2{,}5)$, $P_2(1 \mid 0)$, $P_3(-2 \mid -2{,}5)$, $P_4(0{,}2 \mid 2{,}5)$ auf der Geraden $g\colon y=2{,}5$ liegt!

57. Prüfen Sie nach, welcher der Punkte $P_1(3 \mid 0)$, $P_2(-1 \mid -1)$, $P_3(0 \mid -\frac{1}{2})$, $P_4(4 \mid \frac{1}{4})$ auf der Geraden $g\colon y=\frac{1}{4}x-\frac{3}{4}$ liegt!

**Beispiel:** Stellen Sie fest, ob die Gerade $g\colon y=x+1{,}5$ durch den Punkt $P(2 \mid -3{,}5)$ verläuft!
Eine Gerade verläuft genau dann durch einen Punkt, wenn durch Einsetzen der Koordinaten des Punktes in die Funktionsgleichung der Gerade eine wahre Aussage entsteht:
$-3{,}5=2+1{,}5$
$-3{,}5=3{,}5$ (falsch) $\Rightarrow$ $g$ verläuft nicht durch $P$.

58. Stellen Sie fest, welche der Geraden $g_1\colon y=1{,}5x+4$; $g_2\colon y=-0{,}5$; $g_3\colon y=-3x-0{,}5$ durch den Punkt $P(-3 \mid -0{,}5)$ verläuft!

59. Stellen Sie fest, welche der Geraden $g_1: y=-3x$; $g_2: y=-1{,}2x-3{,}6$; $g_3: x=0$ durch den Punkt $P(-3 \mid 0)$ verläuft!

60. Stellen Sie fest, welche der Geraden $g_1: y=-2x-5$; $g_2: y=0{,}2x+6{,}7$; $g_3: y=x+14{,}5$ durch den Punkt $P(-6{,}5 \mid 8)$ verläuft!

61. Stellen Sie fest, welche der Geraden $g_1: y=x-2\frac{3}{4}$; $g_2: y=0$; $g_3: y=\frac{5}{4}x-2\frac{3}{4}$ durch den Punkt $P(0 \mid -2\frac{3}{4})$ verläuft!

62. Finden Sie die Funktionsgleichung der Gerade durch den Punkt $P(3 \mid -1)$, die parallel zu der Geraden $g\colon y=-2x+1$ verläuft!

63. Finden Sie die Funktionsgleichung der Gerade durch den Punkt $P(-2{,}5 \mid -2)$, die parallel zu der Geraden $g\colon y=-1{,}5x-2{,}5$ verläuft!

64. Finden Sie die Funktionsgleichung der Gerade durch den Punkt $P(3 \mid 0)$, die parallel zu der Geraden $g\colon y=1{,}2x$ verläuft!

65. Finden Sie die Funktionsgleichung der Gerade durch den Punkt $P(0 \mid -1)$, die parallel zu der Geraden $g\colon y=2$ verläuft!

66. Geben Sie vier verschiedene Geraden an, die durch den Punkt $P\,(2 \mid 4)$ verlaufen!

67. Geben Sie vier verschiedene Geraden an, die durch den Punkt $P\,(-2{,}5 \mid -3)$ verlaufen!

68. Geben Sie vier verschiedene Geraden an, die durch den Punkt $P\,(0 \mid -2{,}3)$ verlaufen!

69. Geben Sie vier verschiedene Geraden an, die durch den Punkt $P\,(4{,}5 \mid 0)$ verlaufen!

Zeichnen Sie zu den folgenden Anwendungen jeweils den Graphen in ein Koordinatensystem, und stellen Sie die Funktionsgleichung auf!

**Beispiel:** Für einen Stromzähler beträgt der Grundpreis 33,00 DM. Für den Verbrauch von 1 kWh sind 0,14 DM zu bezahlen.

$x$ Verbrauch in kWh
$y$ Strompreis in DM
$y = 0{,}14\,x + 33$

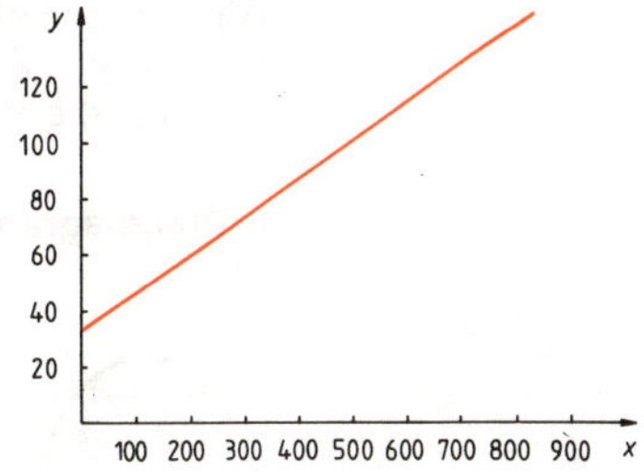

**Abb. 6.38**

70. Ein Heißluftballon steigt in 2 km Entfernung auf und entfernt sich mit einer Geschwindigkeit von 18 km/h.

71. Ein Auto nähert sich von einem 460 km entfernten Ort mit einer Durchschnittsgeschwindigkeit von 110 km/h.

72. Von einem 850 m hoch gelegenen Ort führt eine Straße mit einer durchschnittlichen Steigung von 12% zu einem 6 km entfernt gelegenen Ort.

73. Aus einem 3 m tiefen Wasserbecken wird das Wasser abgelassen, wobei der Wasserspiegel stündlich um 35 cm sinkt.

74. Ein 5 m langes Eisenblech wird um 700 K erwärmt, wobei sich das Blech um 0,0012 cm pro K ausdehnt.

75. 20 °C warmes Wasser wird bis zum Siedepunkt erwärmt, wobei es sich pro Minute um 13 K erwärmt.

76. Bei Erwärmung um 1 K dehnt sich ein Gas um $\frac{1}{273}$ seines Volumens bei 0 °C aus, sofern sich der Druck nicht verändert.

77. Ein Darlehen von 8000 DM wird durch monatliche Beträge von 150 DM zurückbezahlt.

78. Eine Maschine mit dem Anschaffungspreis von 24 000 DM wird jährlich mit 15% des Anschaffungspreises abgeschrieben.

Die Funktion mit der Gleichung $y = |x|$ $(x \in \mathbb{Q})$ heißt **„Betragsfunktion"** und ist definiert durch $y = x$ für $x \geqq 0$ und $y = -x$ für $x < 0$.

Andere Schreibweise: $y = |x| = \begin{cases} x & \text{für } x \geqq 0 \\ -x & \text{für } x < 0 \end{cases}$

Zeichnen Sie jeweils den Graphen:

79. $y = 2\,|x|$ 80. $y = -\frac{1}{2}\,|x|$

81. $y = |x| + 2$ 82. $y = |x + 2|$

83. $y = -|x - 2|$ 84. $y = -2\,|x| - 3$

85. $y = |\frac{1}{3}x|$ 86. $y = |2x - 1|$

87. $y = |x| - x$ 88. $y = \frac{1}{2}(|x| + x)$

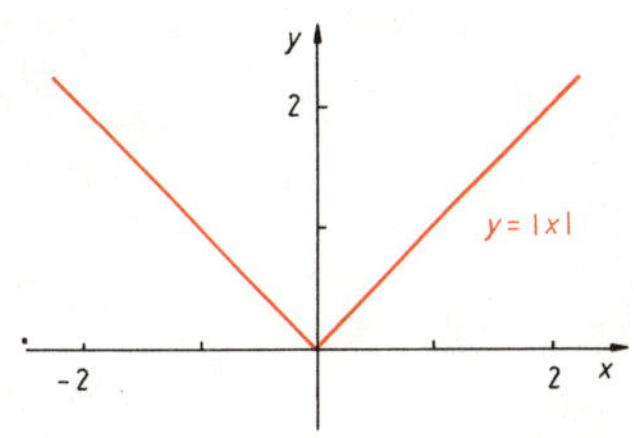

**Abb. 6.39**

Die Funktion zu $y = \dfrac{1}{x}$ heißt **„Hyperbelfunktion".** Sie ist für alle $x \in \mathbb{Q} \setminus \{0\}$ definiert.

Zeichnen Sie jeweils den Graphen:

89. $y = -\dfrac{1}{x}$ 90. $y = \dfrac{1}{2x}$

91. $y = \dfrac{1}{x} - 1$ 92. $y = \dfrac{1}{x - 1}$

93. $y = \dfrac{2}{x}$ 94. $y = -\dfrac{2}{x + 1}$

95. $y = \dfrac{1}{|x|}$ 96. $y = \dfrac{|x|}{x}$

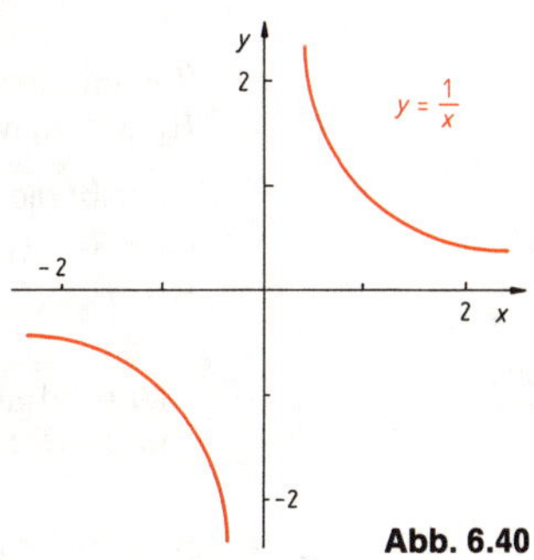

**Abb. 6.40**

## 6.5 Umkehrrelationen und -funktionen

**Beispiel**

Vergleichen Sie die durch $x < y$ und $x > y$ auf der Menge $A = \{1; 2; 3; 4\}$ gegebenen Relationen!

Wir bezeichnen die Relationen mit $R_1$ bzw. $R_2$:
$R_1 = \{(x|y) \in A \times A \mid x < y\}$
$R_2 = \{(x|y) \in A \times A \mid x > y\}$

**1. Pfeildiagramm:**

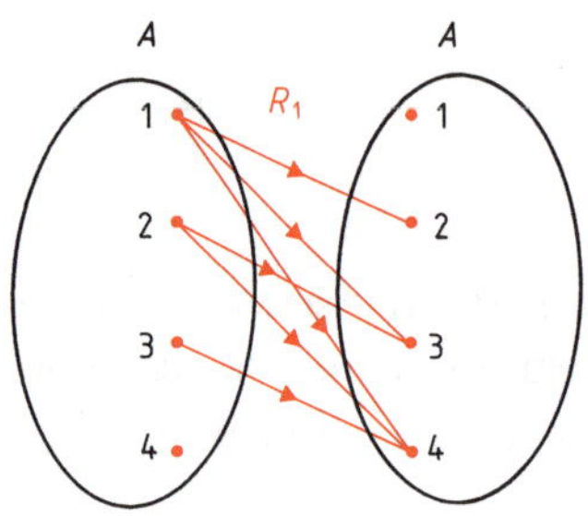


**Abb. 6.41**

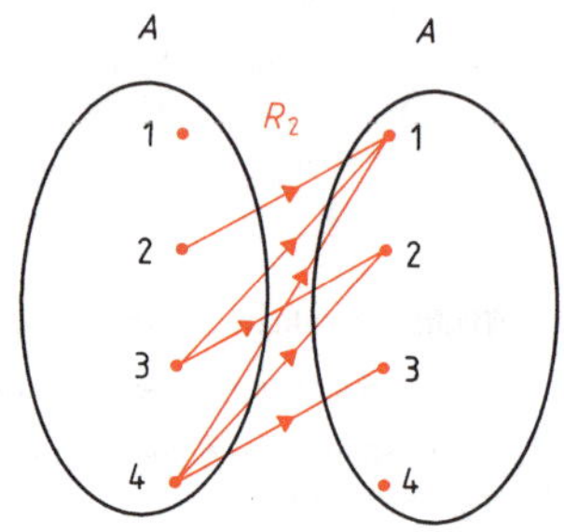


**Abb. 6.42**

Wir erhalten $R_2$ aus $R_1$ bzw. $R_1$ aus $R_2$, indem wir jeweils alle Pfeilspitzen umkehren.

**2. Aufzählende Schreibweise:**
$R_1 = \{(1|2); (1|3); (1|4); (2|3); (2|4); (3|4)\}$
$R_2 = \{(2|1); (3|1); (4|1); (3|2); (4|2); (4|3)\}$
Wir erhalten $R_2$ aus $R_1$ bzw. $R_1$ aus $R_2$, indem wir die Zahlen in den Zahlenpaaren vertauschen.

**3. Koordinatensystem:**

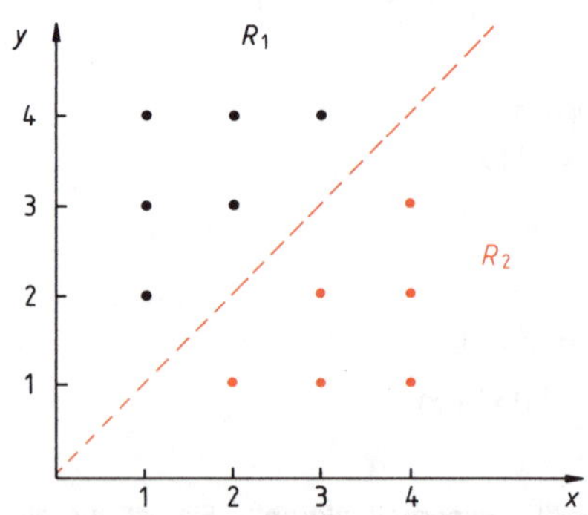


**Abb. 6.43**

Wir erhalten den Graph von $R_2$ aus dem Graph von $R_1$ bzw. den von $R_1$ aus dem von $R_2$, indem wir ihn an der 1. Winkelhalbierenden ($y = x$) spiegeln.

$R_2$ heißt die **„Umkehrrelation"** von $R_1$, ebenso ist $R_1$ die Umkehrrelation von $R_2$:
$R_2 = R_1^U$ (gelesen: „$R_1$ **oben** U")
$R_1 = R_2^U$ (gelesen: „$R_2$ **oben** U")

**Merksatz**

Man erhält die **Umkehrrelation** $R^U$ einer Relation $R$, indem man in jedem der (geordneten) Paare die Koordinaten vertauscht.

Kurz: $R^U = \{(x|y) \mid (y|x) \in R\}$

Für die Umkehrrelation gilt:

**1.** $D(R^U) = W(R)$ und $W(R^U) = D(R)$

**2.** $(R^U)^U = R$

**3.** Der Graph von $R^U$ liegt spiegelsymmetrisch zum Graphen von $R$ bezüglich der 1. Winkelhalbierenden ($y = x$).

Zu jeder Relation gibt es eine Umkehrrelation; aber nicht zu jeder Funktion gibt es auch eine Umkehrfunktion, d.h. die Umkehrrelation einer Funktion braucht keine Funktion zu sein.

**Beispiel**

$$R = \{(1|4);\ (2|4);\ (3|5)\}$$

$$R^U = \{(4|1);\ (4|2);\ (5|3)\}$$

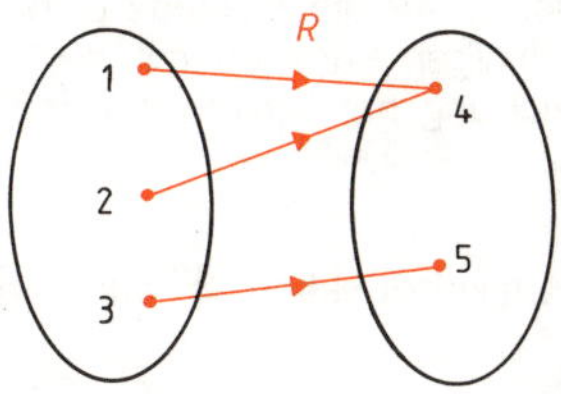


**Abb. 6.44**

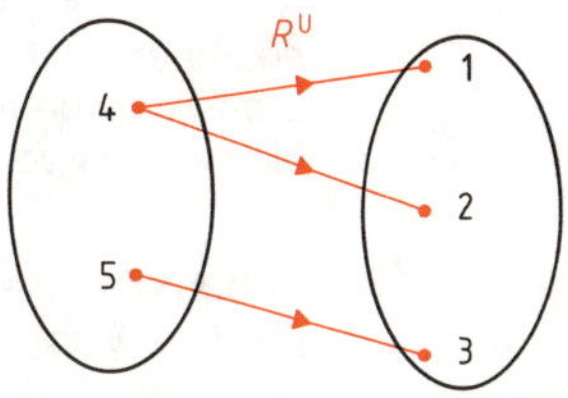


**Abb. 6.45**

Die Relation $R$ in unserem Beispiel ist eine Funktion; aber die Relation $R^U$ ist keine Funktion, da der Zahl 4 zwei Zahlen zugeordnet sind, die Zuordnung also nicht eindeutig ist.

**Satz**

> Eine Funktion $f$ besitzt genau dann eine **Umkehrfunktion** $f^U$, wenn jedes Element der Wertemenge nur einem Element der Definitionsmenge zugeordnet ist.

Das bedeutet für
- die Wertetabelle: jeder Funktionswert kommt nur einmal vor,
- die aufzählende Schreibweise: an der zweiten Stelle der Zahlenpaare kommt jede Zahl nur einmal vor,
- das Pfeildiagramm: bei jedem Element der Wertemenge kommt nur ein Pfeil an,
- das Koordinatensystem: auf jeder Parallelen zur $x$-Achse liegt höchstens ein Punkt des Graphen.

Funktionen, die eine Umkehrfunktion besitzen, heißen **„umkehrbar".** Den Graphen der Umkehrfunktion $f^U$ erhält man durch Spiegelung des Graphen von $f$ an der 1. Winkelhalbierenden.

**Beispiel**

$f$:

| $x$ | 1 | 3 | 5 |
|---|---|---|---|
| $y$ | 6 | 2 | 4 |

$f^U$:

| $x$ | 2 | 4 | 6 |
|---|---|---|---|
| $y$ | 3 | 5 | 1 |

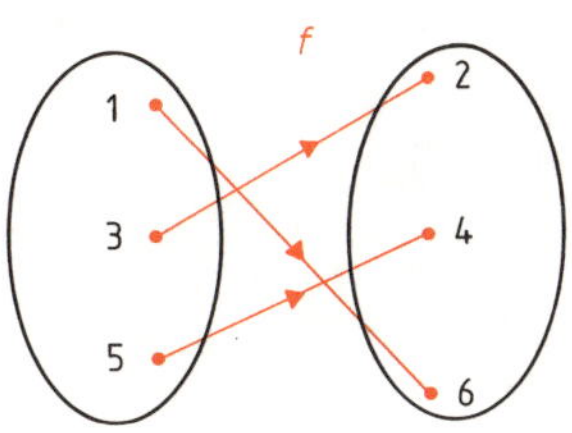


**Abb. 6.46**

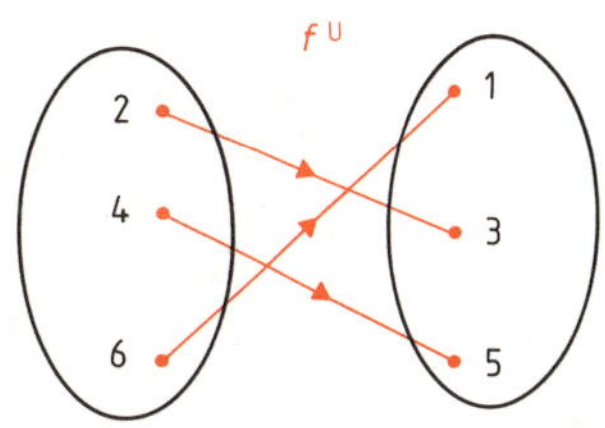


**Abb. 6.47**

$f = \{(1|6);\ (3|2);\ (5|4)\};$

$f^U = \{(6|1);\ (2|3);\ (4|5)\}$

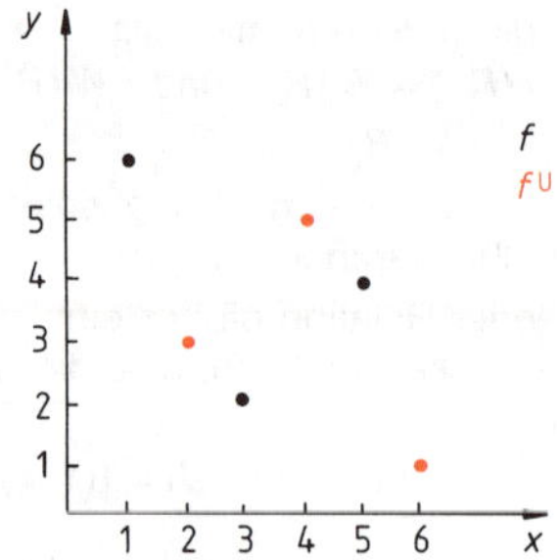


**Abb. 6.48**

Anhand der genannten Kennzeichen für die Existenz einer Umkehrfunktion kann man erkennen, daß es zu jeder geradlinigen Funktion mit $m \neq 0$ eine Umkehrfunktion gibt. Zum Auffinden der Funktionsgleichung der Umkehrfunktion $f^U$ müssen bei $f$ die Variablen $x$ und $y$ vertauscht werden.

**Beispiel**

Geben Sie die Gleichung der Umkehrfunktion $f^U$ zur Funktion $f$ mit der Gleichung $y = 2x - 3$ an!

Vertauschen der Variablen: $x = 2y - 3$

Umformen nach $y$: $x = 2y - 3$

$\Leftrightarrow 2y = x + 3$

$\Leftrightarrow y = \frac{1}{2}x + \frac{3}{2}$

Gleichung der Umkehrfunktion: $y = \frac{1}{2}x + \frac{3}{2}$

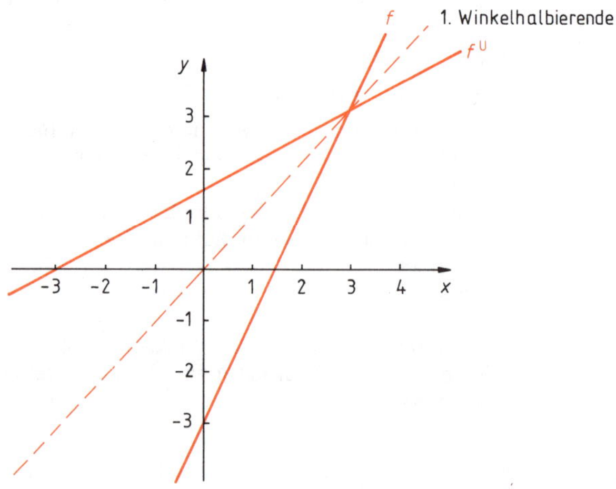


**Abb. 6.49**

Die Umkehrfunktion einer geradlinigen Funktion ist wieder geradlinig; die Umkehrfunktion einer linearen Funktion ist wieder linear (für $m \neq 0$).

## Aufgaben zu 6.5

Bestimmen Sie die Umkehrrelation $R^U$ in aufzählender und beschreibender Form ($A = \{1; 2; 3; 4\}$)!

**Beispiel:** $R = \{(x \mid y) \in A \times A \mid x - 1 > y\}$
$R = \{(3 \mid 1);\ (4 \mid 1);\ (4 \mid 2)\}$
aufzählende Form: $R^U = \{(1 \mid 3);\ (1 \mid 4);\ (2 \mid 4)\}$
beschreibende Form: $R^U = \{(x \mid y) \in A \times A \mid x + 1 < y\}$

1. $R = \{(x \mid y) \in A \times A \mid 2x \leqq y\}$
2. $R = \{(x \mid y) \in A \times A \mid x + y < 4\}$

Gegeben sind die Mengen $A = \{2; 3; 4; 5\}$ und $B = \{2; 4; 6\}$.
Bestimmen Sie die Umkehrrelation als Paarmenge, und zeichnen Sie ein Pfeildiagramm zu $R$ und $R^U$!

3. $R = \{(2 \mid 4);\ (2 \mid 6);\ (3 \mid 6);\ (4 \mid 4);\ (5 \mid 2);\ (5 \mid 4)\}$
4. $R = \{(x \mid y) \in A \times B \mid 2x - 1 < y\}$
5. $R = \{(x \mid y) \in A \times B \mid x$ ist Teiler von $y\}$
6. $R = \{(x \mid y) \in A \times B \mid x$ ist größer als die Hälfte von $y\}$

Bestimmen Sie die Umkehrrelation in $\mathbb{Q}$, und zeichnen Sie den Graphen von $R$ und $R^U$ in ein Koordinatensystem!

**Beispiel:** $R\colon\ y = |x|$

$$R\colon\ y = \begin{cases} x & \text{für } x \geqq 0 \\ -x & \text{für } x < 0 \end{cases}$$

$$R^U\colon\ x = \begin{cases} y & \text{für } y \geqq 0 \\ -y & \text{für } y < 0 \end{cases}$$

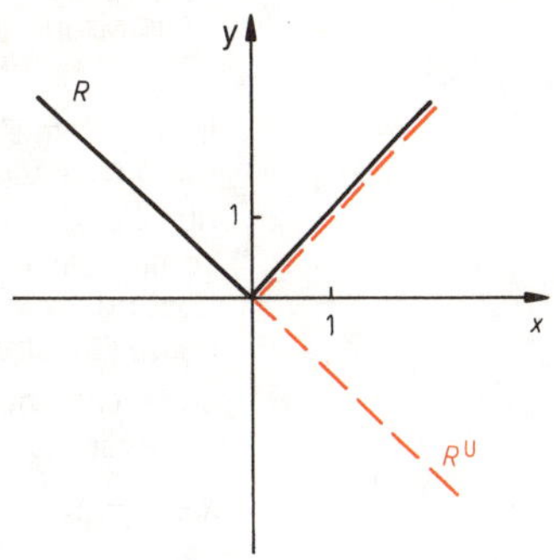


Abb. 6.50

7. $R\colon\ x < y$
8. $R\colon\ x + y > 1$
9. $R\colon\ y = x^2$

Zeichnen Sie die Graphen der Relation und der Umkehrrelation in ein Koordinatensystem!

10. $R\colon\ 2x > y - 1$
11. $R\colon\ x \leqq 3$
12. $R\colon\ |x| + |y| = 5$
13. $R\colon\ |x| + |y| < 5$
14. $R\colon\ |x - 2| < 3$
15. $R\colon\ x^2 + y^2 = 4$

Prüfen Sie, welche der Funktionen umkehrbar sind! Geben Sie gegebenenfalls die Umkehrfunktion an!

16. $f = \{(1 \mid 2);\ (2 \mid 3);\ (3 \mid 4);\ (4 \mid 1)\}$
17. $f = \{(1 \mid 1);\ (2 \mid 2);\ (3 \mid 3);\ (4 \mid 4)\}$
18. $f = \{(2 \mid 8);\ (4 \mid 0);\ (6 \mid 4);\ (8 \mid 8)\}$
19. $f = \{(2 \mid 5);\ (3 \mid 6);\ (4 \mid 7);\ (5 \mid 4)\}$
20. $f = \{(1 \mid 3);\ (2 \mid 3);\ (3 \mid 3)\}$
21. $f = \{(1 \mid 4);\ (2 \mid 3);\ (3 \mid 2);\ (4 \mid 1)\}$

Bestimmen Sie zu der gegebenen Funktion die Umkehrfunktion, und zeichnen Sie beide Graphen in ein Koordinatensystem!

22. $f\colon\ y = -3x + 2, \quad x \in \mathbb{Q}$
23. $f\colon\ y = -x - 1, \quad x \in \mathbb{Q}$
24. $f\colon\ y = -x, \quad x \in \mathbb{Q}$
25. $f\colon\ y = \frac{2}{5}x, \quad x \in \mathbb{Q}$
26. $f\colon\ y = \frac{1}{x}, \quad x \in \mathbb{Q} \setminus \{0\}$
27. $f\colon\ y = -\frac{1}{x}, \quad x \in \mathbb{Q} \setminus \{0\}$
28. $f\colon\ y = \frac{2}{x} + 1, \quad x \in \mathbb{Q} \setminus \{0\}$
29. $f\colon\ y = \frac{1}{x - 2}, \quad x \in \mathbb{Q} \setminus \{2\}$

# 7 Systeme linearer Gleichungen

## 7.1 Systeme linearer Gleichungen mit zwei Variablen

Auf einem kleinen Bauernhof leben 12 Tiere, die zusammen 38 Beine haben. Wie viele Zwei- bzw. Vierbeiner leben dort?

Bezeichnen wir die Anzahl der Zweibeiner mit $x$, die der Vierbeiner mit $y$, so erhalten wir die Gleichungen

$x + y = 12$ und $2 \cdot x + 4 \cdot y = 38$.

Beides sind Gleichungen mit zwei Variablen. Da für eine mögliche Lösung **beide** Gleichungen erfüllt sein müssen, verbinden wir sie mit „$\wedge$" („und") und sprechen von einem „System von Gleichungen" (kurz von einem „Gleichungssystem"):

$x + y = 12 \wedge 2x + 4y = 38$ (System von zwei Gleichungen)

**Merksatz**

Ein System zweier (oder mehrerer) Gleichungen besteht aus zwei (oder mehreren) Gleichungen, die durch „und" verbunden sind.

In unserem Beispiel können wir für beide Variablen natürliche Zahlen einsetzen; die Fälle $x = 0$ (nur Vierbeiner) bzw. $y = 0$ (nur Zweibeiner) können nicht eintreten. Wir haben daher als Grundmenge die Produktmenge $\mathbb{N} \times \mathbb{N} : G = \mathbb{N} \times \mathbb{N}$. Als Lösungen kommen somit Zahlenpaare $(x|y) \in \mathbb{N} \times \mathbb{N}$ in Frage. Ein Zahlenpaar ist genau dann eine Lösung, wenn beim Ersetzen des Variablenpaares $(x|y)$ durch dieses Paar von Zahlen beide Gleichungen zu wahren Aussagen werden.

Jede Gleichung für sich allein hat mehrere Lösungen in $\mathbb{N} \times \mathbb{N}$. Wir schreiben sie auf, um eventuell ein gemeinsames Paar zu entdecken.

| | | | | | | | | | | | | |
|---|---|---|---|---|---|---|---|---|---|---|---|---|
| $x + y = 12$ | $x$ | 1 | 2 | 3 | 4 | 5 | 6 | 7 | 8 | 9 | 10 | 11 |
| $\Leftrightarrow y = 12 - x$ | $y$ | 11 | 10 | 9 | 8 | 7 | 6 | 5 | 4 | 3 | 2 | 1 |

$L_1 = \{(1|11); (2|10); (3|9); (4|8); (5|7); (6|6); (7|5); (8|4); (9|3); (10|2); (11|1)\}$

| | | | | | | | | | | |
|---|---|---|---|---|---|---|---|---|---|---|
| $2x + 4y = 38$ | $x$ | 1 | 3 | 5 | 7 | 9 | 11 | 13 | 15 | 17 |
| $\Leftrightarrow y = 9{,}5 - 0{,}5x$ | $y$ | 9 | 8 | 7 | 6 | 5 | 4 | 3 | 2 | 1 |

$L_2 = \{(1|9); (3|8); (5|7); (7|6); (9|5); (11|4); (13|3); (15|2); (17|1)\}$

Wie man sieht, gehört nur das Paar $(5|7)$ zu beiden Lösungsmengen, daher ist $(5|7)$ die (einzige) Lösung des Gleichungssystems.

Probe: $5 + 7 = 12$ (wahr)

$2 \cdot 5 + 4 \cdot 7 = 38$ (wahr)

$L = L_1 \cap L_2 = \{(5|7)\}$

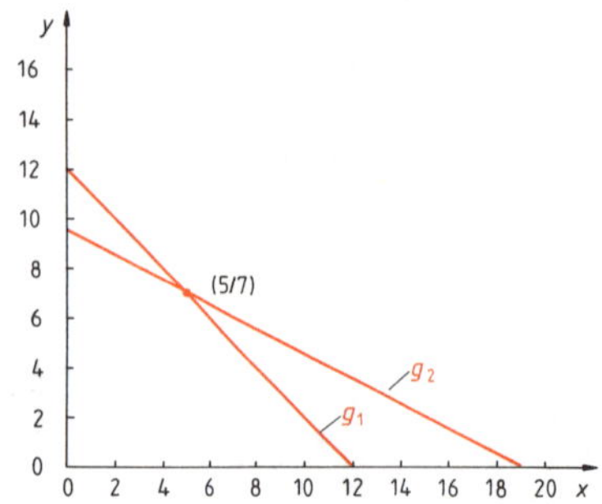

**Abb. 7.1**

Ergebnis: Auf dem Hof befinden sich 5 Zweibeiner und 7 Vierbeiner. (Können Sie das Problem auch ohne Gleichungen lösen?)

Graphisch stellt jede der beiden Gleichungen eine Gerade dar:

$g_1$: $y = -x + 12, \quad x \in \mathbb{Q}$

$g_2$: $y = -0{,}5x + 9{,}5, \quad x \in \mathbb{Q}$

Als Lösung kommt nur das Koordinatenpaar eines Punktes in Frage, der auf beiden Geraden liegt, also des Schnittpunktes: $(5|7)$ ist der **Schnittpunkt** der beiden Geraden.

**Merksatz**

Hat ein System zweier linearer Gleichungen genau eine Lösung, so stellt sie den Schnittpunkt der beiden zugehörigen Geraden dar.

Umgekehrt kann man sagen: Schneiden sich zwei Geraden, so besitzt das zugehörige Gleichungssystem genau eine Lösung.

Zwei Geraden müssen sich aber nicht in einem Punkt schneiden, sie können auch parallel zueinander sein oder zusammenfallen.

**Beispiel**

**Parallele Geraden:**

$g_1\colon y=-\frac{1}{2}x+1, \quad x\in\mathbb{Q}$

$g_2\colon y=-\frac{1}{2}x+3, \quad x\in\mathbb{Q}$

Da die beiden Geraden keinen Schnittpunkt haben, besitzt das entsprechende Gleichungssystem

$y=-\frac{1}{2}x+1 \wedge y=-\frac{1}{2}x+3$

keine Lösung: $\underline{L=\{\,\}}$.

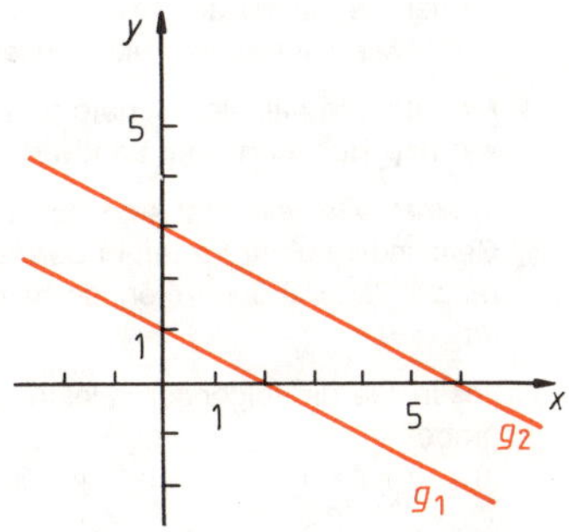


**Abb. 7.2**

**Beispiel**

**Zusammenfallende Geraden:**

$g_1\colon y=\frac{1}{2}x+1, \quad x\in\mathbb{Q}$

$g_2\colon 2y=x+2, \quad x\in\mathbb{Q}$

Da die beiden Geraden unendlich viele gemeinsame Punkte haben, besitzt das entsprechende Gleichungssystem

$y=\frac{1}{2}x+1 \wedge 2y=x+2$

unendlich viele Lösungen in der Grundmenge $G=\mathbb{Q}\times\mathbb{Q}$

$\underline{L=\{(x|y)\in\mathbb{Q}\times\mathbb{Q} \mid y=\frac{1}{2}x+1\}}$.

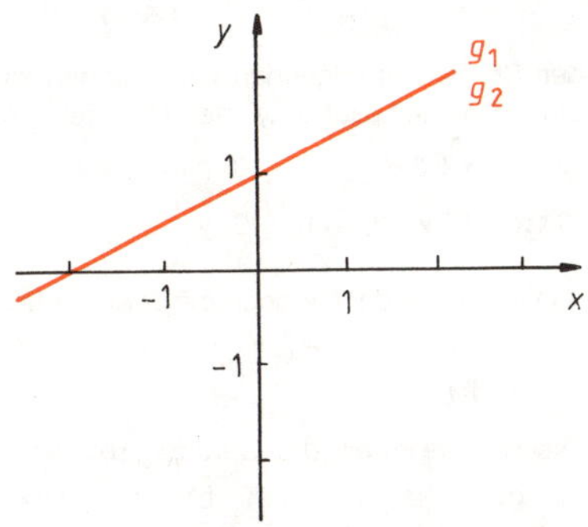


**Abb. 7.3**

**Zusammenfassung:**

| Gleichungssystem | Geometrischer Sachverhalt | Anzahl der Lösungen | Graphische Veranschaulichung |
|---|---|---|---|
| $y=2x+1$ $\wedge\ y=x-2$ | zwei sich schneidende Geraden | eine | ein Schnittpunkt |
| $y=2x+1$ $\wedge\ y=2x-2$ | zwei parallele Geraden | keine | kein Schnittpunkt |
| $y=2x+1$ $\wedge\ 2y=4x+2$ | zwei zusammenfallende Geraden | unendliche viele | eine gemeinsame Gerade |

Wir schreiben ein Gleichungssystem in folgender Form:

$$\begin{array}{l} (1) \\ (2) \end{array} \left[\begin{array}{r} ax+by=c \\ \wedge\ dx+ey=f \end{array}\right] \quad \begin{array}{l} (x, y \text{ Lösungsvariable;} \\ a, b, \dots, f \text{ Formvariable)} \end{array}$$

Später lassen wir die Klammern oder die Numerierung der Gleichungen weg.

# Aufgaben zu 7.1

Lösen Sie die folgenden Scherzaufgaben durch geschicktes Probieren!

1. Auf zwei nebeneinander verlaufenden Telefonleitungen sitzen Spatzen. Wechselt ein Spatz von der linken auf die rechte Leitung, dann sitzen auf der rechten Leitung doppelt so viele Spatzen wie auf der linken. Wechselt aber statt dessen ein Spatz von rechts nach links, dann sitzen auf beiden Leitungen gleich viele Spatzen. Wie viele Spatzen sitzen auf der linken, wie viele auf der rechten Leitung?
2. Max ist doppelt so alt wie Moritz war, als Max so alt war, wie Moritz jetzt ist. Max ist 24. Wie alt ist Moritz jetzt?
3. Zwei Autofahrer *A* und *B* fuhren zur gleichen Zeit los, legten die gleiche Strecke zurück und kamen zur gleichen Zeit wieder zu Hause an. Aber *B* fuhr doppelt so lange, wie *A* auf seiner Tour Pause machte, und *A* fuhr dreimal so lange, wie *B* auf seiner Tour Pause machte. Wer von beiden fuhr schneller?
4. Ein Landwirt hält sich Schafe und Hühner, zusammen 37 Tiere. Alle zusammen haben 120 Beine. Wie viele Schafe und wie viele Hühner hat der Landwirt?
5. In einem Gemeinderat sind nur die Parteien *A* und *B* vertreten. Dabei ergibt sich folgende Situation: Würden zwei *B*-Gemeinderäte zur Partei *A* übertreten, hätten beide Parteien gleich viele Vertreter. Würde statt dessen ein *A*-Gemeinderat zur Partei *B* übertreten, so hätte *B* doppelt so viele Vertreter wie *A*. Wie viele Mitglieder sitzen in diesem Gemeinderat?
6. Lösen Sie die folgenden Gleichungssysteme graphisch, und überprüfen Sie die Richtigkeit der Lösung durch Punktprobe!

a) $y = x + 1 \wedge y = -2x$ b) $y = 3 \wedge y = -x + 1$ c) $y = 2x - 2 \wedge y = -\frac{1}{2}x + 2$

d) $y = 2x - 4 \wedge y = \frac{1}{3}x + 1$ e) $x + y = 2 \wedge 2x - y = 0$ f) $\frac{1}{2} + 4y = -6 \wedge x = 3$

Finden Sie zu den folgenden Gleichungen jeweils eine zweite, so daß das System der beiden Gleichungen a) genau eine Lösung, b) keine Lösung, c) unendlich viele Lösungen hat!

7. $y = -2x + 3$
8. $2y - x = 4$
9. $0{,}4x + 1{,}2y - 3{,}6 = 0$
10. $y = 3$
11. Geben Sie zu der Geraden mit der Gleichung $y = 2x - 3$ eine zweite an, die sie im Punkt

a) $P(1|-1)$, b) $P(0|-3)$, c) $P(3|3)$

schneidet.
12. Nennen Sie jeweils drei Geraden, die parallel zu der gegebenen verlaufen.

a) $g: y = \frac{1}{3}x - 1$ b) $g: y - 2x = 5$ c) $g: 3x - y = 0$

d) $g: 2x + 4y = 6$ e) $g: \frac{1}{2}x - \frac{2}{3}y - 1 = 0$.
13. Nennen Sie jeweils drei Geraden, die sich im Punkt

a) $P(0|-3)$, b) $P(1|2)$, c) $P(4|0)$, d) $P(-4|-1)$

schneiden.
14. Welche Gerade durch den Punkt $P(3|-1)$ verläuft parallel zu $g: y = -2{,}5x - 1$?
15. Welche Gerade durch den Punkt $P(-2|4)$ verläuft parallel zu $g: y = \frac{1}{3}x + 3$?
16. Welche Gerade durch den Punkt $P(-5|-2)$ verläuft parallel zu a) $g: y = 3$, b) $g: x = 1$?
17. Welche Ursprungsgerade verläuft parallel zu

a) $g: 2x - y = 1$, b) $g: x - 4y - 3 = 0$, c) $g: 2x - 3 = 5y$,

d) $g: -x = 2 - 2y$? e) $g: y = -4$ f) $g: x = 1{,}28$

## 7.2 Lösungsverfahren für Gleichungssysteme mit zwei Variablen

Um auf rechnerischem Weg zur Lösungsmenge eines Gleichungssystems zu gelangen, formen wir das Gleichungssystem in ein äquivalentes um, an dem wir die Lösungsmenge direkt ablesen können. Entsprechend wie bei linearen Gleichungen legen wir fest:

**Merksatz**

Gleichungssysteme sind **äquivalent,** wenn sie die gleiche Lösungsmenge über der gleichen Grundmenge besitzen.

Für Umformungen dürfen wir bei jeder Gleichung die bekannten Äquivalenzumformungen heranziehen. Außerdem dürfen wir zu einer der beiden Gleichungen die andere „addieren", d.h. die linke zur linken Seite sowie die rechte zur rechten Seite addieren.

**Beispiele**

**Äquivalente Gleichungssysteme:**

**1.** $\begin{matrix}(1)\\(2)\end{matrix}\left[\begin{array}{r} x+y=3 \\ \wedge\ x-y=1\end{array}\right] \underset{\Leftrightarrow}{(1)+(2)\rightarrow(3)} \begin{matrix}(3)\\(2)\end{matrix}\left[\begin{array}{r} 2x=4 \\ \wedge\ x-y=1\end{array}\right]$

(Mit $(1)+(2)\rightarrow(3)$ deuten wir an, daß die neue Gleichung (3) durch „Addition" der Gleichungen (1) und (2) entstanden ist.)

**2.** $\begin{matrix}(1)\\(2)\end{matrix}\left[\begin{array}{r} x+y=3 \\ \wedge\ x-y=1\end{array}\right] \underset{(2)+(1)\rightarrow(3)}{\Leftrightarrow} \begin{matrix}(1)\\(3)\end{matrix}\left[\begin{array}{r} x+y=3 \\ \wedge\ \ 2x=4\end{array}\right]$

Beachten Sie: Eine der beiden Gleichungen bleibt jeweils in der alten Form stehen.

Für das Lösen von Gleichungssystemen geben wir fünf verschiedene Verfahren an, die je nach Art und Weise der Gleichungen einmal mehr, einmal weniger geeignet sind.

### 1. Das Additionsverfahren

Wir suchen die Lösungsmenge des Gleichungssystems

$$\left[\begin{array}{r} 2x+3y=-5 \\ \wedge\ 4x-\ \ y=11\end{array}\right]$$

über der Grundmenge $\mathbb{Q} \times \mathbb{Q}$.

**Lösung:** Wir formen zunächst das Gleichungssystem so um, daß durch Addition der beiden Gleichungen die Variable $y$ in einer der beiden Gleichungen eliminiert („ausgelöscht") werden kann.

$$\begin{matrix}(1)\\(2)\end{matrix}\left[\begin{array}{r} 2x+3y=-5 \\ \wedge\ \ 4x-\ \ y=11\end{array}\right] \begin{array}{l} \\ |\cdot 3\end{array}$$

$$\Leftrightarrow \begin{matrix}(1)\\(2)\end{matrix}\left[\begin{array}{r} 2x+3y=-5 \\ \wedge\ 12x-3y=33\end{array}\right] \ (2)+(1)\rightarrow(3)$$

$$\Leftrightarrow \begin{matrix}(1)\\(3)\end{matrix}\left[\begin{array}{r} 2x+3y=-5 \\ \wedge\ 14x\qquad =28\end{array}\right] \begin{array}{l} \\ |:(-7)\end{array}$$

Nachdem in der 2. Gleichung nur noch die Variable $x$ vorkommt, formen wir das Gleichungssystem so um, daß in der 1. Gleichung nur noch die Variable $y$ vorkommt.

$$\Leftrightarrow \begin{matrix}(1)\\(3)\end{matrix}\left[\begin{array}{r} 2x+3y=-5 \\ \wedge\ -2x\qquad =-4\end{array}\right] \ (1)+(3)\rightarrow(4)$$

$$\Leftrightarrow \begin{matrix}(4)\\(3)\end{matrix}\left[\begin{array}{r} 3y=-9 \\ \wedge\ -2x=-4\end{array}\right] \begin{array}{l} |:3 \\ |:(-2)\end{array}$$

$$\Leftrightarrow \begin{matrix}(4)\\(3)\end{matrix}\left[\begin{array}{r} y=-3 \\ \wedge\ x=2\end{array}\right]$$

Damit haben wir das Ziel erreicht, nämlich ein Gleichungssystem, das zu dem in der Aufgabe vorgegebenen äquivalent ist und bei dem die Variablen $x$ und $y$ allein stehen. Daran können wir die Lösungsmenge direkt ablesen: $\underline{L = \{(2|-3)\}}$.

Probe am vorgegebenen Gleichungssystem:

$$2 \cdot 2 + 3 \cdot (-3) \stackrel{?}{=} -5 \quad \text{und} \quad 4 \cdot 2 - (-3) \stackrel{?}{=} 11$$
$$4 - 9 \stackrel{?}{=} -5 \qquad\qquad 8 + 3 \stackrel{?}{=} 11$$
$$-5 = -5 \quad \text{(wahr)} \qquad\qquad 11 = 11 \quad \text{(wahr)}$$

Wegen der Bedeutung der Addition bei diesem Vorgehen spricht man vom **„Additionsverfahren".**

Um den Schreibaufwand zu verringern, lassen wir nach der Addition die 1. Gleichung weg und formen die 2. Gleichung weiter um, bis die Variable $x$ allein steht. Diese „Lösung" für die Variable $x$ können wir direkt in die 1. Gleichung einsetzen und die 1. Gleichung nach der anderen Variablen $y$ umformen, was wiederum nur eine Abkürzung des beschriebenen Verfahrens ist. Außerdem lassen wir bei der Kurzfassung die Klammern und die Äquivalenzpfeile weg.

**Lösung in Kurzform:**

$$\begin{array}{lrl}
(1) & 2x + 3y = -5 & \\
(2) \wedge & 4x - y = 11 & | \cdot 3 \\
\hline
(1) & 2x + 3y = -5 & \\
(2) \wedge & 12x - 3y = 33 & (2) + (1) \rightarrow (3) \\
\hline
(3) & 14x = 28 & | : 14 \\
(3) & \underline{x = 2} & (3) \text{ in } (1) \rightarrow (4) \\
(4) & 4 + 3y = -5 & | -4 \\
(4) & 3y = -9 & | : 3 \\
(4) & \underline{y = -3} &
\end{array}$$

$$\underline{L = \{(2|-3)\}}$$

**Hinweis:** Im folgenden verwenden wir meistens die Kurzform.

## 2. Das Einsetzungsverfahren

**Beispiel**

$$\begin{array}{lrl}
(1) & 2x + 3y = -5 & \\
(2) \wedge & y = 4x - 11 & (2) \text{ in } (1) \rightarrow (3) \\
\hline
(3) & 2x + 3(4x - 11) = -5 & \\
 & 2x + 12x - 33 = -5 & \\
 & 14x = 28 & \\
(3) & \underline{x = 2} & (3) \text{ in } (2) \rightarrow (4) \\
(4) & y = 4 \cdot 2 - 11 & \\
(4) & \underline{y = -3} &
\end{array}$$

$$\underline{L = \{(2|-3)\}}$$

Da man gleich zu Beginn für die Variable $y$ in der 1. Gleichung die rechte Seite der 2. Gleichung einsetzen kann und damit $y$ eliminiert hat, spricht man auch vom **„Einsetzungsverfahren".** Man wird sinnvollerweise dieses Verfahren dann verwenden, wenn eine Variable bei einer Gleichung bereits für sich allein steht bzw. eine Gleichung ohne großen Rechenaufwand nach einer Variablen umgestellt werden kann.

### 3. Das Gleichsetzungsverfahren

**Beispiel**

$$
\begin{array}{ll}
(1) & y = -\frac{2}{3}x - \frac{5}{3} \\
(2) & \wedge\ y = 4x - 11 \qquad (2) \text{ in } (1) \rightarrow (3) \\
\hline
(3) & 4x - 11 = -\frac{2}{3}x - \frac{5}{3} \\
 & 4x + \frac{2}{3}x = -\frac{5}{3} + 11 \\
 & \frac{14}{3}x = \frac{28}{3} \\
(3) & \underline{x = 2} \qquad (3) \text{ in } (2) \rightarrow (4) \\
(4) & y = 4 \cdot 2 - 11 \\
(4) & y = -3 \\
 & \underline{L = \{(2 \mid -3)\}}
\end{array}
$$

Da hierbei das Einsetzen darauf hinausläuft, daß man beide rechte Seiten gleichsetzt, spricht man auch vom **„Gleichsetzungsverfahren"**. Dieses Verfahren benutzt man sinnvollerweise dann, wenn eine Variable bereits in beiden Gleichungen für sich allein steht. Dieser Fall tritt insbesondere bei der Berechnung des Schnittpunkts zweier Geraden auf, deren Gleichungen in der Form $y = mx + b$ angegeben sind.

### 4. Das Substitutionsverfahren

**Beispiel**

$$
\begin{array}{ll}
(1) & \frac{3}{x+1} + \frac{2}{y-2} = 2 \\
(2) & \wedge\ \frac{-3}{2(x+1)} + \frac{4}{y-2} = \frac{3}{2} \\
\hline
\end{array}
$$

$D = \{(x \mid y) \mid x \neq -1 \wedge y \neq 2\}_{\mathbb{Q} \times \mathbb{Q}}$

andere Schreibweise:

$D = \mathbb{Q} \setminus \{-1\} \times \mathbb{Q} \setminus \{2\}$

Bruchgleichungen multiplizieren wir gewöhnlich mit dem Hauptnenner. Bei einem System von Bruchgleichungen mit zwei Variablen führt das unter Umständen (wie bei dem hier gewählten Beispiel) zu einem $xy$-Term und damit zu etwas langwierigen Umformungen. Wir können dies in bestimmten Fällen vermeiden, indem wir eine **Substitution** (Ersetzung) der Variablen durchführen.

Für unser Beispiel setzen wir:

$\frac{1}{x+1} = u; \quad \frac{1}{y-2} = v$ (Neueinführung der Variablen $u$ und $v$)

Dann lautet unser Gleichungssystem:

$$
\begin{array}{ll}
(1) & 3u + 2v = 2 \\
(2) & \wedge -\frac{3}{2}u + 4v = \frac{3}{2} \quad | \cdot 2 \\
\hline
(1) & 3u + 2v = 2 \\
(2) & \wedge -3u + 8v = 3 \qquad (2) + (1) \rightarrow (3) \\
\hline
(3) & 10v = 5 \\
(3) & v = \frac{1}{2} \qquad (3) \text{ in } (1) \rightarrow (4) \\
\hline
(4) & 3u + 2 \cdot \frac{1}{2} = 2 \\
 & 3u = 1 \\
(4) & u = \frac{1}{3} \\
\hline
\end{array}
$$

Die Substitution muß nun rückgängig gemacht werden:

$$
\begin{array}{ll}
(3) & \frac{1}{y-2} = \frac{1}{2} \\
 & y - 2 = 2 \\
 & \underline{y = 4}
\end{array}
\qquad
\begin{array}{ll}
(4) & \frac{1}{x+1} = \frac{1}{3} \\
 & x + 1 = 3 \\
 & \underline{x = 2}
\end{array}
$$

Probe:

$$\frac{3}{2+1}+\frac{2}{4-2}\overset{?}{=}2 \qquad \text{und} \qquad \frac{-3}{2(2+1)}+\frac{4}{4-2}\overset{?}{=}\frac{3}{2}$$

$$\frac{3}{3}+\frac{2}{2}\overset{?}{=}2 \qquad\qquad -\frac{3}{6}+\frac{4}{2}\overset{?}{=}\frac{3}{2}$$

$$1+1\overset{?}{=}2 \qquad\qquad -\frac{1}{2}+2\overset{?}{=}\frac{3}{2}$$

$$2=2 \text{ (wahr)} \qquad\qquad \frac{3}{2}=\frac{3}{2} \text{ (wahr)}$$

$L=\{(2\,|\,4)\}$

Beachten Sie: Eine Substitution kann nur dann durchgeführt werden, wenn die entsprechenden Nenner bis auf Vielfache übereinstimmen.

## 5. Das Determinantenverfahren

Ein anderes Verfahren für das Lösen von Gleichungssystemen ist das **„Determinantenverfahren"**. Mit ihm können wir zusätzlich schnell erkennen, ob ein vorgegebenes Gleichungssystem eindeutig lösbar ist. Zur Begründung des Verfahrens gehen wir von der „Normalform" eines Systems linearer Gleichungen mit zwei Variablen aus

$(G=\mathbb{Q}\times\mathbb{Q};\ a_1, a_2, b_1, b_2, c_1, c_2\in\mathbb{Q})$:

$$\begin{array}{lll} (1) & a_1x+b_1y=c_1 & |\cdot b_2 \quad (b_2\neq 0)\\ (2) & \wedge\ a_2x+b_2y=c_2 & |\cdot(-b_1) \quad (b_1\neq 0)\end{array}$$

$$\begin{array}{lll} (1) & a_1b_2x+b_1b_2y=c_1b_2 & \\ (2) & \wedge -a_2b_1x-b_1b_2y=-c_2b_1 & (2)+(1)\rightarrow(3)\end{array}$$

$$\begin{array}{ll} (3) & a_1b_2x-a_2b_1x=c_1b_2-c_2b_1\\ & (a_1b_2-a_2b_1)\cdot x=c_1b_2-c_2b_1\end{array}$$

$$(3) \qquad x=\frac{c_1b_2-c_2b_1}{a_1b_2-a_2b_1} \qquad (a_1b_2-a_2b_1\neq 0)$$

Um eine Gleichung mit der Variablen $y$ auf einer Seite allein zu erhalten, gehen wir am einfachsten wieder von dem ursprünglichen System aus:

$$\begin{array}{lll} (1) & a_1x+b_1y=c_1 & |\cdot(-a_2) \quad (a_2\neq 0)\\ (2) & \wedge\ a_2x+b_2y=c_2 & |\cdot a_1 \quad (a_1\neq 0)\end{array}$$

$$\begin{array}{lll} (1) & -a_1a_2x-a_2b_1y=-a_2c_1 & \\ (2) & \wedge\ a_1a_2x+a_1b_2y=a_1c_2 & (2)+(1)\rightarrow(4)\end{array}$$

$$(4) \qquad (a_1b_2-a_2b_1)\cdot y=a_1c_2-a_2c_1$$

$$(4) \qquad y=\frac{a_1c_2-a_2c_1}{a_1b_2-a_2b_1} \qquad (a_1b_2-a_2b_1\neq 0)$$

Für $a_1b_2\neq a_2b_1$ erhalten wir:

$$L=\left\{\left(\frac{c_1b_2-c_2b_1}{a_1b_2-a_2b_1}\ \middle|\ \frac{a_1c_2-a_2c_1}{a_1b_2-a_2b_1}\right)\right\}$$

(Diese Lösungsmenge ergibt sich auch in den Fällen $a_1=0$, $a_2=0$, $b_1=0$ oder $b_2=0$, die wir in der obigen Rechnung ausschließen mußten. In diesen Fällen muß allerdings auch wieder $a_1b_2\neq a_2b_1$ vorausgesetzt werden.)

Die bei $L$ auftretenden Differenzen bezeichnet man als „zweireihige **Determinanten**" und schreibt sie in folgender Form:

$$\begin{vmatrix} a_1 & b_1\\ a_2 & b_2\end{vmatrix}=a_1b_2-a_2b_1=D$$

$$\begin{vmatrix} c_1 & b_1 \\ c_2 & b_2 \end{vmatrix} = c_1 b_2 - c_2 b_1 = D_x \quad (D_x \text{ entsteht aus } D \text{, indem man } \begin{smallmatrix} a_1 \\ a_2 \end{smallmatrix} \text{ durch } \begin{smallmatrix} c_1 \\ c_2 \end{smallmatrix} \text{ ersetzt.})$$

$$\begin{vmatrix} a_1 & c_1 \\ a_2 & c_2 \end{vmatrix} = a_1 c_2 - a_2 c_1 = D_y \quad (D_y \text{ entsteht aus } D \text{, indem man } \begin{smallmatrix} b_1 \\ b_2 \end{smallmatrix} \text{ durch } \begin{smallmatrix} c_1 \\ c_2 \end{smallmatrix} \text{ ersetzt.})$$

Dadurch läßt sich die (eindeutig bestimmte) Lösung des Gleichungssystems für den Fall $D \neq 0$ in sehr kurzer Form angeben:

$$L = \left\{ \left( \frac{D_x}{D} \,\middle|\, \frac{D_y}{D} \right) \right\} \quad (D \neq 0)$$

Die Berechnung von $L$ mit Hilfe von $x = \frac{D_x}{D}$ und $y = \frac{D_y}{D}$ heißt auch **„Cramersche Regel"**.

Zur Bestimmung einer beliebigen zweireihigen Determinante gilt die einfache Regel:

Produkt der Elemente auf der Hauptdiagonalen minus Produkt der Elemente auf der Nebendiagonalen:

$$\begin{vmatrix} a & c \\ b & d \end{vmatrix}$$

Nebendiagonale Hauptdiagonale

$$\boxed{\begin{vmatrix} a & c \\ b & d \end{vmatrix} = a\,d - b\,c}$$

Im Fall $D \neq 0$ können wir also das Lösungspaar durch die Berechnung der drei Determinanten $D$, $D_x$ und $D_y$ leicht ermitteln.

**Beispiele**

**1.** (1) $x + 2y = 2$
(2) $\wedge\ 6x + 3y = -6$

$$D = \begin{vmatrix} 1 & 2 \\ 6 & 3 \end{vmatrix} = 1 \cdot 3 - 6 \cdot 2 = -9$$

$$D_x = \begin{vmatrix} 2 & 2 \\ -6 & 3 \end{vmatrix} = 2 \cdot 3 - (-6) \cdot 2 = 18$$

$$D_y = \begin{vmatrix} 1 & 2 \\ 6 & -6 \end{vmatrix} = 1 \cdot (-6) - 6 \cdot 2 = -18$$

$$x = \frac{D_x}{D} = \frac{18}{-9} = -2; \quad y = \frac{D_y}{D} = \frac{-18}{-9} = 2$$

$\underline{L = \{(-2 \mid 2)\}}$ (genau eine Lösung)

Geometrischer Sachverhalt: Die durch die beiden Gleichungen beschriebenen Geraden ($y = -\frac{1}{2}x + 1$ und $y = -2x - 2$) schneiden sich im Punkt $(-2 \mid 2)$.

**2.** (1) $3x + 6y = 9$
(2) $\wedge\ x + 2y = -2$

$$D = \begin{vmatrix} 3 & 6 \\ 1 & 2 \end{vmatrix} = 3 \cdot 2 - 1 \cdot 6 = 0 \quad \text{(keine eindeutige Lösung!)}$$

Geometrischer Sachverhalt: Die durch die beiden Gleichungen beschriebenen Geraden ($y = -\frac{1}{2}x + \frac{3}{2}$ und $y = -\frac{1}{2}x - 1$) sind parallel und haben demnach keinen Schnittpunkt.

$\underline{L = \{\,\}}$

**3.** (1) $2x + 4y = 6$
(2) $\wedge -6x - 12y = -18$

$$D = \begin{vmatrix} 2 & 4 \\ -6 & -12 \end{vmatrix} = 2 \cdot (-12) - (-6) \cdot 4 = 0 \quad \text{(keine eindeutige Lösung!)}$$

Geometrischer Sachverhalt: Die beiden Gleichungen beschreiben ein und dieselbe Gerade ($y = -\frac{1}{2}x + \frac{3}{2}$), auf der es unendlich viele gemeinsame Punkte gibt.

$\underline{L = \{(x \mid y) \mid y = -\frac{1}{2}x + \frac{3}{2}\}_{\mathbb{Q} \times \mathbb{Q}}}$

## Aufgaben zu 7.2

Lösen Sie folgende Gleichungssysteme mit dem **Additionsverfahren** ($G = \mathbb{Q} \times \mathbb{Q}$):

**Beispiel:**
(1) $x + y = 3{,}5$ (1) + (2) → (3)
(2) $\wedge\ x - y = -2{,}5$ (1) − (2) → (5)

**1. Lösung:**
(3) $2x = 1$
(3) $x = 0{,}5$ (3) in (1) → (4)
(4) $0{,}5 + y = 3{,}5$
(4) $y = 3$
$L = \{(0{,}5 \mid 3)\}$

**2. Lösung:**
(3) $2x = 1$
$x = 0{,}5$
(5) $2y = 6$
(5) $y = 3$
$L = \{(0{,}5 \mid 3)\}$

Probe: $0{,}5 + 3 = 3{,}5$ (wahr)
und $0{,}5 - 3 = -2{,}5$ (wahr)

1. $2x - 2y = -6 \ \wedge\ -2x - 2y = -10$
2. $x + 2y = 2 \ \wedge\ x - 2y = -6$
3. $2x + 3y = 12 \ \wedge\ 5x - 3y = 9$
4. $-4x + y = 0 \ \wedge\ 4x - 3y = -2$
5. $3x - 2y = -2 \ \wedge\ -x + y = 2$
6. $\frac{1}{2}x + \frac{1}{3}y = 4 \ \wedge\ 2x - \frac{1}{4}y = 2{,}5$
7. $8x + 3y = 1 \ \wedge\ 2x - 2y = -8$
8. $6y - 2x = 17 \ \wedge\ 4y - 3x = 18$
9. $x + y = 5(a + b) \ \wedge\ x - y = a - b$
10. $2x + 3y = 3a - b \ \wedge\ 3x + 2y = 3a + b$

Lösen Sie folgende Gleichungssysteme mit dem **Einsetzungsverfahren** ($G = \mathbb{Q} \times \mathbb{Q}$):

**Beispiel:**
(1) $2x + 3y = 7$
(2) $\wedge\ y = 3 - x$ (2) in (1) → (3)

**Lösung:**
(3) $2x + 3(3 - x) = 7$
$2x + 9 - 3x = 7$
$-x = -2$
(3) $x = 2$ (3) in (2) → (4)
(4) $y = 3 - 2$
(4) $y = 1$
$L = \{(2 \mid 1)\}$

Probe: $2 \cdot 2 + 3 \cdot 1 \overset{?}{=} 7$
$4 + 3 = 7$ (wahr)
und $1 = 3 - 2$ (wahr)

11. $x + y = 4 \ \wedge\ y = -4x + 1$
12. $4x - 2y = -10 \ \wedge\ y = -2x - 7$
13. $-x - y = 1 \ \wedge\ y = -2x + 3$
14. $y - x = 12 \ \wedge\ y = 2x + 5$
15. $\frac{3}{2}x - y = 4 \ \wedge\ y = \frac{1}{3}x + 3$
16. $11x + 8y = 86 \ \wedge\ y = 4x$
17. $2x + 7y = 104 \ \wedge\ y = \frac{6}{5}x$
18. $x + y = 5(a + b) \ \wedge\ y = x - a + b$
19. $5x - 2y = 10(a + b)^2 \ \wedge\ y = 0{,}5x + 3(a - b)^2$

Lösen Sie folgende Gleichungssysteme mit dem **Gleichsetzungsverfahren** ($G = \mathbb{Q} \times \mathbb{Q}$):

**Beispiel:**
(1) $y = 6 - x$
(2) $\wedge\ y = 3x - 4$

**Lösung:**
(3) $6 - x = 3x - 4$
$-4x = -10$
(3) $x = 2{,}5$ (3) in (1) → (4)
(4) $y = 6 - 2{,}5$
(4) $y = 3{,}5$

Probe: $3{,}5 \overset{?}{=} 6 - 2{,}5$ (wahr)
und $3{,}5 \overset{?}{=} 3 \cdot 2{,}5 - 4$
$3{,}5 = 7{,}5 - 4$ (wahr)

$L = \{(2{,}5 \mid 3{,}5)\}$

20. $y = x - 4$
$\wedge\ y = -x + 1$

21. $y = 5x - 50$
$\wedge\ y = -x + 10$

22. $y = 4x$
$\wedge\ y = -x + 10$

23. $y = 2x + 4{,}5$
$\wedge\ y = -\frac{1}{2}x + 9{,}5$

24. $y = 3$
$\wedge\ y = 4x + 11$

25. $y = ax + b$
$\wedge\ y = ax - b$

26. $y = ax + b$
$\wedge\ y = -ax - b$

Hinweis: Achten Sie bitte bei den Aufgaben 25. und 26. auf Fallunterscheidungen!

Lösen Sie folgende Gleichungssysteme mit Hilfe einer **Substitution** ($G = \mathbb{Q} \times \mathbb{Q}$):

**Beispiel:** (1) $\frac{4}{x} + \frac{3}{y} = 30$ $\quad D = \{(x \mid y) \mid x \neq 0 \wedge y \neq 0\}_{\mathbb{Q} \times \mathbb{Q}}$

(2) $\wedge\ \frac{7}{x} - \frac{6}{y} = 15$ $\quad$ Substitution: $\frac{1}{x} = u;\ \ \frac{1}{y} = v$

**Lösung:**

(1) $\left[\begin{array}{l} 4u + 3v = 30 \\ \wedge\ 7u - 6v = 15 \end{array}\right] \mid \cdot 2$
(2)

(1) $\left[\begin{array}{l} 8u + 6v = 60 \\ \wedge\ 7u - 6v = 15 \end{array}\right]$ (2) + (1) → (3)
(2)

(3) $15u = 75$

(3) $u = 5$ $\quad \underline{x = \frac{1}{5}}$ $\quad$ (3) in (1) → (4)

(4) $4 \cdot 5 + 3v = 30$

$3v = 10$

(4) $v = \frac{10}{3}$ $\quad \underline{y = \frac{3}{10}}$

Probe: $\frac{4 \cdot 5}{1} + \frac{3 \cdot 10}{3} \stackrel{?}{=} 30$

$20 + 10 = 30$ (wahr)

und $\frac{7 \cdot 5}{1} - \frac{6 \cdot 10}{3} \stackrel{?}{=} 15$

$35 - 20 = 15$ (wahr)

$\underline{L = \left\{\left(\frac{1}{5} \,\middle|\, \frac{3}{10}\right)\right\}}$

27. $\frac{3}{x} + \frac{4}{y} = -1$
$\wedge\ \frac{3}{x} - \frac{4}{y} = 7$

28. $\frac{3}{x} + \frac{8}{y} = 3$
$\wedge\ \frac{15}{x} - \frac{4}{y} = 4$

29. $\frac{28}{x} + \frac{6}{y} = 9$
$\wedge\ \frac{9}{y} - \frac{4}{x} = 2$

30. $\frac{3}{x} + \frac{5}{y} = 2$
$\wedge\ \frac{9}{x} - \frac{10}{y} = 1$

31. $\frac{25}{x} + \frac{18}{y} = 8$
$\wedge\ \frac{15}{x} - \frac{12}{y} = 1$

32. $\frac{x}{3} + \frac{5}{y} = 4\frac{1}{3}$
$\wedge\ \frac{x}{6} + \frac{10}{y} = 2\frac{2}{3}$

33. $\frac{4}{x} + \frac{y}{8} = 2\frac{1}{3}$
$\wedge\ \frac{2}{x} + \frac{y}{4} = 4\frac{1}{6}$

34. $\frac{1}{3x - 2} + \frac{2}{4y + 3} = \frac{7}{30}$
$\wedge\ \frac{5}{3x - 2} - \frac{3}{4y + 3} = \frac{3}{10}$

35. $\frac{14}{2x + 8} - \frac{1}{3 - y} = 0$
$\wedge\ \frac{4}{4 + x} + \frac{2}{3 - y} = \frac{18}{7}$

36. $\frac{3}{5x - 10} - \frac{1}{y + 3} = 1$
$\wedge\ \frac{1}{2 - x} + \frac{10}{9y + 27} = \frac{4}{3}$

37. $\frac{3}{4 - x} + \frac{5}{y + 4} = 4$
$\wedge\ \frac{4}{x - 4} + \frac{20}{3y + 12} = -\frac{8}{3}$

Lösen Sie folgende Gleichungssysteme mit dem **Determinantenverfahren** ($G = \mathbb{Q} \times \mathbb{Q}$):

**Beispiel:** $\left[\begin{array}{l} 4x + 6y = 24 \\ \wedge\ 5x - 3y = 9 \end{array}\right]$

**Lösung:** $D = \begin{vmatrix} 4 & 6 \\ 5 & -3 \end{vmatrix} = 4 \cdot (-3) - 5 \cdot 6 = -12 - 30 = -42$

$D_x = \begin{vmatrix} 24 & 6 \\ 9 & -3 \end{vmatrix} = 24 \cdot (-3) - 9 \cdot 6 = -72 - 54 = -126$

$D_y = \begin{vmatrix} 4 & 24 \\ 5 & 9 \end{vmatrix} = 4 \cdot 9 - 5 \cdot 24 = 36 - 120 = -84$

$x = \frac{D_x}{D} = \frac{-126}{-42} = 3$

$y = \frac{D_y}{D} = \frac{-84}{-42} = 2$

Probe: $4 \cdot 3 + 6 \cdot 2 \overset{?}{=} 24$

$12 + 12 = 24$ (wahr)

und $5 \cdot 3 - 3 \cdot 2 \overset{?}{=} 9$

$15 - 6 = 9$ (wahr)

$\underline{L = \{(3 \mid 2)\}}$

38. $2x + y = 1 \wedge x + y = -1$

39. $x + 9y = 40 \wedge 3x + 7y = 60$

40. $5x - y = 50 \wedge 9x - 11y = 44$

41. $2x - 3y = 1 \wedge 3x - 7y = -6$

42. $5x + 8y = 47 \wedge 4x - 3y = 0$

43. $2x + 3y = 0 \wedge x = 3$

44. $5x - 2y = 8 \wedge -3x + \frac{6}{5}y = 3$

Vergleichen Sie bei den folgenden drei Aufgaben jeweils die Gleichungssysteme unter a) und b) und die dazugehörigen Lösungsmengen!
Staunen Sie zunächst und deuten Sie dann Ihre Ergebnisse graphisch!

45. a) $x + 2y = 3 \wedge 0{,}499x + 1{,}001y = 1{,}5$
b) $x + 2y = 3 \wedge 0{,}5x + 1{,}001y = 1{,}5$

46. a) $2x - 4y = 1 \wedge -2{,}998x + 6{,}001y = 2$
b) $2x - 4y = 1 \wedge -2{,}998x + 6y = 2$

47. a) $0{,}049204x - 49{,}6y = 244 \wedge 3{,}1x - 3125y = 15375$
b) $0{,}0492x - 49{,}6y = 244 \wedge 3{,}1x - 3125y = 15375$

Lösen sie folgende Gleichungssysteme mit dem bequemsten Verfahren!

48. $x + y = 8{,}45 \wedge x - y = 3{,}23$

49. $x + y = 5\frac{2}{3} \wedge x - y = 3\frac{1}{3}$

50. $9x - 2y = 31 \wedge 7x + 6y = 77$

51. $12x - 7y = 28 \wedge 8x + 5y = 96$

52. $3\frac{1}{3}x + \frac{4}{5}y = 58 \wedge 4\frac{3}{5}x - 14 = 5\frac{1}{2}y$

53. $7x + 8y = 2x - 3y \wedge 2x + y = 3x - 16$

54. $5x - 3y = 25 \wedge 1{,}3x - 1{,}7y - 1{,}9 = 0$

55. $2{,}8x - 6{,}86 = 0{,}7y \wedge 3{,}5x + 1{,}3y = 17{,}71$

56. $2{,}4x + 1{,}8y + 4{,}05 = 10{,}93 - 3{,}8x \wedge 1{,}04x + 5{,}6y = 8{,}29 + 1{,}9y$

57. $11x - 8y = 6x + 6 \wedge \frac{8x - 7y}{2x + y} = \frac{13}{6}$

58. $\frac{x}{y} = \frac{4}{7} \wedge \frac{5x + 3}{4y - 12} = \frac{7}{8}$

59. $\frac{x + 2}{y - 1} = \frac{3}{1} \wedge \frac{3x + 4}{y + 1} = \frac{4}{1}$

60. $\frac{x - 7}{y - 2} = \frac{1}{4} \wedge \frac{x}{y} = \frac{5}{7}$

61. $\frac{x - 2}{y + 3} = \frac{1}{3} \wedge \frac{x}{y} = \frac{5}{6}$

62. $\frac{3x + 1}{2y - 5} = \frac{2}{1} \wedge \frac{x + 2}{5} = \frac{y + 1}{6}$

63. $\frac{2x - 3y}{3x - 4y} = \frac{3}{5} \wedge \frac{x - 2}{y + 2} = \frac{1}{3}$

64. $\frac{x + 2y - 1}{3x - 5y} = \frac{2}{1} \wedge \frac{4x - y + 5}{x + 3y + 4} = \frac{3}{2}$

65. $\frac{7x + 9y}{3x + 11y + 1} = \frac{4}{3} \wedge \frac{8x - 7y}{2x + 3y} = \frac{9}{7}$

66. $\frac{3x - 3y + 5}{5} = \frac{4x + y - 9}{2} \wedge \frac{5x + 3y - 11}{x + y - 1} = \frac{2}{1}$

67. $2(3x-4)+5(7y-6)=5(7x+2y)-25$
$\wedge\ 7(2x-5)-3(8y-6)=13(4y-7x)-3$

68. $5(2x-9)-3(4y-5)-12(2y-x)=0$
$\wedge\ 3(4x+y-7)-8(2y-3x+5)=x+9-3y$

69. $\frac{3x+y}{6}-\frac{5x-3y}{4}=-1$
$\wedge\ \frac{2x-5y}{5}+\frac{7x-5y}{4}=4$

70. $\frac{3x-2y}{5}+\frac{5x-3y}{3}=x+1$
$\wedge\ \frac{2x-3y}{3}+\frac{4x-3y}{2}=y+1$

71. $\frac{x+3}{4}+\frac{2y-7}{5}=\frac{3x-y}{3}$
$\wedge\ \frac{3x+y}{7}+\frac{3y+2}{4}=\frac{2x+5y}{5}$

72. $9x-\frac{3y+44}{7}=100$
$\wedge\ \frac{x+y}{y-x}=\frac{15}{8}$

73. $\frac{2x+y}{9}+\frac{7y+6x+11}{18}=9\frac{1}{2}-\frac{5x-17}{6}$
$\wedge\ \frac{\frac{5x+3y+2}{7}}{\frac{9y+6}{2}}=\frac{1}{3}$

74. $\frac{2x+y}{x-y+3}=\frac{1}{4}$
$\wedge\ \frac{3x-4y}{x+4y}=-2$

75. $\frac{6x+1}{4y+5}=\frac{13}{11}$
$\wedge\ \frac{x}{y}=\frac{5}{6}$

76. $\frac{3}{3y-x}=\frac{7}{3x-y}$
$\wedge\ \frac{9}{4x-3}=\frac{5}{4y-3}$

77. $\frac{2x+3y+5}{y-x}=6$
$\wedge\ \frac{3x-4y}{5x-2y}=5\frac{1}{2}$

78. $\frac{5}{x+2y}=\frac{3}{2x+y}$
$\wedge\ \frac{7}{3x+2}=\frac{5}{6-y}$

79. $\frac{1}{2x-3y}=\frac{9}{3x-2y}$
$\wedge\ \frac{1}{2x-9}=\frac{9}{4y-3}$

80. $\frac{1}{3x+1}=\frac{2}{5y+4}$
$\wedge\ \frac{7y-6}{4x-3}=\frac{2}{1}$

81. $\frac{11}{13}=\frac{8y+10}{2+12x}$
$\wedge\ 6x=5y$

82. $\frac{8x-10y}{3x+4y}=1\frac{3}{8}$
$\wedge\ 12x-5y=9x+7$

83. $\frac{x+2y+1}{2x-y+1}=2$
$\wedge\ \frac{3x-y+1}{x-y+3}=5$

84. $15x+\frac{1}{y}=33$
$\wedge\ 8x-\frac{5}{y}=1$

85. $7x=16+\frac{3}{y}$
$\wedge\ \frac{2}{y}=3x-4$

86. $\frac{7}{y}+\frac{3}{x}=2$
$\wedge\ 5x-6y=3\frac{1}{7}xy$

87. $\frac{5}{x}+\frac{9}{y}=2\frac{1}{2}$
$\wedge\ 2y-6x=1\frac{8}{15}xy$

88. $(x-3)(y+9)=(x+2)(y+2)$
$\wedge\ 2(x+6)(3y-8)=(3x+4)(2y-3)$

89. $(4x-13)(3y+10)=(2x+1)(6y-5)$
$\wedge\ \frac{4x+3y-13}{7x-8y+11}=\frac{3}{2}$

90. $\frac{6x+9}{4}+\frac{3x+5y}{4x-6}=3\frac{1}{4}+\frac{3x+4}{2}$
$\wedge\ \frac{8x+7}{10}+\frac{6x-3y}{2y-8}=4+\frac{4x-9}{5}$

91. $4x-34\frac{1}{3}-\frac{4y+13x}{27-6y}=\frac{12x+8}{3}$
$\wedge\ 3x+\frac{21-4y}{4x-10}=\frac{18x+13}{6}-2\frac{1}{9}$

92. $16x+6y-1=\frac{128x^2-18y^2+217}{8x-3y+2}$
$\wedge\ \frac{10x+10y-35}{2x+2y+3}=5-\frac{54}{3x+2y-1}$

93. $\frac{1}{3x-2}=\frac{7}{30}-\frac{2}{4y+3}$
$\wedge\ \frac{5}{3x-2}-\frac{3}{4y+3}=\frac{3}{10}$

94. $\frac{4(x+y)}{x-2y}+\frac{5(x+y)}{1-y}=15$
$\wedge\ \frac{3(x+y)}{2y-x}=10-\frac{8(x+y)}{y-1}$

Bei den folgenden Aufgaben 95. bis 118. brauchen Sie keine Fallunterscheidungen durchzuführen (wir setzen voraus, daß die auftretenden Nenner $\neq 0$ sind).

95. $(a-b)\,x+(a+b)\,y=2\,a$
$\wedge\ (a-b)\,x-(a+b)\,y=2\,b$

96. $(2\,a+3\,b)\,x+(2\,a-3\,b)\,y=2\,(2\,a^2+3\,b^2)$
$\wedge\ (2\,a+3\,b)\,x-(2\,a-3\,b)\,y=10\,a\,b$

97. $a\,x+b\,y=\frac{a^2+1}{a}$
$\wedge\ x+b\,y=2$

98. $\frac{x+2\,a}{a}+\frac{y}{b}=2$
$\wedge\ \frac{x}{a}-\frac{y}{b}=-2$

99. $\frac{x}{a}+\frac{2\,y}{b}=-1$
$\wedge\ \frac{2\,x}{a}-1=\frac{y+2\,b}{b}$

100. $\frac{x+y}{x-y}=\frac{a+b}{a-b}$
$\wedge\ 3\,x-2\,y=3\,a-2\,b$

101. $\frac{x+y}{x-y}=\frac{2\,a}{b}$
$\wedge\ 2\,x-3\,y+2\,a=5\,b$

102. $\frac{x-a^2}{y+3\,a\,b}=\frac{b}{a+b}$
$\wedge\ \frac{x+a\,b}{a+b}-\frac{y-a\,b}{a-b}=2\,b$

103. $4\,a\,(x-7\,a)+3\,b\,y=b\,x-2\,a\,y$
$\wedge\ 3\,a\,(x+5\,b)-2\,a\,y=4\,b\,(y-x)-8\,b^2$

104. $(a+b)\,x-(a-b)\,y=0$
$\wedge\ (a-b)\,x-(a+b)\,y=-4\,a\,b$

105. $x+y=a^2+b^2$
$\wedge\ \frac{x}{a}+\frac{y}{b}=2\,a$

106. $\frac{x}{2\,a-b}+\frac{2\,y}{a-3\,b}=5\,(a+b)$
$\wedge\ \frac{2\,x}{2\,a-b}-\frac{y}{a-3\,b}=5\,b$

107. $(3\,a-b)\,x+(3\,a+b)\,y=2\,(a+b)$
$\wedge\ \frac{x}{3\,a+b}-\frac{y}{3\,a-b}=\frac{2\,(a-b)}{9\,a^2-b^2}$

108. $(a-1)\,x-y=\frac{a\,b+b+2}{b+1}$
$\wedge\ x+(b+1)\,y=\frac{a^2-a+2}{a-1}$

109. $(a+b)\,(x+y)+1=0$
$\wedge\ \frac{b\,x-1}{a}+\frac{a\,y+3}{b}=\frac{1}{a+b}$

110. $\frac{7\,x}{a-b}-\frac{2\,(3\,a-b)\,y}{15}=22\,a-26\,b$
$\wedge\ \frac{5\,x}{a+b}-\frac{(2\,a+b)\,y}{10}=8\,a+19\,b$

111. $\frac{x+y}{x-y}=\frac{5\,(a+b)}{a-b}$
$\wedge\ 3\,x-2\,y=5\,a$

112. $\frac{x}{a+b}+\frac{y}{b+c}=a+2\,b+c$
$\wedge\ \frac{x}{b+c}-\frac{y}{a+b}=a-c$

113. $\frac{a\,x+y}{b\,x}=\frac{2\,a}{b}$
$\wedge\ \frac{2\,(b\,x+a\,y)}{a+y}=a+\frac{b}{a}$

114. $\frac{a\,x+b\,y}{b\,x-a\,y}=\frac{a^2-b^2}{2\,a\,b}$
$\wedge\ a\,x-b\,y=a^2+b^2$

115. $\frac{a\,x}{a^2-b^2}-\frac{b}{y}=1$
$\wedge\ \frac{a}{y}-\frac{b\,x}{a^2-b^2}=1$

116. $\frac{x-a+c}{y-a+b}=\frac{b}{c}$
$\wedge\ \frac{x+c}{y+b}=\frac{a+b}{a+c}$

117. $\frac{x+y+1}{x-y+1}=\frac{a+1}{a-1}$
$\wedge\ \frac{x+y+1}{x-y-1}=\frac{b+1}{1-b}$

118. $\frac{x+1}{y+1}=\frac{a+b+c}{a-b+c}$
$\wedge\ \frac{x-1}{y-1}=\frac{a+b-c}{a-b-c}$

119. A) In dem Gleichungssystem $\left[\begin{array}{l} a_1\,x+b_1\,y=c_1 \\ \wedge\ a_2\,x+b_2\,y=c_2 \end{array}\right]$ kann man für $a_1, a_2, b_1, b_2, c_1, c_2$ alle Zahlen aus $\mathbb{Q}$ einsetzen, also auch 0. Die folgenden Gleichungssysteme a), b) und c) haben kaum praktischen Wert; sie bieten aber die Möglichkeit, das Lösungsverhalten von Gleichungssystemen vollständig zu untersuchen. Für die drei Beispiele gilt jeweils: $D=D_x=D_y=0$, aber die drei Lösungsmengen sind verschieden. Finden Sie jeweils die Lösungsmenge!

a) $\left[\begin{array}{r} 0\cdot x+0\cdot y=0 \\ \wedge\ 0\cdot x+0\cdot y=0 \end{array}\right]$

b) $\left[\begin{array}{r} x+0\cdot y=0 \\ \wedge\ 0\cdot x+0\cdot y=0 \end{array}\right]$

c) $\left[\begin{array}{r} 0\cdot x+0\cdot y=1 \\ \wedge\ 0\cdot x+0\cdot y=0 \end{array}\right]$

B) Geben Sie (Beispiele für) Gleichungssysteme und deren Lösungsmengen für alle möglichen Fälle $D=0$ und gleichzeitig $D_x\neq 0$ oder/und $D_y\neq 0$ an!

## 7.3 Lösungsverfahren für Gleichungssysteme mit drei Variablen

Wir suchen die Lösungsmenge des Gleichungssystems

$$\begin{array}{l} (1)\\ (2)\\ (3) \end{array} \left[\begin{array}{rrrl} & 4x+2y- & z= & 3\\ \wedge & 2x-4y- & 2z= & 2\\ \wedge & x+3y+ & 3z= & 8 \end{array}\right]$$

über der Grundmenge $G=\mathbb{Q}\times\mathbb{Q}\times\mathbb{Q}$. Wir gehen dabei folgendermaßen vor: Durch geeignetes Multiplizieren und anschließendes Addieren der Zeilen eliminieren wir der Reihe nach die Variable $x$ aus der 2. und 3. Gleichung, die Variable $y$ aus der 1. und 3. Gleichung und schließlich die Variable $z$ aus der 1. und 2. Gleichung.

$$\begin{array}{l} (1)\\ (2)\\ (3) \end{array} \left[\begin{array}{rrrr} & 4x+2y- & z= & 3\\ \wedge & 2x-4y- & 2z= & 2\\ \wedge & x+3y+ & 3z= & 8 \end{array}\right] \begin{array}{l} \\ |\cdot(-2)\\ |\cdot(-4) \end{array}$$

$$\Leftrightarrow \begin{array}{l} (1)\\ (2)\\ (3) \end{array} \left[\begin{array}{rrrr} & 4x+\ 2y- & z= & 3\\ \wedge & -4x+\ 8y+ & 4z= & -4\\ \wedge & -4x-12y- & 12z= & -32 \end{array}\right] \begin{array}{l} \\ (2)+(1)\to(4)\\ (3)+(1)\to(5) \end{array}$$

$$\Leftrightarrow \begin{array}{l} (1)\\ (4)\\ (5) \end{array} \left[\begin{array}{rrrr} & 4x+\ 2y- & z= & 3\\ \wedge & 10y+ & 3z= & -1\\ \wedge & -10y- & 13z= & -29 \end{array}\right] \begin{array}{l} |\cdot(-5)\\ \\ \\ \end{array}$$

$$\Leftrightarrow \begin{array}{l} (1)\\ (4)\\ (5) \end{array} \left[\begin{array}{rrrr} & -20x-10y+ & 5z= & -15\\ \wedge & 10y+ & 3z= & -1\\ \wedge & -10y- & 13z= & -29 \end{array}\right] \begin{array}{l} (1)+(4)\to(6)\\ \\ (5)+(4)\to(7) \end{array}$$

$$\Leftrightarrow \begin{array}{l} (6)\\ (4)\\ (7) \end{array} \left[\begin{array}{rrrr} & -20x\qquad\quad + & 8z= & -16\\ \wedge & 10y+ & 3z= & -1\\ \wedge & - & 10z= & -30 \end{array}\right] \begin{array}{l} |:4\\ \\ |:5 \end{array}$$

$$\Leftrightarrow \begin{array}{l} (6)\\ (4)\\ (7) \end{array} \left[\begin{array}{rrrr} & -5x\qquad\quad + & 2z= & -4\\ \wedge & 10y+ & 3z= & -1\\ \wedge & - & 2z= & -6 \end{array}\right] \begin{array}{l} (6)+(7)\to(8)\\ \\ \\ \end{array}$$

$$\Leftrightarrow \begin{array}{l} (8)\\ (4)\\ (7) \end{array} \left[\begin{array}{rrrr} & -5x & = & -10\\ \wedge & 10y+ & 3z= & -1\\ \wedge & - & 2z= & -6 \end{array}\right] \begin{array}{l} \\ |\cdot 2\\ |\cdot 3 \end{array}$$

$$\Leftrightarrow \begin{array}{l} (8)\\ (4)\\ (7) \end{array} \left[\begin{array}{rrrr} & -5x & = & -10\\ \wedge & 20y+ & 6z= & -2\\ \wedge & - & 6z= & -18 \end{array}\right] \begin{array}{l} \\ (4)+(7)\to(9)\\ \\ \end{array}$$

$$\Leftrightarrow \begin{array}{l} (8)\\ (9)\\ (7) \end{array} \left[\begin{array}{rrrr} & -5x & = & -10\\ \wedge & 20y & = & -20\\ \wedge & - & 6z= & -18 \end{array}\right] \begin{array}{l} |:(-5)\\ |:20\\ |:(-6) \end{array}$$

$$\Leftrightarrow \begin{array}{l} (8)\\ (9)\\ (7) \end{array} \left[\begin{array}{rrr} & x= & 2\\ \wedge & y= & -1\\ \wedge & z= & 3 \end{array}\right]$$

Damit haben wir ein Gleichungssystem erhalten, das zu dem gegebenen System äquivalent ist und aus dem wir die Lösungsmenge direkt ablesen können: $\underline{L=\{(2|-1|3)\}}$.

$$\begin{array}{lllll} \text{Probe:} & (1) & 4\cdot 2+2\cdot(-1)-3 & \overset{?}{=} 3 & \\ & & 8-2-3 & \overset{?}{=} 3 & \\ & & 3 & = 3 & \text{(wahr)}\\ \text{und} & (2) & 2\cdot 2-4\cdot(-1)-2\cdot 3 & \overset{?}{=} 2 & \\ & & 4+4-6 & \overset{?}{=} 2 & \\ & & 2 & = 2 & \text{(wahr)}\\ \text{und} & (3) & 2+3\cdot(-1)+3\cdot 3 & \overset{?}{=} 8 & \\ & & 2-3+9 & \overset{?}{=} 8 & \\ & & 8 & = 8 & \text{(wahr)} \end{array}$$

Da dieses Verfahren oft recht mühsam wird, ist es in vielen Fällen ratsam, die linke Seite des Gleichungssystems zunächst auf „Dreiecksgestalt" zu bringen und dann das Einsetzungsverfahren zu benutzen. Dabei kann auch wieder gut die kürzere Schreibform verwendet werden. Dieses Verfahren bezeichnet man als **„Gaußsches Eliminationsverfahren"**.

$$\begin{array}{lll}
(1) & 4x + 2y - z = 3 & \\
(2) \wedge & 2x - 4y - 2z = 2 & |\cdot(-2) \\
(3) \wedge & x + 3y + 3z = 8 & |\cdot(-4) \\
\hline
(1) & 4x + 2y - z = 3 & \\
(2) \wedge & -4x + 8y + 4z = -4 & (2)+(1) \to (4) \\
(3) \wedge & -4x - 12y - 12z = -32 & (3)+(1) \to (5) \\
\hline
(4) & 10y + 3z = -1 & \\
(5) \wedge & -10y - 13z = -29 & (5)+(4) \to (6) \\
\hline
(6) & -10z = -30 & |:(-10) \\
(6) & \underline{z = 3} &
\end{array}$$

Wir haben nun ein zu dem gegebenen Gleichungssystem äquivalentes erhalten, dessen linke Seite Dreiecksgestalt hat:

$$\begin{array}{lll}
(1) & 4x + 2y - z = 3 & \\
(4) \wedge & 10y + 3z = -1 & \\
(6) \wedge & z = 3 & (6) \text{ in } (4) \to (7)
\end{array}$$

Jetzt brauchen wir nur noch von unten nach oben einzusetzen:

$$\begin{array}{lll}
(7) & 10y + 3 \cdot 3 = -1 & \\
 & 10y = -10 & \\
(7) & \underline{y = -1} & (7) \text{ und } (6) \text{ in } (1) \to (8) \\
(8) & 4x + 2 \cdot (-1) - 3 = 3 & \\
 & 4x - 2 - 3 = 3 & \\
 & 4x = 8 & \\
 & \underline{x = 2} &
\end{array}$$

$\underline{L = \{(2 | -1 | 3)\}}$

Mit dem Gaußschen Eliminationsverfahren ist es immer möglich, ein Gleichungssystem auf Dreiecksgestalt zu bringen. Aufgrund seiner Systematik wird das Verfahren vor allem auch bei Gleichungssystemen mit einer höheren Anzahl von Gleichungen und Variablen angewendet.

Ein System mit drei Gleichungen und drei Variablen kann man auch mit Hilfe von **Determinanten** lösen. Dabei versteht man unter einer dreireihigen Determinante den folgenden Term:

$$\begin{vmatrix} a_1 & b_1 & c_1 \\ a_2 & b_2 & c_2 \\ a_3 & b_3 & c_3 \end{vmatrix} = a_1 b_2 c_3 + b_1 c_2 a_3 + c_1 a_2 b_3 - c_1 b_2 a_3 - a_1 c_2 b_3 - b_1 a_2 c_3$$

Diesen Term erhält man, wenn man die beiden linken Spalten noch einmal rechts neben alle drei Spalten schreibt und dann die durch die Pfeile gekennzeichneten Produkte in den Diagonalen bildet, in Hauptrichtung mit positivem, in Nebenrichtung mit negativem Vorzeichen.

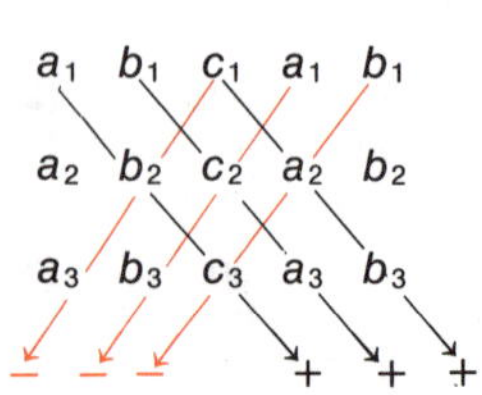

Die speziellen Determinanten $D_x$, $D_y$, $D_z$ werden gebildet, indem man die entsprechende Spalte in dem Gleichungssystem durch die Spalte rechts vom Gleichheitszeichen ersetzt.

Für das allgemeine Gleichungssystem

$$\begin{bmatrix} a_1x+b_1y+c_1z=d_1 \\ \wedge\ a_2x+b_2y+c_2z=d_2 \\ \wedge\ a_3x+b_3y+c_3z=d_3 \end{bmatrix}$$

ergibt sich:

$$D=\begin{vmatrix} a_1 & b_1 & c_1 \\ a_2 & b_2 & c_2 \\ a_3 & b_3 & c_3 \end{vmatrix}; \quad D_x=\begin{vmatrix} d_1 & b_1 & c_1 \\ d_2 & b_2 & c_2 \\ d_3 & b_3 & c_3 \end{vmatrix}; \quad D_y=\begin{vmatrix} a_1 & d_1 & c_1 \\ a_2 & d_2 & c_2 \\ a_3 & d_3 & c_3 \end{vmatrix}; \quad D_z=\begin{vmatrix} a_1 & b_1 & d_1 \\ a_2 & b_2 & d_2 \\ a_3 & b_3 & d_3 \end{vmatrix};$$

und für $D \neq 0$:

$$x=\frac{D_x}{D}, \quad y=\frac{D_y}{D}, \quad z=\frac{D_z}{D} \quad \text{(Cramersche Regel);}$$

also $\underline{L=\left\{\left(\frac{D_x}{D}\,\middle|\,\frac{D_y}{D}\,\middle|\,\frac{D_z}{D}\right)\right\}}$ $(D \neq 0)$

Wir berechnen auf diese Weise noch einmal die Lösungsmenge des obigen Beispiels:

$$\begin{bmatrix} 4x+2y-\ z=3 \\ \wedge\ 2x-4y-2z=2 \\ \wedge\ \ x+3y+3z=8 \end{bmatrix}$$

$$\begin{aligned} D=\begin{vmatrix} 4 & 2 & -1 \\ 2 & -4 & -2 \\ 1 & 3 & 3 \end{vmatrix} &= 4\cdot(-4)\cdot 3+2\cdot(-2)\cdot 1+(-1)\cdot 2\cdot 3-(-1)\cdot(-4)\cdot 1 \\ &\quad -4\cdot(-2)\cdot 3-2\cdot 2\cdot 3 \\ &=-48-4-6-4+24-12 \\ &=-50 \end{aligned}$$

$$\begin{aligned} D_x=\begin{vmatrix} 3 & 2 & -1 \\ 2 & -4 & -2 \\ 8 & 3 & 3 \end{vmatrix} &= 3\cdot(-4)\cdot 3+2\cdot(-2)\cdot 8+(-1)\cdot 2\cdot 3-(-1)\cdot(-4)\cdot 8 \\ &\quad -3\cdot(-2)\cdot 3-2\cdot 2\cdot 3 \\ &=-36-32-6-32+18-12 \\ &=-100 \end{aligned}$$

$$\begin{aligned} D_y=\begin{vmatrix} 4 & 3 & -1 \\ 2 & 2 & -2 \\ 1 & 8 & 3 \end{vmatrix} &= 4\cdot 2\cdot 3+3\cdot(-2)\cdot 1+(-1)\cdot 2\cdot 8-(-1)\cdot 2\cdot 1-4\cdot(-2)\cdot 8-3\cdot 2\cdot 3 \\ &=24-6-16+2+64-18 \\ &=50 \end{aligned}$$

$$\begin{aligned} D_z=\begin{vmatrix} 4 & 2 & 3 \\ 2 & -4 & 2 \\ 1 & 3 & 8 \end{vmatrix} &= 4\cdot(-4)\cdot 8+2\cdot 2\cdot 1+3\cdot 2\cdot 3-3\cdot(-4)\cdot 1-4\cdot 2\cdot 3-2\cdot 2\cdot 8 \\ &=-128+4+18+12-24-32 \\ &=-150 \end{aligned}$$

$$x=\frac{D_x}{D}=\frac{-100}{-50}=2; \quad y=\frac{D_y}{D}=\frac{50}{-50}=-1; \quad z=\frac{D_z}{D}=\frac{-150}{-50}=3$$

$\underline{L=\{(2\,|-1\,|\,3)\}}$

## Aufgaben zu 7.3

Lösen Sie folgende Gleichungssysteme mit dem **Gaußschen Eliminationsverfahren**!

**Beispiel:**

$$\begin{array}{lrcl} (1) & x+y+z & = & 15 \quad |\cdot(-2) \quad |\cdot(-3) \\ (2)\ \wedge & 2x+3y+z & = & 28 \\ (3)\ \wedge & 3x-4y+2z & = & 3 \end{array}$$

**Lösung:**

$$\begin{array}{llr} (1) & -2x-2y-2z=-30 & \\ (2) & 2x+3y+z=28 & (2)+(1)\rightarrow(4) \\ (4) & y-z=-2 & |\cdot(-1) \\ (1) & -3x-3y-3z=-45 & \\ (3) & 3x-4y+2z=3 & (3)+(1)\rightarrow(5) \\ (5) & -7y-z=-42 & \\ (4) & -y+z=2 & (4)+(5)\rightarrow(6) \\ (6) & -8y=-40 & \\ (6) & y=5 & (6)\text{ in }(4)\rightarrow(7) \\ (7) & -5+z=2 & \\ (7) & z=7 & (7)\text{ und }(6)\text{ in }(1)\rightarrow(8) \\ (8) & x+5+7=15 & \\ & x=3 & \end{array}$$

$L=\{(3\,|\,5\,|\,7)\}$

Probe: $3+5+7=15$ (wahr)
und $6+15+7=28$ (wahr)
und $9-20+14=3$ (wahr)

1. $x+y+z=36 \;\wedge\; 2x-6z=0 \;\wedge\; 2y-4z=0$

2. $x+y=3 \;\wedge\; y+z=5 \;\wedge\; x+z=4$

3. $3x+3y+z=17 \;\wedge\; 3x+y+3z=15 \;\wedge\; x+3y+3z=13$

4. $20x-12y+15z=37 \;\wedge\; 40x-24y+30z=74 \;\wedge\; 16x+24y-7z=0$

5. $5x-4y-z=3 \;\wedge\; 2y=x \;\wedge\; 2x=z$

6. $y+z=x+9 \;\wedge\; x=2y-11 \;\wedge\; y=2z-13$

7. $x=1\frac{1}{3}y-9 \;\wedge\; y=1\frac{1}{4}z-7 \;\wedge\; z=1\frac{1}{5}x+2$

8. $\frac{x}{4}+\frac{y}{7}=32 \;\wedge\; \frac{x}{7}+\frac{z}{9}=16 \;\wedge\; \frac{y}{9}+\frac{z}{4}=32$

Lösen Sie folgende Gleichungssysteme mit der **Cramerschen Regel**!

**Beispiel:**

$$\begin{array}{rcl} x+y+z & = & 6 \\ \wedge\ 2x-3y & = & 9 \\ \wedge\ 4y+5z & = & 10 \end{array}$$

**Lösung:**

$$D=\begin{vmatrix}1&1&1\\2&-3&0\\0&4&5\end{vmatrix}\begin{vmatrix}1&1\\2&-3\\0&4\end{vmatrix} \begin{array}{l}=1\cdot(-3)\cdot5+1\cdot0\cdot0+1\cdot2\cdot4-1\cdot(-3)\cdot0-1\cdot0\cdot4-1\cdot2\cdot5\\=-15+0+8+0-0-10\\=-17\end{array}$$

$$D_x=\begin{vmatrix}6&1&1\\9&-3&0\\10&4&5\end{vmatrix}\begin{vmatrix}6&1\\9&-3\\10&4\end{vmatrix} \begin{array}{l}=6\cdot(-3)\cdot5+1\cdot0\cdot10+1\cdot9\cdot4-1\cdot(-3)\cdot10-6\cdot0\cdot4-1\cdot9\cdot5\\=-90+0+36+30-0-45\\=-69\end{array}$$

$$D_y=\begin{vmatrix}1&6&1\\2&9&0\\0&10&5\end{vmatrix}\begin{vmatrix}1&6\\2&9\\0&10\end{vmatrix} \begin{array}{l}=1\cdot9\cdot5+6\cdot0\cdot0+1\cdot2\cdot10-1\cdot9\cdot0-1\cdot0\cdot10-6\cdot2\cdot5\\=45+0+20-0-0-60\\=5\end{array}$$

$$D_z = \begin{vmatrix} 1 & 1 & 6 \\ 2 & -3 & 9 \\ 0 & 4 & 10 \end{vmatrix} \begin{matrix} 1 & 1 \\ 2 & -3 \\ 0 & 4 \end{matrix} \begin{aligned} &= 1 \cdot (-3) \cdot 10 + 1 \cdot 9 \cdot 0 + 6 \cdot 2 \cdot 4 - 6 \cdot (-3) \cdot 0 - 1 \cdot 9 \cdot 4 - 1 \cdot 2 \cdot 10 \\ &= -30 + 0 + 48 + 0 - 36 - 20 \\ &= -38 \end{aligned}$$

$$\underline{x} = \frac{D_x}{D} = \frac{-69}{-17} = \underline{\frac{69}{17}}; \quad \underline{y} = \frac{D_y}{D} = -\underline{\frac{5}{17}}; \quad \underline{z} = \frac{D_z}{D} = \frac{-38}{-17} = \underline{\frac{38}{17}}$$

$$\underline{L = \left\{\left(\frac{69}{17} \middle| -\frac{5}{17} \middle| \frac{38}{17}\right)\right\}}$$

Probe: $\frac{69}{17} - \frac{5}{17} + \frac{38}{17} \overset{?}{=} 6$

$\frac{102}{17} = 6$ (wahr)

und $\frac{138}{17} + \frac{15}{17} \overset{?}{=} 9$

$\frac{153}{17} = 9$ (wahr)

und $-\frac{20}{17} + \frac{190}{17} \overset{?}{=} 10$

$\frac{170}{17} = 10$ (wahr)

9. $x + y = 1 \wedge y + z = -1 \wedge x + z = 0$

10. $x - y - z = 0 \wedge x + y - z = 4 \wedge x - y + z = 2$

11. $x - y = 1 \wedge y - z = 1 \wedge x + z = 6$

12. $3x - 4y + 5z = -27 \wedge 5x - y = -20 \wedge 7x - 9z = -1$

13. $2x - 3y = 13 \wedge 2y + z = -1 \wedge 3z - 4x = 7$

14. $x + y + z = 9 \wedge x + 2y + 4z = 15 \wedge x + 3y + 9z = 23$

Lösen Sie folgende Gleichungssysteme auf die bequemste Weise!

15. $x + y + z = 100 \wedge y = 0{,}7x - 4 \wedge z = 0{,}3x + 4$

16. $5x - 7y + 6z = 78 \wedge 4x + 8y - 9z = 22 \wedge 3x - 2y - 12z = 67$

17. $x + 2y - 0{,}7z = 21 \wedge 3x + 0{,}2y - z = 24 \wedge 0{,}9x + 7y - 2z = 27$

18. $x + y = 1{,}5z + 8 \wedge y + z = 3{,}75x - 32 \wedge x + z = 2\frac{2}{3}y - 14$

19. $2x - \frac{3}{4}y = 93 - \frac{1}{2}x - \frac{1}{4}y \wedge 7x - 5z = x + y - 86 \wedge 6x + 4y + 3z = 696$

20. $53 - \frac{x}{2} - \frac{z}{2} = y - 109 \wedge 2x + y = 208 \wedge \frac{y}{z} = \frac{4}{5}$

21. $6(4x - 3y) - 2(5y - 7z) + 57 = 7(5z - 4y)$
$\wedge\ 5(7 - 3x) - 8(11z - 3y) = 17z - 3(5x - 2z) - 616$
$\wedge\ 2(5y - 2z) + 3(4x - y) = 5(3z - 4x) - 59$

22. $1{,}32x - 1{,}06y + 4{,}58z = 2{,}11$
$\wedge\ -1{,}03x + 3{,}71y + 0{,}65z = -1{,}15$
$\wedge\ 4{,}17x - 2{,}13y + 1{,}17z = -2{,}55$

23. $\frac{3x - 4y}{5} = \frac{x + z + 2}{3} + 21\frac{1}{2} - \frac{5y - 3z - 1}{2}$

$\wedge\ \dfrac{1 + \frac{x - y - 1}{2} + \frac{2y - z + 2}{3}}{\frac{3y - z - 2x}{4}} = \frac{2}{1}$

$\wedge\ \frac{x + 7y - 5z - 1}{4} = \frac{5x - z}{2} + 2\frac{1}{4}$

24. $x + y + z = 99 \wedge \frac{x}{y} = \frac{10}{6} \wedge \frac{x}{z} = \frac{5}{1}$

25. $x + y + z = 29 \wedge \frac{x}{z} = \frac{3}{4} \wedge \frac{y}{z} = \frac{2}{3}$

26. $x + y + z = 26 \wedge x : y : z = 99 : 98 : 63$

27. $(x + y) : (x + z) : (y + z) = 3 : 4 : 5 \wedge 7x + 5y + 11z = 100$

28. $(2x + y) : (3x + z) : (y + z) = 1 : 2 : 3 \wedge 21x + 31y + 41z = 113$

29. $4x + 5y - 3z = 6 \wedge x : y : z = 2 : 3 : 7$

30. $\frac{1}{x}+\frac{1}{y}=8$
$\wedge \frac{1}{y}+\frac{1}{z}=11$
$\wedge \frac{1}{x}+\frac{1}{z}=13$

31. $\frac{2}{x}+\frac{3}{5y}+\frac{6}{z}=29$
$\wedge \frac{1}{4x}+\frac{2}{y}-\frac{1}{z}=8$
$\wedge \frac{5}{3x}-\frac{1}{2y}+\frac{7}{4z}=9\frac{5}{12}$

32. $\frac{2}{x}-\frac{5}{3y}+\frac{1}{z}=3\frac{4}{27}$
$\wedge \frac{1}{4x}+\frac{1}{y}+\frac{2}{z}=6\frac{11}{72}$
$\wedge \frac{5}{6x}-\frac{1}{y}+\frac{4}{z}=12\frac{1}{36}$

33. $\frac{2x-3}{5y-2}=-\frac{7}{23}$
$\wedge \frac{5y-4}{3z+x}=\frac{21}{19}$
$\wedge \frac{7z+2x}{5x+7}=-15$

34. $3x+6y+z=16(a-b)$
$\wedge 4x+y+z=2(7a-3c)$
$\wedge x-y-2z=2(3b+2c)$

35. $5x+3y-4z=a-b$
$\wedge 7x-2y-z=13a-2b$
$\wedge 2x-y+3z=5a+2b$

36. $x+y+z=\frac{7a}{2}$
$\wedge x-y+2z=2a$
$\wedge \frac{x}{2}+y+2z=3a$

37. $x+z=2$
$\wedge x-y=\frac{b^2-a^2}{ab}$
$\wedge y-z=\frac{a^2+b^2}{ab}$

Bestimmen Sie in den folgenden Gleichungssystemen die **Formvariable a** jeweils so, daß das Gleichungssystem a) genau eine Lösung, b) unendlich viele Lösungen hat!

38. $x+y+z=0$
$\wedge 2x-y+z=3$
$\wedge 3x+2y-az=1$

39. $2x-y=7$
$\wedge y+z=-1$
$\wedge x-az=3$

40. $x+2y+9z=0$
$\wedge -x+ay+3z=0$
$\wedge 2x+y+6z=0$

41. $x+z=0$
$\wedge x+ay=0$
$\wedge -y-z=0$

Bestimmen Sie in den folgenden Gleichungssystemen die **Formvariable p** jeweils so, daß das Gleichungssystem a) unendlich viele Lösungen, b) keine Lösung hat!

42. $x+y-z=0$
$\wedge 2x-y+z=3$
$\wedge 3x+2y-2z=p$

43. $3x-y+2z=5$
$\wedge -6x+3y-2z=-9$
$\wedge y+2z=2p$

44. $x+y-5z=2$
$\wedge -y+3z=-2$
$\wedge -x+2z=p$

45. $x-y+4z=3$
$\wedge -3x+2y-z=-p$
$\wedge -y+11=4$

Bestimmen Sie in den folgenden Gleichungssystemen die **Formvariable λ** jeweils so, daß das Gleichungssystem a) genau eine Lösung, b keine Lösung hat!

46. $x+y+z=0$
$\wedge 2x-y+z=3$
$\wedge \lambda x-2y=3$

47. $x-y+4z=6$
$\wedge x-4y+4z=5$
$\wedge x+\lambda y=2$

48. $2x-3y+z=-5$
$\wedge -3x+y-6z=3$
$\wedge -4x+\lambda y-11z=0$

49. $x+y=-1$
$\wedge y+z=0$
$\wedge x+\lambda z=2$

50. Schreiben Sie ein Computerprogramm zur Lösung von Gleichungssystemen mit 3 Variablen unter Verwendung der Cramerschen Regel!

## 7.4 Lösen von Textaufgaben

In zahlreichen Situationen stößt man auf Probleme, die mit Hilfe von Gleichungssystemen gelöst werden können. Dabei geht es immer darum, für eine bestimmte Anzahl von Variablen (Bedarfsnamen) ebenso viele Gleichungen aufzustellen, um – wie in den meisten Fällen erwünscht – eine eindeutige Lösung zu erhalten. Kommen also in einem Text zwei unbekannte Größen vor, so benötigt man zwei Gleichungen, in denen diese Größen als Variable auftreten. Wir wollen dies an einem Beispiel verdeutlichen, bei dem sich der Einsatz eines Gleichungssystems mit zwei Variablen als nützlich erweist.

**Beispiel**

Auf einem zwischen den Orten A und B gelegenen 210 km langen Autobahnstück wurden zwei Pkw's beobachtet, die in entgegengesetzter Richtung fuhren. Der eine ist um 9.14 Uhr in A abgefahren und um 11.34 Uhr in B angekommen, der andere ist um 9.50 Uhr in B abgefahren und um 11.50 Uhr in A angekommen. Wann und wo sind sie sich begegnet, wenn beide jeweils mit gleichbleibender Geschwindigkeit gefahren sind?

**Lösung:** Ist die Geschwindigkeit konstant, so haben wir es mit einer gleichförmigen Bewegung zu tun, für die das physikalische Gesetz

$\frac{s}{t} = v$ (oder $s = v \cdot t$) gilt ($s$: Weg, $t$: Zeit, $v$: Geschwindigkeit).

Daraus lassen sich die Geschwindigkeiten der beiden Fahrzeuge berechnen.

1. Fahrzeug: 9.14 Uhr bis 11.34 Uhr: 2 h 20 min $= 2\frac{1}{3}$ h

$$v_1 = \frac{210 \text{ km}}{\frac{7}{3} \text{ h}} = 90 \frac{\text{km}}{\text{h}}$$

2. Fahrzeug: 9.50 Uhr bis 11.50 Uhr: 2 h

$$v_2 = \frac{210 \text{ km}}{2 \text{ h}} = 105 \frac{\text{km}}{\text{h}}$$

Wir wollen uns den Fahrverlauf der beiden Fahrzeuge in einem Weg-Zeit-Diagramm verdeutlichen. Dazu legen wir den Ursprung des Koordinatensystems sinnvollerweise so, daß ein Fahrzeug (1. Fahrzeug) zum Zeitpunkt $t = 0$ vom Wegpunkt $s = 0$ abfährt. Zusätzlich zu den gefahrenen Stunden notieren wir die Uhrzeiten (statt der Einteilung in Stunden könnten wir auch Minuten nehmen):

9.14 Uhr $\widehat{=}$ 0 h

9.50 Uhr $\widehat{=} \frac{3}{5}$ h (36 min)

11.34 Uhr $\widehat{=} 2\frac{1}{3}$ h (140 min)

11.50 Uhr $\widehat{=} 2\frac{3}{5}$ h (156 min)

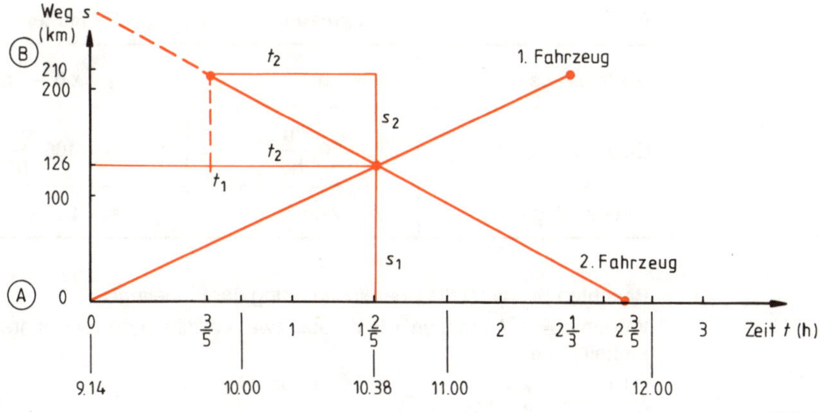


**Abb. 7.4**

Für die beiden geradlinigen Graphen der Fahrzeuge erhalten wir folgende Funktionsgleichungen:

1\. Fahrzeug: $\underline{s = 90 \frac{\text{km}}{\text{h}} \cdot t}$

2\. Fahrzeug: $s = -105 \frac{\text{km}}{\text{h}} \cdot t + b$

Bestimmung von $b$ für $t = 2\frac{3}{5}\,\text{h}$, $s = 0\,\text{km}$:

$$0 = -105 \frac{\text{km}}{\text{h}} \cdot \frac{13}{5}\,\text{h} + b$$

$$b = 273\,\text{km}$$

$$\underline{s = -105 \frac{\text{km}}{\text{h}} \cdot t + 273\,\text{km}}$$

Die beiden Gleichungen beschreiben den gesamten Fahrverlauf der beiden Fahrzeuge. Der Treffpunkt der beiden Fahrzeuge wird gekennzeichnet durch den Schnittpunkt der beiden Geraden, die wir ohne Einheiten in der üblichen Weise aufschreiben ($s = y\,\text{km}$, $t = x\,\text{h}$):

(1) $y = 90\,x$ (1) in (2) → (3)
(2) ∧ $y = -105\,x + 273$

(3) $90\,x = -105\,x + 273$
$195\,x = 273$
$x = \frac{273}{195}$
(3) $\underline{x = \frac{7}{5}}$ (3) in (1) → (4)

(4) $y = 90 \cdot \frac{7}{5}$
(4) $\underline{y = 126}$

**Zeitpunkt:** $\frac{7}{5}\,\text{h} \mathrel{\widehat{=}}$ <u>10.38 Uhr</u>
**Ort:** <u>126 km von A entfernt</u>
bzw. (210 – 126 = 84)
<u>84 km von B entfernt</u>

Wir wollen eine andere Vorgehensweise schildern, für deren Verständnis aber auch wieder die Darstellung im Weg-Zeit-Diagramm eine große Hilfe bedeutet. Dabei wollen wir für den Zeitpunkt des Zusammentreffens beider Fahrzeuge alle bekannten und unbekannten Größen in einer Tabelle zusammenstellen.

| Größe | 1. Fahrzeug | 2. Fahrzeug |
|---|---|---|
| benötigte Zeit | $t_1 = x\,\text{h}$ | $t_2 = x\,\text{h} - \frac{3}{5}\,\text{h}$ |
| Geschwindigkeit | $v_1 = 90 \frac{\text{km}}{\text{h}}$ | $v_2 = 105 \frac{\text{km}}{\text{h}}$ |
| zurückgelegter Weg | $s_1 = y\,\text{km}$ | $s_2 = 210\,\text{km} - y\,\text{km}$ |

Beachten Sie dabei die Übereinstimmung der Einheiten!

Wegen $s = v \cdot t$ erhalten wir daraus zwei Gleichungen (wir schreiben sie wieder ohne Einheiten auf):

(1) $y = 90\,x$ (1) in (2) → (3)
(2) ∧ $210 - y = 105\,(x - \frac{3}{5})$

Die 2. Gleichung könnten wir so umformen, daß wir die oben beschriebene Geradengleichung erhielten. Allerdings können wir dieses Gleichungssystem auch direkter (etwa mit der Einsetzungsmethode) lösen:

(3) $210 - 90x = 105x - 63$

$-195x = -273$

(3) $\underline{x = \frac{7}{5}}$ (3) in (1) → (4)

(4) $y = 90 \cdot \frac{7}{5}$

(4) $\underline{y = 126}$

Damit können wir alle Größen in die Tabelle eintragen:

$t_1 = \underline{\frac{7}{5}\,\text{h}}$ (1 h 24 min)

$t_2 = \frac{7}{5}\,\text{h} - \frac{3}{5}\,\text{h} = \underline{\frac{4}{5}\,\text{h}}$ (48 min)

$s_1 = \underline{126\ \text{km}}$

$s_2 = 210\ \text{km} - 126\ \text{km} = \underline{84\ \text{km}}$

Zum Schluß schauen wir uns noch eine „lineare" Darstellung des Problems an. Sie stellt im Grunde die senkrechte Projektion des Diagramms auf die Weg-Achse dar.

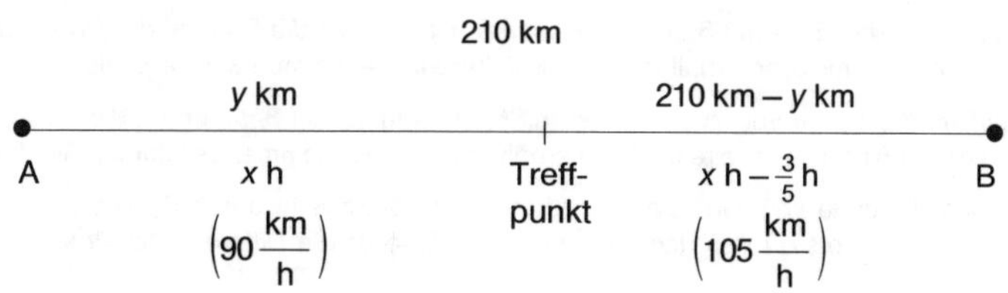


**Abb. 7.5**

Bei dieser Darstellung kommen wir sogar mit nur einer Variablen aus:

$s_1 + s_2 = 210\ \text{km}$

$v_1 t_1 + v_2 t_2 = 210\ \text{km}$

also: $90x + 105\left(x - \frac{3}{5}\right) = 210$

$\Leftrightarrow 90x + 105x - 63 = 210$

$\Leftrightarrow 195x = 273$

$\Leftrightarrow \underline{x = \frac{7}{5}}$

Es hängt von der jeweiligen Aufgabenstellung ab, wie man am geschicktesten an eine solche „Bewegungsaufgabe" herangeht; denn ein festgelegtes Schema gibt es dafür nicht. Aber für das Verstehen der Problematik wird die Darstellung im Weg-Zeit-Diagramm immer eine große Hilfe bedeuten.

**Hinweis:** Viele Textaufgaben zu Gleichungssystemen mit zwei Variablen lassen sich auch mit einer Variablen lösen, aber die Verwendung von zwei Variablen erleichtert oft das Verständnis.

## Aufgaben zu 7.4

**Beispiel:** Die Summe zweier Zahlen ist 100. Ihre Differenz ist 19. Wie heißen die Zahlen?

**Lösung:** Gesuchte Zahlen: $x, y \quad (G = \mathbb{Q} \times \mathbb{Q})$

Summe: $x + y = 100$

Differenz: $\wedge\ x - y = 19$

$$2x = 119$$
$$x = 59{,}5$$

$$y = 100 - 59{,}5$$
$$y = 40{,}5$$

Probe: $59{,}5 + 40{,}5 = 100$ (wahr)
und
$59{,}5 - 40{,}5 = 19$ (wahr)

Ergebnis: Die beiden Zahlen sind 59,5 und 40,5.

1. Die Summe zweier Zahlen ist 412, ihre Differenz 166. Wie heißen die Zahlen?
2. Die Differenz zweier Zahlen ist 120. Das Doppelte der ersten ist gleich dem Fünffachen der zweiten Zahl. Wie heißen die Zahlen?
3. Die Summe zweier Zahlen ist 120. Das Vierfache der einen und das Sechsfache der anderen Zahl ergeben als Summe 570. Die beiden Zahlen sind zu bestimmen.
4. Multipliziert man eine Zahl mit 5 und eine andere mit 6, so ist die Summe der Produkte 138. Multipliziert man die erste mit 9 und die andere mit 5, so erhält man 43 als Differenz. Bestimmen Sie die Zahlen!
5. Multipliziert man die eine von zwei Zahlen mit 5, die andere mit 8, so ergibt die Summe der Produkte 248. Multipliziert man die erste mit 8 und die zweite mit 5, so erhält man 272 als Summe. Bestimmen Sie die Zahlen!
6. Dividiert man die erste von zwei Zahlen durch 3 und die zweite durch 5, so beträgt die Summe der Quotienten 260. Multipliziert man die erste mit 5 und die zweite mit 3, so ist die Differenz der Produkte 150. Um welche beiden Zahlen handelt es sich?
7. Die Summe zweier Zahlen ist 70. Dividiert man die erste Zahl durch 8 und die zweite durch 9, so ist die Summe der Quotienten 8.
8. Zwei Zahlen ergeben als Summe 18. Dividiert man die erste durch die zweite, so erhält man als Quotient 2 mit dem Rest 3. Welche Zahlen sind es? $\left(\text{Gleichungssystem: } x + y = 18 \wedge \frac{x}{y} = 2 + \frac{3}{y}\right)$
9. Addiert man zum Zähler und zum Nenner eines Bruches jeweils 3, so erhält er den Wert $\frac{7}{8}$, subtrahiert man vom Zähler und Nenner 3, so wird der Wert $\frac{1}{2}$. Wie heißen Zähler und Nenner dieses Bruches?
10. Vermehrt man Zähler und Nenner eines Bruches um 1, so wird sein Wert $\frac{1}{2}$; vermindert man Zähler und Nenner um 1, so erhält der Bruch den Wert $\frac{1}{4}$. Wie heißt der Ausgangsbruch?
11. Ein Bruch erhält den Wert $\frac{1}{3}$, wenn man den Zähler um 3 vermindert und den Nenner um 2 vermehrt. Vermehrt man aber den Zähler um 1 und vermindert den Nenner um 1, so erhält der Bruch den Wert $\frac{3}{4}$. Von welchem Bruch muß man ausgehen?
12. Vermindert man den Zähler eines Bruches um 4 und vermehrt den Nenner um 1, so wird sein Wert $\frac{1}{2}$. Addiert man aber zum Zähler den Nenner und subtrahiert vom Nenner 5, so erhält der Bruch den Wert 3. Geben Sie den Ausgangsbruch an!
13. Die Summe zweier Zahlen ist 1001. Bestimmen Sie die Zahlen, die sich wie $2\frac{1}{2} : 3\frac{1}{3}$ verhalten.
14. Die Summe und der Quotient zweier Zahlen sind beide gleich 3. Bestimmen Sie die Zahlen!
15. Die Differenz zweier Zahlen ist 4. Die beiden Zahlen verhalten sich wie 5 : 1.
16. Zwei Zahlen verhalten sich wie $2\frac{2}{5} : 5\frac{1}{3}$. Dividiert man die zweite Zahl durch die erste, so erhält man 2 Rest 14.
17. Werden die Ziffern einer zweiziffrigen Zahl umgestellt und die neue Zahl zur alten addiert, so erhält man 77. Dividiert man die alte Zahl durch die neue, so erhält man 2 Rest 2. Wie heißt die ursprüngliche Zahl? (Anleitung: Die Ausgangszahl sei $x\,y$; $x$ erste Ziffer, $y$ zweite Ziffer. $x\,y$ läßt sich dann in der Form $10\,x + y$ darstellen.)
18. Dividiert man eine zweiziffrige Zahl durch ihre Quersumme, so erhält man 8 Rest 2. Vertauscht man die Ziffern der ursprünglichen Zahl und dividiert diese durch die um 1 vermehrte Quersumme, so erhält man 2 Rest 6.
19. Eine zweiziffrige Zahl wird um 9 größer, wenn man ihre Ziffern umstellt. Dividiert man die ursprüngliche Zahl durch ihre Quersumme, so erhält man 4 Rest 3.

20. Vermehrt man eine zweiziffrige Zahl um 3 und stellt dann ihre Ziffern um, so ist sie um 12 größer als die ursprüngliche Zahl. Dividiert man die ursprüngliche Zahl durch ihre Quersumme, so erhält man 6 Rest 3.

21. Die Quersumme einer zweiziffrigen Zahl ist 8. Stellt man ihre Ziffern um, so ist die Differenz zwischen der alten und neuen Zahl 36.

**Beispiel:** 1015 kg einer Legierung sind herzustellen. Die Massenanteile der beiden Grundmetalle sollen sich wie 3 : 4 verhalten.

**Lösung:** Gesuchte Massen der Grundmetalle: $x$ kg, $y$ kg ($G = \mathbb{Q}^+ \times \mathbb{Q}^+$)

Summe: $x + y = 1015$

Verhältnis: $\wedge\ x : y = 3 : 4$

$$\frac{x}{y} = \frac{3}{4}$$

$$x = \frac{3}{4} y$$

$$\frac{3}{4} y + y = 1015$$

$$\frac{7}{4} y = 1015$$

$$y = 580$$

$$x = 435$$

Probe: 435 kg + 580 kg = 1015 kg (wahr)

435 kg : 580 kg $\stackrel{?}{=}$ 3 : 4

3 kg : 4 kg = 3 : 4 (wahr)

Ergebnis: Vom ersten Grundmetall benötigt man 435 kg, vom zweiten 580 kg.

22. Für eine Glocke von 18,25 t Gußgewicht soll die Gußbronze aus Kupfer und Zinn im Verhältnis 7,8 : 2,2 hergestellt werden.

23. An einem zweiseitigen Hebel von 65 cm Länge befinden sich an den Enden zwei Massen, die sich wie 9 : 4 verhalten. Bestimmen Sie die Längen der Hebelarme!

24. An den Enden eines zweiseitigen Hebels wirken zwei Kräfte von zusammen 275 N. Wie groß sind die Einzelkräfte, wenn sich die Längen der Hebelarme wie 4 : 7 verhalten?

25. Ein einseitiger Hebel wird durch zwei Kräfte, deren Differenz 10 N beträgt, im Gleichgewicht gehalten. Die Entfernungen von den Angriffspunkten der Kräfte bis zu dem Drehpunkt verhalten sich wie 3 : 5.

26. a) Zwei Kräfte, von denen die eine 3mal so groß wie die andere ist, wirken in gleicher Richtung. Wie groß ist jede, wenn die Resultierende 80 N beträgt?
    b) Wie groß sind sie, wenn sie entgegengesetzt wirken und die Resultierende die gleiche Größe hat?

27. Zwei Stirnräder haben einen Achsenabstand von 504 mm. Bestimmen Sie die Teilkreisdurchmesser, wenn das Übersetzungsverhältnis $i = 1 : 8$ ist $\left(a = \frac{d_1}{2} + \frac{d_2}{2},\ i = d_2 : d_1\right)$!

28. Der Umfang eines Rechtecks beträgt 164 cm. Verkürzt man die eine Seite um 4 cm und verlängert die andere um 2 cm, so wächst der Flächeninhalt um 12 cm$^2$.

29. Verkleinert man die Länge eines Rechtecks um 8,5 cm und die Breite um 6 cm, so wird der Flächeninhalt um 507 cm$^2$ kleiner. Vergrößert man dagegen die Länge um 7,5 cm und die Breite um 4 cm, so wächst der Flächeninhalt um 468 cm$^2$.

30. Die Mittellinie eines Trapezes mißt 125 cm. Die Differenz der Längen der beiden parallelen Seiten beträgt 36 cm.

31. Die Summe der Umfänge zweier Kreise beträgt 109,9 cm. Bestimmen Sie deren Durchmesser, die sich um 5 cm unterscheiden!

32. Ein Luftschiff legt mit Wind in der Stunde 90,4 km, gegen den Wind jedoch nur 65,2 km zurück. Bestimmen Sie die Geschwindigkeit des Luftschiffes und des Windes!

33. Ein Dampfer legt die 185 km lange Strecke Köln–Mainz bei einer Bergfahrt in 13 h 40 min, bei einer Talfahrt in 8 h 30 min zurück. Berechnen Sie die Geschwindigkeit des Schiffes und des Stromes!

34. Zwei Wanderer gehen einander entgegen. Die Ausgangsorte liegen 19 km voneinander entfernt. Nach 2 h begegnen sie sich. Wäre der erste 1 h 54 min früher aufgebrochen, so hätten sie sich eine Stunde nach dem Abmarsch des zweiten getroffen. Mit welchen Durchschnittsgeschwindigkeiten sind die beiden gewandert?

35. *A* und *B* wohnen 139,5 km voneinander entfernt und wollen sich unterwegs treffen. Nach 2 h Fahrzeit sind sie noch 73,5 km voneinander entfernt. *A* rastet 1 h, *B* nur 30 min. 5 h nach ihrer Abfahrt von zu Hause treffen sie sich.

36. Ein Behälter von 11 350 $dm^3$ Inhalt kann durch zwei Leitungen gefüllt werden. Zur Füllung muß die erste 45 min und die zweite 1 h 20 min oder die erste 2 h 40 min und die zweite 52,4 min speisen. Wieviel Wasser liefert jede Leitung in einer Minute?

37. Ein Behälter wiegt ohne Füllung doppelt soviel wie ein anderer. In den ersten werden bei der Füllung 2 kg mehr eingefüllt als in den zweiten. Gefüllt wiegen die Behälter 55 kg bzw. 42 kg. Wie groß ist das Leergewicht, wieviel wiegt die Füllung?

38. Ein Fischbehälter faßt 84 $m^3$ Wasser. Er kann durch zwei Leitungen gefüllt werden. Nachdem die erste 4 h und die zweite 5 h geöffnet war, zeigte sich, daß noch 6 $m^3$ bis zur halben Füllung fehlten. Würde man die erste 6 h und die zweite 5 h öffnen, so würde der Behälter 6 $m^3$ mehr als die Hälfte enthalten. Wieviel Liter je Minute lieferte jede Leitung? Wie lange dauerte die Füllung, wenn beide Leitungen gleichzeitig geöffnet waren?

**Beispiel:** Verdoppelt man die erste von drei Zahlen und addiert dazu die zweite, so erhält man 75. Das Doppelte der zweiten ergibt mit der dritten als Summe 65, während das Doppelte der dritten mit der ersten als Summe 55 ergibt.

**Lösung:** Gesuchte Zahlen: $x, y, z$ $\quad (G = \mathbb{Q} \times \mathbb{Q} \times \mathbb{Q})$

1. Summe: (1) $2x + y = 75 \quad | \cdot (-2)$

2. Summe: (2) $\wedge\ 2y + z = 65$

3. Summe: (3) $\wedge\ 2z + x = 55 \quad | \cdot 4$

$$
\begin{array}{lrl}
(1) & -4x - 2y = -150 & \\
(2) & 2y + z = 65 & (2) + (1) \rightarrow (4) \\
(4) & -4x + z = -85 & \\
(3) & 4x + 8z = 220 & (3) + (4) \rightarrow (5) \\
(5) & 9z = 135 & \\
(5) & \underline{z = 15} & (5) \text{ in } (3) \rightarrow (6) \\
(6) & 2 \cdot 15 + x = 55 & \\
(6) & \underline{x = 25} & (6) \text{ in } (1) \rightarrow (7) \\
(7) & 2 \cdot 25 + y = 75 & \\
(7) & \underline{y = 25} &
\end{array}
$$

Probe: $2 \cdot 25 + 25 \stackrel{?}{=} 75$

$50 + 25 = 75$ (wahr)

und

$2 \cdot 25 + 15 \stackrel{?}{=} 65$

$50 + 15 = 65$ (wahr)

und

$2 \cdot 15 + 25 \stackrel{?}{=} 55$

$30 + 25 = 55$ (wahr)

Ergebnis: Die 3 Zahlen sind 25, 25 und 15.

39. Wie groß sind die drei Zahlen, die sich wie 2 : 3 : 4 verhalten und deren Summe 999 ist?

40. Die Summe dreier Zahlen ist 83. Wird von der ersten und der zweiten 7 subtrahiert, so verhalten sich die Reste wie 5 : 3. Wird dagegen von der zweiten und dritten 3 subtrahiert, so verhalten sich die Reste wie 11 : 9.

41. Bestimmen Sie die drei Zahlen, die folgenden Bedingungen genügen: Addiert man zur ersten und zur zweiten 6, so verhalten sich die Summen wie 2 : 3; addiert man 5 zur ersten und dritten, so verhalten sich die Summen wie 7 : 11, subtrahiert man 36 von der zweiten und dritten, so verhalten sich die Differenzen wie 6 : 7.

42. Die Summe von drei Zahlen ist 100. Dividiert man die zweite durch die erste, so erhält man 5 Rest 1. Dividiert man die dritte durch die zweite, so erhält man das gleiche Ergebnis.

43. Die Summe von drei Zahlen ist 36. Vermindert man die erste um 3, die zweite um 4 und die dritte um 2, so verhalten sich die neuen Zahlen wie 2 : 3 : 4.

44. Die Summe dreier Zahlen ist 27. Addiert man zur ersten 8, zur zweiten 6 und zur dritten 4, so verhalten sich die Summen wie 3 : 5 : 7.

45. Drei Zahlen, deren Summe 430 ist, verhalten sich wie folgt: Wenn die zweite um 7 größer und die dritte um 5 kleiner wäre, so würde ihr Verhältnis 8 : 9 : 10 betragen.

46. Dividiert man eine dreiziffrige Zahl durch die Summe ihrer ersten und zweiten Ziffer, so erhält man 75 Rest 3; dividiert man sie durch die Summe der ersten und dritten Ziffer, so erhält man 40 Rest 8; wenn man sie jedoch durch die Summe der zweiten und dritten Ziffer dividiert, so erhält man 52 Rest 8.

47. Die Quersumme einer dreiziffrigen Zahl ist 13. Die zweite Ziffer ist doppelt so groß wie die erste, die dritte um 2 kleiner als die zweite.

48. Die Quersumme einer dreiziffrigen Zahl ist 15. Vertauscht man die zweite Ziffer mit der ersten, so vergrößert sich die Zahl um 90. Vertauscht man die erste Ziffer mit der dritten, so wird die Zahl um 99 kleiner.

49. Dividiert man eine dreiziffrige Zahl durch ihre zweite Ziffer, so erhält man 61 Rest 1. Dividiert man die zweiziffrige Zahl aus der ersten und der zweiten Ziffer durch die dritte Ziffer, so ist der Quotient 4. Dividiert man die zweiziffrige Zahl aus der ersten und dritten Ziffer durch die zweite Ziffer, so erhält man als Quotient 6 Rest 1.

50. Drei Zahnräder eines Getriebes haben zusammen 80 Zähne. Ihre Drehzahlen sind 10, 18 und 45 Umdrehungen je Minute. Wieviel Zähne hat jedes Rad?

51. Drei Pumpen fördern in der Stunde 900 $m^3$ Wasser. Ihre Förderleistungen verhalten sich wie 3 : 5 : 7. Bestimmen Sie die stündliche Förderleistung der einzelnen Pumpen!

52. Ein Wasserbehälter kann durch drei Leitungen gefüllt werden. Durch die Leitungen *A* und *B* wird er in 70 min, durch die Leitungen *A* und *C* in 84 min und durch *B* und *C* in 140 min gefüllt. Welche Zeit braucht jede Leitung für sich, in welcher Zeit füllen alle drei Leitungen den Behälter?

53. Der Hochbehälter eines Wasserwerks hat drei Speiseleitungen. Er wird durch die erste und die zweite zusammen in $10\frac{2}{7}$ h, durch die erste und dritte in $10\frac{4}{5}$ h und durch die zweite und dritte in $12\frac{12}{17}$ h gefüllt. Welche Zeit braucht jede Leitung für sich, in welcher Zeit würde der Behälter durch alle drei Leitungen gefüllt werden?

54. Drei Maurer arbeiten an einer Mauer. *A* und *B* wären in 12 Tagen mit der Arbeit fertig, *B* und *C* in 20 Tagen, *A* und *C* in 15 Tagen. Welche Zeit benötigt jeder einzelne Maurer, wann ist die Arbeit durch alle drei Maurer fertiggestellt?

55. Drei Akkordgruppen sind bei einer Arbeit angesetzt. Die gleiche Arbeit hatte die erste und zweite Gruppe zusammen in 26,25 Tagen, die zweite und dritte Gruppe in 17,5 Tagen, die erste und dritte Gruppe in 21 Tagen bewältigt. Welche Zeit benötigt jede Gruppe allein für diese Arbeit?

56. Drei Automaten verschiedener Leistung sollen in einer Schicht zu 8 h 1200 Teile fertigen. Der erste Automat liefert in 4 Schichten ebensoviel wie der zweite in 5 Schichten, der zweite schafft in 3 Schichten die gleiche Anzahl wie der dritte in 4 Schichten. Welche Stundenleistung hat jeder Automat?

57. Drei Arbeiter fertigen den gleichen Artikel an. Wenn *A* 3, *B* 4 und *C* 5 Tage arbeiten, sind 97 Stück fertig. Wenn *A* 4, *B* 5 und *C* 3 Tage arbeiten, dann fertigen sie 3 Stück weniger, dagegen 7 Stück mehr als zuerst angegeben, wenn *A* 5, *B* und *C* je 4 Tage arbeiten. Für eine Lieferung sind 720 Stück erforderlich. Nach wie vielen Tagen sind diese fertiggestellt, wieviel fertigt jeder Arbeiter an?

58. Drei Automaten liefern in einer Stunde 36 Werkstücke. Der erste liefert 25% weniger als der zweite, aber das 1,5fache des dritten Automaten. Wie hoch liegt die Stundenleistung jedes Automaten?

59. Für die Fertigung werden drei Maschinen von unterschiedlicher Leistung eingesetzt. Wird die erste Maschine 1 h, die zweite 2 h und die dritte 3 h betrieben, so erhält man 32 Werkstücke. Würde die erste 2 h, die zweite 3 h und die dritte Maschine 1 h betrieben, so lieferten sie 42 Werkstücke. Wäre die erste 3 h, die zweite 1 h und die dritte Maschine 2 h in Betrieb, so würden sie zusammen 40 Werkstücke liefern. Bestimmen Sie die Stundenleistung jeder Maschine!

60. Auf einem Haus lasten insgesamt 50 000 DM an Hypotheken, die mit 4,5%, 5% und 5,5% verzinst werden müssen. Die jährlichen Zinsen betragen zusammen 2475 DM. Wären die Hypotheken der Reihe nach mit 5,25%, 5% und 4,25% zu verzinsen, so hätte man pro Jahr nur 2450 DM an Zinsen zu zahlen. Wie hoch sind die einzelnen Hypotheken?

61. Drei Brüder haben ihr Vermögen zu 4%, 5% und 6% ausgeliehen. *A* und *B* erhalten zusammen 1592 DM, *B* und *C* zusammen 1766 DM, *A* und *C* zusammen 1638 DM an Jahreszinsen. Wie groß sind die einzelnen Vermögen?

62. Ein Vermögen von 11 000 DM ist in drei Teile zerlegt worden, und zwar 3000 DM, 2700 DM und 5300 DM. Der erste und zweite Teil bringen zusammen 346 DM, der zweite und dritte Teil 414 DM, der erste und dritte Teil 409 DM an Jahreszinsen. Zu wieviel Prozent sind die Beträge angelegt?

63. Drei Kapitalien von 5600 DM, 7000 DM und 8400 DM sind ausgeliehen. Das erste und zweite bringen zusammen 574 DM, das zweite und dritte 854 DM, das erste und dritte 728 DM Jahreszinsen. Zu welchen Prozentsätzen sind die Kapitalien ausgeliehen worden?

# 8 Ungleichungen und lineares Optimieren

## 8.1 Lineare Ungleichungen

Eine Sitzplatz-Karte für ein Eishockey-Spiel kostet für Nichtmitglieder 22,00 DM, für Mitglieder 18,50 DM. Der Mitgliedsbeitrag beträgt 40,00 DM pro Jahr. Wie viele Spiele muß man in einer Saison mindestens besuchen, damit es sich finanziell gesehen lohnt, Mitglied zu werden?

**1.** Lösen durch Aufstellen einer „Preistabelle":

| Anzahl der Spiele | Preis für Mitglieder | Preis für Mitglieder einschließl. Beitrag | Preis für Nichtmitglieder | Differenzbetrag |
|---|---|---|---|---|
| 1 | 18,50 DM | 58,50 DM | 22,00 DM | 36,50 DM |
| 2 | 37,00 DM | 77,00 DM | 44,00 DM | 33,00 DM |
| 3 | 55,50 DM | 95,50 DM | 66,00 DM | 29,50 DM |
| ⋮ | ⋮ | ⋮ | ⋮ | ⋮ |
| 10 | 185,00 DM | 225,00 DM | 220,00 DM | 5,00 DM |
| 11 | 203,50 DM | 243,50 DM | 242,00 DM | 1,50 DM |
| 12 | 222,00 DM | 262,00 DM | 264,00 DM | −2,00 DM |
| 13 | 240,50 DM | 280,50 DM | 286,00 DM | −5,50 DM |

Ab 12 Spielen lohnt es sich daher, Mitglied zu sein.

**2.** Die genaue Grenze zwischen finanziellem Vor- und Nachteil können wir durch Lösen einer Gleichung ermitteln. Bei jedem Spiel kann ein Mitglied 3,50 DM „gutmachen" ($x$ = Anzahl der Spiele):

$$x \cdot 3{,}50\text{ DM} = 40{,}00\text{ DM}$$
$$x \approx 11{,}4$$

**3.** Wir erhalten **alle** Anzahlen von Spielen, für die die Mitgliedschaft von Vorteil ist, wenn wir eine **Ungleichung** aufstellen:

$x \cdot 22{,}00\text{ DM} > 40{,}00\text{ DM} + x \cdot 18{,}50\text{ DM} \quad (G = \mathbb{N})$.

Wir lösen die Ungleichung genau wie eine Gleichung (die Einheit DM lassen wir weg):

$$22\,x > 40 + 18{,}5\,x$$
$$\Leftrightarrow \; 3{,}5\,x > 40$$
$$\Leftrightarrow \; x > \frac{40}{3{,}5}$$
$$\Leftrightarrow \; x > 11\tfrac{3}{7}$$
$$\underset{(G=\mathbb{N})}{\Leftrightarrow} \; x \geqq 12$$

Ergebnis: Die Mitgliedschaft lohnt sich bei einem Besuch von 12 oder mehr Spielen.

**Merksatz**

Eine Ungleichung besteht aus zwei Termen, zwischen denen ein Größer(>)- oder ein Kleiner(<)-Zeichen steht.

Auch bei den Zeichen $\leqq$ („kleiner oder gleich") und $\geqq$ („größer oder gleich") spricht man von Ungleichungen, obwohl es sich hierbei um verkürzte Schreibweisen von Oder-Verknüpfungen (Adjunktionen) zwischen einer Ungleichung und einer Gleichung handelt:

$x \geqq 12 \Leftrightarrow x > 12 \vee x = 12$.

Wir stellen alle Gesetze zum Umgang mit Ungleichungen zusammen ($a, b, c, d \in \mathbb{Q}$):

| | | |
|---|---|---|
| **Addition** | $a < b \Leftrightarrow a + c < b + c$ | |
| **Subtraktion** | $a < b \Leftrightarrow a - c < b - c$ | |
| **Multiplikation** | $a < b \Leftrightarrow a \cdot c < b \cdot c$ | für $c > 0$ |
| | $a < b \Leftrightarrow a \cdot c > b \cdot c$ | für $c < 0$ |
| **Division** | $a < b \Leftrightarrow \frac{a}{c} < \frac{b}{c}$ | für $c > 0$ |
| | $a < b \Leftrightarrow \frac{a}{c} > \frac{b}{c}$ | für $c < 0$ |

Wegen dieser Gesetze können wir bei Ungleichungen die gleichen Äquivalenzumformungen vornehmen wie bei Gleichungen, wobei wir nur auf eine Ausnahme besonders achten müssen.

**Merksatz**

Werden beide Seiten einer Ungleichung mit einer negativen Zahl multipliziert oder durch eine negative Zahl dividiert, so muß das $<$-Zeichen durch das $>$-Zeichen ersetzt werden und umgekehrt.

**Beispiele**

**1.** $2x + 3 < 13 \quad | -3 \qquad (G = \mathbb{N})$

$\Leftrightarrow \; 2x < 10 \quad | :2$

$\Leftrightarrow \; x < 5$

$\underline{L = \{1; 2; 3; 4\}}$

Probe für 2: $2 \cdot 2 + 3 \overset{?}{<} 13$

$4 + 3 \overset{?}{<} 13$

$7 < 13$ (wahr)

Gegenprobe für 6: $2 \cdot 6 + 3 \overset{?}{<} 13$

$12 + 3 \overset{?}{<} 13$

$15 < 13$ (falsch)

**2.** $2 - 3x > 2x - 8 \quad | -2x \qquad (G = \mathbb{Q})$

$\Leftrightarrow 2 - 5x > -8 \quad | -2$

$\Leftrightarrow -5x > -10 \quad | :(-5)$

$\Leftrightarrow x < \frac{-10}{-5}$

$\Leftrightarrow x < 2$

$\underline{L = \{x \mid x < 2\}_{\mathbb{Q}}}$

Die bei Ungleichungen häufig auftretenden unendlichen Lösungsmengen können wir vorteilhaft an der Zahlengeraden veranschaulichen und als sogenannte „Intervalle" schreiben:

$\{x \mid x < 2\} = \,]-\infty; 2[$

($-\infty$ gelesen: „minus unendlich")

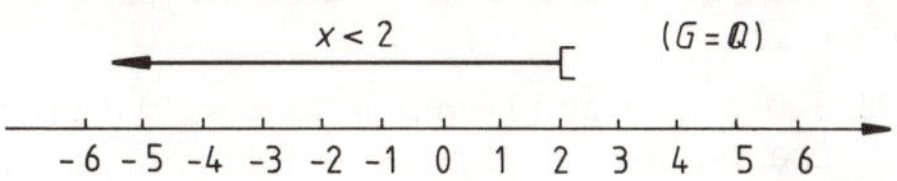


**Abb. 8.1**

Die nach außen weisenden Klammern ] ... [ sollen andeuten, daß die sogenannten „Randpunkte" des Intervalls nicht zum Intervall gehören; andernfalls schreibt man [ ... ].
Unterscheiden Sie:

$\{x \mid a < x < b\} = \,]a; b[$

$\{x \mid a \leqq x < b\} = [a; b[$

$\{x \mid a < x \leqq b\} = \,]a; b]$

$\{x \mid a \leqq x \leqq b\} = [a; b]$

**3.** $3(x-1) + 2x < 5x - 6 \qquad (G = \mathbb{Q})$

$\Leftrightarrow 3x - 3 + 2x < 5x - 6$

$\Leftrightarrow 5x - 3 < 5x - 6 \quad | -5x$

$\Leftrightarrow -3 < -6$ (falsch)

$\underline{L = \{\,\}}$

# Aufgaben zu 8.1

Lösen Sie folgende Ungleichungen über der Grundmenge a) $\mathbb{N}$, b) $\mathbb{Z}$, c) $\mathbb{Q}$! Machen Sie einige Stichproben dazu!

**Beispiel:** $2x < 5$ Stichproben: $x = 0$: $2 \cdot 0 < 5$ (wahr)
$\Leftrightarrow x < 2{,}5$ $x = 3$: $2 \cdot 3 < 5$ (falsch)
$x = -5$: $2 \cdot (-5) < 5$ (wahr)

a) $L = \{1; 2\}$ b) $L = \{\ldots; -2; -1; 0; 1; 2\}$ c) $L = \{x \mid x < 2{,}5\}_{\mathbb{Q}}$

1. $7x > 4$
2. $3x > -6$
3. $3 - x < -4$
4. $5 + 2x < 7$
5. $4x < -6$
6. $-3x < -5$
7. $-5x > 1$
8. $7 - 3x > 12$
9. $6x - 5 < 0$
10. $2x + 1 < -3x - 1$
11. $-4x \geqq 4$
12. $-5x \leqq 5$
13. $2 + 3x \leqq 5 + 3x$

14. Stellen Sie die Intervalle mit Hilfe von Ungleichungen in $\mathbb{Q}$ dar, und zeichnen Sie die Graphen dazu!

**Beispiel:** $]-4; 3]$
**Lösung:** $-4 < x \wedge x \leqq 3$
oder (kürzer): $-4 < x \leqq 3$

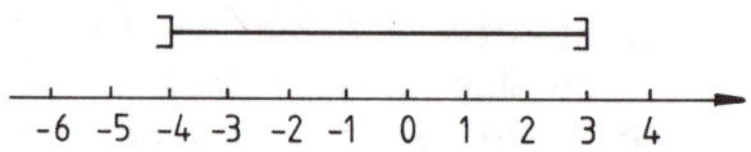


**Abb. 8.2**

a) $]-5; 2]$ b) $[-2; 2]$ c) $[3; 10[$ d) $]-8; -2]$ e) $[-6; 0[$

Lösen Sie folgende Ungleichungen über der Grundmenge $\mathbb{Q}$ ($x$ Lösungsvariable)!

15. $7x + 1 < 2x + 5$
16. $5x - 4 > 5(x - 2)$
17. $3(8 - x) < -6(4 - x)$
18. $-2(x + 3) \geqq 5(3 - x)$
19. $4(3 - 2x) > 2x + 3(1 - 3x)$
20. $5 - 12x < -2x + 6(x + 1)$
21. $7(12x + 5) + 2x - 4 \leqq 6x - (3 - 2x) + 8$
22. $15x - 6(3x + 2) - 1 < 12 - 6(8x - 15) + 16x$
23. $3x - [9 + 2(x - 3) - 5x] > 6 - 3(x + 7)$
24. $5[7x + 3(4x - 6) + 2] - 11(4 - 2x) \geqq -4[3 - 7(2x + 1) + 5x]$
25. $(x - 3)(2x + 4) < (x + 5)(2x - 1)$
26. $(3x + 4)(x + 2) \leqq (x + 3)(3x + 1)$
27. $2(x + 5)(x - 7) > 2(x - 8)(5 + x)$
28. $-4x^2 - 3(x + 9)(2x + 2) < (5x + 10)(2 - 2x)$
29. $\frac{x}{3} - \frac{x}{4} < \frac{1}{24}$
30. $\frac{x}{2} - \frac{x}{5} > \frac{3}{5}$
31. $\frac{2}{3}x \geqq 4 - \frac{1}{3}x$
32. $\frac{1}{4}x + 2 \leqq 4 - \frac{1}{3}x$
33. $5 - \frac{1}{5}x < 2x + \frac{1}{3}x$
34. $7 - \frac{1}{2}x \geqq 5x + 3\left(\frac{1}{2} - \frac{5}{6}x\right)$
35. $\frac{2x + 5}{4} \leqq \frac{7x - 9}{6}$
36. $\frac{8 + 2x}{5} > \frac{3x - 6}{6}$
37. $11 - \frac{6x - 1}{2} < 2x$
38. $6 + \frac{3 - 2x}{4} \leqq 2 - \frac{5 - x}{6}$
39. $\frac{3x + 15}{5} - \frac{6x + 8}{4} \leqq 2 - \frac{1 - x}{2}$
40. $9 - \frac{2x + 7}{3} > \frac{5x - 1}{6} + \frac{3 - 7x}{2}$
41. $x + a > b$
42. $2a - 2x \leqq x - b$
43. $a - bx \leqq b(1 - x)$
44. $(m + 2)x \geqq a + mx$
45. $p(2 - x) < p - px$
46. $ux + v > vx + u$
47. Das Zehnfache einer Zahl, vermindert um 5, ist größer als das Achtfache der Zahl. Für welche natürlichen Zahlen gilt das?
48. Subtrahiert man 10 von einer Zahl, so ist die Differenz kleiner als die Hälfte der Zahl. Bestimmen Sie die Lösungsmenge über $\mathbb{N}$!
49. Für welche negativen Zahlen gilt, daß das Achtfache der Zahl, vermehrt um 6, größer ist als das Fünffache der Zahl, vermindert um 3?
50. Ein Autotank, der 52 *l* faßt, ist noch halbvoll. Die folgenden Tankstellen an der Autobahn sind 85 km, 145 km, 205 km, 226 km bzw. 254 km entfernt. An welchen der Tankstellen kann der Fahrer neu auftanken, wenn das Fahrzeug einen Durchschnittsverbrauch von 12 *l* pro 100 km hat?
51. Mit einem Lkw kann bei einer Fahrt etwa $3\frac{1}{2}\,m^3$ Erdreich abtransportiert werden. Mit wieviel Fahrten muß der Fahrer rechnen, wenn ca. 30 $m^3$ Erdreich ausgehoben worden sind?
52. Eine Baufirma benötigt für einen Auftrag 640 Steinplatten. Wie viele Platten muß sie mindestens bestellen, wenn für Bruch und Verhau zusätzlich 8% zu berücksichtigen sind?
53. Der Anteil an Zitronensaft in einem Fruchtsaftgetränk soll zwischen 12% und 15% liegen. Wieviel *l* Zitronensaft müssen mindestens, wieviel *l* dürfen höchstens zu 200 *l* Saft hinzugegossen werden?
54. Eine von einem Romanautor handgeschriebene Seite umfaßt zwischen 215 und 230 Wörtern. Wie viele Wörter hat der Roman mindestens, wie viele höchstens, wenn der Autor ein Manuskript von 448 Seiten an den Verlag geschickt hat?

## 8.2 Bruchungleichungen

Für Bruchungleichungen gilt alles, was schon bei den Bruchgleichungen gesagt worden ist. Zusätzlich ist hier zu beachten, daß der Hauptnenner, mit dem man multipliziert, für einen Teil der Ersetzungen der Variablen positiv, für den anderen negativ werden kann. Daher sind beim Lösungsgang immer diese beiden Fälle zu unterscheiden.

**Beispiele**

**1.** $\frac{2}{x-3} < 1 \qquad (G = \mathbb{Z})$

Ermittlung der Definitionsmenge:

$x - 3 = 0$

$\Leftrightarrow x = 3 \qquad D = \mathbb{Z} \setminus \{3\}$

Hauptnenner: $x - 3$

Bei Multiplikation mit $x-3$ müssen wir unterscheiden zwischen $x-3>0$, d.h. $x>3$ (1. Fall) und $x-3<0$, d.h. $x<3$ (2. Fall). Zur besseren Übersicht betrachten wir die beiden Fälle getrennt.

**1. Fall** ($x > 3$):

$\frac{2}{x-3} < 1 \qquad | \cdot (x-3)$

$\underset{(x-3>0)}{\Leftrightarrow} \quad 2 < x - 3$

$\Leftrightarrow \quad 5 < x$

$\Leftrightarrow \quad x > 5$

$x > 3 \wedge x > 5 \Leftrightarrow x > 5$

$]3; \infty[ \cap ]5; \infty[ = ]5; \infty[$

$L_1 = \{x | x > 5\}_{\mathbb{Z}} = ]5; \infty[_{\mathbb{Z}}$

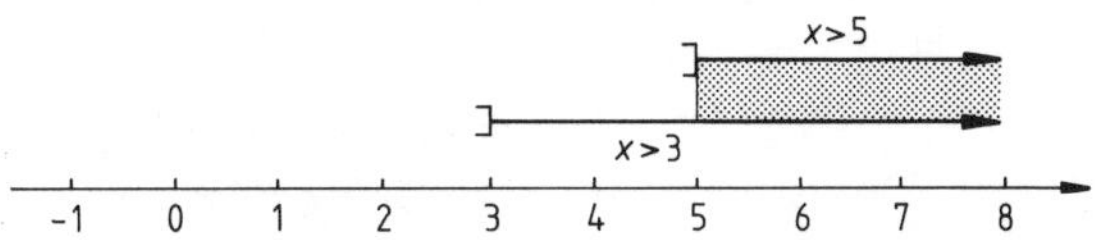


**Abb. 8.3**

**2. Fall** ($x < 3$):

$\frac{2}{x-3} < 1 \qquad | \cdot (x-3)$

$\underset{(x-3<0)}{\Leftrightarrow} \quad 2 > x - 3$

$\Leftrightarrow \quad 5 > x$

$\Leftrightarrow \quad x < 5$

$x < 3 \wedge x < 5 \Leftrightarrow x < 3$

$]-\infty; 3[ \cap ]-\infty; 5[ = ]-\infty; 3[$

$L_2 = \{x | x < 3\}_{\mathbb{Z}} = ]-\infty; 3[_{\mathbb{Z}}$

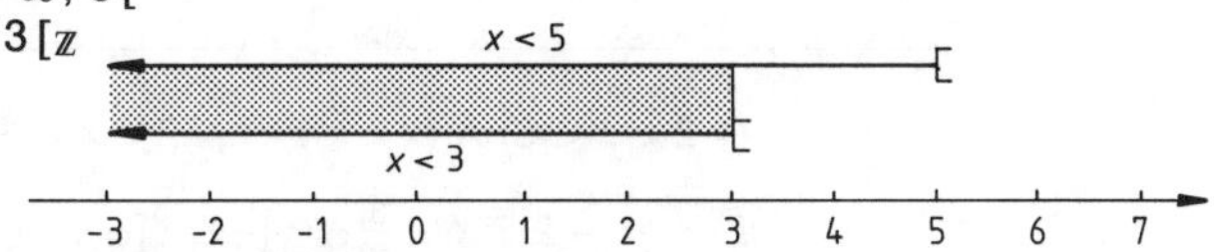


**Abb. 8.4**

Für die Lösungsmenge der Ungleichung haben wir erhalten:

$L = \{x | x > 5 \vee x < 3\}_{\mathbb{Z}}$

$\underline{= ]5; \infty[_{\mathbb{Z}} \cup ]-\infty; 3[_{\mathbb{Z}}}$

$L$ ist die Vereinigungsmenge der beiden Lösungsmengen $L_1$ und $L_2$.

$$\boxed{L = L_1 \cup L_2}$$

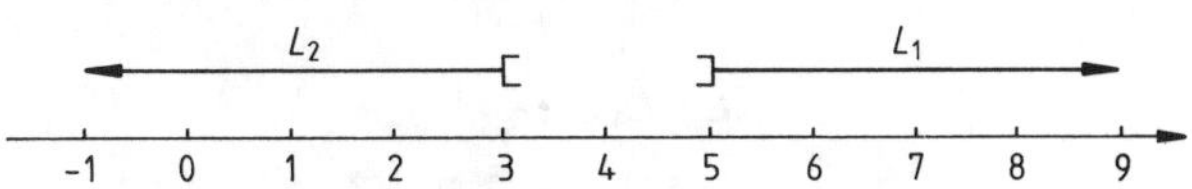


**Abb. 8.5**

**2.** $\frac{1}{x+2} > \frac{-1}{x-5} \qquad (G = \mathbb{Q})$

Definitionsmenge: $\quad x + 2 = 0 \qquad x - 5 = 0$

$\qquad \Leftrightarrow x = -2 \qquad \Leftrightarrow x = 5$

$D = \mathbb{Q} \setminus \{-2; 5\}$

Hauptnenner: $(x+2) \cdot (x-5)$

Um festzustellen, für welche Ersetzungen von $x$ der Hauptnenner positiv ( + ) bzw. negativ (–) wird, schreiben wir alle Möglichkeiten in folgendem Schema auf.

| | $x < -2$ | $-2 < x < 5$ | $x > 5$ |
|---|---|---|---|
| 1. Nenner: $x+2$ | – | + | + |
| 2. Nenner: $x-5$ | – | – | + |
| Hauptnenner: $(x+2)(x-5)$ | + | – | + |

(Grenzen im Schema: $-2$ und $5$)

**1. Fall:** HN $> 0$ $(x < -2 \vee x > 5)$

$$\frac{1}{x+2} > \frac{-1}{x-5} \quad | \cdot (x+2)(x-5)$$

$$\underset{(HN>0)}{\Leftrightarrow} \quad x-5 > -(x+2)$$

$$\Leftrightarrow \quad x-5 > -x-2$$

$$\Leftrightarrow \quad 2x > 3$$

$$\Leftrightarrow \quad x > \frac{3}{2}$$

$(x < -2 \vee x > 5) \wedge (x > \frac{3}{2}) \Leftrightarrow x > 5$

$L_1 = \{x \mid x > 5\}_{\mathbb{Q}} = ]5; \infty[_{\mathbb{Q}}$

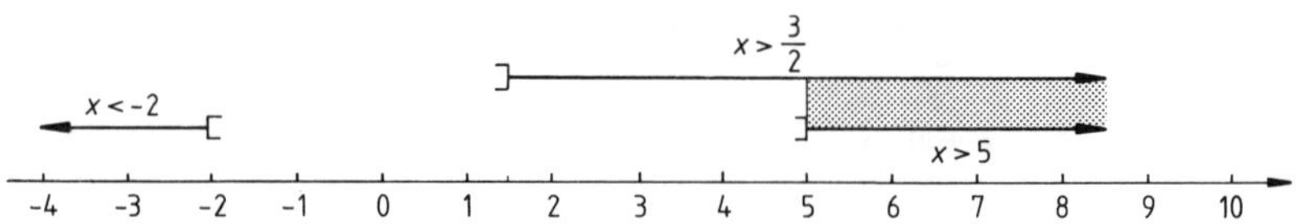


**Abb. 8.6**

**2. Fall:** HN $< 0$ $(-2 < x < 5)$

$$\frac{1}{x+2} > \frac{-1}{x-5} \quad | \cdot (x+2)(x-5)$$

$$\underset{(HN<0)}{\Leftrightarrow} \quad x-5 < -(x+2)$$

$$\Leftrightarrow \quad x < \frac{3}{2} \quad \text{(vgl. 1. Fall)}$$

$(-2 < x < 5) \wedge (x < \frac{3}{2}) \Leftrightarrow -2 < x < \frac{3}{2}$

$L_2 = \{x \mid -2 < x < \frac{3}{2}\}_{\mathbb{Q}} = ]-2; \frac{3}{2}[_{\mathbb{Q}}$

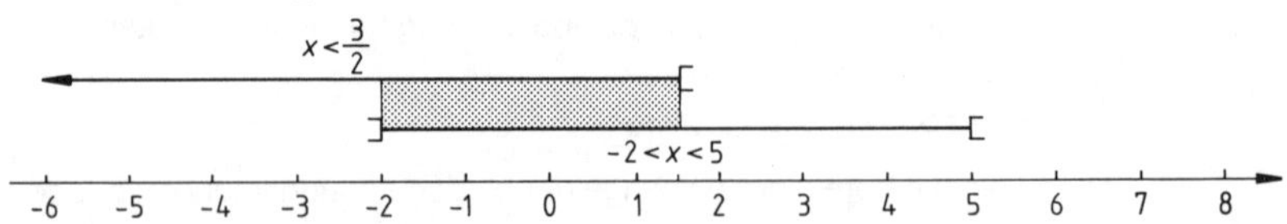


**Abb. 8.7**

$L = L_1 \cup L_2$

$L = \{x \mid x > 5\}_{\mathbb{Q}} \cup \{x \mid -2 < x < \frac{3}{2}\}_{\mathbb{Q}}$

$\underline{L = ]5; \infty[_{\mathbb{Q}} \cup ]-2; \frac{3}{2}[_{\mathbb{Q}}}$

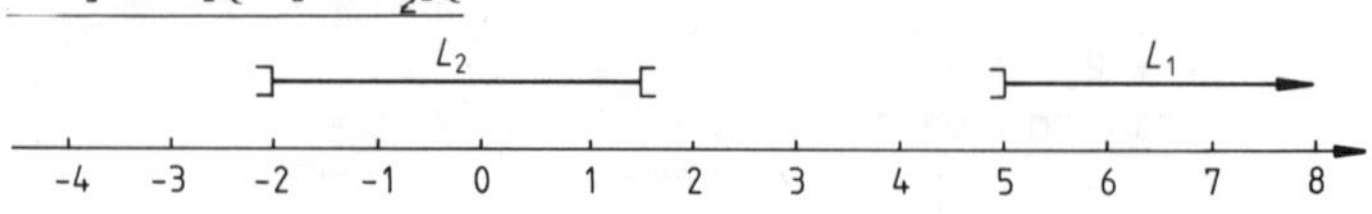


**Abb. 8.8**

# Aufgaben zu 8.2

Bestimmen Sie jeweils die Definitions- und Lösungsmenge ($G = \mathbb{Q}$, $x$ Lösungsvariable)!

**Beispiel:** $\frac{4x-2}{x+1} < 1 + \frac{6x+3}{2x}$

**Lösung:** Bestimmung der Definitionsmenge: $x + 1 = 0 \quad 2x = 0$

$\Leftrightarrow x = -1 \quad \Leftrightarrow x = 0$

$D = \mathbb{Q} \setminus \{-1; 0\}$

$HN = (x+1) \cdot 2x$

| | $x < -1$ | $-1 < x < 0$ | $x > 0$ |
|---|---|---|---|
| 1. Nenner: $x+1$ | − | + | + |
| 2. Nenner: $2x$ | − | − | + |
| Hauptnenner: $(x+1)\,2x$ | + | − | + |

**1. Fall:** $HN > 0 \Leftrightarrow (x+1>0 \wedge x>0) \vee (x+1<0 \wedge x<0)$

$\Leftrightarrow (x>0) \vee (x<-1)$

$$\frac{(4x-2)\,2x}{(x+1)\,2x} < \frac{(x+1)\,2x}{(x+1)\,2x} + \frac{(6x+3)(x+1)}{2x(x+1)} \quad | \cdot HN$$

$\underset{(HN>0)}{\Leftrightarrow} \quad (4x-2)\,2x < (x+1)\,2x + (6x+3)(x+1)$

$\Leftrightarrow \quad 8x^2 - 4x < 2x^2 + 2x + 6x^2 + 3x + 6x + 3$

$\Leftrightarrow \quad 8x^2 - 4x < 8x^2 + 11x + 3$

$\Leftrightarrow \quad -15x < 3$

$\Leftrightarrow \quad x > -\frac{1}{5}$

$(x > 0 \vee x < -1) \wedge (x > -\frac{1}{5}) \Leftrightarrow x > 0$

$L_1 = ]0; \infty[_{\mathbb{Q}}$

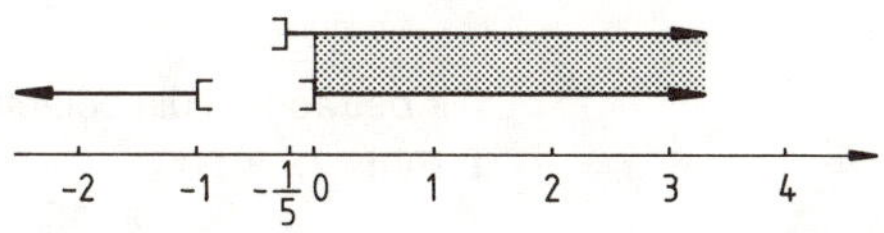


**Abb. 8.9**

**2. Fall:** $HN < 0 \Leftrightarrow -1 < x < 0$

$$\frac{(4x-2)\,2x}{(x+1)\,2x} < \frac{(x+1)\,2x}{(x+1)\,2x} + \frac{(6x+3)(x+1)}{2x(x+1)} \quad | \cdot HN$$

$\underset{(HN<0)}{\Leftrightarrow} \quad x < -\frac{1}{5}$

$(-1 < x < 0) \wedge (x < -\frac{1}{5}) \Leftrightarrow -1 < x < -\frac{1}{5}$

$L_2 = ]-1; -\frac{1}{5}[_{\mathbb{Q}}$

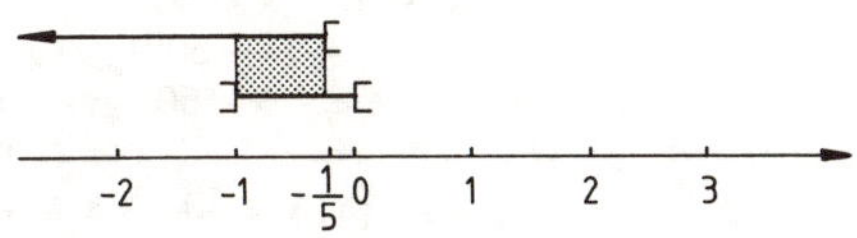


**Abb. 8.10**

$L = ]0; \infty[_{\mathbb{Q}} \cup ]-1; -\frac{1}{5}[_{\mathbb{Q}}$

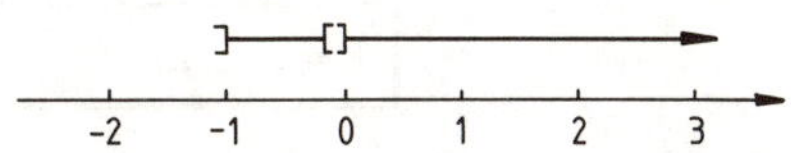


**Abb. 8.11**

1. $\frac{x}{x-2} < \frac{5}{x-2}$
2. $\frac{x+1}{3x} > \frac{6}{3x}$
3. $\frac{3}{2x+1} \leqq \frac{4x-2}{2x+1}$
4. $\frac{x}{x+6} < \frac{x+1}{x+6}$
5. $\frac{7}{x-3} \geqq 2$
6. $\frac{-3}{2x+5} > -1$
7. $\frac{1}{4-x} \leqq \frac{1}{2}$
8. $\frac{5}{6-3x} < -\frac{2}{3}$
9. $\frac{2x}{3x-1} > -5$
10. $\frac{x+1}{x-1} \geqq 0$
11. $\frac{3-x}{3+x} < 3$
12. $\frac{2x-5}{4+3x} \leqq 12$
13. $\frac{4}{x-1} > \frac{-2}{x}$
14. $\frac{-3}{1-x} > \frac{7}{5x}$
15. $\frac{2}{5x+2} \leqq \frac{3}{4x-3}$
16. $\frac{5}{1-5x} \geqq \frac{2}{1-2x}$
17. $\frac{2x}{x+1} > \frac{4x-1}{2x}$
18. $\frac{x}{x+1} < \frac{x}{x-1}$
19. $\frac{5x}{2-x} > \frac{-5x}{2+x}$
20. $\frac{2+3x}{4-2x} > \frac{3x-2}{4+2x}$
21. $\frac{6x+3}{4x+8} \leqq \frac{3x-1}{2x+4}$
22. $\frac{5-8x}{6-10x} \geqq \frac{1+4x}{5x}$
23. $\frac{2x+7}{x+4} + 2 < \frac{4x-3}{x-3}$
24. $\frac{3x-4}{2x+3} - 5 \geqq \frac{10-14x}{4x-4}$
25. $8 - \frac{3x-1}{4x+6} > 5 - \frac{7x+6}{2x+3}$
26. $\frac{12x+9}{8x-12} - 6 \leqq \frac{5-2x}{6x-9} + 4$
27. $\frac{a}{x} < \frac{a+1}{x}$
28. $\frac{a}{x} < 0$
29. $\frac{a}{x} < \frac{-a}{x}$
30. $\frac{x+a}{x-a} \geqq 0$

## 8.3 Betragsungleichungen

Packungen mit vielen kleinen Einzelteilen werden durch Wiegen abgefüllt. Z.B. kann bei einer Packung von 500 Drahtstiften (DS) dadurch eine Abweichung von 2% auftreten. Welche Anzahlen von Drahtstiften können vorkommen?

2% von 500 DS = 10 DS
Mindestanzahl: 500 DS – 10 DS = 490 DS
Höchstanzahl: 500 DS + 10 DS = 510 DS

Ergebnis: In einer Packung befinden sich mindestens 490, höchstens 510 Drahtstifte.

Alle Lösungen eines solchen Problems kann man durch eine **Betragsungleichung** erfassen:

$|x-500| \leqq 10$

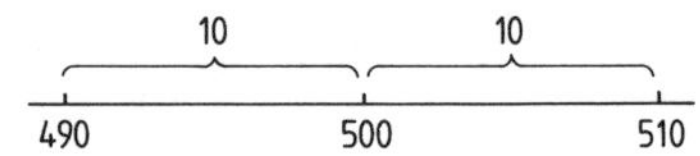


Abb. 8.12

Zur Erinnerung:

$$|x-500| = \begin{cases} x-500 & \text{für } x \geqq 500 \\ -(x-500) & \text{für } x < 500 \end{cases}$$

Wir betrachten die beiden Fälle der Betragsungleichung getrennt.

**1. Fall** $(x \geqq 500)$:

$$x-500 \leqq 10$$
$$\Leftrightarrow \quad x \leqq 510$$

$L_1 = \{x \mid x \geqq 500 \wedge x \leqq 510\}_{\mathbb{N}} = [500; 510]_{\mathbb{N}}$

**2. Fall** $(x < 500)$:

$$-(x-500) \leqq 10 \quad | \cdot (-1)$$
$$\Leftrightarrow \quad x-500 \geqq -10 \quad \text{(Achtung: statt } \leqq \text{ nun } \geqq\text{)}$$
$$\Leftrightarrow \quad x \geqq 490$$

$L_2 = \{x \mid x < 500 \wedge x \geqq 490\}_{\mathbb{N}} = [490; 500[_{\mathbb{N}}$

$$L = L_1 \cup L_2$$

$\underline{L = [500; 510]_{\mathbb{N}} \cup [490; 500[_{\mathbb{N}} = [490; 510]_{\mathbb{N}}}$

Aus den vollzogenen Äquivalenzumformungen kann man ersehen, daß man beide Fälle zusammenfassen kann:

$$|x-500| \leqq 10 \Leftrightarrow x-500 \leqq 10 \wedge x-500 \geqq -10$$
$$\Leftrightarrow -10 \leqq x-500 \leqq 10$$

Wir wollen uns diesen Sachverhalt an einem einfachen Beispiel verdeutlichen ($G = \mathbb{Q}$).

**Beispiel**

$$|x| < 4 \Leftrightarrow (x < 4 \wedge x \geqq 0) \vee (-x < 4 \wedge x < 0)$$
$$\Leftrightarrow (0 \leqq x < 4) \vee (-4 < x < 0)$$
$$\Leftrightarrow -4 < x < 4$$

$\underline{L = ]-4; 4[_{\mathbb{Q}}}$

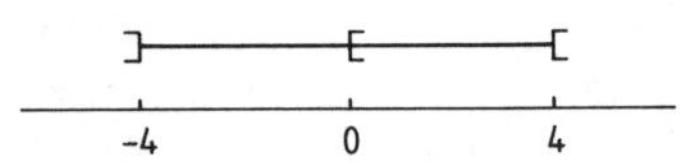


Abb. 8.13

Allgemein gilt:

$$\begin{aligned} |x| < r &\Leftrightarrow -r < x < r \\ |x-a| < r &\Leftrightarrow -r < x-a < r \end{aligned} \qquad (r > 0)$$

Beachten Sie: Die Lösungsmenge ist hierbei immer nur **ein** Intervall.
Geometrische Deutung: $|x-a| < r$ beschreibt auf der Zahlengeraden die Menge aller Punkte, deren Abstand von $a$ **kleiner** ist als $r$.

Wie sieht die Lösungsmenge einer Betragsungleichung mit dem Zeichen $>$ aus?

**Beispiel**

$|x| > 4$

**1. Fall** ($x \geqq 0$):

$x > 4$

$L_1 = \{x \mid x > 4\}_{\mathbb{Q}} = ]4; \infty[_{\mathbb{Q}}$

**2. Fall** ($x < 0$):

$-x > 4$

$\Leftrightarrow x < -4$

$L_2 = \{x \mid x < -4\}_{\mathbb{Q}} = ]-\infty; -4[_{\mathbb{Q}}$

$L = L_1 \cup L_2 = \{x \mid x > 4 \vee x < -4\}_{\mathbb{Q}}$

$\underline{L = ]4; \infty[_{\mathbb{Q}} \cup ]-\infty; -4[_{\mathbb{Q}}}$

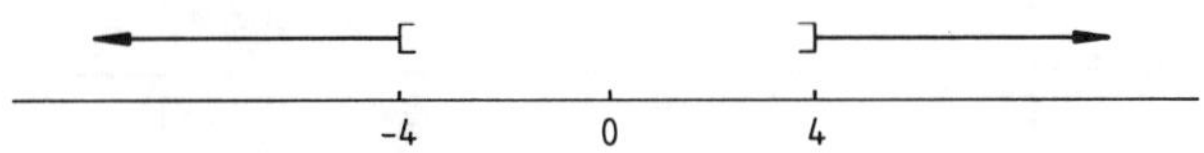


**Abb. 8.14**

Beide Fälle zusammenfassend können wir schreiben:

$|x| > 4 \Leftrightarrow x > 4 \vee x < -4$

Allgemein gilt:

$$|x| > r \Leftrightarrow (x > r) \vee (x < -r)$$
$$|x - a| > r \Leftrightarrow (x - a > r) \vee (x - a < -r) \qquad (r > 0)$$

Beachten Sie: Die Lösungsmenge besteht hierbei immer aus **zwei** Halbgeraden.
Geometrische Deutung: $|x - a| > r$ beschreibt auf der Zahlengeraden die Menge aller Punkte, deren Abstand von *a* **größer** ist als *r*.

**Weitere Beispiele:**

**1.** $|x - 5| < 2 \Leftrightarrow -2 < x - 5 < 2$

$\Leftrightarrow \quad 3 < x < 7$

$L = \{x \mid 3 < x < 7\}_{\mathbb{Q}}$

$\underline{L = ]3; 7[_{\mathbb{Q}}}$

**2.** $|x + 3| < 6 \Leftrightarrow -6 < x + 3 < 6$

$\Leftrightarrow -9 < x < 3$

$L = \{x \mid -9 < x < 3\}_{\mathbb{Q}}$

$\underline{L = ]-9; 3[_{\mathbb{Q}}}$

**3.** $|x - 6| < -2$

$\underline{L = \{\,\}}$

**4.** $|x - 4| > 2 \Leftrightarrow (x - 4 > 2) \vee (x - 4 < -2)$

$\Leftrightarrow \quad (x > 6) \vee (x < 2)$

$L = \{x \mid x > 6 \vee x < 2\}_{\mathbb{Q}}$

$\underline{L = ]6; \infty[_{\mathbb{Q}} \cup ]-\infty; 2[_{\mathbb{Q}}}$

**5.** $|x - 3| > -1$

$\underline{L = \mathbb{Q}}$

**6.** $|2 - 5x| \geqq 3 \Leftrightarrow (2 - 5x \geqq 3) \vee (2 - 5x \leqq -3)$

$\Leftrightarrow (-5x \geqq 1) \quad \vee (-5x \leqq -5)$

$\Leftrightarrow (x \leqq -\frac{1}{5}) \quad \vee (x \geqq 1)$

$L = \{x \mid x \leqq -\frac{1}{5} \vee x \geqq 1\}_{\mathbb{Q}}$

$\underline{L = ]-\infty; -\frac{1}{5}[_{\mathbb{Q}} \cup [1; \infty[_{\mathbb{Q}}}$

# Aufgaben zu 8.3

Finden Sie jeweils das (die) durch die Betragsungleichung definierte(n) Intervall(e) ohne Rechnung an der Zahlengeraden.

Beispiel: $|x+3|<5$

Beachten Sie: $x+3=x-(-3)$;

gesucht sind also alle Zahlen, die von $-3$ einen Abstand haben, der kleiner ist als 5 : $]-8; 2[$.

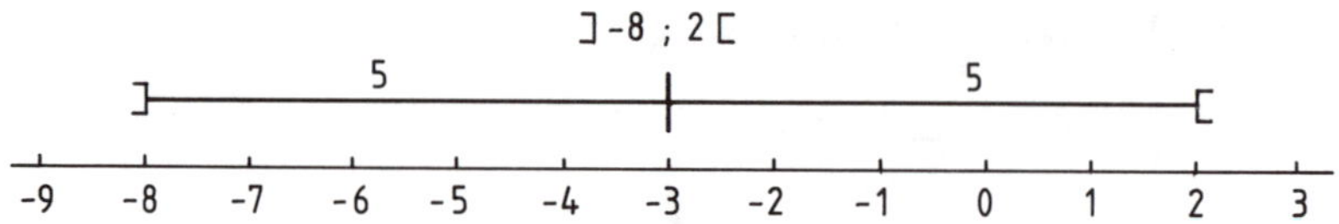


**Abb. 8.15**

1. $|x-8|<3$
2. $|x-2|\leqq 7$
3. $|x+5|<2$
4. $|x+1|<6$
5. $|x+4|\leqq 4$
6. $|x|<5$
7. $|x|\leqq 1$
8. $|x-8|\leqq 0$
9. $|x+2|\leqq 0$
10. $|x-6|>4$
11. $|x-3|>5$
12. $|x-1|\geqq 7$
13. $|x+4|>3$
14. $|x+8|\geqq 1$
15. $|x+2|\geqq 6$
16. $|x|>4$
17. $|x|\geqq 2$
18. $|x|>0$

Bestimmen Sie jeweils die Lösungsmenge ($G=\mathbb{Q}$, $x$ Lösungsvariable)!

**Beispiel:** $|2x+3|<5 \quad (G=\mathbb{Q})$

$\Leftrightarrow \quad -5<2x+3<5$

$\Leftrightarrow \quad -8<2x<2$

$\Leftrightarrow \quad -4<x<1$

$\underline{L=\{x\,|\,-4<x<1\}_{\mathbb{Q}}}=\underline{]-4; 1[_{\mathbb{Q}}}$

Stichproben: $x=-5$: $|2\cdot(-5)+3| \overset{?}{<} 5$

$|-7| \overset{?}{<} 5$

$7<5$ (falsch)

$x=0$: $|2\cdot 0+3| \overset{?}{<} 5$

$3<5$ (wahr)

$x=2$: $|2\cdot 2+3| \overset{?}{<} 5$

$7<5$ (falsch)

19. $|x|\leqq 6$
20. $|x|>3$
21. $|2x|<12$
22. $|x|\geqq -1$
23. $|x|<-5$
24. $|x-4|<2$
25. $|x-7|\geqq -2$
26. $|x+3|\leqq 8$
27. $|x+2|>0$
28. $|2x+1|>11$
29. $|3x-5|\leqq 6$
30. $|5x+4|<1$
31. $|7x-1|<12$
32. $|3-x|<8$
33. $|9-3x|>6$
34. $|5x-7|>7$
35. $|10-6x|\leqq 13$
36. $4|2x+6|\geqq 12$
37. $-|6-2x|>-4$
38. $5|7-3x|<11$
39. $-4|3+x|\geqq -2$
40. $10-3|4x-5|\leqq 18$
41. $7-5|x-4|<0$
42. $5+4|6-2x|>25$
43. $2-8|3x+7|\leqq -4$
44. $\left|\frac{2}{3}x-1\right|<\frac{1}{3}$
45. $\left|\frac{1}{8}x+2\frac{1}{2}\right|\leqq 2\frac{3}{4}$
46. $\left|\frac{2}{5}x\right|>\frac{1}{10}$
47. $\left|\frac{x-1}{3}-\frac{1}{2}\right|\leqq 4$
48. $\left|\frac{x+2}{6}\right|<\frac{5}{8}$
49. $\left|\frac{3}{10}x-4\right|\geqq 5$
50. $|0{,}2x-2{,}4|\leqq 1{,}2$
51. $|3x+0{,}5|<2$
52. $|1{,}5x-2{,}5|>0$
53. $|x-a|>0$
54. $|x+a|>0$
55. $|x-a|<b$

## 8.4 Systeme linearer Ungleichungen

In einer Maschinenfabrik können auf einem Automaten Maschinenteile vom Typ A und vom Typ B hergestellt werden. Für einen Teil des Typs A wird der Automat $1\frac{1}{2}$ Stunden, für einen Teil des Typs B eine Stunde benötigt. Welche Produktionsmöglichkeiten ergeben sich für einen Tag (8 h)?

Wir setzen $x$ für die Anzahl der täglich produzierten Maschinenteile vom Typ A und $y$ für die Anzahl der Teile vom Typ B ($x, y \in \mathbb{N}_0$). Für $x$ Maschinenteile des Typs A werden $x \cdot \frac{3}{2}$ h benötigt, für $y$ Maschinenteile des Typs B werden $y \cdot 1$ h benötigt. Zusammen erhält man die folgende Ungleichung mit zwei Variablen:

$x \cdot \frac{3}{2}\,\text{h} + y \cdot 1\,\text{h} \leqq 8\,\text{h}.$

Wir schreiben die größtmöglichen Produktionszahlen in eine Tabelle:

| Typ A Stückzahl | Typ A Zeit (h) | Typ B Stückzahl | Typ B Zeit (h) | Gesamtzeit |
|---|---|---|---|---|
| 0 | 0 | 8 | 8 | 8 |
| 1 | $1\frac{1}{2}$ | 6 | 6 | $7\frac{1}{2}$ |
| 2 | 3 | 5 | 5 | 8 |
| 3 | $4\frac{1}{2}$ | 3 | 3 | $7\frac{1}{2}$ |
| 4 | 6 | 2 | 2 | 8 |
| 5 | $7\frac{1}{2}$ | 0 | 0 | $7\frac{1}{2}$ |

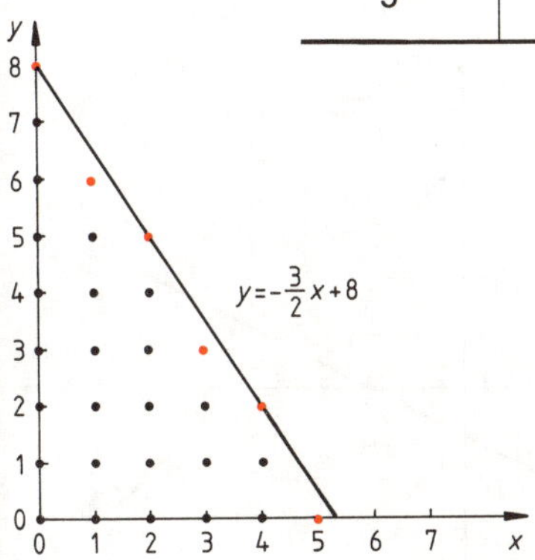


Abb. 8.16

**Graphische Darstellung:**

$y \leqq -\frac{3}{2}x + 8$

Alle eingezeichneten Punkte stellen mögliche Paare von Produktionszahlen dar (die roten Punkte kennzeichnen die in der Tabelle aufgeschriebenen).

Die Lösungsmenge der obigen Ungleichung mit zwei Variablen besteht aus allen Zahlenpaaren, die zu den eingezeichneten Punkten gehören. Das sind innerhalb des Dreiecks (berandet durch $x$-Achse, $y$-Achse, Gerade $y = -\frac{3}{2}x + 8$) alle Punkte, deren Koordinaten Zahlen aus $\mathbb{N}_0$ sind.

Eine Ungleichung $y \underset{(>)}{<} mx + b$ ($(x \mid y) \in \mathbb{Q} \times \mathbb{Q}$; $m, b$ Formvariable) ist eine Aussageform mit zwei Variablen $(x, y)$, die als Vorschrift einer (zweistelligen) Relation aufgefaßt werden kann. Ihre Lösungsmenge läßt sich am besten an der graphischen Darstellung ablesen.

**Merksatz**

Der Graph der Ungleichung $y \underset{(>)}{<} mx + b$ ist eine Halbebene, die nach oben (unten) durch die Gerade mit der Gleichung $y = mx + b$ begrenzt wird.

Die Gerade heißt **Randgerade** und gehört mit zur Lösungsmenge, wenn statt $\underset{(>)}{<}$ das Zeichen $\underset{(\geqq)}{\leqq}$ steht:

$y \underset{(\geqq)}{\leqq} mx + b$

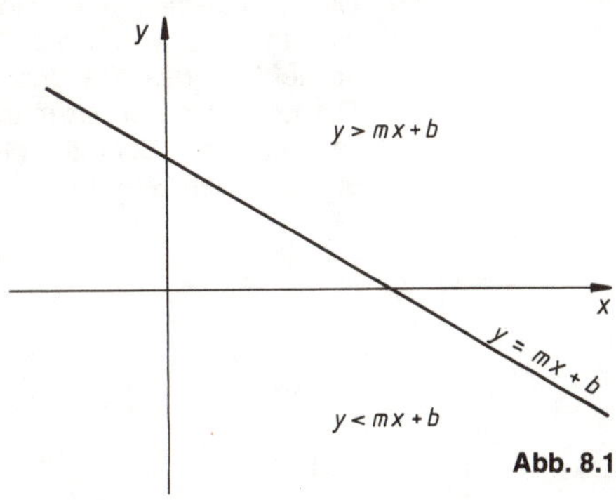


Abb. 8.17

**Beispiel**

$y > \frac{1}{2}x - 2 \quad (G = \mathbb{Q} \times \mathbb{Q})$

Wir zeichnen die Randgerade ($y = \frac{1}{2}x - 2$) und schraffieren die Halbebene, die die Lösungsmenge der Ungleichung darstellt:

$L = \{(x|y) \mid y > \frac{1}{2}x - 2\}_{\mathbb{Q} \times \mathbb{Q}}$

Probe für $(0|0)$:

$0 \overset{?}{>} \frac{1}{2} \cdot 0 - 2$

$0 > -2$ (wahr)

(Der Ursprung gehört also zur Lösungsmenge.)

Gegenprobe für $(1|-2)$:

$-2 \overset{?}{>} \frac{1}{2} \cdot 1 - 2$

$-2 \overset{?}{>} \frac{1}{2} - 2$

$-2 > -\frac{3}{2}$ (falsch)

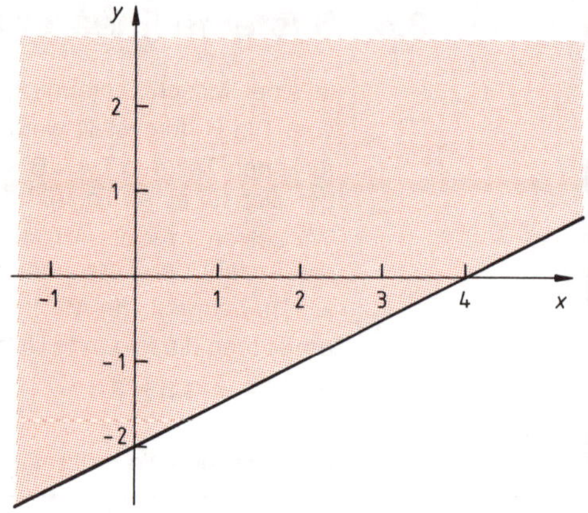


Abb. 8.18

Ist ein **System von Ungleichungen** (Und-Verbindung zweier oder mehrerer Ungleichungen) gegeben, so gehen wir genauso vor wie bei Gleichungssystemen. Als graphische Darstellung der Lösungsmenge erhalten wir die Schnittmenge von Halbebenen.

**Beispiele**

**1.** $\begin{matrix}(1)\\(2)\end{matrix} \left[\begin{matrix} y > \frac{1}{2}x - 1 \\ \wedge\, y < -x + 5 \end{matrix}\right]$

Wir zeichnen die beiden Geraden zu $y = \frac{1}{2}x - 1$ und zu $y = -x + 5$ und schraffieren die durch die Ungleichungen bestimmten Halbebenen. Die Lösungsmenge des Ungleichungssystems wird durch das doppelt (rot) schraffierte „Winkelfeld" dargestellt (vgl. Abb. 8.19):

$L = \{(x|y) \mid y > \frac{1}{2}x - 1 \wedge y < -x + 5\}_{\mathbb{Q} \times \mathbb{Q}}$

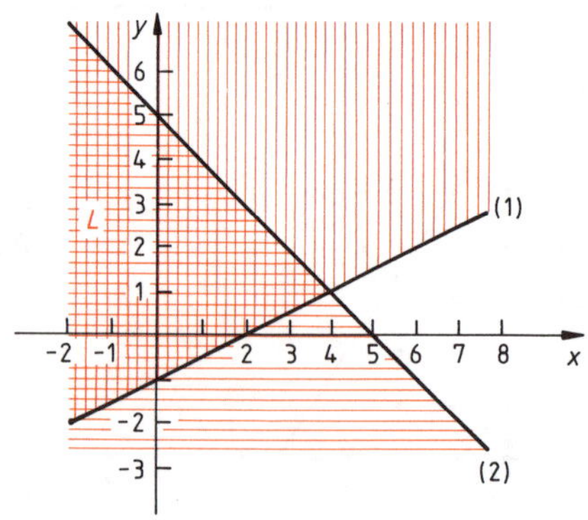


Abb. 8.19

**2.** $\begin{matrix}(1)\\(2)\\(3)\end{matrix} \left[\begin{matrix} y \geqq 0 \\ \wedge\, 3x + 2y \leqq 9 \\ \wedge\, 3y - x \leqq 5 \end{matrix}\right] \Leftrightarrow \begin{matrix}(1)\\(2)\\(3)\end{matrix} \left[\begin{matrix} y \geqq 0 \\ \wedge\, y \leqq -\frac{3}{2}x + \frac{9}{2} \\ \wedge\, y \leqq \frac{1}{3}x + \frac{5}{3} \end{matrix}\right]$

Die Lösungsmenge des Ungleichungssystems wird durch das Dreieck einschließlich des Randes dargestellt. Die Eckpunkte erhält man durch Berechnung der Schnittpunkte der entsprechenden Geraden.

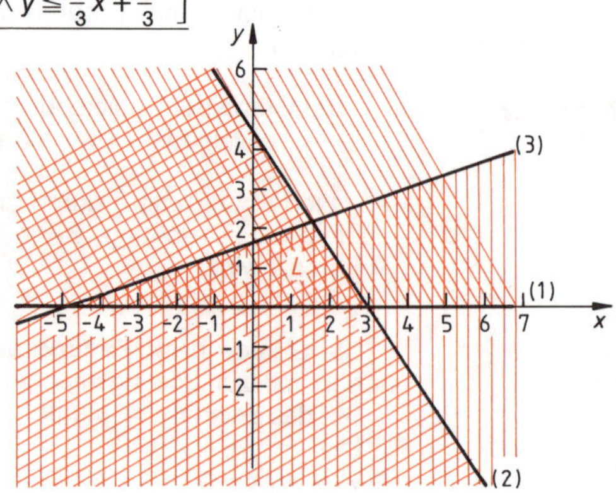


Abb. 8.20

# Aufgaben zu 8.4

Stellen Sie graphisch die Halbebenen dar, die durch folgende Ungleichungen gegeben sind ($G = \mathbb{Q} \times \mathbb{Q}$)!

**Beispiel:** $y > -2x + 3$

Stichproben: **1.** $x = 0$, $y = 0$:

$0 \overset{?}{>} -2 \cdot 0 + 3$

$0 > 3$ (falsch)

**2.** $x = 2$, $y = 0$:

$0 \overset{?}{>} -2 \cdot 2 + 3$

$0 > -1$ (wahr)

**Lösung:**

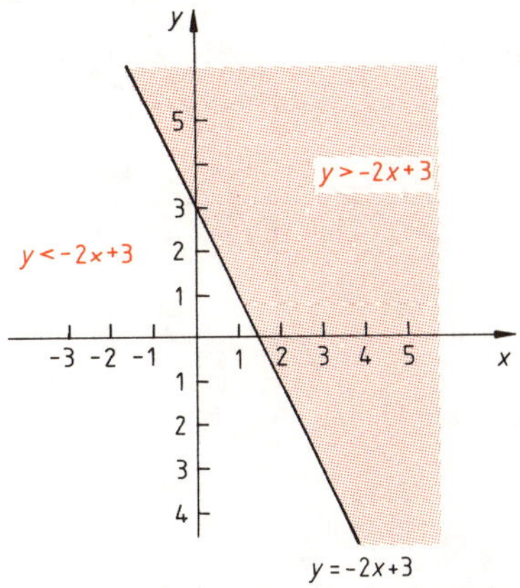


Abb. 8.21

1. $y > x$
2. $y < -x$
3. $y < 3x$
4. $y > -2x$
5. $y < -1$
6. $x > 2$
7. $y > \frac{1}{2}x - 2$
8. $y < -\frac{1}{3}x + 6$
9. $y < -\frac{3}{4}x + \frac{1}{2}$
10. $y > \frac{2}{5}x - 2\frac{1}{4}$
11. $x + y > 5$
12. $x - y < 3$
13. $3x + 2y < -4$
14. $4x - 5y > 10$
15. $\frac{1}{2}x - \frac{1}{2} > 0$
16. $3x - \frac{1}{2}y + 6 < 0$
17. $\frac{3}{4}x + y + 2 > 0$
18. $-x - y - 1 < 0$
19. Welche der folgenden Punkte liegen in den durch die Ungleichungen beschriebenen Halbebenen:
A (0 | 0), B (−2 | 4), C (6 | 1), D (−5 | 0), E (0 | 3), F (−4 | −3)?
a) $y < x - 1$ b) $y \geqq 2x$ c) $y > -2x + 4$ d) $y < -\frac{1}{2}x - 2$
e) $y \geqq -1$ f) $2x - y \leqq 4$ g) $3x - 2y + 1 \geqq 0$
20. Beschreiben Sie den schraffierten Teil der Ebene (ohne Randgeraden) mit Hilfe von Ungleichungssystemen in $G = \mathbb{Q} \times \mathbb{Q}$!

a)

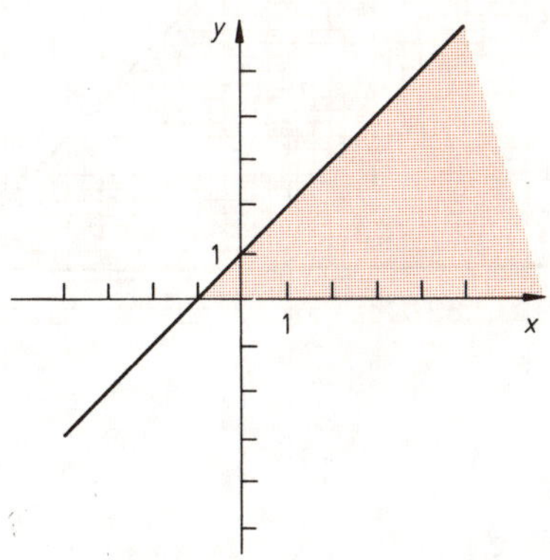


Abb. 8.22

b)

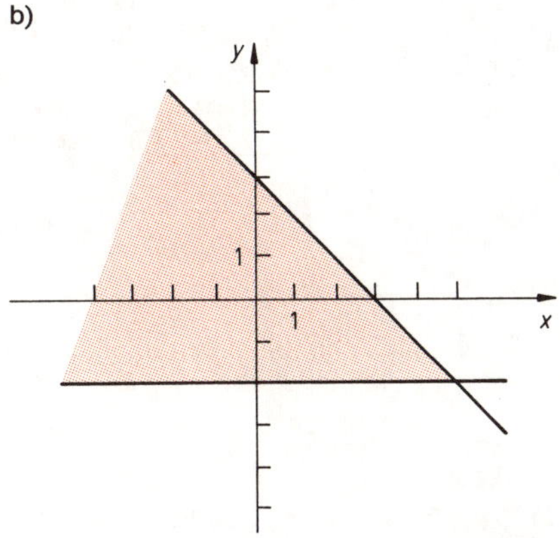


Abb. 8.23

c)

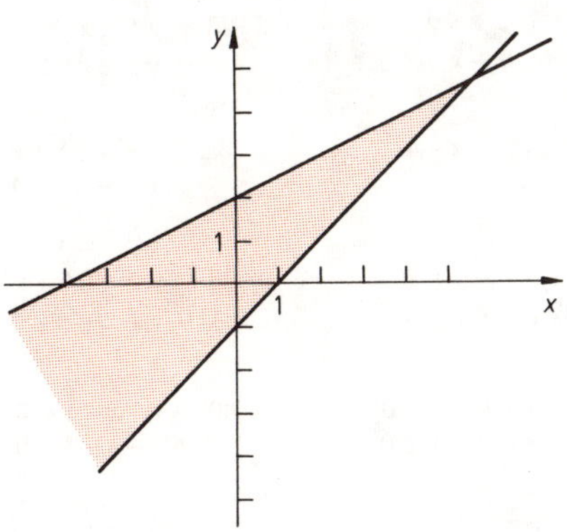


Abb. 8.24

d)

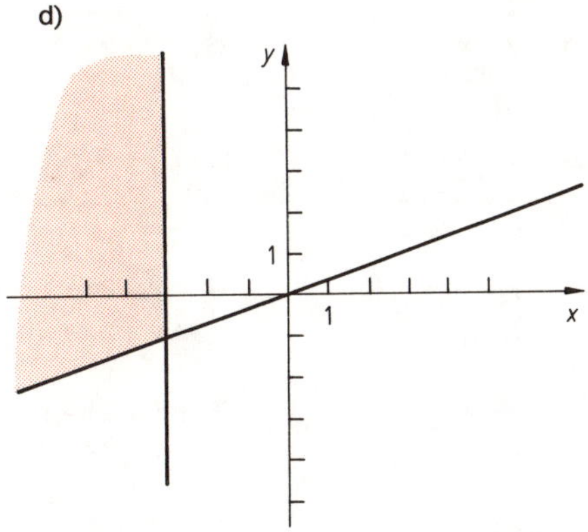


Abb. 8.25

e)

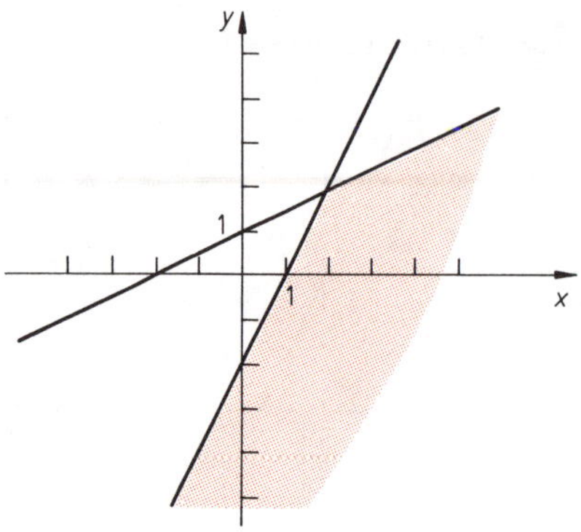


Abb. 8.26

f)

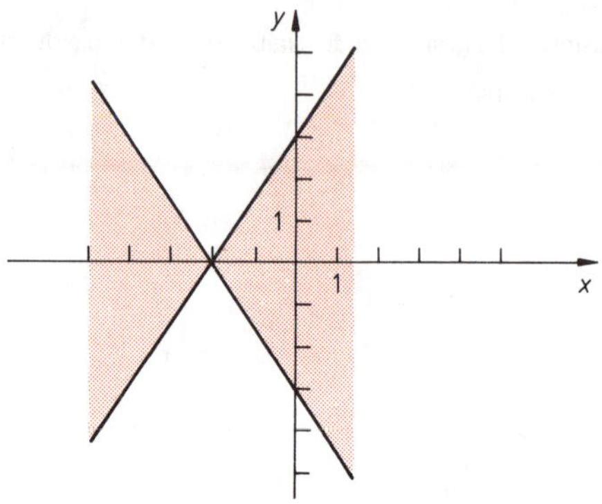


Abb. 8.27

Zeichnen Sie den Graph der Lösungsmenge des jeweiligen Ungleichungssystems ($G = \mathbb{Q} \times \mathbb{Q}$)!

**Beispiel:** $y \geqq -1$
$\wedge\, y < -x + 3$

Stichproben: **1.** $x = 0,\ y = 0$:

$0 \overset{?}{\geqq} -1$
$\wedge\, 0 \overset{?}{<} -0 + 3$

$0 \geqq -1$ (wahr)
$\wedge\, 0 < 3$ (wahr) } (wahr)

**2.** $x = 2,\ y = 2$:

$2 \geqq -1$ (wahr)
$\wedge\, 2 < -2 + 3$ (falsch) } (falsch)

**Lösung:**

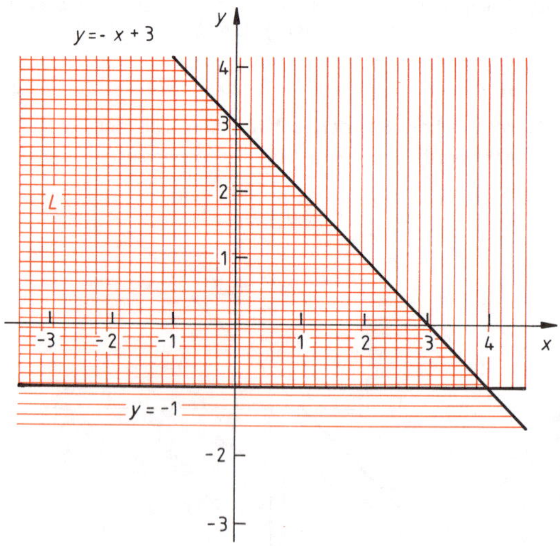


Abb. 8.28

21. $y > 0$
$\wedge\, x < 0$

22. $y > 1$
$\wedge\, x \geqq -4$

23. $y < 2{,}5$
$\wedge\, x < -2$

24. $y < 2$
$\wedge\, y > -3$

25. $y > x$
$\wedge\, y < -1$

26. $y \leqq 2x$
$\wedge\, y < 4$

27. $y > x + 2$
$\wedge\, y < -x$

28. $y \leqq \frac{1}{2}x + 4$
$\wedge\, y > 3x - 3$

29. $y \leqq \frac{1}{2}x - 1$
$\wedge\, y < -2x + 5$

30. $y > -\frac{1}{3}x + 2$
$\wedge\, y > -4x - 2$

31. $y > \frac{3}{5}x - 4$
$\wedge\, y < \frac{3}{5}x$

32. $y < -2x + 6$
$\wedge\, y > -2x + 1$

33. $y \geqq \frac{1}{3}x - 7$
$\wedge\, y \leqq \frac{1}{3}x - 7$

34. $y \leqq 2x + 5$
$\wedge\, y \geqq 2x + 5$

35. $y > \frac{3}{4}x + 2$
$\wedge\, y < \frac{3}{4}x + 2$

36. $y < -0{,}5x + 1$
$\wedge\, y < -0{,}5x$

37. $y < x$
$\wedge\, y \leqq x + 1$

38. $y < 2x - 1$
$\wedge\, y > 2x + 2$

39. $x + y + 1 \geqq 0$
$\wedge\, x - y + 1 \geqq 0$

40. $y - x - 1 < 0$
$\wedge\, y - x - 3 > 0$

41. $2x + y - 4 < 0$
$\wedge\, x + 2y - 4 < 0$

42. $2x + 4y + 6 > 0$
$\wedge\, 6x + 4y + 2 < 0$

43. $3x - 2y - 5 \geqq 0$
$\wedge -x + 3y + 3 \leqq 0$

44. $4y - 2x - 12 < 0$
$\wedge\, 3y - 3x + 6 < 0$

Zeichnen Sie den Graph der Lösungsmenge des jeweiligen Ungleichungssystems, und bestimmen Sie die Eckpunkte des Graphen ($G = \mathbb{Q} \times \mathbb{Q}$)!

**Beispiel:** $x \geq 0$
$\wedge\ y \geq 1$
$\wedge\ y \leq -x + 3$

Eckpunkte: A $(0 \mid 1)$
B: $-x + 3 = 1$
$\Leftrightarrow\ -x = -2$
$\Leftrightarrow\ x = 2$
B $(2 \mid 1)$
C $(0 \mid 3)$

**Lösung:**

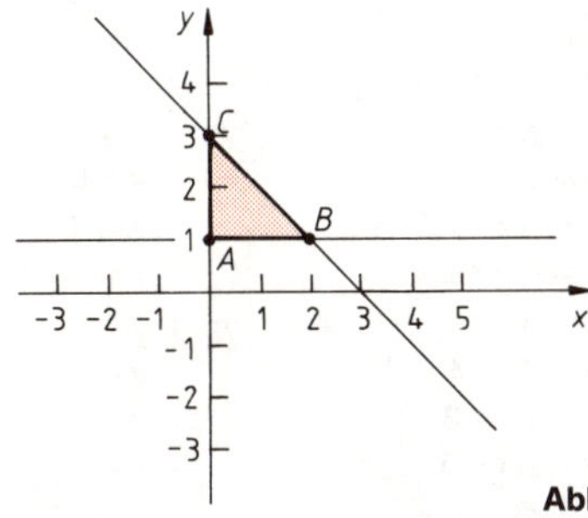


**Abb. 8.29**

45. $x \geq 0$
$\wedge\ y \geq 0$
$\wedge\ y \leq -2x + 4$

46. $x \geq 0$
$\wedge\ y \geq 0$
$\wedge\ y \leq -x + 5$

47. $x < 0$
$\wedge\ y > 0$
$\wedge\ y < x + 4$

48. $x > 0$
$\wedge\ y < 0$
$\wedge\ y > \frac{1}{2}x - 3$

49. $x < 2$
$\wedge\ y < 2$
$\wedge\ y > -x$

50. $x > -3$
$\wedge\ y < -1$
$\wedge\ y > \frac{2}{3}x - 2$

51. $x < -1$
$\wedge\ y < 0$
$\wedge\ y > \frac{1}{2}x - 1$

52. $x > -4$
$\wedge\ y > -2$
$\wedge\ y < x + 3$

53. $x > 0$
$\wedge\ y > 0$
$\wedge\ y < 3x - 5$

54. $x \leq 0$
$\wedge\ y \geq 0$
$\wedge\ y < 4x - 1$

55. $x > 3$
$\wedge\ y < -1$
$\wedge\ y > \frac{1}{2}x$

56. $x > -2$
$\wedge\ y > -3$
$\wedge\ y > -x$

57. $y \geq 0$
$\wedge\ y \geq x$
$\wedge\ y \leq \frac{1}{2}x + 3$

58. $y \geq 0$
$\wedge\ y \leq -x + 2$
$\wedge\ y \leq 2x + 1$

59. $y \geq 0$
$\wedge\ y \geq 2x - 4$
$\wedge\ y \leq -x + 1$

60. $y < 0$
$\wedge\ y < 2x + 4$
$\wedge\ y > -\frac{1}{2}x - 2$

61. $y > 2x - 1$
$\wedge\ y < -x + 3$
$\wedge\ y < \frac{1}{2}x + 4$

62. $y > -2$
$\wedge\ y > x - 3$
$\wedge\ y > 2x + 2$

63. $y > 3x - 3$
$\wedge\ y < 3x + 2$
$\wedge\ y > x - 1$

64. $y < -2x + 4$
$\wedge\ y > \frac{3}{2}x - 3$
$\wedge\ y < -\frac{2}{3}x + 2$

65. $x + y + 2 \geq 0$
$\wedge\ x - y - 1 \geq 0$
$\wedge\ x + 2y + 4 \geq 0$

66. $y - x + 3 < 0$
$\wedge\ y + 2x - 1 > 0$
$\wedge\ y - 2x < 0$

67. $2x + 4y - 3 < 0$
$\wedge\ -3y - x + 1 < 0$
$\wedge\ y + 2x + 1 > 0$

68. $2x - y - 4 \leq 0$
$\wedge\ x + 3y \geq 0$
$\wedge\ 4x - 2y - 1 \geq 0$

69. Geben Sie das Ungleichungssystem für das Gebiet (ohne Randgeraden) an, das durch die jeweils angegebene Gerade (bzw. Geraden) und die Koordinatenachsen begrenzt ist!
a) $y = -2x + 6$ b) $y = \frac{1}{3}x - 2$ c) $y = \frac{1}{2}x + 4$ d) $y = -3x + 2$
e) $y = -x - 2$ und $y = 2x + 3$ f) $y = -3$ und $y = 4x - 6$ g) $y = -4$ und $x = 3$

Zeichnen Sie den Graph der Lösungsmenge des jeweiligen Ungleichungssystems, und bestimmen Sie die Eckpunkte des Graphen ($G = \mathbb{Q} \times \mathbb{Q}$).

**Beispiel:** $x \geq 0$
$\wedge\ y \geq 0$
$\wedge\ y \geq \frac{1}{2}x - 2$
$\wedge\ y \leq -x + 5$

Eckpunkte: A $(0 \mid 0)$
B: $\frac{1}{2}x - 2 = 0$
$\Leftrightarrow\ x = 4$
B $(4 \mid 0)$
C: $\frac{1}{2}x - 2 = -x + 5$
$\Leftrightarrow\ \frac{3}{2}x = 7$
$\Leftrightarrow\ x = \frac{14}{3}$
$y = -\frac{14}{3} + 5 = \frac{1}{3}$
C $(\frac{14}{3} \mid \frac{1}{3})$
D $(0 \mid 5)$

**Lösung:**

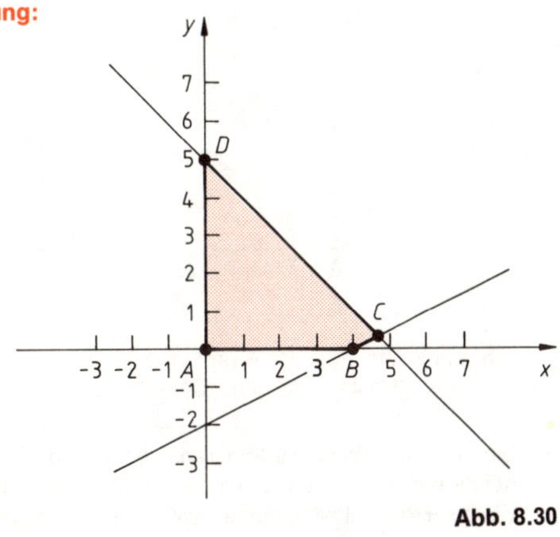


**Abb. 8.30**

70. $x \geqq 0$
$\wedge\, y \geqq 0$
$\wedge\, y \geqq x-1$
$\wedge\, y \leqq -\frac{1}{2}x+3$

71. $x \geqq 0$
$\wedge\, y \geqq 0$
$\wedge\, y \geqq \frac{1}{2}x+1$
$\wedge\, y \leqq -x+4$

72. $x \geqq 0$
$\wedge\, y \geqq 0$
$\wedge\, x \leqq 3$
$\wedge\, y \leqq -2x+8$

73. $x \geqq 0$
$\wedge\, y \geqq 0$
$\wedge\, y \leqq x+2$
$\wedge\, y \leqq -\frac{1}{2}x+5$

74. $x \geqq 0$
$\wedge\, y \geqq 0$
$\wedge\, y \geqq -3x+5$
$\wedge\, y \leqq -\frac{1}{3}x+2$

75. $x \geqq 0$
$\wedge\, y \geqq 0$
$\wedge\, y \geqq 2x$
$\wedge\, y \leqq x+3$

76. $x \geqq 0$
$\wedge\, y \geqq 0$
$\wedge\, y \geqq x+1$
$\wedge\, y \leqq -x-1$

77. $x \geqq 0$
$\wedge\, y \geqq 0$
$\wedge\, y \geqq -\frac{1}{2}x+2$
$\wedge\, y \geqq 2x+3$

78. $y > 0$
$\wedge\, y > 2x-4$
$\wedge\, y < \frac{1}{2}x+3$
$\wedge\, y < -x+6$

79. $y > 0$
$\wedge\, y < 2x-2$
$\wedge\, y > x$
$\wedge\, y < -\frac{1}{2}x+5$

80. $x \geqq 0$
$\wedge\, y \geqq 0$
$\wedge\, y \geqq \frac{1}{3}x-1$
$\wedge\, y \leqq x+2$
$\wedge\, y \leqq -2x+10$

81. $x \geqq 0$
$\wedge\, y \geqq 0$
$\wedge\, y \geqq -x+1$
$\wedge\, y \geqq 4x-6$
$\wedge\, y \leqq 3$

82. $x \geqq 0$
$\wedge\, y \geqq 0$
$\wedge\, y \geqq -\frac{3}{2}x+3$
$\wedge\, y \geqq x-4$
$\wedge\, y \leqq \frac{3}{2}x+1$

83. $x \geqq 0$
$\wedge\, y \geqq 0$
$\wedge\, y \leqq -2x+7$
$\wedge\, y \geqq -\frac{1}{2}x+2$
$\wedge\, y \leqq \frac{2}{3}x-2$

84. $x \geqq 0$
$\wedge\, y \geqq 0$
$\wedge\, y \geqq x$
$\wedge\, y \leqq \frac{1}{2}x+1$
$\wedge\, y \leqq 2x-2$

85. $x \geqq 0$
$\wedge\, x \leqq 3$
$\wedge\, y \leqq 2x+1$
$\wedge\, y \leqq -x+4$
$\wedge\, y \geqq \frac{1}{2}x-\frac{3}{2}$

**Beispiel:** Ein Landwirt züchtet für den Weihnachtsverkauf Kaninchen und Gänse. Aufgrund seines Tierbestandes kann er zum nächsten Fest mit dem Verkauf von höchstens 35 Kaninchen und 50 Gänsen rechnen. Außer 28 Kaninchen und 37 Gänsen, die er alten Kunden bereits versprochen hat, liegen mindestens noch weitere 17 Bestellungen für je ein Tier (Kaninchen oder Gans) vor. Welche Liefermöglichkeiten hat der Landwirt?

**Lösung:** $x$ = Anzahl der Kaninchen, die verkauft werden.
$y$ = Anzahl der Gänse, die verkauft werden.

Ungleichungen: (1) $x \leqq 35$
(2) $y \leqq 50$
(3) $x \geqq 28$
(4) $y \geqq 37$
(5) $(x-28)+(y-37) \geqq 17 \Leftrightarrow y \geqq -x+82$

**Graphische Darstellung:**

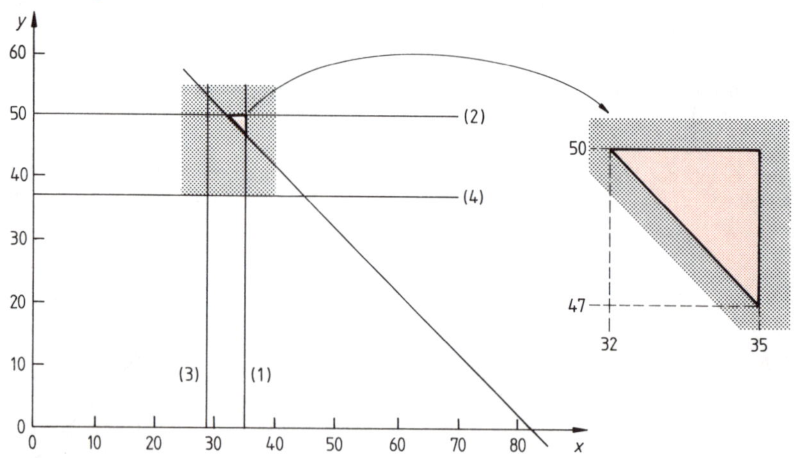


**Abb. 8.31**

Liefermöglichkeiten von Kaninchen/Gänsen:
(32 | 50), (33 | 49), (33 | 50), (34 | 48), (34 | 49), (34 | 50), (35 | 47), (35 | 48), (35 | 49), (35 | 50).

86. Ein Steinbau-Werk hat 25 Granitblöcke und 35 Gneisplatten zu liefern. Auf den zur Verfügung stehenden Lkw können höchstens 8 Granitblöcke oder 14 Gneisplatten geladen werden. Mit jeder Fahrt sollen wenigstens 10 Steine weg. Welche Möglichkeiten gibt es? Wie viele Fahrten sind mindestens auszuführen?

87. In der Montagehalle eines Wohnwagenherstellers können an einem Tag 12 Wohnwagen vom Typ A oder 8 Wohnwagen vom Typ B hergestellt werden. Pro Woche (5 Tage) sind mindestens 50 Wohnwagen zu liefern, darunter von jedem Typ mindestens 20. Welche Produktionsmöglichkeiten hat der Hersteller?

88. Zur Herstellung zweier verschiedener Büro-Metallschienen werden zwei Produktionsautomaten PA 1 und PA 2 benötigt. Die für die Herstellung jeweils einer Schiene benötigte Zeit eines jeden Automaten ist in der Tabelle angegeben:

| | PA 1 | PA 2 |
|---|---|---|
| Schiene vom Typ A | $1\frac{1}{2}$ min | $4\frac{1}{2}$ min |
| Schiene vom Typ B | $2\frac{1}{2}$ min | 4 min |

Für die Herstellung der Schienen steht der erste Automat 2 Stunden, der zweite 5 Stunden pro Tag zur Verfügung. Welche möglichen Produktionszahlen ergeben sich, wenn beide Automaten voll eingesetzt werden und täglich vom Typ A mindestens 40 und vom Typ B mindestens 20 Metallschienen hergestellt werden müssen?

89. Zur Herstellung von Zubehörteilen (Typ I und Typ II) stehen einer Maschinenfabrik zwei Produktionsautomaten PA 1 und PA 2 zur Verfügung. Die Tabelle gibt an, wie lange jeder Automat zur Herstellung der beiden Teile benötigt wird und wie lange er täglich eingesetzt werden kann.

| | Benötigte Zeit in min/Stück | | Tägliche Gesamtzeit in h |
|---|---|---|---|
| | Typ I | Typ II | |
| PA 1 | 18 | 10 | $6\frac{1}{2}$ |
| PA 2 | 12 | 15 | 6 |

Bei welchen Produktionszahlen werden beide Automaten voll ausgenutzt?

90. Auf einen Weihnachtsbaum sollen zwischen 50 und 60 elektrische Kerzen gesteckt werden. Es stehen Kerzen mit 100 Watt und solche mit 150 Watt zur Verfügung. Die Kerzen sollen pro Abend (18.00 Uhr – 24.00 Uhr) nicht mehr als 50 kWh verbrauchen. Welche Möglichkeiten gibt es, und wie wird der Baum am hellsten?

91. In einer Maschinenfabrik werden zwei Ersatzteile A und B auf drei Produktionsautomaten PA 1, PA 2 und PA 3 hergestellt. Die Tabelle zeigt, welche Zeit jeder Automat benötigt.

| | Benötigte Zeit in min/Stück | | Tägliche Gesamtzeit in h |
|---|---|---|---|
| | Teil A | Teil B | |
| PA 1 | 4 | 7 | 8 |
| PA 2 | 8 | 0 | 6 |
| PA 3 | 6 | 4 | 6 |

Welche Produktionszahlen können pro Tag erreicht werden?

92. In einem Einkaufszentrum sollen 16 Registrierkassen durch neue ersetzt werden. Es werden zwei Fabrikate angeboten. Eine Kasse vom Fabrikat A kostet 1200 DM, eine Kasse vom Fabrikat B 1450 DM. Für den Posten stehen 20 000 DM zur Verfügung. Welche Kassen können gekauft werden?

93. In einer Schule sollen die 34 Klassenzimmer mit neuen Tischen ausgestattet werden. In jedes Zimmer sollen 30 Tische gestellt werden. Es werden zwei Modelle angeboten. Das kleinere Modell A kostet 185 DM; das größere Modell B kostet 240 DM, ist aber nur in 22 Klassenzimmern unterzubringen. Der Schule stehen für diese Anschaffung höchstens 220 000 DM zur Verfügung. Wie viele Tische eines jeden Modells können gekauft werden?

94. Eine Elektrogeräte-Firma stellt u. a. zwei Typen von Küchenmaschinen her, für deren Einzelteile drei Automaten benötigt werden. Die Tabelle gibt die benötigten Zeiten an.

| | Benötigte Zeit in min/Stück | | Tägliche Gesamtzeit in min |
|---|---|---|---|
| | Typ A | Typ B | |
| Automat I | 9 | 12 | 300 |
| Automat II | 0 | 17 | 240 |
| Automat III | 15 | 8 | 360 |

Bei welchen Produktionszahlen können die Automaten voll eingesetzt werden?

## 8.5 Lineares Optimieren

**Beispiel**

Ein Vertragshändler muß über die Bestellung von zwei neuen Modellen eines Fahrzeugtyps, der Diesel-Ausführung (D-Modell) und der Benzin-Ausführung (B-Modell) entscheiden. Er soll mindestens 20 Fahrzeuge eines jeden Modells abnehmen, vom D-Modell kann er aber wegen Lieferschwierigkeiten höchstens 50 Fahrzeuge bestellen. An Transportkosten ist für das D-Modell mit 520 DM, für das B-Modell mit 400 DM zu rechnen. Insgesamt will er für Transportkosten nicht mehr als 36 000 DM aufbringen. Für die neu zu liefernden Modelle hat der Händler noch eine Parkfläche von rund 1000 $m^2$ zur Verfügung. Ein Fahrzeug des D-Modells benötigt eine Parkfläche von etwa 11,7 $m^2$, ein Fahrzeug des B-Modells von etwa 14 $m^2$. Beim Verkauf ist mit jedem D-Modell ein Gewinn von 1200 DM, mit jedem B-Modell ein Gewinn von 960 DM zu erzielen.

Wie viele Fahrzeuge eines jeden Modells sollte der Händler bestellen, um seine Möglichkeiten optimal auszunutzen und den höchsten Gewinn zu erzielen?

Bei dieser Aufgabe ist also nach dem Maximum des Gewinns gefragt, wobei die Verkaufsmöglichkeiten durch zusätzliche Bedingungen eingeschränkt sind.

**Lösung:**

1. Schritt:
Aufschreiben des Textes mit Hilfe von Ungleichungen bzw. Gleichungen.

Wir setzen $x$ für die Anzahl der D-Modelle, $y$ für die Anzahl der B-Modelle. Dann ergeben sich aus der Aufgabenstellung folgende Ungleichungen ($x, y \in \mathbb{N}$):

Mindestanzahl: $x \geqq 20$
$y \geqq 20$
Höchstanzahl: $x \leqq 50$
Transportkosten: $520\ \text{DM} \cdot x + 400\ \text{DM} \cdot y \leqq 36\,000\ \text{DM}$
Parkfläche: $11{,}7\ \text{m}^2 \cdot x + 14\ \text{m}^2 \cdot y \leqq 1000\ \text{m}^2$

Zusätzlich schreiben wir den möglichen Gewinn auf (Zielfunktion $z$):

$z(x, y) = 1200\ \text{DM} \cdot x + 960\ \text{DM} \cdot y$

($z$ ist eine Funktion von zwei Variablen. Gesucht ist das Paar $(x \mid y)$, für das $z$ maximal wird.)

2. Schritt:

Graphische Darstellung des Systems von Ungleichungen.

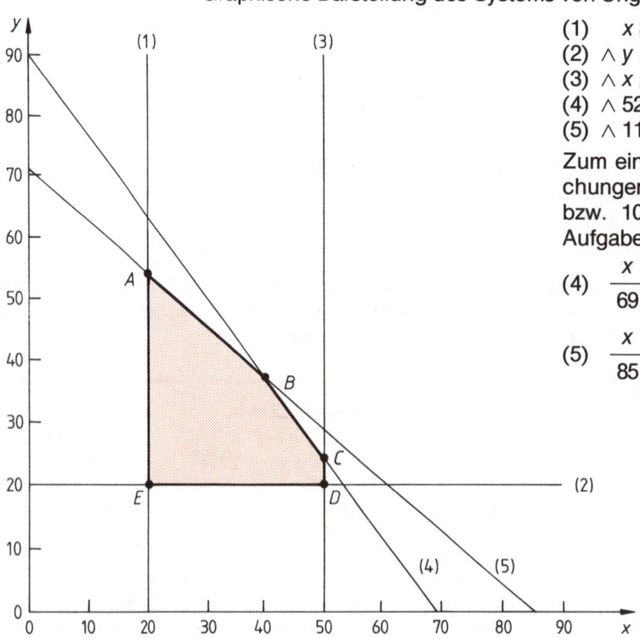

**Abb. 8.32**

(1) $x \geqq 20$
(2) $\wedge\ y \geqq 20$
(3) $\wedge\ x \leqq 50$
(4) $\wedge\ 520x + 400y \leqq 36\,000$
(5) $\wedge\ 11{,}7x + 14y \leqq 1000$

Zum einfacheren Zeichnen bringen wir die Ungleichungen (4) und (5) mittels Division durch 36 000 bzw. 1000 auf die „Achsenabschnittsform" (vgl. Aufgabe 51. im Abschnitt 6.4):

(4) $\dfrac{x}{69} + \dfrac{y}{90} \leqq 1$

(die Zahlen sind z. T. gerundet)

(5) $\dfrac{x}{85} + \dfrac{y}{71} \leqq 1$

In dem roten „Planungsvieleck" liegen alle „zulässigen Punkte", die den einschränkenden Bedingungen genügen.

3. Schritt:

Bestimmung der Eckpunkte und des optimalen Gewinns. In dem Planungsvieleck (und auf dessen Rand) stellt jedes Paar natürlicher Zahlen einen zulässigen Punkt dar. Um die optimale Lösung zu finden, berechnen wir den Gewinn für einige mögliche Bestellungen:

| $x$ | 20 | 20 | 20 | 20 | 30 | 30 | 30 | 40 | 40 | 50 |
|---|---|---|---|---|---|---|---|---|---|---|
| $y$ | 20 | 30 | 40 | 50 | 20 | 30 | 40 | 20 | 30 | 20 |
| $z$ | 43 200 | 52 800 | 62 400 | 72 000 | 55 200 | 64 800 | 74 400 | 67 200 | 76 800 | 79 200 |

Es ist zu vermuten, daß für den optimalen Gewinn nur Punkte auf dem oberen Rand des Lösungsvielecks in Frage kommen. Wir bestimmen dennoch alle Eckpunkte des Lösungsvielecks und berechnen für diese den Gewinn.

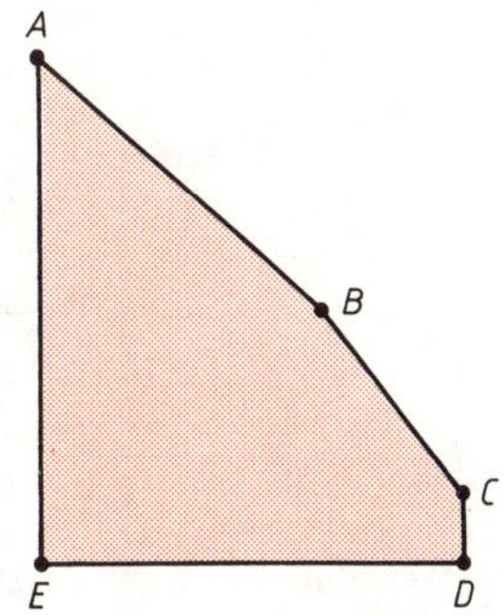

Abb. 8.33

**Punkt A:** $x = 20 \wedge 11{,}7\,x + 14\,y = 1000$

$$14\,y = 1000 - 234$$
$$y = \frac{766}{14}$$
$$y \approx 54{,}7 \qquad A\,(20|54)$$

(Die 2. Koordinate haben wir zu 54 **ab**gerundet, da nur ganzzahlige Koordinaten in Frage kommen und der Punkt (20|55) nicht zum Planungsvieleck gehört.)

$\underline{z\,(A)} = 1200 \cdot 20 + 960 \cdot 54 = \underline{75\,840}$

**Punkt B:** $520\,x + 400\,y = 36\,000 \wedge 11{,}7\,x + 14\,y = 1000$

$$13\,x + 10\,y = 900 \quad |\cdot 7$$
$$\wedge\ 11{,}7\,x + 14\,y = 1\,000 \quad |\cdot(-5)$$

$$91\,x + 70\,y = 6300$$
$$\wedge\ -58{,}5\,x - 70\,y = -5000$$

$$32{,}5\,x = 1300$$
$$x = 40$$
$$10\,y = 900 - 13 \cdot 40$$
$$y = 38 \qquad B\,(40|38)$$

$\underline{z\,(B)} = 1200 \cdot 40 + 960 \cdot 38 = \underline{84\,480}$

**Punkt C:** $x = 50 \wedge 520\,x + 400\,y = 36\,000$

$$13 \cdot 50 + 10\,y = 900$$
$$10\,y = 900 - 650$$
$$y = 25 \qquad C\,(50|25)$$

$\underline{z\,(C)} = 1200 \cdot 50 + 960 \cdot 25 = \underline{84\,000}$

**Punkt D:** $x = 50 \wedge y = 20$ D (50|20)

$\underline{z\,(D)} = 1200 \cdot 50 + 960 \cdot 20 = \underline{79\,200}$

**Punkt E:** $x = 20 \wedge y = 20$ E (20|20)

$\underline{z\,(E)} = 1200 \cdot 20 + 960 \cdot 20 = \underline{43\,200}$

Da die Zielfunktion $z$ auf den Randgeraden ansteigt oder abfällt, stellt der Punkt B das optimale Zahlenpaar dar: Die Funktion $z$ erreicht in B ihr Maximum.

Zur Verdeutlichung dieses Sachverhalts zeichnen wir die Werte der Zielfunktion $z$ als „Höhenpunkte" über der $x$-$y$-Ebene ein. Damit erhalten wir Punkte einer Fläche im $x$-$y$-$z$-Raum, deren am höchsten liegender Punkt genau über B liegt und das Maximum $z$ (B) veranschaulicht. (Messen Sie die „Abstände" von A nach $z$ (A), von B nach $z$ (B) usw. in Abb. 8.34!)

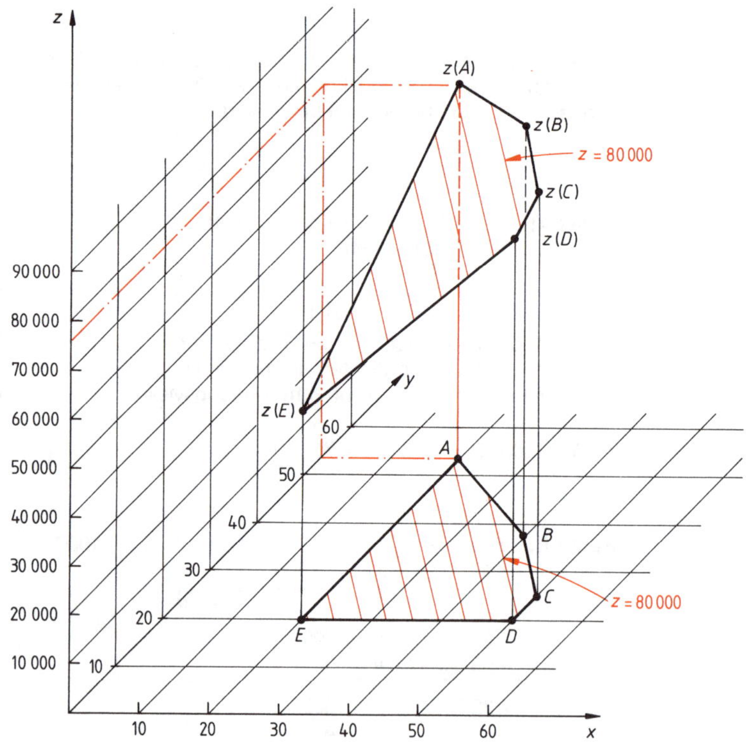


**Abb. 8.34**

Zusätzlich haben wir einige Höhenlinien und deren Projektionen in die $x$-$y$-Ebene eingezeichnet. Alle Punkte mit ganzzahligen Koordinaten auf der Projektion einer Höhenlinie ergeben den gleichen Gewinn. Man kann das Maximum auch finden, wenn man die Gleichung der Zielfunktion ($z = 1200\,x + 960\,y$) nach $y$ umstellt:

$$y = -\frac{1200}{960}\,x + \frac{z}{960}$$

Setzt man für $z$ Zahlen ein, erhält man parallele Geraden mit der Steigung

$$m = -\frac{1200}{960} = -1{,}25 \text{ (vgl. Abb. 8.35).}$$

Je größer $z$ ist, um so weiter ist die Gerade nach oben verschoben. Für das Maximum von $z$ erhält man aus der Parallelenschar die Gerade, die das Planungsvieleck nur noch in einem zulässigen Punkt berührt.

**Beispiele:**

$z = 0$: $y = -1{,}25\,x$
$z = 9\,600$: $y = -1{,}25\,x + 10$
$z = 48\,000$: $y = -1{,}25\,x + 50$
$z = 84\,480$: $y = -1{,}25\,x + 88$
$z = 96\,000$: $y = -1{,}25\,x + 100$

Man erhält also die Stelle (hier den Punkt B), an der das Maximum angenommen wird, indem man die Gerade zu $y = -1{,}25\,x$ so weit wie möglich parallel nach oben verschiebt.

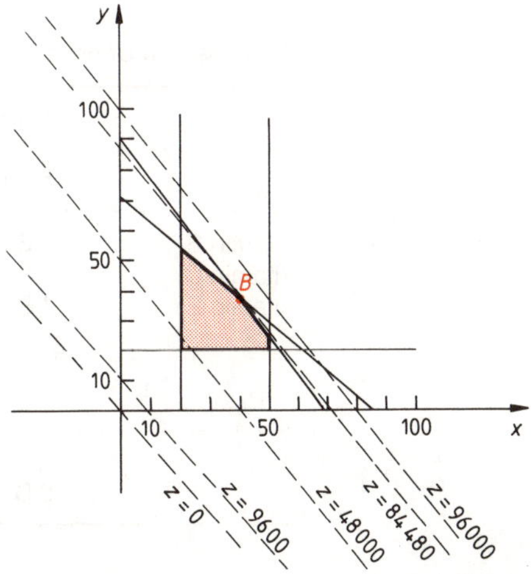


**Abb. 8.35**

Ergebnis: Der Händler erzielt den höchsten Gewinn bei einer Bestellung von 40 Fahrzeugen des D-Modells und 38 Fahrzeugen des B-Modells. Das Finden der Lösung des gestellten Problems nennt man auch „lineares Optimieren" (oder „lineares Programmieren").

**Merksatz**

Beim **linearen Optimieren** geht es allgemein um das Auffinden eines Maximums (oder Minimums) einer „Zielfunktion" von zwei (oder mehreren) Variablen, deren Einschränkungen (Nebenbedingungen) durch ein System von linearen Ungleichungen gegeben sind.

**Anmerkung:** Bei wirklichen Anwendungssituationen in Wirtschaft und Technik kommen nicht selten 40 oder mehr Variable vor.

Beim Lösen einer solchen Aufgabe sind folgende Schritte zu beachten:

1. Schritt:

Aufstellen eines Systems von Gleichungen bzw. Ungleichungen für die Nebenbedingungen und Angabe der Zielfunktion.

2. Schritt:

Graphische Darstellung des (Un-)Gleichungssystems und Einzeichnen des Planungsvielecks bzw. der zulässigen Punkte.

3. Schritt:

Einzeichnen des Graphen zur Zielfunktion für ein spezielles $z$ und paralleles Verschieben bis zum „äußersten Punkt" des Lösungsgebietes, oder: Bestimmung der Eckpunkte des Lösungsgebietes und Berechnung der Werte der Zielfunktion in diesen Punkten.

4. Schritt:

Berechnung der einzelnen Daten für das Optimum und Beantwortung der Fragestellung.

Zum tieferen Verständnis wollen wir noch ein Beispiel zum linearen Optimieren ausführen, bei dem nach einem Minimum gefragt ist.

**Beispiel**

Vitamin-Rationen werden zum Versand in ein Katastrophengebiet zusammengestellt. Diese Rationen sollen durch Mischung zweier Vitamin-Präparate, Multivit (M) und Vitasan (V), hergestellt werden. 1 g von M enthält u. a. 1E (1 Einheit, das sind 0,1 g) Vitamin B, 3E Vitamin C und 1E Vitamin E. 1 g von V enthält u. a. 2E Vitamin B, 1E Vitamin C und kein Vitamin E. Eine Ration soll mindestens 10E Vitamin B, 15E Vitamin C und 2E Vitamin E enthalten; sie darf aber höchstens 13 g wiegen. 1 g von M kostet 2 DM, 1 g von V 1 DM.

Wieviel g von M und wieviel g von V muß eine Mischungskombination enthalten, die unter allen möglichen Kombinationen am wenigsten kostet?

**Lösung:**

Zur besseren Übersicht fassen wir die Aufgabenstellung in einer Tabelle zusammen:

| | 1 g M | 1 g V | eine Ration |
|---|---|---|---|
| | enthält | enthält | soll enthalten |
| Vitamin B<br>Vitamin C<br>Vitamin E | 1 E<br>3 E<br>1 E | 2 E<br>1 E<br>– | mindestens 10 E<br>mindestens 15 E<br>mindestens 2 E |
| | | | soll wiegen<br>höchstens 13 g |
| | kostet<br>2 DM | kostet<br>1 DM | soll kosten<br>möglichst wenig |

Wir schreiben *x* g für die Masse von M und *y* g für die Masse von V in einer Ration. Damit können wir die in der Tabelle zusammengefaßten Bedingungen wie folgt schreiben:

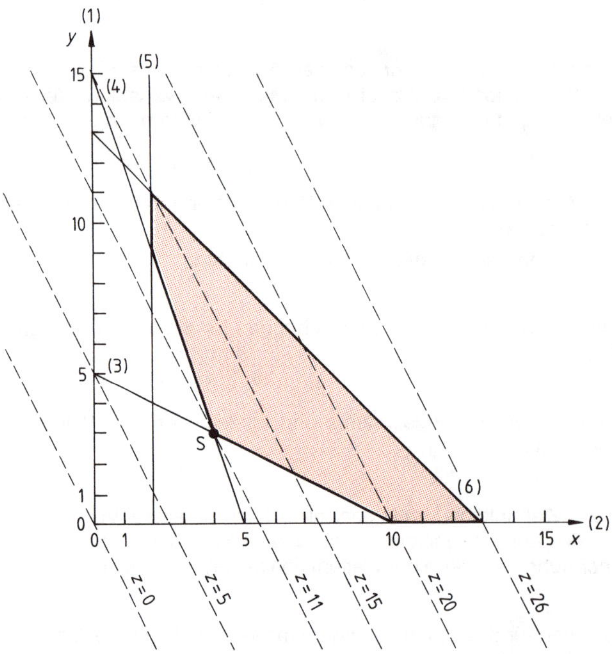


Abb. 8.36

**Nebenbedingungen:**
(1) $x \geqq 0$
(2) $y \geqq 0$
(3) $x + 2y \geqq 10$
(4) $3x + y \geqq 15$
(5) $x \geqq 2$
(6) $x + y \leqq 13$

**Zielfunktion:** $z = 2x + y \rightarrow$ Min.!

Da hier das Minimum der Zielfunktion gesucht wird, muß der zugehörige Graph innerhalb des Lösungsvielecks so weit wie möglich nach unten verschoben werden. Dadurch erhält man als optimalen Punkt den Schnittpunkt *S* von (3) und (4) (für $z = 11$):

$$\begin{aligned} x + 2y &= 10 \\ \wedge\ 3x + \phantom{2}y &= 15 \qquad (\Leftrightarrow y = -3x + 15) \\ \hline x + 2(-3x + 15) &= 10 \\ x - 6x + 30 &= 10 \\ -5x &= -20 \\ x &= 4 \\ y &= 3 \end{aligned} \Bigg\} \ S(4|3)$$

Die unter den gegebenen Bedingungen billigste Ration besteht also aus 4 g Multivit und 3 g Vitasan. Sie enthält von

Vitamin B: $4 \cdot 1\,E + 3 \cdot 2\,E = 10\,E$,
Vitamin C: $4 \cdot 3\,E + 3 \cdot 1\,E = 15\,E$,
Vitamin E: $4 \cdot 1\,E = 4\,E$.
Gewicht: $4 \cdot 1\,g + 3 \cdot 1\,g = 7\,g$
Preis: $4 \cdot 2\,DM + 3 \cdot 1\,DM = 11\,DM$

Ergebnis: Die billigste Ration besteht aus 4 g M und 3 g V.

# Aufgaben zu 8.5

Lösen Sie folgende Optimierungsaufgaben ($(x \mid y) \in \mathbb{Q} \times \mathbb{Q}$)!

**Beispiel:** $z = 2x + 4y$ max.

(1) $x \geqq 0$
(2) $\wedge\, y \geqq 0$
(3) $\wedge\, x \leqq 4$
(4) $\wedge\, x + y \leqq 5$
(5) $\wedge\, 3y - x \leqq 6$

**Lösung:** Die Gleichung der Zielfunktion und die Ungleichungen (4) und (5) stellen wir nach $y$ um:

$y = -\frac{1}{2}x + \frac{1}{4}z$
(4) $y \leqq -x + 5$
(5) $y \leqq \frac{1}{3}x + 2$

Maximum im Schnittpunkt der Geraden zu (4) und (5):

$-x + 5 = \frac{1}{3}x + 2$
$-\frac{4}{3}x = -3$
$x = \frac{9}{4} = \underline{2{,}25}$
$y = -2{,}25 + 5$
$\underline{y = 2{,}75}$
$z = 2 \cdot 2{,}25 + 4 \cdot 2{,}75$
$z = 4{,}5 + 11$
$\underline{z = 15{,}5}$

Ergebnis: Das Maximum $z = 15{,}5$ wird an der Stelle $(2{,}25 \mid 2{,}75)$ angenommen.

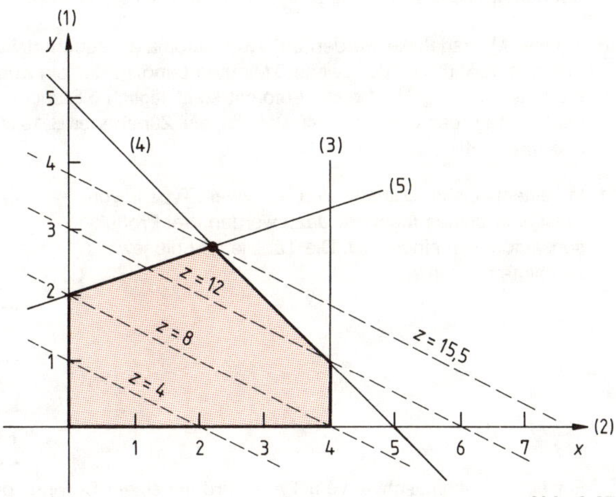


**Abb. 8.37**

1. $z = x + y$ max.
(1) $x \geqq 0$
(2) $\wedge\, y \geqq 0$
(3) $\wedge\, x + 2y \leqq 5$
(4) $\wedge\, 4x + y \leqq 9$

2. $z = 3x + 4y$ max.
(1) $x \geqq 1$
(2) $\wedge\, 0 \leqq y \leqq 4$
(3) $\wedge\, -x + 3y \geqq 0$
(4) $\wedge\, 2x + y \leqq 8$

3. $z = 2x + 3y$ max.
(1) $0 \leqq x \leqq 3$
(2) $\wedge\, y \geqq 0$
(3) $\wedge\, y - 3x + 2 \geqq 0$
(4) $\wedge\, 3y \leqq 4 - 4x$

4. $z = 2x - 6y$ min.
(1) $x \geqq 2$
(2) $\wedge\, y \geqq 2$
(3) $\wedge\, y - 2x + 4 \geqq 0$
(4) $\wedge\, \frac{1}{4}x + y - 4 \leqq 0$

5. Bestimmen Sie für die Funktion zu $z = x + 2y$ das Maximum und das Minimum unter folgenden Bedingungen für die Variablen $x$ und $y$ ($(x \mid y) \in \mathbb{Q} \times \mathbb{Q}$):

a) (1) $1 \leqq x \leqq 3$
(2) $\wedge\, y - 2 \geqq 0$
(3) $\wedge\, x + y \leqq 6$

b) (1) $x \geqq 0$
(2) $\wedge\, y \geqq 0$
(3) $\wedge\, 2x + y \leqq 5$
(4) $\wedge\, 2x + 4y \geqq 4$

c) (1) $0 \leqq x \leqq 3$
(2) $\wedge\, y \geqq 0$
(3) $\wedge\, 1{,}5x + 3y - 9 \leqq 0$
(4) $\wedge\, x - 2y \geqq 0$

d) (1) $x \geqq 0$
(2) $\wedge\, y \geqq 0$
(3) $\wedge\, 2x + 3y - 6 \geqq 0$
(4) $\wedge\, x - y + 1 \leqq 0$

6. Bestimmen Sie in dem durch das folgende Ungleichungssystem gegebenen Planungsvieleck
(1) $x \geqq 0$
(2) $\wedge\, y \geqq 0$
(3) $\wedge\, 2y - x \leqq 6$
(4) $\wedge\, x + 4y + 24 \leqq 0$
(5) $\wedge\, y \geqq 4x - 19{,}5$
(6) $\wedge\, y \geqq -\frac{3}{2}x + 2$

das Maximum und das Minimum für die folgenden Zielfunktionen:
a) $z = x + y$; b) $z = y - x$; c) $z = 2x + y$; d) $z = 2y - x$.

7. Stellen Sie zu jedem Eckpunkt des Planungsvielecks eine Zielfunktion auf, die dort ihr Maximum bzw. Minimum annimmt:
(1) $x \geqq 0$
(2) $\wedge\, y \geqq 0$
(3) $\wedge\, y - x \leqq 4$
(4) $\wedge\, 2y + 3x \leqq 18$
(5) $\wedge\, 2y + x \geqq 4$

8. In dem Ungleichungssystem

$$
\begin{aligned}
& x_1 + 3\,x_2 \leqq 180 \\
\wedge\ & 5\,x_1 + 4\,x_2 \leqq 400 \\
\wedge\ & x_1 + x_2 \leqq 80 \\
\wedge\ & x_1 \leqq 60 \\
\wedge\ & x_1 \geqq 0 \\
\wedge\ & x_2 \geqq 0
\end{aligned}
$$

seien $x_1$ und $x_2$ die Mengen zweier Güter eines linearen Optimierungsmodells, deren Stückgewinne für $x_1$ 5 und für $x_2$ 10 Geldeinheiten betragen.
Ermitteln Sie die optimale Produktkombination graphisch und rechnerisch!

9. Ein Landwirt hat 220 ha Land, die er mit Mais oder mit Flachs bebauen will. Für 50 kg Mais benötigt er 0,03 ha; die Kosten dafür können mit 8,50 DM, der Ertrag mit 33 DM pro 50 kg angesetzt werden. Für 50 kg Flachs benötigt er 0,14 ha; die Kosten kann er mit 20 DM, den Ertrag mit 80 DM pro 50 kg veranschlagen. Was sollte der Landwirt anbauen, wenn er 40 000 DM zur Verfügung hat und möglichst viel Gewinn erreichen möchte?

10. In einer Montagehalle werden auf zwei Automaten Zubehörteile A und B gefertigt. Für ein Zubehörteil A wird der erste Automat 12 Minuten, der zweite 8 Minuten benötigt; für ein Zubehörteil B wird der erste Automat 5 Minuten, der zweite 9 Minuten benötigt. Der erste Automat steht täglich 5 Stunden, der zweite 4 Stunden zur Verfügung. Für ein Zubehörteil A beträgt der Gewinn 12,40 DM, für ein Zubehörteil B 10,50 DM. Stellen Sie den Produktionsplan für das Gewinnmaximum auf!

11. In einem Elektrobetrieb werden zwei Typen von Waschmaschinen montiert; dazu werden drei Produktionsautomaten eingesetzt. Die Tabelle gibt die jeweils benötigten Zeiten an.

| | Typ A | Typ B | tägliche Gesamtzeit in h |
|---|---|---|---|
| | benötigte Zeit in min/Stück | | |
| PA 1 | 18 | 5 | 10 |
| PA 2 | 12 | 27 | 12 |
| PA 3 | 12 | 7 | 6 |

Für eine Waschmaschine vom Typ A wird mit einem Gewinn von 180 DM kalkuliert, für eine Waschmaschine vom Typ B mit einem Gewinn von 240 DM. Welches ist der optimale Produktionsplan?

12. Eine Maschinenfabrik hat zur Herstellung eines Ersatzteils zwei Verfahren zur Auswahl. Beim 1. Verfahren wird nur der Produktionsautomat A 5 Minuten pro Stück benötigt. Dieser steht täglich 4 Stunden zur Verfügung. Beim 2. Verfahren wird der Produktionsautomat A 2 Minuten, der Produktionsautomat B 4 Minuten pro Stück benötigt. Der Produktionsautomat B steht täglich 6 Stunden zur Verfügung. Täglich sollen 90 Ersatzteile hergestellt werden. Die Selbstkosten betragen nach dem 1. Verfahren 1,70 DM, nach dem 2. Verfahren 2,40 DM pro Stück. Wie viele Teile sind nach jedem Verfahren herzustellen, wenn die Selbstkosten minimal gehalten werden sollen?

13. Eine Firma verkauft zwei Produkte A und B. Der Verkaufspreis beträgt bei beiden Produkten 500 DM/Stück. Von A und B können jeweils maximal 80 Stück produziert werden; die Kapazitätslinie ist eine Gerade. Verkauft werden können von A höchstens 70 Stück und von B höchstens 50 Stück. Der Energieverbrauch für die Produktion soll nicht 1000 kWh überschreiten. Für die Produktion von A werden 8 kWh/Stück, für die von B 15 kWh/Stück gebraucht. Bestimmen Sie das optimale Produktionsprogramm, wenn der Unternehmer Umsatzmaximierung betreibt!

14. Eine Automobilfabrik produziert zwei Wagentypen (A und B) in je einer eigenen Montagehalle. Vom Typ A können täglich maximal 150 Stück, vom Typ B 50 Stück hergestellt werden. Dazu werden in Halle A 1000 Arbeiter, in Halle B 200 Arbeiter benötigt. Der Gewinn beträgt pro Wagen bei Typ A 2500 DM, bei Typ B 2000 DM. Wegen eines Streiks stehen dem Werk nur noch 600 Arbeiter zur Verfügung. Wie sollen diese auf die Montagehallen verteilt werden, damit der Gewinn möglichst groß bleibt? (Es wird angenommen, daß die Produktionszahl für jeden Typ proportional der in der betreffenden Halle vorhandenen Zahl von Arbeitern ist.) Geben Sie außerdem für den optimalen Fall die täglichen Produktionszahlen und den Gewinn an!

15. Ein Unternehmen produziert zwei Güter A und B. Aufgrund der Marktlage ist für die nächste Planungsperiode mit einem Preis von 400 DM für eine Einheit A und mit 100 DM für eine Einheit B zu rechnen. Allerdings sind nicht mehr als 800 Stück von A und 2400 Stück von B abzusetzen. Die Produkte werden auf einem einheitlichen Maschinentyp produziert; die Produktionszeit des Produkts A ist doppelt so lang wie die des Produkts B. Für die Produktion einer Einheit B benötigt man 10 Zeiteinheiten; insgesamt stehen 30 000 Zeiteinheiten (Maschinenzeit) zur Verfügung. An Arbeitskräften stehen 26 000 Arbeitsstunden zur Verfügung. Für die Produktion einer Einheit B benötigt man 10 Arbeitsstunden, ebenso für eine Einheit A.
Berechnen Sie den optimalen Gewinn, wenn die Arbeitsstunde mit 15 DM und die Zeiteinheit auf der Maschine mit 3 DM zu veranschlagen sind!

16. Eine Firma setzt zwei Produkte A und B ab. Für Produkt A beträgt der Verkaufspreis 600 DM/Stück, für Produkt B 300 DM/Stück. Die Firma betreibt Umsatzmaximierung. Von Produkt A können nicht mehr als 60 Stück abgesetzt werden, von Produkt B nicht mehr als 40 Stück. Die Rohstoffvorräte betragen 350 Einheiten. Für eine Einheit des Produkts A braucht man 7 Einheiten Rohstoff, für eine Einheit von B braucht man 5 Einheiten Rohstoff. An Energie stehen 2400 kWh zur Verfügung. Für eine Einheit von A braucht man 50 kWh, für eine von B 40 kWh. Beide Produkte werden auf derselben Maschine produziert. Wird nur A produziert, können 60 Einheiten A produziert werden; wird nur B produziert, können 50 Einheiten B produziert werden. Die Linie der Kapazitätsauslastung ist eine Gerade. Berechnen Sie die optimale Produktionsmenge und den entsprechenden Umsatz!

17. Für die Erzeugung der Artikel A und B können 2 Maschinen $M_1$ und $M_2$ unterschiedlicher Leistung eingesetzt werden. Es sollen von jedem Artikel 120 Stück geliefert werden.
Es können je Stunde erstellen:
$M_1$ 10 Stück von A und 5 Stück von B,
$M_2$ 4 Stück von A und 6 Stück von B.
Wieviel Stunden ist jede Maschine einzusetzen, damit die notwendige Stückzahl erreicht wird und sich ein größter Gewinn ergibt? Der stündliche Rohgewinn beträgt bei $M_1$ 18 DM und bei $M_2$ 24 DM.

18. In einer Fabrik für Zubehörteile stehen für die Herstellung der Artikel A und B die Automaten $D_1$ und $D_2$ während eines Arbeitstages 8 Stunden zur Verfügung. Eine Übersicht über die Fertigungszeiten liefert die Tabelle:

| Automat \ min/Stück | A | B |
|---|---|---|
| $D_1$ | 6 | 3 |
| $D_2$ | 2 | 6 |

Wieviel Stück von jeder Sorte wird man täglich herstellen, um den größten Gewinn zu erzielen, wenn der Rohgewinn bei A 5 DM und bei B 7 DM je Stück beträgt?

19. In einer Fabrik werden zur Produktion des Artikels A die Maschinen $M_1$, $M_2$ und $M_4$ benötigt, zur Produktion des Artikels B die Maschinen $M_1$, $M_2$ und $M_3$. Da die Maschinen noch in anderen Produktionsprogrammen eingesetzt sind, bleiben für das neue Programm nur noch Reststunden übrig, und zwar bei $M_1$ 54 h, bei $M_2$ 64 h, bei $M_3$ 72 h und bei $M_4$ 60 h je Woche.
Die Stückzeiten in Stunden für die einzelnen Artikel an den jeweiligen Maschinen ergeben sich aus der folgenden Tabelle:

| | $M_1$ | $M_2$ | $M_3$ | $M_4$ |
|---|---|---|---|---|
| A | 6 | 10 | – | 10 |
| B | 9 | 8 | 12 | – |

Der Artikel A erbringt einen Reingewinn von 120 DM und der von B einen solchen von 100 DM je Stück.
Der Einsatz der Maschinen soll so erfolgen, daß, bei möglichst voller Ausnutzung der Maschinen, der größte Ertrag erzielt wird.

20. In einem Sportgeschäft sollen Sonderangebote für zwei verschiedene Skiausrüstungen gemacht werden. Ausrüstung A kostet im Einkauf 200,00 DM, Ausrüstung B 300,00 DM. Für den Einkauf stehen höchstens 30000,00 DM zur Verfügung. Von Ausrüstung A sollen mindestens soviel Stück wie von Ausrüstung B gekauft werden, höchstens jedoch 90 Stück von A. Der Stückgewinn beträgt bei Ausrüstung A 25,00 DM, bei Ausrüstung B 30,00 DM.
   a) Wie sollte das Sportgeschäft einkaufen, damit der Gesamtgewinn beim Verkauf aller Ausrüstungen maximal wird?
   b) Wie groß ist der maximale Gesamtgewinn, wenn von beiden Ausführungen gleichviel verkauft wird?
   c) Wieviel Stück müßten bei einem Gesamtgewinn von 2640,00 DM verkauft werden unter der Voraussetzung, daß von beiden Ausrüstungen gleichviel verkauft wird?

# 9 Quadratische Funktionen und Gleichungen

## 9.1 Quadratische Funktionen

Bei einem Widerstand von 10 Ω erbrachten Messungen der elektrischen Leistung $P$ in Abhängigkeit von der angelegten Spannung $U$ folgende Ergebnisse:

| $U$ (in Volt) | 0 | 2 | 4 | 6 | 8 | 10 | 12 | 14 | 16 | 18 | 20 |
|---|---|---|---|---|---|---|---|---|---|---|---|
| $P$ (in Watt) | 0 | 0,4 | 1,6 | 3,6 | 6,4 | 10,0 | 14,4 | 19,6 | 25,6 | 32,4 | 40,0 |

Wir stellen die Paare der Meßdaten in einem Koordinatensystem dar (auf der ersten Achse $U$ in Volt, auf der zweiten Achse $P$ in Watt) und erhalten die rot eingezeichneten Punkte. Diese Punkte sind in Abb. 9.1 durch eine „glatt" (ohne Ecken) verlaufende Kurve verbunden.

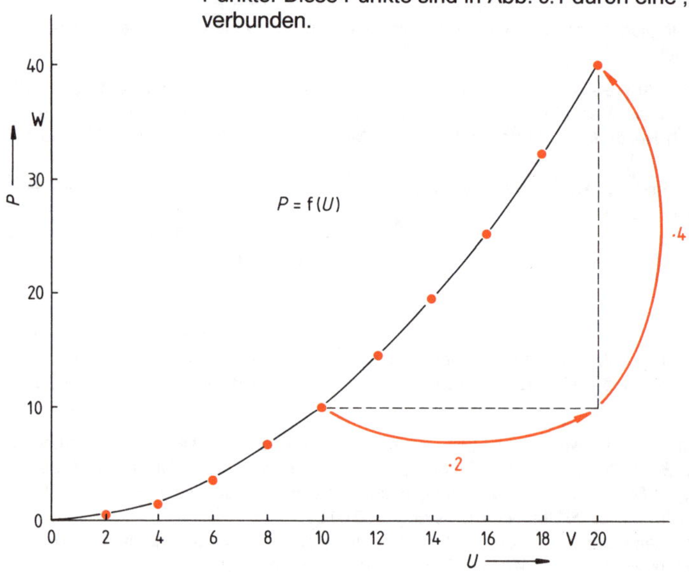


Abb. 9.1

Aus der Tabelle bzw. am Graphen erkennen wir, daß bei Verdopplung der Spannung (z.B. von 10 auf 20 Volt) die Leistung vervierfacht (von 10 auf 40 Watt), bei Verdreifachung der Spannung (z.B. von 6 auf 18 Volt) die Leistung verneunfacht wird (von 3,6 auf 32,4 Watt) usw. Offensichtlich gilt:

$P \sim U^2$ (Die Leistung ist proportional dem Quadrat der Spannung.)

Mit einem Proportionalitätsfaktor $k$ erhalten wir:

$P = k \cdot U^2$

Zur Bestimmung von $k$ setzen wir für $U$ und $P$ einander zugeordnete Werte ein: z.B. $U = 2\,\text{V}$, $P = 0{,}4\,\text{W}$.

Wir erhalten: $k = \frac{P}{U^2} = \frac{0{,}4}{4} \frac{1}{\Omega} = \frac{1}{10} \frac{1}{\Omega}$.

(Wer die Formel $P = \frac{U^2}{R}$ kennt, weiß natürlich auch ohne die eben durchgeführte Rechnung, daß $k = \frac{1}{10} \frac{1}{\Omega}$ sein muß, da ja $R = 10\,\Omega$ vorgegeben ist.)

Für den in Abb. 9.1 gezeichneten Funktionsgraphen ergibt sich demnach folgende Gleichung (wenn wir jetzt – wie üblich – die auftretenden Variablen mit $x$ und $y$ bezeichnen):

$$y = \frac{1}{10} x^2.$$

Die durch den Graphen dargestellte Funktion ist

$$f\colon x \mapsto \frac{1}{10}x^2, \quad x \in \mathbb{Q}_0^+ .$$

Eine solche Funktion heißt eine **„quadratische Funktion"** (wegen des quadratischen Terms $x^2$).

Die einfachste quadratische Funktion wird durch die Gleichung $\mathbf{y = x^2}$ beschrieben.

**Wertetabelle:**

| $x$ | 0 | $\pm 0{,}5$ | $\pm 1$ | $\pm 1{,}5$ | $\pm 2$ | $\pm 2{,}5$ | $\pm 3$ |
|---|---|---|---|---|---|---|---|
| $y$ | 0 | 0,25 | 1 | 2,25 | 4 | 6,25 | 9 |

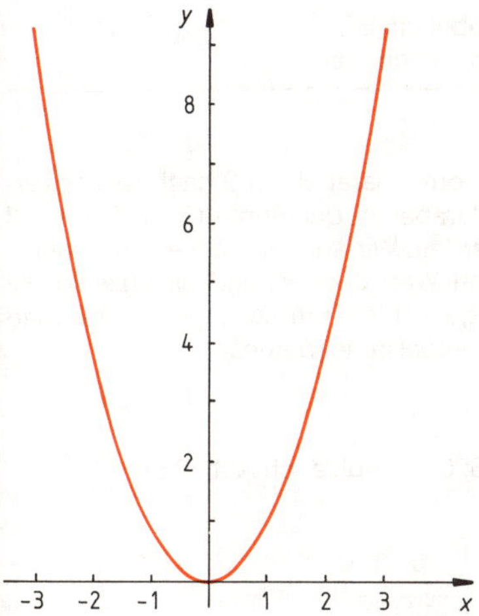

**Abb. 9.2**

Nehmen wir als Definitionsmenge ganz $\mathbb{Q}$, so erhalten wir den in Abb. 9.2 dargestellten Graphen.

Dieser Graph heißt **„Normalparabel"** und liegt symmetrisch zur $y$-Achse. Die Symmetrie zur $y$-Achse ist darin begründet, daß man bei Ersetzung von $x$ durch $-x$ denselben Funktionswert erhält:

$(-x)^2 = (-x) \cdot (-x) = x^2$.

Der bei der Normalparabel tiefstgelegene Punkt $(0|0)$ heißt **„Scheitel"** der Normalparabel.

Vorhin haben wir die Funktionsgleichung $y = \frac{1}{10}x^2$ betrachtet. Im Vergleich zur Normalparabel bewirkt der Faktor $\frac{1}{10}$, daß der zugehörige Graph mit $D = \mathbb{Q}$ (den man ebenfalls „Parabel" nennt) **weiter** als die Normalparabel geöffnet ist.

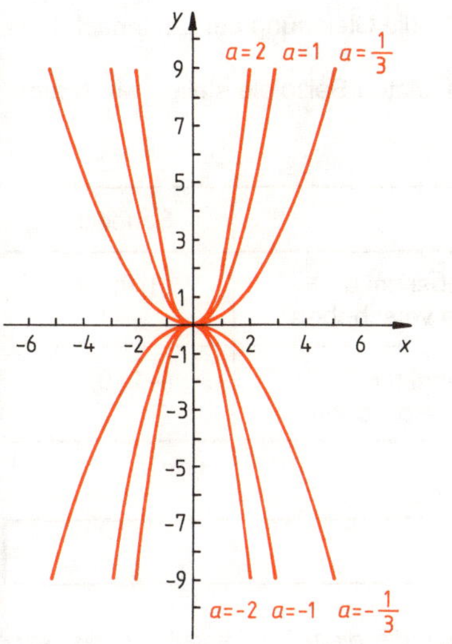

**Abb. 9.3**

Aus Abb. 9.3 entnehmen wir, daß für eine Parabel mit der Gleichung

$$\boxed{y = a \cdot x^2}$$ gilt:

| Bedingung für $a$ | Parabel |
|---|---|
| $a > 0$ | nach oben geöffnet |
| $a < 0$ | nach unten geöffnet |
| $\lvert a \rvert > 1$ | im Vergleich zur Normalparabel enger geöffnet |
| $0 < \lvert a \rvert < 1$ | im Vergleich zur Normalparabel weiter geöffnet |

Wir wollen uns nun überlegen, wie sich der Funktionsterm ändert, wenn wir die Normalparabel im Koordinatensystem verschieben.

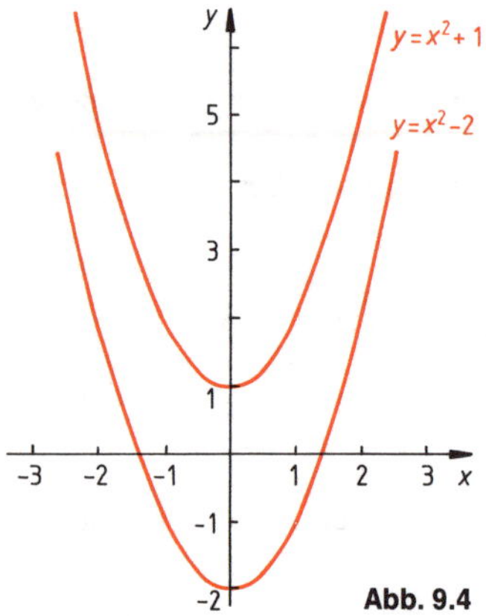

**Abb. 9.4**

Eine Verschiebung nach oben (bzw. unten) läßt sich leicht durch Addition (bzw. Subtraktion) einer positiven Zahl zum Term $x^2$ beschreiben. Zwei Beispiele sind in der folgenden Tabelle angegeben (vgl. auch Abb. 9.4).

| Funktionsterm | Graph | Scheitel |
|---|---|---|
| $x^2+1$ | Normalparabel um 1 nach **oben** verschoben | $(0\|1)$ |
| $x^2-2$ | Normalparabel um 2 nach **unten** verschoben | $(0\|-2)$ |

Welchen Funktionsterm erhalten wir, wenn wir die Normalparabel um 3 nach rechts verschieben (vgl. Abb. 9.5)? Der Scheitel der neuen Parabel ist der Punkt $(3|0)$. Für $x=3$ muß der Funktionswert am kleinsten (nämlich 0) werden. Wir suchen also einen quadratischen Term, der bei Ersetzung von $x$ durch 3 den Wert 0 liefert und gleichzeitig die „Gestalt" der Normalparabel nicht verändert. Der gesuchte Term ist $(x-3)^2$. Die Gleichung der um 3 nach rechts verschobenen Normalparabel lautet demnach:

$y=(x-3)^2$.

Zur Kontrolle setzen wir für $x$ die Werte 3; 4; 2; 5; 1; 6; 0 ein (vgl. auch Abb. 9.5):

| $x$ | 3 | 4 | 2 | 5 | 1 | 6 | 0 |
|---|---|---|---|---|---|---|---|
| $y$ | 0 | 1 | 1 | 4 | 4 | 9 | 9 |

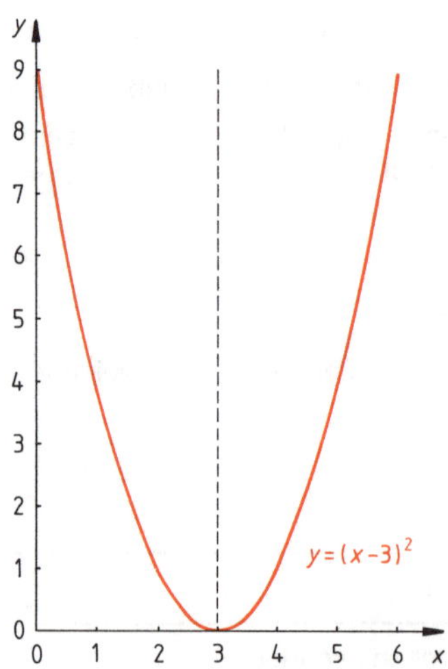

**Abb. 9.5**

Beim Term $(x-3)^2$ erhalten wir dieselben Werte wie beim Term $x^2$, wenn wir statt von $x=0$ von $x=3$ ausgehen und jeweils um 1, 2, 3 usw. nach rechts bzw. links gehen.

Entsprechend ist z. B. $y=(x+2)^2$ die Gleichung der um 2 nach links verschobenen Normalparabel.
Die Erkenntnisse für die beiden letzten Beispiele stellen wir in einer Tabelle zusammen:

| Funktionsterm | Graph | Scheitel |
|---|---|---|
| $(x-3)^2$ | Normalparabel um 3 nach **rechts** verschoben | $(3\|0)$ |
| $(x+2)^2$ | Normalparabel um 2 nach **links** verschoben | $(-2\|0)$ |

Allgemein ist $y=(x-x_S)^2+y_S$

die Gleichung der Parabel mit dem Scheitel $S\,(x_S|y_S)$, die dieselbe Gestalt wie die Normalparabel hat.

Ist eine Parabelgleichung in der Form

| $y = a \cdot (x - x_S)^2 + y_S$ („Scheitelform" der Parabelgleichung) |
|---|

gegeben, so können wir unmittelbar die Scheitelkoordinaten ablesen:
$S\,(x_S \mid y_S)$.

Der Faktor $a$ gibt uns weiterhin die Information, ob die Parabel nach oben oder unten und wie sie im Vergleich zur Normalparabel geöffnet ist.

**Beispiel** $y = \frac{1}{2}(x+3)^2 - 2$

Wir überlegen uns, wie man eine durch eine solche Gleichung beschriebene Parabel schnell skizzieren kann:
Wir lesen zunächst die Koordinaten des Scheitels $S$ ab:
$S\,(-3 \mid -2)$.

Der Faktor $\frac{1}{2}$ gibt an, daß die Parabel nach oben und im Vergleich zur Normalparabel weiter geöffnet ist (alle entsprechenden Werte der Normalparabel erhalten den Faktor $\frac{1}{2}$). **Vom Scheitel** $(-3 \mid -2)$ **ausgehend** erhalten wir schnell weitere Punkte (vgl. Abb. 9.6):

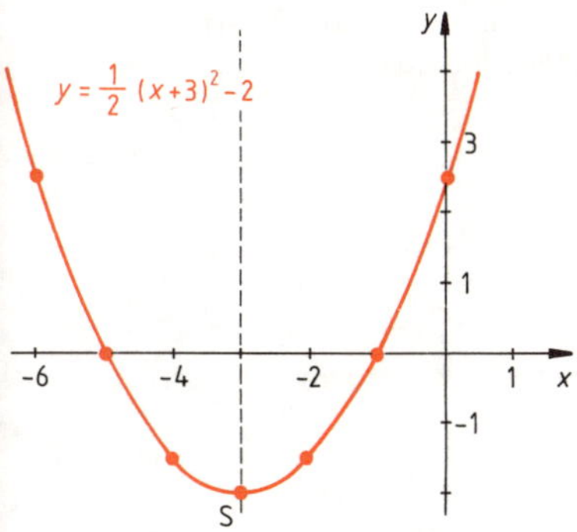

**Abb. 9.6**

| in $x$-Richtung | in $y$-Richtung | Punkt |
|---|---|---|
| um 1 nach rechts | um $\frac{1}{2} \cdot 1 = \frac{1}{2}$ nach oben | $(-2 \mid -1{,}5)$ |
| um 2 nach rechts | um $\frac{1}{2} \cdot 2^2 = 2$ nach oben | $(-1 \mid 0)$ |
| um 3 nach rechts | um $\frac{1}{2} \cdot 3^2 = 4{,}5$ nach oben | $(0 \mid 2{,}5)$ |
| um 1 nach links | um $\frac{1}{2} \cdot 1 = \frac{1}{2}$ nach oben | $(-4 \mid -1{,}5)$ |
| um 2 nach links | um $\frac{1}{2} \cdot 2^2 = 2$ nach oben | $(-5 \mid 0)$ |
| um 3 nach links | um $\frac{1}{2} \cdot 3^2 = 4{,}5$ nach oben | $(-6 \mid 2{,}5)$ |

Die gesuchte Parabel liegt achsensymmetrisch zur Geraden mit der Gleichung $x = -3$.

Wie wir eben gesehen haben, läßt sich eine Parabel schnell skizzieren, wenn die zugehörige Gleichung in der Form $y = a \cdot (x - x_S)^2 + y_S$ vorgegeben ist. Dies braucht jedoch nicht der Fall zu sein. Wenn wir den Term $\frac{1}{2} \cdot (x+3)^2 - 2$ umformen (das Quadrat $(x+3)^2$ mit Hilfe der ersten binomischen Formel „ausrechnen" und anschließend mit $\frac{1}{2}$ multiplizieren), so erhalten wir:

$$\frac{1}{2}(x+3)^2 - 2 = \frac{1}{2}(x^2 + 6x + 9) - 2 = \frac{1}{2}x^2 + 3x + \frac{9}{2} - 2 = \frac{1}{2}x^2 + 3x + \frac{5}{2}.$$

An der Gleichung $y = \frac{1}{2}x^2 + 3x + \frac{5}{2}$ können wir nun nicht mehr unmittelbar die Scheitelkoordinaten ablesen.

| Allgemein heißt $f\colon x \mapsto ax^2 + bx + c$, $x \in \mathbb{Q}$ eine **quadratische Funktion,** falls $a \neq 0$ ist ($a, b, c \in \mathbb{Q}$). Ihr Graph ist eine **Parabel**. |
|---|

Wie kommt man nun von der Parabelgleichung
$y = a x^2 + b x + c$
zu der Scheitelform
$y = a (x - x_s)^2 + y_s$?

Die oben durchgeführten Termumformungen weisen den Weg:
Wenn wir diese Umformungen „rückwärts" ausführen, kommen wir zum Ziel.

**Beispiele**

**1.** $y = x^2 \underline{- 8x} + 18$

Ziel: $y = (x - x_s)^2 + y_s = x^2 \underline{- 2 x_s x} + x_s^2 + y_s$

Ein Vergleich der Koeffizienten von $x$ (hier $-8$ und $-2x_s$) legt es nahe, wie folgt umzuformen:

$y = x^2 - 8x + 18$ $\quad (-2x_s = -8, \;$ also $\; x_s = 4,\; x_s^2 = 16)$

$y = \underbrace{x^2 - 8x + 16}_{(x-4)^2} \underbrace{- 16 + 18}_{+2}$

(**„quadratische Ergänzung"**; das Quadrat von $x_s$ wird addiert und, damit der Term sich nicht ändert, wieder subtrahiert)

Also:

$y = (x - 4)^2 + 2; \quad S(4|2)$

**2.** $y = -3x^2 - 18x - 10$ (zunächst den Koeffizienten von $x^2$ ausklammern!)

$y = -3\left(x^2 + 6x + \frac{10}{3}\right)$

$x^2 + 6x + \frac{10}{3} = \underbrace{x^2 + 6x + 9}_{(x+3)^2} \underbrace{- 9 + \frac{10}{3}}_{-\frac{17}{3}}$

(der Koeffizient von $x$ wird halbiert und anschließend quadriert)

Wir erhalten:

$y = -3\left[(x + 3)^2 - \frac{17}{3}\right]$

$y = -3(x + 3)^2 + 17$

$S(-3|17)$

# Aufgaben zu 9.1

1. Ein Flugzeug beschleunigt aus dem Stillstand in 20 Sekunden auf eine Geschwindigkeit von 100 m/s. In der folgenden Tabelle sind für die jeweiligen Zeitpunkte die bis dahin zurückgelegten Wegstrecken und die dann erreichten Geschwindigkeiten angegeben.

| Zeit (in s) | 0 | 2 | 4 | 6 | 8 | 10 | 12 | 14 | 16 | 18 | 20 |
|---|---|---|---|---|---|---|---|---|---|---|---|
| Weg (in m) | 0 | 10 | 40 | 90 | 160 | 250 | 360 | 490 | 640 | 810 | 1000 |
| Geschwindigkeit $\left(\text{in } \frac{m}{s}\right)$ | 0 | 10 | 20 | 30 | 40 | 50 | 60 | 70 | 80 | 90 | 100 |

a) Stellen Sie die Meßwerte sowohl für die Geschwindigkeit als auch für den Weg in Abhängigkeit von der Zeit in je einem Koordinatensystem dar! Verbinden Sie jeweils die Punkte sinnvoll zu einem „durchgehenden" Graphen!
b) Um welche Funktionstypen handelt es sich?
c) Geben Sie für jede der beiden Funktionen die zugehörige Gleichung an!

2. Welcher der folgenden Terme ist der Term einer quadratischen Funktion?

a) $-x^2+7x$ b) $6x-3+x^2$ c) $3^2x+5^2$ d) $\frac{6^2}{x^2}$

e) $10-x^2$ f) $(3+x)^2$ g) $(2-x)(x+3)$ h) $(1-x^2)(7+x)$

Legen Sie für jede quadratische Funktion eine Wertetabelle an ($x \in \{-3; -2,5; -2; \ldots; 2; 2,5; 3\}$), und zeichnen Sie den Graphen ($D = \mathbb{Q}$)!

3. Zeichnen Sie jeweils den Graphen ($D = \mathbb{Q}$) zu der angegebenen Gleichung mit Hilfe einer Wertetabelle!

a) $y=2x^2$ b) $y=3x^2$ c) $y=1,5x^2$ d) $y=\frac{1}{2}x^2$

e) $y=-2x^2$ f) $y=-\frac{1}{4}x^2$ g) $y=0,1x^2$ h) $y=-0,2x^2$

i) $y=-5x^2+5$ j) $y=(x-2)^2$ k) $y=(x-2)^2+1$ l) $y=-\frac{1}{2}(x-2)^2+1$

4. Bestimmen Sie die Scheitelkoordinaten und die Öffnungsrichtung der jeweiligen Parabel in Aufgabe 3.!

5. Skizzieren Sie die Parabeln zu folgenden Gleichungen, indem Sie zunächst die Scheitelkoordinaten ablesen und sich dann – vom Scheitel ausgehend – weitere Punkte verschaffen ($D = \mathbb{Q}$)!

a) $y=x^2-2$ b) $y=x^2+3$ c) $y=-x^2+1$ d) $y=-x^2-1,5$ e) $y=\frac{1}{3}x^2$

f) $y=-\frac{1}{4}x^2$ g) $y=(x-3)^2$ h) $y=(x+0,5)^2$ i) $y=-(x-2,5)^2$ j) $y=(x+2)^2+3$

k) $y=-(x-1)^2-2$ l) $y=\frac{1}{2}(x+3)^2-2$ m) $y=-2(x+1)^2+3$ n) $y=-(x-0,2)^2+6,4$ o) $y=\frac{1}{4}(x-4)^2+4$

6. Im Vergleich zur Normalparabel ($y=x^2$) ist die vorgegebene Parabel

a) um 2 nach rechts, b) um 4 nach links, c) um 10 nach oben, d) um 3 nach unten,

e) um 3 nach rechts und 4 nach oben, f) um 2,5 nach links und um 3 nach unten,

g) um 1,5 nach rechts und um 3,4 nach unten, h) um 6 nach links und um 100 nach oben verschoben.

Geben Sie jeweils die zugehörige Gleichung an!

7. In Abb. 9.7 sind Parabeln eingezeichnet! Geben Sie deren Gleichungen an!

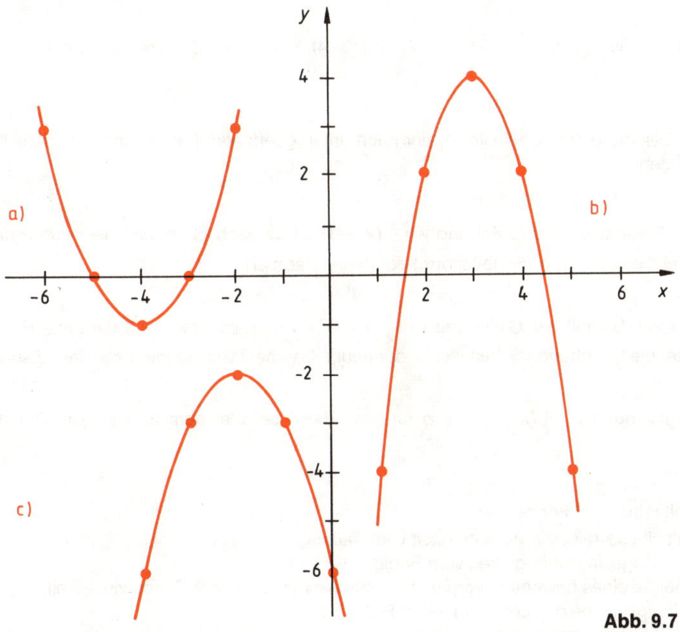


**Abb. 9.7**

8. Führen Sie jeweils die quadratische Ergänzung durch!

**Beispiel:** $x^2+10x-12$
$= \underbrace{x^2+10x+25}\underbrace{-25-12}$
$= \quad (x+5)^2 \quad -37$

a) $x^2+20x+4$ b) $x^2-12x+3$ c) $x^2+\frac{3}{2}x-7$

d) $x^2-\frac{5}{3}x-1$ e) $x^2+0,8x-1,5$ f) $x^2-1,7x+3,14$

9. Bestimmen Sie jeweils den Scheitel der Parabel!

**Beispiel:** $y = 3x^2 + 7x - 4$

$= 3(x^2 + \frac{7}{3}x - \frac{4}{3})$

$= 3(x + \frac{7}{6})^2 - (\frac{7}{6})^2 - \frac{4}{3}]$

$= 3(x + \frac{7}{6})^2 - 3 \cdot \frac{49}{6 \cdot 6} - 4$

$= 3(x + \frac{7}{6})^2 - \frac{49}{12} - 4$

$= 3(x + \frac{7}{6})^2 - 8\frac{1}{12}$

$S(-\frac{7}{6} \mid -8\frac{1}{12})$

a) $y = x^2 + 5x - 3$ b) $y = x^2 - 4x + 1$ c) $y = x^2 + 7x - 4$ d) $y = x^2 - 3x + 9$
e) $y = 2x^2 + 9x + 2$ f) $y = 3x^2 - 7x + 11$ g) $y = -5x^2 + 10x - 15$ h) $y = -4x^2 - 2x + 5$

10. Bestimmen Sie jeweils den Scheitel und skizzieren Sie mit Hilfe der Lage des Scheitels die Parabel!
a) $y = x^2 + 6x + 9$ b) $y = x^2 - 8x + 16$ c) $y = x^2 + 2x + 3$ d) $y = x^2 - 4x + 2$
e) $y = 2x^2 - 4x + 4$ f) $y = -3x^2 - 6x - 8$ g) $y = -x^2 - x + 4\frac{3}{4}$ h) $y = \frac{1}{5}x^2 - x + \frac{17}{4}$

11. Eine (verschobene) Normalparabel geht durch die Punkte $(-1 \mid -2)$ und $(0 \mid 1)$. Geben Sie ihre Gleichung (in der Form $y = x^2 + px + q$) an!

12. Eine (verschobene) Normalparabel geht durch die Punkte $(1 \mid 2)$ und $(-1 \mid 10)$. Geben Sie ihre Gleichung ($y = x^2 + px + q$) an!

13. Bestimmen Sie die Gleichung (in der Form $y = ax^2 + bx + c$) derjenigen Parabel, zu der die folgenden Punkte gehören: $(0 \mid 8)$; $(1 \mid 3)$; $(2 \mid 0)$.

14. Eine Parabel geht durch die Punkte $(-1 \mid -4)$; $(1 \mid 2)$ und $(3 \mid 4)$. Bestimmen Sie ihre Gleichung (in der Form $y = ax^2 + bx + c$)!

15. Bestimmen Sie die Gleichung (in Scheitelform) der nach unten geöffneten Parabel mit dem Scheitel $S(-2 \mid 0)$, die durch den Punkt $(-1 \mid -2)$ geht!

16. Verschieben Sie die Parabel mit der Gleichung $y = \frac{1}{2}(x-4)^2 - 1$ so nach oben, daß die neue Parabel durch den Punkt $(2 \mid 3)$ geht. Wie lautet die Gleichung (Scheitelform) der neuen Parabel?

17. Verschieben Sie die Parabel mit der Gleichung $y = \frac{1}{2}(x-4)^2 - 1$ so nach links, daß die neue Parabel durch den Punkt $(0 \mid \frac{7}{2})$ geht. Wie lautet die Gleichung (Scheitelform) der neuen Parabel? Gibt es mehr als eine Lösung?

18. Wie ist die Parabelgleichung $y = \frac{1}{2}(x-4)^2 - 1$ zu ändern, damit bei gleichem Scheitel der Punkt $(3 \mid -6)$ zur (neuen) Parabel gehört?

19. Stellen Sie jeweils mit Hilfe einer Formel dar:
a) den Flächeninhalt eines Kreises in Abhängigkeit vom Radius,
b) das Volumen einer Kugel in Abhängigkeit vom Radius,
c) die kinetische Energie eines bewegten Körpers in Abhängigkeit von seiner Geschwindigkeit,
d) den Weg in Abhängigkeit von der Zeit beim freien Fall,
e) die Stromstärke in Abhängigkeit von der Spannung,
f) die Stromarbeit in Abhängigkeit von der Stromstärke.
In welchen Fällen handelt es sich um eine quadratische Funktion?

20. Welche der Parabeln mit der Gleichung $y = x^2 + ax + 8$ ($a \in \mathbb{Q}$) hat ihren Scheitel an der Stelle $x = 2$?

## 9.2 Quadratwurzeln, reelle Zahlen

### Quadratwurzeln

In Abb. 9.4 haben wir die Parabel zu $y = x^2 - 2$ dargestellt. Aus der Abbildung lesen wir ab, daß diese Parabel zwischen 1 und 2 und zwischen $-1$ und $-2$ die $x$-Achse ($y = 0$) schneidet. Die Abszissen der Schnittpunkte kennen wir noch nicht, wir wissen (aus der Anschauung) nur, daß es solche Schnittpunkte geben muß und diese symmetrisch zur $y$-Achse liegen.

Wir wollen versuchen, die Abszissen genauer zu ermitteln. Wegen der erwähnten Symmetrie können wir unsere weiteren Überlegungen auf den Schnittpunkt mit positiver Abszisse beschränken. Es geht also darum, $x$ mit $x > 0$ so zu bestimmen, daß gilt: $0 = x^2 - 2$, d.h. $x^2 = 2$. Daß $x$ zwischen 1 und 2 liegen muß, können wir auch so begründen:

$1 < 2 < 4$ (2 liegt zwischen den Quadratzahlen 1 und 4)
$\Rightarrow 1^2 < 2 < 2^2$
$\Rightarrow 1^2 < x^2 < 2^2$ (wegen $x^2 = 2$)
$\Rightarrow 1 < x < 2$

(Dabei benutzen wir, daß für positive $a, b$ gilt: $a^2 < b^2 \Rightarrow a < b$. Man denke an den Verlauf der Normalparabel im positiven Bereich!)

Der Betrag des absoluten Fehlers bei der so erfolgten näherungsweisen Bestimmung von $x$ ($x$ zwischen 1 und 2) kann also maximal 1 sein. Wir wollen versuchen, den Fehler systematisch zu verkleinern. In den nächsten Schritten sei der Fehler maximal $0{,}1 = 10^{-1}$; $0{,}01 = 10^{-2}$; $0{,}001 = 10^{-3}$ usw. Durch Probieren (mit dem Taschenrechner) erhalten wir:

$1{,}4^2 = 1{,}96 < 2 < 1{,}5^2 = 2{,}25$
$\Rightarrow 1{,}4 < x < 1{,}5$

Wir legen uns eine Tabelle an:

| Doppelungleichung | maximaler Fehler |
|---|---|
| $1 < x < 2$ | $1 = 10^0$ |
| $1{,}4 < x < 1{,}5$ | $0{,}1 = 10^{-1}$ |
| $1{,}41 < x < 1{,}42$ | $0{,}01 = 10^{-2}$ |
| $1{,}414 < x < 1{,}415$ | $0{,}001 = 10^{-3}$ |
| $1{,}4142 < x < 1{,}4143$ | $0{,}0001 = 10^{-4}$ |
| ⋮ | ⋮ |

Lohnt es sich, diese Tabelle fortzusetzen? Die Fehler der Näherungswerte für $x$ werden offensichtlich immer kleiner; sie streben sogar gegen 0. Dies ist erfreulich. Gelingt es uns aber, $x$ exakt als abbrechenden Dezimalbruch $d$ darzustellen? Offensichtlich nicht! Denn nach der bisher angefertigten Tabelle müßte $d$ mindestens fünf Dezimalstellen hinter dem Komma mit einer von 0 verschiedenen letzten Ziffer aufweisen.

Aus der folgenden Tabelle ergibt sich jedoch, daß $d^2$ nicht gleich $2{,}\overline{0}$ sein kann.

| | | | | | | | | | |
|---|---|---|---|---|---|---|---|---|---|
| letzte Ziffer von $d$ (an mindestens 5. Stelle hinter dem Komma) | 1 | 2 | 3 | 4 | 5 | 6 | 7 | 8 | 9 |
| letzte Ziffer von $d^2$ (an mindestens 10. Stelle hinter dem Komma) | 1 | 4 | 9 | 6 | 5 | 6 | 9 | 4 | 1 |

Ergebnis: Die Gleichung $x^2 = 2$ ist in der Menge der abbrechenden Dezimalbrüche nicht lösbar.

Nach unseren bisherigen Überlegungen können wir nicht ausschließen, daß die Gleichung $x^2 = 2$ vielleicht einen periodischen Dezimalbruch als eine Lösung hat. Es könnte aber sogar sein, daß $x^2 = 2$ in $\mathbb{Q}$ überhaupt nicht lösbar ist.

Wir nehmen einmal an, $x^2 = 2$ sei in $\mathbb{Q}^+$ lösbar.

Da die Lösung $x \in \mathbb{Q}^+$ sein soll, kann man $x$ als gekürzten Bruch in der Form $\frac{p}{q}$ mit $p, q \in \mathbb{N}$ darstellen. Dann muß also gelten:

$$x = \frac{p}{q} \Rightarrow \left(\frac{p}{q}\right)^2 = 2 \Rightarrow \frac{p^2}{q^2} = 2 \Rightarrow p^2 = 2q^2$$

Wir wissen: Zerlegen wir die Quadratzahl $p^2$ $(= p \cdot p)$ in Primfaktoren (in Faktoren, die alle Primzahlen sind), so kommt der Faktor 2 entweder gar nicht oder zweimal, viermal, sechsmal usw. vor. Zerlegen wir andererseits $2q^2 = 2 \cdot q \cdot q$ in Primfaktoren, so kommt der Faktor 2 entweder einmal oder dreimal, fünfmal, siebenmal usw. vor. Da $p^2 = 2q^2$ gilt und bei einer Zerlegung einer natürlichen Zahl in Primfaktoren der Faktor 2 nicht gleichzeitig geradzahlig **und** ungeradzahlig oft auftreten kann, ist die Annahme widerlegt.

**Satz**

Die Gleichung $x^2 = 2$ ist in $\mathbb{Q}$ nicht lösbar.

Deuten wir unser Ergebnis im Hinblick auf das Ausgangsproblem, so erhalten wir: Die Parabel mit der Gleichung $y = x^2 - 2$ schneidet die $x$-Achse in zwei Punkten, deren Abszissen nicht rational sind. Es gibt also Punkte auf der Zahlengeraden, die keine rationalen Zahlen darstellen. Wir erkennen nun entsprechend, daß es Punkte auf den bisher von uns gezeichneten Parabeln (und auf allen gezeichneten Graphen von Funktionen mit der Definitionsmenge $\mathbb{Q}$) gibt, deren Abszissen gar nicht rational sind.

Die beiden Lösungen der Gleichung $x^2 = 2$ sind also keine rationalen Zahlen, sondern sogenannte **„irrationale"** Zahlen. Wir können sie weder als abbrechende noch als periodische Dezimalbrüche darstellen. Dezimalbrüche können höchstens als Näherungswerte für diese Zahlen benutzt werden. Aus diesem Grunde führt man neue Zeichen für diese Zahlen ein:

$\sqrt{2}$ (gelesen „Quadratwurzel aus 2" oder kurz „Wurzel aus 2") für die positive Lösung der Gleichung $x^2 = 2$,

$-\sqrt{2}$ für die negative Lösung von $x^2 = 2$.

Allgemein bezeichnen wir mit $\sqrt{a}$ $(a \in \mathbb{Q}^+)$ die positive Lösung der Gleichung $x^2 = a$, mit $-\sqrt{a}$ die negative Lösung von $x^2 = a$.

**Definition**

$\sqrt{a}$ ist diejenige nicht-negative Zahl, die, mit sich selbst multipliziert, $a$ $(\geqq 0)$ ergibt: $\sqrt{a} \cdot \sqrt{a} = (\sqrt{a})^2 = a$.

**Merksatz**

Beachten Sie: **1.** $\sqrt{a}$ $(a \in \mathbb{Q}^+)$ ist immer positiv.
**2.** $\sqrt{a^2} = a$ gilt nur für $a \geqq 0$.

$a$ heißt der „Radikand" von $\sqrt{a}$.

**Beispiele**

$\sqrt{3}$ ist die positive Lösung der Gleichung $x^2 = 3$,
$\sqrt{4} = 2$ ist die positive Lösung der Gleichung $x^2 = 4$,
$\sqrt{9} = 3$ ist die positive Lösung der Gleichung $x^2 = 9$.

Ist $\sqrt{3}$ wie $\sqrt{2}$ eine irrationale Zahl?

Ist allgemein $\sqrt{n}$ $(n \in \mathbb{N})$ immer irrational, falls $n$ keine Quadratzahl ist (vgl. oben die Beispiele $n = 4$ und $n = 9$)? – Es gilt in der Tat der folgende

**Satz**

$\sqrt{n}$ $(n \in \mathbb{N})$ ist irrational oder eine natürliche Zahl.

**Beweis:** Daß $\sqrt{n}$ irrational sein kann, haben wir am Beispiel $n = 2$ bereits bestätigt. Wir zeigen nun, daß $\sqrt{n}$ immer eine natürliche Zahl ist, wenn $\sqrt{n}$ rational ist. Nehmen wir also an, $\sqrt{n}$ sei rational. Dann läßt sich $\sqrt{n}$ in der folgenden Form darstellen:

$$\sqrt{n} = \frac{p}{q} \quad \text{mit} \quad p, q \in \mathbb{N},$$

wobei der Bruch $\frac{p}{q}$ bereits gekürzt sei. Der größte gemeinsame Teiler von $p$ und $q$ sei also 1. Dann ist aber auch der größte gemeinsame Teiler von $p^2 = p \cdot p$ und $q$ gleich 1, denn $p^2$ hat dieselben Primfaktoren wie $p$. Andererseits gilt wegen $\frac{p}{q} = \sqrt{n}$:

$$\frac{p^2}{q} = p \cdot \frac{p}{q} = p \cdot \sqrt{n} = q \cdot \sqrt{n} \cdot \sqrt{n} = q \cdot n.$$

Wegen $q, n \in \mathbb{N}$ ist $(q \cdot n) \in \mathbb{N}$ und damit $\frac{p^2}{q}$ eine natürliche Zahl; $p^2$ ist also durch $q$ teilbar. $q$ muß folglich 1 sein, und dies bedeutet:

$$\sqrt{n} = p.$$

$\sqrt{n}$ muß demnach eine natürliche Zahl sein, wenn sie rational ist. Und damit ist der Beweis des Satzes vollständig durchgeführt.

Da $\sqrt{n}$ genau dann eine natürliche Zahl ist, wenn $n$ eine Quadratzahl ist, ergibt sich als Folgerung aus dem obigen Satz: Für alle natürlichen Zahlen $n$, die nicht Quadratzahlen sind, ist $\sqrt{n}$ irrational. Da es unendlich viele natürliche Zahlen gibt, die nicht Quadratzahlen sind (man denke etwa nur an die Primzahlen), kennen wir damit bereits unendlich viele irrationale Zahlen. Auf der Zahlengeraden gibt es also unendlich viele „Lückenpunkte" mit nicht-rationalen Koordinaten. Diese Koordinaten lassen sich weder als abbrechende noch als periodische Dezimalbrüche darstellen, zu ihrer Darstellung sind unendliche nicht-periodische Dezimalbrüche erforderlich. Mit den Quadratwurzeln aus (natürlichen) Nicht-Quadratzahlen sind Ihnen jedoch noch nicht alle irrationalen Zahlen bekannt. Wir teilen hier ohne Beweis mit, daß z. B. auch die „Kreiszahl" $\pi$ irrational ist. Andere irrationale Zahlen haben Sie bereits in 1.2 kennengelernt.

Unbefriedigend ist noch die Tatsache, daß wir bisher Quadratwurzeln nur durch mühseliges Probieren näherungsweise berechnen können (siehe die Näherungswerte für $\sqrt{2}$ in der obigen Tabelle). Es wäre wünschenswert, ein einfacheres Verfahren zur Verfügung zu haben. Auch in Taschenrechnern werden die Quadratwurzeln aus den TR-Zahlen nicht alle gespeichert. Vielmehr läuft beim Drücken der Quadratwurzeltaste intern in TR ein Rechenprogramm ab, das jeweils den gewünschten Näherungswert liefert. Ein einfaches Verfahren, das in TR intern allerdings kaum benutzt wird, werden wir jetzt beschreiben.

**Aufgabe:** Es ist die positive Lösung der Gleichung $x^2 = a \; (a \in \mathbb{Q}^+)$ näherungsweise zu ermitteln. Geometrisch kann diese Gleichung folgendermaßen gedeutet werden:

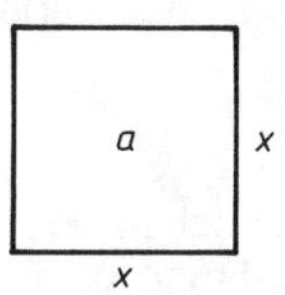


**Abb. 9.8**

Gesucht ist die Seitenlänge $x$ eines Quadrates mit dem Flächeninhalt $a$.

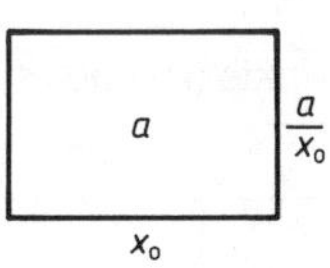


**Abb. 9.9**

Wir starten mit einem Näherungswert $x_0$. $x_0$ ist zu groß oder zu klein. Wählen wir $x_0$ als Länge eines Rechtecks, das denselben Flächeninhalt $a$ wie das vorgegebene Quadrat hat, so muß die Breite gleich $\frac{a}{x_0}$ sein, denn $x_0 \cdot \frac{a}{x_0} = a$.

Wie kommen wir zu einem besseren Näherungswert $x_1$? – Wenn $x_0$ zu groß ist, ist $\frac{a}{x_0}$ zu klein und umgekehrt. Wir berechnen den Umfang $U$ des Rechtecks:

$$U = 2x_0 + 2\frac{a}{x_0}.$$

$$\frac{U}{4} = \frac{x_0}{2} + \frac{a}{2x_0} = \frac{1}{2}\left(x_0 + \frac{a}{x_0}\right)$$

liefert als arithmetisches Mittel von $x_0$ und $\frac{a}{x_0}$ einen besseren Näherungswert $x_1$:

$$x_1 = \frac{1}{2}\left(x_0 + \frac{a}{x_0}\right).$$

Diesen Prozeß können wir immer weiter fortsetzen. Der neue (bessere) Näherungswert entsteht dadurch, daß wir jeweils das arithmetische Mittel aus dem alten (zu großen oder zu kleinen) Näherungswert und dem (dann zu kleinen bzw. zu großen) Quotienten „$a$ dividiert durch alten Näherungswert" bilden.

Allgemein erhalten wir:

$$\boxed{x_{n+1} = \frac{1}{2}\left(x_n + \frac{a}{x_n}\right) \quad \text{für} \quad n \in \mathbb{N}_0}$$

An einem **Beispiel** führen wir den Prozeß (unter Benutzung eines 8stelligen abschneidenden TR) durch.

**Beispiel**

$x^2 = 3$ $(a = 3)$, näherungsweise Berechnung von $\sqrt{3}$. Wir starten mit $x_0 = 1{,}5$ (wir wissen, daß 1 zu klein und 2 zu groß ist). In der folgenden Tabelle sind die Ergebnisse der einzelnen Berechnungen festgehalten:

| | | |
|---|---|---|
| $x_0$ | Startwert | 1,5 |
| $x_1$ | $\frac{1}{2}\left(x_0 + \frac{3}{x_0}\right)$ | 1,75 |
| $x_2$ | $\frac{1}{2}\left(x_1 + \frac{3}{x_1}\right)$ | 1,7321428 |
| $x_3$ | $\frac{1}{2}\left(x_2 + \frac{3}{x_2}\right)$ | 1,7320508 |
| $x_4$ | $\frac{1}{2}\left(x_3 + \frac{3}{x_3}\right)$ | 1,7320508 |

Wir stellen fest, daß $x_4 = x_3$ ist und können unsere Berechnungen abbrechen. Mit 8stelliger Genauigkeit haben wir einen Näherungswert für $\sqrt{3}$ gefunden. Das gleiche Ergebnis erhält man, wenn man bei einem 8stelligen TR die Tastenfolge $\boxed{3}\,\boxed{\sqrt{x}}$ wählt.
Das oben beschriebene, schnell zum Ziel führende Verfahren geht auf Heron von Alexandria (um 100 n. Chr.) zurück und heißt deshalb **Heronsches Verfahren.**

## Reelle Zahlen

Wir haben festgestellt, daß die irrationalen Zahlen zwischen den rationalen Zahlen auf der Zahlengeraden liegen. Nun wollen wir noch die Frage untersuchen, ob wir jedem Punkt der Zahlengeraden eine Zahl (einen Dezimalbruch) zuordnen können.

Wir erörtern die Frage an zwei **Beispielen:**
Auf der Zahlengeraden (siehe Abb. 9.10) sind zwei Punkte ($P_1$ und $P_2$) rot markiert.

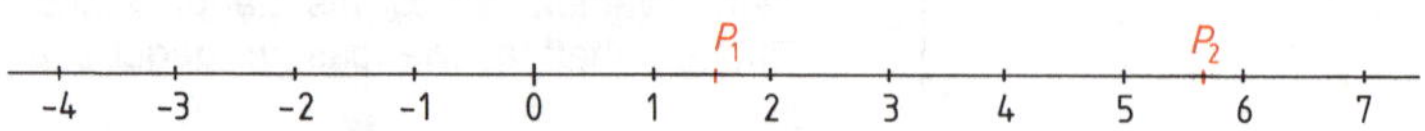


**Abb. 9.10**

$P_1$ soll genau in der Mitte zwischen 1 und 2 liegen. Das bedeutet: 1,5 beschreibt die Lage von $P_1$, oder 1,5 ist die Koordinate von $P_1$ (zur Beschreibung eines Punktes auf der Zahlengerade reicht eine Koordinate aus). Wir wollen die Lage von $P_2$ beschreiben. Aus Abb. 9.11 können wir kaum mehr entnehmen, als daß $P_2$ zwischen 5 und 6 liegt. Zur genaueren Beschreibung brauchen wir ein „Mikroskop":

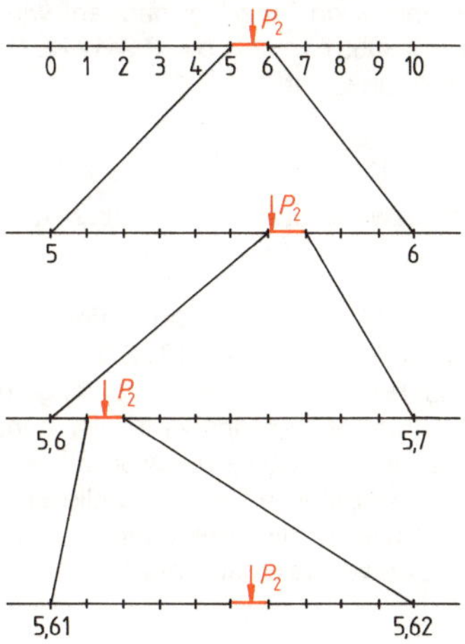

Abb. 9.11

| Vergrößerung der Intervalle mit Hilfe eines „Mikroskops" | Näherungsaussage mittels Intervallen | Näherungszahl | maximaler Fehler |
|---|---|---|---|
| | $P_2 \in [5;\ 6]$ | 5 | $10^0$ |
| | $P_2 \in [5{,}6;\ 5{,}7]$ | 5,6 | $10^{-1}$ |
| | $P_2 \in [5{,}61;\ 5{,}62]$ | 5,61 | $10^{-2}$ |
| | $P_2 \in [5{,}615;\ 5{,}616]$ | 5,615 | $10^{-3}$ |

Das Verfahren läßt sich weiter fortsetzen. Der Punkt $P_2$ wird durch die in der Tabelle angegebenen Intervalle „eingeschachtelt". Man sagt auch: Die Intervalle [5; 6], [5,6; 5,7], [5,61; 5,62] usw. bilden eine „Intervallschachtelung" für den Punkt $P_2$. Von der Dezimalbruchdarstellung der dem Punkt $P_2$ zugeordneten Zahl kennen wir vier Ziffern: 5,615... Durch Fortsetzung des Verfahrens lassen sich jedoch so viele Ziffern wie gewünscht ermitteln. Dabei kann man infolge der begrenzten Zeichen- bzw. Ablesegenauigkeit nicht sagen, ob das Verfahren irgendwann abbricht oder endlos weiterläuft.

Allgemein läßt sich jeder Punkt der Zahlengeraden durch einen abbrechenden oder durch einen nicht-abbrechenden Dezimalbruch beschreiben. Neu hinzugekommen sind für uns die nichtabbrechenden, nichtperiodischen Dezimalbrüche. Sie beschreiben die (alten) „Lückenpunkte" und stellen irrationale Zahlen dar. Umgekehrt kann man jedem vorgegebenen Dezimalbruch auf der Zahlengeraden einen Punkt zuordnen.

Da z.B. $1{,}\overline{9} = 2$ ist, müssen wir noch, wenn wir die Zuordnung Punkt $\mapsto$ Dezimalbruch eindeutig machen wollen, die Dezimalbrüche mit Neuner-Ende ($\overline{9}$) ausschließen. Zur Beschreibung der Punkte auf der Zahlengeraden werden diese Dezimalbrüche **nicht** benötigt. Schließen wir diese Dezimalbrüche aus und deuten die abbrechenden Dezimalbrüche als nichtabbrechende Dezimalbrüche mit der Periode 0, so erhalten wir das folgende Ergebnis:

**Merksatz**

> Die Punkte der Zahlengeraden entsprechen genau den nichtabbrechenden Dezimalbrüchen ohne Neuner-Ende.

Die nichtabbrechenden Dezimalbrüche ohne Neuner-Ende bezeichnen die sog. **„reellen Zahlen".** Während es bei Zugrundelegung der rationalen Zahlen auf der Zahlengerade – wie wir gesehen haben – noch Lückenpunkte gab, sind diese „Lücken" nun

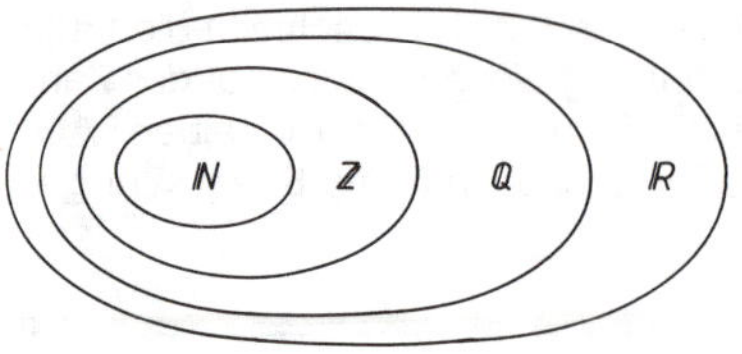


**Abb. 9.12**

durch die Hinzunahme der irrationalen Zahlen „geschlossen". Die reellen Zahlen entsprechen genau den Punkten der Zahlengeraden. Die Menge der reellen Zahlen bezeichnet man mit $\mathbb{R}$. Somit haben wir nun die Zahlenmengen $\mathbb{N}$, $\mathbb{Z}$ und $\mathbb{Q}$ bis zu $\mathbb{R}$ soweit erweitert, daß alle Punkte der Zahlengeraden erfaßt sind. Es gilt: $\mathbb{R} = \mathbb{Q} \cup \{\text{irrationale Zahlen}\}$; $\mathbb{N} \subseteqq \mathbb{Z} \subseteqq \mathbb{Q} \subseteqq \mathbb{R}$.

Beachten Sie: Jede rationale Zahl ist auch eine reelle Zahl.
Die Gesetze, die für das Rechnen in $\mathbb{Q}$ gelten, gelten auch in $\mathbb{R}$.

Am Beispiel der Addition wollen wir uns noch kurz klarmachen, wie zwei reelle Zahlen verknüpft werden. Wir geben vor: $a = 7{,}38597\ldots$ und $b = 2{,}94124\ldots$ Von der Ziffernfolge für $a$ und $b$ sind jeweils nur sechs Ziffern bekannt.

Was können wir über $a + b$ aussagen?

$a \in [7{,}38597; 7{,}38598]$, $b \in [2{,}94124; 2{,}94125]$

Damit erhalten wir (Addition der linken bzw. rechten Intervallenden):

$a + b \in [10{,}32721; 10{,}32723]$

Statt mit Intervallen hätten wir natürlich auch mit den rationalen Näherungswerten $\tilde{a} = 7{,}38597$ und $\tilde{b} = 2{,}94124$ rechnen können: $\tilde{a} + \tilde{b} = 10{,}32721$. Es wäre jedoch falsch, $a + b$ in der Form $10{,}32721\ldots$ hinzuschreiben, da die letzte mitgeteilte Ziffer (1) nicht sicher zu sein braucht. (Eine Ziffer eines Näherungswertes ist genau dann **„sicher"**, wenn der genaue Wert an der entsprechenden Stelle dieselbe Ziffer hat.) Die letzte Ziffer könnte auch 2 sein, da sich durch die Addition an dieser Stelle ein Übertrag von 1 ergeben kann. Wollen wir bei der Schreibweise mit Pünktchen ... nur sichere Ziffern mitteilen, so müssen wir uns in der folgenden Weise einschränken:

$a + b = 10{,}3272\ldots$

Wie das Beispiel zeigt, sind wir beim Rechnen mit reellen Zahlen (dargestellt als Dezimalbrüche) auf das Rechnen mit (rationalen) Näherungswerten angewiesen.

# Aufgaben zu 9.2

1. Berechnen Sie jeweils die Lösungsmenge ($G = \mathbb{Q}$)!

   **Beispiel:** $x^2 = 169$
   $\Leftrightarrow |x| = 13$
   $\Leftrightarrow x = 13 \vee x = -13 \quad L = \{-13; 13\}$

   a) $x^2 = 49$ b) $x^2 = 121$ c) $x^2 = 2{,}25$ d) $x^2 = 5$
   e) $x^2 = -3$ f) $x^2 = \frac{4}{49}$ g) $x^2 = 0{,}09$ h) $x^2 = 7\frac{1}{9}$
   i) $x^2 = 1{,}44$ j) $4x^2 = 9$ k) $\frac{3}{2}x^2 = \frac{2}{3}$ l) $5x^2 = 31{,}25$
   m) $1 + x^2 = 2{,}96$ n) $\frac{7}{2} + x^2 = \frac{63}{4}$ o) $2{,}6x^2 - 5{,}2 = -3{,}926$ p) $x^2 + 5 = 0$
   q) $6x^2 + 36 = 0$ r) $3x^2 - 21 = 0$

2. Berechnen Sie $\sqrt{6}$ und $\sqrt{7}$ mit Hilfe des im Lehrtext beschriebenen Probierverfahrens näherungsweise auf 4 Stellen hinter dem Komma!

3. Beweisen Sie, daß die Gleichungen $x^2 = 3$ und $x^2 = 6$ in $\mathbb{Q}$ nicht lösbar sind!

4. Für welche $n \in \{1; 2; 3; \ldots; 20\}$ ist $\sqrt{n}$ eine natürliche bzw. eine irrationale Zahl?

5. Berechnen Sie mit Hilfe des Verfahrens von Heron näherungsweise (TR-Genauigkeit) die folgenden Quadratwurzeln:
   a) $\sqrt{2}$ b) $\sqrt{8}$ c) $\sqrt{13}$ d) $\sqrt{22}$ e) $\sqrt{2{,}5}$ f) $\sqrt{0{,}5}$ g) $\sqrt{4{,}7}$ h) $\sqrt{101}$

6. Berechnen Sie mit Hilfe des Verfahrens von Heron näherungsweise (TR-Genauigkeit) $\sqrt{5}$!
   Verwenden Sie dabei die folgenden Startwerte:
   a) 2 b) 3 c) 2,5 d) 2,2 e) 1 f) 10
   Bei welchem Startwert sind die meisten, bei welchem die wenigsten Schritte erforderlich?

7. Ermitteln Sie durch Schätzen Näherungswerte für die folgenden Quadratwurzeln! Überprüfen Sie Ihre Schätzungen durch Benutzung der Quadratwurzeltaste auf Ihrem TR!

a) $\sqrt{0{,}822649}$ b) $\sqrt{69{,}8896}$ c) $\sqrt{70{,}128}$ d) $\sqrt{1{,}4161}$
e) $\sqrt{0{,}000712}$ f) $\sqrt{864{,}342}$ g) $\sqrt{56{,}5842}$ h) $\sqrt{0{,}31415}$
i) $\sqrt{13749264}$ j) $\sqrt{0{,}0042849}$ k) $\sqrt{15{,}22756}$ l) $\sqrt{0{,}07615}$
m) $\sqrt{98{,}0768}$ n) $\sqrt{0{,}001989}$ o) $\sqrt{20200}$ p) $\sqrt{0{,}09993}$
q) $\sqrt{0{,}450241}$ r) $\sqrt{49098049}$ s) $\sqrt{552{,}7201}$ t) $\sqrt{18{,}215824}$
u) $\sqrt{49{,}434961}$ v) $\sqrt{0{,}01703025}$ w) $\sqrt{1156{,}6801}$ x) $\sqrt{51{,}380224}$
y) $\sqrt{0{,}002116}$ z) $\sqrt{15{,}2378}$

Vereinfachen Sie die folgenden Terme (den Termbegriff erweitern wir auch auf Zeichenfolgen, in denen Wurzeln vorkommen.)

**Beispiele:** $\sqrt{3}+2\sqrt{3} = (1+2)\sqrt{3} = 3\sqrt{3}$

$5\sqrt{a}+3\sqrt{b}-2\sqrt{a}+4\sqrt{b}-\sqrt{b}-2\sqrt{a} = \sqrt{a}+6\sqrt{b}$ $(a, b \in \mathbb{R}_0^+)$

8. $8\sqrt{7}-3\sqrt{7}$

9. $9\sqrt{5}-3\sqrt{5}-\sqrt{5}$

10. $5\sqrt{6}-3\sqrt{6}-4\sqrt{6}$

11. $9\sqrt{5}-4\sqrt{3}+2\sqrt{5}+7\sqrt{3}-2\sqrt{3}$

12. $a\sqrt{b}+c\sqrt{b}$ $(b \in \mathbb{R}_0^+)$

13. $2a\sqrt{b}-a\sqrt{b}$ $(b \in \mathbb{R}_0^+)$

14. $\sqrt{a}-3\sqrt{a}$ $(a \in \mathbb{R}_0^+)$

15. $x\sqrt{a}-\sqrt{a}+3\sqrt{a}$ $(a \in \mathbb{R}_0^+)$

16. $a\sqrt{x}-b\sqrt{x}+\sqrt{x}$ $(x \in \mathbb{R}_0^+)$

17. $6\sqrt{a}+9\sqrt{b}-3\sqrt{a}+4\sqrt{b}+8\sqrt{a}-\sqrt{b}-3\sqrt{a}$ $(a, b \in \mathbb{R}_0^+)$

18. $\sqrt{x}+6\sqrt{y}+12\sqrt{x}-8\sqrt{y}+7\sqrt{x}+15\sqrt{y}-10\sqrt{x}-3\sqrt{y}$ $(x, y \in \mathbb{R}_0^+)$

19. Ermitteln Sie die Definitionsmenge des jeweiligen Terms ($G = \mathbb{R}$)!

**Beispiel:** $\sqrt{x-2}$; $x-2 \geqq 0 \Leftrightarrow x \geqq 2$
$D = \mathbb{R}^{\geqq 2}$

a) $\sqrt{x-3}$ b) $\sqrt{4-x}$ c) $\sqrt{x+5}$ d) $\sqrt{1-x}$
e) $\sqrt{x^2-4}$ f) $\sqrt{x^2+3}$ g) $\sqrt{-x-2}$ h) $\sqrt{-x^2-5}$
i) $\sqrt{2x+7}$ j) $\sqrt{-5x+9}$ k) $\sqrt{3x+1}\,\sqrt{x-5}$
l) $\sqrt{x+3}\,\sqrt{x+5}$ m) $\sqrt{x-7}\,\sqrt{x-6}$
n) $\dfrac{\sqrt{x+10}}{\sqrt{x-5}}$ o) $\dfrac{\sqrt{x-3}}{\sqrt{x+6}}$
p) $\sqrt{\dfrac{x+8}{x+16}}$ q) $\sqrt{\dfrac{x^2+7}{x-6}}$ r) $\sqrt{\dfrac{-x^2-1}{3x+1}}$ s) $\sqrt{\dfrac{x^2-9}{2x-6}}$

20. Ermitteln Sie jeweils die Lösungsmenge ($G = \mathbb{R}$)!

a) $x^2=7$ b) $x^2=99$ c) $x^2=128$ d) $x^2=-2$ e) $-x^2=-10$
f) $-x^2=1$ g) $x^2+12=0$ h) $x^2-12=0$ i) $-x^2+8=0$ j) $2x^2-3=0$

21. Geben Sie jeweils eine Gleichung der Form $a\,x^2=b$ mit $a, b \in \mathbb{Z}$ so an, daß sie
a) in $\mathbb{Z}$ nicht lösbar, in $\mathbb{Q}$ lösbar ist;
b) in $\mathbb{Q}$ nicht lösbar, in $\mathbb{R}$ lösbar ist;
c) in $\mathbb{R}$ nicht lösbar ist!

22. Geben Sie drei reelle Zahlen als Dezimalbrüche an (Beschreibung der Ziffernfolge auch mit Worten), die keine rationalen Zahlen sind!

23. Setzen Sie 0,988777... zu einem nichtabbrechenden Dezimalbruch so fort, daß eine irrationale Zahl entsteht!

24. Formulieren Sie eine Vorschrift zur Fortsetzung des Dezimalbruchs
a) 4,29292222 ... b) 4,2929929992 ... c) 4,292929 ...
d) 0,4142434445 ... e) 12,13141516 ... f) 5,414241424142 ...!
Wird durch die von Ihnen angegebene Vorschrift eine rationale oder eine irrationale Zahl dargestellt?

25. Schreiben Sie die Näherungsaussage als Doppel-Ungleichung!

**Beispiel:** $x \in [1{,}86;\ 1{,}87]$
Doppel-Ungleichung: $1{,}86 \leqq x \leqq 1{,}87$

a) $x \in [2{,}7365;\ 2{,}7366]$ b) $x \in [0{,}03409;\ 0{,}03410]$ c) $x \in [-2{,}7366;\ -2{,}7365]$ d) $x \in [-10{,}118;\ -10{,}115]$

26. Ordnen Sie der Größe nach (verwenden Sie das Zeichen $<$ oder das Zeichen $>$):
2,5638 ...; −2,5637 ...; −2,5638 ...; 2,5639 ...; 2,5637 ...; −2,564 ...

27. Können Sie die wie folgt vorgegebenen reellen Zahlen der Größe nach ordnen?
12,87 ...; 12,872 ...; 12,8724 ...
Wie viele verschiedene Anordnungen sind nach den vorgegebenen Ziffernfolgen möglich?

28. Schreiben Sie die Näherungsaussage als Doppel-Ungleichung (bei den Angaben mit dem Zeichen $\approx$ wurde die 5/4-Rundung benutzt)!

| | | | |
|---|---|---|---|
| a) $x = 2{,}375\ldots$ | b) $x \approx 2{,}375$ | c) $x = 0{,}346\ldots$ | d) $x \approx 0{,}346$ |
| e) $x = 0{,}0104\ldots$ | f) $x \approx 0{,}0104$ | g) $x = -12{,}9772\ldots$ | h) $x \approx -12{,}9772$ |
| i) $x = -101{,}340\ldots$ | j) $x \approx -101{,}340$ | k) $x = 0{,}139\ldots$ | l) $x \approx 0{,}139$ |

29. Geben Sie für $a = 3{,}17\ldots$ und $b = 5{,}21\ldots$ Intervalle an, in denen $a + a$, $b + b$, $b - a$ und $a - b$ liegen! Geben Sie außerdem jeweils einen Näherungswert so an, daß alle mitgeteilten Ziffern sicher sind!

**Beispiel:** $(a + b) \in [8{,}38; 8{,}40[$; $a + b \approx 8{,}3$ (Neunerperioden lassen wir nicht zu!)

30. Geben Sie für $a = 0{,}236\ldots$ und $b = 1{,}58\ldots$ Intervalle an, in denen $a + a$, $b + b$, $b - a$ und $a - b$ liegen! Geben Sie außerdem jeweils einen Näherungswert so an, daß alle mitgeteilten Ziffern sicher sind!

31. Geben Sie für $a = 12{,}36\ldots$ und $b = 9{,}43$ Intervalle an, in denen $a^2$, $b^2$, $a \cdot b$, $a : b$ und $b : a$ liegen! Geben Sie außerdem jeweils einen Näherungswert so an, daß alle mitgeteilten Ziffern sicher sind!

32. Ein rechteckiges Zimmer hat eine Länge von 4,68 m und eine Breite von 3,96 m. Die Meßergebnisse sind auf cm gerundet.
    a) Geben sie Doppel-Ungleichungen für die Länge $l$ und die Breite $b$ an!
    b) Geben Sie für den Umfang und den Flächeninhalt Näherungswerte so an, daß alle mitgeteilten Ziffern sicher sind!

33. Ein Quader hat eine Länge von 18,4 cm, eine Breite von 12,5 cm und eine Höhe von 9,3 cm. Die Meßergebnisse sind auf mm gerundet.
    a) Geben Sie Doppel-Ungleichungen für die Länge $l$, die Breite $b$ und die Höhe $h$ an!
    b) Geben Sie für die Gesamtlänge der Kanten, für die Oberfläche und für das Volumen des Quaders Näherungswerte so an, daß alle mitgeteilten Ziffern sicher sind!

34. Die Gleichung $y = x^2 + 4ax + 5a^2 - 9$ ($a \in \mathbb{R}$) beschreibt eine „Schar" von Parabeln.
    a) Stellen Sie fest, für welche $a \in \mathbb{R}$ die Parabel die $x$-Achse in einem Punkt berührt!
    b) Für welche $a \in \mathbb{R}$ schneidet die Parabel die $y$-Achse im Punkt $(0 \mid -4)$?
    c) Zeichnen Sie die Parabel für $a = 1$! Bestimmen Sie dazu die Nullstellen und den Scheitel der Parabel!

## 9.3 Rechnen mit Quadratwurzeln

In diesem Abschnitt stellen wir die Gesetze für das Rechnen mit Quadratwurzeln zusammen. Beispielhaft beweisen wir das erste dieser Gesetze. Auf die Beweise der anderen Gesetze verzichten wir hier.

### Das Produkt zweier Quadratwurzeln

ist gleich der Quadratwurzel aus dem Produkt der Radikanden:

$\sqrt{a} \cdot \sqrt{b} = \sqrt{a \cdot b}$ für alle $a, b \in \mathbb{R}_0^+$

**Beweis:** $(\sqrt{a} \cdot \sqrt{b})^2 = (\sqrt{a} \cdot \sqrt{b}) \cdot (\sqrt{a} \cdot \sqrt{b}) = (\sqrt{a})^2 \cdot (\sqrt{b})^2 = a \cdot b \Rightarrow \sqrt{a} \cdot \sqrt{b} = \sqrt{a \cdot b}$

**Beispiele:** $\sqrt{3} \cdot \sqrt{5} = \sqrt{15}$; $\sqrt{18} = \sqrt{9} \cdot \sqrt{2} = 3 \cdot \sqrt{2}$

### Der Quotient zweier Quadratwurzeln

ist gleich der Quadratwurzel aus dem Quotienten der Radikanden:

$\dfrac{\sqrt{a}}{\sqrt{b}} = \sqrt{\dfrac{a}{b}}$ für alle $a \in \mathbb{R}_0^+$, $b \in \mathbb{R}^+$

**Beispiele:** $\dfrac{\sqrt{8}}{\sqrt{2}} = \sqrt{4} = 2$; $\sqrt{\dfrac{16}{9}} = \dfrac{\sqrt{16}}{\sqrt{9}} = \dfrac{4}{3}$

### Die Potenzen von Quadratwurzeln

Eine Quadratwurzel wird potenziert, indem man den Radikanden (in gleicher Weise) potenziert und aus der (neuen) Potenz die Quadratwurzel zieht:

$(\sqrt{a})^n = \sqrt{a^n}$ für alle $a \in \mathbb{R}_0^+$, $n \in \mathbb{N}$

**Beispiele:** $(\sqrt{3})^4 = \sqrt{3^4} = \sqrt{81} = 9$; $\sqrt{4^6} = (\sqrt{4})^6 = 2^6 = 64$

## Aufgaben zu 9.3

Vereinfachen Sie die folgenden Produkte:

**Beispiele:** $\sqrt{2}\cdot\sqrt{8}=\sqrt{2\cdot 8}=\sqrt{16}=4$

$\sqrt{5}\cdot\sqrt{15}=\sqrt{5\cdot 15}=\sqrt{5\cdot 5\cdot 3}=\sqrt{5^2\cdot 3}=\sqrt{5^2}\cdot\sqrt{3}=5\cdot\sqrt{3}$

1. $\sqrt{28}\cdot\sqrt{7}$
2. $\sqrt{3}\cdot\sqrt{6}$
3. $\sqrt{7}\cdot\sqrt{42}$
4. $\sqrt{14}\cdot\sqrt{35}$
5. $\sqrt{\frac{2}{3}}\cdot\sqrt{\frac{8}{15}}$
6. $\sqrt{\frac{7}{40}}\cdot\sqrt{\frac{21}{10}}$
7. $\sqrt{\frac{24}{25}}\cdot\sqrt{\frac{10}{21}}$
8. $(3\sqrt{5}-8)\cdot(2+\sqrt{5})$
9. $(3\sqrt{6}-4\sqrt{10})\cdot(2\sqrt{6}-6\sqrt{10})$
10. $(5\sqrt{14}+2\sqrt{2})\cdot(5\sqrt{14}-2\sqrt{2})$
11. $(2\sqrt{6}+3\sqrt{5}-7\sqrt{2})\cdot(\sqrt{6}-3\sqrt{5})$
12. $(5+2\sqrt{3}-3\sqrt{5})\cdot(5+3\sqrt{5}+2\sqrt{3})$
13. $(7-3\sqrt{10})\cdot(7+9\sqrt{10})$
14. $(\sqrt{5}+2\sqrt{7}+3\sqrt{10})\cdot 2\sqrt{5}$
15. $(4\sqrt{12}-3\sqrt{27}+\sqrt{48})\cdot\sqrt{3}$
16. $(7\sqrt{18}-2\sqrt{24}-5\sqrt{8}+2\sqrt{96})\cdot 3\sqrt{2}$
17. $(4\sqrt{35}-3\sqrt{20}-\sqrt{875}+\sqrt{245})\cdot 2\sqrt{5}$
18. $(3\sqrt{12}-3\sqrt{20}+5\sqrt{27}-5\sqrt{45})\cdot 2\sqrt{15}$
19. $(5\sqrt{72}-4\sqrt{32}-\sqrt{162}-2\sqrt{8})\cdot 3\sqrt{24}$
20. $(\sqrt{3}+\sqrt{6})\cdot(2+\sqrt{15})$

Vereinfachen Sie:

21. $6\sqrt{27}-2\sqrt{75}+9\sqrt{12}-5\sqrt{48}+4\sqrt{147}-5\sqrt{108}$
22. $3\sqrt{72}+5\sqrt{20}-3\sqrt{32}-6\sqrt{80}+2\sqrt{98}-\sqrt{45}+2\sqrt{162}+3\sqrt{125}$
23. $2\sqrt{175}+4\sqrt{7}-6\sqrt{128}+10\sqrt{63}+3\sqrt{112}+\sqrt{63}-8\sqrt{175}$
24. $8\sqrt{45}-12\sqrt{12}+10\sqrt{48}-5\sqrt{80}+\sqrt{125}$

Geben Sie die Definitionsmengen an, und vereinfachen Sie den Term!

**Beispiel:** $\sqrt{a\,x}\cdot\sqrt{x}=\sqrt{a\,x^2}=x\sqrt{a}\quad (a\in\mathbb{R}_0^+,\ x\in\mathbb{R}_0^+)$

25. $\sqrt{5x}\cdot\sqrt{15x}$
26. $\sqrt{6z}\cdot\sqrt{8az}$
27. $\sqrt{2a}\cdot\sqrt{12xa}$
28. $\sqrt{7b}\cdot\sqrt{21ab}$
29. $\sqrt{10a}\cdot\sqrt{50a}$
30. $a\sqrt{2b}\cdot\sqrt{8ab}$
31. $5\sqrt{3a}\cdot 3\sqrt{6a}$
32. $4\sqrt{6b}\cdot 2\sqrt{18bd}$
33. $\sqrt{ay}\cdot\sqrt{\frac{by}{a}}$
34. $\sqrt{\frac{2a}{3b}}\cdot\sqrt{\frac{2b}{3a}}$
35. $\sqrt{\frac{a^3x}{b}}\cdot\sqrt{\frac{b^3x}{a}}$
36. $(5a+3\sqrt{y})\cdot(2a-5\sqrt{y})$
37. $(4\sqrt{a}-3x)\cdot(\sqrt{a}+2\sqrt{x})$
38. Bringen Sie den Vorfaktor eines jeden Terms unter das Wurzelzeichen!

**Beispiel:** $3\cdot\sqrt{5}=\sqrt{3^2\cdot 5}=\sqrt{45}$

a) $6\cdot\sqrt{7}$ b) $3\sqrt{6}$ c) $4\sqrt{13}$ d) $7\sqrt{12}$
e) $5\sqrt{10}$ f) $2x\sqrt{y}$ g) $x^2\sqrt{y}$ h) $a\sqrt{ab}$

39. a) Bestätigen Sie den folgenden Satz an drei von Ihnen gewählten Beispielen:

**Satz**

> Der Quotient zweier Quadratwurzeln ist gleich der Quadratwurzel aus dem Quotienten der Radikanden:
>
> $\frac{\sqrt{a}}{\sqrt{b}}=\sqrt{\frac{a}{b}}$ für alle $a\in\mathbb{R}_0^+,\ b\in\mathbb{R}^+$

b) Beweisen Sie den Satz aus a)!

40. Vereinfachen Sie die folgenden Terme!

**Beispiel:** $(6\sqrt{14}):(3\sqrt{7})=\frac{6\sqrt{14}}{3\sqrt{7}}=2\sqrt{\frac{14}{7}}=2\sqrt{2}$

a) $\sqrt{28}:\sqrt{7}$ b) $\frac{4\sqrt{32}}{\sqrt{2}}$ c) $\frac{\sqrt{27}}{3\sqrt{7}}$ d) $\frac{\sqrt{72}}{\sqrt{6}}$

e) $\frac{\sqrt{18}}{\sqrt{2}}$ f) $\frac{\sqrt{363}}{\sqrt{3}}$ g) $\frac{\sqrt{98}}{\sqrt{2}}$ h) $\frac{\sqrt{128}}{\sqrt{8}}$

i) $\sqrt{\frac{4}{21}}\cdot\sqrt{7}-2\sqrt{\frac{1}{24}}\cdot\sqrt{2}$ j) $\frac{\sqrt{3}+\sqrt{6}}{\sqrt{2}}+\frac{\sqrt{6}-\sqrt{2}}{\sqrt{3}}-\frac{1}{\sqrt{6}}$

41. Vereinfachen Sie die folgenden Terme (auf eine Untersuchung der Definitionsmengen kann verzichtet werden)!

**Beispiel:** $\sqrt{ax} : \sqrt{x} = \frac{\sqrt{ax}}{\sqrt{x}} = \sqrt{\frac{ax}{x}} = \sqrt{a}$

a) $\sqrt{5ab} : \sqrt{5b}$
b) $\sqrt{24xy} : \sqrt{3y}$
c) $\sqrt{(a+b)^3} : \sqrt{a+b}$
d) $\sqrt{a^2-b^2} : \sqrt{a+b}$
e) $\frac{\sqrt{48x}}{\sqrt{6x}}$
f) $\frac{\sqrt{24y}}{\sqrt{6y}}$
g) $\frac{\sqrt{21a}}{\sqrt{7a^3}}$
h) $\sqrt{ab} : \frac{\sqrt{a}}{\sqrt{b}}$
i) $b\sqrt{a^3b} - \frac{a\sqrt{4a}}{\sqrt{\frac{1}{b^3}}} + \sqrt{a^5b^4} \cdot \sqrt{a^{-2}b^{-1}}$
j) $\frac{\sqrt{a+x}}{\sqrt{a^4-x^4}} \cdot \sqrt{a^2+x^2}$

Verwandeln Sie durch passende Erweiterung den Nenner in eine rationale Zahl!

**Beispiele:** $\frac{\sqrt{3}}{\sqrt{5}} = \frac{\sqrt{3}\cdot\sqrt{5}}{\sqrt{5}\cdot\sqrt{5}} = \frac{1}{5}\sqrt{3}\cdot\sqrt{5} = \frac{1}{5}\sqrt{15}$;

$$\frac{3}{\sqrt{3}+6} = \frac{3(\sqrt{3}-6)}{(\sqrt{3}+6)(\sqrt{3}-6)} = \frac{3(\sqrt{3}-6)}{3-36} = \frac{3(\sqrt{3}-6)}{-33} = \frac{\sqrt{3}-6}{-11} = \frac{6-\sqrt{3}}{11}$$

42. $\frac{2\sqrt{3}}{\sqrt{6}}$
43. $\frac{8}{\sqrt{6}}$
44. $\frac{49}{2\sqrt{7}}$
45. $\frac{48}{5\sqrt{32}}$
46. $\frac{3}{\sqrt{5}+6}$
47. $\frac{2}{\sqrt{2}+2}$
48. $\frac{5}{\sqrt{2}+\sqrt{7}}$
49. $\frac{11}{5+\sqrt{3}}$
50. $\frac{13}{2\sqrt{3}+5}$
51. $\frac{12}{7-3\sqrt{5}}$
52. $\frac{14}{\sqrt{3}-\sqrt{10}}$
53. $\frac{15}{5\sqrt{3}-3\sqrt{5}}$
54. $\frac{3+\sqrt{2}}{3-\sqrt{2}}$
55. $\frac{7-\sqrt{5}}{3+\sqrt{5}}$
56. $\frac{5\sqrt{3}-3\sqrt{5}}{\sqrt{5}-\sqrt{3}}$
57. $\frac{4\sqrt{6}+3\sqrt{10}}{2\sqrt{10}-3\sqrt{6}}$
58. $\frac{2\sqrt{15}}{\sqrt{3}+\sqrt{5}+2\sqrt{2}}$
59. $\frac{1+3\sqrt{2}-2\sqrt{3}}{\sqrt{6}+\sqrt{3}+\sqrt{2}}$
60. $\frac{7(\sqrt{6}+\sqrt{3})}{2\sqrt{6}-\sqrt{3}}$
61. $\frac{3\sqrt{5}+5\sqrt{3}}{5\sqrt{3}-3\sqrt{5}}$

Beseitigen Sie durch passende Erweiterung die Wurzel(n) im Nenner des jeweiligen Terms (auf eine Untersuchung der Definitionsmengen kann verzichtet werden)!

**Beispiel:** $\frac{x}{\sqrt{y}} = \frac{x\cdot\sqrt{y}}{\sqrt{y}\cdot\sqrt{y}} = \frac{x}{y}\sqrt{y}$

62. $\frac{xy}{\sqrt{y}}$
63. $\frac{\sqrt{x}}{\sqrt{x}+2}$
64. $\frac{\sqrt{x}+1}{\sqrt{x}-1}$
65. $\frac{3}{4-3\sqrt{x}}$
66. $\frac{\sqrt{x}+2}{2-\sqrt{x}}$
67. $\frac{\sqrt{3}}{\sqrt{3}-\sqrt{x}}$
68. $\frac{x}{\sqrt{x}-\sqrt{y}}$
69. $\frac{\sqrt{x}-\sqrt{y}}{\sqrt{x}+\sqrt{y}}$
70. $\frac{2\sqrt{x}-3\sqrt{y}}{2\sqrt{x}+3\sqrt{y}}$
71. $\frac{5x^4-20y^4}{(x^2+2y^2)(x-y\sqrt{2})}$
72. $\frac{4x+y-4\sqrt{xy}}{2\sqrt{x}-\sqrt{y}}$
73. $\frac{7\sqrt{x}}{2\sqrt{2x}-\sqrt{x}}$

74. a) Bestätigen Sie den folgenden Satz an drei von Ihnen gewählten Beispielen:

**Satz**

Eine Quadratwurzel wird potenziert, indem man den Radikanden (in gleicher Weise) potenziert und aus der (neuen) Potenz die Quadratwurzel zieht:
$(\sqrt{a})^n = \sqrt{a^n}$ für alle $a \in \mathbb{R}_0^+$, $n \in \mathbb{N}$

b) Beweisen Sie den Satz aus a)!

Wenden Sie den Satz aus Aufgabe 74. an!

**Beispiel:** $(\sqrt{2})^{10} = \sqrt{2^{10}} = (2^{10})^{\frac{1}{2}} = 2^{10 \cdot \frac{1}{2}} = 2^5 = 32$

75. $(\sqrt{7})^4$ 76. $(\sqrt{3})^6$ 77. $(\sqrt{2})^8$ 78. $(\sqrt{6})^3$

79. $(a - \sqrt{b})^2$ 80. $(\sqrt{3} - 1)^2$ 81. $(\sqrt{3} + 2\sqrt{2})^2$ 82. $(\sqrt{3} + \sqrt{2})^2$

83. $(\sqrt{6} + \sqrt{3})^2$ 84. $(\sqrt{a+x} - \sqrt{a-x})^2$ 85. $(\sqrt{1+ax} - \sqrt{1-ax})^2$ 86. $(\sqrt{3-x} - \sqrt{x+2})^2$

87. $(a + \sqrt{1-a})^2$ 88. $(a - \sqrt{1-a^2})^2$ 89. $\left(\sqrt{x} + \sqrt{\frac{1}{x}}\right)^2$ 90. $\left(\sqrt{3} - \frac{1}{\sqrt{3}}\right)^2$

91. $(\sqrt{a} - \sqrt{b})^3$ 92. $(1 - 2\sqrt{3})^3$ 93. $(\sqrt{5} + \sqrt{4})^3$ 94. $(2 - \sqrt{3})^3$

95. Wählen Sie natürliche Zahlen $a, b$ so, daß $\sqrt{a+b} \neq \sqrt{a} + \sqrt{b}$ ist (die Angabe **eines Beispiels** genügt)!

96. Wählen Sie natürliche Zahlen $a, b$ so, daß $\sqrt{a-b} \neq \sqrt{a} - \sqrt{b}$ ist!

97. Wählen Sie natürliche Zahlen $a, b$ so, daß $\sqrt{a^2+b^2} \neq a + b$ ist!

98. Wählen Sie natürliche Zahlen $a, b$ so, daß $\sqrt{a^2-b^2} \neq a - b$ ist!

99.

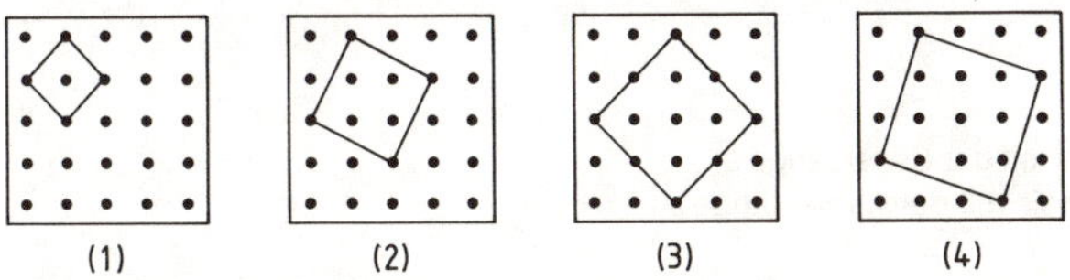


**Abb. 9.13**

a) Um welche geometrischen Figuren handelt es sich?
b) Ermitteln Sie jeweils den Flächeninhalt in Flächeneinheiten (FE), indem Sie die Vierecke geeignet zerlegen!
c) Geben Sie jeweils die Seitenlänge in Längeneinheiten (LE) an!
d) Begründen Sie geometrisch (vgl. (3)), daß $\sqrt{8} = 2\sqrt{2}$ gilt!

Der **Lehrsatz des Pythagoras** lautet:

In jedem rechtwinkligen Dreieck ist das Quadrat der Hypotenusenlänge gleich der Summe der Quadrate der Kathetenlängen.

$c$ Hypotenusenlänge
$a, b$ Kathetenlängen

$$c^2 = a^2 + b^2$$

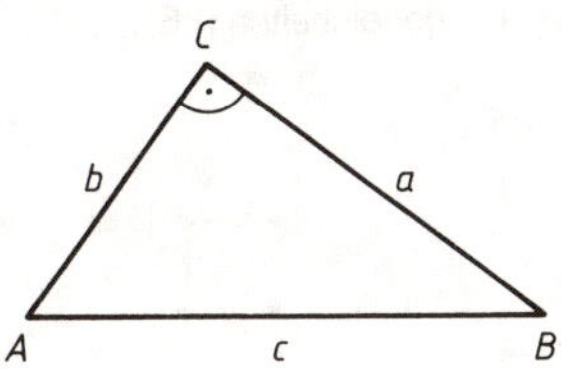


**Abb. 9.14**

Benutzen Sie in den folgenden Aufgaben den Lehrsatz des Pythagoras!

100. Berechnen Sie die unbekannten Seitenlängen der folgenden Dreiecke!

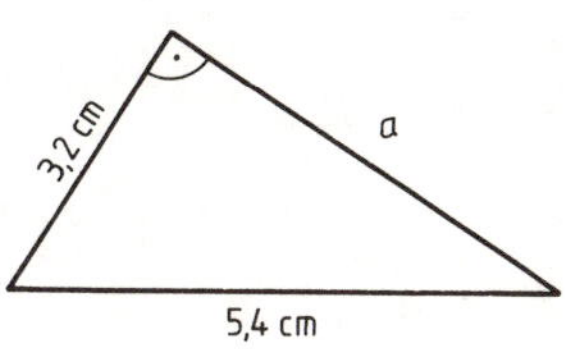


**Abb. 9.15**

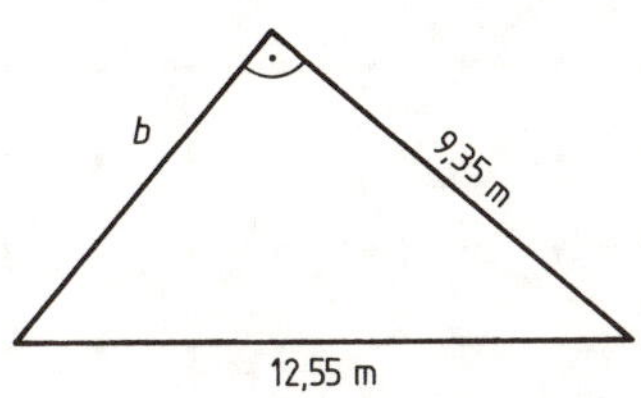


**Abb. 9.16**

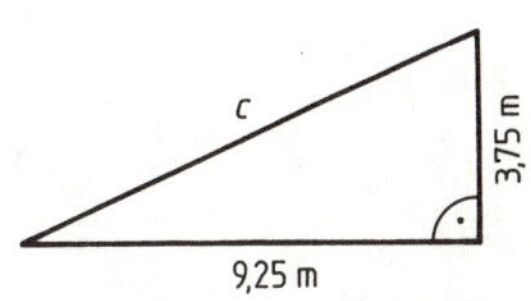


**Abb. 9.17**

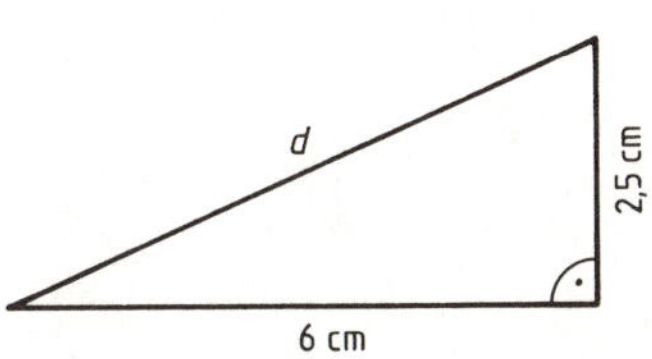


**Abb. 9.18**

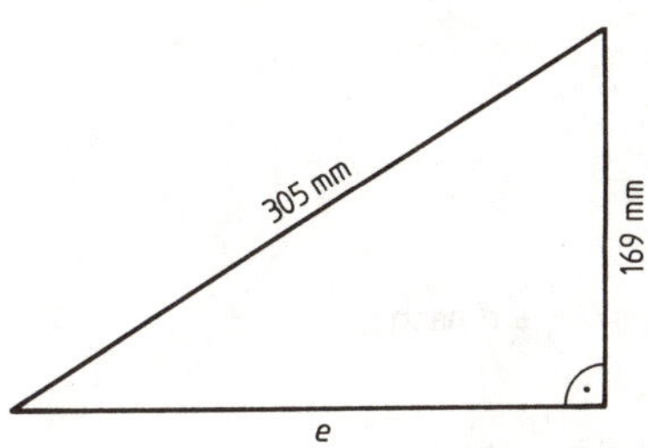


**Abb. 9.19**

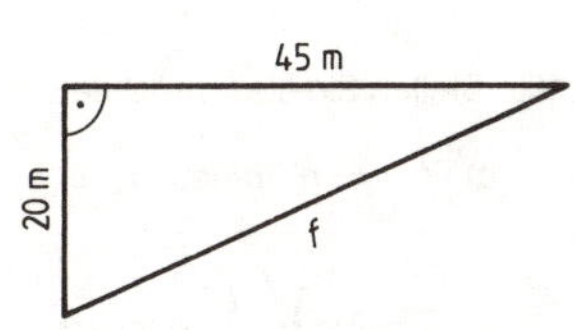


**Abb. 9.20**

101. Berechnen Sie die Längen $x$ und $y$!

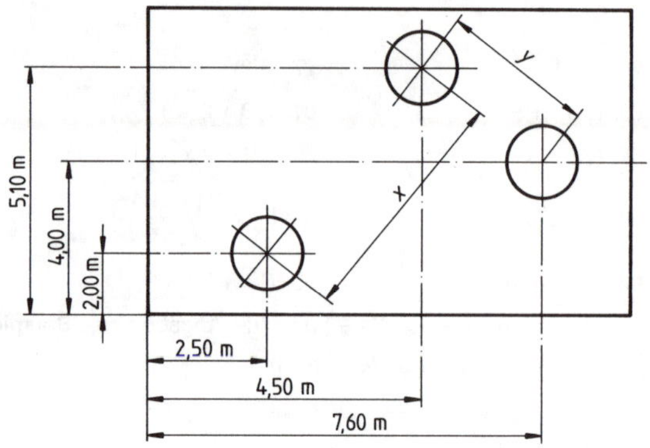


**Abb. 9.21**

102. Berechnen Sie:
   a) die Länge einer Diagonalen eines Quadrates mit der Seitenlänge $a$,
   b) die Länge einer Raumdiagonalen eines Würfels mit der Kantenlänge $a$.

103. In einem kartesischen Koordinatensystem sind die Punkte $P$ und $Q$ vorgegeben:
   a) $P(2 \mid 3)$, $Q(10 \mid 8)$ b) $P(3 \mid 6)$, $Q(-4 \mid 3)$
   c) $P(-1 \mid -3)$, $Q(-5 \mid 8)$ d) $P(2 \mid -5)$, $Q(-5 \mid 2)$.
   Berechnen Sie jeweils die Entfernung der Punkte vom Nullpunkt und die Länge der Strecke $\overline{PQ}$!

104. Ermitteln Sie jeweils den Umfang des Vielecks in Längeneinheiten (LE)!

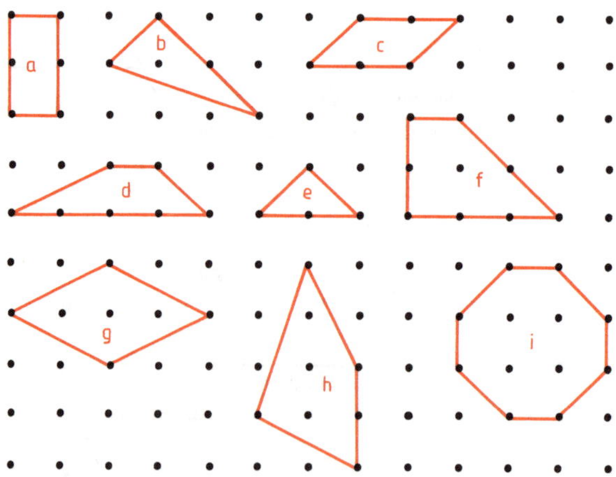


**Abb. 9.22**

105. Stellen Sie die Formel um:

   a) $V = \pi \cdot r^2 \cdot h$ nach $r$, b) $s = \frac{1}{2} a t^2$ nach $t$,

   c) $T = 2\pi \sqrt{\frac{l}{g}}$ nach $l$, d) $P = \frac{U^2}{R}$ nach $U$.

## 9.4 Verfahren zum Lösen quadratischer Gleichungen

In 9.1 haben wir quadratische Funktionen ($f(x) = a\,x^2 + b\,x + c, a \neq 0$) betrachtet und dabei $\mathbb{Q}$ als Definitionsmenge zugrunde gelegt. Nachdem die Menge $\mathbb{R}$ eingeführt ist, nehmen wir nun $\mathbb{R}$ als Definitionsmenge.

**Beispiele**

In Abb. 9.23 sind die Graphen der folgenden Funktionen dargestellt:

**1.** $f_1$: $x \mapsto 2\,x^2 - 20\,x + 44 = 2\,(x-5)^2 - 6, \quad x \in \mathbb{R}$

**2.** $f_2$: $x \mapsto x^2 + 6\,x + 9 = (x+3)^2, \quad x \in \mathbb{R}$

**3.** $f_3$: $x \mapsto -x^2 - 2\,x - 4 = -(x+1)^2 - 3, \quad x \in \mathbb{R}$

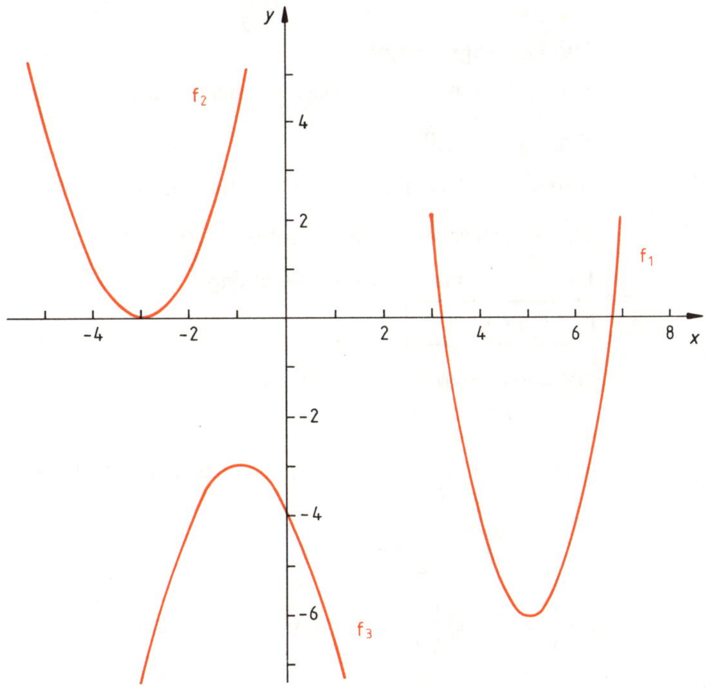


**Abb. 9.23**

**1. Beispiel**

Der Graph von $f_1$ schneidet die $x$-Achse ($y = 0$) genau zweimal. Die zugehörige Gleichung $2\,x^2 - 20\,x + 44 = 0$ besitzt also offensichtlich zwei Lösungen, wenn wir $\mathbb{R}$ als Grundmenge nehmen.

Wir berechnen die **Lösungen:**

$$2\,x^2 - 20\,x + 44 = 0$$
$$\Leftrightarrow \quad x^2 - 10\,x + 22 = 0 \qquad \text{(Division durch 2)}$$
$$\Leftrightarrow \quad x^2 - 10\,x + 25 - 25 + 22 = 0 \qquad \text{(quadratische Ergänzung)}$$
$$\Leftrightarrow \quad (x-5)^2 - 3 = 0$$
$$\Leftrightarrow \quad (x-5)^2 = 3 \qquad \text{oder so: } \Leftrightarrow (x-5-\sqrt{3})\,(x-5+\sqrt{3}) = 0 \text{ (3. bin. F.)}$$
$$\Leftrightarrow \quad x-5 = \sqrt{3} \vee x-5 = -\sqrt{3} \qquad \Leftrightarrow x-5-\sqrt{3} = 0 \vee x-5+\sqrt{3} = 0$$
$$\Leftrightarrow \quad x = 5+\sqrt{3} \vee x = 5-\sqrt{3}$$
$$\Leftrightarrow \quad x = 6{,}7320508\ldots \vee x = 3{,}2679491\ldots$$
$$L = \{5-\sqrt{3};\, 5+\sqrt{3}\} = \{3{,}2679491\ldots;\, 6{,}7320508\ldots\}$$

Je nach Bedarf werden wir in Zukunft die Elemente der Lösungsmenge mit Hilfe des Wurzelzeichens oder als Dezimalbrüche schreiben.

**2. Beispiel**

Der Graph von $f_2$ schneidet (berührt) die $x$-Achse ($y = 0$) genau einmal. Die zugehörige Gleichung

$x^2 + 6\,x + 9 = 0$

hat die Lösungsmenge $L = \{-3\}$.

**3. Beispiel**

Der Graph von $f_3$ schneidet die $x$-Achse ($y = 0$) nicht. Die zugehörige Gleichung

$-x^2 - 2x - 4 = 0$

ist in $\mathbb{R}$ nicht lösbar: $L = \emptyset$ .

Die Beispiele zeigen (vgl. Abb. 9.23, S. 201), daß bei einer quadratischen Gleichung

$ax^2 + bx + c = 0 \quad (a \neq 0)$

hinsichtlich der Lösungsmenge drei Fälle auftreten können: die Lösungsmenge ist leer, sie enthält genau ein Element, oder sie enthält genau zwei Elemente.

## Die Lösungsformel

Statt $ax^2 + bx + c = 0$ zu lösen, können wir auch die dazu äquivalente Gleichung

$$x^2 + \frac{b}{a}x + \frac{c}{a} = 0$$

untersuchen (beachten Sie, daß $a \neq 0$ vorausgesetzt wird).

Statt $\frac{b}{a}$ setzen wir $p$, statt $\frac{c}{a}$ setzen wir $q$. Damit erhalten wir die sogenannte **„Normalform" einer quadratischen Gleichung:**

$$\boxed{x^2 + px + q = 0}$$

Wir führen Äquivalenzumformungen durch:

$$x^2 + px + q = 0$$

$$\Leftrightarrow x^2 + px + \left(\frac{p}{2}\right)^2 - \left(\frac{p}{2}\right)^2 + q = 0 \quad \text{(quadratische Ergänzung)}$$

$$\Leftrightarrow \left(x + \frac{p}{2}\right)^2 - \left(\frac{p}{2}\right)^2 + q = 0$$

$$\Leftrightarrow \left(x + \frac{p}{2}\right)^2 = \left(\frac{p}{2}\right)^2 - q \quad (*)$$

$$\Leftrightarrow x + \frac{p}{2} = \sqrt{\left(\frac{p}{2}\right)^2 - q} \vee x + \frac{p}{2} = -\sqrt{\left(\frac{p}{2}\right)^2 - q}$$

$$\Leftrightarrow \boxed{x = -\frac{p}{2} + \sqrt{\left(\frac{p}{2}\right)^2 - q} \vee x = -\frac{p}{2} - \sqrt{\left(\frac{p}{2}\right)^2 - q}}$$

**Merksatz**

Die quadratische Gleichung
$x^2 + px + q = 0$
hat die „Lösungsformel"

$$x_{1,2} = -\frac{p}{2} \pm \sqrt{\left(\frac{p}{2}\right)^2 - q}.$$

Die quadratische Gleichung
$ax^2 + bx + c = 0 \quad (a \neq 0)$
hat die „Lösungsformel"

$$x_{1,2} = -\frac{b}{2a} \pm \sqrt{\left(\frac{b}{2a}\right)^2 - \frac{c}{a}}.$$

**Beispiele**

a) $x^2 - 5x - 14 = 0$

$x_{1,2} = \frac{5}{2} \pm \sqrt{\frac{25}{4} + 14}$

$x_{1,2} = 2{,}5 \pm \sqrt{20{,}25}$

$x_1 = 2{,}5 + 4{,}5 = 7$

$x_2 = 2{,}5 - 4{,}5 = -2 \qquad L = \{-2; 7\}$

b) $x^2+\frac{9}{2}x+2=0$

$$x_{1,2}=-\frac{9}{4}\pm\sqrt{\frac{81}{16}-2}$$

$$x_{1,2}=-\frac{9}{4}\pm\sqrt{\frac{49}{16}}$$

$$x_1=-\frac{9}{4}+\frac{7}{4}=-\frac{1}{2}$$

$$x_2=-\frac{9}{4}-\frac{7}{4}=-4 \qquad L=\left\{-4;-\frac{1}{2}\right\}$$

Offensichtlich ist die Anzahl der Lösungen abhängig vom Term $\left(\frac{p}{2}\right)^2-q$.

$\left(\frac{p}{2}\right)^2-q$ heißt auch die **„Diskriminante" der quadratischen Gleichung** $x^2+px+q=0$.

Wir bezeichnen die Diskriminante mit D, also $D=\left(\frac{p}{2}\right)^2-q$. Die einzelnen möglichen Fälle sind in der folgenden Tabelle zusammengestellt:

| $D=\left(\frac{p}{2}\right)^2-q$ | Lösungsmenge | Anzahl der Lösungen | geometrische Bedeutung |
|---|---|---|---|
| $<0$ | $L=\{\ \}$ (vgl. (*)) | 0 | Parabel schneidet die $x$-Achse nicht |
| $=0$ | $L=\left\{-\frac{p}{2}\right\}$ | 1 | Parabel berührt die $x$-Achse in einem Punkt |
| $>0$ | $L=\left\{-\frac{p}{2}+\sqrt{\left(\frac{p}{2}\right)^2-q};-\frac{p}{2}-\sqrt{\left(\frac{p}{2}\right)^2-q}\right\}$ | 2 | Parabel schneidet die $x$-Achse in zwei Punkten |

Wir verwenden die Tabelle zur Kontrolle der bereits oben berechneten Lösungsmengen:

**1.** $2x^2-20x+44=0 \Leftrightarrow x^2-10x+22=0$

$p=-10,\ q=22,\ D=\left(\frac{p}{2}\right)^2-q=25-22=3>0$,

also zwei Lösungen:

$$x_1=-\frac{p}{2}+\sqrt{D}=5+\sqrt{3},$$

$$x_2=-\frac{p}{2}-\sqrt{D}=5-\sqrt{3}.$$

**2.** $x^2+6x+9=0$

$p=6,\ q=9,\ D=\left(\frac{p}{2}\right)^2-q=9-9=0$,

also eine Lösung:

$$x=-\frac{p}{2}=-3.$$

3. $-x^2-2x-4=0 \Leftrightarrow x^2+2x+4=0$

$$p=2,\ q=4,\ D=\left(\frac{p}{2}\right)^2-q=1-4=-3<0,$$

also keine Lösung.

Mit Hilfe der Tabelle, S. 203, sind wir also in der Lage, die Lösungsmenge einer quadratischen Gleichung schnell anzugeben.

Bevor wir uns mit einem weiteren Beispiel beschäftigen, leiten wir noch Beziehungen zwischen den beiden Lösungen $x_1$ und $x_2$ im Falle $D>0$ her.
Es gilt:

$$x_1+x_2=-\frac{p}{2}+\sqrt{\left(\frac{p}{2}\right)^2-q}-\frac{p}{2}-\sqrt{\left(\frac{p}{2}\right)^2-q}=-p;$$

$$x_1\cdot x_2=\left(-\frac{p}{2}+\sqrt{\left(\frac{p}{2}\right)^2-q}\right)\cdot\left(-\frac{p}{2}-\sqrt{\left(\frac{p}{2}\right)^2-q}\right)$$

$$=\frac{p^2}{4}-\left(\left(\frac{p}{2}\right)^2-q\right)=\frac{p^2}{4}-\frac{p^2}{4}+q=q$$

$$\boxed{\begin{array}{l}x_1+x_2=-p\\ x_1\cdot x_2=q\end{array}}$$ **„Vietasche Wurzelsätze“**

Die Vietaschen Wurzelsätze eignen sich insbesondere dazu, die Lösungen einer quadratischen Gleichung schnell zu erraten bzw. die bereits errechneten Lösungen zu kontrollieren.

**Beispiel**

$x^2-x-12=0;\ p=-1,\ q=-12;$
also $x_1+x_2=1;\ x_1\cdot x_2=-12;$ offensichtlich gilt:
$x_1=4,\ x_2=-3$ (Produkt gleich $-12$, Summe gleich 1);
also $L=\{4;\ -3\}$.

Der Term $x^2+px+q$ läßt sich mit Kenntnis der Lösungen als Produkt schreiben („faktorisieren“):
$x^2+px+q=(x-x_1)(x-x_2)$, also $x^2-x-12=(x-4)(x+3)$.

Um auf ein Problem bei der Benutzung der Lösungsformel hinzuweisen, diskutieren wir noch eine weitere quadratische Gleichung.

**Beispiel**

$x^2-1000{,}0224\,x+2{,}400048=0.$

Die Benutzung der Lösungsformel und die Berechnung mit einem 8stelligen (abschneidenden) TR liefern die folgenden Lösungen:
$x_1 \boxed{=} 1000{,}0199$ und $x_2 \boxed{=} 0{,}00241$.
Man könnte glauben, dies seien die exakten Lösungen. Dies stimmt jedoch nicht. Die exakten Lösungen sind vielmehr
$x_1=1000{,}02$ und $x_2=0{,}0024$.

Es ergeben sich relative Fehler mit einem Betrag von $\approx 10^{-7}$ bzw. $\approx 4\cdot 10^{-3}$. Insbesondere die zweite Lösung ist also relativ ungenau. Bei Verwendung der Lösungsformel können solche Fehler dann entstehen, wenn $p$ dem Betrage nach wesentlich größer als $q$ ist. Wir wollen deshalb noch ein weiteres Verfahren zum Lösen quadratischer Gleichungen kennenlernen, bei dem solche Fehler weitgehend vermieden werden.

## Ein Iterationsverfahren

Wir erläutern das Verfahren zunächst an dem eben diskutierten

**Beispiel** $x^2 - 1000{,}0224\,x + 2{,}400048 = 0.$

Wir dividieren beide Seiten der Gleichung durch $x$ ($x \neq 0$):

$$x - 1000{,}0224 + \frac{2{,}400048}{x} = 0$$

$$\Leftrightarrow x = 1000{,}0224 - \frac{2{,}400048}{x}$$

Die letzte Gleichung verwenden wir als sog. „Iterationsgleichung" („Iteration" gleichbedeutend mit „Wiederholung"):

$$x_{(n+1)} = 1000{,}0224 - \frac{2{,}400048}{x_{(n)}}, \qquad n \in \mathbb{N}_0.$$

Als Startwert $x_{(0)}$ wählen wir $-p$, also 1000,0224.
Somit erhalten wir:

$$x_{(1)} = 1000{,}0224 - \frac{2{,}400048}{1000{,}0224} \boxminus 1000{,}02$$

$$x_{(2)} = 1000{,}0224 - \frac{2{,}400048}{1000{,}02} \boxminus 1000{,}02$$

Bei Verwendung dieser Iterationsgleichung erhalten wir also bereits im ersten Schritt die **genaue** erste Lösung 1000,02. Die zweite Lösung erhalten wir mit Hilfe eines Vietaschen Wurzelsatzes, z.B.:

$x_1 + x_2 = -p$, also

$x_2 = -p - x_1 = 1000{,}0224 - 1000{,}02 = 0{,}0024,$

den exakten Wert.

Das Verfahren wollen wir noch an einem anderen **Beispiel** erproben:

$$x^2 - 24\,x + 4 = 0$$

$$\underset{(x \neq 0)}{\Leftrightarrow} x - 24 + \frac{4}{x} = 0$$

$$\Leftrightarrow x = 24 - \frac{4}{x}, \qquad x_{(n+1)} = 24 - \frac{4}{x_{(n)}}$$

Startwert: $x_{(0)} = 24$

$x_{(1)} \boxminus 23{,}833333$

$x_{(2)} \boxminus 23{,}832167$

$x_{(3)} \boxminus 23{,}832159$

$x_{(4)} \boxminus 23{,}832159$

Im Rahmen der TR-Genauigkeit haben wir 23,832159 als eine Lösung erhalten. Die zweite Lösung verschaffen wir uns durch

$$x_2 = \frac{q}{x_1} = \frac{4}{23{,}832159} \boxminus 0{,}1678404.$$

Sowohl die Lösungsformel als auch das Iterationsverfahren können von Vorteil sein. Das letzte Verfahren empfiehlt sich nur, wenn $D > 0$ ist. In diesem Falle liefert es (gegebenenfalls nach vielen Schritten) die dem Betrage nach größte Lösung. Die zweite Lösung verschafft man sich dann durch Benutzung einer Formel von Vieta.

## Aufgaben zu 9.4

1. Bestimmen Sie jeweils die Lösungsmenge durch Faktorisieren ($G = \mathbb{R}$)!

**Beispiel:** $x^2 + 7x = 0$

$\Leftrightarrow x(x+7) = 0 \Leftrightarrow x = 0 \vee x + 7 = 0 \Leftrightarrow x = 0 \vee x = -7; \quad L = \{-7; 0\}$

a) $x^2 + 12x = 0$ b) $x^2 - 3x = 0$ c) $9x^2 - 12x = 0$
d) $x^2 = -2{,}4x$ e) $-x^2 - 4x = 0$ f) $-x^2 + \sqrt{2}x = 0$
g) $7x^2 - 21x = 0$ h) $2x^2 - 3x = 0$ i) $4x(x-3) = 3x^2 + 2x$

2. Bestimmen Sie jeweils die Lösungsmenge mit Hilfe quadratischer Ergänzung ($G = \mathbb{R}$)!

a) $x^2 + 2x - 63 = 0$ b) $x^2 - 40x + 111 = 0$ c) $x^2 - 7x = 30$
d) $x^2 - x - 56 = 0$ e) $x^2 - 11x + 10 = 0$ f) $x^2 - \frac{1}{3}x - 8 = 0$
g) $2x^2 + 12x - 182 = 0$ h) $7x^2 - 42x - 112 = 0$ i) $5x^2 + 20x - 1600 = 0$
j) $6x^2 + 42x + 72 = 0$ k) $8x^2 + 16x = -200$ l) $5x^2 - 4x = 105$
m) $3x^2 - 22x + 35 = 0$ n) $25x^2 + 2 - 30x = 0$ o) $6x^2 - 13x + 5 = 0$
p) $5x^2 - 14x + 13 = 0$ q) $6x^2 = 1 - x$ r) $6x^2 + 12x - 35 = 0$

3. Berechnen Sie die Diskriminante, und geben Sie an, wie viele Lösungen die Gleichung besitzt ($G = \mathbb{R}$)!

a) $x^2 + 5x + 6 = 0$ b) $x^2 - 9x + 20 = 0$ c) $x^2 + 6x - 7 = 0$
d) $x^2 - 10x + 24 = 0$ e) $x^2 - x - 12 = 0$ f) $6x^2 - 5x + 1 = 0$
g) $6x^2 - 9x - 6 = 0$

4. Berechnen Sie die Lösungsmenge mit Hilfe der Lösungsformel ($G = \mathbb{R}$)!

a) $x^2 - 4x - 5 = 0$ b) $x^2 - 20x + 99 = 0$ c) $x^2 + 6x + 2 = 0$
d) $x^2 - 5{,}2x + 1 = 0$ e) $x^2 + 1{,}8 = 4{,}1x$ f) $6x^2 + 40 = 31x$
g) $3x^2 + 2x = 133$ h) $10x^2 - 8x - 434 = 0$ i) $3x^2 + 28 = 27{,}5x$
j) $2x^2 + 11{,}7x - 16{,}1 = 0$ k) $5x^2 - 5{,}3x - 6{,}66 = 0$ l) $\frac{1}{5}x^2 + \frac{1}{6}x = 30{,}8$
m) $6x^2 + \frac{2}{3} = 6x$ n) $x^2 + 1\frac{1}{3}x + 5\frac{8}{9} = 0$ o) $0{,}25x^2 - 1{,}5x - 4{,}25 = 0$
p) $x^2 - 32{,}5 = 9x$

5. Bringen Sie die folgenden Gleichungen auf die Form $x^2 + px + q = 0$, und verwenden Sie zur Bestimmung der Lösungsmenge ($G = \mathbb{R}$) die Lösungsformel!

a) $x^2 + (x-7)^2 = (x+1)^2$ b) $(2x+5)^2 - 2x^2 = (3x+2)(x+3) + 39$ c) $(x+3)^2 + (x+5)^2 = 514$
d) $(x+8)^2 - 650 = (x-12)^2$ e) $(2x+4)^2 - (3x-1)^2 = (4x-6)^2$ f) $(2x+1)^2 + (3x+1)^2 = (2x+3)^2$
g) $(\frac{2}{3}x+5)^2 - (\frac{3}{4}x-4)^2 = (\frac{5}{6}x+2)^2$ h) $16(2x+1) - 15 = (2x+1)^2$ i) $(x+2)(9-x) = (x-9)(x-6)$
j) $(x-6)(x-5) + (x-7)(x-4) = 0$ k) $x : (x+1) = (2x+3) : (3x+4)$ l) $(3x-5)^2 - 8(3x-5) + 7 = 0$

6. Bestimmen Sie die Lösungsmenge mit Hilfe der Lösungsformel ($G = \mathbb{R}$; $a, b, c, m, n$ Formvariable)! Machen Sie für die Formvariablen gegebenenfalls Fallunterscheidungen!

a) $x^2 - (a+b)x + ab = 0$ b) $x^2 - ax = 1 - a$ c) $x^2 + a^2 = 2ax + 1$
d) $x^2 - b^2 = 2ax - a^2$ e) $x^2 + ax - ab = bx$ f) $abx^2 - 2abx + ab = 0$
g) $x^2 + x(m+n) + mn = 0$ h) $x^2 + (a-1)x = a$ i) $x^2 + (a-x)^2 = (a-2x)^2$
j) $x^2 - 2(a+b)x + 10ab = 3(a^2+b^2)$ k) $a^2 - x^2 = (a-x)(b+c-x)$ l) $(a-x)^2 + (x-b)^2 = a^2 + b^2$

7. Berechnen Sie die Lösungsmenge der Gleichung $ax^2 + bx + c = 0$ ($a, b, c$ Formvariable; $a \neq 0$; $G = \mathbb{R}$)! Machen Sie Fallunterscheidungen!

8. Wählen Sie $p$ so, daß die Gleichung $x^2 + px = 0$ in $\mathbb{R}$ die angegebene Lösungsmenge besitzt!

a) $\{0; 7\}$ b) $\{0; -7\}$ c) $\{0; \sqrt{3}\}$ d) $\{0; -\sqrt{3}\}$ e) $\{0; -1{,}5\}$ f) $\{0\}$

9. Wählen Sie $q$ so, daß die Gleichung $x^2 + q = 0$ in $\mathbb{R}$ die angegebene Lösungsmenge besitzt!

a) $\{3; -3\}$ b) $\{1{,}7; -1{,}7\}$ c) $\{\pi; -\pi\}$ d) $\{\ \}$ e) $\{0\}$ f) $\{\frac{2}{7}; -\frac{2}{7}\}$

10. Bestimmen Sie jeweils die Lösungsmenge mit Hilfe der Vietaschen Wurzelsätze (möglichst ohne schriftliche Rechnung)!

a) $x^2 - 3x + 2 = 0$ b) $x^2 - 4x + 3 = 0$ c) $x^2 + x - 6 = 0$
d) $x^2 - x - 6 = 0$ e) $x^2 - 12x + 32 = 0$ f) $x^2 + 12x + 20 = 0$

11. Geben Sie jeweils eine Gleichung an, die die vorgegebene Lösungsmenge besitzt!

**Beispiel:** $L = \{5; 7\}$; $x_1 + x_2 = 5 + 7 = 12, p = -12;$
$x_1 \cdot x_2 = 5 \cdot 7 = 35, q = 35$

Gleichung: $x^2 - 12x + 35 = 0$

a) $L = \{3; -4\}$ b) $L = \{0{,}5; -7{,}5\}$ c) $L = \{\sqrt{3}; 2 + \sqrt{3}\}$
d) $L = \{0; 12\}$ e) $L = \{-3; -4\}$ f) $L = \{-100; 0{,}01\}$

12. Wählen Sie in der Gleichung $x^2 + p\,x + 10 = 0$ $p$ so, daß

a) $L$ zwei Elemente besitzt,
b) $L$ genau ein Element enthält,
c) $L = \emptyset$ ,
d) $2 \in L$.

13. Wählen Sie in der Gleichung $x^2 + 4\,x + q = 0$ $q$ so, daß

a) $L$ zwei Elemente besitzt,
b) $L$ genau ein Element enthält,
c) $L = \emptyset$ ,
d) $-6 \in L$.

14. Geben Sie jeweils den Term als Produkt von Linearfaktoren an!

**Beispiel:** $x^2 + x - 56$
Betrachte $x^2 + x - 56 = 0$; $L = \{-8; 7\}$;
also $x^2 + x - 56 = (x + 8)\,(x - 7)$.

a) $x^2 + 6\,x - 7$
b) $x^2 + 12\,x + 27$
c) $x^2 + 9{,}5\,x - 5$
d) $x^2 + (\sqrt{3} + \sqrt{2})\,x + \sqrt{6}$
e) $x^2 - 17{,}2\,x + 72$
f) $x^2 + 1000{,}08\,x + 80$

15. Bestimmen Sie jeweils $p$ bzw. $q$ und das zweite Lösungselement!

a) $x^2 + 23\,x + q = 0$; $L = \{7; x_2\}$
b) $x^2 + p\,x + 5 = 0$, $L = \{1; x_2\}$
c) $x^2 + p\,x + 88 = 0$, $L = \{-11; x_2\}$
d) $x^2 + (\sqrt{2} - 3)\,x + q = 0$, $L = \{3; x_2\}$

16. Wenden Sie das im Lehrtext beschriebene Iterationsverfahren zur Bestimmung der Lösungsmenge an!

**Beispiel:** $x^2 - 48{,}3\,x - 85 = 0 \Leftrightarrow x = 48{,}3 + \dfrac{85}{x}$
Anwendung der Iterationsformel

$$x_{(n+1)} = 48{,}3 + \frac{85}{x_{(n)}}$$

mit dem Startwert $x_{(0)} = 48{,}3$ führt zur Lösung 50,000000. Die zweite Lösung $(-1{,}7)$ erhält man durch Anwendung eines Vietaschen Wurzelsatzes.
$L = \{50; -1{,}7\}$

a) $x^2 + 17{,}6\,x - 4{,}9 = 0$
b) $x^2 - 89{,}06\,x - 4{,}77 = 0$
c) $x^2 - 6\,x + 4 = 0$
d) $x^2 - 1{,}27\,x + 0{,}04 = 0$
e) $3\,x^2 - 7\,x - 16 = 0$
f) $x^2 - 32{,}5 = 9\,x$

Bestimmen Sie für die folgenden Gleichungen jeweils die Lösungsmenge ($G = \mathbb{R}$) nach einem von Ihnen gewählten Verfahren!

17. $x^2 + x = 6$
18. $x^2 - 4\,x = 1$
19. $x^2 - 4\,x + 1 = 0$
20. $x^2 + x + 6 = 0$
21. $x^2 - 2\,x = 8$
22. $x^2 - 2\,x + 4 = 0$
23. $x^2 + 3\,x + 2 = 0$
24. $(x - 2)\,(x - 3) = 0$
25. $x^2 - 1{,}5\,x - 1 = 0$
26. $x + \frac{6}{x} = 5$
27. $x^2 - \frac{1}{2}\,x + 3 = 0$
28. $x^2 - x = 4$
29. $x^2 - 0{,}5\,x - 3 = 0$
30. $x\,(x - 2) = 5$
31. $x^2 + 2{,}4\,x - 0{,}3024 = 0$
32. $x^2 - x - \frac{3}{4} = 0$
33. $x^2 + 3\,\frac{3}{4}\,x - 1 = 0$
34. $2\,x^2 + 5\,x = 0$
35. $4\,x^2 - x - 1{,}5 = 0$
36. $3\,x^2 + x = 24$
37. $\frac{1}{4}\,x^2 - \frac{1}{2}\,x + 1 = 0$
38. $9\,x^2 - 24\,x + 16 = 0$
39. $3\,x^2 + 10\,x + 8 = 0$
40. $9\,x^2 + 27\,x - 162 = 0$
41. $4\,x^2 - 2\,x - 12 = 0$
42. $20\,x^2 + x = 12$
43. $6\,x^2 - 25{,}5\,x + 26{,}25 = 0$
44. $35\,x^2 + 3\,x - 2 = 0$
45. $6\,x^2 + 13\,x - 5 = 0$
46. $16\,x^2 + 8\,x - 15 = 0$
47. $35\,x^2 - 74\,x + 35 = 0$
48. $60\,x^2 - 79\,x - 69 = 0$
49. $3\,x^2 - 14\,x - 49 = 0$
50. $30\,x^2 + 19\,x - 4 = 0$
51. $-27\,x^2 + 30\,x + 77 = 0$
52. $91\,x^2 - 45\,x - 36 = 0$
53. $6\,x^2 - 29\,x - 5 = 0$
54. $42\,x^2 - 29\,x - 6 = 0$
55. $14\,x^2 - 71\,x = 33$
56. $2\,x^2 + 15{,}9 = 13{,}6\,x$
57. $1\frac{1}{5}\,x^2 + 10 = 7\,x$
58. $2\,x^2 + 2{,}5\,x - 3 = 0$
59. $12\,x^2 + 24\,x + 12 = 0$
60. $-8\,x^2 + 2\,x + 15 = 0$
61. $7\,x^2 + 25\,x = 12$
62. $-91\,x^2 + 2\,x + 45 = 0$
63. $3\,x^2 - 7\,x - 16 = 0$

64. In welchen Punkten schneiden sich die Parabel und die Gerade?

**Beispiel:** Parabel: $y = -x^2 + 4x + 1$
Gerade: $y = x + 1$
$-x^2 + 4x + 1 = x + 1$ (Gleichsetzen der Funktionsterme)
$\Leftrightarrow x^2 - 3x = 0$
$\Leftrightarrow x(x-3) = 0$
$\Leftrightarrow x = 0 \vee x = 3$ Schnittpunkte: (0/1), (3/4)

a) $y = x^2 + 6x + 5$
$y = -2x - 1$

b) $y = \frac{1}{2}x^2 - 3x + \frac{1}{2}$
$y = 3x - 2$

c) $y = 5x^2 - 7x + 8$
$y = -3x + 10$

d) $y = (x-1)^2 - 2$
$y = -2x - 1$

e) $y = x^2 - 6x + 10$
$y = -5x - 3$

f) $y = x^2 - 7x + 11$
$y = -\frac{1}{2}x - 5$

Beachten Sie, daß bei den folgenden Textaufgaben jeweils mehr als eine Lösung auftreten kann!

65. Multipliziert man das 5fache einer Zahl mit ihrem 12fachen, so erhält man 540.

66. Dividiert man 180 durch eine Zahl, so erhält man das 5fache dieser Zahl.

67. Von welcher Zahl ist der dritte Teil genau so groß wie das 12fache ihres Kehrwertes?

68. Zerlegen Sie 10 so in zwei Summanden, daß die Summe ihrer Quadrate 82 beträgt!

69. Zerlegen Sie 900 so in zwei Summanden, daß die Summe ihrer Kehrwerte gleich dem Kehrwert von 221 ist!

70. Dividiert man eine Zahl durch 8, so ist der Quotient um 1 größer, als wenn man 362,5 durch diese Zahl dividiert.

71. Der Nenner eines Bruches ist um 4 größer als der Zähler. Vermindert man den Zähler und vermehrt man den Nenner jeweils um 3, so ist der neue Bruch nur noch halb so groß wie der ursprüngliche.

72. Die Summe der Quadrate von zwei aufeinanderfolgenden natürlichen Zahlen ist 3281. Um welche Zahlen handelt es sich?

73. Ein rechteckiges Grundstück, dessen Länge die Breite um 12 m übertrifft, hat einen Flächeninhalt von 6205 $m^2$. Berechnen Sie Länge und Breite!

74. Verlängert man eine Seite eines Quadrates um 3 m und verkürzt man eine Seite um 3 m, so erhält man ein Rechteck mit einem Flächeninhalt von 1591 $m^2$. Berechnen Sie die Seitenlänge des Quadrates!

75. Eine Seite eines Rechtecks ist um 14 m länger als die andere. Wie lang sind die Seiten, wenn die Diagonalen eine Länge von 34 m haben?

76. In einem rechtwinkligen Dreieck hat die Hypotenuse eine Länge von 1250 m. Wie lang sind die Katheten, wenn die größere die kleinere um 382 m übertrifft?

77. Die Diagonale einer Würfelfläche hat eine Länge von 9 cm. Bestimmen Sie die Länge jeder Kante dieses Würfels!

78. Die Höhe eines gleichseitigen Dreiecks beträgt 10 cm. Bestimmen Sie die Länge einer Dreiecksseite!

79. Die Höhe eines Dreiecks ist 8 m größer als die zugehörige Seite. Der Flächeninhalt beträgt 792 $m^2$. Berechnen Sie die Länge der zur Höhe gehörenden Seite!

80. Die Länge der Seite eines regelmäßigen Sechsecks beträgt 12,5 m. Wie groß ist der Radius des Kreises, der noch in das Sechseck einbeschrieben werden kann?

81. Der Durchmesser eines Kreises beträgt 12 cm. Um wieviel muß der Durchmesser vergrößert werden, damit der Flächeninhalt des neuen Kreises viermal so groß wie der des alten Kreises wird?

82. Die Flächeninhalte zweier Kreise betragen zusammen 15,09 $m^2$. Die Summe ihrer Durchmesser ist 4,6 m. Berechnen Sie die Durchmesser!

83. Bei einer Härteprüfung nach Brinell hinterläßt eine Stahlkugel mit einem Durchmesser von 10 mm im Werkstoff einen Eindruck mit einem Durchmesser von 8 mm. Bestimmen Sie die Eindruckstiefe!

84. Die Kantenlängen eines Quaders verhalten sich wie 3 : 4 : 5. Die Oberfläche des Quaders beträgt 282 $cm^2$. Bestimmen Sie die Seitenlängen!

85. Würde man die Kanten eines Würfels um 3 cm vergrößern, so würde sein Volumen um 4167 $cm^3$ anwachsen. Bestimmen Sie die Kantenlänge des (ursprünglichen) Würfels!

86. Die Differenz der Volumina zweier Würfel beträgt 9970 $m^3$. Bestimmen Sie das Volumen eines jeden Würfels, wenn die Differenz der Kantenlängen beider Würfel 10 m beträgt!

87. In einem Kreis befinden sich zwei parallele Sehnen mit den Längen 12 cm und 18 cm. Der Abstand der größeren vom Mittelpunkt beträgt 5 cm. Wie weit sind die Sehnen voneinander entfernt?

Berechnen Sie jeweils die Lösungsmenge ($G = \mathbb{R}$)!

**Beispiel:** $x^4 - 10x^2 + 9 = 0$; setze $x^2 = z$:

$$z^2 - 10z + 9 = 0$$
$$\Leftrightarrow z = 5 + \sqrt{25-9} \vee z = 5 - \sqrt{16}$$
$$\Leftrightarrow z = 9 \vee z = 1$$
$$\Leftrightarrow x^2 = 9 \vee x^2 = 1$$
$$\Leftrightarrow (x = 3 \vee x = -3) \vee (x = 1 \vee x = -1)$$
$$L = \{-3; -1; 1; 3\}$$

88. $x^4 + 4 = 5x^2$

89. $x^4 - 17x^2 + 16 = 0$

90. $12x^4 + 3 = 20x^2$

91. $3x^4 - 20 = 7x^2$

92. $x^2(x^2 - 12) + 27 = 0$

93. $(x^2 - 5)^2 + (x^2 - 8)^2 = 17$

94. $(x^2 - 9)(x^2 - 16) = 15x^2$

95. $x^6 + 7x^3 - 8 = 0$

96. $x^6 - 28x^3 + 27 = 0$

97. $8x^{-6} + 999x^{-3} = 125$

Berechnen Sie jeweils die Lösungsmenge ($G = \mathbb{R}$; $x$ Lösungsvariable; $a$, $b$, $m$, $n$ Formvariable)! Vergessen Sie nicht die Bestimmung der Definitionsmenge!

98. $2x + \frac{1}{x} = 3$

99. $9x + \frac{45}{x} = 86$

100. $3x - 8 = \frac{16}{x}$

101. $x + \frac{1}{3} = \frac{1}{x} + 3$

102. $\frac{x}{4} + \frac{x-21}{4-x} = 1$

103. $\frac{x}{a-x} - \frac{a-x}{x} = 2{,}5$

104. $\frac{2x+5}{10-x} = \frac{2x}{25-3x}$

105. $\frac{30}{x} - \frac{16}{x+1} = \frac{13}{x-2}$

106. $\frac{14}{x-2} + 2x = 20$

107. $\frac{21}{x} - \frac{10}{x-2} - \frac{4}{x-3} = 0$

108. $\frac{25}{1 + \frac{32}{x}} = x - 3$

109. $\frac{2}{\frac{9}{x} - 1} = 4 - x$

110. $\frac{3x+7}{x-1} + \frac{5x+2}{x+2} = 9$

111. $\frac{7(x+1)}{x+3} = 1 + \frac{4x+4}{x-3}$

112. $\frac{7x-27}{10} - \frac{2(24-x)}{x+2} = \frac{x+4}{5}$

113. $\frac{x}{3} - \frac{x^2-19}{3x+6} = 3 + \frac{4x-7}{6-3x}$

114. $\frac{4x-5}{7} + \frac{2x-1}{5} - \frac{3}{x} = x - 2$

115. $\frac{5x-2}{2x} + \frac{3x-2}{5-2x} = \frac{x+16}{x+1}$

116. $\frac{3x-5}{x+1} + \frac{2x+13}{2x-5} = \frac{4x+2}{x-1}$

117. $\frac{5x-14}{x-4} = \frac{2x-1}{x-2} + \frac{3x+1}{x-3}$

118. $\frac{2x+5}{x-1} - \frac{3x+4}{2(x-1)} = \frac{2x-7}{x+1}$

119. $\frac{1}{x+2} + \frac{1}{x+20} - \frac{1}{x+4} = \frac{1}{x+8}$

120. $abx + \frac{a}{x} = a^2 + b$

121. $x + \frac{2a-b}{2a+b} = \frac{2a+b}{2a-b} + \frac{1}{x}$

122. $a\left(\frac{x}{m} - n\right) = x\left(\frac{x}{n} - m\right)$

123. $m\left(\frac{x}{a} - b\right) = n\left(\frac{1}{a} - \frac{b}{x}\right)$

124. $\frac{(a-x)^2 + (x-b)^2}{(a-x)^2 - (x-b)^2} = \frac{a^2+b^2}{a^2-b^2}$

125. $\frac{(a-x)^3 + (x-b)^3}{(a-x) - (x-b)} = \frac{a^3-b^3}{a+b}$

Berechnen Sie jeweils die Lösungsmenge ($G = \mathbb{R} \times \mathbb{R}$)!

**Beispiel:**

$$\left[\begin{array}{l} x^2 + y^2 = 313 \\ \wedge -x^2 + y^2 = 25 \end{array}\right] \Leftrightarrow \left[\begin{array}{l} x^2 + y^2 = 313 \\ \wedge\ 2y^2 = 338 \end{array}\right]$$

$$\Leftrightarrow \left[\begin{array}{l} x^2 + y^2 = 313 \\ \wedge\ y^2 = 169 \end{array}\right]$$

$$\Leftrightarrow \left[\begin{array}{l} x^2 + 169 = 313 \\ \wedge\ y^2 = 169 \end{array}\right] \Leftrightarrow \left[\begin{array}{l} x^2 = 144 \\ \wedge\ y^2 = 169 \end{array}\right]$$

$$\Leftrightarrow \left[\begin{array}{l} (x = 12 \vee x = -12) \\ \wedge\ (y = 13 \vee y = -13) \end{array}\right]$$

$$L = \{(12|13);\ (12|-13);\ (-12|13);\ (-12|-13)\}$$

126. $\left[\begin{array}{l} 2x^2 - 3y^2 = -120 \\ \wedge\ 3x^2 - 2y^2 = 460 \end{array}\right]$

127. $\left[\begin{array}{l} x^2 + y^2 = 485 \\ \wedge\ 5x^2 - 3y^2 = 113 \end{array}\right]$

128. $\left[\begin{array}{l} 2x^2 - 3y^2 = 191 \\ \wedge\ \frac{1}{2}x^2 - \frac{1}{3}y^2 = 168\frac{1}{6} \end{array}\right]$

129. $\left[\begin{array}{l} 15x = 18y \\ \wedge\ xy = 30 \end{array}\right]$

130. $\left[\begin{array}{l} 4\frac{4}{5}x = 5y \\ \wedge\ xy = 600 \end{array}\right]$

131. $\left[\begin{array}{l} 5x - 16y = 0 \\ \wedge\ 3xy = 2160 \end{array}\right]$

132. $\left[\begin{array}{l} x^2 + y^2 = 40 \\ \wedge\ 3y = x \end{array}\right]$

133. $\left[\begin{array}{l} x + y = 46 \\ \wedge\ xy = 513 \end{array}\right]$

134. $\left[\begin{array}{l} x + y = -6 \\ \wedge\ xy = -2592 \end{array}\right]$

135. $\left[\begin{array}{l} 6x + 12y = 72 \\ \wedge\ 4xy = 40 \end{array}\right]$

136. $\left[\begin{array}{l} x - y = 18 \\ \wedge\ xy = -45 \end{array}\right]$

137. $\left[\begin{array}{l} x^2 + y^2 = 85 \\ \wedge\ x + y = 13 \end{array}\right]$

138. $\left[\begin{array}{l} x^2 - y^2 = 240 \\ \wedge\ x - y = 6 \end{array}\right]$

139. $\left[\begin{array}{l} 6x^2 + 8y^2 = 296 \\ \wedge\ 6x - 4y = 4 \end{array}\right]$

140. $\left[\begin{array}{l} 36x^2 - 25y^2 = 119 \\ \wedge\ 6x - 5y = 7 \end{array}\right]$

141. $\begin{bmatrix} xy + 220 = 3x^2 \\ \wedge\ 7x^2 + 11 = 6xy \end{bmatrix}$

142. $\begin{bmatrix} x^2 + xy = 28 \\ \wedge\ xy + 5x^2 = 92 \end{bmatrix}$

143. $\begin{bmatrix} 5x^2 + y = 3xy \\ \wedge\ 2x - y = 0 \end{bmatrix}$

144. $\begin{bmatrix} (x+y)(x-2y) = 7 \\ \wedge\ x - y = 3 \end{bmatrix}$

145. $\begin{bmatrix} x^2 + 2xy - y^2 = 7(x-y) \\ \wedge\ 2x - y = 5 \end{bmatrix}$

146. $\begin{bmatrix} 8x^2 - 5xy = 78 \\ \wedge\ 2xy - 36 = x^2 + 12 \end{bmatrix}$

147. $\begin{bmatrix} x^2 + 2xy + y^2 = 196 \\ \wedge\ x - y = 2 \end{bmatrix}$

148. $\begin{bmatrix} 7(x^2 + y^2) = 25(x^2 - y^2) \\ \wedge\ xy^2 = 36 \end{bmatrix}$

149. $\begin{bmatrix} (x+y):(x-y) = 2:1 \\ \wedge\ x^2 - y^2 = 128 \end{bmatrix}$

150. $\begin{bmatrix} (x+y)^2 : (x-y)^2 = 4:1 \\ \wedge\ xy = 75 \end{bmatrix}$

151. $\begin{bmatrix} 4x^2 - 9y^2 = 0 \\ \wedge\ 4x^2 + y^2 = 8(x+y) \end{bmatrix}$

152. $\begin{bmatrix} x : y = 9 : 4 \\ \wedge\ xy = 144 \end{bmatrix}$

153. $\begin{bmatrix} \dfrac{10}{x+2} + \dfrac{9}{y-1} = 5 \\ \wedge\ \dfrac{2}{x-1} = \dfrac{4}{y} \end{bmatrix}$

154. $\begin{bmatrix} x^2 + y^2 = a \\ \wedge\ xy = b \end{bmatrix}$

155. $\begin{bmatrix} x + y = a \\ \wedge\ x^2 + y^2 = b \end{bmatrix}$

156. $\begin{bmatrix} x^2 : y^2 = a^2 : b^2 \\ \wedge\ a - x = b - y \end{bmatrix}$

157. $\begin{bmatrix} x = a(x^2 + y^2) \\ \wedge\ y = b(x^2 + y^2) \end{bmatrix}$

158. $\begin{bmatrix} \dfrac{5}{x+3} + \dfrac{2}{y-1} = 2 \\ \wedge\ \dfrac{4}{x} - \dfrac{3}{y} = 1 \end{bmatrix}$

159. $\begin{bmatrix} \dfrac{8}{x} + \dfrac{3}{y} = 3 \\ \wedge\ \dfrac{5}{x+1} = \dfrac{2}{y-1} \end{bmatrix}$

160. Die Summe der Quadrate zweier Zahlen ist 164, die Differenz ihrer Quadrate ist 36. Geben Sie alle in Frage kommenden Zahlenpaare an!

161. Eine Zahl ist doppelt so groß wie eine andere. Die Differenz ihrer Quadrate beträgt 1026,75.

162. Suchen Sie zwei Zahlen, deren Produkt 96 beträgt. Das 12fache der einen Zahl ist gleich dem 18fachen der anderen.

163. Zerlegen Sie die Zahl 100 additiv so, daß die Summe ihrer Quadrate 5392 beträgt.

164. Zwei Zahlen verhalten sich zueinander wie 11 : 25. Die Summe ihrer Quadrate beträgt 60426.

165. Die Summe aus der Summe und dem Produkt zweier Zahlen ist 492. Die Summe der Quadrate übertrifft die Summe der Zahlen um 996.

166. Es werden zwei Zahlen gesucht, deren Summe mit der Summe ihrer Quadrate zusammen 330, deren Differenz mit der Differenz ihrer Quadrate zusammen 150 ergeben.

167. Das Produkt aus der Summe und der Differenz zweier Zahlen ist 1375. Die Summe aus dem Vierfachen der ersten und dem Doppelten der zweiten Zahl beträgt 190.

168. Ein Rechteck hat einen Flächeninhalt von 925 m². Seine Seitenlängen unterscheiden sich um 12 m. Bestimmen Sie die Seitenlängen!

169. Der Flächeninhalt eines Rechtecks beträgt 2640 m². Die Diagonale ist 73 m lang. Wie lang sind die Seiten?

170. Für welches Rechteck sind die Diagonale 17 cm lang und der Umfang 46 cm?

171. Um den Fußboden von zwei quadratischen Räumen auszulegen, braucht man 89 m² Linoleum. Welche Längen haben die Räume, wenn der eine 3 m länger ist als der andere?

172. Die Diagonale eines Rechtecks ist 89 m lang. Wäre jede Seite um 3 m kürzer, so würde die Diagonale um 4 m kürzer sein.

173. Ein Kegel mit einer Höhe $h = 4$ cm hat eine Oberfläche von $24\pi$ cm². Bestimmen Sie den Durchmesser des Grundkreises und die Länge der Seitenlinie ($O = r\pi(r+s)$)!

174. In einen Kreis mit dem Durchmesser 13 cm ist ein Rechteck einbeschrieben, dessen Flächeninhalt 60 cm² beträgt. Bestimmen Sie die Seitenlängen des Rechtecks!

175. Verlängert man die eine Seite eines Quadrates um eine bestimmte Strecke und die andere um die Hälfte dieser Strecke, so erhält man ein Rechteck von 432 m² Flächeninhalt. Die Diagonale des Rechtecks hat eine Länge von 30 m. Wie groß war die Seite des Quadrates, wie groß die Verlängerung?

176. a) Teilen Sie eine Strecke der Länge 18 cm so, daß sich der kürzere Abschnitt zum längeren wie dieser zur Länge der Gesamtstrecke verhält („Goldener Schnitt“)! Lösen Sie die Aufgabe rechnerisch!
b) Wählen Sie statt 18 cm eine Länge von $a$ cm und lösen Sie Aufgabe a) entsprechend!

177. Wie groß sind die Widerstände zweier Drähte, wenn sie hintereinandergeschaltet 6 Ω, parallelgeschaltet 1,5 Ω Gesamtwiderstand haben?

## 9.5 Komplexe Zahlen

In 9.4 haben wir festgestellt, daß eine quadratische Gleichung in $\mathbb{R}$ nicht lösbar ist, wenn die zugehörige Diskriminante negativ ist. Dies liegt darin begründet, daß das Quadrat einer reellen Zahl nicht negativ sein kann. Ähnlich wie im Falle der Gleichung $x^2 = 2$, die in $\mathbb{Q}$ nicht lösbar ist und uns Anlaß gab, neue (die reellen) Zahlen einzuführen, kennen wir mittlerweile quadratische Gleichungen (wie z.B. $-x^2 - 2x - 4 = 0$, vgl. Abb. 9.23), die in $\mathbb{R}$ nicht lösbar sind. Können wir nun $\mathbb{R}$ seinerseits so erweitern, daß in der neuen Zahlenmenge solche Gleichungen lösbar sind?

Mit Hilfe der Lösungsformel schreiben wir die möglichen Lösungen der Gleichung $x^2 + 2x + 4 = 0$ auf: $p = 2$; $q = 4$; $\left(\frac{p}{2}\right)^2 - q = 1 - 4 = -3$; also

$x = -1 + \sqrt{-3} \vee x = -1 - \sqrt{-3}$.

$\sqrt{-3}$ ist noch nicht definiert. Entsprechend der bisherigen Bedeutung der Quadratwurzel (aus einer positiven reellen Zahl), müßte gelten:

$\sqrt{-3} \cdot \sqrt{-3} = -3$.

Wir führen ein neues Symbol ein:

$\sqrt{-1} = \mathrm{i}$

(in der Elektrotechnik benutzt man statt i den Buchstaben j; in der Mathematik ist es jedoch üblich, i zu verwenden).

Für das neue Symbol muß also gelten:

$\mathrm{i}^2 = \mathrm{i} \cdot \mathrm{i} = \sqrt{-1} \cdot \sqrt{-1} = -1$,

also

$$\boxed{\mathrm{i}^2 = -1}.$$

i heißt auch die **„imaginäre Einheit“.**

Mit diesem Symbol können wir die Lösungen der Gleichung $x^2 + 2x + 4 = 0$ wie folgt schreiben:

$x = -1 + \sqrt{3}\,\mathrm{i} \vee x = -1 - \sqrt{3}\,\mathrm{i}$,

denn es gilt (wenn wir die Gültigkeit des 2. Potenzgesetzes auch für die „neuen“ Zahlen fordern):

$(\sqrt{3}\,\mathrm{i})^2 = (\sqrt{3})^2 \cdot \mathrm{i}^2 = 3 \cdot (-1) = -3$, also ist $\sqrt{3}\,\mathrm{i} = \sqrt{-3}$.

Die Zahlen $-1 + \sqrt{3}\,\mathrm{i}$ und $-1 - \sqrt{3}\,\mathrm{i}$ heißen **„komplexe Zahlen“.** $-1$ heißt der **„Realteil“** von $-1 + \sqrt{3}\,\mathrm{i}$, und $\sqrt{3}$ heißt der **„Imaginärteil“** von $-1 + \sqrt{3}\,\mathrm{i}$. Wir schreiben:

$\mathrm{Re}\,(-1 + \sqrt{3}\,\mathrm{i}) = -1$ (gelesen: „Realteil von ...“)
$\mathrm{Im}\,(-1 + \sqrt{3}\,\mathrm{i}) = \sqrt{3}$ (gelesen: „Imaginärteil von ...“)

Allgemein können wir eine komplexe Zahl $z$ wie folgt schreiben: $z = x + \mathrm{i}\,y$ mit $x, y \in \mathbb{R}$. Um die komplexen Zahlen darzustellen, führen wir ein Koordinatensystem in der folgenden Weise ein: Auf der ersten Achse (der „reellen Achse“) tragen wir die Realteile ab, auf der zweiten Achse (der „imaginären Achse“) entsprechend die Imaginärteile (vgl. Abb. 9.24). Die so entstehende Ebene nennt man auch die **„Gaußsche Zahlenebene“.** In Abb. 9.24 sind die komplexen Zahlen $3 + 2\,\mathrm{i}$, $-2 + 4\,\mathrm{i}$, $-1 - 3\,\mathrm{i}$ und $2 - 5\,\mathrm{i}$ als Punkte in der Gaußschen Zahlenebene dargestellt.

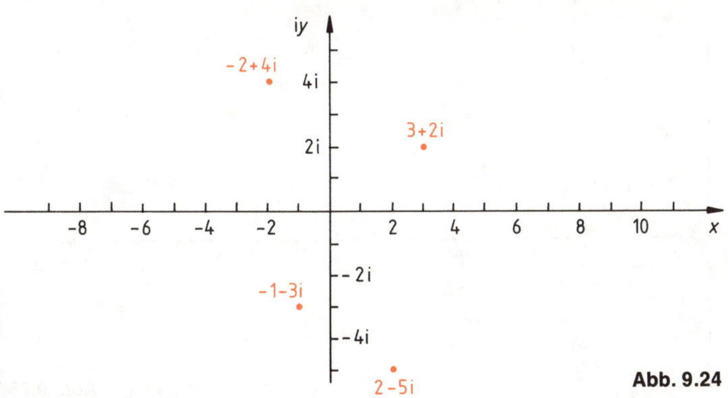


**Abb. 9.24**

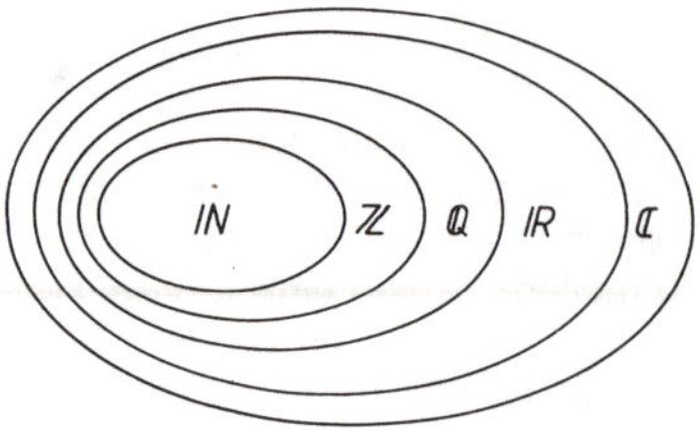


Abb. 9.25

Jeder komplexen Zahl ist in der Gaußschen Zahlenebene genau ein Punkt zugeordnet, und umgekehrt ist jedem Punkt genau eine komplexe Zahl zugeordnet. Die Menge der komplexen Zahlen bezeichnet man mit $\mathbb{C}$. Die Menge der reellen Zahlen kann als eine Teilmenge von $\mathbb{C}$ betrachtet werden. Die reellen Zahlen sind dann diejenigen komplexen Zahlen, deren Imaginärteil gleich 0 ist; sie liegen in der Gaußschen Zahlenebene auf der ersten Achse. Auf der zweiten Achse liegen die „rein-imaginären" Zahlen, das sind diejenigen komplexen Zahlen, deren Realteile gleich 0 sind. Eine komplexe Zahl, für die weder der Real- noch der Imaginärteil gleich 0 sind, liegt in einem der vier Quadranten.

Wir haben also die Menge der reellen Zahlen zur Menge der komplexen Zahlen erweitert. Es gilt $\mathbb{N} \subseteqq \mathbb{Z} \subseteqq \mathbb{Q} \subseteqq \mathbb{R} \subseteqq \mathbb{C}$.

Unter Beachtung von $i^2 = -1$ können wir mit den komplexen Zahlen im wesentlichen genauso rechnen wie mit den reellen Zahlen (beachten Sie jedoch Aufgabe 10. zu 9.5). Es gelten die gleichen Gesetze für die vier Grundrechenarten.

Wir führen die vier Grundrechenarten allgemein und an **Beispielen** durch:

## 1. Addition

$$z_1 + z_2 = (x_1 + i\,y_1) + (x_2 + i\,y_2) = x_1 + x_2 + i\,(y_1 + y_2)$$

**Merksatz**

Zwei komplexe Zahlen werden **addiert,** indem man jeweils ihre Realteile und ihre Imaginärteile addiert.

**Beispiel** $(5 - 2\,i) + (3 + 4\,i) = 8 + 2\,i$

Die Addition komplexer Zahlen läßt sich in der Gaußschen Zahlenebene gut veranschaulichen, wenn wir die komplexen Zahlen als Pfeile (Vektoren) deuten. Die komplexe Zahl $5 - 2\,i$ z. B. wird durch den Pfeil dargestellt, der den Nullpunkt mit dem Punkt verbindet, der in der Gaußschen Zahlenebene die komplexe Zahl $5 - 2\,i$ darstellt (vgl. Abb. 9.26). Den zur Summe $(5 - 2\,i) + (3 + 4\,i)$ gehörigen Pfeil erhält man, indem man den Anfang des zu $3 + 4\,i$ gehörigen Pfeiles an die Spitze des zu $5 - 2\,i$ gehörigen Pfeiles ansetzt (Vektoraddition).

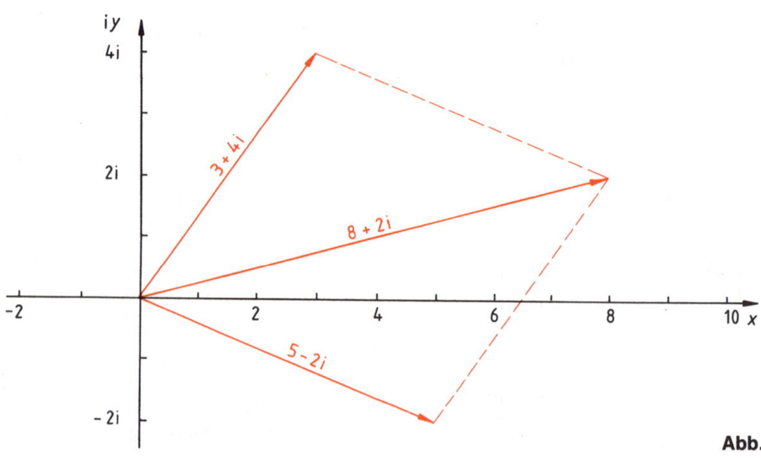


Abb. 9.26

## 2. Subtraktion

$$z_1 - z_2 = (x_1 + \mathrm{i}\, y_1) - (x_2 + \mathrm{i}\, y_2) = x_1 - x_2 + \mathrm{i}\,(y_1 - y_2)$$

**Merksatz**

> Zwei komplexe Zahlen werden **subtrahiert,** indem man jeweils ihre Realteile und ihre Imaginärteile subtrahiert.

**Beispiel**

$(-3 + 2\,\mathrm{i}) - (5 + 4\,\mathrm{i}) = -8 - 2\,\mathrm{i}$

Veranschaulichung siehe Abb. 9.27!

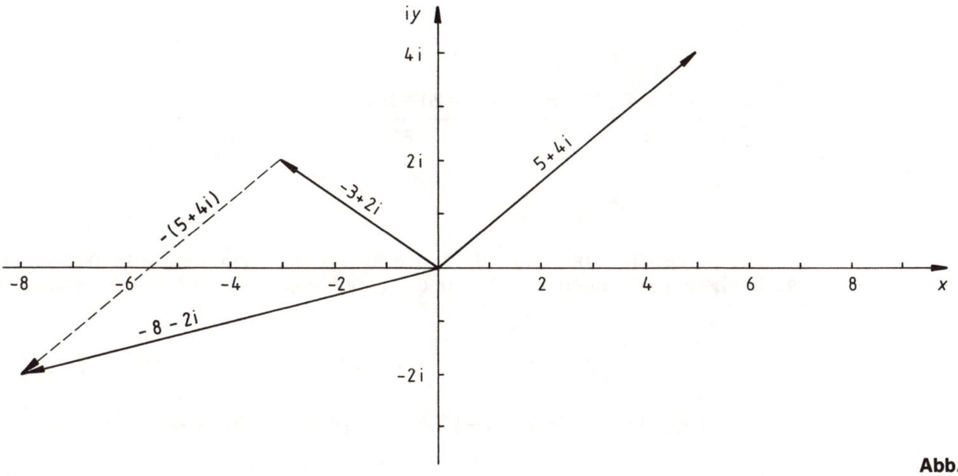


**Abb. 9.27**

## 3. Multiplikation

$$\begin{aligned} z_1 \cdot z_2 &= (x_1 + \mathrm{i}\, y_1) \cdot (x_2 + \mathrm{i}\, y_2) \\ &= x_1 x_2 + \mathrm{i}\, x_1 y_2 + \mathrm{i}\, y_1 x_2 + \mathrm{i}^2 y_1 y_2 \\ &= x_1 x_2 + \mathrm{i}\,(x_1 y_2 + x_2 y_1) - y_1 y_2 \\ &= \underbrace{(x_1 x_2 - y_1 y_2)}_{\mathrm{Re}\,(z_1 \cdot z_2)} + \mathrm{i}\, \underbrace{(x_1 y_2 + x_2 y_1)}_{\mathrm{Im}\,(z_1 \cdot z_2)} \end{aligned}$$

**Beispiel**

$$\begin{aligned} (-3 + 4\,\mathrm{i}) \cdot (2 - 5\,\mathrm{i}) &= -6 - 20\,\mathrm{i}^2 + 15\,\mathrm{i} + 8\,\mathrm{i} \\ &= -6 + 20 + 23\,\mathrm{i} = 14 + 23\,\mathrm{i} \end{aligned}$$

## 4. Division

$z = x + \mathrm{i}\, y$

$\bar{z} = x - \mathrm{i}\, y$

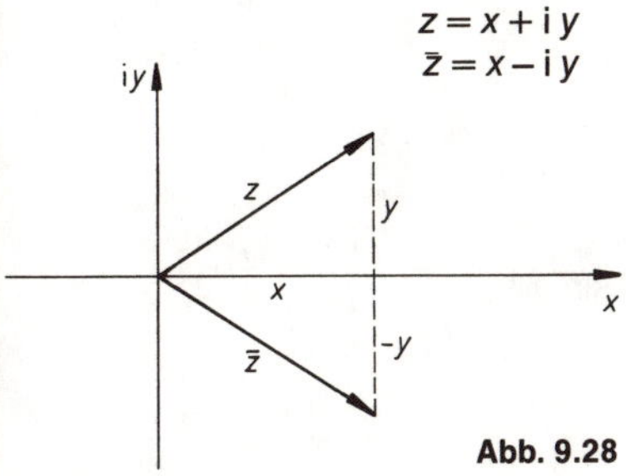


**Abb. 9.28**

Bevor wir zwei komplexe Zahlen dividieren, führen wir noch einen neuen Begriff ein:

$\bar{z} = x - \mathrm{i}\, y$ (gelesen: „$z$ quer") heißt die zu $z = x + \mathrm{i}\, y$ **„konjugiert komplexe Zahl".**

Zwei zueinander konjugiert komplexe Zahlen haben also denselben Realteil, sie unterscheiden sich nur im Vorzeichen des Imaginärteils. In der Gaußschen Zahlenebene bedeutet dies, daß eine komplexe Zahl und ihre konjugiert komplexe Zahl spiegelbildlich zur reellen Achse liegen (vgl. Abb. 9.28).

Wir multiplizieren $z$ mit $\bar{z}$ und erhalten:

$z \cdot \bar{z} = (x + \mathrm{i}\, y)(x - \mathrm{i}\, y) = x^2 - \mathrm{i}^2 y^2 = x^2 + y^2.$

Das Produkt von $z$ und $\bar{z}$ ist also eine (nichtnegative) reelle Zahl.

Diese Tatsache nutzen wir aus, wenn wir den Quotienten $\frac{z_1}{z_2}$ zweier komplexer Zahlen in der Gestalt $x + \mathrm{i}\, y$ schreiben wollen:

$$\frac{z_1}{z_2} = \frac{z_1 \cdot \bar{z}_2}{z_2 \cdot \bar{z}_2} = \frac{(x_1 + \mathrm{i}\, y_1)(x_2 - \mathrm{i}\, y_2)}{x_2^2 + y_2^2} = \frac{x_1 x_2 - \mathrm{i}^2 y_1 y_2 + \mathrm{i}\,(y_1 x_2 - x_1 y_2)}{x_2^2 + y_2^2}$$

$$= \underbrace{\frac{x_1 x_2 + y_1 y_2}{x_2^2 + y_2^2}}_{\mathrm{Re}\left(\frac{z_1}{z_2}\right)} + \underbrace{\frac{x_2 y_1 - x_1 y_2}{x_2^2 + y_2^2}}_{\mathrm{Im}\left(\frac{z_1}{z_2}\right)}\, \mathrm{i}$$

**Beispiel**

$$\frac{-3 + 4\,\mathrm{i}}{2 - 5\,\mathrm{i}} = \frac{(-3 + 4\,\mathrm{i})(2 + 5\,\mathrm{i})}{(2 - 5\,\mathrm{i})(2 + 5\,\mathrm{i})} = \frac{-6 - 20 + \mathrm{i}\,(8 - 15)}{4 + 25} = \frac{-26 - 7\,\mathrm{i}}{29} =$$

$$= -\frac{26}{29} - \frac{7}{29}\,\mathrm{i}$$

Wir sind nun auch in der Lage, die Probe für die zu Beginn des Abschnitts formal hingeschriebenen Lösungen $-1 + \sqrt{3}\,\mathrm{i}$ und $-1 - \sqrt{3}\,\mathrm{i}$ der Gleichung $x^2 + 2x + 4 = 0$ durchzuführen:

$x = -1 + \sqrt{3}\,\mathrm{i}$:

$x^2 + 2x + 4 = (-1 + \sqrt{3}\,\mathrm{i})^2 + 2(-1 + \sqrt{3}\,\mathrm{i}) + 4 = 1 - 2\sqrt{3}\,\mathrm{i} - 3 - 2 + 2\sqrt{3}\,\mathrm{i} + 4 = 0$

$x = -1 - \sqrt{3}\,\mathrm{i}$:

$x^2 + 2x + 4 = (-1 - \sqrt{3}\,\mathrm{i})^2 + 2(-1 - \sqrt{3}\,\mathrm{i}) + 4 = 1 + 2\sqrt{3}\,\mathrm{i} - 3 - 2 - 2\sqrt{3}\,\mathrm{i} + 4 = 0$

An der Lösungsformel für die Normalform quadratischer Gleichungen können wir im übrigen ablesen, daß die quadratische Gleichung $x^2 + px + q = 0$ im Falle $D < 0$ in $\mathbb{C}$ immer zwei konjugiert komplexe Lösungen besitzt.

## Polarkoordinaten

Durch die Pfeildarstellung sind wir nun auch in der Lage, komplexe Zahlen anders als durch Real- und Imaginärteil zu beschreiben. Wir können eine komplexe Zahl auch durch die folgenden Angaben festlegen (vgl. Abb. 9.29):

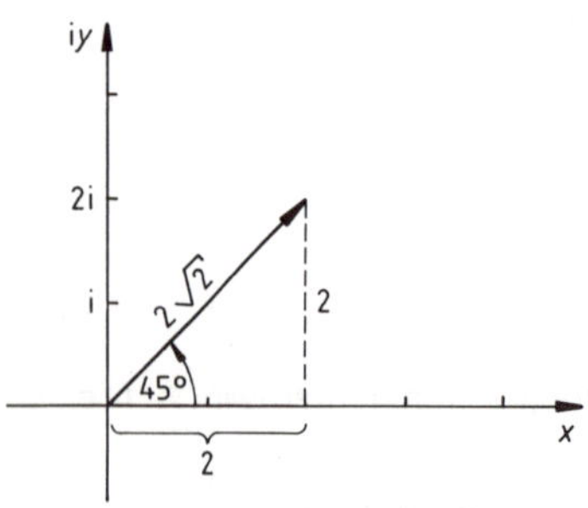


**Abb. 9.29**

a) durch die Länge des Pfeils, geschrieben $|z|$, gelesen „$z$ Betrag" (Nach dem Lehrsatz des Pythagoras gilt: $|z|^2 = x^2 + y^2$, also $|z| = \sqrt{x^2 + y^2}$), und

b) durch das Maß $\varphi$ des Winkels, den der Pfeil mit der positiven $x$-Achse bildet. Wenn wir fordern, daß $0° \leqq \varphi < 360°$ gelten soll, so ist $\varphi$ für jede komplexe Zahl $z \neq 0$ eindeutig festgelegt.

Mit Hilfe der trigonometrischen Funktionen cos und sin gilt:

$\cos(\varphi) = \frac{x}{|z|}, \quad \sin(\varphi) = \frac{y}{|z|}, \quad$ also

$x = |z| \cdot \cos(\varphi), \quad y = |z| \cdot \sin(\varphi).$

Bezeichnen wir den Radius des Kreises, auf dem $z$ liegt (Mittelpunkt des Kreises ist der Nullpunkt), mit $r$, so erhalten wir:

$x = r \cdot \cos(\varphi), \quad y = r \cdot \sin(\varphi).$

Wir können also jede komplexe Zahl $z \neq 0$ mit eindeutig bestimmten Größen $r$ und $\varphi$ ($0° \leqq \varphi < 360°$) wie folgt schreiben:

$\underline{z} = x + \mathrm{i}\,y = r\cos(\varphi) + \mathrm{i}\,r\sin(\varphi) = \underline{r(\cos(\varphi) + \mathrm{i}\sin(\varphi))}$

Jede komplexe Zahl kann also statt durch $x$ und $y$ auch durch $r$ und $\varphi$ beschrieben werden; $r$ und $\varphi$ heißen **„Polarkoordinaten"**.

**Beispiel** $z = 2 + 2\,\mathrm{i}$

Ermittlung der Polarkoordinaten $r$ und $\varphi$:

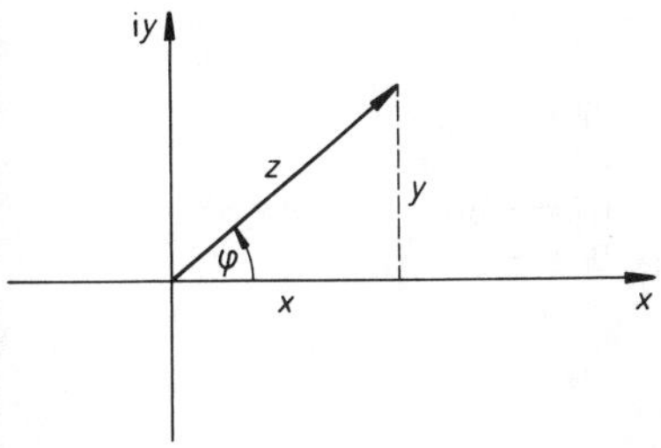


Abb. 9.30

$\underline{r} = |z| = \sqrt{4+4} = \sqrt{8} = \underline{2\sqrt{2}}$

$\tan(\varphi) = \frac{2}{2} = 1 \Rightarrow \underline{\varphi = 45°}$ (da $z$ im ersten Quadranten liegt)

$z = r(\cos(\varphi) + \mathrm{i}\sin(\varphi)) = 2\sqrt{2} \cdot (\cos(45°) + \mathrm{i}\sin(45°))$

Zum Abschluß dieses Abschnitts berechnen wir noch die Potenzen von i, der imaginären Einheit, mit natürlichen Exponenten:

$\mathrm{i}^2 = -1; \quad \mathrm{i}^3 = \mathrm{i}^2 \cdot \mathrm{i} = (-1)\,\mathrm{i} = -\mathrm{i}; \quad \mathrm{i}^4 = \mathrm{i}^3 \cdot \mathrm{i} = (-\mathrm{i}) \cdot \mathrm{i} = -\mathrm{i}^2 = -(-1) = 1;$

$\mathrm{i}^5 = \mathrm{i}^4 \cdot \mathrm{i} = 1 \cdot \mathrm{i} = \mathrm{i}; \quad \mathrm{i}^6 = \mathrm{i}^4 \cdot \mathrm{i}^2 = \mathrm{i}^2 = -1$ usw.

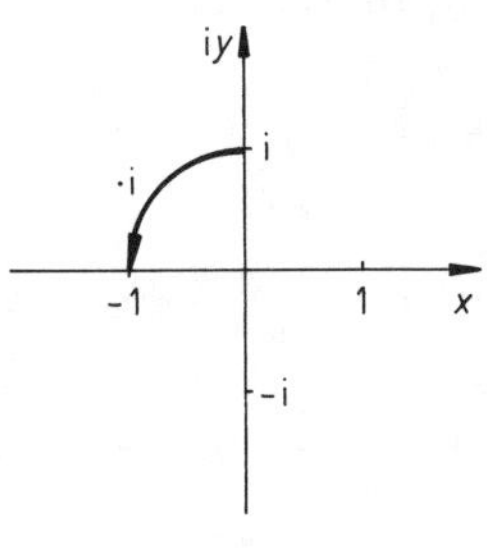


Abb. 9.31

Wie Abb. 9.31 zeigt, bedeutet die Multiplikation mit i eine Drehung um den Nullpunkt mit dem Winkelmaß 90° im mathematisch positiven Sinne (entgegen dem Uhrzeigersinn).

Allgemein erhalten wir:

$$\left.\begin{aligned} \mathrm{i}^{4n+1} &= \mathrm{i} \\ \mathrm{i}^{4n+2} &= -1 \\ \mathrm{i}^{4n+3} &= -\mathrm{i} \\ \mathrm{i}^{4n+4} &= 1 \end{aligned}\right\} \text{ für alle } n \in \mathbb{N}_0$$

# Aufgaben zu 9.5

1. Ermitteln Sie die Real- und Imaginärteile der folgenden komplexen Zahlen und stellen Sie die Zahlen mit Hilfe von Pfeilen in der Gaußschen Zahlenebene dar!
   a) $z = 3 + 5\,\mathrm{i}$ b) $z = -2 + 4\,\mathrm{i}$ c) $z = -1 - 2\,\mathrm{i}$
   d) $z = -7 - \mathrm{i}$ e) $z = 7 - 2{,}5\,\mathrm{i}$ f) $z = 3 - 1{,}8\,\mathrm{i}$

2. Deuten Sie die Addition bzw. Subtraktion in der Gaußschen Zahlenebene mit Hilfe von Pfeilen!
   a) $(3 + \mathrm{i}) + 2$ b) $(-1 - \mathrm{i}) + (2 - \mathrm{i})$ c) $(-4 + 2\,\mathrm{i}) - 5\,\mathrm{i}$
   d) $(2 + 2\,\mathrm{i}) - (1 - 3\,\mathrm{i})$ e) $(5 - 3\,\mathrm{i}) + (-4 + 4\,\mathrm{i})$ f) $(-3 + 2\,\mathrm{i}) - (2 + 2\,\mathrm{i})$

3. Berechnen Sie $\bar{z}$ und $|z|$!
   a) $z = 3 + 4\,\mathrm{i}$ b) $z = -2 + 3\,\mathrm{i}$ c) $z = -1 - \mathrm{i}$
   d) $z = 5 + 7\,\mathrm{i}$ e) $z = 5 - 6\,\mathrm{i}$ f) $z = 3 + 4\,\mathrm{i}$
   g) $z = -5 - 7\,\mathrm{i}$ h) $z = -5 + 6\,\mathrm{i}$ i) $z = -3 - 4\,\mathrm{i}$

4. Berechnen Sie jeweils die Lösungsmenge $(G = \mathbb{C})$!
   a) $x^2 = -36$ b) $x^2 = -27$ c) $x^2 = -\frac{1}{81}$
   d) $x^2 = -\frac{4}{9}$ e) $x^2 = -1{,}44$ f) $x^2 = -0{,}0064$
   g) $3x^2 = -5$ h) $5x^2 + 25 = 0$ i) $x^2 + 16a^2 = 0 \quad (a \in \mathbb{R})$
   j) $5x^2 - 14x + 13 = 0$ k) $\frac{2}{3}x^2 + 6x + 22 = 0$ l) $x^2 + \frac{4}{3}x + \frac{53}{9} = 0$
   m) $\dfrac{x}{4} + \dfrac{x-21}{4-x} = 1$

5. Berechnen Sie:
   a) $7\,\mathrm{i} + 15\,\mathrm{i}$ b) $18\,\mathrm{i} - 23\,\mathrm{i}$ c) $-12\,\mathrm{i} + 10\,\mathrm{i}$
   d) $(6 + 7\,\mathrm{i}) + (3 - 5\,\mathrm{i})$ e) $(-3 - 20\,\mathrm{i}) + (-4 + 10\,\mathrm{i})$ f) $(17 + 5\,\mathrm{i}) - (16 - 4\,\mathrm{i})$
   g) $(23 - 12\,\mathrm{i}) - (25 + 3\,\mathrm{i})$ h) $(3 + 4\,\mathrm{i}) + (8 - 5\,\mathrm{i}) - (6 + 7\,\mathrm{i})$ i) $5(2 + 6\,\mathrm{i}) - 3(4 - 3\,\mathrm{i})$
   j) $a(b + c\,\mathrm{i}) + 2b(a + c\,\mathrm{i}) \quad (a, b, c \in \mathbb{R})$ k) $(a + b\,\mathrm{i}) - \mathrm{i}(b + c\,\mathrm{i}) \quad (a, b, c \in \mathbb{R})$

6. Berechnen Sie:
   a) $(6 + 7\,\mathrm{i})(3 + 4\,\mathrm{i})$ b) $(4 - 3\,\mathrm{i})(2 + \mathrm{i})$ c) $(12 + 9\,\mathrm{i})(-2 - 5\,\mathrm{i})$
   d) $(-3 - 5\,\mathrm{i})(-2 - \mathrm{i})$ e) $(3 + 2\,\mathrm{i})(3 - 2\,\mathrm{i})$ f) $(b + a\,\mathrm{i})(-b + a\,\mathrm{i}) \quad (a, b \in \mathbb{R})$
   g) $(3 + \sqrt{2}\,\mathrm{i})(5 + 7\sqrt{2}\,\mathrm{i})$ h) $(\sqrt{3} + \sqrt{2}\,\mathrm{i})(\sqrt{2} + \sqrt{3}\,\mathrm{i})$ i) $(2\sqrt{7} + 3\sqrt{8}\,\mathrm{i})(3\sqrt{7} - 10\sqrt{2}\,\mathrm{i})$

7. Berechnen Sie:
   a) $(3 - 2\,\mathrm{i})^2$ b) $(a + \mathrm{i})^2 \quad (a \in \mathbb{R})$ c) $(3 + \mathrm{i}\sqrt{2})^2$
   d) $(\sqrt{3} - \mathrm{i}\sqrt{3})^2$ e) $(3 + 3\,\mathrm{i})^2$ f) $(3\,\mathrm{i} - 2a)^2 \quad (a \in \mathbb{R})$
   g) $(\sqrt{a} + \sqrt{b}\,\mathrm{i})^2 \quad (a, b \in \mathbb{R})$ h) $(a + b\,\mathrm{i})^2 - (a - b\,\mathrm{i})^2 \quad (a, b \in \mathbb{R})$
   i) $\left(\dfrac{1}{2}(1 + \mathrm{i}\sqrt{3})\right)^3$ j) $(1 + \mathrm{i}\sqrt{5})^4$ k) $\left(\dfrac{1 + \mathrm{i}}{\sqrt{2}}\right)^4$
   l) $\left(\dfrac{1}{2}\mathrm{i}\sqrt{2} - \dfrac{1}{3}\mathrm{i}\sqrt{3}\right)^2$ m) $\left(\dfrac{1}{2}(\mathrm{i} - \sqrt{3})\right)^6$ n) $\left(\dfrac{\mathrm{i}\sqrt{3} - 1}{2}\right)^8$

8. Schreiben Sie in der Form $a + b\,\mathrm{i}$ mit $a, b \in \mathbb{R}$!

   **Beispiel:** $\dfrac{2 + \mathrm{i}}{3 - \mathrm{i}} = \dfrac{(2 + \mathrm{i}) \cdot (3 + \mathrm{i})}{(3 - \mathrm{i}) \cdot (3 + \mathrm{i})} = \dfrac{6 + 2\,\mathrm{i} + 3\,\mathrm{i} - 1}{9 + 1} = \dfrac{5 + 5\,\mathrm{i}}{10} = \dfrac{1}{2} + \dfrac{1}{2}\,\mathrm{i}$

   a) $\dfrac{1 + \mathrm{i}}{1 - \mathrm{i}}$ b) $\dfrac{5 + 12\,\mathrm{i}}{3 + 2\,\mathrm{i}}$ c) $\dfrac{29}{4 + 7\sqrt{5}\,\mathrm{i}}$
   d) $\dfrac{3}{\sqrt{2} + \sqrt{-1}}$ e) $\dfrac{9 - 2\,\mathrm{i}}{2\,\mathrm{i} - 9}$ f) $\dfrac{5 - 92\sqrt{5}\,\mathrm{i}}{7 - 3\sqrt{5}\,\mathrm{i}}$
   g) $\dfrac{7 - 24\,\mathrm{i}}{4 - 3\,\mathrm{i}}$ h) $\dfrac{\sqrt{3} - \sqrt{2}\,\mathrm{i}}{\sqrt{3} + \sqrt{2}\,\mathrm{i}}$ i) $\dfrac{1}{(1 + \mathrm{i})^2} + \dfrac{1}{(1 - \mathrm{i})^2}$

9. Deuten Sie die Multiplikation einer komplexen Zahl mit $x$ geometrisch!
   a) $x = 2$ b) $x = 3$ c) $x = -1$ d) $x = -4$
   e) $x = \mathrm{i}$ f) $x = 2\,\mathrm{i}$ g) $x = -3\,\mathrm{i}$ h) $x = \cos(45°) + \mathrm{i}\sin(45°)$

10. Wo steckt der Fehler?
    $-1 = \mathrm{i}^2 = (\sqrt{-1})^2 = \sqrt{-1} \cdot \sqrt{-1} = \sqrt{(-1) \cdot (-1)} = \sqrt{1} = 1$

# 10 Potenzen und Wurzeln

## 10.1 Potenzfunktionen

Bisher haben wir uns insbesondere mit linearen Funktionen ($y = m \cdot x$) und quadratischen Funktionen (z. B. $y = a \cdot x^2$) beschäftigt.

**Definition**

> Allgemein heißt eine Funktion
> $f\colon x \mapsto a\,x^n$, $x \in \mathbb{R}$ bzw. (bei negativem $n$) $x \in \mathbb{R} \setminus \{0\}$
> mit $a \in \mathbb{R} \setminus \{0\}$ und $n \in \mathbb{Z} \setminus \{0\}$
> eine **„Potenzfunktion"**.

Als Spezialfälle ergeben sich
für $n = 1$ **lineare** Funktionen,
für $n = 2$ **quadratische** Funktionen
(nun im Unterschied zu früher jeweils mit der Definitionsmenge $\mathbb{R}$).

Wir wollen uns zunächst mit den weiteren Spezialfällen $n = 3$ und $n = 4$ beschäftigen. Der Einfachheit halber setzen wir $a = 1$.

Für die Funktionen
$f_1\colon\ x \mapsto x^3,\quad x \in \mathbb{R}$ und
$f_2\colon\ x \mapsto x^4,\quad x \in \mathbb{R}$
stellen wir Wertetabellen auf und skizzieren die zugehörigen Graphen (vgl. Abb. 10.1 und Abb. 10.2):

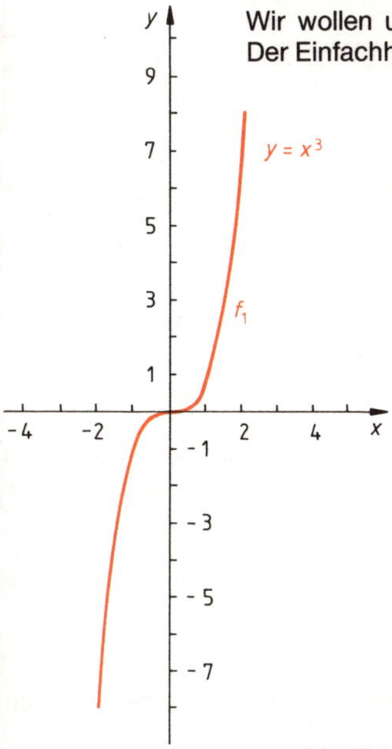


Abb. 10.1

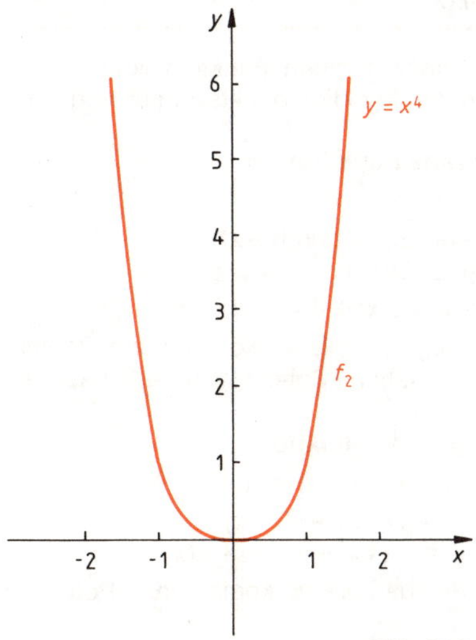


Abb. 10.2

| $x$ | $-2$ | $-1{,}5$ | $-1$ | $-0{,}5$ | $0$ | $0{,}5$ | $1$ | $1{,}5$ | $2$ |
|---|---|---|---|---|---|---|---|---|---|
| $f_1(x) = x^3$ | $-8$ | $-3{,}375$ | $-1$ | $-0{,}125$ | $0$ | $0{,}125$ | $1$ | $3{,}375$ | $8$ |

| $x$ | $-1{,}5$ | $-1$ | $-0{,}5$ | $0$ | $0{,}5$ | $1$ | $1{,}5$ |
|---|---|---|---|---|---|---|---|
| $f_2(x) = x^4$ | $5{,}0625$ | $1$ | $0{,}0625$ | $0$ | $0{,}0625$ | $1$ | $5{,}0625$ |

$f_1$ ist eine **„streng monoton steigende"** Funktion (beim Durchlaufen der $x$-Achse von links nach rechts werden die Funktionswerte stets größer, der Graph geht „bergauf").

Schränkt man die Funktion $f_2$ auf $\mathbb{R}_0^-$ als Definitionsmenge ein (betrachtet man also $f_2^*\colon x \to x^4$, $x \in \mathbb{R}_0^-$), so ist $f_2^*$ eine **„streng monoton fallende"** Funktion (beim Durchlaufen der $x$-Achse von links nach rechts bis 0 werden die Funktionswerte stets kleiner, der Graph geht dort „bergab").

Der Graph von $f_1$ liegt punktsymmetrisch zum Nullpunkt und heißt auch eine **„Parabel dritter Ordnung".** Der Graph von $f_2$ liegt achsensymmetrisch zur $y$-Achse und heißt auch eine **„Parabel vierter Ordnung".**

**Definition**

> Allgemein heißt der Graph zur Funktion
> $f\colon x \mapsto x^n, \quad x \in \mathbb{R} \quad (n \in \mathbb{N})$
> **eine „Parabel $n$-ter Ordnung".**

Ist $n$ **ungerade,** so gilt: **1.** $D(f) = W(f) = \mathbb{R}$.
**2.** Der Graph von $f$ liegt punktsymmetrisch zum Nullpunkt.

Ist $n$ **gerade,** so gilt: **1.** $D(f) = \mathbb{R}$, $W(f) = \mathbb{R}_0^+$.
**2.** Der Graph von $f$ liegt achsensymmetrisch zur $y$-Achse.

$f\colon x \mapsto x^n$, $x \in \mathbb{R}$ mit $n \in \mathbb{N}$ gerade heißt auch eine **„gerade Funktion"**; $f\colon x \mapsto x^n$, $x \in \mathbb{R}$ mit $n \in \mathbb{N}$ ungerade heißt auch eine **„ungerade Funktion".** Allgemein definiert man die Begriffe „gerade Funktion" bzw. „ungerade Funktion" wie folgt:

**Definition**

> Eine Funktion $f$ heißt **„gerade Funktion"** genau dann, wenn für alle $x, -x \in D(f)$ gilt:
> $f(-x) = f(x)$.
> Eine Funktion $f$ heißt **„ungerade Funktion"** genau dann, wenn für alle $x, -x \in D(f)$ gilt:
> $f(-x) = -f(x)$.

Der Graph einer geraden Funktion liegt achsensymmetrisch zur $y$-Achse, der Graph einer ungeraden Funktion punktsymmetrisch zum Nullpunkt.

**Beispiel**

**für eine gerade Funktion:**

$f(x) = -2x^4 + 3x^2 + 4, \qquad x \in \mathbb{R}$

Es gilt (wir ersetzen $x$ durch $-x$):

$$\begin{aligned} f(-x) &= -2(-x)^4 + 3 \cdot (-x)^2 + 4 \\ &= -2x^4 + 3x^2 + 4 = f(x) \end{aligned}$$

(Beachten Sie, daß alle vorkommenden Potenzen, auch die bei dem „Absolutglied" 4 nicht hingeschriebene Potenz $x^0$, gerade Exponenten haben, nämlich 4, 2 und 0!)

**Beispiel**

**für eine ungerade Funktion:**

$$f(x) = 4x^3 - 7x, \qquad x \in \mathbb{R}$$

Es gilt: $f(-x) = 4(-x)^3 - 7(-x) = -4x^3 + 7x$
$= -(4x^3 - 7x) = -f(x)$

(Beachten Sie, daß alle vorkommenden Potenzen ungerade Exponenten haben, nämlich 3 und 1.)

Viele Funktionen sind weder gerade noch ungerade.

**Beispiel**

$f(x) = 3x^3 - 4x^2 + 5x - 6$,
$f(-x) = -3x^3 - 4x^2 - 5x - 6$;
z.B. ist $f(1) = 3 - 4 + 5 - 6 = -2$,
aber $f(-1) = -3 - 4 - 5 - 6 = -18$, und $-18$ ist weder gleich $-2$ noch gleich $-(-2) = 2$.

Wir betrachten nun noch einige weitere Potenzfunktionen, und zwar solche mit negativen Exponenten:

$g_1\colon x \mapsto x^{-1} = \frac{1}{x}, \qquad x \in \mathbb{R} \setminus \{0\}$

| $x$ | $-3$ | $-2$ | $-1$ | $-0{,}5$ | $0{,}5$ | 1 | 2 | 3 |
|---|---|---|---|---|---|---|---|---|
| $g_1(x) = \frac{1}{x}$ | $-\frac{1}{3}$ | $-\frac{1}{2}$ | $-1$ | $-2$ | 2 | 1 | $\frac{1}{2}$ | $\frac{1}{3}$ |

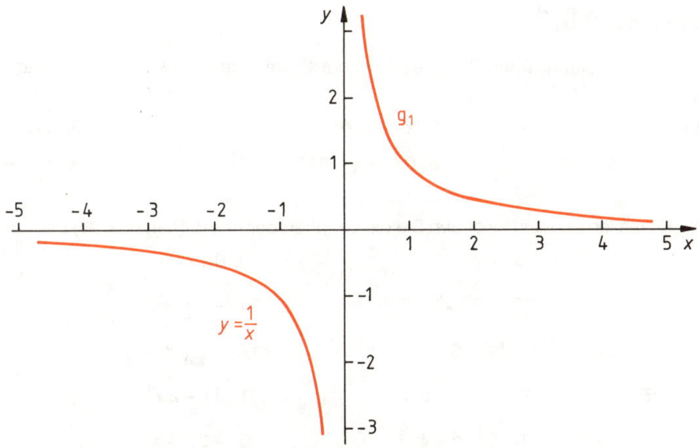


**Abb. 10.3**

$g_1$ ist eine ungerade Funktion; ihr Graph heißt auch **„Hyperbel"**, diese besteht aus zwei **„Ästen"**. Streben die $x$-Werte gegen $+\infty$ oder gegen $-\infty$, so streben die Funktionswerte gegen 0; der Graph von $g_1$ erreicht die $x$-Achse aber nie. Strebt $x$ von links her gegen 0, so streben die Funktionswerte gegen $-\infty$; strebt $x$ von rechts her gegen 0, so streben die Funktionswerte gegen $+\infty$.

$g_2$: $x \mapsto x^{-2} = \frac{1}{x^2}$, $\quad x \in \mathbb{R} \setminus \{0\}$ (vgl. Abb. 10.4)

$g_3$: $x \to x^{-3} = \frac{1}{x^3}$, $\quad x \in \mathbb{R} \setminus \{0\}$ (vgl. Abb. 10.5)

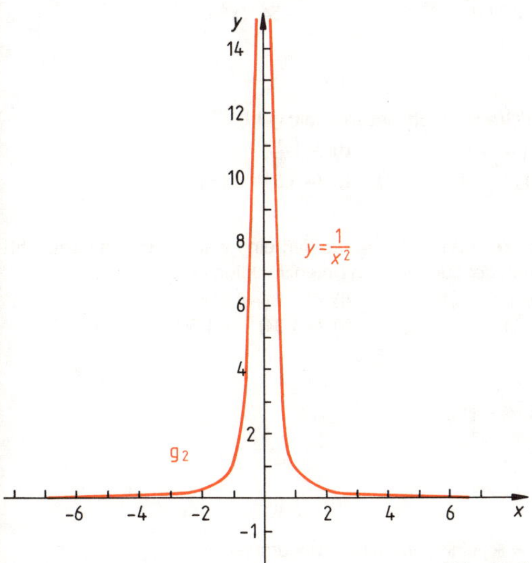


**Abb. 10.4**

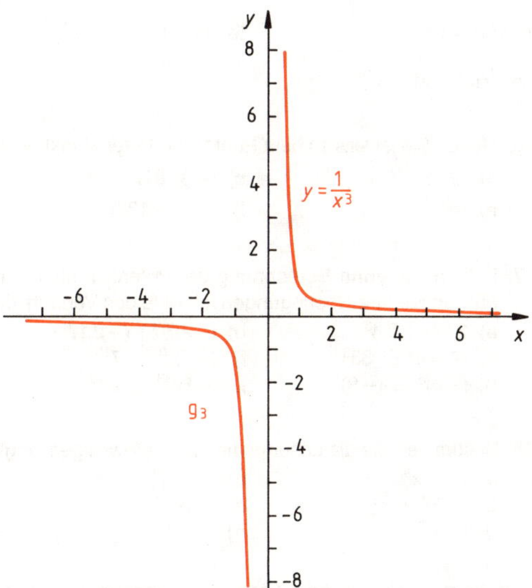


**Abb. 10.5**

Allgemein wird durch $y = a \cdot x^{-2n} = \frac{a}{x^{2n}}$ $(a \in \mathbb{R} \setminus \{0\},\ n \in \mathbb{N})$ eine gerade Funktion beschrieben, die an der Stelle 0 nicht definiert ist; entsprechend durch $y = a \cdot x^{-2n+1} = \frac{a}{x^{2n-1}}$ $(a \in \mathbb{R} \setminus \{0\},\ n \in \mathbb{N})$ eine ungerade Funktion, die ebenfalls an der Stelle 0 nicht definiert ist.

# Aufgaben zu 10.1

Was können Sie beobachten, wenn Sie in einem Koordinatensystem jeweils die Graphen der Funktionen mit den angegebenen Termen skizzieren?

1. $x; x^3; x^5; x^7$
2. $x^2; x^4; x^6; x^8$
3. $0{,}25\,x^3; 0{,}5\,x^3; x^3; 2\,x^3; 4\,x^3$
4. $0{,}25\,x^4; 0{,}5\,x^4; x^4; 2\,x^4; 4\,x^4$
5. $0{,}05\,x^6; -0{,}05\,x^6$
6. $3\,x^5; -3\,x^5$

Stellen Sie Wertetabellen auf, und zeichnen Sie die Graphen der Funktionen ($D = \mathbb{R}$) mit den angegebenen Termen!

7. $-\frac{1}{3}x^6$
8. $2\,x^4$
9. $0{,}2\,x^6$
10. $-2\,x^3$
11. $0{,}001\,x^7$
12. $-0{,}7\,x^5$
13. $-\frac{16}{125}x^3$
14. $0{,}5\,x^6-2$
15. $3\,x^5+5$
16. $x^4-8$
17. $-\frac{1}{100}x^7+\frac{1}{2}$
18. $\frac{2}{3}x^3-1$
19. $-0{,}25\,x^4-1{,}75$
20. $1{,}2\,x^6-5{,}5$
21. $3\,x-2\,x^3$
22. $-x^2+0{,}5\,x^4$
23. $-x^5-x^4$
24. $0{,}1\,x^4-4\,x^2$
25. $-2\,x+x^5$
26. $x^4-2\,x^3+3\,x$
27. $0{,}1\,x^6-2\,x^2-5$
28. $(x^2-2)^2$
29. $(x-x^2)^2$
30. $(1-x)^3$
31. $0{,}2\,(x^3-x)^2$
32. $(x-x^2+x^3)^2$
33. $-7\,(1+x)^5$
34. $\frac{1}{9}(3-6\,x)^4$
35. $5\,x^2-0{,}3\,x^3+0{,}1\,x^4$
36. $1+\frac{1}{5}x^3-\frac{1}{20}x^7$
37. $x^6+6\,x^4-20\,x^2-5$
38. $10-x^3-x^6$

Ermitteln Sie jeweils die Wertemenge der Funktion mit dem angegebenen Term ($D = \mathbb{R}$)!
Fertigen Sie eventuell vorher eine Skizze an!

39. $x^3$
40. $x^4$
41. $-3\,x^5$
42. $0{,}5\,x^9$
43. $-0{,}8\,x^6$
44. $-\frac{1}{10}x^3+2$
45. $0{,}1\,x^3+2$
46. $x^8-1$
47. $x^{1000}+20$
48. $-x^{20}$
49. $23\,x^{10}-11$
50. $0{,}01\,x^7+125$
51. $(x^2-1)^4$
52. $(x-1)^3$
53. $0{,}5\,(x-x^2)^2$
54. $(x^3+x)^2+12$
55. $\frac{1}{3}(x^4+x^6+x^8)^2$

56. Geben Sie jeweils zu dem Punkt eine Potenzfunktion an, deren Graph durch diesen Punkt geht!
a) $(2\,|\,8)$ b) $(-3\,|\,81)$ c) $(-1\,|\,-\frac{1}{2})$ d) $(\frac{1}{2}\,|\,\frac{1}{32})$
e) $(4\,|\,\frac{16}{5})$ f) $(-2\,|\,-128)$ g) $(5\,|\,1)$ h) $(-1{,}5\,|\,-2{,}25)$

57. Setzen Sie **ohne** Berechnung der Potenzen statt $\square$ eines der Zeichen $<, >, =$, so daß eine wahre Aussage entsteht! Führen Sie Ihre Überlegungen mit Hilfe des Verlaufs des Graphen der zugehörigen Potenzfunktion durch!
a) $2{,}1^3 \square 2{,}4^3$ b) $(-2)^6 \square (-2{,}1)^6$ c) $(-0{,}1)^7 \square 0{,}1^7$ d) $0^5 \square (-0{,}01)^5$
e) $(-33)^3 \square 33^3$ f) $(-7)^{10} \square 7^{10}$ g) $(-101)^4 \square (-102)^4$ h) $(-1{,}34)^6 \square 1{,}34^6$
i) $(-8)^5 \square (-9)^5$ j) $(-80)^3 \square 80^3$

58. Bestimmen Sie die Lösungsmenge der jeweiligen Ungleichung ($G = \mathbb{R}$)!
a) $2^9 < x^9$ b) $2^8 < x^8$ c) $(-2)^3 < x^3$
d) $(-5)^6 < x^6$ e) $7^5 > x^5$ f) $7^6 > x^6$
g) $(-x)^3 < x^3$ h) $(-x)^3 > x^3$ i) $x^4 > (-x)^4$

Welche der durch die folgenden Terme gegebenen Funktionen ($D = \mathbb{R}$) sind gerade bzw. ungerade?

59. $3\,x^4-x^2$
60. $0{,}2\,x^3-2\,x^5$
61. $20\,x^7-16\,x^2$
62. $\frac{1}{4}x+\frac{9}{2}x^5$
63. $7\,x+2\,x^3-11\,x^9$
64. $4\,x^4-3\,x^6-10\,x^{12}$
65. $0{,}5\,x^2+0{,}7\,x^5$
66. $1{,}5\,x^9+1$
67. $(x-2)^2\cdot x^3$
68. $(x^2+5)^3$
69. $\frac{1}{25}(x-x^3)^2$
70. $x\,(x^4+4)^4$
71. $(0{,}1\,x^6-0{,}9)^2$
72. $7\,x^2\,(3\,x+8\,x^3)^2$
73. $x^5\,(x^2-x)^3$
74. $(1+x^3+x^7)^2$
75. $9\,x\,(x^{10}-x^4+x^2)^2$

76. Welche Bedingungen müssen die Formvariablen ($a, b, c, d \in \mathbb{R}$) erfüllen, damit die durch die Terme gegebenen Funktionen ($D = \mathbb{R}$) gerade (ungerade) sind?

a) $a x^5 + x^4 + b x$ b) $x^5 + a x^4 + x^3 + b x + c$ c) $a x^3 + b x^2 + c x + d$ d) $-x^9 + a x^7 + b x^6 + c x^4 + d$

e) $a x + b$ f) $a x^3 + b x^2 + c$ g) $a$ h) $x^{30} + a x^{20} + b x^{10}$

i) $-x^{31} + a x^{21} + b x^{11}$ j) $a x^{17} + b x^{15} + c x^{13}$

77. Geben Sie eine Funktion an, die sowohl gerade als auch ungerade ist!

Der Graph zu $f(x) = x^3 + 1$ ist weder achsensymmetrisch zur $y$-Achse noch punktsymmetrisch zum Nullpunkt (Begründung?). Fertigen Sie eine Skizze an, und überprüfen Sie, ob dieser Graph punktsymmetrisch zu einem anderen Punkt ist! Verfahren Sie in der gleichen Weise mit den Graphen zu folgenden Termen:

78. $x^7 - 3$ 79. $5 x^3 + 2$ 80. $-x^9 - 1$ 81. $-x^3 + 7$

82. $x^5 + 0{,}5$ 83. $-3 x^9 - 9$ 84. $-2 x^7 - 5$

Was können Sie beobachten, wenn Sie in einem Koordinatensystem die Graphen der durch die folgenden Terme gegebenen Funktionen ($D = \mathbb{R} \setminus \{0\}$) skizzieren?

85. $\frac{1}{x}; \frac{1}{x^3}; \frac{1}{x^5}$ 86. $\frac{1}{x^2}; \frac{1}{x^4}; \frac{1}{x^6}$ 87. $\frac{1}{x}; \frac{1}{2x}; \frac{1}{3x}; \frac{1}{4x}$

88. $\frac{1}{x}; \frac{2}{x}; \frac{3}{x}; \frac{4}{x}$ 89. $\frac{1}{x^2}; \frac{1}{2x^2}; \frac{1}{3x^2}; \frac{1}{4x^2}$ 90. $\frac{1}{x^2}; \frac{2}{x^2}; \frac{3}{x^2}; \frac{4}{x^2}$

Stellen Sie jeweils eine Wertetabelle auf, und zeichnen Sie den Graphen ($D = \mathbb{R} \setminus \{0\}$)!

91. $-x^{-2}$ 92. $(2x)^{-3}$ 93. $0{,}3 x^{-5} + 1$

94. $-5 x^{-6} + 2$ 95. $7 x^{-4} + 8$ 96. $\frac{3}{2x^2} - 1{,}5$

97. $x^{-2} + x^{-3}$ 98. $x^{-5} - x^{-1}$ 99. $-2 x^{-2} - 4 x^{-6}$

100. $x^{-1} + x^{-2}$ 101. $(-3 x^{-1})\, x^{-2}$

Ermitteln Sie jeweils die Wertemenge der durch den Term gegebenen Funktion ($D = \mathbb{R} \setminus \{0\}$)!
Fertigen Sie eventuell vorher eine Skizze an!

102. $-2 x^{-6}$ 103. $25 x^{-5}$ 104. $11 x^{-1} + 7 x^{-7}$ 105. $9 x^{-6} + 3 x^{-2} - 2$

106. $0{,}5 x^{-1} + 1$ 107. $-13 x^{-4} - 25$ 108. $5(x^{-1} + 2 x^{-3})$ 109. $-5x(3x^{-2} + 2x^{-4})$

110. $(x^{-1} + 3 x^{-7})^2$ 111. $\frac{1}{2} x^{-2} (\frac{1}{9} + \frac{4}{9} x^{-2})$ 112. $8x^2 (3x^{-5} + 7x^{-2} - 11 x^{-3})$

Welche der durch die folgenden Terme gegebenen Funktionen ($D = \mathbb{R} \setminus \{0\}$) sind gerade bzw. ungerade?

113. $0{,}11 x^{-6}$ 114. $23 x^{-1}$

115. $10 - x^{-2}$ 116. $x^{-2} + 10$

117. $7 x^{-3} + 2 x^{-7}$ 118. $5 x^{-4} - 4 x^{-8} - 12$

119. $9 + x^{-2} - 1{,}5 x^{-10}$ 120. $-1{,}75 x^{-7} - 4{,}35 x^{-3} + 9{,}5 x^{-1}$

121. $(x^{-1} - x^{-3})^3$ 122. $\frac{1}{4}(x^{-2} + 4)^{-4}$

123. $\frac{3}{7} x^2 (x^{-3} - x^{-5})^2$ 124. $-5 + 8(x^{-4} - 1)^2$

125. $1{,}9(-0{,}3 x^{-1} - 11{,}2 x^{-5})(3 x^{-3} + 5 x^{-7})$ 126. $3x^2 + 7x^{-2}$

127. $8 x^3 - 9 x^{-5}$ 128. $3 x^0 + 7$

129. $(x + 5)^5$ 130. $(-3x + 2)^4$

## 10.2 Potenzen mit gebrochenen Exponenten

In Abschnitt 3.1 haben wir den zunächst nur für natürliche Hochzahlen (Exponenten) erklärten Potenzbegriff auf ganzzahlige Exponenten erweitert. Als Basis können wir jetzt eine beliebige reelle Zahl $\neq 0$ zugrunde legen: $a^{-n}=\frac{1}{a^n}$ für alle $a \in \mathbb{R}\setminus\{0\}$ und alle $n \in \mathbb{N}$. Unser Ziel besteht nun darin, zu versuchen, den Potenzbegriff auf gebrochene (beliebige rationale) Exponenten zu erweitern. Es geht also darum, Schreibfiguren wie z.B. $3^{\frac{1}{2}}$, $4^{\frac{1}{3}}$, $2^{\frac{2}{5}}$, $5^{\frac{-3}{7}}$, $a^{\frac{1}{4}}$, $b^{\frac{-5}{6}}$ einzuführen. Bei dieser beabsichtigten Erweiterung auf gebrochene Exponenten wäre es natürlich schön, wenn die für ganzzahlige Exponenten geltenden (in 2.4 formulierten) Potenzgesetze erhalten blieben.

**Beispiel**

Soll das dritte Potenzgesetz (für das Potenzieren von Potenzen) gelten, so muß z.B. $(3^{\frac{1}{2}})^2=3^{\frac{1}{2}\cdot 2}=3^1=3$ sein. Demnach wäre $3^{\frac{1}{2}}$ eine Lösung (die positive Lösung) der Gleichung $x^2=3$ und somit nur eine andere Schreibweise für $\sqrt{3}$.

**Ein anderes Beispiel:**

$(5^{-\frac{3}{7}})^7=5^{(-\frac{3}{7})\cdot 7}=5^{-3}$. Bei Gültigkeit des dritten Potenzgesetzes wäre also $5^{-\frac{3}{7}}$ eine Lösung der Gleichung $x^7=5^{-3}$.

Die beiden Beispiele deuten darauf hin, daß wir unserem Ziel, der Einführung von Potenzen mit gebrochenen Exponenten, näher kommen können, wenn wir uns mit Gleichungen der Form $x^n=a$ $(n \in \mathbb{N}, a \in \mathbb{R})$ beschäftigen.

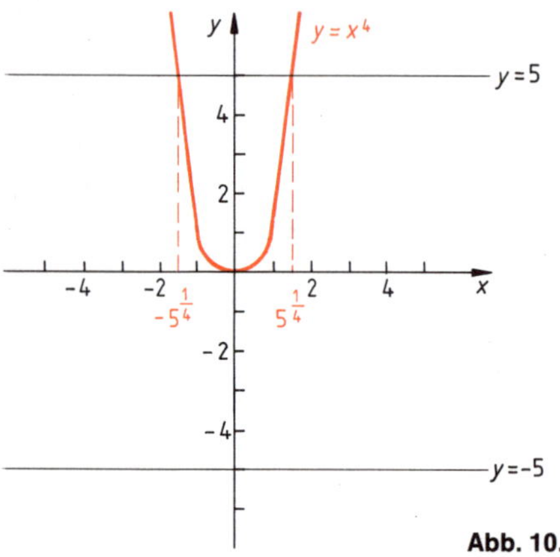

Abb. 10.6

Die Beispiele $x^4=5$ und $x^4=-5$ (vgl. Abb. 10.6) zeigen, daß in den Fällen, wo $n$ gerade ist, die Gleichung $x^n=a$ in $\mathbb{R}$ genau zwei Lösungen hat, wenn $a>0$ ist, und nicht lösbar ist, wenn $a<0$ ist.

Die positive Lösung der Gleichung $x^4=5$ können wir mit $5^{\frac{1}{4}}$ bezeichnen, denn $(5^{\frac{1}{4}})^4=5^{\frac{1}{4}\cdot 4}=5^1=5$.

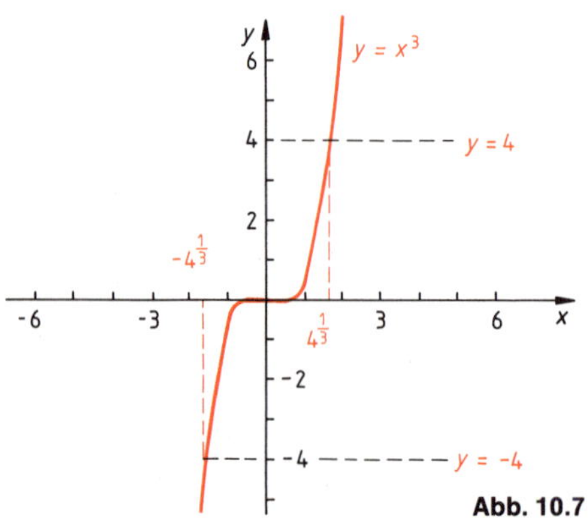

Abb. 10.7

Die Beispiele $x^3=4$ und $x^3=-4$ (vgl. Abb. 10.7) zeigen, daß in den Fällen, wo $n$ ungerade ist, die Gleichung $x^n=a$ in $\mathbb{R}$ genau eine Lösung hat, und zwar unabhängig davon, ob $a$ positiv oder negativ ist.

Die Lösung der Gleichung $x^3=4$ können wir mit $4^{\frac{1}{3}}$ bezeichnen, denn $(4^{\frac{1}{3}})^3=4^{\frac{1}{3}\cdot 3}=4^1=4$. Die Lösung der Gleichung $x^3=-4$ können wir mit $(-4)^{\frac{1}{3}}$ bezeichnen, denn $[(-4)^{\frac{1}{3}}]^3=(-4)^{\frac{1}{3}\cdot 3}=(-4)^1=-4$.

Bevor wir auf eine nun auftretende Problematik (dürfen wir in unserem Beispiel $\frac{1}{3}$ z.B. durch $\frac{2}{6}$ ersetzen?) eingehen, stellen wir einen wesentlichen Unterschied (Unterscheidung der Fälle $n$ gerade bzw. $n$ ungerade) in Form eines Satzes heraus ($G = \mathbb{R}$):

**Satz**

I. $n = 2m$ gerade, $m \in \mathbb{N}$:
Eine Gleichung der Form $x^{2m} = a$ ($a \in \mathbb{R}$) hat
(1) für $a > 0$ genau zwei Lösungen, eine positive und eine negative;
(2) für $a = 0$ genau eine Lösung, nämlich 0;
(3) für $a < 0$ keine Lösung.

II. $n = 2m - 1$ ungerade, $m \in \mathbb{N}$:
Eine Gleichung der Form $x^{2m-1} = a$ ($a \in \mathbb{R}$) hat für jedes $a$ genau eine Lösung.

Der wesentliche Unterschied besteht also darin, daß eine Gleichung der Form $x^n = a$ im Falle $a < 0$ nicht lösbar ist, wenn $n$ gerade ist, jedoch lösbar ist, wenn $n$ ungerade ist. $a^{\frac{1}{n}}$ zu definieren, ist also nicht sinnvoll, wenn $a < 0$ und $n$ gerade ist. Man könnte $a^{\frac{1}{n}}$ jedoch im Falle $a < 0$ für ungerades $n$ definieren. Wie oben bereits angedeutet, stehen wir dann aber vor einem Problem, das wir an einem einfachen Beispiel erläutern wollen:

Definieren wir $(-8)^{\frac{1}{3}}$ als Lösung der Gleichung $x^3 = -8$, so wäre $\underline{x = -2}$, also $(-8)^{\frac{1}{3}} = -2$. Erweitern wir dann den Exponenten $\frac{1}{3}$ mit 2 zu $\frac{2}{6}$, so würden wir unter Beibehaltung der Forderung nach Gültigkeit der bereits festgestellten Definitionsmöglichkeit für $a^{\frac{1}{n}}$ bei positivem $a$ und geradem $n$ das Folgende erhalten:

$x = (-8)^{\frac{2}{6}} = (-8)^{2 \cdot \frac{1}{6}} = ((-8)^2)^{\frac{1}{6}} = 64^{\frac{1}{6}} \Leftrightarrow x^6 = 64 \wedge x > 0 \Leftrightarrow \underline{x = 2}$
(im Widerspruch zu $x = -2$ von oben).

Wir stehen also vor der folgenden Wahl:
Entweder verzichten wir bei Exponenten mit ungeradem Nenner auf die Möglichkeit, den Exponenten zu erweitern, oder wir müssen generell negative Basen ausschließen, damit wir das Erweitern und Kürzen im Exponenten zulassen können.
Da das Erweitern und Kürzen beim Rechnen mit rationalen Zahlen von großer Bedeutung ist, entscheiden wir uns für die zweite Möglichkeit.
Sowohl für gerade wie für ungerade Nenner $n$ definieren wir demnach die Schreibfigur $a^{\frac{1}{n}}$ wie folgt:

**Definition**

$$x = a^{\frac{1}{n}} \underset{\text{(Def.)}}{\Leftrightarrow} x^n = a \wedge x \geqq 0 \quad (\text{für} \quad n \in \mathbb{N} \quad \text{und} \quad a \in \mathbb{R}^{\geqq 0})$$

**Beispiele**

a) $5^{\frac{1}{4}}$ ist die positive Lösung der Gleichung $x^4 = 5$.
b) $7^{\frac{1}{3}}$ ist die Lösung der Gleichung $x^3 = 7$.

Allgemeiner definieren wir:

**Definition**

$$x = a^{\frac{m}{n}} \underset{\text{(Def.)}}{\Leftrightarrow} x^n = a^m \wedge x > 0 \quad (\text{für} \quad m \in \mathbb{Z},\ n \in \mathbb{N} \quad \text{und} \quad a \in \mathbb{R}^{>0})$$

**Beispiele**

a) $3^{\frac{5}{8}}$ ist die positive Lösung der Gleichung $x^8 = 3^5$.
b) $2^{\frac{9}{11}}$ ist die Lösung der Gleichung $x^{11} = 2^9$.

Für diese Definition des auf gebrochene Exponenten erweiterten Potenzbegriffs können wir nun zeigen, daß die Exponenten beliebig erweitert oder gekürzt werden können.

**Satz**

Für alle $a \in \mathbb{R}^{>0}$, $m \in \mathbb{Z}$ und $n, k \in \mathbb{N}$ gilt:
$a^{\frac{m}{n}} = a^{\frac{m \cdot k}{n \cdot k}}$.

**Beweis:** $x = a^{\frac{m}{n}} \Leftrightarrow x^n = a^m \wedge x > 0$
$\Leftrightarrow (x^n)^k = (a^m)^k \wedge x > 0$
$\Leftrightarrow x^{n \cdot k} = a^{m \cdot k} \wedge x > 0$
$\Leftrightarrow x = a^{\frac{m \cdot k}{n \cdot k}}$, also $a^{\frac{m}{n}} = a^{\frac{m \cdot k}{n \cdot k}}$.

Aus der obigen Definition für $a^{\frac{m}{n}}$ ergibt sich der folgende

**Satz**

Für alle $a \in \mathbb{R}^{>0}$, $m \in \mathbb{Z}$ und $n \in \mathbb{N}$ gilt:
$(a^m)^{\frac{1}{n}} = a^{\frac{m}{n}}$

**Beweis:** $x = (a^m)^{\frac{1}{n}} \Leftrightarrow x^n = a^m \wedge x > 0$
$\Leftrightarrow x = a^{\frac{m}{n}}$, also $(a^m)^{\frac{1}{n}} = a^{\frac{m}{n}}$.

Wir haben oben definiert, daß $a^{\frac{1}{2}}$ $(n = 2)$ die nicht-negative Lösung der Gleichung $x^2 = a$ $(a \in \mathbb{R}^{\geqq 0})$ sein soll. Im Abschnitt 9.2 haben wir diese Lösung auch mit $\sqrt{a}$ bezeichnet.

Es gilt also:

$a^{\frac{1}{2}} = \sqrt{a}$, demnach ist $a^{\frac{1}{2}}$ nur eine andere Schreibweise für $\sqrt{a}$. Die bisher eingeführte Schreibweise für Quadratwurzeln legt es nun nahe, den Wurzelbegriff mit Hilfe des Potenzbegriffs in der folgenden Weise zu verallgemeinern:

**Definition**

$\sqrt[n]{a} = a^{\frac{1}{n}}$ für $a \in \mathbb{R}^{\geqq 0}$ und $n \in \mathbb{N}$

$\sqrt[n]{a}$ lesen wir so: „$n$-te Wurzel aus $a$". $n$ heißt der **„Wurzelexponent"**, $a$ der **„Radikand"**. Im Falle $n = 2$ schreiben wir den Wurzelexponenten nicht hin, also statt $\sqrt[2]{a}$ wie bisher $\sqrt{a}$.

**Beispiele**

$\sqrt[4]{7} = 7^{\frac{1}{4}}$, $\sqrt[6]{10} = 10^{\frac{1}{6}}$, $\sqrt[17]{100} = 100^{\frac{1}{17}}$

Noch allgemeiner können wir wie folgt definieren:

**Definition**

$\sqrt[n]{a^m} = a^{\frac{m}{n}}$ für $a \in \mathbb{R}^{>0}$, $m \in \mathbb{Z}$ und $n \in \mathbb{N}$

**Beispiele**

$\sqrt[8]{3^5} = 3^{\frac{5}{8}}$, $\sqrt[3]{2^{-7}} = 2^{\frac{-7}{3}}$, $\sqrt{5^{11}} = 5^{\frac{11}{2}}$

Den oben bewiesenen Satz für das Erweitern bzw. Kürzen von Exponenten formulieren wir zum Abschluß dieses Abschnitts in Wurzelschreibweise:

$\sqrt[n]{a^m} = \sqrt[n \cdot k]{a^{m \cdot k}}$

# Aufgaben zu 10.2

1. Geben Sie jeweils eine Gleichung an, die die vorgegebene Potenz als Lösung hat ($G = \mathbb{R}$)!

   **Beispiel:** $2^{\frac{1}{3}}$;
   Gleichung: $x^3 = 2$.

   a) $3^{\frac{1}{4}}$ b) $2^{\frac{1}{7}}$ c) $5^{-\frac{1}{3}}$ d) $4^{\frac{2}{5}}$ e) $\left(\frac{2}{5}\right)^{\frac{1}{6}}$
   f) $11^{-\frac{5}{9}}$ g) $\left(\frac{1}{8}\right)^{-\frac{4}{7}}$ h) $3^{\frac{5}{15}}$ i) $2^{-\frac{99}{100}}$

2. Bestimmen Sie die Lösungsmenge ($G = \mathbb{R}$)! Notieren Sie dabei die Lösungen in Potenzschreibweise!
   a) $x^2 = 3$ b) $x^3 = 7$ c) $x^4 = 9$ d) $x^5 = 2^4$
   e) $x^6 = 3^5$ f) $x^7 = 4^{-3}$ g) $x^8 = 3^{-5}$ h) $x^9 = 6^{-2}$
   i) $x^{10} = 5^{-\frac{2}{3}}$ j) $x^3 = \frac{1}{3^4}$ k) $x^4 = \frac{1}{2^5}$ l) $x^2 = 4^{-7}$

3. Schreiben Sie mit Hilfe Ihres TR als Dezimalzahl (Näherungswert)!
   a) $2^{\frac{1}{10}}$ b) $3^{\frac{2}{5}}$ c) $4^{\frac{1}{8}}$ d) $5^{\frac{1}{4}}$ e) $6^{\frac{1}{3}}$
   f) $7^{\frac{1}{6}}$ g) $8^{\frac{3}{4}}$ h) $9^{-\frac{1}{3}}$ i) $10^{\frac{3}{2}}$ j) $(1{,}5)^{\frac{1}{3}}$
   k) $(0{,}7)^{\frac{1}{4}}$ l) $(3{,}9)^{\frac{7}{9}}$ m) $(8{,}5)^{-\frac{3}{8}}$ n) $(6{,}6)^{-\frac{7}{11}}$ o) $\pi^{-\frac{8}{9}}$
   p) $(2{,}08)^{-\frac{11}{51}}$

4. Schreiben Sie mit Hilfe einer Wurzel!
   a) $2^{\frac{1}{5}}$ b) $3^{\frac{1}{7}}$ c) $5^{\frac{1}{2}}$ d) $2^{\frac{3}{7}}$ e) $4^{\frac{2}{9}}$
   f) $3^{-\frac{5}{8}}$ g) $7^{-\frac{2}{3}}$ h) $8^{-\frac{5}{9}}$ i) $\left(\frac{1}{3}\right)^{\frac{2}{11}}$ j) $\left(\frac{1}{4}\right)^{-\frac{3}{5}}$

5. Schreiben Sie als Potenz mit rationalem Exponenten!
   a) $\sqrt[3]{7}$ b) $\sqrt[5]{6}$ c) $\sqrt[4]{10}$ d) $\sqrt{5}$ e) $\sqrt[7]{3^2}$
   f) $\sqrt[6]{4^{-7}}$ g) $\sqrt[8]{9^{-7}}$ h) $\sqrt[7]{\frac{1}{32}}$ i) $\sqrt[3]{\frac{1}{9}}$ j) $\sqrt[5]{\frac{1}{8}}$
   k) $\sqrt[7]{\frac{1}{16}}$ l) $\sqrt[10]{\frac{1}{512}}$

6. Geben Sie in Potenz- und Wurzelschreibweise die positive Lösung der Gleichung an ($G = \mathbb{R}$)!
   a) $x^3 = 4$ b) $x^4 = 8$ c) $x^5 = 10$ d) $x^4 = 2^3$ e) $x^5 = 3^4$
   f) $x^6 = 4^{-2}$ g) $x^7 = 3^{-4}$ h) $x^8 = 6^{-3}$ i) $x^9 = 5^{-\frac{2}{3}}$ j) $x^4 = \frac{1}{3^5}$
   k) $x^3 = \frac{1}{2^4}$ l) $x^2 = 5^{-6}$

7. Schreiben Sie mit Hilfe Ihres TR als Dezimalzahl (Näherungswert)!
   a) $\sqrt[3]{5}$ b) $\sqrt[6]{7}$ c) $\sqrt[5]{11}$ d) $\sqrt[4]{6}$ e) $\sqrt[7]{10}$
   f) $\sqrt[8]{4^{-5}}$ g) $\sqrt[9]{10^{-7}}$ h) $\sqrt[6]{\frac{1}{33}}$ i) $\sqrt[4]{\frac{1}{10}}$ j) $\sqrt[5]{\frac{12}{95}}$
   k) $\sqrt[8]{\frac{3}{17}}$ l) $\sqrt[100]{100}$

Erweitern Sie auf gleiche Wurzelexponenten!

**Beispiel:** $\sqrt{6}$; $\sqrt[3]{6}$
$\sqrt{6} = \sqrt[2\cdot 3]{6^3} = \sqrt[6]{216}$
$\sqrt[3]{6} = \sqrt[2\cdot 3]{6^2} = \sqrt[6]{36}$

8. $\sqrt[3]{2}$; $\sqrt[5]{2^3}$ 9. $\sqrt{2}$; $\sqrt[4]{8}$ 10. $\sqrt[3]{4}$; $\sqrt[6]{2^5}$
11. $\sqrt[4]{3}$; $\sqrt[5]{81}$ 12. $\sqrt[3]{7}$; $\sqrt[4]{25}$ 13. $\sqrt[4]{a^3}$; $\sqrt[3]{b}$

Vereinfachen Sie soweit wie möglich!

**Beispiel:** $\sqrt[5]{8^{10}} = 8^{\frac{10}{5}} = 8^2 = 64$

14. $\sqrt[6]{5^4}$ 15. $\sqrt[18]{25^6}$ 16. $\sqrt[4]{6^8}$ 17. $\sqrt[m]{a^{3m}}$ 18. $\sqrt[6]{16^3}$

19. $\sqrt[9]{27^6}$ 20. $\sqrt[2n]{a^{6n}}$ 21. $\sqrt[16]{a^{12}}$ 22. $\sqrt[3n]{8^n}$

23. Zur näherungsweisen Berechnung von $\sqrt[3]{a}$ ($a \in \mathbb{R}^{>0}$) kann man die Rekursionsformel

$$\boxed{x_{n+1} = \frac{1}{3}\left(2\,x_n + \frac{a}{x_n^2}\right)}$$ ($n \in \mathbb{N}_0$) benutzen!

a) Leiten Sie die Rekursionsformel her, indem Sie einen Quader mit dem Volumen $a$ (gesucht ist die Lösung der Gleichung $x^3 = a$), quadratischer Grundfläche mit der Seitenlänge $x_0$ ($x_0$ grober Näherungswert für $\sqrt[3]{a}$) und der Höhe $\frac{a}{x_0^2}$ betrachten! Dividieren Sie die Summe der Längen der Kanten dieses Quaders durch die Anzahl der Kanten!

b) Berechnen Sie jeweils mit der Rekursionsformel einen Näherungswert (TR-Genauigkeit) für

$\sqrt[3]{2}$, $\sqrt[3]{3}$, $\sqrt[3]{10}$, $\sqrt[3]{100}$, $\sqrt[3]{7{,}9}$!

24. Ein Würfel hat ein Volumen von 550 $cm^3$. Berechnen Sie seine Kantenlänge!

25. Eine Kugel hat ein Volumen von 1 $dm^3$. Berechnen Sie ihren Radius in cm $\left(V = \frac{4\,\pi}{3} R^3,\ R \text{ Radius der Kugel}\right)$!

## 10.3 Gesetze für das Rechnen mit Potenzen und Wurzeln

In diesem Abschnitt stellen wir die wichtigsten Gesetze für das Rechnen mit Potenzen (jetzt mit gebrochenen Exponenten) und Wurzeln zusammen. Beispielhaft beweisen wir eines dieser Gesetze. Auf die Beweise der anderen Gesetze verzichten wir hier. Nach der Formulierung eines Satzes in Potenzschreibweise schreiben wir jeweils das gleiche Gesetz noch einmal mit Hilfe von Wurzeln auf.

### 1. Potenzgesetz

Für alle $a \in \mathbb{R}^{>0}$; $m, p \in \mathbb{Z}$ und $n, q \in \mathbb{N}$ gilt:

$$a^{\frac{m}{n}} \cdot a^{\frac{p}{q}} = a^{\frac{m}{n}+\frac{p}{q}} = a^{\frac{mq+np}{nq}}$$

**Beweis:** Für positive $a, x, y$ gilt:

$x = a^{\frac{m}{n}} \Leftrightarrow x^n = a^m$ und $y = a^{\frac{p}{q}} \Leftrightarrow y^q = a^p$. Potenzieren auf beiden Seiten der Gleichungen $x^n = a^m$ und $y^q = a^p$ mit $q$ bzw. $n$ ergibt:

$$(x^n)^q = (a^m)^q \Leftrightarrow \boxed{x^{nq} = a^{mq}}$$

und

$$(y^q)^n = (a^p)^n \Leftrightarrow \boxed{y^{qn} = a^{pn}}$$

(jeweils Benutzung des 3. Potenzgesetzes für ganzzahlige Exponenten).

Multiplikation der jeweils linken bzw. rechten Seiten der eingerahmten Gleichungen führt zu:

$x^{nq} \cdot y^{nq} = a^{mq} \cdot a^{np} \Leftrightarrow (x \cdot y)^{nq} = a^{mq+np}$

(Anwendung des 2. und des 1. Potenzgesetzes für ganzzahlige Exponenten).

Damit erhalten wir wegen $a > 0$ und $x \cdot y > 0$:

$$\underline{a^{\frac{m}{n}} \cdot a^{\frac{p}{q}}} = x \cdot y = a^{\frac{mq+np}{nq}} = \underline{a^{\frac{m}{n}+\frac{p}{q}}}$$

Damit ist der Beweis geführt.

Wie angekündigt, nun die Formulierung des 1. Potenzgesetzes in Wurzelschreibweise:

$$\boxed{\sqrt[n]{a^m} \cdot \sqrt[q]{a^p} = \sqrt[nq]{a^{mq+np}}}$$

Speziell für $m = p = 1$: $\boxed{\sqrt[n]{a} \cdot \sqrt[q]{a} = \sqrt[nq]{a^{n+q}}}$

## 2. Potenzgesetz

Für alle $a, b \in \mathbb{R}^{>0}$; $m \in \mathbb{Z}$ und $n \in \mathbb{N}$ gilt:

$$(a \cdot b)^{\frac{m}{n}} = a^{\frac{m}{n}} \cdot b^{\frac{m}{n}} \quad \text{bzw.} \quad \sqrt[n]{(a \cdot b)^m} = \sqrt[n]{a^m} \cdot \sqrt[n]{b^m}$$

speziell für $m = 1$: $\boxed{(a \cdot b)^{\frac{1}{n}} = a^{\frac{1}{n}} \cdot b^{\frac{1}{n}} \quad \text{bzw.} \quad \sqrt[n]{a \cdot b} = \sqrt[n]{a} \cdot \sqrt[n]{b}}$

## 3. Potenzgesetz

Für alle $a \in \mathbb{R}^{>0}$, $m, p \in \mathbb{Z}$ und $n, q \in \mathbb{N}$ gilt:

$$\left(a^{\frac{m}{n}}\right)^{\frac{p}{q}} = a^{\frac{m \cdot p}{n \cdot q}} \quad \text{bzw.} \quad \sqrt[q]{\left(\sqrt[n]{a^m}\right)^p} = \sqrt[n \cdot q]{a^{m \cdot p}}$$

speziell für $m = p = 1$: $\boxed{\left(a^{\frac{1}{n}}\right)^{\frac{1}{q}} = a^{\frac{1}{n \cdot q}} \quad \text{bzw.} \quad \sqrt[q]{\sqrt[n]{a}} = \sqrt[nq]{a}}$

## 4. Potenzgesetz

Für alle $a \in \mathbb{R}^{>0}$; $m, p \in \mathbb{Z}$ und $n, q \in \mathbb{N}$ gilt:

$$a^{\frac{m}{n}} : a^{\frac{p}{q}} = a^{\frac{m}{n}-\frac{p}{q}} = a^{\frac{mq-np}{nq}} \quad \text{bzw.} \quad \sqrt[n]{a^m} : \sqrt[q]{a^p} = \sqrt[nq]{a^{mq-np}}$$

speziell für $m = p = 1$: $\boxed{a^{\frac{1}{n}} : a^{\frac{1}{q}} = a^{\frac{1}{n}-\frac{1}{q}} = a^{\frac{q-n}{nq}} \quad \text{bzw.} \quad \sqrt[n]{a} : \sqrt[q]{a} = \sqrt[n \cdot q]{a^{q-n}}}$

## 5. Potenzgesetz

Für alle $a, b \in \mathbb{R}^{>0}$; $m \in \mathbb{Z}$ und $n \in \mathbb{N}$ gilt:

$$a^{\frac{m}{n}} : b^{\frac{m}{n}} = (a : b)^{\frac{m}{n}} \quad \text{bzw.} \quad \sqrt[n]{a^m} : \sqrt[n]{b^m} = \sqrt[n]{(a : b)^m}$$

speziell für $m = 1$:

$$\boxed{\begin{array}{l} a^{\frac{1}{n}} : b^{\frac{1}{n}} = (a : b)^{\frac{1}{n}} \quad \text{bzw.} \\ \sqrt[n]{a} : \sqrt[n]{b} = \sqrt[n]{a : b} \quad \text{oder} \quad \dfrac{\sqrt[n]{a}}{\sqrt[n]{b}} = \sqrt[n]{\dfrac{a}{b}} \end{array}}$$

## Aufgaben zu 10.3

Vereinfachen Sie die folgenden Terme ($a, b, \ldots \in \mathbb{R}^+$)!

1. $\sqrt[3]{125\,d^3}$
2. $\sqrt[3]{\frac{27}{512}a^3\,b^3}$
3. $\sqrt[3]{\frac{8\,(a\,b)^3}{125\,m^3}}$
4. $\frac{3\,a\,b}{5\,d}\sqrt[3]{\frac{125\,d^3}{216\,b^3}}$
5. $\sqrt[5]{a^2\,a^3}$
6. $a\,b\,\sqrt[n]{a^n}$ $(n \in \mathbb{N})$
7. $\sqrt[n]{a^0}$
8. $\frac{1}{3}\sqrt[3]{27\,a^3}$
9. $\sqrt[n]{\left(x+\frac{1}{x}\right)^n}$ $(n \in \mathbb{N})$
10. $\sqrt[3]{\frac{125\,a^6\,b^3}{729\,x^3\,y^6}}$
11. $\sqrt[3]{\frac{42\,y^9\,x^6}{512\,z^3}}$
12. $\sqrt[3]{\frac{343\,a^6\,b^3}{1000\,y^9}}$
13. $\sqrt[3]{72}$
14. $\sqrt[3]{250}$
15. $\sqrt[3]{80}$
16. $\sqrt[3]{108}$
17. $\sqrt[4]{(a^2\,b)^2\,c^4}$
18. $\sqrt[5]{3\,x^5\,y}$
19. $\sqrt[3]{16\,a^2\,b^4\,c^6}$
20. $\sqrt[3]{24\,x^6\,y^2}$
21. $\sqrt[3]{54\,x^3\,y}$
22. $\sqrt{(1+x)^3}$
23. $\sqrt[4]{32\,(x+y)^7}$
24. $\sqrt{x^{2n-2}}$ $(n \in \mathbb{N})$
25. $\sqrt[3]{a^{6n-3}}$ $(n \in \mathbb{N})$
26. $\sqrt[3]{8\,a^5\,b^4\,c}$
27. $\sqrt[n]{x^{2n+1}}$ $(n \in \mathbb{N})$
28. $\sqrt[n]{3\,a^{3n-2}}$ $(n \in \mathbb{N})$

Vereinfachen Sie, und schreiben Sie das Ergebnis mit Hilfe einer Wurzel ($a, b, \ldots \in \mathbb{R}^+$)!

**Beispiel:** $a^{\frac{1}{2}} \cdot a^{\frac{1}{3}} = a^{\frac{1}{2}+\frac{1}{3}} = a^{\frac{3}{6}+\frac{2}{6}} = a^{\frac{5}{6}} = \sqrt[6]{a^5}$

29. $b^{\frac{1}{3}} \cdot b^{\frac{1}{a}}$
30. $n^{\frac{3}{4}} \cdot n^{-\frac{1}{2}}$
31. $a^0 \cdot a^{-\frac{3}{4}}$
32. $a : a^{\frac{4}{3}}$
33. $q^{\frac{2}{3}} : q^{-\frac{1}{15}}$
34. $a^{\frac{1}{2}} : a^{\frac{3}{4}}$
35. $x^3 : x^{0,75}$
36. $a^{\frac{1}{3}} \cdot b^{\frac{1}{3}}$
37. $p^{\frac{3}{4}} \cdot q^{0,75}$
38. $(a^3)^{\frac{1}{6}}$
39. $(y^2)^{\frac{3}{4}}$
40. $(a^{\frac{1}{2}})^{\frac{1}{3}}$
41. $(d^{\frac{1}{3}})^{\frac{3}{4}}$
42. $(m^{-\frac{1}{4}})^2$
43. $(p^{-3})^{-\frac{2}{3}}$
44. $(q^{\frac{2}{5}})^{-\frac{1}{2}}$
45. $(a^3\,x)^{-\frac{1}{2}}$
46. $(5\,a^3\,b^5)^{-\frac{3}{4}}$

Vereinfachen Sie ($a, b, \ldots \in \mathbb{R}^+$)!

47. $6\,a\sqrt[3]{x} - 3\,a\sqrt[3]{x} + 5\sqrt[3]{x} - 8\sqrt[3]{x}$
48. $(4\sqrt{2} + 8\sqrt[3]{a} - 3\,b\sqrt[3]{c} + 3\sqrt{5}) - (2\sqrt{2} + 8\sqrt[3]{a} + 2\,b\sqrt[3]{c} - 6\sqrt{5})$
49. $(0{,}6\sqrt{a\,b} + 2\sqrt[3]{a^2\,c} + \sqrt{3\,b} + 9\sqrt[4]{d^3}) - (0{,}8\sqrt{a\,b} + 3\sqrt[3]{a^2\,c} - 2\sqrt{3\,b} - 7\sqrt[4]{d^3})$
50. $(a\sqrt[3]{b} - 7\,b\sqrt[3]{a} - 3\sqrt[4]{a} + 5\,c\sqrt{2}) - (7\,b\sqrt[3]{a} - 6\,a\sqrt[3]{b} + 13\sqrt[4]{a} - 3\,c\sqrt{2})$
51. $7\sqrt[3]{54} + \sqrt[3]{16} + \sqrt[3]{2} - 5\sqrt[3]{128} + 8\sqrt[3]{192}$
52. $\sqrt{\frac{5}{4}} + 4\sqrt[3]{\frac{3}{8}} - \sqrt{\frac{5}{9}} - 5\sqrt[3]{\frac{3}{125}}$
53. $\sqrt[3]{16\,a^3\,b} + \sqrt{4\,a^2\,b} - \sqrt{a^2\,b} - \sqrt[3]{54\,a^3\,b}$
54. $\sqrt[3]{2} \cdot \sqrt[3]{4}$
55. $\sqrt[3]{5} \cdot \sqrt[3]{25}$
56. $\sqrt[3]{3} \cdot \sqrt[3]{2} \cdot \sqrt[3]{9}$
57. $\sqrt[3]{4\,a\,b^2} \cdot \sqrt[3]{2\,b}$
58. $\sqrt[3]{4\,y^2} \cdot \sqrt[3]{16\,y}$
59. $\sqrt[3]{a} \cdot \sqrt[3]{18\,a} \cdot \sqrt[3]{63\,a}$
60. $\sqrt[3]{a^2\,b} : \sqrt[3]{a\,b}$
61. $\sqrt[n]{a^{n+2}} : \sqrt[n]{a^2}$ $(n \in \mathbb{N})$
62. $\sqrt[3]{14\,(a+x)^4} : \sqrt[3]{7\,(a+x)}$
63. $\sqrt[n]{y^{n-2}} : \sqrt[n]{y^{n+2}}$ $(n \in \mathbb{N})$
64. $\sqrt[3]{a\,x} : \sqrt[3]{\frac{x^4}{a^2}}$
65. $\sqrt[3]{a+x} : \sqrt[3]{\frac{1}{(a+x)^2}}$
66. $\sqrt{3} \cdot \sqrt[4]{3}$
67. $\sqrt{2} \cdot \sqrt[3]{4}$
68. $2\sqrt[3]{18} \cdot \sqrt[4]{648}$
69. $\sqrt{2} \cdot \sqrt[3]{3} \cdot \sqrt[4]{5}$
70. $\sqrt[8]{3} \cdot \sqrt[6]{5} \cdot \sqrt{2}$
71. $\sqrt[5]{4} \cdot \sqrt[10]{3} \cdot \sqrt[15]{6}$
72. $\sqrt[3]{a^5} \cdot \sqrt[5]{a^4} \cdot \sqrt{a}$
73. $\sqrt[3]{a^5\,b^2} \cdot \sqrt[4]{a^3\,b^6}$
74. $\sqrt[3]{16} + \sqrt[3]{54} - \sqrt[3]{128}$

75. $(2+\sqrt[3]{2}-\sqrt[4]{4})\cdot\sqrt[3]{4}$

76. $(\sqrt{6}+\sqrt[3]{2}-2\sqrt[4]{5})\cdot\sqrt{3}$

77. $(\sqrt{8}-\sqrt[4]{5}-\sqrt[3]{4})\cdot\sqrt[4]{6}$

78. $(\sqrt{3}+\sqrt[3]{2})\,(2+\sqrt[3]{9})$

79. $(\sqrt[3]{3}-\sqrt[3]{2})\,(\sqrt{3}-\sqrt{2})$

80. $\sqrt{2}:\sqrt[4]{2}$

81. $\sqrt[3]{7}:\sqrt[9]{2}$

82. $\sqrt[3]{16}:\sqrt[4]{12}$

83. $\sqrt[5]{12}:\sqrt[4]{6}$

84. $\sqrt[6]{100}:\sqrt{5}$

85. $\sqrt[5]{80}:(3\sqrt{2})$

86. $\sqrt[3]{a^2\,b\,c}:\sqrt[5]{a\,b^2\,c^3}$

87. $(16\sqrt[3]{a^2\,b\,c^2}):(8\sqrt[4]{a^3\,b^2\,c})$

88. $(4\sqrt[4]{a^6\,b^5}):(2\sqrt{a^2\,b})$

89. $(\sqrt{8}+\sqrt[3]{12}+\sqrt[4]{2}):(2\sqrt{2})$

90. $(6+2\sqrt{3}-\sqrt[3]{18}):\sqrt{6}$

91. $(\sqrt[5]{4})^3$

92. $(\sqrt[n]{a})^{2n}$

93. $(3^{0,5})^4$

94. $(5^2)^{\frac{1}{3}}$

95. $(3^{0,25})^6$

96. $(\sqrt[3]{a})^{3n}$

97. $(\sqrt[4]{16^3})^2$

98. $(2\sqrt{7})^3$

99. $(5\sqrt[3]{48})^2$

100. $(\sqrt{a})^{-2}$

101. $(4^{-\frac{2}{3}})^3$

102. $\sqrt{\sqrt[3]{a^2}}$

103. $\sqrt[3]{\sqrt[4]{b^3}}$

104. $\sqrt[3]{\sqrt{27}}$

105. $\sqrt[3]{\sqrt{u^{-6}}}$

106. $\sqrt[3]{\sqrt[4]{x^{8n}}}$

107. $\sqrt[3]{\sqrt[5]{a^3\,c^9}}$

108. $\sqrt[3]{\sqrt[3]{27}}$

109. $\sqrt{\sqrt[5]{32}}$

110. $\sqrt{\sqrt[5]{16\,(a-b)^4}}$

111. $\sqrt[6]{81}$

112. $\sqrt[3n]{a^3}$

113. $\sqrt[4n]{a^{-n}}$

114. $\sqrt[6]{729}$

115. $\sqrt[8]{y^{12}}$

116. $\sqrt[6]{9\,a^2\,b^4}$

117. $\sqrt{2\sqrt[3]{16}}$

118. $\sqrt{5\sqrt[3]{5}}$

119. $\sqrt[3]{2\sqrt[4]{4}}$

120. $\sqrt{a\sqrt[3]{a^2}}$

121. $\sqrt[5]{p\sqrt[3]{q^2}}$

122. $\sqrt[5]{p^2\sqrt{q}}$

123. $\sqrt{2\sqrt{2\sqrt{2}}}$

124. $\sqrt[3]{2\sqrt{2\sqrt{2}}}$

125. $\sqrt{3\sqrt{3\sqrt{3}}}$

126. $\sqrt{\frac{1}{2}\sqrt[3]{2}}$

127. $\sqrt{3\sqrt{\frac{1}{9}\sqrt{3}}}$

128. $x\sqrt{x^{-1}\sqrt{x^{-1}}}$

129. $\sqrt{\dfrac{2}{\sqrt{2}}}$

130. $\sqrt[3]{\dfrac{4}{\sqrt{2}}}$

131. $\sqrt[3]{\dfrac{a}{\sqrt{b}}}$

132. $(\sqrt[x]{27})^x$

133. $\sqrt[n]{\sqrt[n]{a}}$

134. $\sqrt[2n]{9^n}$

135. Beweisen Sie die Potenzgesetze Nr. 2 bis Nr. 5 für positive reelle Basen und gebrochene Exponenten!

## 10.4 Wurzelfunktionen

Im Abschnitt 10.1 haben wir uns mit Potenzfunktionen $x \mapsto x^m$, $x \in \mathbb{R}$ bzw. $x \in \mathbb{R}\setminus\{0\}$ ($m \in \mathbb{Z}$) beschäftigt. Dabei konnten wir zu diesem Zeitpunkt für $m$ nur ganze Zahlen zulassen. Nachdem wir mittlerweile Potenzen mit gebrochenen Exponenten definiert haben, können wir auch Potenzfunktionen betrachten, bei denen der Exponent eine gebrochene (nicht ganze) Zahl ist. Entsprechend den Überlegungen in 10.2 lassen wir als (größtmögliche) Definitionsmengen für solche Potenzfunktionen $\mathbb{R}^{\geqq 0}$ bzw. $\mathbb{R}^{>0}$ zu. Daß es bei ungeradem Nenner des Exponenten durchaus möglich wäre, die Definitionsmenge auf ganz $\mathbb{R}$ auszuweiten, erwähnen wir ausdrücklich.

Wir beschränken uns hier darauf, zwei **Beispiele** zu betrachten:

$$f\colon\ x \mapsto x^{\frac{1}{2}},\ x \in \mathbb{R}^{\geqq 0} \quad \text{und} \quad g\colon\ x \mapsto x^{\frac{1}{3}},\ x \in \mathbb{R}^{\geqq 0}.$$

Statt $f(x) = x^{\frac{1}{2}}$ bzw. $g(x) = x^{\frac{1}{3}}$ können wir mit Hilfe von Wurzeln auch schreiben:
$f(x) = \sqrt{x}$ bzw. $g(x) = \sqrt[3]{x}$.

In den Abb. 10.8 und 10.9 sind die Graphen von f und g dargestellt.

In Abb. 10.8 ist außerdem der Graph zur Funktion mit der Gleichung $y = x^2$, $x \in \mathbb{R}^{\geqq 0}$ eingezeichnet. Abb. 10.8 macht deutlich (die Graphen liegen spiegelbildlich zur ersten Winkelhalbierenden), daß die beiden Funktionen zu $y = x^2$, $x \in \mathbb{R}^{\geqq 0}$ und $y = \sqrt{x}$, $x \in \mathbb{R}^{\geqq 0}$ wechselseitig Umkehrfunktionen voneinander sind ($y = x^2 \wedge x \geqq 0 \Leftrightarrow x = \sqrt{y}$).

Beachten Sie, daß die Funktion mit der Gleichung $y = x^2$ und der Definitionsmenge $\mathbb{R}$ **keine** Umkehrfunktion besitzt.

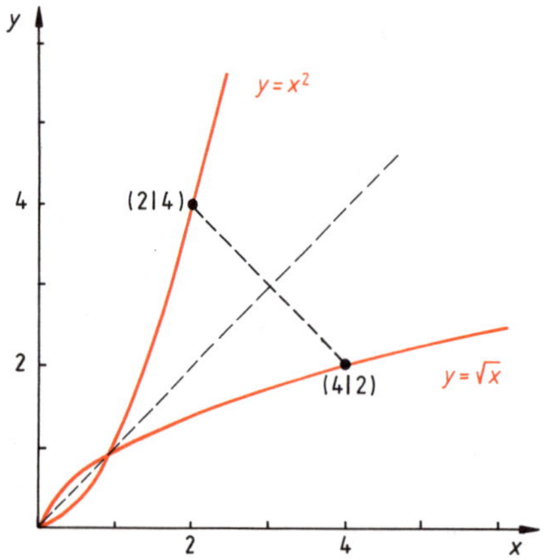


**Abb. 10.8**

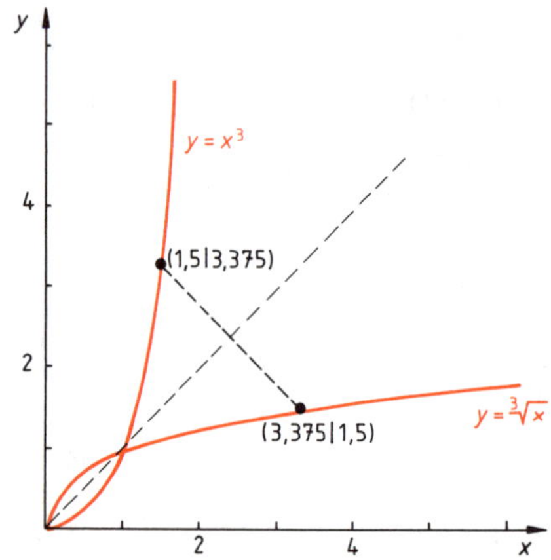


**Abb. 10.9**

In Abb. 10.9 ist zusätzlich der Graph zur Funktion mit der Gleichung $y = x^3$, $x \in \mathbb{R}^{\geqq 0}$ eingezeichnet. Abb. 10.9 macht deutlich, daß die beiden Funktionen zu $y = x^3$, $x \in \mathbb{R}^{\geqq 0}$ und $y = \sqrt[3]{x}$, $x \in \mathbb{R}^{\geqq 0}$ wechselseitig Umkehrfunktionen voneinander sind ($y = x^3 \Leftrightarrow x = \sqrt[3]{y}$).

# Aufgaben zu 10.4

1. Bestimmen Sie die größtmögliche Definitionsmenge ($G = \mathbb{R}$), und zeichnen Sie den Graphen der zugehörigen Funktion mit Hilfe einer Wertetabelle!

   a) $y = \sqrt{x} + 4$ b) $y = \sqrt[3]{x} - 2$ c) $y = \sqrt{x+8}$ d) $y = \sqrt[3]{x-2}$

   e) $y = 3 \cdot \sqrt[4]{x} - 5$ f) $y = \sqrt[4]{x^2 - 1} + 2$ g) $y = \sqrt{2x^3} - 8$ h) $y = \frac{1}{2}\sqrt[5]{2x-3} - 1$

Ermitteln Sie jeweils Term und Definitionsmenge der Umkehrfunktion!

**Beispiel:** f: $x \to \sqrt[5]{x}$, $x \in \mathbb{R}^{\geqq 0}$

$y = \sqrt[5]{x} \Leftrightarrow x = y^5$

Term der Umkehrfunktion: $f^U(x) = x^5$, $D = \mathbb{R}^{\geqq 0}$

2. f: $x \mapsto \sqrt[7]{x}$, $x \in \mathbb{R}^{\geqq 0}$
3. f: $x \mapsto \sqrt[4]{x}$, $x \in \mathbb{R}^{\geqq 0}$
4. f: $x \mapsto 3x^3$, $x \in \mathbb{R}^{\geqq 0}$
5. f: $x \mapsto 2x^6$, $x \in \mathbb{R}^{\geqq 0}$
6. f: $x \to 2\sqrt[6]{x}$, $x \in \mathbb{R}^{\geqq 0}$
7. f: $x \to \sqrt{x} + 2$, $x \in \mathbb{R}^{\geqq 0}$
8. f: $x \mapsto \sqrt[3]{x^2} - 5$, $x \in \mathbb{R}^{\geqq 0}$
9. f: $x \mapsto \frac{1}{3}x^5$, $x \in \mathbb{R}^{\geqq 0}$
10. f: $x \mapsto -2\sqrt[3]{x} + 8$, $x \in \mathbb{R}^{\geqq 0}$
11. f: $x \mapsto 2\sqrt{x-3}$, $x \in \mathbb{R}^{\geqq 3}$
12. f: $x \mapsto -\frac{1}{2}\sqrt[3]{x+3}$, $x \in \mathbb{R}^{\geqq -3}$
13. f: $x \mapsto 2\sqrt{2x^3}$, $x \in \mathbb{R}^{\geqq 0}$
14. Geben Sie jeweils eine Wurzelfunktion f mit $f(x) = \sqrt[n]{x}$, $x \in \mathbb{R}^{\geqq 0}$ ($n \in \mathbb{N}$) so an, daß der angegebene Punkt zum Graphen von f gehört!

    a) $(8 \mid 2)$ b) $(16 \mid 4)$ c) $(32 \mid 2)$ d) $(9 \mid 3)$

    e) $(\frac{1}{27} \mid \frac{1}{3})$ f) $(\frac{1}{64} \mid \frac{1}{2})$ g) $(2{,}25 \mid 1{,}5)$ h) $(1024 \mid 2)$

## 10.5 Wurzelgleichungen

Gleichungen, in denen Wurzelterme (die Variable tritt unter dem Wurzelzeichen auf) vorkommen, nennt man Wurzelgleichungen. Z.B. ist $3 \cdot \sqrt[3]{x+6} = 2 \cdot \sqrt[4]{2x+5}$ eine Wurzelgleichung. Zur Vereinfachung wollen wir uns hier ausschließlich mit Wurzelgleichungen beschäftigen, in denen nur Quadratwurzeln vorkommen, also mit **Quadratwurzelgleichungen.** Am Ende des Aufgabenteils zu 10.5 finden Sie auch andere Wurzelgleichungen.

**Beispiele**

**1.** $10 + \sqrt{x} = 6$
**2.** $3 \cdot \sqrt{8x - 15} = x + 6$
**3.** $\sqrt{3x+2} = \sqrt{x-4}$
**4.** $\sqrt{x^2+6} + \sqrt{x^2-3} = 3 \cdot \sqrt{x^2+6}$
**5.** $\sqrt{9+4x} + \sqrt{4-x} = \sqrt{6x+1}$

Als Grundmenge legen wir für diese und für alle Wurzelgleichungen in den Aufgaben die Menge $\mathbb{R}$ zugrunde: $G = \mathbb{R}$.

Wie bei Bruchgleichungen ist es auch bei Wurzelgleichungen – zumindest in nicht zu komplizierten Fällen – günstig, zunächst die Definitionsmenge der jeweiligen Gleichung zu bestimmen.

**1. Beispiel:** $10 + \sqrt{x} = 6$

Da $x$ unter dem Wurzelzeichen steht, muß $x \geqq 0$ sein, also $D = \mathbb{R}^{\geqq 0}$. Wir isolieren die Wurzel: $\sqrt{x} = 6 - 10$, also $\sqrt{x} = -4$. Die beiden Gleichungen $\sqrt{x} = -4$ und $10 + \sqrt{x} = 6$ sind äquivalent.

Um nun die Lösungsmenge $L$ zu bestimmen, bietet es sich an, beide Seiten der Gleichung $\sqrt{x} = -4$ zu quadrieren. Wir erhalten: $x = (-4)^2 = 16$. Ist 16 aber eine Lösung der ursprünglichen Gleichung $10 + \sqrt{x} = 6$? Eine Probe ergibt ($10 + \sqrt{16} = 10 + 4 = 14 \neq 6$), daß dies nicht der Fall ist. Es gilt also: $L = \emptyset$.

Wir sind durch dieses erste Beispiel bereits zum Hauptproblem bei Wurzelgleichungen gekommen:

**Merksatz**

Das Quadrieren beider Seiten einer Gleichung ist im allgemeinen **keine** Äquivalenzumformung. Beim Quadrieren können Lösungen hinzukommen.

Daß beim Quadrieren Lösungen hinzukommen können, zeigen wir noch an einem **weiteren Beispiel:**

$x = 5$, $L_1 = \{5\}$; $x^2 = 25$, $L_2 = \{5; -5\}$.

Bei $x^2 = 5$ ist zu der Lösung der Gleichung $x = 5$ noch die Lösung der Gleichung $x = -5$ hinzugekommen.

In unserem Beispiel $10 + \sqrt{x} = 6$ ($L = \emptyset$) ist durch das oben durchgeführte Quadrieren die Lösung der Gleichung $10 - \sqrt{x} = 6$ ($L = \{16\}$) hinzugekommen.

Nach dem Quadrieren müssen wir also stets die Elemente der sich nun ergebenden Lösungsmenge in die Ausgangsgleichung einsetzen, um feststellen zu können, ob beim Quadrieren Elemente zur Lösungsmenge hinzugekommen sind oder nicht. Wir müssen also stets die Probe an der ursprünglichen Gleichung durchführen. Bei Wurzelgleichungen dient die Probe also nicht nur zur Überprüfung der Richtigkeit der durchgeführten Rechnungen. Die **Probe** ist vielmehr **grundsätzlich erforderlich,** man kann nicht auf sie verzichten. Bei den folgenden Beispielen nehmen wir in unseren Umformungen in Kauf, daß Lösungen zur Lösungsmenge der ursprünglichen Gleichung eventuell hinzukommen. Durch die Probe werden dann die hinzugekommenen Lösungen ermittelt und für die Lösungsmenge der ursprünglichen Gleichung vernachlässigt.

**2. Beispiel:** $3 \cdot \sqrt{8x - 15} = x + 6$

Bestimmung der Definitionsmenge:

$8x - 15 \geqq 0 \Leftrightarrow x \geqq \frac{15}{8}$; $D = \mathbb{R}^{\geqq \frac{15}{8}}$

$3 \cdot \sqrt{8x - 15} = x + 6$ Quadrieren
$\Rightarrow 9(8x - 15) = (x + 6)^2$ Ausmultiplizieren
$\Rightarrow 72x - 135 = x^2 + 12x + 36$ Ordnen
$\Rightarrow x^2 - 60x + 171 = 0$ Lösen der quadratischen Gleichung
$\Rightarrow x = 30 + \sqrt{30^2 - 171} \vee x = 30 - \sqrt{729}$
$\Rightarrow x = 30 + 27 \vee x = 30 - 27$
$\Rightarrow x = 57 \vee x = 3$
3 und 57 gehören zu $D$.

Proben: $x = 3$:
$3 \cdot \sqrt{8 \cdot 3 - 15} \overset{?}{=} 3 + 6$
$3 \cdot \sqrt{9} \overset{?}{=} 9$
$9 = 9$ (w)

$x = 57$:
$3 \cdot \sqrt{8 \cdot 57 - 15} \overset{?}{=} 57 + 6$
$3 \cdot \sqrt{441} \overset{?}{=} 63$
$3 \cdot 21 \overset{?}{=} 63$
$63 = 63$ (w)

Also gilt: $L = \{3; 57\}$

**3. Beispiel:** $\sqrt{3x + 2} = \sqrt{x - 4}$

Bestimmung der Definitionsmenge:

$3x + 2 \geqq 0 \Leftrightarrow x \geqq -\frac{2}{3}$; $x - 4 \geqq 0 \Leftrightarrow x \geqq 4$
$D = \mathbb{R}^{\geqq 4}$
$\sqrt{3x + 2} = \sqrt{x - 4}$ ⤷ Quadrieren
$\Rightarrow 3x + 2 = x - 4$ ⤷ Ordnen
$\Rightarrow 2x = -6$ ⤷ Division durch 2
$\Rightarrow x = -3$
$-3$ gehört nicht zu $D$, also $L = \emptyset$.

Dieses Beispiel zeigt, daß durch die Beseitigung der Quadratwurzeln die neue Gleichung Lösungen haben kann, die nicht zur Definitionsmenge der ursprünglichen Gleichung gehören.

(Die Probe für $x = -3$ ergibt im übrigen:

$\sqrt{3 \cdot (-3) + 2} \overset{?}{=} \sqrt{-3 - 4}$

$\sqrt{-7} \overset{?}{=} \sqrt{-7}$

Würden wir also zulassen, daß in der ursprünglichen Gleichung beim Ersetzen von $x$ durch reelle Zahlen auch komplexe Zahlen auftreten dürfen ($\sqrt{-7} = \sqrt{7} \cdot i$), so wäre $x = -3$ also durchaus eine Lösung der Gleichung.)

**4. Beispiel:** $\sqrt{x^2 + 6} + \sqrt{x^2 - 3} = 3 \cdot \sqrt{x^2 + 6}$

Bestimmung der Definitionsmenge:

$x^2 + 6 \geqq 0$ für alle $x \in \mathbb{R}$
$x^2 - 3 \Leftrightarrow x^2 \geqq 3 \Leftrightarrow |x| \geqq \sqrt{3} \Leftrightarrow x \geqq \sqrt{3} \vee x \leqq -\sqrt{3}$
$D = \{x \in \mathbb{R} / x \geqq \sqrt{3} \vee x \leqq -\sqrt{3}\}$
$\sqrt{x^2 + 6} + \sqrt{x^2 - 3} = 3 \cdot \sqrt{x^2 + 6}$ ⤷ Ordnen
$\Rightarrow \sqrt{x^2 - 3} = 2 \cdot \sqrt{x^2 + 6}$ ⤷ Quadrieren
$\Rightarrow x^2 - 3 = 4(x^2 + 6)$ ⤷ Ausmultiplizieren
$\Rightarrow x^2 - 3 = 4x^2 + 24$ ⤷ Ordnen
$\Rightarrow 3x^2 = -27$ ⤷ Division durch 3
$\Rightarrow x^2 = -9$
$L = \emptyset$

**5. Beispiel:** $\sqrt{9+4x} + \sqrt{4-x} = \sqrt{6x+1}$

Bestimmung der Definitionsmenge:

(1) $9+4x \geqq 0 \Leftrightarrow 4x \geqq -9 \Leftrightarrow x \geqq -\frac{9}{4}$; $D_1 = \mathbb{R}^{\geqq -\frac{9}{4}}$

(2) $4-x \geqq 0 \Leftrightarrow x \leqq 4$; $D_2 = \mathbb{R}^{\leqq 4}$

(3) $6x+1 \geqq 0 \Leftrightarrow 6x \geqq -1 \Leftrightarrow x \geqq -\frac{1}{6}$; $D_3 = \mathbb{R}^{\geqq -\frac{1}{6}}$

$D = D_1 \cap D_2 \cap D_3 = \{x \in \mathbb{R} / -\frac{1}{6} \leqq x \leqq 4\}$

$$\sqrt{9+4x} + \sqrt{4-x} = \sqrt{6x+1}$$ ⤸ Quadrieren beider Seiten

$$\Rightarrow (9+4x) + 2 \cdot \sqrt{9+4x} \cdot \sqrt{4-x} + (4-x) = 6x+1$$ ⤸ Ordnen

$$\Rightarrow 2 \cdot \sqrt{9+4x} \cdot \sqrt{4-x} = 3x-12$$ ⤸ Quadrieren

$$\Rightarrow 4(9+4x)(4-x) = 9x^2 - 72x + 144$$ ⤸ Ausmultiplizieren

$$\Rightarrow 4(-4x^2 + 7x + 36) = 9x^2 - 72x + 144$$ ⤸ Ausmultiplizieren

$$\Rightarrow -16x^2 + 28x + 144 = 9x^2 - 72x + 144$$ ⤸ Ordnen

$$\Rightarrow 25x^2 - 100x = 0$$ ⤸ Lösen der quadratischen Gleichung durch Faktorisieren

$$\Rightarrow 25x(x-4) = 0$$

$$\Rightarrow x = 0 \lor x-4 = 0$$

$$\Rightarrow x = 0 \lor x = 4$$

0 und 4 gehören zu $D$.

Proben: $x = 0$:

$$\sqrt{9+4\cdot 0} + \sqrt{4-0} \stackrel{?}{=} \sqrt{6\cdot 0+1}$$
$$\sqrt{9} + \sqrt{4} \stackrel{?}{=} \sqrt{1}$$
$$3+2 \stackrel{?}{=} 1$$
$$5 = 1 \quad \text{(f)}$$

$x = 4$:

$$\sqrt{9+4\cdot 4} + \sqrt{4-4} \stackrel{?}{=} \sqrt{6\cdot 4+1}$$
$$\sqrt{25} + 0 \stackrel{?}{=} \sqrt{25}$$
$$5 = 5 \quad \text{(w)}$$

$L = \{4\}$.

# Aufgaben zu 10.5

Bestimmen Sie jeweils die Lösungsmenge ($G = \mathbb{R}$); ($x$ Lösungsvariable; $a, b, \ldots$ Formvariable)!

1. $\sqrt{x+3}=4$
2. $3\sqrt{x+12}=15$
3. $2\sqrt{5x-11}=16$
4. $\frac{1}{2}\sqrt{x+17}=3$
5. $5\sqrt{12+x}=20$
6. $2\frac{1}{2}\sqrt{x+93}=25$
7. $4+\sqrt{x-4}=7$
8. $13-\sqrt{3x-5}=8$
9. $10+2\sqrt{3x-9}=22$
10. $8+3\sqrt{x-7}=23$
11. $7+5\sqrt{x-5}=12$
12. $29-3\sqrt{13-2x}=20$
13. $4+3\sqrt{5x-1}=28$
14. $3-\sqrt{4x-5}=-2$
15. $3+2\sqrt{x}=11$
16. $10-\sqrt{x}=6$
17. $5+\frac{1}{2}\sqrt{x}=7\frac{1}{2}$
18. $15+\sqrt{\frac{2x}{3}}=19$
19. $\frac{3}{4}\sqrt{2x}=1\frac{1}{2}$
20. $3\frac{1}{8}\sqrt{7x}=43\frac{3}{4}$
21. $\sqrt{x+3}=\sqrt{2x-4}$
22. $\sqrt{x^2-21}+3=x+2$
23. $2x+\sqrt{x^2+13}=1+3x$
24. $\sqrt{x^2-3x+5}=x-1$
25. $12+\sqrt{x^2-15}=x+11$
26. $\sqrt{x^2-13}+3x=4x-1$
27. $\sqrt{4x^2-7x+16}=2x-1$
28. $5+\sqrt{9x^2-65}=3x$
29. $\frac{1}{2}\sqrt{x}=7-\frac{2}{3}\sqrt{x}$
30. $5\sqrt{x+8}-40=3\sqrt{8+x}$
31. $2\sqrt{5x+0{,}5}=\sqrt{21x+0{,}3}$
32. $2\sqrt{x+10}=\frac{1}{2}\sqrt{x+250}$
33. $3\sqrt{x-1}=\frac{1}{3}\sqrt{x+1}$
34. $\sqrt{x+7}=\frac{28}{\sqrt{x+7}}$
35. $5\sqrt{4x+3}=\frac{24x-1}{\sqrt{4x+3}}$
36. $\sqrt{6x+7}+\frac{5}{\sqrt{6x+7}}=\frac{8x}{\sqrt{6x+7}}$
37. $2\sqrt{5x+3}-\frac{10x}{\sqrt{5x+3}}=\frac{2{,}25x}{3\sqrt{5x+3}}$
38. $\frac{12}{\sqrt{x}}+2=\frac{15}{\sqrt{x}}+1$
39. $\frac{48}{\sqrt{2x}}-3=\frac{30}{\sqrt{2x}}$
40. $\sqrt{\frac{6x-5}{19-3x}}=2{,}5$
41. $\frac{\sqrt{3x+1}}{\sqrt{250-5x}}=\frac{4}{15}$
42. $\frac{1}{5}\sqrt{x-25}=\frac{1}{10\sqrt{25-x}}$
43. $\sqrt{x-32}=16-\sqrt{x}$
44. $\sqrt{4x+21}=2\sqrt{x}+1$
45. $\sqrt{16+x}=2+\sqrt{x}$
46. $\sqrt{9x-17}+1=3\sqrt{x}$
47. $\sqrt{x-3}+5=9-\sqrt{2-x}$
48. $2\sqrt{x-3}+\sqrt{4x+5}=17$
49. $2\sqrt{9x+4}-5=3\sqrt{4x-11}$
50. $\sqrt{2(x+1)}+\sqrt{2x+15}=13$
51. $17-\sqrt{9x+22}=3\sqrt{x-7}$
52. $2\sqrt{x-1}+1=\sqrt{4x+9}$
53. $\sqrt{x+9}+\sqrt{x+29}=\sqrt{x-3}+\sqrt{x+57}$
54. $\sqrt{x+1}+\sqrt{x-6}=\sqrt{x+10}+\sqrt{x-11}$
55. $\sqrt{x-7}+\sqrt{x-12}=\sqrt{x+20}-\sqrt{x-15}$
56. $\sqrt{x+17}-\sqrt{x-28}=\sqrt{x+36}-\sqrt{x-15}$
57. $\sqrt{x+1}+\sqrt{x+3}=\sqrt{x-2}+\sqrt{x+6}$
58. $3\sqrt{x+8}+2\sqrt{x+3}=5\sqrt{x+8}-\sqrt{x+3}$
59. $3\sqrt{5x+4}+2\sqrt{9x+7}=5\sqrt{9x+7}-\sqrt{5x+4}$
60. $7\sqrt{3x-5}=13\sqrt{3x-5}-2\sqrt{5x-1}$
61. $11\sqrt{x-7}-3\sqrt{x+1}=2\sqrt{x-7}$
62. $2\sqrt{x-\frac{1}{2}}-\frac{1}{2}\sqrt{8x+6}=3\sqrt{2x+\frac{1}{2}}$
63. $3\sqrt{x+2}-2\sqrt{x-6}=\sqrt{x+42}$
64. $2\sqrt{x+5}+3\sqrt{x-7}=\sqrt{25x-79}$
65. $2\sqrt{4x-15}+\sqrt{25x+39}=9\sqrt{x-1}$
66. $2\sqrt{x+17}+\sqrt{x-4}=3\sqrt{x+8}$
67. $\sqrt{9x+10}-\sqrt{x-1}=\sqrt{4x+9}$
68. $\sqrt{x+9}-\sqrt{x+2}=\sqrt{4x-27}$
69. $\sqrt{0{,}5x+1{,}5}-\sqrt{4{,}5x+0{,}5}=\sqrt{2x}$
70. $\sqrt{9x+7}+\sqrt{4x+1}=\sqrt{25x+14}$
71. $\sqrt{1{,}5x-4{,}5}+\sqrt{37{,}5}=\sqrt{121{,}5}-\sqrt{3-1{,}5x}$
72. $\sqrt{4x-3}=2\sqrt{2}-1$
73. $(7-\sqrt{x})(8-\sqrt{x})=x+11$
74. $(3\sqrt{x}-1)^2+(4\sqrt{x}-7)^2=(5\sqrt{x}-6)^2$
75. $\sqrt{2x-6}+4\sqrt{2}=-\sqrt{4-2x}$
76. $\sqrt{ax}=a$
77. $\sqrt{x}=a+b$
78. $\frac{n}{a}\sqrt{nx}=na$
79. $a\sqrt{x-1}=b\sqrt{1-x}$
80. $5\sqrt{x-a}=8\sqrt{a-x}$
81. $\sqrt{ax+b}=\sqrt{bx+a}$
82. $\sqrt{x+a}=\sqrt{bx-a-1}$
83. $\sqrt{x-a}=b$
84. $\sqrt{a^2+x}=a$
85. $\sqrt{\frac{x}{a}-b}=a$
86. $\sqrt{n(x-b)}=an$
87. $m\sqrt{x+1}=n\sqrt{x+1}+1$
88. $(a+b)\sqrt{x-3}=(a-b)\sqrt{x+3}$
89. $\sqrt{a^2-x}+\sqrt{b^2-x}=a+b$
90. $\sqrt{a-x}+\sqrt{b-x}=\sqrt{a+b}$
91. $a\sqrt{x+4ab}+b\sqrt{x-4ab}=(a+b)-\sqrt{x}$
92. $a(\sqrt{x}-a)-b(\sqrt{x}-b)+a+b=\sqrt{x}$
93. $a\sqrt{x-5}-b\sqrt{5-x}=c\sqrt{x-5}-d\sqrt{5-x}$
94. $3\sqrt{a-x}+4\sqrt{x-b}=4\sqrt{a-x}+3\sqrt{x-b}$
95. $x-3=2\sqrt{x}$

96. $x+10=7\sqrt{x}$

97. $x-3\sqrt{x}=28$

98. $x+\sqrt{x}-30=0$

99. $2x-7\sqrt{x}+3=0$

100. $4x+12\sqrt{x}=16$

101. $(5-\sqrt{x})^2=2(7+\sqrt{x})$

102. $(\sqrt{x}-5)(\sqrt{x}-7)=3$

103. $x+ab=b^2+a\sqrt{x}$

104. $x+a^2=b^2+2a\sqrt{x}$

105. $\sqrt{5x^2+4}+6=3x$

106. $x+\sqrt{x+3}=4x-1$

107. $3x+4\sqrt{x-7}=2(x+2)$

108. $2\sqrt{20-x^2}=2x+4$

109. $a+\sqrt{a^2-x^2}=x$

110. $3\sqrt{7+2x^2}=5\sqrt{4x-3}$

111. $\sqrt{\frac{x+7}{x}}-\sqrt{\frac{x}{x+7}}=\frac{7}{12}$

112. $\frac{3x+\sqrt{2x-3}}{45}=\frac{7}{3x-\sqrt{2x-3}}$

113. $\sqrt{2x-1+\sqrt{2x^2+x-6}}=4$

114. $\sqrt{x+3}-\sqrt{5x-25}=\frac{8}{\sqrt{x+3}}$

115. $\sqrt{x+5}+\sqrt{5x-63}-\frac{24}{\sqrt{x+5}}=0$

116. $\sqrt{2x+7}+\sqrt{x-5}=\frac{6}{\sqrt{x-5}}$

117. $\sqrt{x^2+x+6}=\frac{60}{\sqrt{x^2+x+6}}-4$

118. $\sqrt{6x+25}=\sqrt{6x-24}+\sqrt{x-99}$

119. $2\sqrt{x+5}+\sqrt{9-3x}=\sqrt{41-3x}$

120. $\sqrt{x-2}+\sqrt{2x-2}=\sqrt{3x+20}$

121. $\sqrt{7-x}+\sqrt{x-5}=\sqrt{2}$

122. $\sqrt{7x+1}-\sqrt{3x+1}=\sqrt{x-1}$

123. $\sqrt{a-b-x}+\sqrt{x+a-b}=\sqrt{2(a-b)}$

124. $\sqrt{a+x}+\sqrt{a-x}=2\sqrt{a}$

125. $\sqrt{a+4b+4x}-\sqrt{a+4b-4x}=4\sqrt{b}$

126. $\sqrt{2x-a^2}=a+\sqrt{x-a^2}$

127. $\sqrt{x^2-4ab}+\sqrt{x(x-a)-ab}=a$

128. $\sqrt{c^2+x}=5c+\sqrt{3x}$

129. $\sqrt{a+7b-x}+2\sqrt{7a+b-x}=\sqrt{21a+3b+3x}$

130. $\sqrt{a^2-x}+\sqrt{b^2-x}=\sqrt{a^2+b^2-2x}$

131. $a\sqrt{m+x}+b\sqrt{m-x}=\sqrt{m(a^2+b^2)}$

**Beispiel:** $3\sqrt[3]{x+6}=2\sqrt[3]{2x+5}$

Bestimmung der Definitionsmenge:

$x+6\geqq 0 \Leftrightarrow x\geqq -6$

$2x+5\geqq 0 \Leftrightarrow 2x\geqq -5 \Leftrightarrow x\geqq -\frac{5}{2}$

$D=\mathbb{R}^{\geqq -2,5}$

$$
\begin{aligned}
& 3\sqrt[3]{x+6} &&= 2\sqrt[3]{2x+5}\\
\Rightarrow\ & (3\sqrt[3]{x+6})^3 &&= (2\sqrt[3]{2x+5})^3\\
\Rightarrow\ & 3^3(x+6) &&= 2^3(2x+5)\\
\Rightarrow\ & 27(x+6) &&= 8(2x+5)\\
\Rightarrow\ & 27x+162 &&= 16x+40\\
\Rightarrow\ & 11x &&= -122\\
\Rightarrow\ & x &&= -11\tfrac{1}{11}
\end{aligned}
$$

$-11\frac{1}{11}\notin D \Rightarrow L=\emptyset$

132. $\sqrt[3]{x}=2$

133. $\sqrt[3]{19+\sqrt{11x-2}}=3$

134. $\sqrt[3]{243-3\sqrt{102-3x}}=6$

135. $\sqrt[3]{2+5\sqrt{2x+9}}=3$

136. $\sqrt{18+2\sqrt[3]{2x+7}}=2\sqrt{6}$

137. $\sqrt[3]{5x-7}=\sqrt[3]{4x+3}$

138. $\frac{1}{4}\sqrt[3]{5x+4}=\frac{1}{3}\sqrt[3]{2x+3}$

139. $\sqrt[3]{x+7}-\sqrt[3]{2x+4}=0$

140. $\sqrt[3]{7x+1}=4$

141. $\sqrt[3]{7(x-b)+13}=3$

142. $2x+\sqrt[3]{4x^2(9\sqrt{2}-2x)}=3\sqrt{2}$

143. $\sqrt{x-3}=\sqrt[4]{x^2-7x+19}$

144. $\sqrt{16+3\sqrt[3]{3x+12}}=\sqrt{16+\sqrt[3]{111x+174}}$

145. $2{,}5+1{,}2\cdot\sqrt[3]{\frac{5x+7}{4x-7}}=4$

146. $\sqrt[4]{10+3\sqrt[3]{2x+2}}=2$

147. $\sqrt[3]{x+\sqrt{2x^2+x+4}}=2$

148. $2\sqrt[3]{x+9}=\sqrt[3]{8x-53}+5$

# 11 Exponential- und Logarithmusfunktionen

## 11.1 Exponentielle Wachstums- und Abnahmeprozesse

**Beispiel**

**Wachstum von Algen**

Infolge übermäßiger Phosphatabfälle einer Fabrik wird das Algenwachstum in einem See gefördert, in den die Abwässer geleitet werden und der etwa 20000 m² groß ist. Man beginnt auf das Problem aufmerksam zu werden, als 10 m² des Sees mit Algen bedeckt sind. Durch genaue Beobachtung stellt man fest, daß sich die von Algen bedeckte Fläche im Laufe eines Jahres ungefähr verdoppelt. Wie lange dauert es, bis der ganze See bedeckt ist?

**Lösung:** Wir notieren uns das Wachstum der Algen in einer Tabelle:

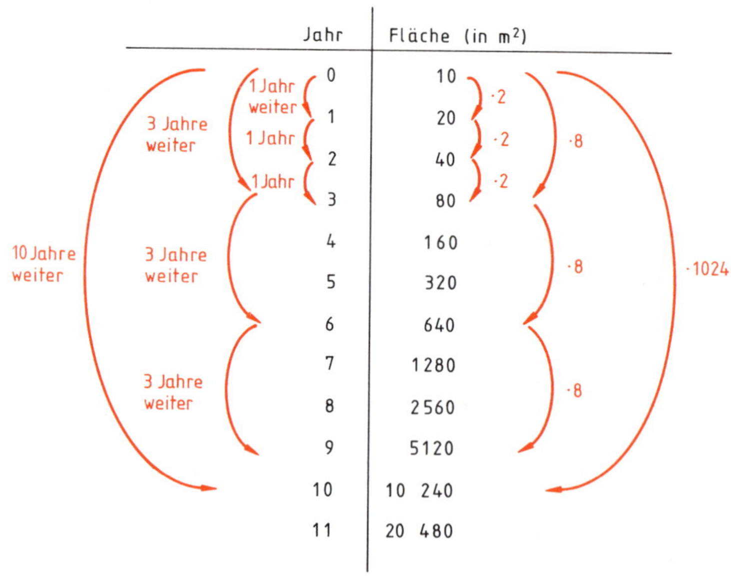


**Abb. 11.1**

Ergebnis: Nach 11 Jahren ist der See ganz mit Algen bedeckt. (Die in der Tabelle angegebene Fläche von 20480 m² wird nicht ganz erreicht, wenn der See nur etwa 20000 m² groß ist.)

An der Tabelle können wir folgendes erkennen:

1 Jahr weiter – doppelte Fläche
2 Jahre weiter – 4fache Fläche
3 Jahre weiter – 8fache Fläche
⋮
10 Jahre weiter – 1024-(≈ 1000-)fache Fläche

**Merksatz**

Zu gleichlangen Zeiten gehört immer der gleiche Wachstumsfaktor.

Man spricht in einem solchen Fall von **„exponentiellem" Wachstum.**

**Graphische Darstellung:**

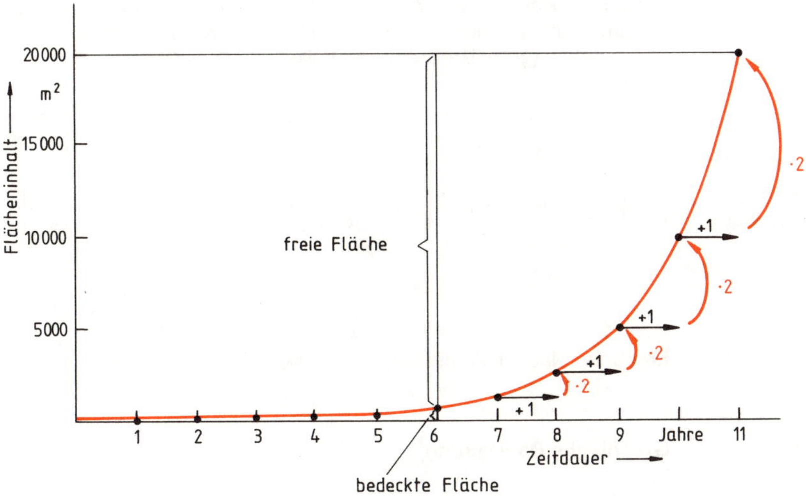


**Abb. 11.2**

Die Berechnung der bedeckten Fläche kann einfacher mit Zweierpotenzen durchgeführt werden:

1 Jahr weiter: $10\,m^2 \cdot 2 = 10\,m^2 \cdot 2^1 = 20\,m^2$
2 Jahre weiter: $10\,m^2 \cdot 2 \cdot 2 = 10\,m^2 \cdot 2^2 = 40\,m^2$
3 Jahre weiter: $10\,m^2 \cdot 2 \cdot 2 \cdot 2 = 10\,m^2 \cdot 2^3 = 80\,m^2$
⋮
10 Jahre weiter: $10\,m^2 \cdot \underbrace{2 \cdot 2 \cdot \ldots \cdot 2}_{(10\text{mal})} = 10\,m^2 \cdot 2^{10} = 10240\,m^2$

11 Jahre weiter: $10\,m^2 \cdot \underbrace{2 \cdot 2 \cdot \ldots \cdot 2}_{(11\text{mal})} = 10\,m^2 \cdot 2^{11} = 20480\,m^2$

Bezeichnen wir die Zeitdauer mit $x$ und den Flächeninhalt mit $y$, so können wir die Funktionswerte des gezeichneten Graphen mittels folgender Funktionsgleichung berechnen:

$y = 10 \cdot 2^x$

Die durch diese Gleichung beschriebene Funktion ist eine **Exponentialfunktion** zur Basis 2. Bei Exponentialfunktionen tritt die Variable im Exponenten einer Potenz auf; diese Funktionen werden im nächsten Abschnitt eingehender untersucht.

**Beispiel**

**Abkühlung einer Eisenkugel**

Eine Eisenkugel wird in kochendem Wasser auf 100 °C erwärmt und anschließend in Eiswasser (0 °C) getaucht. Bei ihrer Abkühlung werden von Schülern pro Minute folgende Temperaturen gemessen:

| Zeit (min) | 0 | 1 | 2 | 3 | 4 | 5 |
|---|---|---|---|---|---|---|
| Temperatur (°C) | 100 | 60 | 36 | 21,5 | 13 | 8 |

Nach welcher Zeit wird die Temperatur der Eisenkugel 1 °C sein?

**Lösung:** Wir prüfen zunächst, ob die Temperatur immer um etwa den gleichen Faktor abnimmt.

$60° : 100° = 0{,}6;$
$36° : 60° = 0{,}6;$
$21{,}5° : 36° \approx 0{,}597 \approx 0{,}6;$
$13° : 21{,}5° \approx 0{,}605 \approx 0{,}6;$
$8° : 13° \approx 0{,}615 \approx 0{,}6$

Bei diesem Abkühlungsvorgang gilt also auch, daß zu gleichen Zeiten (1 min) der gleiche „Wachstumsfaktor" ($\approx 0{,}6$) gehört. Da es sich um eine Temperatur**abnahme** handelt, ist der Faktor kleiner als 1. Auf diese Weise können wir die Tabelle durch ständiges Multiplizieren mit 0,6 (näherungsweise) so lange fortsetzen, bis wir eine Temperatur von etwa 1 °C erhalten (gerundet auf die 1. Stelle nach dem Komma):

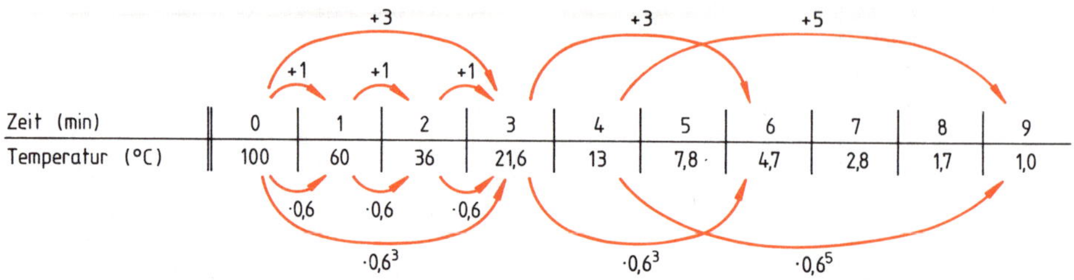


| Zeit (min) | 0 | 1 | 2 | 3 | 4 | 5 | 6 | 7 | 8 | 9 |
|---|---|---|---|---|---|---|---|---|---|---|
| Temperatur (°C) | 100 | 60 | 36 | 21,6 | 13 | 7,8 | 4,7 | 2,8 | 1,7 | 1,0 |

Ergebnis: Nach 9 Minuten ist die Eisenkugel auf 1 °C abgekühlt.

**Graphische Darstellung:**

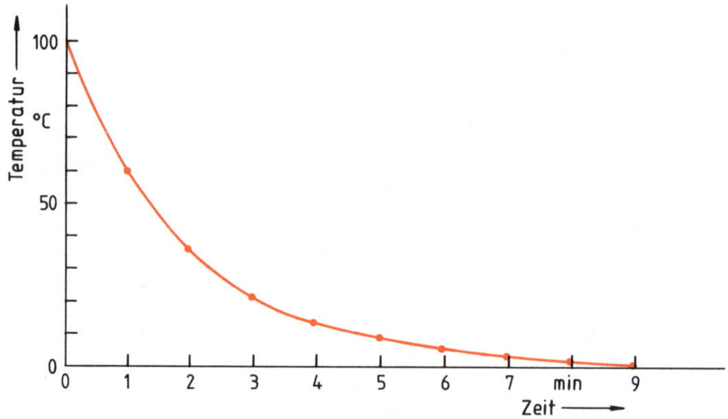


**Abb. 11.3**

Auch dieser Abkühlungsvorgang kann durch eine Exponentialfunktion beschrieben werden ($x \mathrel{\widehat{=}}$ Zeit, $y \mathrel{\widehat{=}}$ Temperatur):

$y = 100 \cdot 0{,}6^x$

Mit Kenntnis der Funktionsgleichung führt die gestellte Frage zu dem Problem, die Gleichung $100 \cdot 0{,}6^x = 1$ zu lösen. Gleichungen, bei denen die Lösungsvariable im Exponenten auftritt, heißen **Exponentialgleichungen;** sie werden in 11.5 behandelt.

# Aufgaben zu 11.1

1. Beantworten Sie für das im Lehrtext angegebene Beispiel 1 (Wachstum von Algen) folgende Fragen:
   a) Welchen Wachstumsfaktor erhält man bei einem Zeitunterschied von fünf (sieben) Jahren?
   b) Nach welcher Zeit etwa hat sich die Fläche jeweils verzehnfacht (verhundertfacht)?
   c) Wie groß wäre die mit Algen bedeckte Fläche nach 12 (15; 20) Jahren, wenn der See dementsprechend größer wäre?
   d) Wie viele Jahre würde es dauern, bis ein See von 100 000 m² (1 000 000 m²) ganz zugewachsen wäre?

2. Vom Erfinder des Schachspiels erzählt man, er habe sich folgende Belohnung gewünscht: Auf das erste der 64 Felder des Schachbretts sollte man ein Reiskorn legen, auf das zweite zwei Reiskörner, auf das dritte vier Reiskörner und auf jedes nachfolgende Feld doppelt so viele Reiskörner wie zuvor.
   a) Schreiben Sie in einer Tabelle die Anzahlen der Reiskörner für die ersten 30 Felder auf!
   b) Berechnen Sie mit Hilfe des TR die Anzahl der Reiskörner auf dem 64. Feld!
   c) Wie können Sie diese Zahl näherungsweise ohne TR erhalten?

3. Eine Bakterienkolonie (anfangs 100 Bakterien) verdreifacht sich im Laufe eines Tages. Stellen Sie den Wachstumsprozeß für die ersten 10 Tage in einer Tabelle dar!

4. Jede der folgenden Tabellen beschreibt einen exponentiellen Wachstums- bzw. Abnahmeprozeß. Übertragen Sie die Tabellen in Ihr Heft und ergänzen Sie sie!

a)

| $x$ | 0 | 1 | 2 | 3 | 4 | 5 | 6 | 7 | 8 | 9 | 10 |
|---|---|---|---|---|---|---|---|---|---|---|---|
| $y$ | 1 | 1,5 | 2,25 | | | | | | | | |

b)

| $x$ | 0 | 1 | 2 | 3 | 4 | 5 | 6 | 7 | 8 | 9 | 10 |
|---|---|---|---|---|---|---|---|---|---|---|---|
| $y$ | 1 | 0,8 | 0,64 | | | | | | | | |

c)

| $x$ | 0 | 1 | 2 | 3 | 4 | 5 | 6 | 7 | 8 | 9 | 10 |
|---|---|---|---|---|---|---|---|---|---|---|---|
| $y$ | 2000 | | | | | 3221,02 | 3543,122 | | | | |

d)

| $x$ | 0 | 1 | 2 | 3 | 4 | 5 | 6 | 7 | 8 | 9 | 10 |
|---|---|---|---|---|---|---|---|---|---|---|---|
| $y$ | | | | 72,9 | 65,61 | | | | | | |

5. Überprüfen Sie, ob der angegebene Ausschnitt einer Wertetabelle einen exponentiellen Wachstums- bzw. Abnahmeprozeß beschreibt! Schreiben Sie gegebenenfalls den Wachstumsfaktor auf!

a)

| $x$ | 0 | 1 | 2 | 3 | 4 | 5 |
|---|---|---|---|---|---|---|
| $y$ | 22 | 28,6 | 37,18 | 48,334 | 62,8342 | 81,68446 |

b)

| $x$ | 0 | 1 | 2 | 3 | 4 | 5 |
|---|---|---|---|---|---|---|
| $y$ | 85 | 17 | 3,4 | 1,02 | 0,408 | 0,204 |

c)

| $x$ | 0 | 1 | 2 | 3 | 4 | 5 |
|---|---|---|---|---|---|---|
| $y$ | 10 | 12 | 14 | 16 | 18 | 20 |

d)

| $x$ | 0 | 1 | 2 | 3 | 4 | 5 |
|---|---|---|---|---|---|---|
| $y$ | 12 000 | 38 400 | 122 880 | 393 216 | 1 218 969,8 | 3 778 805,76 |

e)

| $x$ | 0 | 1 | 2 | 3 | 4 | 5 |
|---|---|---|---|---|---|---|
| $y$ | 150 000 | 37 500 | | 2343,75 | | 146,484375 |

6. Bei einem Wachstum von 5% erhält man einen Wachstumsfaktor von $1+\frac{5}{100}=1{,}05$. Ermitteln Sie die Wachstums- bzw. Abnahmefaktoren
   a) bei einem Wachstum von 3%; 6%; 8,25%; 9,5%; 13%; 25%;
   b) bei einer Abnahme von 2%; 4%; 5%; 8,5%; 20%; 35%!

7. Ein Kapital von 3000 DM wächst durch die Zinsen jährlich um 7%.
   a) Schreiben Sie für die ersten 10 Jahre auf, wie hoch das Kapital am Ende eines jeden Jahres ist, und tragen Sie die Werte in ein Koordinatensystem ein!
   b) Nach wieviel Jahren hat sich das Kapital verdoppelt?
   c) Welcher Wachstumsfaktor gehört zu einem Jahr (5 Jahren; 10 Jahren)?

8. a) Ermitteln Sie experimentell, nach wieviel Jahren sich jeweils ein Kapital bei ganzzahligen Zinssätzen von 1% bis 10% verdoppelt! Anleitung: Geben Sie die Zahl 1 in Ihren TR ein und multiplizieren Sie so oft mit dem jeweiligen Wachstumsfaktor, bis Sie der Zahl 2 am nächsten kommen! Die Anzahl der erforderlichen Multiplikationen gibt die Verdoppelungszeit in Jahren an.
   b) Tragen Sie Ihre Ergebnisse aus a) in eine Tabelle mit Angabe der Zinssätze ($p$%) und der zugehörigen Verdoppelungszeiten ($d$) in Jahren ein! Erkennen Sie einen näherungsweisen Zusammenhang (eine „Faustformel") zwischen $p$ und $d$?
   c) Gilt die von Ihnen gefundene „Faustformel" auch für 1,5%; 3,8%; 8,2%; 11%; 15%; 25%?

## 11.2 Exponentialfunktionen

Eine Funktion mit einer Funktionsgleichung der Form $y = a^x$, $x \in \mathbb{R}$ ($a \in \mathbb{R}^+ \setminus \{1\}$) heißt **Exponentialfunktion zur Basis** $a$.

**Beispiel** $y = 2^x$

**Wertetabelle:**

| $x$ | 0 | 1 | 2 | 3 | −1 | −2 | −3 |
|---|---|---|---|---|---|---|---|
| $y$ | 1 | 2 | 4 | 8 | $\frac{1}{2}$ | $\frac{1}{4}$ | $\frac{1}{8}$ |

(Bisher haben wir Potenzen nur für rationale Exponenten definiert. Die Potenz $a^x$ läßt sich jedoch (für $a > 0$) mit Hilfe von Intervallschachtelungen (vgl. 9.2 und Aufgabe 20 b) in 11.2) auch für irrationale Exponenten erklären. Die Potenzgesetze gelten dann nicht nur für rationale, sondern für beliebige reelle Exponenten.)

**Graphische Darstellung:**

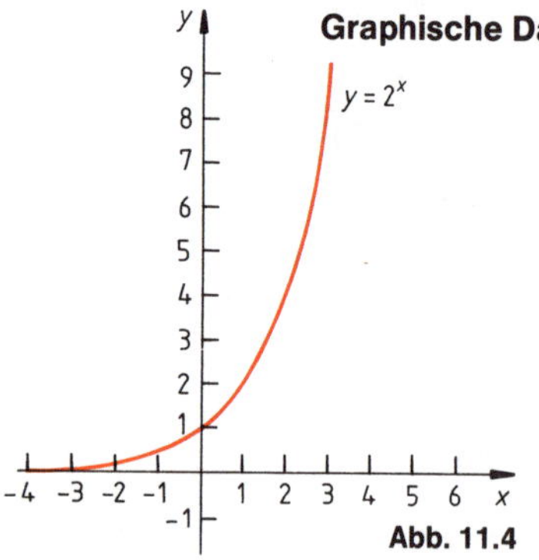


**Abb. 11.4**

Wir können folgende Eigenschaften feststellen:

1. Der Graph verläuft oberhalb der $x$-Achse, die Wertemenge der Funktion ist $\mathbb{R}^+$.
2. Der Graph steigt nach rechts hin ständig an; die Funktion ist **streng monoton steigend.**

Wie verändert sich der Graph, wenn im Funktionsterm $a^x$ die Formvariable $a$ alle positiven Zahlen $\neq 1$ durchläuft?

**Beispiele** $f_1\colon x \mapsto 3^x$, $f_2\colon x \mapsto 10^x$, $f_3\colon x \mapsto (\frac{1}{2})^x$, $f_4\colon x \mapsto (\frac{1}{3})^x$ $(D = \mathbb{R})$.

Beachten Sie bei der Berechnung: $a^{\frac{1}{2}} = \sqrt{a}$ und $(\frac{1}{a})^x = a^{-x}$.

| $x$ | 0 | 0,5 | 1 | 1,5 | 2 | −0,5 | −1 | −1,5 | −2 |
|---|---|---|---|---|---|---|---|---|---|
| $3^x$ | 1,00 | 1,73 | 3,00 | 5,20 | 9,00 | 0,58 | 0,33 | 0,19 | 0,11 |
| $10^x$ | 1,00 | 3,16 | 10,00 | 31,62 | 100,00 | 0,32 | 0,10 | 0,03 | 0,01 |
| $(\frac{1}{2})^x$ | 1,00 | 0,71 | 0,50 | 0,35 | 0,25 | 1,41 | 2,00 | 2,83 | 4,00 |
| $(\frac{1}{3})^x$ | 1,00 | 0,58 | 0,33 | 0,19 | 0,11 | 1,73 | 3,00 | 5,20 | 9,00 |

**Graphische Darstellung:**

Man erkennt, daß die Graphen zu $y = 2^x$ und $y = (\frac{1}{2})^x = 2^{-x}$ ebenso wie die von $y = 3^x$ und $y = (\frac{1}{3})^x = 3^{-x}$ spiegelbildlich zur $y$-Achse liegen.

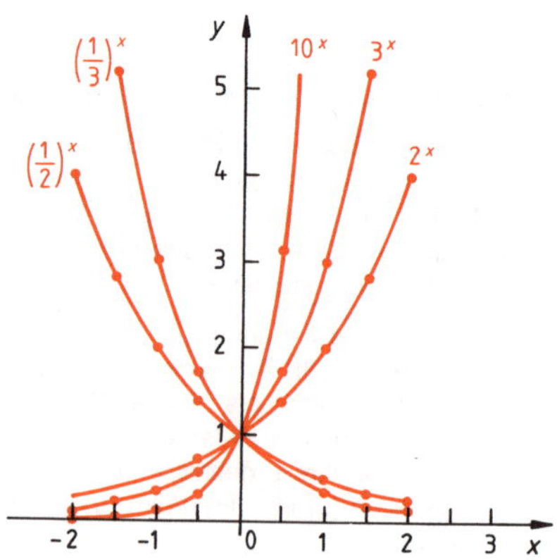


**Abb. 11.5**

An der Wertetabelle können wir die bereits im Abschnitt 11.1 beschriebene Eigenschaft des exponentiellen Wachstums feststellen, z. B.

| | +1 | | +1 | |
|---|---|---|---|---|
| $x$ | 0 | 1 | | 2 |
| $3^x$ | 1 | 3 | | 9 |
| | · 3 | | · 3 | |

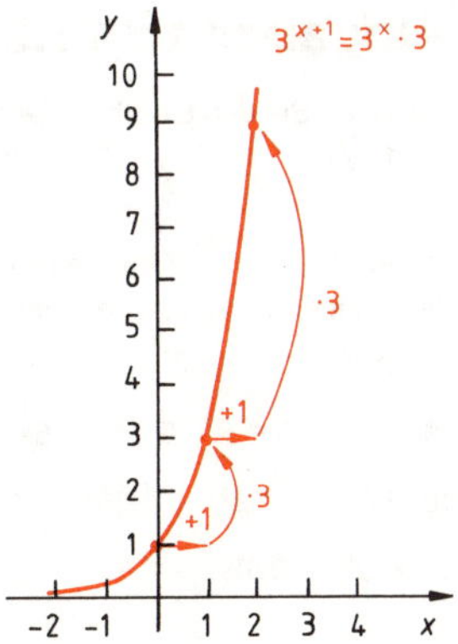

**Abb. 11.6**

Eigenschaften der Exponentialfunktionen $f_a\colon x \mapsto a^x, x \in \mathbb{R}$ ($a \in \mathbb{R}^+ \setminus \{1\}$):

1. $D(f) = \mathbb{R}$, $W(f) = \mathbb{R}^+$; die Graphen verlaufen alle oberhalb der $x$-Achse durch den Punkt $(0|1)$.
2. Die Funktionen sind streng monoton steigend für $a > 1$, streng monoton fallend für $a < 1$.
3. Bei Erhöhung von $x$ um $s$ wird der Funktionswert $f(x)$ mit dem Faktor $a^s$ multipliziert.

$a^{x+s} = a^x \cdot a^s$

„$a$ hoch"

| | Stelle | Funktionswert | |
|---|---|---|---|
| | $x$ | $a^x$ | |
| $+s$ | | | $\cdot a^s$ |
| | $x+s$ | $a^x \cdot a^s$ | |

4. Die Graphen von $y = a^x$ und $y = (\frac{1}{a})^x = a^{-x}$ liegen spiegelbildlich zur $y$-Achse.

Auch die Funktionen mit Funktionsgleichungen der Form

$y = k \cdot a^x, x \in \mathbb{R}$ ($a \in \mathbb{R}^+ \setminus \{1\}, k \in \mathbb{R}^+ \setminus \{1\}$)

werden als Exponentialfunktionen bezeichnet. Für $k > 1$ verlaufen die Graphen steiler nach oben, für $k<1$ weniger steil als die entsprechenden Exponentialfunktionen mit $k = 1$ (vgl. Abb. 11.7).

Besondere Bedeutung wegen ihres häufigen Auftretens in Naturwissenschaft und Technik haben die Exponentialfunktionen mit der Basis $e$ ($e \approx 2{,}718$ irrational):

$y = e^x, x \in \mathbb{R}$ **$e$-Funktion**

Allgemein: $y = b \cdot e^{cx}, x \in \mathbb{R}$ ($b \in \mathbb{R}^+, c \in \mathbb{R}$)

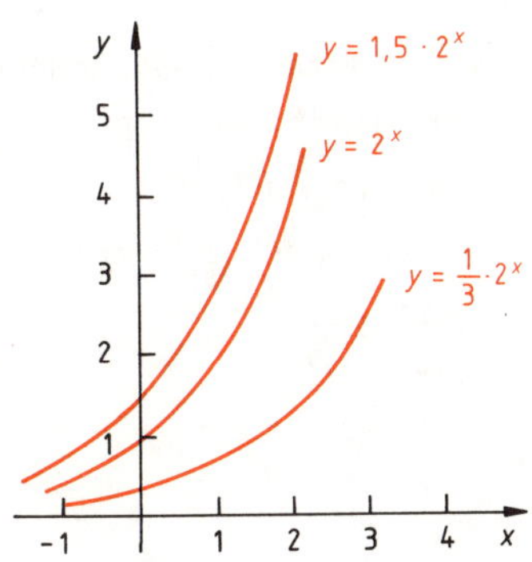

**Abb. 11.7**

## Aufgaben zu 11.2

Zeichnen Sie den Graphen der jeweiligen Exponentialfunktion ($D = \mathbb{R}$)!

1. $y = 3^x$ 2. $y = 5^x$ 3. $y = 1{,}5^x$ 4. $y = 0{,}5^x$ 5. $y = 0{,}2^x$ 6. $y = (\frac{1}{4})^x$ 7. $y = 1^x$

Lesen Sie an den Graphen der Aufgaben 1. bis 4. Näherungswerte für die folgenden Potenzen ab, und vergleichen Sie diese mit dem Taschenrechner-Ergebnis (Benutzung der Taste $\boxed{y^x}$)!

8. $3^{0,4}$; $3^{2,6}$; $3^{1,05}$; $3^{-1}$; $3^{-4,5}$

9. $5^{0,1}$; $5^{1,45}$; $5^{-2,5}$; $5^{\frac{1}{4}}$; $5^{-6}$; $5^{-0,3}$

10. $1{,}5^{1,5}$; $1{,}5^2$; $1{,}5^{3,5}$; $1{,}5^{-1}$; $1{,}5^{\frac{1}{2}}$; $1{,}5^{-2}$

11. $0{,}5^4$; $0{,}5^{1,2}$; $0{,}5^{\frac{3}{2}}$; $0{,}5^{0,5}$; $0{,}5^{-0,5}$; $0{,}5^{-1,5}$; $0{,}5^{-3}$

Zeichnen und vergleichen Sie die Graphen zu:

12. $y = 4^x$ und $y = (\frac{1}{4})^x$ $(x \in \mathbb{R})$

13. $y = (\frac{3}{2})^x$ und $y = (\frac{2}{3})^x$ $(x \in \mathbb{R})$

14. $y = (\sqrt{2})^x$ und $y = (\sqrt{2})^{-x}$ $(x \in \mathbb{R})$

Zeichnen und vergleichen Sie die Graphen der Exponentialfunktionen zu:

15. $y = 0{,}25 \cdot 2^x$ 16. $y = 0{,}5 \cdot 2^x$ 17. $y = 2^x$ 18. $y = 1{,}5 \cdot 2^x$ 19. $y = 3 \cdot 2^x$ $(x \in \mathbb{R})$

20. a) Zeichnen Sie den Graphen zu $f(x) = 2^x$, $x \in \mathbb{R}$, und ermitteln Sie mit Hilfe des Graphen einen Näherungswert für $2^{\sqrt{2}}$!
    b) Berechnen Sie $2^{\sqrt{2}}$ mit Hilfe einer Intervallschachtelung für $\sqrt{2}$ auf 4 zuverlässige Ziffern!

Bestimmen Sie mit TR-Genauigkeit folgende Potenzen:

21. $2^{\sqrt{2}}$ 22. $0{,}2^{\sqrt{2}}$ 23. $\sqrt{2}^{\sqrt{2}}$ 24. $\sqrt{2}^{-\sqrt{2}}$ 25. $3^{\pi}$ 26. $\pi^{\pi}$ 27. $10^{\pi}$ 28. $(\frac{1}{10})^{\pi}$ 29. $1^{\pi}$

30. Formulieren Sie für Potenzen mit beliebigen reellen Exponenten alle Potenzgesetze!

Berechnen Sie näherungsweise mit Hilfe Ihres TR (vereinfachen Sie gegebenenfalls vorher den Term):

31. $0{,}6^{2,4} \cdot 0{,}6^{-1,65} \cdot 0{,}6^{\sqrt{3}}$

32. $3{,}25^{\frac{\pi}{2}} \cdot 1{,}07^{\frac{\pi}{2}} \cdot \sqrt{15}^{\frac{\pi}{2}}$

33. $(\frac{1}{3})^{\sqrt{2,3}} \cdot (\frac{1}{3})^{\sqrt{0,67}} \cdot (\frac{1}{3})^{-\sqrt{107,1}}$

34. $\dfrac{2^{\sqrt{1,5}} \cdot 3^{\sqrt{2,5}}}{2^{\sqrt{0,5}} \cdot 3^{\sqrt{1,5}}}$

35. $\dfrac{\sqrt{5}^{3\pi} \cdot \sqrt{7}^{2\pi}}{\sqrt{11}^{\pi}}$

36. Stellen Sie mit Hilfe des TR eine Wertetabelle für die Funktion $x \mapsto e^x$, $x \in \mathbb{R}$ auf, und zeichnen Sie den Graphen!

37. a) Der Term $\left(1 + \frac{1}{n}\right)^n$ $(n \in \mathbb{N})$ nähert sich mit wachsendem $n$ immer mehr der Zahl $e$. Versuchen Sie, $e$ mit Hilfe dieses Terms auf 6 zuverlässige Ziffern zu bestimmen!

    b) Berechnen Sie $\left(1 + \frac{1}{n}\right)^n$ der Reihe nach für $n = 10$; $10^2$; $10^3$; $10^4$; $10^5$; $10^6$; $10^7$; $10^8$; $10^9$; $10^{10}$; $10^{11}$; $10^{12}$; $10^{13}$. Erläutern Sie Ihre Beobachtungen!

## 11.3 Logarithmusfunktionen und logarithmische Skalen

**Beispiel**

Gesucht wird die Zahl $u$, für die $2^u = 3$ ist. Man bezeichnet $u$ als den **Logarithmus von 3 zur Basis 2.** Schreibweise: $u = \log_2(3)$.

$\log_2(3)$ ist also diejenige Zahl, mit der man 2 potenzieren muß, um 3 zu erhalten:

$2^{\log_2(3)} = 3$

$\log_2(3) \approx 1{,}585$, da $2^{1{,}585} \approx 3$.

$\log_2(3)$ ist wie die „meisten" Logarithmen eine irrationale Zahl.

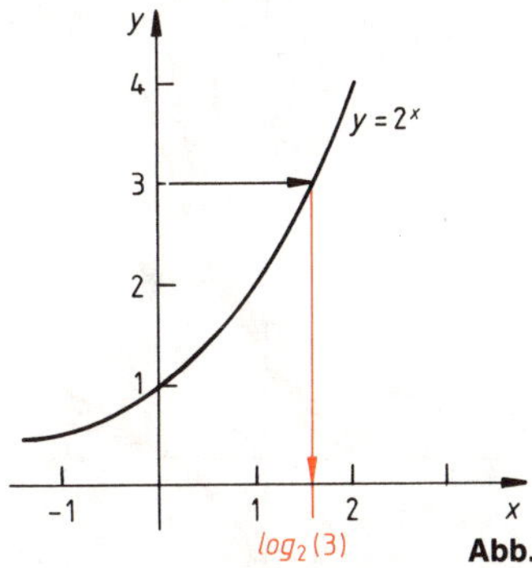


**Abb. 11.8**

**Definition**

> $u = \log_a(b)$ ist diejenige Zahl, mit der man $a$ potenzieren muß, um $b$ zu erhalten.

**Weitere Beispiele:** $\log_2(8) = 3$, denn $2^3 = 8$; $\log_{10}(10000) = 4$; $\log_3(\frac{1}{9}) = -2$

Erweitert man die im obigen Beispiel angegebene Fragestellung (für welches $u$ ist $2^u = 3$?) von der Zahl 3 auf beliebige positive reelle Zahlen, so gelangt man zur Umkehrfunktion von $f: x \mapsto 2^x, x \in \mathbb{R}$.

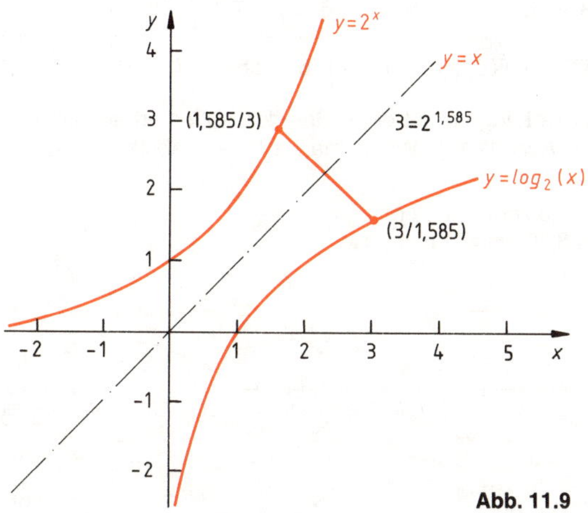


**Abb. 11.9**

Graphisch erhält man die Umkehrfunktion von $f$ durch Spiegelung an der 1. Winkelhalbierenden (vgl. 6.5). Die Exponentialfunktion mit der Funktionsgleichung $y = 2^x$ ordnet jedem $x$ (Beispiel: 1,585) den Funktionswert $2^x$ ($2^{1{,}585} \approx 3$) zu. Die Umkehrfunktion zu $f$: $x \mapsto 2^x$, $x \in \mathbb{R}$ ordnet jeder positiven Zahl $x$ (z.B. 3) den reellen Exponenten $y$ (im Beispiel 1,585) mit $2^y = x$ zu:
$f^U$: $x \mapsto \log_2(x)$, $x \in \mathbb{R}^+$.

> Funktion: $f$: $x \mapsto a^x$, $x \in \mathbb{R}$
> Umkehrfunktion: $f^U$: $x \mapsto \log_a(x)$, $x \in \mathbb{R}^+$ $(a \in \mathbb{R}^+ \setminus \{1\})$

Die Eigenschaften der Logarithmusfunktionen ergeben sich aus den Eigenschaften der Exponentialfunktionen.

**Eigenschaften der Logarithmusfunktionen** $f_a$: $x \mapsto \log_a(x)$, $x \in \mathbb{R}^+$ $(a \in \mathbb{R}^+ \setminus \{1\})$:

1. $D(f) = \mathbb{R}^+$, $W(f) = \mathbb{R}$; die Graphen verlaufen alle rechts von der $y$-Achse durch den Punkt $(1|0)$.
2. Die Funktionen sind streng monoton steigend für $a > 1$, streng monoton fallend für $a < 1$.
3. Die Graphen zu $y = \log_a(x)$ und $y = \log_{\frac{1}{a}}(x) = -\log_a(x)$ liegen spiegelbildlich zur $x$-Achse.

**Weitere Beispiele für Logarithmusfunktionen:**

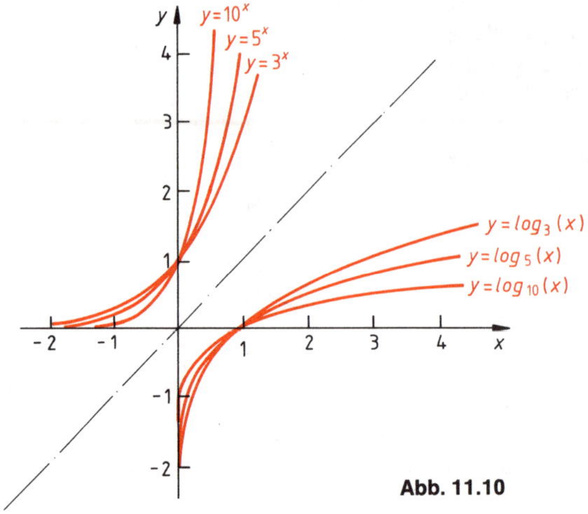


**Abb. 11.10**

1. $y = \log_3(x)$
2. $y = \log_5(x)$
3. $y = \log_{10}(x)$

Man findet die Graphen wiederum durch Spiegeln der Graphen der entsprechenden Exponentialfunktionen zu $y=3^x$, $y=5^x$ und $y=10^x$ an der 1. Winkelhalbierenden.

Die **Zehnerlogarithmen** $\log_{10}(x)$ werden oft als dekadische (oder: Briggssche) Logarithmen bezeichnet und kurz mit lg $(x)$ geschrieben. Sie haben vor Benutzung der TR für das Zahlenrechnen eine große Bedeutung gehabt. Man findet sie in Funktionstafeln, den sogenannten „Logarithmentafeln".

Andere oft verwendete Logarithmen sind die „natürlichen" Logarithmen, die auf dem TR mit ln bezeichnet sind (ln = logarithmus naturalis):
$x \mapsto \ln(x), x \in \mathbb{R}^+$ ist die Umkehrfunktion zu $x \mapsto e^x, x \in \mathbb{R}$.

Mit Hilfe des TR können wir eine Tabelle für einige Werte von $y = \lg(x)$ aufstellen (auf 3 Stellen nach dem Komma gerundet):

| $x$ | 1 | 2 | 3 | 4 | 5 | 6 | 7 | 8 | 9 | 10 |
|---|---|---|---|---|---|---|---|---|---|---|
| $y$ | 0,000 | 0,301 | 0,477 | 0,602 | 0,699 | 0,778 | 0,845 | 0,903 | 0,954 | 1,000 |

Trägt man die Funktionswerte (als Längen) auf einer Geraden ab, so erhält man eine sog. **„logarithmische Skala"** (vgl. Abb. 11.11). Wählt man z.B. als Abstand von 1 bis 10 3,35 cm, so erhält man

als Abstand von 1 bis 2: 0,301 · 3,35 cm ≈ 1,0 cm,
als Abstand von 1 bis 3: 0,477 · 3,35 cm ≈ 1,6 cm usw.

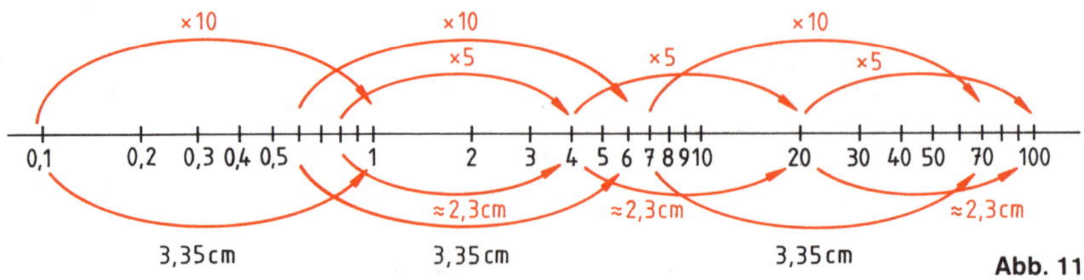


**Abb. 11.11**

Man erkennt: Die obige Skala wiederholt sich immer wieder nach rechts und nach links. Die Bedeutung der Schrittweiten zwischen den Skalenteilen verändert sich allerdings, nach rechts hin um das Zehnfache, nach links hin um ein Zehntel.

Solche logarithmischen Skalen werden u. a. auf dem Rechenstab verwendet.

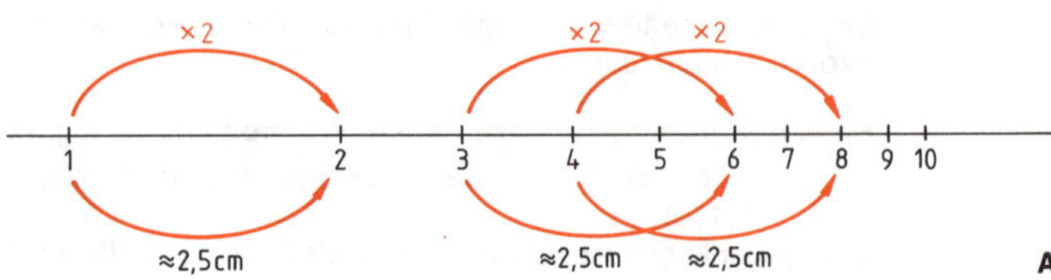


**Abb. 11.12**

An der Skala in Abb. 11.12 wird deutlich: Geht man um 2,5 cm nach rechts, erhält man das Doppelte der Ausgangszahl.

Das gilt auch für andere Längen:

**Merksatz**

Zu gleichen Abständen zweier Zahlen gehört immer der gleiche Faktor.

Damit können wir die Skala nach links und nach rechts fortsetzen, ohne die Werte im einzelnen mit dem TR berechnen zu müssen (vgl. Abb. 11.11).

Für manche Darstellungen im Koordinatensystem ist es vorteilhaft, auf einer Achse oder auch auf beiden Achsen eine logarithmische Skaleneinteilung zu wählen. Dafür gibt es spezielles Papier, das **„halblogarithmische Papier"** und das **„(doppelt-)logarithmische Papier"**.

**Beispiele aus der Technik:**

1. Halblogarithmisches Papier

a)

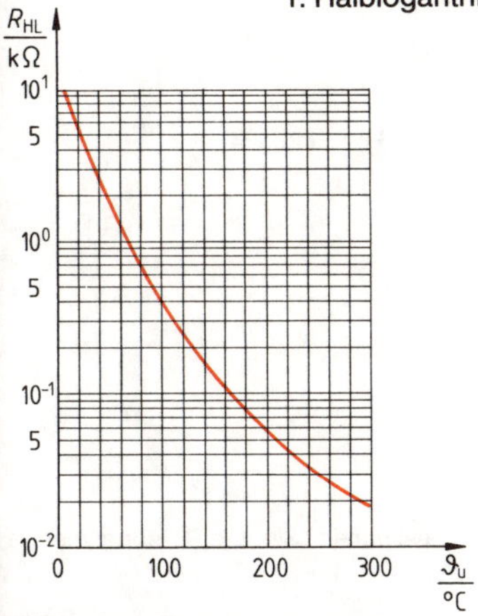


Heißleiterwiderstand als Funktion der Temperatur ohne Eigenerwärmung $R_{HL} = f(\vartheta_{HL})$. $\vartheta_U$ = zu messende Umgebungstemperatur.

**Abb. 11.13**

b)

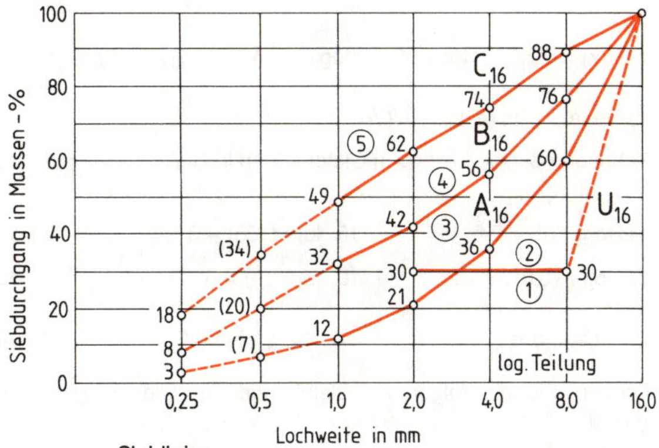


Sieblinien

**Abb. 11.14**

a)

**2.** Logarithmisches Papier

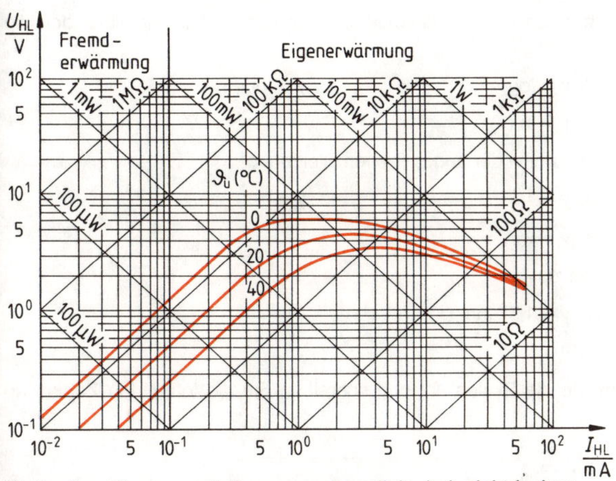


Stationäre Strom- und Spannungskennlinie bei elektrischer Belastung $U_{HL} = f(I_{HL})$; $\vartheta_U$ = Parameter

**Abb. 11.15**

b)

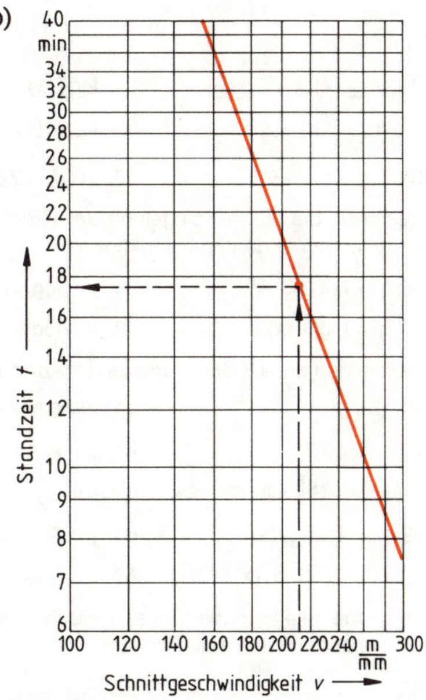


Standzeit als Funktion der Schnittgeschwindigkeit (Unter Standzeit versteht man die Zeit bis zum notwendigen Nachschleifen des Werkzeugs.)

**Abb. 11.16**

## Aufgaben zu 11.3

Die Gleichung $2^3 = 8$ ist äquivalent zu $\log_2(8) = 3$. Formen Sie die folgenden Gleichungen entsprechend um.

1. $2^7 = 128$ 2. $3^3 = 27$ 3. $5^2 = 25$ 4. $10^5 = 100\,000$

5. $8^{-1} = \frac{1}{8}$ 6. $4^{\frac{1}{2}} = 2$ 7. $3^{-2} = \frac{1}{9}$ 8. $5^{\frac{1}{3}} = \sqrt[3]{5}$

Berechnen Sie:

9. $\log_2(2)$; $\log_2(4)$; $\log_2(8)$; $\log_2(0{,}5)$; $\log_2(1)$; $\log_2(\sqrt{2})$

10. $\log_3(9)$; $\log_5(25)$; $\log_7(7)$; $\log_3(\frac{1}{3})$; $\log_{10}(1000)$;
$\log_8(1)$; $\log_5(0{,}2)$; $\log_4(64)$; $\log_3(81)$; $\log_2(1024)$

11. $\log_2\left(\frac{1}{\sqrt{2}}\right)$; $\log_5(\sqrt[3]{5})$; $\log_3(\sqrt[4]{3})$; $\log_3(\sqrt{27})$; $\log_4(\sqrt[3]{256})$;
$\log_2(\sqrt[3]{4})$; $\log_{10}(\sqrt{1000})$; $\log_5\left(\frac{1}{\sqrt[3]{5}}\right)$; $\log_7\left(\frac{1}{\sqrt{7^3}}\right)$

12. $\log_{\frac{1}{2}}(0{,}25)$; $\log_{\frac{1}{4}}(4)$; $\log_{0,1}(\frac{1}{10})$; $\log_{0,4}(0{,}16)$; $\log_{1,2}(1{,}44)$; $\log_{\frac{1}{8}}(4)$; $\log_{\frac{1}{4}}(\frac{1}{2})$; $\log_{\sqrt{2}}(4)$

13. $\ln(e)$; $\ln(e^2)$; $\ln(\sqrt{e})$; $\ln(e^{-0,2})$

Schreiben Sie die folgenden Gleichungen in Gleichungen mit Potenzen um!

**Beispiel:** $\log_2(32) = 5 \Leftrightarrow 2^5 = 32$

14. $\log_4(16) = 2$ 15. $\log_5(125) = 3$ 16. $\log_6(\frac{1}{6}) = -1$

17. $\log_{10}(0{,}01) = -2$ 18. $\log_{\frac{1}{2}}(\frac{1}{8}) = 3$ 19. $\log_9(3) = \frac{1}{2}$

20. $\log_{32}(2) = \frac{1}{5}$ 21. $\log_2(\frac{1}{16}) = -4$ 22. $\log_{\frac{1}{2}}(16) = -4$

Formen Sie die folgenden Gleichungen in Gleichungen mit Potenzen um, und bestimmen Sie die Lösungsmenge ($G = \mathbb{R}^+$)!

**Beispiel:** $\log_2(x) = 3$
$\Leftrightarrow \quad 2^3 = x$
$\Leftrightarrow \quad x = 8$
$\underline{L = \{8\}}$

23. $\log_2(x) = -3$ 24. $\log_3(x) = 2$ 25. $\log_4(x) = 1$ 26. $\log_{10}(x) = 4$

27. $\log_7(x) = -\frac{1}{2}$ 28. $\log_{0,5}(x) = 3$ 29. $\log_{\frac{1}{2}}(x) = -5$ 30. $\log_{0,1}(x) = -\frac{1}{4}$

31. $\log_{\sqrt{2}}(x) = 6$ 32. $\ln(x) = 2{,}8$ 33. $\ln(x) = -40{,}2$ 34. $\ln(x) = 0{,}004$

Zeichnen Sie durch Spiegelung der Graphen der entsprechenden Exponentialfunktionen an der 1. Winkelhalbierenden die Graphen der Logarithmusfunktionen:

35. $y = \log_3(x)$ 36. $y = \log_6(x)$ 37. $y = \log_{2,5}(x)$ 38. $y = \log_{\frac{1}{2}}(x)$

39. $y = \log_{0,3}(x)$ 40. $y = \log_{\sqrt{2}}(x)$ 41. $y = \ln(x)$

Bestimmen Sie die Gleichung der Umkehrfunktion zu der Funktion mit der angegebenen Gleichung!

42. $y = 5^x$ 43. $y = 0{,}5^x$ 44. $y = 1{,}5^x$ 45. $y = (\frac{1}{3})^x$

46. $y = 4^{-x}$ 47. $y = e^{-x}$ 48. $y = e^{2x}$

Zeichnen Sie mit Hilfe des Graphen zu $y = \log_2(x)$ die Graphen zu:

49. $y = 2 \cdot \log_2(x)$ 50. $y = 3 \cdot \log_2(x)$ 51. $y = 1{,}5 \cdot \log_2(x)$

52. $y = 0{,}5 \cdot \log_2(x)$ 53. $y = -\log_2(x)$

Folgende Skalen haben logarithmische Teilung. Zeichnen Sie die Skalen ab, und schreiben Sie die fehlenden Zahlen an die unbeschrifteten Teilstriche!

54.
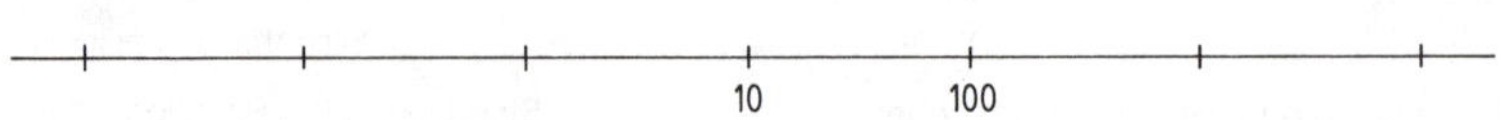


55.
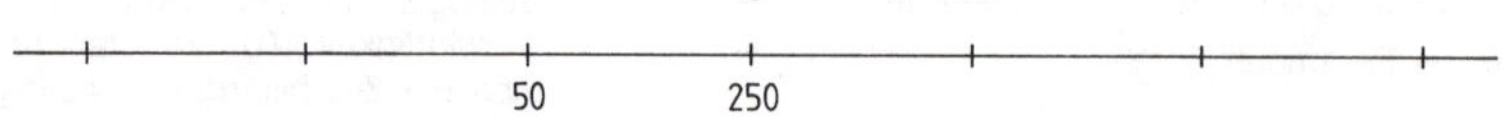


56.
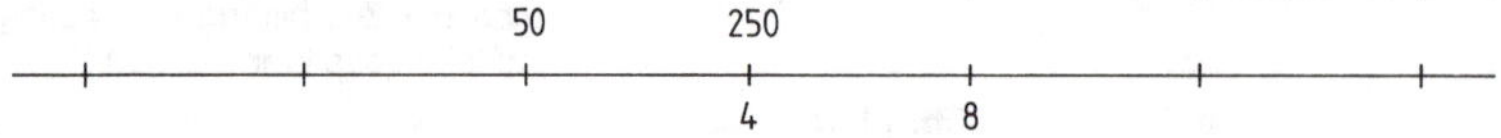

57. Zeichnen Sie eine logarithmische Skala von 1 bis 10 für eine Streckenlänge von
a) 10 cm b) 20 cm c) 25 cm!

58. Markieren Sie auf der Skala von 56. die folgenden Werte: a) mit Hilfe des TR, b) ohne Hilfe des TR:
2,5; 1,5; $3\frac{1}{3}$; 6,25; 11.

Stellen Sie sich selbst halblogarithmisches Papier her ($y$-Achse mit logarithmischer Teilung), und verwenden Sie es als 1. Quadranten eines Koordinatensystems!
Zeichnen Sie jeweils den Graphen zu ($x \in \mathbb{R}^+$):

59. $y = 10^x$
60. $y = 5^x$
61. $y = 2^x$
62. $y = \frac{1}{2} \cdot 2^x$
63. $y = 2 \cdot 2^x$
64. $y = (\frac{1}{2})^x$

Stellen Sie sich selbst logarithmisches Papier her, und verwenden Sie es als 1. Quadranten eines Koordinatensystems! Zeichnen Sie jeweils den Graphen zu ($x \in \mathbb{R}^+$):

65. $y = x^2$
66. $y = x^3$
67. $y = x^5$
68. $y = \frac{1}{2} x^2$
69. $y = 2x^2$
70. $y = \sqrt{x}$

## 11.4 Logarithmengesetze

Aus der Definition des Logarithmus ergibt sich:
$a^{\log_a(b)} = b$ und $\log_a(a^b) = b$.
Wegen $a^x = b \Leftrightarrow \log_a(b) = x$ lassen sich die Gesetze für das Rechnen mit Logarithmen aus den Potenzgesetzen ableiten.

**Multiplikation** $\log_a(u \cdot v) = \log_a(u) + \log_a(v)$

**Division** $\log_a\left(\frac{u}{v}\right) = \log_a(u) - \log_a(v)$

für alle $u, v \in \mathbb{R}^+, a \in \mathbb{R}^+ \setminus \{1\}$

**Potenzieren** $\log_a(u^v) = v \cdot \log_a(u)$ für alle $u \in \mathbb{R}^+$, $v \in \mathbb{R}$, $a \in \mathbb{R}^+ \setminus \{1\}$

Wir schreiben nur für das 1. Gesetz den Beweis auf.

Behauptung: $\log_a(u \cdot v) = \log_a(u) + \log_a(v)$ für alle $u, v \in \mathbb{R}^+$ und $a \in \mathbb{R}^+ \setminus \{1\}$

**Beweis:** $\log_a(u) = x \Leftrightarrow u = a^x$
$\log_a(v) = y \Leftrightarrow v = a^y$

Wir erhalten:

$$u \cdot v = a^x \cdot a^y$$
$$\Rightarrow u \cdot v = a^{x+y}$$
$$\Rightarrow \log_a(u \cdot v) = \log_a(a^{x+y})$$
$$\Rightarrow \log_a(u \cdot v) = x + y$$
$$\Rightarrow \log_a(u \cdot v) = \log_a(u) + \log_a(v),$$ was zu beweisen war.

Speziell ergibt sich aus dem 2. Gesetz für $u = 1$:

$$\log_a\left(\frac{1}{v}\right) = \log_a(1) - \log_a(v) = 0 - \log_a(v),$$

also: $\boxed{\log_a\left(\frac{1}{v}\right) = -\log_a(v)}$ für alle $v \in \mathbb{R}^+$, $a \in \mathbb{R}^+ \setminus \{1\}$

**Beispiele**

**1.** $\log_2(16) = \log_2(2 \cdot 8)$
$= \log_2(2) + \log_2(8)$
$= 1 + 3$
$= 4$

**2.** $\log_5(625) = \log_5(25^2)$
$= 2 \cdot \log_5(25)$
$= 2 \cdot 2$
$= 4$

**3.** $\log_6(\sqrt[3]{216}) = \log_6(216^{\frac{1}{3}})$
$= \frac{1}{3} \cdot \log_6(216)$
$= \frac{1}{3} \cdot 3$
$= 1$

In gleicher Weise können Terme mit Logarithmen umgeformt werden:

**4.** $\lg\left(\frac{a^3 b}{c^2}\right) = \lg(a^3 \cdot b) - \lg(c^2)$
$= \lg(a^3) + \lg(b) - \lg(c^2)$
$= 3\lg(a) + \lg(b) - 2\lg(c)$

**5.** $\lg\left(\frac{(a\,b)^2\sqrt{c^3}}{\sqrt{a\,d}}\right) = \lg[(a\,b)^2] + \lg(\sqrt{c^3}) - \lg(\sqrt{a\,d})$
$= 2\lg(a\,b) + \frac{3}{2}\lg(c) - \frac{1}{2}\lg(a\,d)$
$= 2\lg(a) + 2\lg(b) + \frac{3}{2}\lg(c) - \frac{1}{2}\lg(a) - \frac{1}{2}\lg(d)$
$= \frac{3}{2}\lg(a) + 2\lg(b) + \frac{3}{2}\lg(c) - \frac{1}{2}\lg(d)$

Da auf einem TR in der Regel nur die Funktionstasten [lg] und [ln] vorhanden sind, müssen wir uns noch überlegen, wie wir Logarithmen mit anderen Basen z.B. auf die Basis 10 umrechnen können.

**Beispiel** Man berechne $\log_2(3)$.

Wir setzen: $\log_2(3) = x$
$\Leftrightarrow \quad 2^x = 3$
$\Leftrightarrow \quad \lg(2^x) = \lg(3)$
$\Leftrightarrow \quad x \cdot \lg(2) = \lg(3)$
$\Leftrightarrow \quad x = \frac{\lg(3)}{\lg(2)}$

also: $\log_2(3) = \frac{\lg(3)}{\lg(2)}$

Allgemein gilt: $\log_a(u) = \frac{\log_b(u)}{\log_b(a)}$ für alle $u \in \mathbb{R}^+,\ a, b \in \mathbb{R}^+ \setminus \{1\}$

**Beweis:** Wir setzen: $\log_a(u) = x$
$\Leftrightarrow \quad a^x = u$
$\Leftrightarrow \quad \log_b(a^x) = \log_b(u)$
$\Leftrightarrow \quad x \cdot \log_b(a) = \log_b(u)$
$\Leftrightarrow \quad x = \frac{\log_b(u)}{\log_b(a)}$

also: $\log_a(u) = \frac{\log_b(u)}{\log_b(a)}$

Die „Umrechnungsformel" gestattet es uns, zur Bestimmung beliebiger Logarithmen den TR einzusetzen.

**Beispiele** (auf die 7. Stelle nach dem Komma gerundet):

**1.** $\log_3(5) = \frac{\lg(5)}{\lg(3)}$
$\left(\approx \frac{0{,}6989700}{0{,}4771213}\right)$
$\approx \underline{1{,}4649735}$

**2.** $\log_8(317) = \frac{\lg(317)}{\lg(8)}$
$\left(\approx \frac{2{,}5010593}{0{,}9030900}\right)$
$\approx \underline{2{,}7694463}$

# Aufgaben zu 11.4

1. Begründen Sie, daß allgemein gilt:
   a) $\log_a(a) = 1$  b) $\log_a(1) = 0$
2. Begründen Sie folgende Aussagen für dekadische Logarithmen:
   a) Der Zehnerlogarithmus einer dreistelligen Zahl liegt zwischen 2 und 3.
   b) Der Zehnerlogarithmus einer einstelligen Zahl liegt zwischen 0 und 1.
   c) Ist eine Zahl kleiner als 0,1, so ist der Zehnerlogarithmus dieser Zahl kleiner als $-1$.

In einer Logarithmentafel sind für eine Ziffernfolge die Stellen des Zehnerlogarithmus nach dem Komma (Mantisse) abgedruckt, die Zahl vor dem Komma (Kennzahl oder Numerus) ergibt sich entsprechend Aufgabe 2. durch die nächstkleinere Zehnerpotenz.

**Beispiel:** $\lg(34) = 1{,}5315$ (nächstkleinere Zehnerpotenz $= 10^1$)
Numerus (1) Mantisse (5315)

3. Geben Sie anhand des Beispiels die Zehnerlogarithmen von 340; 3400; 34 000; 3,4; 0,34; 0,034; 0,0034 an! (Schreibweise: $\lg(0{,}34) = 0{,}5315 - 1$)
4. Legen Sie mit Hilfe des TR eine vierstellige Logarithmentafel für die natürlichen Zahlen von 1 bis 30 an! Lesen Sie daraus ab:
   $\lg(240)$; $\lg(11\,000)$; $\lg(3)$; $\lg(1{,}2)$; $\lg(0{,}011)$; $\lg(20\,000)$; $\lg(0{,}25)$; $\lg(1{,}8)$; $\lg(270\,000)$; $\lg(0{,}00006)$.

Formen Sie die folgenden logarithmischen Terme um!

**Beispiel:**
$$\lg\left(\frac{x^2}{y z^4}\right) = \lg(x^2) - \lg(y z^4) = 2\lg(x) - [\lg(y) + \lg(z^4)] = \underline{2\lg(x) - \lg(y) - 4\lg(z)}$$

5. $\lg\left(\frac{a}{b^2}\right)$
6. $\lg\left(\frac{a b c}{d}\right)$
7. $\lg\left(\frac{1}{s r}\right)$
8. $\lg\left(\frac{2}{p}\right)$
9. $\lg\left(\frac{q^2}{5}\right)$
10. $\lg\left(\frac{3a^2}{4b^2}\right)$
11. $\lg(a^3 b c^5)$
12. $\lg\left(\frac{x^7 y^3}{z^2}\right)$
13. $\lg\left(\frac{r^6}{p^2 q^3}\right)$
14. $\lg(a^{-3})$
15. $\lg(a^{\frac{1}{2}})$
16. $\lg(\sqrt[3]{a})$
17. $\lg(\sqrt[3]{p^5})$
18. $\lg\sqrt[4]{a^2 b}$
19. $\lg(r^{-\frac{2}{3}})$
20. $\lg(a^2\sqrt{b})$
21. $\lg(\sqrt[3]{a^4 b^2})$
22. $\lg\left(\sqrt[3]{\frac{x^4}{(y z)^2}}\right)$
23. $\lg((a+b)^2)$
24. $\lg(a^2 - b^2)$

Schreiben Sie die folgenden Terme mit **einem** Logarithmus!

**Beispiel:** $\lg(a) + \lg(b) - \lg(c^2) = \lg\left(\frac{a b}{c^2}\right)$

25. $\lg(a^2) + 2\lg(b) - 3\lg(c^4)$
26. $\lg(x) + 5\lg(y) + 4\lg(z)$
27. $\lg(a b) - 2\lg(a^2 b) - \lg(a b^2)$
28. $\frac{1}{2}\lg(p) + \frac{1}{3}\lg(q)$
29. $-\lg(a-x) + \frac{1}{2}\lg(a-x)$
30. $-\lg(s) - 2\lg(r)$

Bestimmen Sie folgende Logarithmen!

**Beispiele:** $\log_6(16) = \frac{\lg(16)}{\lg(6)} \left(\approx \frac{1{,}2041200}{0{,}7781513}\right) \approx \underline{1{,}5474112}$

$\mathrm{lb}(32) = \log_2(32) = 5$
(lb binärer Logarithmus, Logarithmus zur Basis 2)

31. $\log_2(10)$
32. $\log_2(100)$
33. $\log_5(10\,512)$
34. $\log_5(0{,}2)$
35. $\log_5(0{,}1)$
36. $\log_4(0{,}026)$
37. $\log_3(126{,}05)$
38. $\log_{100}(18)$
39. $\log_{0,1}(0{,}04)$
40. $\log_{0,5}(0{,}0021)$
41. $\log_{0,5}(7)$
42. $\log_{\frac{2}{3}}(\frac{1}{3})$
43. $\log_{\frac{1}{2}}(0{,}1)$
44. $\log_{\frac{1}{2}}(\frac{3}{4})$
45. $\log_{\sqrt{2}}(3)$
46. $\log_{\sqrt{2}}(\frac{1}{2})$
47. $\mathrm{lb}(1024)$
48. $\mathrm{lb}(3)$
49. $\mathrm{lb}(100)$
50. $\mathrm{lb}(\sqrt{2})$
51. Beweisen Sie die Logarithmengesetze Nr. 2 und Nr. 3!

## 11.5 Exponentialgleichungen und logarithmische Gleichungen

Gleichungen, bei denen die Lösungsvariable im Exponenten steht, heißen **Exponentialgleichungen.**

**Beispiele**

**1.** $2^x = 1024$
$\Leftrightarrow x = \log_2(1024)$
$\Leftrightarrow x = 10$
$\underline{L = \{10\}}$

Hier kann man die Lösung direkt angeben.

Probe: $2^{10} \stackrel{?}{=} 1024$
$1024 = 1024$ (wahr)

**2.** $5^{3x-1} = 5^5$
$\Leftrightarrow 3x - 1 = 5$
$\Leftrightarrow 3x = 6$
$\Leftrightarrow x = 2$
$\underline{L = \{2\}}$

Bei Exponentialgleichungen mit **gleicher Basis** dürfen die Exponenten gleichgesetzt werden.

Probe:
$5^{3 \cdot 2 - 1} \stackrel{?}{=} 5^5$
$5^5 = 5^5$ (wahr)

**3.** $1{,}2^{x-4} = 3{,}87$
$\Leftrightarrow \lg(1{,}2^{x-4}) = \lg(3{,}87)$
$\Leftrightarrow (x-4)\lg(1{,}2) = \lg(3{,}87)$
$\Leftrightarrow x - 4 = \dfrac{\lg(3{,}87)}{\lg(1{,}2)}$
$\Leftrightarrow x - 4 = 7{,}42\ldots$
$\Leftrightarrow x = 7{,}42\ldots + 4$
$\Leftrightarrow x = 11{,}42\ldots$
$\underline{L = \{11{,}42\ldots\}}$

Bei Exponentialgleichungen mit **verschiedenen Basen** werden die Terme auf beiden Seiten des Gleichheitszeichens logarithmiert.

Probe: $1{,}2^{11{,}42-4} \stackrel{?}{=} 3{,}87$
$1{,}2^{7{,}42} \stackrel{?}{=} 3{,}87$
$3{,}8683418 \approx 3{,}87$ (wahr)
↑
(TR-Genauigkeit)

**4.** $45^{2x-4} = 50^x$
$\Leftrightarrow (2x-4)\lg(45) = x\lg(50)$
$\Leftrightarrow 2x\lg(45) - 4\lg(45) = x\lg(50)$
$\Leftrightarrow x[2\lg(45) - \lg(50)] = 4\lg(45)$
$\Leftrightarrow x = \dfrac{4\lg(45)}{2\lg(45) - \lg(50)}$
$\Leftrightarrow x \approx 4{,}1138632$
$\underline{L = \{4{,}1138632\}}$

Probe: $45^{2 \cdot 4{,}1138632 - 4} \stackrel{?}{=} 50^{4{,}1138632}$
$45^{4{,}2277264} \stackrel{?}{=} 50^{4{,}1138632}$
$9757311{,}9 \approx 9757311{,}7$ (wahr)

(**Hinweis:** Die von TR gelieferten Ergebnisse sind i.a. Näherungswerte, die nicht auf allen TR-Modellen übereinzustimmen brauchen.)

**5.** $0{,}4\, e^{\frac{x}{2{,}6}} = 6834$
$\Leftrightarrow e^{\frac{x}{2{,}6}} = \dfrac{6834}{0{,}4}$
$\Leftrightarrow e^{\frac{x}{2{,}6}} = 17085$
$\Leftrightarrow \dfrac{x}{2{,}6} = \ln(17085)$
$\Leftrightarrow x = 2{,}6 \cdot \ln(17085)$
$\Leftrightarrow x \approx 25{,}339486$
$\underline{L = \{25{,}339486\}}$

Bei Exponentialgleichungen mit der Basis $e$ wird mit ln logarithmiert.

Probe:
$0{,}4\, e^{\frac{25{,}339486}{2{,}6}} \stackrel{?}{=} 6834$
$0{,}4\, e^{9{,}7459562} \stackrel{?}{=} 6834$
$6833{,}9999 \approx 6834$ (wahr)

Gleichungen, bei denen die Lösungsvariable hinter dem Logarithmus steht, heißen **logarithmische Gleichungen.**
(Wir werden nur Gleichungen mit Logarithmen gleicher Basis betrachten.)

**Beispiele**

**1.** $\log_5(x) = 3 \quad (D = \mathbb{R}^+)$

$\Leftrightarrow \quad x = 5^3$

$\Leftrightarrow \quad x = 125$

$\underline{L = \{125\}}$

Einfache Gleichungen können direkt aufgrund der Definition des Logarithmus gelöst werden.

Probe: $\log_5(125) \overset{?}{=} 3$

$5^3 = 125$ (wahr)

**2.** $4 \cdot \lg(x-2) = 10{,}29 \quad (D = \mathbb{R}^{>2})$

$\Leftrightarrow \quad \lg(x-2) = \dfrac{10{,}29}{4}$

$\Leftrightarrow \quad \lg(x-2) = 2{,}5725$

$\Leftrightarrow \quad x-2 = 10^{2{,}5725}$

$\Leftrightarrow \quad x = 10^{2{,}5725} + 2$

$\Leftrightarrow \quad x \approx 375{,}68013$

$\underline{L = \{375{,}68013\}}$

Der logarithmische Term wird isoliert, und dann werden beide Seiten der Gleichung (zur entsprechenden Basis, hier 10) potenziert.

Probe:

$4 \lg(375{,}68013 - 2) \overset{?}{=} 10{,}29$

$4 \lg(373{,}68013) \overset{?}{=} 10{,}29$

$10{,}290000 = 10{,}29$ (wahr)

**3.** $\log_3\left(\dfrac{x^2}{4}\right) = 0{,}706 \quad (D = \mathbb{R} \setminus \{0\})$

$\Leftrightarrow \quad \dfrac{x^2}{4} = 3^{0{,}706}$

$\Leftrightarrow \quad x^2 = 4 \cdot 3^{0{,}706}$

$\Leftrightarrow \quad x = \sqrt{4 \cdot 3^{0{,}706}} \lor x = -\sqrt{4 \cdot 3^{0{,}706}}$

$\Leftrightarrow \quad x \approx 2{,}9474999 \lor x \approx -2{,}9474999$

$\underline{L = \{-2{,}9474999;\ 2{,}9474999\}}$

**4.** $3 \cdot \ln(x^3) - 240 = 5 \cdot \ln(x) \quad (D = \mathbb{R}^+)$

$\Leftrightarrow \quad 3 \cdot \ln(x^3) - 5 \cdot \ln(x) = 240$

$\Leftrightarrow \quad 3 \cdot 3 \cdot \ln(x) - 5 \cdot \ln(x) = 240$

$\Leftrightarrow \quad 9 \cdot \ln(x) - 5 \cdot \ln(x) = 240$

$\Leftrightarrow \quad 4 \cdot \ln(x) = 240$

$\Leftrightarrow \quad \ln(x) = 60$

$\Leftrightarrow \quad x = e^{60}$

$\Leftrightarrow \quad x \approx 1{,}1420074 \cdot 10^{26}$

$\underline{L = \{1{,}1420074 \cdot 10^{26}\}}$

Mehrere logarithmische Terme (mit derselben Basis) werden zu **einem** logarithmischen Term zusammengefaßt.

# Aufgaben zu 11.5

Lösen Sie folgende Exponentialgleichungen, ohne zu logarithmieren ($G = \mathbb{R}$; $x$ Lösungsvariable)!

1. $3^x = 27$
2. $2^x = 64$
3. $10^x = 0{,}001$
4. $5^{3x-2} = 25$
5. $8^{-x+4} = \sqrt{8}$
6. $10^{\frac{x}{2}} = 10$
7. $16^{2x+4} = 1$
8. $16^x = \frac{1}{8}$
9. $e^{2x+1} = e^{-x-3}$
10. $a^{10} = a^{x-3}$
11. $a^{nx-3} = a^{2n}$
12. $y^{2x+3} = y^{8-3x}$
13. $m^{2(x-5)} = m^{3(2x+4)}$
14. $\sqrt[3]{a^{17-x}} = a^{x-5}$
15. $\sqrt[x-2]{a^{x-3}} = \sqrt[x+3]{a^{x+1}}$
16. $\sqrt[x+1]{a^{x+2}} \cdot \sqrt[3x]{a^{3x-2}} = a^2$
17. $\sqrt[3]{a^{5x+7}} \cdot \sqrt[4]{a^{3x+10}} = a^2 \sqrt{a^{5x}}$
18. $a^7 (a^{x-1})^{5x-1} = a^{x-8} \cdot (a^{x-2})^{5x-7}$
19. $a^2 \cdot \sqrt[4]{a^{5x-3}} = a^{\frac{7x}{6}} \cdot \sqrt[3]{a^{\frac{2x}{9}}}$

20. $(\frac{3}{4})^x = (\frac{4}{3})^7$

21. $(\frac{13}{17})^{2x-5} = (\frac{17}{13})^{5x-9}$

22. $\sqrt[x-6]{15^{x+6}} = \frac{1}{225}$

23. $\sqrt[x+12]{81^{x+2}} = \frac{1}{3}$

24. $\sqrt[x]{25^{x+3}} = 5$

25. $\sqrt[x+3]{36^{x+2}} = \frac{1}{6}$

26. $(2 \cdot 3^{2x-3})^2 = 4 \cdot 9^{x-1}$

Bestimmen Sie jeweils die Lösungsmenge der Exponentialgleichung ($G = \mathbb{R}$)!

**Beispiel:** $(0{,}05)^{2x-1} = 20^{3x-8}$

$$\begin{aligned}
\Leftrightarrow\quad & (2x-1)\lg(0{,}05) = (3x-8)\lg(20)\\
\Leftrightarrow\quad & 2x\lg(0{,}05) - \lg(0{,}05) = 3x\lg(20) - 8\lg(20)\\
\Leftrightarrow\quad & x\,[2\lg(0{,}05) - 3\lg(20)] = \lg(0{,}05) - 8\lg(20)\\
\Leftrightarrow\quad & x\,[\lg(0{,}05^2) - \lg(20^3)] = \lg(0{,}05) - \lg(20^8)\\
\Leftrightarrow\quad & x\lg\left(\frac{0{,}05^2}{20^3}\right) = \lg\left(\frac{0{,}05}{20^8}\right)\\
\Leftrightarrow\quad & x = \frac{\lg(0{,}05 \cdot 20^{-8})}{\lg(0{,}05^2 \cdot 20^{-3})}\\
\Leftrightarrow\quad & x \approx 1{,}8\\
& \underline{L = \{1{,}8\}}
\end{aligned}$$

27. $10^x = 3$

28. $100^x = 5$

29. $2^n = 25$

30. $\sqrt[x]{21} = 1{,}78$

31. $10^{4x} = 5{,}7544$

32. $\sqrt[x]{9977} = 2{,}5113$

33. $7^x = 100$

34. $25^{-x} = 11$

35. $21^{\frac{1}{x}} = 1{,}78$

36. $5{,}188^x = 88\,238$

37. $1{,}035^{x-4} = 2{,}1$

38. $45^{2x-4} = 50^{x-2}$

39. $2^{2x-1} = 300$

40. $2{,}718^x = \frac{530}{215}$

41. $(\frac{3}{5})^{2x-3} = (\frac{4}{7})^{3x-2}$

42. $8^{x-1} = 7 \cdot 5^x$

43. $3 \cdot 5^{2x} = 7^{x+4}$

44. $17 \cdot 3^{x-2} = 4 \cdot 9^{2x}$

45. $(3^x)^2 = 325{,}54$

46. $\sqrt[x]{1{,}7649} = \sqrt[5]{5}$

47. $\sqrt[x]{12{,}3^3} = 6{,}568$

48. $7^{x^2} = 19\,137$

49. $\sqrt[x]{10} = \sqrt[49]{32{,}49}$

50. $\sqrt[7x]{7^{5x+7}} = \sqrt[5x]{5^{7x+5}}$

51. $17^{\frac{x+1}{x-1}} = 71^{\frac{x-1}{x+1}}$

52. $7\sqrt{5^{x-2}} = \sqrt[3]{35^{x+1}}$

53. $2^{2(x+1)} + 16 = 65 \cdot 2^x$

54. $8^{x+1} - 8^{2x-1} = 30$

55. $6^{x+1} + 6^{1-x} = 13$

56. Bestimmen Sie jeweils die Lösungsmenge ($G = \mathbb{R}$)!
a) $(\frac{3}{2})^x > 1000$
b) $(\frac{4}{3})^x > 1000$
c) $(\frac{5}{4})^x > 1000$

57. Von welcher natürlichen Zahl an wird $(\frac{1}{2})^x$ kleiner als
a) $\frac{1}{10\,000}$
b) $\frac{1}{100\,000}$
c) $\frac{1}{1\,000\,000}$?

58. Für welche reellen Zahlen $x$ gilt:
a) $e^x > 1\,000\,000$,
b) $e^x < \frac{1}{1\,000\,000}$?

Bestimmen Sie jeweils die Lösungsmenge ($G = \mathbb{R}$)!

59. $\log_7(x) = 70{,}29$

60. $\log_{110}(x) = 33$

61. $\log_{0{,}25}(x) = 0{,}006$

62. $\log_{\frac{1}{3}}(x) = \frac{2}{15}$

63. $\log_{2{,}6}(x) = 1{,}5$

64. $\log_{20}(x) = 16{,}783$

65. $\log_8(x+1) = 25$

66. $\log_7(2x+3) = 0{,}69$

67. $\log_{0{,}2}(x-4) = 0{,}1$

68. $\log_{\sqrt{2}}(2-x) = 12$

69. $\lg(16x-4) = 0{,}89$

70. $\ln\left(\frac{x^2}{2}\right) = 1{,}111$

71. $\lg(3x^2 + 2x - 4) = 0{,}96$

72. $\ln(x^2 - 8) - 15 = 0$

73. $\log_2\left(\frac{x^2}{4} + 1\right) - 2 = 0$

74. $\log_{\sqrt{5}}\left(\frac{3x^2}{16} + 5x\right) - 3{,}61 = 0$

75. $72 \cdot \ln(-2x^2 + x) - 0{,}16 = 0$

76. $\frac{3}{4}\lg(0{,}1\,x^3) - 0{,}65^2 = 0$

77. $4\lg(x^4) + 2\lg(x^3) - 1 = 0$

78. $-\ln(6x+2) - 5 \cdot \ln(2x) - 25 = 0$

79. $2 \cdot \log_{11}\left(\frac{1}{x^2}\right) - 3{,}5 \cdot \log_{11}(0{,}1\,x) + 8 \cdot \log_{11}(\sqrt{x}) = 0$

80. Bestimmen Sie jeweils die Lösungsmenge ($G = \mathbb{R}^+$):
a) $\frac{3}{4}\log_2(x) > \frac{4}{3}$
b) $\log_2(x) > 10$
c) $\log_2(x) > 100$

81. Für welche Basen $a$ gilt:
a) $\log_a(100) > 10$
b) $\log_a(\frac{1}{100}) < -1$?

82. Von welcher natürlichen Zahl an wird
a) $\ln(x)$
b) $\ln(x^2)$
c) $\ln(\frac{x}{2})$
d) $\ln(\sqrt{x})$
größer als 5?

83. Für welche reellen Zahlen gilt:
a) $\ln(x) > 10$
b) $\ln(x) < -10$?
c) $\mathrm{lb}(x) < 100$
d) $-100 < 2\,\mathrm{lb}(x)$

## 11.6 Anwendungen

Mit Hilfe von Exponential- und Logarithmusfunktionen lassen sich zahlreiche Vorgänge aus unserer Umwelt und der Technik beschreiben. Wir greifen zunächst noch einmal die beiden Beispiele aus 11.1 auf.

**Beispiele**

**1. Wachstum von Algen**

Wir hatten für das Wachstum der Algen eine Exponentialfunktion mit der Gleichung

$y = 10 \cdot 2^x$

gefunden. Dabei kennzeichnet die Basis 2 den **Wachstumsfaktor,** der Faktor 10 den Funktionswert an der Stelle $x = 0$.

**2. Abkühlung einer Eisenkugel**

Diesen Vorgang konnten wir durch eine Exponentialfunktion mit der Gleichung

$y = 100 \cdot 0{,}6^x$

beschreiben. Dabei ist 0,6 der „Wachstumsfaktor" (hier kleiner als 1) und 100 der Funktionswert an der Stelle $x = 0$.

**Merksatz**

Bei der Exponentialfunktion mit der Gleichung $y = k \cdot a^x$ ist $a$ der Wachstumsfaktor und $k$ der Funktionswert an der Stelle $x = 0$.

**3. Bevölkerungswachstum**

Zu Beginn des Jahres 1982 lebten ungefähr 4,5 Milliarden ($= 4{,}5 \cdot 10^9$) Menschen auf der Erde. Vor einigen Jahren rechnete man damit, daß sich die Zahl der Menschen bei „normalem" Verlauf nach ungefähr 32 Jahren verdoppeln würde. Um wieviel % würde die Weltbevölkerung unter dieser Annahme pro Jahr zunehmen?

**Lösung:** Würde sich die Bevölkerung in einem Jahr verdoppeln, hätten wir die Funktion $f: x \mapsto 4{,}5 \cdot 10^9 \cdot 2^x,\ x \in \mathbb{N}_0$. Da aber die Verdoppelung erst für $x = 32$ eintritt, wird das Wachstum durch die Exponentialfunktion mit der Gleichung

$$y = 4{,}5 \cdot 10^9 \cdot 2^{\frac{x}{32}}$$

beschrieben. Der Wachstumsfaktor für ein Jahr ist dann:

$$2^{\frac{1}{32}} = \sqrt[32]{2} \approx 1{,}0219$$

Ergebnis: Das würde ein jährliches Wachstum von etwa <u>2,19%</u> bedeuten.

(**Hinweis:** Diesen Prozentsatz erhält man auf einfache Weise mit Hilfe der in Aufgabe 8. des Abschnitts 11.1 gewonnenen „Faustformel" $p \cdot d \approx 70$: $p \approx \frac{70}{d} = \frac{70}{32} \approx 2{,}19$).

Der Zuwachs an Menschen im Jahre 1982 beträgt unter der gemachten Annahme also etwa $4{,}5 \cdot 10^9 \cdot 0{,}0219 \approx$ <u>98,5 Millionen.</u>

Am Ende des Jahres 2000 würden dann etwa

$4{,}5 \cdot 10^9 \cdot 1{,}0219^{19} \approx$ <u>6,79 Milliarden</u>

Menschen leben.

(**Hinweis:** Nach neueren Schätzungen des UN-Bevölkerungsfonds werden im Jahre 2000 „nur" **6,1 Milliarden** Menschen leben. Die jährliche Wachstumsrate ist mittlerweile auf etwa 1,65% gesunken.)

**4. Zerfall eines radioaktiven Elements**

Bei einer bestimmten radioaktiven Substanz hat man durch Messung festgestellt, daß in einem Jahr 1‰ der Substanz zerfällt. Nach welcher Zeit ist die Hälfte zerfallen?

**Lösung:** Wir können den Vorgang durch eine Exponentialfunktion mit dem „Wachstumsfaktor" 0,999 ($= 1 - \frac{1}{1000}$) beschreiben:

$y = 0{,}999^x$.

Die gesuchte Zeit erhält man aus der Exponentialgleichung $0{,}999^x = 0{,}5$.

$$0{,}999^x = 0{,}5$$
$$\Leftrightarrow x \cdot \lg(0{,}999) = \lg(0{,}5)$$
$$\Leftrightarrow x = \frac{\lg(0{,}5)}{\lg(0{,}999)}$$
$$\Leftrightarrow x \approx 692{,}8$$

Ergebnis: Die halbe Substanz ist nach etwa 700 Jahren zerfallen.

Dies ist die sog. „Halbwertszeit" der Substanz.

Mit Hilfe der Halbwertszeit könnte man den Prozeß auch durch eine scheinbar andere Exponentialfunktion beschreiben:

$y = 2^{-\frac{x}{700}}$ (es gilt: $2^{-\frac{1}{700}} \approx 0{,}999$).

In den meisten Anwendungsgebieten hat es sich als vorteilhaft erwiesen, nur noch mit e-Funktionen zu rechnen; andere vorkommende Basen werden entsprechend umgeschrieben, z. B.:

$2^x = (e^{\ln(2)})^x = e^{x \cdot \ln(2)}$.

# Aufgaben zu 11.6

1. Beim Einschalten eines elektrischen Geräts steigt die Stromstärke $I$ entsprechend der Funktionsgleichung
   $I = 0{,}35\,(1 - 0{,}6^t)$
   mit wachsender Zeit an ($I$ = Stromstärke in A, $t$ = Zeit in ms). Zeichnen Sie den Graphen in einem geeigneten Maßstab, und berechnen Sie:
   a) Wann hat die Stromstärke 0,30 A, wann 0,34 A erreicht?
   b) Wie groß ist die Stromstärke nach 2 ms, nach 4 ms?
2. Der atmosphärische Druck $p$ nimmt entsprechend der Formel
   $p = e^{-\frac{h}{8}}$ ($p$ = Druck in bar; $h$ = Höhe in km)
   nach oben hin ab.
   a) Zeichnen Sie den Graphen!
   b) Berechnen Sie die „Halbwertshöhe", bei der der Druck auf die Hälfte abgesunken ist!
   c) Bestimmen Sie den Druck in 15 km Höhe!
3. Beim Aufladen eines Kondensators steigt die Spannung nach der Formel
   $U = 3000\,(1 - e^{-\frac{t}{2}})$ ($U$ = Spannung in V, $t$ = Zeit in ms)
   bis zur Sättigung an.
   a) Zeichnen Sie den Graphen!
   b) Berechnen Sie die Spannung nach 10 ms!
   c) Nach welcher Zeit hat die Spannung 95% der angelegten Spannung von 3 kV erreicht?
4. Die Lautstärke eines Klanges wird nach der Formel
   $LS = 10 \cdot \lg\left(\frac{I}{I_0}\right)$ ($LS$ = Lautstärke in dBA, $I$ = Schallintensität, $I_0$ = Hörschwelle)
   berechnet.
   a) Berechnen Sie die Lautstärke, wenn die Schallintensität das 10fache (100fache, 1000fache) des Schwellenwertes beträgt!
   b) Wie hoch muß die Schallintensität über dem Schwellenwert liegen, damit 50 (100) dBA gemessen werden?
5. Ein aus dem Kühlschrank genommenes Nahrungsmittel erwärmt sich etwa nach der Formel
   $T = 20\,(1 - 0{,}8\,e^{-\frac{t}{10}})$ ($T$ = Temperatur in °C, $t$ = Zeit in min)
   auf die Zimmertemperatur von 20 °C.
   a) Zeichnen Sie den Graphen der Temperaturänderung!
   b) Welche Temperatur herrscht im Kühlschrank?
   c) Auf welche Temperatur hat sich das Nahrungsmittel nach 10 min erwärmt?
   d) Wie lange dauert es, bis das Nahrungsmittel auf 15 °C angewärmt ist?

# Sachwortverzeichnis